入試数学及び初等数学

難問攻略への道

フェルマー数問題の周辺

中村英樹 著

現代数学社

序　文

　学生時代からの友人で，古典ギター（通称："クラッシックギター"）の巧い人がいる．中学生の頃，地元のギター教室に通っていたらしく，大学生になってからは，古典ギター部に所属していた．後輩達を指導した後，街のある喫茶店（G）で演奏をして報酬を貰っており，筆者も何度か聴きに行ったことがある．客は，皆，静まり換えって聞き惚れていた．そんなある日，彼は，筆者に，「どうしても弾けない」と本音を零した．そして，かなり離れた所に在住するスペイン帰りのギターリストに，月1回，師事することになった．初めてそこに行った日，友人は「バッハのリュート組曲…がどうしても巧く弾けないんです」と言ったところ，その先生は，「そりゃ，そうでしょ」と，笑いながら返答されたという．友人が，「えっ？」と訊き返すや，先生は，「Gで演奏しているでしょ？　一度通りかかった時，そこで客として聴いていますから」と．友人は，すっかり身の程を恥じ入ってしまったという．そしてレッスンに入った．友人は教えられた通りにやり始めたが，それが非常にやりづらかったものだから，「やりづらいですね」と言った．先生は，「あなた達流にやりやすい弾き方で本当に巧くなれるなら，皆さん，大家になりますよ」と．「やりづらい．しかし，その中にこそ素人（＝自分）には見えない髄があった．あの時以来，自分を自制し，全てを一から叩き直したよ」と，後年，友人は筆者に語った．

　斯様な事は，楽器の演奏等に限ったことでは勿論ない．数学のレッスンとて同様である．そして，筆者が概観してきた限りでも，（大学入試数学を含めた）高校数学とその周辺では，ただ"道具を憶えて処理する"ということにだけ走りがちのようである．（筆者もそういう時代はそうであった．そう教わったばかりでなく，それがやりやすいからでもあった．）しかし，そのような"記問ノ学"が通用するのは，「所詮は所詮」の段階のものでしかない．孔子に依れば，"学ンデ思ワザレバ即チ罔シ"となる．（筆者が，その「罔さ」から脱却する為に要した日時は決して少なくはない．）

　殊に数学専攻を志そうとする青少年の為に述べるなら，本格的数学への道では，（分野にもよるが，）そのような姿勢での学習では，"drop out"は時間の問題となる．代数幾何学の国際的権威**永田雅宜先生**（京大名誉教授）が，数学青少年の為のある啓蒙的著作の中で，「数学では，暗記や計算走りはやめるように」と，何度も繰り返し強調されているのは，そのような固型を多く見てこられたからでもあろうと思われる．

　その次の問題は，個々の学生の資質であるが，それは，指導者との相関によってかなり違った様相を呈してくる．

　学習姿勢と指導者，そして資質の足並みが揃わないと，「その道の本当の高水準」に向かうのは不可能に近い．

元来，江戸期の和算家にも見られるように，往々にして，日本人は数学には強い方なのであるが，しかし，また，多くの逸材が，ほんの初学者の段階で，誤った数学教育法と日本流大学入試で失われてきたともいえる．これまでの大学入試では逸材を振り落とし，学究へのチャンスを失わせていることが多いと思われる．さもなくば，数学研究上においてフィールズ賞受賞者も二桁を越えたかもしれない．そのような観点に基づき，本書は，「数学」に強い関心をもっている人達（——青少年に限らず）を読者対象とするように著作したものである．ひとつには，また，数学志向の青少年への啓蒙を目的にしているので，入試数学と初等数学を材料としてはいるが，ただ，「解答の習い知り」だけで頭がストップしないように，本格的視点の捉え方とその発展や発見に至るべき**数学理念**を指導するものである．その為には，数学そのものだけにとらわれず，社会及び人生的な事なども折り混ぜて，所謂，**数学人生**を語りながらの一貫した流れをもたせた．その意味でも，本書は前例なきもので，**第1部**だけでも質的にも内容的にも入試数学の枠組みを大きく超えているといえよう．読者は，従って，できるだけ始めから順に読んで頂きたい．そうすれば，高2生位からでも読んでゆけるであろう．あまり難解な文章にならないようにと，かなり留意したつもりではあるが，どうであろうか．

　本書は，**目次**を参照されればおわかり頂けることだが，

第1部 入試数学及び初等数学 **難問攻略への道**　　**第2部** **ある投稿未解決問題の解決と一つの定理（フェルマー数問題の周辺）**

の二重構成になっている．第1部は**入試数学や初等数学**にまつわる問題，そして自作問題をも取り入れ，さらに歴史等の概述を併せもち，第2部へ至る長い道のりとした．（単に問題を解く方法を指導しているのではない．）第2部は十数頁しかないが，そこにこそ読者は「**数学**」という学問の高遠さと本質，「**数学 対 人間**」の自然な姿を，初等数学を通して，御覧になるであろう．この第2部は，雑誌『**理系への数学**』（現代数学社）2001年6月号にて公表された**中村信之氏**による**投稿未解決問題**の「**解決**」**の報告**であるが，雑誌等での発表すらなしで，いきなり単行本での初公開である．従って，これは，ひとつには，筆者の「**数学精神**」を世に賭けての勝負著作でもある．相撲ではないが，それが，「本当に勝負あった」といえるかどうかの行司(ぎょうじ)役は読者諸賢である．読者は，しかも，その判定過程において，**同時に**，初等整数論に関しての**新定理**をも御目にされ，その成否のみならず既成判明事実か否かの判定をもされることになるであろう．また，この「解決」の立場から，歴史的未解決超難問，"**フェルマー数問題**"（「$2^{2^n}+1$は$n \geq 5$でも素数となり得るか？」）へのほんの少しの示唆を与えた．これは，素数分布が，直接，絡んでいる可能性が高いが，とすれば，数論の専門家以外の人間には始めから立ち向かえる問題ではない．しかし，初等整数論からの一断面的示唆にはなると思われる．

前にも述べたように，本書は，数学青少年への本格的指導を一つの目的としたものではあるが，数学に造詣のある方々，また専門数学者にもその高密度の重厚さを堪能して頂けると思われる．真摯な，あるいは慧眼ある読者には，必ず，随所に，粒々辛苦の独自の結晶を見出して頂けるであろうと期待する次第である．更に，本書が，「数学離れ」時代において，その制動力としての先駆けとなり，幾人かでも青少年の目を開かせ得れば，本懐これにまさるものはない．

　最後ではあるが，本書出版に際し，木目細かな議論をされた現代数学社の富田栄氏，編集部及び印字担当の方々に厚く御礼申し上げる．

2002 年 10 月

著者

目 次

序　文

第1部 難問攻略への道

第1章	2次方程式から数の性質へ	3
第2章	数列と集合から不定方程式へ（その1）	19
〃	数列と集合から不定方程式へ（その2）	28
第3章	集合・関数，そして不等式へ（その1）	38
〃	集合・関数，そして不等式へ（その2）	47
第4章	不等式から複素数へ（その1）	57
〃	不等式から複素数へ（その2）	67
第5章	ベクトル，そして三角関数へ（その1）	77
〃	ベクトル，そして三角関数へ（その2）	90
第6章	三角関数，そして対数関数へ	100
第7章	初等幾何（その1）	112
〃	初等幾何（その2）	125
〃	初等幾何（その3）	139
	余　興：初等幾何の"妖怪退治"の着想の披露	152
第8章	行列（その1）	154
〃	行列（その2）	168
第9章	微分法（その1）	180
〃	微分法（その2）	193
	Coffe Break　コンピューター時代	207
	その道の心得	208
第10章	積分法（その1）	210
〃	積分法（その2）	223
第11章	曲線と積分，物理への応用，そして極方程式へ（その1）	237
〃	曲線と積分，物理への応用，そして極方程式へ（その2）	251

第12章　確率と統計（その1）　　　　　　　　　266
　〃　　確率と統計（その2）　　　　　　　　　278

第2部 ある投稿未解決問題の解決と一つの定理
　　　　　　　　　（フェルマー数問題の周辺）

§1　ひとつの投稿未解決問題とその提起者の紹介　　294
§2　問題提起の動機付けは？　　　　　　　　　　　294
§3　未解決問題とは　　　　　　　　　　　　　　　295
§4　解決に先立って　　　　　　　　　　　　　　　296
§5　結論と証明　　　　　　　　　　　　　　　　　297
§6　フェルマー数問題への若干の示唆　　　　　　　301
後記　　　　　　　　　　　　　　　　　　　　　　302

第1部

入試数学及び初等数学
難問攻略への道

"柔能ク剛ヲ制ス"

　源義経こと牛若は，京の五条の橋で（勝負目当ての）太刀強盗をしていた武蔵坊弁慶を打ち破った．「このような無名の小人如きに敗北したのは偶然の事」と思い，雪辱の為にも弁慶は，翌日，清水坂で牛若と再戦したが，またも敗北を喫したといわれる．（『義経記』より）

　牛若は，逆説的だが，柔軟・繊細故に大局的であった．その牛若の前では，弁慶自慢の大長刀は，狂わんばかりに虚しく中を舞うだけで掠りもしなかったという．

　天下に名を轟かした剛勇弁慶は敵なき程に強かったが，それは雑魚を相手にしていたからであるともいえる．そして，最も大切な**武芸極致の精神（＝髄）**が欠けていたのである．いかに強いと言われていても，「その道の理念」が欠如乃至錯誤していれば，牛若の相手ではない．

　ここで弁慶の名誉の為に付け添えねばならない：
『義経記』，『吾妻鏡』等に基づくと，弁慶には，自分を大きく見せようとする虚栄心がさらさらない．（その必要がないというべきか．）武芸の強者の中でも大将としての気骨は高いだけに，陰険さなどが全くない．それ故，義経との主従関係も友情と強い信頼に支えられ，文字通り，"刎頚ノ契リ"であった．

　牛若にあやかって，筆者は，次の「**数学精神**」を玉条とする：

柔能く剛を崩す

第1部に入る前に

　「難問攻略」と銘打ったものの，初めから難問ばかりでは滅入るのであろうから，基本的な事柄も少しは説明を施し，また，基本的問題もやる．このようなことは，ひとつの流れを構成する為でもある．

　入試問題の採録では，出題年の新旧にはこだわらなかった．**出題校**はもちろん明記したが，出題年については省略させて頂いた．また，理系出題のときは，とりたてて**理**とか**工**とかは明記しなかったが，**特定学部**だけのものや**文系**（一橋大のような所は別として）だけのものには，なるべくそれらを明記するようにした．入試問題においては，時折，問題を改めさせて頂いたものがあるが，「**改文**」と「**改作**」は明確に意味が異なるべき事なので，その旨は，はっきりさせた．（ただの数値替えは前者に属する．）

　尚，出題校明記なしの問題は，全て，例題も含めて，**筆者の即席的作成のもの**である．しかし，偶には，よく流通した問題も入れてあるが，その際は，自作のものではないという何らかの表現をしてある．

　本格的に数学を志向する若い俊英の為には，近代数学の世界を垣間見せておくのも悪くはないだろう．ということで，機があれば，そういう事をも若干啓蒙しておくことにした．

　それから，各問題の下に ✝ の箇所があるが，それは comments である．この印を用いた所以はいずれ述べるが，それは，膠固な型にとらわれない
　　　　　　　「**柔軟極致の攻略乃至崩し**」
を象徴するもの，と受け取って頂きたい．筆者は，これを以て**無想自然流**と名付ける（笑）．

第 1 章

2次方程式から数の性質へ

まずは，易しい**2次方程式**から．

2次方程式 $ax^2+bx+c=0$ はつねに2根（2解ともいうが，筆者は，時々，前者の方を用いる）α, β をもち，**根と係数の関係式**

$$\alpha+\beta=-\frac{b}{a}, \quad \alpha\beta=\frac{c}{a}$$

が成り立つ．α, β は方程式の解であるから

$$a\alpha^2+b\alpha+c=0,$$
$$a\beta^2+b\beta+c=0$$

も成り立つ．従って，それぞれの式に α, β をかけて

$$a\alpha^3+b\alpha^2+c\alpha=0,$$
$$a\beta^3+b\beta^2+c\beta=0$$

も成り立つので，辺々相加えると

$$a(\alpha^3+\beta^3)+b(\alpha^2+\beta^2)+c(\alpha+\beta)=0$$

を得る．そこで $\alpha^n+\beta^n=I_n$（n は0以上の整数）（このような I_n を α, β の対称式という）とおくと，

$$aI_3+bI_2+cI_1=0$$

となる．容易に一般式

$$\begin{cases} I_0=2, \quad I_1=-\frac{b}{a} \; (=\alpha+\beta) \\ aI_n+bI_{n-1}+cI_{n-2}=0 \; (n=2, 3, \cdots) \end{cases}$$

が成り立つことをお分かり頂けるであろう．

I_1, I_2, I_3, $\cdots$ は数の列，即ち，**数列**になる．上式のようなものを数列 $\{I_n\}$（$n=1, 2, \cdots$）の**漸化式**という．（I_n は定数 a, b, c と n を用いて表すことができるが，今は，そのようなことをまだやらない．）

計算演習の為に，具体的に I_2, I_3, I_4, I_5 までを求めてみることにする．（根と係数の関係式と因数分解を用いるだけのこと．）

$$I_2=\alpha^2+\beta^2=(\alpha+\beta)^2-2\alpha\beta=I_1^2-2\alpha\beta,$$
$$I_3=\alpha^3+\beta^3=(\alpha+\beta)(\alpha^2-\alpha\beta+\beta^2)$$
$$=I_1(I_2-\alpha\beta),$$
$$I_4=\alpha^4+\beta^4=(\alpha^2+\beta^2)^2-2(\alpha\beta)^2$$
$$=I_2^2-2(\alpha\beta)^2,$$
$$I_5=\alpha^5+\beta^5=(\alpha^2+\beta^2)(\alpha^3+\beta^3)$$
$$-(\alpha\beta)^2(\alpha+\beta)$$
$$=I_2\cdot I_3-(\alpha\beta)^2 I_1$$

$\alpha\beta$ だけをそのまま残しておいたのは，いま $\alpha\beta=\frac{c}{a}$ を代入しても何の御利益もないからである．（何でもかんでもすぐ代入する必要はない．）このようにして，順に I_n を求めていけるわけである．

さて，特に a, b, c を実数とした2次方程式 $ax^2+bx+c=0$ を扱うことにする．この方程式の根を表す一般式は

$$x=\frac{-b\pm\sqrt{b^2-4ac}}{2a}$$

であることは問題ないであろう．ここで平方根記号の中をとり出したものを**判別式**といい，

$$D=b^2-4ac$$

と表すことが多い．D の正負に応じて，2次方程式の2根 α, β は

$$\left.\begin{array}{l} D>0 \longleftrightarrow \alpha, \beta \text{ は異なる}\textbf{実根} \\ D=0 \longleftrightarrow \alpha, \beta \text{ は } \alpha=\beta \text{ なる}\textbf{重根} \end{array}\right\}$$
（実数解）

$$D<0 \longleftrightarrow \alpha, \beta \text{ は}\textbf{虚根}（複素数解）$$

と分類される．ここで虚根は

$$x=\frac{-b\pm\sqrt{|D|}\,i}{2a}$$

と表される．（i は $i^2=-1$ を満たす数で，虚数単位とよばれるもの．通常，$i=\sqrt{-1}$ で規約する：いずれ**複素数分野**に入ったとき，再びお目にかかる．）

$$\alpha=\frac{-b-\sqrt{|D|}\,i}{2a}, \quad \beta=\frac{-b+\sqrt{|D|}\,i}{2a}$$

とし，$\beta=\bar{\alpha}$ と定義し，α と β は互いに**複素共役である**という．定義より容易に $\bar{\beta}=\alpha$ であることもお分かり頂けるであろう．このような状況では根と係数の関係式は

$$\alpha+\bar{\alpha}=-\frac{b}{a}, \quad \alpha\bar{\alpha}=\frac{c}{a}$$

と表される．直ちに

$$\alpha\bar{\alpha} = \left(\frac{1}{2a}\right)^2 (b^2+|D|) > 0$$

であることに留意しておかれたい.

◀ 問題 1 ▶

a を 0 でない実数とし, 2 次方程式 $x^2 - ax + 5a = 0$ を考える.

(1) $x^2 - ax + 5a = 0$ の解 α, β が $\alpha^5 + \beta^5 = a^5$ を満たすとする. このときの a の値を求めよ.

(2) $x^2 - ax + 5a = 0$ が虚数解をもち, その5乗が実数になるとする. このときの a の値を求めよ.

(東北大・文系)

⊕ (1)はただの計算だから, 大丈夫だろう. (2)は勝負所かな? 少し進んでいる人は, "5乗"という言葉から, "ド=モアヴルの定理"と思われるかもしれないが, そうコチコチに考えない方がよい. ちょっと考えてみて, ド=モアヴル先生を呼び出すことは, 却って, 御面倒様を招き入れることになりそうだと気付いて頂きたい. 本問のすぐ前でやったように, 方程式の虚数解の1つを α とすれば, $\alpha^5 - a\alpha^4 + 5a\alpha^3 = 0$ が成立するから, 素直に, $\alpha^5 = a\alpha^4 - 5a\alpha^3$, $\alpha^4 = a\alpha^3 - 5a\alpha^2$, …とやっていけばよいだろう.

〈解〉(1) 解と係数の関係式は次のようになる.

$$\alpha + \beta = a \quad \cdots ① \qquad \alpha\beta = 5a \quad \cdots ②$$

これより

$$\alpha^2 + \beta^2 = (\alpha+\beta)^2 - 2\alpha\beta = a^2 - 10a,$$
$$\alpha^3 + \beta^3 = (\alpha+\beta)(\alpha^2 - \alpha\beta + \beta^2)$$
$$= a(a^2 - 15a)$$

よって

$$\alpha^5 + \beta^5 = (\alpha^2+\beta^2)(\alpha^3+\beta^3) - (\alpha\beta)^2(\alpha+\beta)$$
$$= a^3(a-10)(a-15) - 25a^3$$
$$= a^3(a^2 - 25a + 125)$$

問題ではこれが a^5 ($a \neq 0$) に等しいというから, 直ちに

$$-25a + 125 = 0 \quad (a \neq 0)$$
$$\therefore \quad a = 5 \quad \cdots (答)$$

(2) まず, 与2次方程式は虚数解をもつということより, その判別式は負である:

$$a^2 - 20a < 0 \Longleftrightarrow a(a-20) < 0$$
$$\Longleftrightarrow 0 < a < 20$$

次に, 問題の虚数解を α とすると,

$$\alpha^2 - a\alpha + 5a = 0 \quad \therefore \quad \alpha^2 = a\alpha - 5a$$

であるから, これに α をかけて

$$\alpha^3 = a\alpha^2 - 5a\alpha$$
$$= a(a\alpha - 5a) - 5a\alpha$$
$$= (a^2 - 5a)\alpha - 5a^2$$

以下, 同様にして

$$\alpha^4 = a\alpha^3 - 5a\alpha^2$$
$$= a\{(a^2-5a)\alpha - 5a^2\} - 5a(a\alpha - 5a)$$
$$= a^2\{(a-10)\alpha - 5a + 25\},$$
$$\alpha^5 = \alpha \cdot \alpha^4 = a^2\{(a-10)\alpha^2 - (5a-25)\alpha\}$$
$$= a^2\{a(a-10)(\alpha-5) - (5a-25)\alpha\}$$
$$= a^2\{(a^2-15a+25)\alpha + (\alpha \text{によらない項})\}$$

この α^5 が実数になるということより

$$a^2 - 15a + 25 = 0$$

$0 < a < 20$ であるから

$$a = \frac{15 \pm 5\sqrt{5}}{2} \quad \cdots (答)$$

(補) 高2生以下の諸君には, (2)の解答において, "$(a^2 - 15a + 25)\alpha = 0 \Longleftrightarrow a^2 - 15a + 25 = 0$" の件(くだり)が分からなかったかもしれないので補足しておく. 一般に, 'x と y を実数とするとき, $x + yi = 0 \Longleftrightarrow x = y = 0$ である' ということは納得できるであろう. (実数 x はどうみても虚数 $-yi$ には等しくない.)

上記の α だって複素数であるから, ちょっと頭を働かせると, 上の解答でやったこともすぐ理解できるはず.

また, $\alpha^5 = \alpha \cdot \alpha^4$ の所では, $\alpha^5 = a\alpha^4 - 5a\alpha^3$ と計算してもよいが, なるべく計算が簡単に済む工夫をしながら解いていく習慣をつけること.

もう少し程度の高い問題を解いてみよう. 次の**問題2**である. どうやら漸化式と**数学的帰納法**の問題のようだから, ここで早々と帰納法について説明しておこう.

帰納法というものは, 任意の自然数 n (場合によっては整数でもよい) に依存する命題 $P(n)$ が成立することを次のように証明する一論法である. (これは, いずれ**数列分野**に入ったとき, 頻繁に使われる.)

'まず ($n=1$ のとき) 命題 $P(1)$ が成立することを確かめておく. 次に (自然数 k を適当にとってきて $n=k$ のとき) 命題 $P(k)$ が成立することを仮定しておいて, 命題 $P(k+1)$ が成立することを示す'

第1章 2次方程式から数の性質へ

というものである．初めて学ぶ人には，すぐにはピンとこないであろうから，まずは，ごく簡単な例題をやってみる．

⟨例 1⟩ 自然数 n（$=1, 2, \cdots$）によって決まる数 a_n が，n について関係式 $a_1=a$，$a_{n+1}=a_n+d$ を満たすならば，$a_n=a+(n-1)d$ と表されることを数学的帰納法で示せ．ただし，a と d は定数である．

[解] $n=1$ のとき
$a_1=a$ は規約により成立している．
$n=k$ のとき
$a_k=a+(k-1)d$ が成立することを仮定して，この式の両辺に d を加えると，
$$a_k+d=a+kd$$
となる．このことと $a_{n+1}=a_n+d$ より
$$a_{k+1}=a+kd$$
が成立することが示された．◁

こうして $n=1$ から芋蔓式に正しい論法が展開されていくことになる．1つ注意しておく．"$n=k$ のとき，$a_k=a+(k-1)d$ ならば，（こっそりと k を $k+1$ にすり替えて）$a_{k+1}=a_k+kd$ が成立する"などとしては証明にならない．このことについては，自分でよく考えてみること．（なお，このような数列 $\{a_n\}$ は，初項 a，公差 d の**等差数列**であるといわれる．）

さて，上で紹介した帰納法は，その原型であり，さらに様々な帰納法がある．ここでは，もう一歩進んだ"2段構成"の帰納法を，既にやった内容に関連させた例をもって呈示しよう．

⟨例 2⟩ 0以上の整数 n によって決まる数 I_n が関係式
$$\begin{cases} I_0=2,\ I_1=a \\ I_{n+1}-aI_n+bI_{n-1}=0 \\ (n=1, 2, \cdots) \end{cases}$$
を満たすならば，α と β を2次方程式 $x^2-ax+b=0$ の2根として
$$I_n=\alpha^n+\beta^n \quad (n=0, 1, 2, \cdots)$$
と表されることを数学的帰納法で示せ．ただし，a と b は定数である．

[解] $n=0$ のときと $n=1$ のときは規約より
$$I_0=\alpha^0+\beta^0=2,$$
$$I_1=\alpha+\beta=a \quad (\text{これは根と係数の関係式による})$$
で確かに正しい．
$n=k-1$，$n=k$ のとき
$$I_{k-1}=\alpha^{k-1}+\beta^{k-1},\ I_k=\alpha^k+\beta^k$$
が正しいと仮定すると，漸化式より
$$I_{k+1}=aI_k-bI_{k-1}$$
$$=a(\alpha^k+\beta^k)-b(\alpha^{k-1}+\beta^{k-1})$$
ところで2次方程式の根と係数の関係式により $a=\alpha+\beta$，$b=\alpha\beta$ であるから
$$I_{k+1}=(\alpha+\beta)(\alpha^k+\beta^k)$$
$$-\alpha\beta(\alpha^{k-1}+\beta^{k-1})$$
$$=\alpha^{k+1}+\beta^{k+1}$$
よって，任意の整数 $n(\geq 0)$ について題意は示された．◁

◀ **問題 2** ▶

2次方程式 $x^2-2x-1=0$ の2解を α，β とし，$a_n=\alpha^{2n-1}+\beta^{2n-1}$ とおく．ただし，$n=1, 2, 3, \cdots$ とする．

(1) $\dfrac{a_{n+2}+a_n}{a_{n+1}}$ は定数であることを示せ．

(2) a_n はすべて整数であることを示せ．

(3) $a_{n+4}-a_n$ が6の倍数であることを示し，a_{98} を3で割ったときの余りを求めよ．

（順天堂大・医（改文））

† 問題1 より少し手ごわいだろう．$\alpha=1-\sqrt{2}$，$\beta=1+\sqrt{2}$ と方程式の根を求めてから解くことは勧められない．まずは，根の係数の関係式などを用いて徐々に解いていくべきだろう．

⟨解⟩ 根と係数の関係式は次のようになる．
$$\begin{cases} \alpha+\beta=2 \\ \alpha\beta=-1 \end{cases} \cdots ①$$

(1) ①より
$$a_n=\alpha^{2n-1}+\beta^{2n-1}=\beta^{2n-1}-\frac{1}{\beta^{2n-1}}$$
これより
$$\frac{a_{n+2}+a_n}{a_{n+1}}$$
$$=\frac{\beta^{2n+3}-\dfrac{1}{\beta^{2n+3}}+\beta^{2n-1}-\dfrac{1}{\beta^{2n-1}}}{\beta^{2n+1}-\dfrac{1}{\beta^{2n+1}}}$$
$$=\frac{\beta^{2n-1}(\beta^4+1)-\dfrac{1}{\beta^{2n-1}}\left(1+\dfrac{1}{\beta^4}\right)}{\beta^{2n+1}-\dfrac{1}{\beta^{2n+1}}}$$

$$=\frac{\beta^{2n+1}\left(\beta^2+\dfrac{1}{\beta^2}\right)-\dfrac{1}{\beta^{2n+1}}\left(\beta^2+\dfrac{1}{\beta^2}\right)}{\beta^{2n+1}-\dfrac{1}{\beta^{2n+1}}}$$

$$=\beta^2+\frac{1}{\beta^2}$$

((1)の解答はここまででよいが,一応,具体的数値を求めておく.)

問題における 2 次方程式の根は $x=1\pm\sqrt{2}$ であるから

$$\frac{a_{n+2}+a_n}{a_{n+1}}=(\sqrt{2}+1)^2+(\sqrt{2}-1)^2=6 \blacktriangleleft$$

(2) (1)の結論より直ちに

$$a_{n+2}-6a_{n+1}+a_n=0$$

を得る.これを用いて a_n ($n=1, 2, \cdots$) の全てが整数であることを,帰納法で示す.

$n=1$, $n=2$ のとき
$$a_1=\alpha+\beta=(1-\sqrt{2})+(1+\sqrt{2})=2,$$
$$a_2=\alpha^3+\beta^3=(\alpha+\beta)(\alpha^2-\alpha\beta+\beta^2)$$
$$=(\alpha+\beta)\{(\alpha+\beta)^2-3\alpha\beta\}$$
$$=2\{2^2-3\times(-1)\}=14$$

であるから,a_1 と a_2 は整数である.

$n=k$, $n=k+1$ のとき a_k と a_{k+1} が整数であると仮定すると,漸化式より

$$a_{k+2}=6a_{k+1}-a_k$$

であり,確かに a_{k+2} は整数である.

これで題意は示された. $\blacktriangleleft$

(3) (2)で示した漸化式より
$$a_{n+2}-6a_{n+1}+a_n=0 \quad \cdots ②$$
$$a_{n+4}-6a_{n+3}+a_{n+2}=0 \quad \cdots ③$$

③−②より
$$a_{n+4}-a_n=6(a_{n+3}-a_{n+1})$$

(2)で示したように,すべての a_n ($n=1, 2, \cdots$) は整数であるから,上式右辺は 6 の倍数である.

よって $a_{n+4}-a_n$ は 6 の倍数である. $\blacktriangleleft$

次に a_{98} を 3 で割った余りを求める.

上で示したことから $a_{98}-a_{94}$ は 6 の倍数である.$a_{98}-a_{94}=a_{4\times24+2}-a_{4\times23+2}$ であるから,a_{98} を 6 で割った余りは a_2 を 6 で割った余りに等しい.

$a_2=14$ であるから
$$\text{求めるべき余り} \quad 2 \quad \cdots (答)$$

(補)(3)の解答の後半部分は少し難しかったかもしれないので説明を補足しておく.分からない人は次のように,具体的に並べてみればよい.

$a_{98}-a_{94}=6$ の倍数,
$a_{94}-a_{90}=6$ の倍数,
$a_{90}-a_{86}=6$ の倍数,
$\qquad \vdots$
$a_6-a_2=6$ の倍数.

もうこれ以上の説明は要らないだろう.

$a_{n+4}-a_n$ は 6 の倍数であることを

$$a_{n+4}\equiv a_n \pmod{6}$$

と表す.a_n と a_{n+4} は **6 を法として合同である**といわれる.この記法を用いると,

$$a_{98}\equiv a_{94}\equiv a_{90}\equiv\cdots\equiv a_2 \pmod{6}$$

と表される.(この表式は,また,お目にかかるかもしれない.この記号式を使って減点されることはないが,易しい問題で,不必要に振り回すのは,みっともよいものではない.)

こうして,我々は,**2 次方程式から整数問題へ**と導かれてきた訳である.そこで,2 次方程式と整数問題を融合した次の問題を解いて頂きたい.

▶ **問 題 3** ◀

2 次方程式
$$x^2+ax+a+pq-1=0 \quad (p, q \text{ は共に素数})$$
が 2 つの整数解をもつという.このような整数解の全ての組を求めよ.

† 「2 次方程式の整数解は実数解であるから,判別式 $a^2-4(a+pq-1)\geqq 0$ である」などとするのは無益であるし,正しくもない.a は実数なのかどうかは,全然,言及されていないので,無条件には,判別式で判別はできない.また,仮に a を実数だと与えても判別式では収拾がつかない.

このように,a が"何者"であるかを知らないのだから,何とかして a を消去する工夫をするべきだろう.

〈解〉解と係数の関係式は
$$\begin{cases}\alpha+\beta=-a \\ \alpha\beta=a+pq-1\end{cases} \cdots ①$$

であるから,両式を辺々相加えると,
$$\alpha+\beta+\alpha\beta=pq-1$$
$$\longleftrightarrow (\alpha+1)(\beta+1)=pq$$

$\alpha+1$, $\beta+1$ は整数であるから,上式を満たす組合せは,α と β の置換対称性と p, q が共に

素数であることに注意して，
$$(\alpha+1, \beta+1) = (\pm 1, \pm pq), (\pm p, \pm q)$$
(複号同順)
である．よって，2整数解の可能な組合せは
$$\begin{cases} (-2, -pq-1), (0, pq-1), \\ (-p-1, -q-1), (p-1, q-1) \end{cases} \cdots ②$$
これらの各々に対して，①における a が一意に決まることが確かめられるので，求めるべき2整数解は

　　②式の全ての組合せ　…(答)

(注) 解答の終わりの方において，"これらの各々に対して，…"という所は，くどいだけで不要ではないか？と思われるかもしれないが，それは違う．この部分がないと少なからず減点になる．②式は広く導かれた結果であり，これらが全て本当に問題の2次方程式の解になるかどうかは，まだ不明である．

　2次方程式については，これくらいにして，さらに **3次方程式** までは進んでおこう．

（なお，整数の性質については，3次方程式，そして数と式の問題を扱った後，再び導入する．）

　3次方程式も根を虚数まで許せば，つねに
$$(x-\alpha)(x-\beta)(x-\gamma) = 0$$
の形で表される．（このことは，いまの所，直観的に捉えよ．）3次方程式 $ax^3+bx^2+cx+d=0$ はつねに3根 α, β, γ をもち，**根と係数の関係式**
$$\alpha+\beta+\gamma = -\frac{b}{a}, \quad \alpha\beta+\beta\gamma+\gamma\alpha = \frac{c}{a},$$
$$\alpha\beta\gamma = -\frac{d}{a}$$
が成り立つ．また，2次方程式の場合と同様にして，$I_n = \alpha^n+\beta^n+\gamma^n$（$n$ は0以上の整数）とおくと，容易に根の漸化式が得られる（省略）．

　さて，3次方程式については，適当な変換をすることにより
$$x^3+ax+b = 0 \quad (ここでの a, b はすぐ前の a, b とは異なる)$$
という形に帰着する．（この変換については，やらない．やらないからといって，後で困ることは，まず，ないだろう．）それ故，3次方程式の問題はこの形で出題されることが多い．

◀ **問題 4** ▶

3次方程式 $x^3-ax-b=0$ の3根を α, β, γ とし，$I_n = \alpha^n+\beta^n+\gamma^n$（$n$ は0以上の整数）とおく．

(1) $\dfrac{I_5}{5} = \dfrac{I_3}{3}\cdot\dfrac{I_2}{2}$, $\dfrac{I_7}{7} = \dfrac{I_5}{5}\cdot\dfrac{I_2}{2}$ が成り立つことを示せ．

(2) a, b を整数とするとき，I_9 が9の倍数になるような a, b の条件を求めよ．

† (1)は根と係数の関係式を使って，ただ計算をするのみ．（これらの等式は，比較的，よく知られている．）(2)も(1)と同様の計算で済むが，(1)につられて，$\dfrac{I_9}{9} = \dfrac{I_7}{7}\cdot\dfrac{I_2}{2}$ だと早合点しないこと．

〈解〉(1) 根と係数の関係式は次のようになる．
$$\begin{cases} \alpha+\beta+\gamma = 0 & \cdots ① \\ \alpha\beta+\beta\gamma+\gamma\alpha = -a & \cdots ② \\ \alpha\beta\gamma = b & \cdots ③ \end{cases}$$
そこで $I_n - aI_{n-2} - bI_{n-3} = 0$（$n \geq 3$）に留意しておいて
$$I_2 = \alpha^2+\beta^2+\gamma^2$$
$$= (\alpha+\beta+\gamma)^2 - 2(\alpha\beta+\beta\gamma+\gamma\alpha)$$
$$= 2a \quad (\because ①, ②より),$$
$$I_3 = aI_1+bI_0 = 3b \quad (\because ①より)$$
よって
$$I_5 = aI_3+bI_2 = 5ab$$
$$= 5\cdot\frac{I_2}{2}\cdot\frac{I_3}{3}$$
$$\therefore \frac{I_5}{5} = \frac{I_3}{3}\cdot\frac{I_2}{2}$$
以下同様に
$$I_4 = aI_2+bI_1 = 2a^2,$$
$$I_7 = aI_5+bI_4 = 5a^2b+2a^2b = 7a^2b$$
$$= 7a\cdot ab = 7\cdot\frac{I_2}{2}\cdot\frac{I_5}{5}$$
$$\therefore \frac{I_7}{7} = \frac{I_5}{5}\cdot\frac{I_2}{2} \quad ◀$$

(2) (1)と同様に
$$I_9 = aI_7+bI_6 = 7a^3b+b(2a^3+3b^2)$$
$$= 9a^3b+3b^3$$
よって
$$\frac{I_9}{9} = a^3b+\frac{1}{3}b^3$$
左辺が整数になる為の条件は

　　a が任意の整数，b が3の倍数　…(答)

さて，以上は計算中心的であったが，これだけでは3次方程式の内容は尽きない．

3次方程式は3実根（1実根かつ2重根，または3重根も含める）をもつか，さもなくば，1実根かつ虚根をもつ．（直観的に悟れといいたいところだが，少し説明すると，**2実根かつ1虚根ということがあり得ない**ということである：どうして1虚根をもち得ないかその論拠を，**各自，考えよ**．少し進んでいる人は3次関数のグラフから考察するだろうが，いま，それを使うのは反則である．）

◀ **問題 5** ▶

x に関する実数係数の2つの方程式
$$x^2+px+q=0 \quad \cdots ①$$
$$x^3+ax^2+bx+c=0 \quad \cdots ②$$
を考える．

(1) ①と②がただ1つの根を共有するならば，①が実根をもつ．その理由を述べよ．

(2) ①が重根をもって，その根が②の根となる為の必要十分条件を求めよ．

(3) ①と②が異なる2根を共有する為の必要十分条件を求め，このときの②の他の根を求めよ．
　　　　　　　　　　　　（立命館大（改文））

† 全問，易しくはないだろう．(1)では，2次，3次方程式の虚根はつねに複素共役根をもつことに留意する．(2)と(3)では，共通根を α, β などと表して解く．（この際，一方的に結果を導いた後は，逆を示すことを忘れないこと．）

〈解〉(1) 実数係数の①と②は，もし1虚根を共有するならば，もう1つの共役な虚根をも共有することになり，従って1つの根だけを共有することにならない．よってただ1つの共有根は実数であり，従って①は実根をもつ． ◀

(2) ①の重根を α とすると
$$\alpha = -\frac{p}{2}$$
この α は②の根でもあるから
$$\left(-\frac{p}{2}\right)^3 + a\left(-\frac{p}{2}\right)^2 + b\left(-\frac{p}{2}\right) + c = 0$$
$$\longleftrightarrow p^3 - 2ap^2 + 4bp - 8c = 0$$
これに①の重根条件を考慮して
$$p^2 - 4q = 0 \quad \text{かつ} \quad p^3 - 2ap^2 + 4bp - 8c = 0$$
　　　　　　　　　　　　　　　　　…（＊）

逆に（＊）が成り立つならば，
$$x^3 + ax^2 + bx + c = 0,$$
$$\left(-\frac{p}{2}\right)^3 + a\left(-\frac{p}{2}\right)^2 + b\left(-\frac{p}{2}\right) + c = 0$$
を辺々相引いて
$$\left\{x^3 - \left(-\frac{p}{2}\right)^3\right\} + a\left\{x^2 - \left(-\frac{p}{2}\right)^2\right\}$$
$$+ b\left\{x - \left(-\frac{p}{2}\right)\right\} = 0$$

これより②は，$p^2 - 4q = 0$ を満たす①との共有根 $x = -\frac{p}{2}$ をもつ．

よって求める条件は
$$p^2 - 4q = 0 \quad \text{かつ} \quad p^3 - 2ap^2 + 4bp - 8c = 0$$
　　　　　　　　　　　　　　　　　…（答）

(3) ①が異なる2根をもつ為の条件は
　　判別式　$p^2 - 4q \neq 0$

①，②が2根 α, β を共有する条件は，根と係数の関係式で表すと，
$$\begin{cases} \alpha + \beta = -p \\ \alpha\beta = q \end{cases}$$
かつ
$$\begin{cases} \alpha + \beta + \gamma = -a \\ \alpha\beta + \beta\gamma + \gamma\alpha = b \\ \alpha\beta\gamma = -c \end{cases} \quad (\gamma \text{は②の他の根})$$

以上から
$$\gamma = p - a, \quad p^2 - ap - q + b = 0$$
$$\text{かつ} \quad pq - aq + c = 0$$
よって
$$p^2 - 4q \neq 0 \quad \text{かつ} \quad p^2 - ap - q + b = 0$$
$$\text{かつ} \quad pq - aq + c = 0$$
　　　　　　　　　　　　　　　　　…（＊＊）

逆に（＊＊）が成り立つならば，$b = -p^2 + ap + q$, $c = aq - pq$ を②に代入して
$$x^3 + ax^2 + (-p^2 + ap + q)x + (a-p)q = 0$$
$$\longleftrightarrow (x + a - p)(x^2 + px + q) = 0$$

$p^2 - 4q \neq 0$ であるから，②は①と異なる2根を共有することになる．

よって求める条件は
$$p^2 - 4q \neq 0 \quad \text{かつ} \quad p^2 - ap - q + b = 0$$
$$\text{かつ} \quad pq - aq + c = 0$$
　　　　　　　　　　　　　　　　　…（答）

②の残りの根は
$$\gamma = p - a \quad \cdots（答）$$

〈(3)の別解〉

まず①が異なる2根をもつ条件は

判別式　$p^2-4q \neq 0$

①が異なる2根 α, β をもち，これらの α, β は②の根でもあるから

$$\begin{cases} \alpha+\beta=-p & \cdots ㋑ \\ \alpha\beta=q & \cdots ㋺ \end{cases}$$

$$\alpha^3+a\alpha^2+b\alpha+c=0 \quad \cdots ㋩$$
$$\beta^3+a\beta^2+b\beta+c=0 \quad \cdots ㋥$$

㋥－㋩ より

$$(\beta-\alpha)(\beta^2+\beta\alpha+\alpha^2)$$
$$+a(\beta-\alpha)(\beta+\alpha)+b(\beta-\alpha)=0$$

$\alpha \neq \beta$ より

$$\alpha^2+\alpha\beta+\beta^2+a(\alpha+\beta)+b=0$$
$$\longleftrightarrow (\alpha+\beta)^2-\alpha\beta+a(\alpha+\beta)+b=0$$

これに㋑，㋺を代入すると，

$$p^2-q-ap+b=0 \quad \cdots Ⓐ$$

さらに㋥＋㋩ より

$$(\alpha+\beta)(\alpha^2-\alpha\beta+\beta^2)+a(\alpha^2+\beta^2)$$
$$+b(\alpha+\beta)+2c=0$$

これに㋑，㋺ および $\alpha^2+\beta^2=p^2-2q$ を代入して整理すると，

$$-p^3+ap^2+3pq-bp-2ap+2c=0 \quad \cdots Ⓑ$$

Ⓐ×p＋Ⓑ より

$$pq-aq+c=0$$

以上から

$$p^2-4q \neq 0 \quad かつ \quad p^2-ap-q+b=0$$
$$\qquad\qquad かつ \quad pq-aq+c=0$$
$$\qquad\qquad\qquad\qquad \cdots (**)$$

逆は〈解〉と同様．

さて，今度は2次・3次方程式から少し離れて**数と式**の問題である．しかし，当然，これまでの内容とよく関連づくものであると断っておく．

まずは warm-up を1つ．

◀ 問題 6 ▶

実数 a が $a+\dfrac{1}{a}=\sqrt{5}$ を満たすとき，次の値を求めよ．

(1) $a^2+\dfrac{1}{a^2}$　(2) $a^5+\dfrac{1}{a^5}$　（富山大）

† (1)は，no comments で大丈夫だろう．（読者の中には，$a+\dfrac{1}{a}=\sqrt{5}$ を $a^2-\sqrt{5}\,a+1=0$ としてから，a を求めて計算する人はいないだろうと期待する．）

(2)は，これまでやった計算で片付く．$a^3+\dfrac{1}{a^3}$ を求めておけば，すんなりいくことは明らかだろう．

〈解〉(1) $a^2+\dfrac{1}{a^2}=\left(a+\dfrac{1}{a}\right)^2-2=\sqrt{5}^2-2$
$$=3 \quad \cdots (答)$$

(2) $a^3+\dfrac{1}{a^3}=\left(a+\dfrac{1}{a}\right)\left(a^2-1+\dfrac{1}{a^2}\right)$
$$=\sqrt{5}\,(3-1)$$
（ここで(1)の結果を用いた）
$$=2\sqrt{5}$$

よって

$$a^5+\dfrac{1}{a^5}=\left(a^2+\dfrac{1}{a^2}\right)\left(a^3+\dfrac{1}{a^3}\right)-\left(a+\dfrac{1}{a}\right)$$
$$=3\times 2\sqrt{5}-\sqrt{5}$$
$$=5\sqrt{5} \quad \cdots (答)$$

「これでは，いくらでもころがってある既成品で，何の変哲もない」という人の為に，本問の程度を少し上げてみよう．

◀ 問題 6′ ▶

実数 a が $a+\dfrac{1}{a}=\sqrt{5}$ を満たすとき，

$$a^n+\dfrac{1}{a^n} \quad (n \text{ は自然数})$$

の値は，n が偶数ならば整数，n が奇数ならば $\sqrt{5}$ の0でない整数倍であることを示せ．

† 初めからきちんと学んできた読者は，すぐ，これは帰納法の問題だと気付いたであろう．それでは，首尾よく解いてみたまえ．

〈解〉 $I_n=a^n+\dfrac{1}{a^n}$ とおく．

まず，n が奇数の場合，I_n が $\sqrt{5}$ の整数倍であることを帰納法で示す．

$n=1, 3$ のとき，$I_1=\sqrt{5}$，$I_3=2\sqrt{5}$ で確かに $\sqrt{5}$ の整数倍である．

$n=2k-3, 2k-1 \;(k \geq 2)$ のとき I_{2k-3}, I_{2k-1} は $\sqrt{5}$ の整数倍（この整数倍の"整数"が0をとり得ないことは $a=\dfrac{\sqrt{5}\pm 1}{2}>0$ より明らか）であることを仮定しておく．そこで

$$I_{2k+1}=a^{2k+1}+\dfrac{1}{a^{2k+1}}$$
$$=\left(a^2+\dfrac{1}{a^2}\right)\left(a^{2k-1}+\dfrac{1}{a^{2k-1}}\right)$$

$$-\left(a^{2k-3}+\frac{1}{a^{2k-3}}\right)$$
$$=3I_{2k-1}-I_{2k-3}$$

となる．この左辺 I_{2k+1} は 0 でないので，右辺 $3\cdot I_{2k-1}-I_{2k-3}$ も 0 にならない．よって帰納法の仮定より I_{2k+1} も $\sqrt{5}$ の 0 でない整数倍であることが分かる．

よって任意の奇数 n について I_n は $\sqrt{5}$ の 0 でない整数倍であることが示された．

次に，m を自然数として
$$I_{2m}=a^{2m}+\frac{1}{a^{2m}}$$
$$=\left(a+\frac{1}{a}\right)\left(a^{2m-1}+\frac{1}{a^{2m-1}}\right)$$
$$-\left(a^{2m-2}+\frac{1}{a^{2m-2}}\right)$$

と変形する．

I_2 は 3 であり，そして，ある m で I_{2m-2} は整数であると仮定すると，既に I_{2m-1} は $\sqrt{5}$ の 0 でない整数倍であることが判明しているので，I_{2m} は整数であることが示されたことになる．

よって任意の偶数 n について I_n は整数であることが示された．◀

(補) $a+\frac{1}{a}=\sqrt{5}$ では，$a+\frac{1}{a}$ の値は $\sqrt{7}$，$\sqrt{11}$, … といくらでもとれることは，明らかであろう．(単なる数値換えではつまらないが．)

さて，折角，ここまできたのだから，本問での $a^n+\frac{1}{a^n}$ (n は自然数) が，それを I_n と表したとき，どういう漸化式を構成するのかを調べるのはよい演習である．漸化式が構成されてしまえば，その漸化式を解くのは，ただの算数的計算に過ぎない．多くの高校生読者にも分かりきった単純極まりない便法を並べて紙面を埋める気はないので，建前上，最少限の準備だけをしておく：

漸化式 $x_{n+1}=rx_n$ (r は 0 でない定数) が与えられたとき，x_n を x_1 と r で表すことである (数列 $\{x_n\}$ は初項 x_1, 公比 r の **等比数列** をなすといわれる)．これは $x_n=rx_{n-1}$, $x_{n-1}=rx_{n-2}$, $\cdots$, $x_2=rx_1$ となるのだから，$x_n=r^{n-1}x_1$ であることは，明らかだろう．

◀ **問題 6″** ▶

実数 a が $a+\dfrac{1}{a}=\sqrt{5}$ を満たすとき，

$$a^n+\frac{1}{a^n} \quad (n \text{ は自然数})$$

を I_n と表す．$\{I_n\}$ ($n=1, 2, \cdots$) の漸化式を作ることによって，I_n を n で表してみよ．

(†) n の偶奇で場合分けが生じるので，少し煩わしいが，前問と同様の式変形で漸化式は作れる．

〈解〉 I_n は以下の等式を満たす．
$$I_1=\sqrt{5}, \quad I_2=3, \quad I_3=2\sqrt{5}, \quad I_4=7$$
$$I_{2m+1}=3I_{2m-1}-I_{2m-3} \quad (m\geq 2) \quad \cdots ①$$
$$I_{2m+2}=3I_{2m}-I_{2m-2} \quad (m\geq 2) \quad \cdots ②$$

$I_{2m+1}=t_{m+1}$ とおくと，①は
$$t_{m+1}=3t_m-t_{m-1} \quad (m\geq 2) \quad \cdots ①'$$

そこで，2 次方程式 $x^2-3x+1=0$ の 2 根を α, β で表すと，
$$\alpha+\beta=3, \quad \alpha\beta=1 \quad (\alpha<\beta \text{ とする})$$

であることに留意しながら，①′を次のように変形する．
$$t_{m+1}-\alpha t_m=\beta(t_m-\alpha t_{m-1}),$$
$$t_{m+1}-\beta t_m=\alpha(t_m-\beta t_{m-1})$$

直ちに
$$t_{m+1}-\alpha t_m=\beta^{m-1}(t_2-\alpha t_1)$$
$$=\beta^{m-1}(2\sqrt{5}-\sqrt{5}\alpha),$$
$$t_{m+1}-\beta t_m=\alpha^{m-1}(2\sqrt{5}-\sqrt{5}\beta)$$

これら両式を辺々相引いて
$$(\beta-\alpha)t_m=2\sqrt{5}(\beta^{m-1}-\alpha^{m-1})$$
$$+\sqrt{5}(\alpha^{m-1}\beta-\beta^{m-1}\alpha)$$

$(\beta-\alpha)^2=(\alpha+\beta)^2-4\alpha\beta=5$ より $\beta-\alpha=\sqrt{5}$ であるから，そして $\alpha\beta=1$ であるから
$$I_{2m-1}=t_m=2(\beta^{m-1}-\alpha^{m-1})-(\beta^{m-2}-\alpha^{m-2})$$
$$=(2\beta-1)\beta^{m-2}-(2\alpha-1)\alpha^{m-2}$$
$$=(2+\sqrt{5})\beta^{m-2}-(2-\sqrt{5})\alpha^{m-2}$$
$$(m\geq 2)$$

同様にして②より
$$I_{2m}=\frac{1}{\sqrt{5}}\left\{\left(\frac{15+7\sqrt{5}}{2}\right)\beta^{m-2}\right.$$
$$\left.-\left(\frac{15-7\sqrt{5}}{2}\right)\alpha^{m-2}\right\} \quad (m\geq 2)$$

$$\therefore \quad I_n=a^n+\frac{1}{a^n}=$$

$$\begin{cases} (2+\sqrt{5})\beta^{\frac{n-3}{2}}-(2-\sqrt{5})\alpha^{\frac{n-3}{2}} \\ \qquad (n が奇数:n\geqq 1 としてよい) \\ \dfrac{1}{\sqrt{5}}\left\{\left(\dfrac{15+7\sqrt{5}}{2}\right)\beta^{\frac{n-4}{2}}\right. \\ \qquad \left. -\left(\dfrac{15-7\sqrt{5}}{2}\right)\alpha^{\frac{n-4}{2}}\right\} \\ \qquad (n が偶数:n\geqq 0 としてよい) \\ \text{ただし,}\ \alpha=\dfrac{3-\sqrt{5}}{2},\ \beta=\dfrac{3+\sqrt{5}}{2}. \end{cases}$$

…(答)

(補1) この結論から逆に前問を出題することも,当然,できる訳である. この結果の式が $I_n=\left(\dfrac{\sqrt{5}+1}{2}\right)^n+\left(\dfrac{\sqrt{5}-1}{2}\right)^n$ と同じであるとは**信じ難いであろう**.

(補2) 本問が,例えば $a+\dfrac{1}{a}=1$ という方程式であれば, a は実数ではなく複素数である. このとき

$$I_n=a^n+\dfrac{1}{a^n}\quad (n\text{ は自然数})$$

は ± 1, ± 2 の値しかとらない. **(各自, 演習.)**

それでは, いよいよ**数の性質**, 特に**整数の初歩的性質**を扱うことにする.

まず, 2つの自然数 A, B の**最大公約数 (G.C.M.)** と**最小公倍数 (L.C.M.)** について.

A と B の最大公約数を G とすると,

$$A=aG,\ B=bG$$

(a と b は互いに素な整数)

と表される. A と B の最小公倍数を L とすると, a と b は互いに素であるから, 明らかに

$$L=abG$$

と表される. 以上から, 直ちに

$$AB=abG^2=G\dot{L}$$

を得る.

ここで, "a と b は互いに素" という言葉が出てきたので, 関連する事項を1つ:

'a と b が互いに素な整数ならば, $a+b$ と ab は互いに素である'

∵) $a+b$ と ab が互いに素でないと仮定すれば, ある公約数 $d(>1)$ があって

$a+b=kd$ (k は正の整数) …①
$ab=ld$ (l は正の整数) …②

と表される. いま d の因数である素数を p とすると, ②より a か b の一方だけが p で割り切れる. しかるに①の両辺を p で割ると左辺は整数にはならない. これは矛盾である. よって $a+b$ と ab は互いに素である. ◁

ここで示した証明法は**背理法**といわれるものであることは, ご存知であろう.

それでは, 簡単な例題を1つ.

〈例3〉 2つの自然数 A, B の和が1530, 最小公倍数が1836であるという. A, B を求めよ.

解 A, B の最大公約数を G で表すと,

$$A=aG,\ B=bG$$

(a, b は互いに素な整数)

と表される. 題意より

$$(a+b)G=1530=2\cdot 3^2\cdot 5\cdot 17,$$
$$abG=1836=2^2\cdot 3^3\cdot 17$$

いま, $a+b$ と ab は互いに素になるから, 上式より G は1530と1836の最大公約数である. よって

$$G=2\cdot 3^2\cdot 17=306$$

であり,

$$\begin{cases} a+b=5 \\ ab=6 \end{cases}$$

を得る. $a<b$ としてよいから $a=2$, $b=3$.

∴ $A=\underline{612}$, $B=\underline{918}$ (答)

以下に, 整数問題を数題解いてみよう.

◀ 問題 7 ▶

$\dfrac{10!(n+1)}{2^n}$ ($n=1, 2, \cdots$) のうち整数は何個あるか. ただし, $10!=10\times 9\times 8\times\cdots\times 2\times 1$ とする. (自治医大・1次)

† 2は素数である. そこで $10!$ を素因数分解してみよ. (これが膨大な問題量の1次試験のうちの1題とは, かなりきつい.) "speedy に解ける=優秀"か? "**早飯も芸の中**"と言うからな.)

〈解〉
$$10!=10\cdot 9\cdot 8\cdot 7\cdot 6\cdot 5\cdot 4\cdot 3\cdot 2\cdot 1$$
$$=(2\cdot 5)\cdot 3^2\cdot 2^3\cdot 7\cdot (2\cdot 3)\cdot 5\cdot 2^2\cdot 3\cdot 2$$
$$=2^8\cdot 3^4\cdot 5^2\cdot 7$$

$I_n=\dfrac{10!(n+1)}{2^n}$ とおくと

$$I_n = \frac{3^4 \cdot 5^2 \cdot 7(n+1)}{2^{n-8}}$$

(ア) $n-8 \leq 0$ $(n=1, 2, \cdots, 8)$ のとき
I_n はつねに整数である。

(イ) $n-8>0$ のとき
I_n が整数になる為には，$n+1 \geq 2^{n-8}$ でなくてはならない。この不等式を満たす $n(>8)$ の候補は，$n=9, 10, 11$ である。このうち I_n が整数になるのは $n=9$ のみである。

以上から，I_n が整数になるのは $n=1, 2, \cdots, 9$ のときだから，求める個数は

9個 …(答)

◀ **問題 8** ▶

3つの式
$$34l^2 + 37m^2 + 38n^2 - 32lm - 42mn - 34nl = 63$$
$$38l^2 + 34m^2 + 37n^2 - 34lm - 32mn - 42nl = 62$$
$$37l^2 + 38m^2 + 34n^2 - 42lm - 34mn - 32nl = 49$$
を満たす自然数 l, m, n を求めよ。
（金沢工大（改文））

(†) 未知の自然数が3つの連立方程式で，原理的に解は決まる。まず3本の式を辺々相加えればよいこと，そして l と m は奇数，n は偶数でなくてはならないことを，すぐ洞察できたかな？

〈解〉与3式を相加えて
$$109(l^2+m^2+n^2) - 108(lm+mn+nl) = 174$$
これを変形する：
$$108(l^2+m^2+n^2-lm-mn-nl)$$
$$= 174 - (l^2+m^2+n^2) \quad \cdots ①$$
この式から，右辺は108の倍数であるべきで，それを $108k$（k は整数）とおいて
$$174 - (l^2+m^2+n^2) = 108k$$
$$\longleftrightarrow l^2+m^2+n^2 = 174 - 108k$$
明らかに $174 - 108k \geq 2$ であるべきだから，
$$108k \leq 172 \quad \cdots ②$$
一方，①において右辺は $108k$ であるから
$$k = l^2+m^2+n^2-lm-mn-nl$$
$$= \frac{1}{2}\{(l-m)^2+(m-n)^2+(n-l)^2\} \geq 0$$
$$\cdots ③$$
②，③より

$k=0, 1$

$k=0$ とすると，$l=m=n$ であるから
$$l^2+m^2+n^2 = 3l^2 = 174$$
$$\therefore l^2 = 58 \text{（これを満たす自然数 l はない）}$$
よって $k=1$ である。それ故
$$\begin{cases} l^2+m^2+n^2 = 174-108 = 66 & \cdots ④ \\ l^2+m^2+n^2-lm-mn-nl = 1 & \cdots ⑤ \end{cases}$$
となる。⑤は
$$(l-m)^2+(m-n)^2+(n-l)^2 = 2 \quad \cdots ⑤'$$
と変形できる。

さて，与3式をみると，m は奇数，n は偶数，l は奇数でなくてはならないことがわかる。それ故⑤'において $l=m$ に限る。よって⑤'は
$$l=m, \quad (l-n)^2 = 1$$
となる。これらと④より
$$3l^2 \pm 2l - 65 = 0 \quad (l \text{ は自然数})$$
$$\therefore l=5 \quad \therefore m=5, n=4 \quad (\because ④ \text{より})$$
…(答)

◀ **問題 9** ▶

p, q は素数で $p<q$ とする。

(1) $\dfrac{1}{p} + \dfrac{1}{q} = \dfrac{1}{r}$ を満たす整数 r は存在しないことを示せ。

(2) $\dfrac{1}{p} - \dfrac{1}{q} = \dfrac{1}{r}$ を満たす整数 r が存在するのは $p=2, q=3$ のときに限ることを示せ。
（一橋大）

(†) (1)では背理法を用いることになる。目算で $(p+q)r = pq$ となるが，ここからの展開を，どれだけ，ぬかりなくできるかである。(2)も同様であり，目算で $(q-p)r = pq$ となる。この式から $p=2$ であることを結論する。

〈解〉(1) $(0<)p<q$ より $\dfrac{1}{p} > \dfrac{1}{q}$ であるから
$$\frac{2}{p} > \frac{1}{p} + \frac{1}{q} = \frac{1}{r} > \frac{1}{p} \quad \therefore p > r > \frac{p}{2} (\geq 1)$$

さて，与式を満たす整数 r が存在するとして，与式を変形すると
$$(p+q)r = pq \quad \cdots ①$$
$p+q>q>p$，そして $2 \leq r<p<q$ であるから，r と p または r と q にはどちらの場合でも1より大きい公約数はなく，さらに素因数分解の一意性により①において $p+q$ は p（または q）で割り切れなくてはならない。しかるに2つの素数 p, q は $p \neq q$ より，そのことは矛盾である。

よって与式を満たす自然数rは存在しない．◀

(2) まず$r>p(\geqq 2)$に注意しておく．
与式を変形すると
$$(q-p)r=pq \quad \cdots ②$$
もしpが3以上の素数ならば，②の左辺は偶数，従って前提より②の右辺においては$p=2$でなくてはならないから，これは矛盾である．

よって$p=2$でなくてはならない．それ故②は
$$(q-2)r=2q$$
$r>p=2$であるからrは4以上の偶数であり，それ故$r=2k$（kは2以上の整数）と表せて，上式は
$$(q-2)k=q \quad (q\text{は3以上の素数})$$
$$\longleftrightarrow k=1+\frac{2}{q-2} \quad (q\text{は3以上の素数})$$
これを満たす整数kが存在する為の必要十分条件は$q=3$である．
確かに$p=2$，$q=3$のとき$r=6$を与える．

以上で題意は示された．◀

(注) 設問(1)では，'pとqは$p<q$なる素数であるということで，(pとqは互いに素であるから) $p+q$とpqは互いに素である' という命題を使いたくなるかもしれないが，**その命題は本問で問うていることそのもの**であるから，もし使いたければ，その命題が成立することを簡単にでも示してから使わなくてはならない．

◀ **問題 10** ▶
　自然数a, b, cについて等式$a^2+b^2=c^2$が成り立ち，かつa, bは互いに素とする．このとき次のことを証明せよ．
(1) aが奇数ならば，bは偶数であり，したがってcは奇数である．
(2) aが奇数のとき，$a+c=2d^2$となる自然数dが存在する． （京都大・文系）

† 有名な題材である．(1)は勿論の事，(2)も**初等数学**で有名な**ピタゴラス数**の性質そのものであり，京大としては，創意のない**歴史的問題**の出題で，かつ難問．（ということで，入試問題としては，断じて適合ではないが，やらないと不安に思うという人の為に本問を引用した．）(1)は，bが奇数だとして矛盾を示す背理法．(2)は，aが奇数のとき，(1)によりcは奇数であるから$c\pm a$は偶数である．そこで$b^2=c^2-a^2=(c-a)(c+a)$と因数分解する．

さて，これからどうするかな？ ここまででも着眼できれば，ほんの少しでも部分点を頂戴できるだろう（大抵，何をどうすればよいか，手つかずだったろうから）．**自然な hint**を与えよう．$\dfrac{c+a}{b}=\dfrac{b}{c-a}$は正の有理数であるから，それを$x$とでもおいてみよ．

⟨解⟩(1) 仮定より$a=2k-1$（$k=1, 2, \cdots$）と表す．$b=2l-1$（$l=1, 2, \cdots$）と仮定して$a^2+b^2=c^2$にaとbを代入する．この際，cは偶数になるから$c=2m$（$m=1, 2, \cdots$）とおいて
$$(2k+1)^2+(2l-1)^2=(2m)^2$$
となる．変形整理すると
$$2=4(m^2-k^2-k-l^2+l)$$
となる．これは明らかに矛盾である．

よってbは偶数であり，したがってcは奇数である．◀

(2) $a^2+b^2=c^2 \longleftrightarrow (c-a)(c+a)=b^2$
$$\longleftrightarrow \frac{c+a}{b}=\frac{b}{c-a}$$
$$(\because c>a \text{より})$$

そこで$\dfrac{c+a}{b}=x$（xは正の有理数）とおいて，$c=bx-a$となるから，これを$a^2+b^2=c^2$に代入して
$$a^2+b^2=(bx-a)^2$$
$$\therefore a=\frac{x^2-1}{2x}b, \quad c=\frac{x^2+1}{2x}b$$

$x=\dfrac{m}{n}$（mとnは互いに素な整数で$m>n>0$なるもの）として，上式を整理すると
$$a:b:c=m^2-n^2:2mn:m^2+n^2$$
この連比式において，いま，aは奇数というから(1)によりbは偶数，そしてaとbは互いに素という条件よりaとbは

$$(*)\begin{cases} a=m^2-n^2, \ b=2mn \\ m\text{と}n\text{は互いに素で}m>n>0, \\ \text{そして}m\text{か}n\text{の一方は偶数，他} \\ \text{方は奇数} \end{cases}$$

で表されることが必要である．

このとき，逆に，aが奇数という前提でaとbは互いに素であることを示す．

m, nは$m>n>0$なる互いに素な整数だから，mnを割り切れる任意の素数をpとして，mかnのどちらか一方だけがpで割り切れる．

それ故，m^2-n^2 は p で割り切れないので，mn と m^2-n^2 は互いに素であることが示された．

よって，上述の(*)の下で $c=m^2+n^2$ と決まり，

$$a+c=2m^2\text{(この }m\text{ が問題での }d\text{ である)}◀$$

(補)(2)では，$(c-a)(c+a)=b^2$ において，この式の値が4で割り切れるので，

$$\left(\frac{c-a}{2}\right)\left(\frac{c+a}{2}\right)=\left(\frac{b}{2}\right)^2 (=整数)$$

となることは明らか．偶数としての b は $b≧4$ であることを示すことも易しい．従って $\frac{b}{2}$ を割り切れる素数 p もある．（このようにして題意を示すのも自然である．その後の展開は少し難しいが，簡単に呈示しておこう．）上述のどのような p をとっても $\frac{c-a}{2}$ か $\frac{c+a}{2}$ の一方だけは p^2 で割り切れる（その証明への着想は？）．

さらに，もし $\left(\frac{b}{2p}\right)^2$ が1でなければ，整数 $\frac{b}{2p}$ を割り切る素数 q（$q=p$ かもしれないし，$q\neq p$ かもしれない）があって，左辺の適当な一方の因数も q^2 で割り切れる．この論法は有限回繰り返されて，題意の成立することが判明する．

問題10は平成11年度のものであり，同様な問題が，同年，北海道大に出題されている．前問は受験生には（と限らなくとも）かなり難しい；入試問題としては以下ぐらいで，ちょうどよいのだが，….

3辺の長さがいずれも整数値であるような直角三角形を考える．
(1) 直角をはさむ2辺の長さのうち，少なくとも一方は偶数であることを証明せよ．
(2) 図のように，斜辺の長さと2番目に長い辺の長さの差が1であるような例を他に3つあげよ．

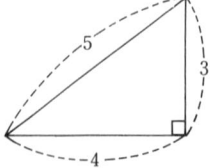

（北海道大・理，工）

(答)(2) $(a, b, c)=(5, 12, 13), (7, 24, 25), (9, 40, 41)$，他．

ここまでやってきて，大学入試の整数問題においても，基本事項は，読者が中学生時代にやった素因数分解，最大公約数や最小公倍数，それに整数の剰余ぐらいのことであることが納得されたであろう．しかるに，整数問題に関しての問題は無数にあるのに，定型の解法があまりない．だから，受験生には苦手の内容であろう．これに対しては，銘々の**"数覚"**（これは故小平邦彦東大名誉教授が「感覚」という言葉に対して造った言葉）を磨き上げて頂くよりない．ということで，もう少し，整数分野とその関連問題を扱おう．

◀ **問題 11** ▶

次の各問に答えよ．
(1) $m!=n^2-3$ を満たす正の整数の組 (m, n) を2組求めよ．
(2) m が $m≧4$ を満たす整数のとき，$m!+2$ は4の倍数とはならないことを示せ．
(3) $m!=n^2-3$ を満たす正の整数の組 (m, n) は，(1)で求めたもの以外に存在しないことを示せ． (日本医大)

† (1)は，大丈夫だろう？ (2)では $m!=m\cdot(m-1)\cdots5\cdot4\cdot3\cdot2\cdot1$ の4をマーク．(3)は(2)を足台にするのだろう．$m!+2=n^2-1$ とみる．

〈解〉(1) $m!>0$ であるから

$$n^2-3>0 \quad \therefore n≧2$$

$m!=n^2-3$ に $m=1, 2, 3, \cdots$ と代入してみる．

$m=1$ のとき，$n=2$ が解である．

$m=2$ のとき，与方程式を満たす n の整数解はない．

$m=3$ のとき，$n=3$ が解である．

よって

$$(m, n)=(1, 2), (3, 3) \quad \cdots\text{(答)}$$

(2) 題意を背理法で示す．

$m!+2=4k$（$m≧4$, k は正の整数）と仮定すると，
この式は

$$m(m-1)\cdots5\cdot4\cdot3\cdot2\cdot1+2=4k$$
$$\longleftrightarrow 4\{k-m(m-1)\cdots5\cdot3\cdot2\}=2$$

明らかにこの式は矛盾である．

よって $m!+2$ は 4 の倍数にはならない．◀

(3) $m\geqq 4$ のとき $m!=n^2-3$ を満たす整数解がないことを示せばよい．

$m\geqq 4$ のとき，$n^2-3\geqq 4!=24$ であるから $n\geqq 6$ である．
そこで
$$m!=n^2-3\quad (n\geqq 6)$$
$$\Longleftrightarrow m!+2=n^2-1=(n-1)(n+1)\quad(n\geqq 6)$$
いま n が 7 以上の奇数であるとすると，上式右辺はつねに 4 の倍数であり，これは(2)の命題により不適である．

よって n は 6 以上の偶数であるということになるが，$(n-1)(n+1)$ はつねに奇数になり，一方では $m\geqq 4$ では $m!+2$ はつねに偶数だから，これも矛盾である．

以上から(1)での整数解しかないことが示された．◀

◀ **問題 12** ▶
k と m は自然数とする．
(1) m が奇数のとき，k^m+2^m は $k+2$ で割り切れることを示せ．
(2) m が偶数のとき，k^m+2^m が $k+2$ で割り切れれば，$k+2$ は 2^{m+1} の約数になることを示せ．　　　　　　（お茶の水大）

(†) (1)では，"m が奇数のときは $k^m+2^m=(k+2)(k^{m-1}+2k^{m-2}+\cdots+2^{m-1})$ と因数分解されるから，k^m+2^m は $k+2$ で割り切れる"とか"因数定理を用いて明らか"とやらないように．出題文意は，'m が奇数のとき，k^m+2^m は $k+2$ を因数として**整数係数の範囲で因数分解できる**ことを示せ'である．帰納法で示すべきであろう．（本書で初めからきちんと学習してきた人ならば，高 2 生以下の人でも，もうできる．）

(2)では，"m が適当な偶数のとき，k^m+2^m が $k+2$ で割り切れる"ということが，整数では成り立つということで，整式より柔軟な整数には，それだけ隠れた性質が多いということを物語っている．じっとにらんで，$k^m+2^m=k^m+2^m\cdot(2-1)=k^m+2^{m+1}-2^m$ と変形すれば，いけそうである．$k^m-2^m=(k-2)(k^{m-1}+2k^{m-2}+\cdots+2^{m-1})$ は公式として用いてよい．

〈解〉(1) $I_m=k^m+2^m$ と表す．
題意を帰納法で示そう．

$m=1$ のとき
$\quad I_1=k+2$ は $k+2$ で割り切れる．
$m=2n-1$（n は 1 以上のある自然数）のとき
$\quad I_{2n-1}$ は $k+2$ で割り切れると仮定すると，
$$I_{2n+1}=k^{2n+1}+2^{2n+1}$$
$$=(k+2)(k^{2n}+2^{2n})-2k(k^{2n-1}+2^{2n-1})$$
$$=(k+2)(k^{2n}+2^{2n})-2kI_{2n-1}$$
であるから，I_{2n+1} は $k+2$ で割り切れる．

よって任意の奇数 m について，$I_m=k^m+2^m$ は $k+2$ で割り切れる．◀

(2) m が偶数のとき，$m=2n$（n は 1 以上の整数）と表して，(1)での記号 I_m を用いると
$$I_{2n}=k^{2n}+2^{2n}=k^{2n}+2^{2n}(2-1)$$
$$=k^{2n}-2^{2n}+2^{2n+1}$$
$$\Longleftrightarrow I_{2n}-(k-2)(k+2)\{(k^2)^{n-1}+\cdots+(2^2)^{n-1}\}=2^{2n+1}$$

ある n のとき I_{2n} が $k+2$ で割り切れれば，左辺は $k+2$ で割り切れるので，右辺の $2^{2n+1}=2^{m+1}$ は $k+2$ で割り切れる．◀

（補）(2)の解答において，$k^{2n}-2^{2n}=(k^n-2^n)(k^n+2^n)$ と因数分解すると，少々，厄介である．念の為，**このような因数分解に走ってしまった場合の解答を呈示しておく**：
$$I_{2n}-(k^n-2^n)I_n=2^{2n+1}\quad\cdots\text{①}$$

n がある奇数のとき，①において I_{2n} が $k+2$ で割り切れるならば，上式左辺は，(1)により，$k+2$ で割り切れるので，$2^{2n+1}=2^{m+1}$ は $k+2$ で割り切れる．

n がある偶数のとき，①において $n=2l$（l は 1 以上のある整数）と表して，I_{4l} が $k+2$ で割り切れるとする．
$$I_{4l}-(k^l-2^l)(k^l+2^l)I_{2l}=2^{4l+1}\quad\cdots\text{②}$$
において，l が奇数ならば，左辺は $k+2$ で割り切れるし，l が偶数ならば，k^l-2^l を $(k^{\frac{l}{2}}-2^{\frac{l}{2}})\cdot(k^{\frac{l}{2}}+2^{\frac{l}{2}})$ と因数分解し，上と同様の論法が展開される．この論法における操作は，明らかに，有限回で終了し，必ず，②式左辺の第 2 項は $k+2$ を因数にもつ．

よって②式右辺 $2^{4l+1}=2^{2n+1}$ は $k+2$ で割り切れる．以上によって題意は示された．◁

問題10の（補）は，この路線を踏んでいる．
本問の(2)では，$k^m+2^m=k^m-2^m+2^{m+1}$ なる

式変形を使っているが，見方によっては，これは1つのpointなのかもしれない．しかし，初学時における"ポイント"というものは，人によって違ってくるので，筆者はその言葉をあまり多用したくはない．ある人にとってある式変形がポイントであっても，別の人にとってはポイントでないかもしれない．それは一応の目安であり，また，多くは，学習者個人が自分の為に見出すべきものであって，画一的にあるものではない．

(注) 設問(1)においては，「任意の自然数 k に対し，**自然数** k^m+2^m が $k+2$ で割り切れることと**整式** k^m+2^m が $k+2$ を因数として整数係数上で因数分解されること」は同じことである．然るに，**因数定理はその整数係数までは保証しない．**

さて，この辺りで**ガウスの記号**について説明しておこう．

実数 a に対して a を越えない最大の整数を $[a]$（**ガウス記号**）で表す．これは，'n を整数として，$n \leq a < n+1$ のとき，$[a]=n$ になる' ということである．

例えば，$[2.5]=2$, $[0.1]=0$, $[-2.5]=-3$ のようになる．

定義から $a-1 < [a] \leq a$ であることも明らかであろう．

（いずれ，本書で実数上の関数として $[x]$ を扱うことになる．）

⟨**例 4**⟩ m を1より大きい整数とする．n を自然数として，

$$a_{m,n}=\left[\frac{n}{m-1}\right]\left[\frac{m+1}{n}\right]$$

の値を全て求めよ．ただし，$[x]$ は実数 x を越えない最大の整数を表すものとする．

解　・$n > m+1$ のとき

$\left[\dfrac{m+1}{n}\right]=0$ であるから $a_{m,n}=0$

・$n = m+1$ のとき

$$a_{m,n}=\left[\frac{m+1}{m-1}\right]=\left[1+\frac{2}{m-1}\right]$$

$$=\begin{cases} 1 & (m \geq 4) \\ 2 & (m=3) \\ 3 & (m=2) \end{cases}$$

・$n = m$ のとき

$$a_{m,n}=\left[\frac{m}{m-1}\right]\left[\frac{m+1}{m}\right]$$

$$=\left[1+\frac{1}{m-1}\right]$$

$$=\begin{cases} 1 & (m \geq 3) \\ 2 & (m=2) \end{cases}$$

・$n = m-1$ のとき

$$a_{m,n}=\left[\frac{m+1}{m-1}\right]=\left[1+\frac{2}{m-1}\right]$$

$$=\begin{cases} 1 & (m \geq 4) \\ 2 & (m=3) \\ 3 & (m=2) \end{cases}$$

・$n < m-1$ のとき

$\left[\dfrac{n}{m-1}\right]=0$ であるから $a_{m,n}=0$

$$\therefore\ a_{m,n}=\begin{cases} 0 & (n<m-1 \text{ または } n>m+1 \\ & \qquad\qquad\qquad\text{のとき}) \\ 1 & (n=m \text{ かつ } m \geq 3, \text{ または} \\ & \quad n=m\pm 1 \text{ かつ } m \geq 4 \text{ のとき}) \\ 2 & (n=m=2, \text{ または } n=m\pm 1 \\ & \qquad\qquad \text{かつ } m=3 \text{ のとき}) \\ 3 & (n=m\pm 1 \text{ かつ } m=2 \text{ のとき}) \end{cases}$$

◀ **問 題 13** ▶

実数 x に対して，x 以下の整数のうちで最大のものを $[x]$ と表すことにする．$c > 1$ として，$a_n = \dfrac{[nc]}{c}$ $(n=1, 2, \cdots)$ とおく．以下の(1), (2), (3)を証明せよ．

(1) すべての n に対して，$[a_n]$ は n または $n-1$ に等しい．

(2) c が有理数のときは，$[a_n]=n$ となる n が存在する．

(3) c が無理数のときは，すべての n に対して $[a_n]=n-1$ となる． （北海道大）

† 全問，標準的で素直な問題であるので，何とか自力で解かれたい．

⟨**解**⟩ (1) 定義より

$$nc-1 < [nc] \leq nc$$

$c > 0$ より

$$n - \frac{1}{c} < \frac{[nc]}{c} = a_n \leq n$$

$c > 1$ より $-1 < -\dfrac{1}{c} < 0$ であるから

$$\left[-\frac{1}{c}\right] = -1$$

$$\therefore\ n-1 \leq [a_n] \leq n$$

$$\therefore\ [a_n]=n-1,\ n \blacktriangleleft$$

(2) c が正の有理数のとき，$c=\left|\dfrac{p}{q}\right|$ ($|p|$ と $|q|$ は互いに素な整数）と表せて
$$a_n=\dfrac{[nc]}{c}=\left|\dfrac{q}{p}\right|\left[n\cdot\left|\dfrac{p}{q}\right|\right]$$
となる．ここで $n=|q|(\geqq 1)$ とおいて
$$a_n=|q| \quad \therefore\ [a_n]=|q|=n$$
これで題意は示された． ◀

(3) c が1より大きい無理数のとき，任意の自然数 n に対して nc は無理数である．よって
$$nc-1<[nc]\leqq nc$$
$$\therefore\ n-\dfrac{1}{c}<\dfrac{[nc]}{c}=a_n<n$$
$c>1$ より $\left[-\dfrac{1}{c}\right]=-1$ であるから
$$n-1\leqq[a_n]<n$$
$$\therefore\ [a_n]=n-1 \blacktriangleleft$$

(補) 設問(2)では，$c>1$ が効いてこない．これが効いてくるように出題することも，少し高級になるが，できる．それを読者に **present** して **第1章**のしめくくりとしよう．なお，(3)は背理法でもすぐ解けることを付記しておく．

発展問題

$[a]$ は実数 a を越えない最大の整数を表すものとする．c を $c>1$ なる有理数として，$a_n=\dfrac{[nc]}{c}$ ($n=1,2,\cdots$) とおく．このとき $[a_n]=n-1$ となる n は，適当に与えられる c の値の変動方向に沿って，無数に存在することを示せ．

必要ならば，次の定理を用いてよい：
「互いに素な整数 a, b が与えられたとき，$ax+by=1$ となる整数 x, y が存在する．」

（解答なしで挑戦して頂きたいところだが，「実力的に無理」という人の為に，解答を付す．）

《解》 $[a_n]=n-1$ は，a_n の表記より
$$n-1=\left[\dfrac{1}{c}[nc]\right] \quad (c \text{ は自然数でない})$$
これは，$0\leqq\alpha<1$ なる実数 α を用いて
$$n-1+\alpha=\dfrac{1}{c}[nc]$$
と表される．上式において，c は自然数値をとり得ないので，1より大きい有理数 c を $c=\dfrac{p}{q}$ (p と q は互いに素な正の整数とし，$p>q\neq 1$ なるもの）と表して，c が与えられたものとして
$$n-1+\alpha=\dfrac{q}{p}\left[n\cdot\dfrac{p}{q}\right]$$
を n の方程式とみる．$\left[n\cdot\dfrac{p}{q}\right]=N$ (N は正の整数）とおくと，上式は
$$(n-1+\alpha)p=qN \quad (p\geqq 3)$$
となる．これより α は
$$0\leqq\alpha=\dfrac{k}{p}<1$$
$$(k=p-1,\ p-2,\cdots,\ 1,\ 0)$$
なる有理数のいずれかである．$\ell=p-k$ ($1\leqq\ell\leqq p$) とおいて
$$np-\ell=qN \quad (p\geqq 3)$$
と表す．つまり
$$pn-qN=\ell \quad (p\geqq 3)$$
p と q は互いに素であるので，与えられた定理により，$\ell=1$ のとき，この方程式を満たす n, N は存在する．

しかし，n と N の連立方程式
$$pn-qN=1 \quad (p\geqq 3)$$
$$\text{かつ}\quad N=\left[n\cdot\dfrac{p}{q}\right]$$
を満たす n, N が存在するかどうかは未だ不明である．（それを調べる．）

$n=q+1$ ととると，上式は
$$p-q\left[\dfrac{p}{q}\right]=1 \quad (p\geqq 3) \text{ かつ } N=p+\left[\dfrac{p}{q}\right]$$
となる．ここで $p>q$ (p と q は互いに素）より $q=p-1$ ととれて，$p\geqq 3$ の下で解は
$$n=q+1=p \quad (p\geqq 3)$$

このような n は，$c=\dfrac{p}{q}$ の p, q が $p-q=1$ ($p\geqq 3$) を満たすように変動する方向に沿って，無数に存在する． ◀

出題者も，本当は，このように出題することを考えたのではないのかな？

ここで用いた**不定方程式**に関する**定理**は，通常，**ユークリッドの互除法**で示されるが，そのことについて，今，受験生は知らなければ知らなくてもよい．（しっかりした出題者は，この定

理を no hint で証明させる問題など，出題してこないから．しかも，仮にユークリッドの互除法を hint として与えて，誘導設問形式にすると，殆ど考えなくとも解ける問題に堕してしまうからでもある．）

とにかく，こうして我々は不定方程式まで来れたわけである．これまでの流れを振り返ってみよう：2次方程式を**事の始め**とし，数列の漸化式，数学的帰納法，3次方程式，整数問題（，そして不定方程式）へと，豊富な内容を連ねて学んできた訳である．これは**筆者が初めて試みたひとつの教程**であり，このようなことができるというのは，指導上の自由度の大きい枠をもったものの特権でもある．

ところで，**第 1 章**では2次方程式の根の公式を扱ったが，3次・4次方程式も一般に解ける．それぞれ**カルダノ（H. Cardano）**とその弟子の**フェラリ（L. Ferrari）**によって1500年代に解決済みである．

しかし，5次以上の方程式については，**ガロア（E. Galois）**の天才を待たねばならなかった．5次以上の方程式は（一般に）可解ではない．ガロアは，この結論を，当時は，人智未踏の全く新しい「群」の概念によって示した．1832年，ガロア21歳の時に解決しているので，理論上の概ねの構想は19歳〜20歳時には出来上がっていたと思われる．

ガロアは当時のままでは，今の日本の大学入試数学に対して，（解法を多く知らないはずなので，）平均的受験生ほどにも手速くは処理できないだろう．が，しかし，それは，彼の才能の為には幸いだったともいえる．彼の若い頭脳は，数学史上，非常に貴重なるものへと注がれ，大いなる貢献をした．その天才は，従来の計算数学から**大きく反転して翻った着想**による代数集合系への思念に煌いている．さもなくば，ガロアとて，カルダノやフェラリの轍を踏んで，その計算技のまねばかりをして，5次方程式の解決云々どころの level ではなかったろうから．

そのような事も踏まえて，**第 2 章**では，少しばかりだが，**集合の初歩**(の初歩)をも組み込む．

第 2 章
数列と集合から不定方程式へ（その１）

　本書を執筆しながら，ふと思うのは：「読者の中で，青少年は，この本をどのように読むのだろうか？　苦心しながら読み続けるであろうか？」という事である．物や頭脳をどう使うかはその人次第，従って本書の内容をどのように読むかは読者次第．読者の資質に応じて，それが有益になるか否かが決まる．そして，本書で，辛抱強く学んでくれた青少年は，やはり，筆者の教え子ということになる．とすれば，これは大変な責任である．

　昔，大学院生だった頃，生計が苦しくて，或る予備校の講師採用試験（そこは，**大学入試問題**—早大・理工程度を数題解くことであった）を受けに行ったことがあり，そこで part-time jobber のつもりであったのが，ひょっとしたことがひょっとなってしまい，予備校業界に10年程，滞在してしまったことがある．しかし，御陰で，大体，高校生と受験生がどのような箇所で躓くのか，結構，こちらも貴重な事を学んだものでもある．

　今，執筆しているこの中にも，当時の指導経験が，少しは，生きているのかもしれない．

　それでは，此処の主題の要旨について簡単に述べる．

　数列では，整数の列を扱うことが多い（勿論，実数列などを扱うことも多いが，それらは，主として微分積分学での**実数論**の範ちゅうに入ってくる）．

　一方，この章の目標である**不定方程式**も，その整数解は数列の内容として扱える．

　このようにみると，両者は相互に強い相関をもっていることがわかる．そして，それらは，同時に**整数の集合**を形成する．

　以上を，ひとつの流れの中で構成してみようと試みた訳．

　まずは，**等差数列**と**等比数列**の一般項と和の公式から．

　初項 a_1，公差 d の等差数列の一般項 a_n と和 S_n の公式：
$$a_n = a_1 + (n-1)d,$$
$$S_n = \frac{(a_1+a_n)n}{2} = \frac{1}{2}\{2a_1+(n-1)d\}n.$$

　初項 a_1，公比 r の等比数列の一般項 a_n と和 S_n の公式：
$$a_n = a_1 r^{n-1},$$
$$S_n = \begin{cases} \dfrac{a(1-r^n)}{1-r} & (r \neq 1 \text{ のとき}) \\ na_1 & (r=1 \text{ のとき}). \end{cases}$$

これらは教科書に載っているうちでも最も初歩的なことだからここでは説明しない．

　次は，代表的数列の和の**公式**である．
$$\sum_{k=1}^{n} k = \frac{1}{2}n(n+1),$$
$$\sum_{k=1}^{n} k^2 = \frac{1}{6}n(n+1)(2n+1),$$
$$\sum_{k=1}^{n} k^3 = \left\{\frac{1}{2}n(n+1)\right\}^2.$$

これらも，ただあるものをただ並べただけ．

　では，問題の例を１つ．高３生以上の人は**解答を見ないで解くこと**．

　〈例1〉　n を任意の自然数とする．等式
$$2^n = 2 + 2 + 2^2 + 2^3 + 2^4 + \cdots + 2^{n-1}$$
が成り立つことを数学的帰納法で示せ．

　解　$n=1$ のとき
　　　　左辺 $= 2^1 = 2$，右辺 $= 1+1=2$
であるから，$n=1$ のときには等式は成立している．

　　　$n=k$ のとき
$$2^k = 2 + 2 + 2^2 + 2^3 + \cdots + 2^{k-1}$$
が成立していると仮定して，この式の両辺に2をかけて
$$2^{k+1} = 2(2 + 2 + 2^2 + 2^3 + \cdots + 2^{k-1})$$

$$= 2 + 2 + 2^2 + 2^3 + 2^4 + \cdots + 2^k$$

となるから，$n=k+1$ でも問題の等式は成立する．よって任意の自然数 n について問題の等式は成立する． ◁

この例では，多分に，行き詰まった人が少なくはないだろう：

「$n=1$ のとき
   左辺 $=2^1=2$，右辺 $=2+2^0=3$（？）
   または　右辺 $=2+2^1=4$（？）」

などとした人は必ずいるはず．とすれば，これだけでも，充分，問題になる訳だ．（本問は，"2" という数の持つ性質の特殊事情を生かしただけのものだが．）

さて，"数列といえば漸化式" という程，漸化式傾倒の傾向が見られるが，筆者個人としては，"漸化式の為の漸化式" をあまり指導したくはない．入試で漸化式の為の漸化式問題が，時々，出題されるのは，ただ，受験生に得点させようというだけのことであろう．

従ってそのような問題は，ここでは，ザッと流すに留める．（漸化式の自然な導入は**第1章**で行なってあるので，ここで，それ以上，申すことは何もない．）

〈例2〉 次の各関係式を満たす数列 $\{a_n\}$ の一般項を求めよ．

(1)　$a_1=1$，$(n+1)a_{n+1}+2na_n+1=0$
$$(n=1,\ 2,\ 3,\cdots)$$

(2)　$a_1=1$，
$$na_{n+1}+2(n+1)a_n+n(n+1)=0$$
$$(n=1,\ 2,\ 3,\cdots)$$
（電通大（一部））

解　(1)　$na_n=b_n$ とおくと，与式は
$$b_1=1,\ b_{n+1}+2b_n+1=0$$
よって
$$b_{n+1}+\frac{1}{3}=-2\left(b_n+\frac{1}{3}\right)\ (b_1=1)$$
$$\therefore\ b_n+\frac{1}{3}=\left(b_1+\frac{1}{3}\right)(-2)^{n-1}$$
$$=\frac{4}{3}(-2)^{n-1}$$
$$\therefore\ a_n=\frac{1}{3n}\{4(-2)^{n-1}-1\}$$
（答）

(2)　与式の両辺を $n(n+1)$ で割ると，

$$\frac{a_{n+1}}{n+1}+2\cdot\frac{a_n}{n}+1=0$$

$\dfrac{a_n}{n}=b_n$ とおくと，上式は

$$b_{n+1}+2b_n+1=0$$

b_n は(1)で求めてある．

$$\therefore\ a_n=\frac{n}{3}\{4(-2)^{n-1}-1\}$$
（答）

〈例3〉 次の各関係式を満たす数列 $\{a_n\}$ の一般項を求めよ．

(1)　$a_1=0$，$a_n=\left(1-\dfrac{1}{n}\right)^3 a_{n-1}+\dfrac{n-1}{n^2}$
$$(n=2,\ 3,\ 4,\cdots)$$

(2)　$a_1=1$，$a_{n+1}+a_n=\dfrac{1}{(n+1)(n+3)}$
$$(n=1,\ 2,\ 3,\cdots)$$

解　(1)　与式を次のように変形する．
$$n^3 a_n=(n-1)^3 a_{n-1}+n(n-1)$$
$$(n\geqq 2)$$

ここで，$n^3 a_n=b_n$ とおくと
$$b_n-b_{n-1}=n(n-1)\ \ (n\geqq 2)$$
よって
$$b_n=b_1+\sum_{k=1}^n k(k-1)$$
$$=\frac{1}{6}n(n+1)(2n+1)-\frac{1}{2}n(n+1)$$
$$=\frac{1}{3}(n-1)n(n+1)$$
（$n\geqq 1$ としてよい）
$$\therefore\ a_n=\frac{(n-1)(n+1)}{3n^2}\ \ (n\geqq 1)$$
（答）

(2)　与式は次のように変形される．
$$a_{n+1}+a_n=\frac{1}{2}\left(\frac{1}{n+1}-\frac{1}{n+3}\right)$$
$$=\frac{1}{2}\left(\frac{1}{n+1}-\frac{1}{n+2}\right.$$
$$\left.+\frac{1}{n+2}-\frac{1}{n+3}\right)$$
よって
$$a_{n+1}-\frac{1}{2}\left(\frac{1}{n+2}-\frac{1}{n+3}\right)$$
$$=-\left\{a_n-\frac{1}{2}\left(\frac{1}{n+1}-\frac{1}{n+2}\right)\right\}$$
$$\therefore\ a_n-\frac{1}{2}\left(\frac{1}{n+1}-\frac{1}{n+2}\right)$$
$$=\left\{a_1-\frac{1}{2}\left(\frac{1}{2}-\frac{1}{3}\right)\right\}(-1)^{n-1}$$

第2章 数列と集合から不定方程式へ（その1）

$$= \frac{11}{12}(-1)^{n-1}$$

$$\therefore \quad a_n = \frac{11}{12}(-1)^{n-1} + \frac{1}{2(n+1)(n+2)}$$
　　　　　　　　　　　　　　　　　　　（答）

それでは，少し，内容のある漸化式問題を解く．

◀ 問題 1 ▶

3つの文字 a, b, c を繰り返しを許して，左から順に n 個並べる．ただし，a の次は必ず c であり，b の次も必ず c である．このような規則をみたす列の個数を x_n とする．たとえば，$x_1=3$, $x_2=5$ である．
(1) x_{n+2} を x_{n+1} と x_n で表せ．
(2) $y_n = x_{n+1} + x_n$ とおく．y_n を求めよ．
(3) x_n を求めよ．

（一橋大）

† 筆者は，初め，「第 n 番目の文字は c だけ」と思った．しかるに，「$x_1 = 3$（通り）もある？」ということで，1個の文字を"並べてみる"と，$\{c\}$ しかないではないか！ 出題文では，"a の次は必ず c, b の次も必ず c である"とあるから，$\{a\}$, $\{b\}$ の場合はなくて，これらのような場合は，自動的に，$\{a, c\}$, $\{b, c\}$ に移行すると考えざるを得ない．一体，$x_1 = 3$ はどこから出てくるのか？ 考えても，二進も三進もゆかない．仕方がないから，$x_1 = 3$ を尊重して $\{a\}$, $\{b\}$ も含めることにした．出題者が $x_1 = 3$, $x_2 = 5$ を例として与えてくれなければ，完全に，$x_1 = 1$, $x_2 = 3$ として解くところであった．このような場合は，'この規則で n 個並べる際，n 番目には文字 a または b がきてもよいものとする'という歯止め文を添えて頂きたい．

さて，問題そのものであるが，(1)の hint がないと，本問は，高校生には，少し難しいかな？

(1)では，第1番目にくる文字で場合分けが生じる．

(1)が解ければ，(2)と(3)はただの計算に過ぎないのだから，(1)は慎重に．

〈解〉(1) $n+2$ 個の文字を並べた際；第1番目の文字が a または b のときは，各々，問題の規則により第2番目の文字は c のみで，残り n 個の並べ方は x_n（通り）である．第1番目の文字が c のときは，残り $n+1$ 個の並べ方は x_{n+1}（通り）である．よって
$$x_{n+2} = x_{n+1} + 2x_n \quad \cdots（答）$$

(2) (1)での結果の式の両辺に x_{n+1} を加えて
$$x_{n+2} + x_{n+1} = 2(x_{n+1} + x_n)$$
$y_n = x_{n+1} + x_n$ ということにより
$$y_1 = x_1 + x_2 = 8, \quad y_{n+1} = 2y_n$$
$$\therefore \quad y_n = y_1 \cdot 2^{n-1} = 2^{n+2} \quad \cdots（答）$$

(3) (2)での結果より
$$x_{n+1} + x_n = 2^{n+2}$$
この式の両辺を 2^{n+1} で割ると
$$\frac{x_{n+1}}{2^{n+1}} + \frac{1}{2} \cdot \frac{x_n}{2^n} = 2$$
そこで $\frac{x_n}{2^n} = z_n$ とおくと，
$$z_1 = \frac{3}{2}, \quad 2z_{n+1} + z_n = 4$$
これより
$$z_{n+1} - \frac{4}{3} = -\frac{1}{2}\left(z_n - \frac{4}{3}\right)$$
$$\therefore \quad z_n - \frac{4}{3} = \left(z_1 - \frac{4}{3}\right)\left(-\frac{1}{2}\right)^{n-1}$$
$$\therefore \quad z_n = \frac{4}{3} - \frac{1}{3}\left(-\frac{1}{2}\right)^n$$
$$\therefore \quad x_n = \frac{1}{3}\left\{2^{n+2} - (-1)^n\right\} \quad \cdots（答）$$

(補) (1)で得た漸化式を解くには，小問(2), (3)がなければ，次のようにしてよい．（第1章の内容を理解している人には容易であろう．）
$$\begin{cases} x_{n+2} + x_{n+1} = 2(x_{n+1} + x_n), \\ x_{n+2} - 2x_{n+1} = -(x_{n+1} - 2x_n) \end{cases}$$
よって
$$x_{n+1} + x_n = (x_1 + x_2)2^{n-1} = 8 \cdot 2^{n-1} = 2^{n+2},$$
$$x_{n+1} - 2x_n = (x_2 - 2x_1)(-1)^{n-1} = (-1)^n$$
$$\therefore \quad x_n = \frac{1}{3}\{2^{n+2} - (-1)^n\}$$

このような問題を，漸化式を使わないで解けといわれたら，お手上げである．漸化式を作って解けるとは，便利なものである．漸化式は，それ単独ではつまらないものの，有意的問題を解く手段として，歴史的に，**初めて**これを見出した人は，やはり，偉いものである．後から行く人は，昔の先人が苦労して見出した道を行くのだから，大分，楽なわけ．それ故，昔の学者

より今の学者が偉いということにはならない．先人の偉業を，我々は，拝借してきているのだということを，つねに，念頭におかれたい．

ところで，最近，頓(とみ)に思うのだが，何故，入試数学では，「…をみたす」とか「たとえば，…」などのように，平仮名が多用されるようになってきたのだろうか？　大学教員の年齢層の変化なのか．やたら昔の漢字ばかりを，振り仮名なしで使用されるのも困るが，やたら平仮名を使用されるのも幼稚化した教育に思えてならない．筆者の場合では，**大体，前後の脈絡とニュアンスを考えて表記することが多い．**（例えば，「…とよばれている」を，筆者個人は，「…と呼ばれている」とは表さない．"呼ぶ"という文字は，声を出して"Aさん"とでもいうニュアンスが強い．数学で，"よぶ"ということは，"そういわれている"の意味であるから，漢字を使いたくないのである．）

漢字が，段々，淘汰され，それと相まって文章表現（のみならず使用語句まで）が低劣になっていくのは，最近の強い傾向である．数学の専門書でも，二主語一述語などで当惑させられたことが，何度，あったかしれない．易しいことならば，前後関係から判別できるが，高度なことになると，判別できなくなってくる．

数学では，文章は二の次と思っている人が非常に多いようであるが，それは正しくない．少なくとも，しっかりした数学者の文体は，それなりにできているし，それに相関して，意義ある教育もなされてきている．**その文命題の構成力は，その数学的センスと融和して，そのような人の数学理論の構築力として反映しているのである．**

また，国際化時代だから，日本語は大して重要ではないという風潮も非常に強い．さりとて，外国語が強いわけでもなさそうである："(車の) back-mirror(バックミラー)"，"lemon-tea(レモンティ)"，"開店 A. M. 10 〜閉店 P. M. 3"（銀行などの支店長方の"教養ぶり"がよく分かる），…．**日本語が弱い日本人は外国語にも弱いようである．**

それだから，理系の大学入試で国語の記述試験を完全に外すことは賢明ではない；しかし，それを課すと，今度は，作文・感想文・思想などにおいて採点者の主観でどう採点されるものかわかったものでない．それ故，理系の人は，自分で教養を高めてゆかざるを得ないだろう．（因みに，筆者は，老境を目指して**謡曲**（観世流）なるものをやっている．**能舞**と併せて若い人達にもお勧めできるものである．）

さて，数列というものは，問題の variation が結構あるので，最近の入試問題のいくつかを扱って実力を高めることにしよう．

◀ **問題 2** ▶
l, m, n を自然数とする．$l+m+n$ が奇数のとき，整数 $3^l \times 5^m \times 7^n$ のすべての正の約数の総和が偶数であることを示せ．

（名古屋大・情報文化）

† 軽くセンスを問う良問であり，結構，実力差が現れやすい．時折，見かける類の問題でありながら，型にはまらない思考力を要する点で，本問は見事である．

$3^l \times 5^m \times 7^n$ の約数の総和 S は 3，5，7 の重複を許した組合せを積にしたものの適当な総和であるから，$S=(1+3+\cdots+3^l)(1+5+\cdots+5^m)\cdot(1+7+\cdots+7^n)$ である．これは，$3^l \times 5^m \times 7^n$ の約数の個数が $(l+1)(m+1)(n+1)$ 個あることからも明らかであろう．

〈解〉$3^l \times 5^m \times 7^n$ の約数の総和を S で表すと，
$$S=(1+3+\cdots+3^l)(1+5+\cdots+5^m)$$
$$\cdot(1+7+\cdots+7^n)$$
である．いま，$l+m+n$（$l \geq 1, m \geq 1, n \geq 1$）は奇数というから l, m, n のうちの少なくとも 1 つは奇数である．3，5，7 は全て奇数であるから l が奇数であるとしてよく，それならば，$3+3^2+\cdots+3^l$ は奇数であり，よって $1+3+\cdots+3^l$ は偶数である．よって上述の S は

偶数である．◀

問題 2 は，平成11年（後期）の出題である．本問の他 2 題の標準的問題での合計 3 題に対して90分の時間配分であるから，まずは，無理のない試験であろう．

◀ **問題 3** ▶
数列

第2章 数列と集合から不定方程式へ（その1）

11, 1001, 100001, 10000001, …

について考える．

(1) この数列の一般項（第 n 項）を n の式で表せ．

(2) この数列の項はみな11の倍数である．このことを数学的帰納法によって証明せよ．

(3) この数列の中の7の倍数を一般的に表せ．（証明不要．）

（愛知教育大）

(†) (1), (2)が解けないようでは困る．(3)は，なかなかの良問である．(1)をフル回転させることは勿論のこと．(2)は，(3)には，直接，影響してこないと思われるが，その解答過程は使われるかもしれない．証明不要とあっても，あてずっぽうでは結果を見出せない．それなりのプロセスを要する．

〈解〉(1) 問題における数列は
$$10+1,\ 10^3+1,\ 10^5+1,\ 10^7+1,\ \cdots$$
の規則で成り立っている．数列 $10, 10^3, 10^5, \cdots$ は初項 10，公比 10^2 の等比数列である．よって求めるべき数列の一般項 a_n は
$$a_n = 1 + 10(10^2)^{n-1} = 1 + 10^{2n-1} \quad \cdots\text{(答)}$$

(2) $n=1$ のとき
　　$a_1 = 11$ であるから，a_1 は11の倍数である．
$n = k$ のとき
$$a_k = 1 + 10^{2k-1}$$
は11の倍数であると仮定すると，
$$a_{k+1} = 1 + 10^{2k+1} = 1 + 10^2 \cdot 10^{2k-1}$$
$$= 1 + 10^2(1 + 10^{2k-1}) - 10^2$$
$$= -11 \times 9 + 10^2(1 + 10^{2k-1})$$

となるから，a_{k+1} も11の倍数である．以上によって，任意の $n = 1, 2, \cdots$ について a_n は11の倍数であることが示された．◀

(3) $a_2 = 1001$ は7の倍数である．いま，$a_n = 1 + 10^{2n-1}$ は，ある n で7の倍数になるとする．そして N をある自然数として
$$a_{n+N} = 1 + 10^{2N} \cdot 10^{2n-1}$$
$$= 1 - 10^{2N} + 10^{2N}(1 + 10^{2n-1})$$
ここで $N = 3M\ (M = 1, 2, \cdots)$ ならば，$1 - 10^{6M}$ は因数分解されて，その因数
$$1 - 10^6 = -999999$$
は7の倍数であるから，$a_{n+N} = a_{n+3M}$ は7の倍数となる．a_2 は7の倍数であったから，$\{a_n\}$ のうちで次のものが7の倍数である：
$$\begin{cases} a_n = 1 + 10^{2n-1} \\ n = 2 + 3M \quad (M = 0, 1, 2, \cdots) \end{cases} \cdots\text{(答)}$$

(補) 出題者が，"証明不要"と添えた理由を考えよ．

次は，俗称："群数列"なるものの問題である．

筆者にとっては，"群数列"というものについては，漸化式の次に退屈になるので，あまり，とり挙げたくないものだが，次の問題は，ちらりと見た瞬間，これは，少しおもしろそうだと直感が働いた．

◀ 問題 4 ▶

$\{1\},\ \{2, 3\},\ \{3, 4, 5\},\ \{4, 5, 6, 7\},$
$\{5, 6, 7, 8, 9\},\ \cdots\cdots$ を順に並べてできる数列
　　1, 2, 3, 3, 4, 5, 4, 5, 6, 7, 5,
　　6, 7, 8, 9, …
について次に答えよ．

(1) 初めて99が現れるのは第何項目か．

(2) 第1999項を求めよ．

(3) この数列に1000回現れる数をすべて求めよ．

（九州工大）

(†) まず，この"群数列"の規則であるが，明らかに，第 k 群での初項は k，そして，その中の項数は k 項ある．されば，….

〈解〉 $\{1\}, \{2, 3\}, \{3, 4, 5\}, \cdots$ を順に第1群，第2群，第3群，…とする．

(1) 初めて99が現れる群を第 k 群とする．第1群が $\{1\}$ である為に，初めて現れる奇数は，ある群の中での末項になる．従って99が第 k 群での末項ならば，その群での初項は $k = 99 - k + 1$ である．

よって，$k = 50$ である．

99は第50群での末項の数であるから，通しでは
$$1 + 2 + \cdots + 50 = \frac{(1+50)50}{2}$$
$$= 1275\text{（項目）} \quad \cdots\text{(答)}$$

(2) 第1999項の数は，第 k 群での第 l 項目であるとする．第1群での初項から第 $(k-1)$ 群で

の末項までの全項数は
$$1+2+\cdots+(k-1)=\frac{(k-1)k}{2}$$
であるから
$$\frac{(k-1)k}{2}+l=1999<\frac{k(k+1)}{2}$$
よって
$$(k-1)k+2l=3998<k(k+1)$$
これを満たすような自然数 k は $k=63$ である．
$(62\times63+2l=3906+2l=3998<63\times64=4032)$
よって
$$3998-3906=2l \quad \therefore \quad l=46$$
従って，第1999項の数は，第63群での第46項目の数である．その数は
$$63+45=108 \quad \cdots(答)$$
(3) ある数 N が第 k 群で初めて現れたとする．その数 N は
$$N=2k-1 \quad および \quad N=2k-2$$
である．このような N が，1000回，現れるとする．そうすると，このような N が最後に現れるのは，第 $(k+999)$ 群での初項の数 $k+999$ としてであるから，
$$2k-1=k+999 \quad \therefore \quad k=1000$$
および
$$2k-2=k+999 \quad \therefore \quad k=1001$$
従って，求める N は，第1000群での末項の数 $2000-1$ および第1001群での末項の1つ手前の数 $2002-2$ である．
$$\therefore \quad N=1999, 2000 \quad \cdots(答)$$

数列というものは，**数の列でできた集合**に他ならないものである．それ故，集合としての問題も，当然，出題されてくることになる．
その為に，簡単な**集合の基本**を学んでおこう：
いま，有限な集合 A, B があって，各々の**元**（または**要素**とよび，a が A の元であることを $a\in A$ と表す）の個数が数えれて $n(A)$, $n(B)$ 個あるものとする．例えば，$A=\{1, 2, 3, 4, 5\}$, $B=\{4, 5, 6\}$ とすれば，$n(A)=5$, $n(B)=3$ である．
$A\cup B$ を A と B の**和集合**（または**合併**）とよび，それは A, B の元の全てから成る集合をつくる．
$A\cap B$ を A と B の**共通集合**（または**共通部分**）とよび，それは A, B の共通な元から成る集合をつくる．上述の A, B の例では，$A\cup B=\{1, 2, 3, 4, 5, 6\}$, $A\cap B=\{4, 5\}$ である．
集合が1つも元をもたないときは，それは**空集合**であるといわれ，通常，ϕ で表す．その元

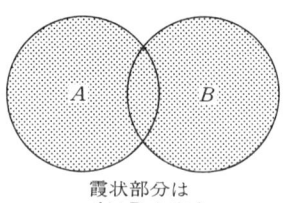

霞状部分は
$A\cup B$ を表す
図1

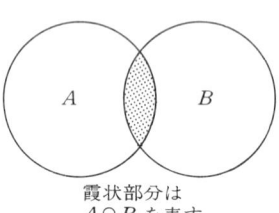

霞状部分は
$A\cap B$ を表す
図2

の個数は0であるから $n(\phi)=0$ と表される．
集合を視覚的に説明する為には，**ヴェン（Venn）図**とよばれるものを導入するのが便利である（図1，図2参照）．
図1，2を見ながら，集合の元の個数を考察すると，次の**個数定理**とよばれる等式が成り立つことが分かるであろう：
$$n(A\cup B)=n(A)+n(B)-n(A\cap B)$$
この式は，(有限な)集合が3つの場合には，次のように拡張される：
$$n(A\cup B\cup C)=n(A)+n(B)+n(C)$$
$$-n(A\cap B)-n(B\cap C)-n(C\cap A)$$
$$+n(A\cap B\cap C)$$

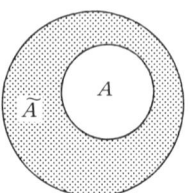

S における A と $\widetilde{A}$
図3

さて，一般に，集合 S を1つの**全体集合**として，集合 A が S に含まれることを $A\subseteqq S$ で表し，A を S の**部分集合**という．（$A\subset S$ のとき

A を S の **真部分集合** ともいう.) S の部分集合 A に含まれない元の全体を, S における A の **補集合** といい, $\widetilde{A}$ と表す (図3参照). 明らかに $\widetilde{S} = \phi$ である.

S の部分集合 A, B に対して, 次の **ド＝モルガンの法則** とよばれる集合間の等式が成立する:

⟨1⟩ $\widetilde{A \cup B} = \widetilde{A} \cap \widetilde{B}$

⟨2⟩ $\widetilde{A \cap B} = \widetilde{A} \cup \widetilde{B}$

(自分で図を描いて確認せよ)

最後に, 集合算の代数系で重要な等式を挙げておく:

❶ $(A \cup B) \cap C = (A \cap C) \cup (B \cap C)$

(図4参照)

❷ $(A \cap B) \cup C = (A \cup C) \cap (B \cup C)$

(図5参照)

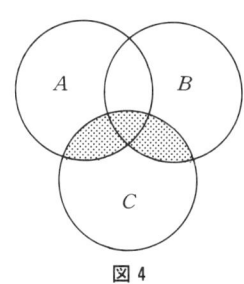

図4

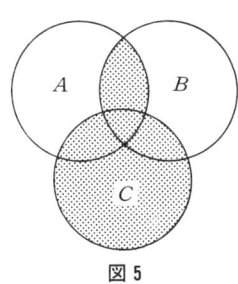

図5

⟨例4⟩ 1から1000までの整数を用いて, 次の2つの集合 A, B を構成する:

$A = \{a \mid a \text{ は3の倍数}\}$,
$B = \{b \mid b \text{ は5の倍数}\}$.

集合 C の元の個数を $n(C)$ として, 以下の集合の元の個数を求めよ.

(1) $A \cap B$ (2) $A \cup B$
(3) $\widetilde{A}$ (A の補集合)
(4) $\widetilde{A} \cap B$ (5) $\widetilde{A} \cup B$

[解] (1) $A \cap B = \{c \mid c \text{ は3と5の倍数}\}$
c は15の倍数である. 1〜1000までの数において15の倍数は, $1000 = 66 + \frac{10}{15}$ より, 66個ある.

∴ $n(A \cap B) = \underline{66}$ (答)

(2) $n(A) = 333$, $n(B) = 200$ であるから, 個数定理と(1)の結果により
$n(A \cup B) = n(A) + n(B) - n(A \cap B)$
$= 333 + 200 - 66$
$= \underline{467}$ (答)

(3) $n(\widetilde{A}) = 1000 - n(A)$
$= \underline{667}$ (答)

(4) ヴェン図を用いてみる.

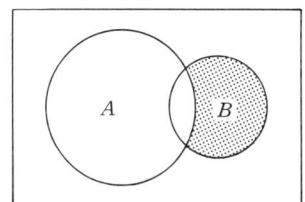

よって
$n(\widetilde{A} \cap B) = n(B) - n(A \cap B)$
$= 200 - 66$
$= \underline{134}$ (答)

(5) (3)と(4)の結果により
$n(\widetilde{A} \cup B) = n(\widetilde{A}) + n(B) - n(\widetilde{A} \cap B)$
$= 667 + 200 - 134$
$= \underline{733}$ (答)

それでは, 次は, 入試問題である.

◀ 問題 5 ▶

$S = \{x \mid x \text{ は自然数}, 1 \leq x \leq 10000\}$ を全体集合とし, その部分集合 A, B を

$A = \{x \mid x \in S, x \text{ は7の倍数であるが,} \\ \qquad\qquad\qquad 13\text{の倍数でない}\}$

$B = \{x \mid x \in S, x \text{ は11466の約数である}\}$

とするとき, 次の集合の要素の個数を求めよ.

(1) A (2) $\widetilde{B}$ (3) $A \cap B$ (4) $A \cap \widetilde{B}$
(5) $A \cup \widetilde{B}$

ただし，$\widetilde{B}$ は S における B の補集合を表す．

(山形大・理〈数〉)

(†) 原出題では，$\widetilde{B}$ の箇所は $\overline{B}$ になってある．
  (1), (2)を解けないと，合格はおぼつかないだろう．(3)は**問題2**の系列である．(4)はヴェン図を利用するか？ (5)は個数定理で片付く．

〈解〉(1) まず，7の倍数の個数は $10000 = 1428 + \frac{4}{7}$ より1428個ある．次に，同様にして $7 \times 13 = 91$ の倍数の個数を求めると109個ある．求める個数を $n(A)$ で表す（以下，同様の意味で，このような記号を用いる）と，
$$n(A) = 1428 - 109 = 1319 \quad \cdots \text{(答)}$$

(2) $11466 = 2 \cdot 3^2 \cdot 7^2 \cdot 13$
この数の約数の個数は，$2 \times 3 \times 3 \times 2 = 36$（個）ある．このうち10000以下のものは35個ある：$n(B) = 35$．
$$\therefore \quad n(\widetilde{B}) = 10000 - 35 = 9965 \text{（個）} \quad \cdots \text{(答)}$$

(3) 11466の約数 x $(1 \leq x \leq 10000)$ のうちで，7の倍数であり，かつ13の倍数でないものの個数は，$2 \cdot 3^2 \cdot 7^2$ の約数の個数から，$2 \cdot 3^2$ の約数の個数を引いたものである．よって
$$n(A \cap B) = 2 \times 3 \times 3 - 2 \times 3 = 12 \text{（個）} \quad \cdots \text{(答)}$$

(4) 明らかに
$$n(A \cap \widetilde{B}) = n(A) - n(A \cap B)$$
であるから
$$n(A \cap \widetilde{B}) = 1319 - 12 = 1307 \text{（個）} \quad \cdots \text{(答)}$$

(5) 個数定理により
$$n(A \cup \widetilde{B}) = n(A) + n(\widetilde{B}) - n(A \cap \widetilde{B})$$
$$= 1319 + 9965 - 1307 = 9977 \text{（個）} \quad \cdots \text{(答)}$$

◀ **問題 6** ▶

2の倍数でも3の倍数でもない自然数全体を小さい順に並べてできる数列を $a_1, a_2, \cdots, a_n, \cdots$ とする．このとき次の各問に答えよ．

(1) 1003は数列 $\{a_n\}$ の第何項か．
(2) a_{2000} の値を求めよ．

(3) m を自然数とするとき，数列 $\{a_n\}$ の初項から第 $2m$ 項までの和を求めよ．

(神戸大・文系)

(†) (1)は個数定理を用いてもよいし，$\{a_n\}$ の一般項を求めてから1003が何項目になるかを求めてもよい．ただし，後者の路線を採るとき，初めの数項のみから一般項を決定することは，本問の場合は，してはならない．(2)は，上述の(1)での前者の路線を拡張しても解けるが，後者の路線の方が(3)へもすぐ通じるようなので，$\{a_n\}$ の一般項を捉える方が楽かもしれない．

〈解〉(1) 自然数の順序列1〜1003の中に，2の倍数は501個，3の倍数は334個，6の倍数は167個ある．よって1〜1003の中に，2または3の倍数は，個数定理により $501 + 334 - 167 = 668$ 個ある．

よって，問題の数列において1003は
$$1003 - 668 = 335 \text{（項目）} \quad \cdots \text{(答)}$$

(2) 2の倍数でも3の倍数でもない数は規則的に並び，そのような数は $6M + 1, 6M + 5$ $(M = 0, 1, 2, \cdots)$ で与えられる．
問題での数列 $\{a_n\}$ は，$k = 1, 2, 3, \cdots$ に対して $a_{2k-1} = 6M + 1$，$a_{2k} = 6M + 5$ を，各 M の値に応じて順に並べたものである．
a_{2k-1}, a_{2k} は全自然数列の中で k に"比例"して値をとるので，
$$a_{2k-1} = 6k - 5 \quad (k = 1, 2, \cdots),$$
$$a_{2k} = 6k - 1 \quad (k = 1, 2, \cdots)$$
と決まる．
$$\therefore \quad a_{2000} = 6 \times 1000 - 1 = 5999 \quad \cdots \text{(答)}$$

(3) (2)での過程により
$$\sum_{n=1}^{2m} a_n = \sum_{k=1}^{m}(a_{2k-1} + a_{2k})$$
$$= \sum_{k=1}^{m}(6k - 5) + \sum_{k=1}^{m}(6k - 1)$$
$$= 3m(m+1) - 5m + 3m(m+1) - m$$
$$= 6m^2 \quad \cdots \text{(答)}$$

(補) (2)の解答路線を始めから採ると，(1)は次のようにも解ける：
$$1003 = 6 \times 168 - 5$$
$$\therefore \quad 1003 \text{ は } 2 \times 168 - 1 = 335 \text{（項目）}．$$

なお，本問の場合(1)と(2)の解答は関連付く必要はない．

(注) 次のような解答は，せいぜい受験生に対してだけ，大目に見られるものである：

(1), (2) 問題での数列 $\{a_n\}$ は規則的に並ぶから

$a_n = 1, 5, 7, 11, 13, 17, 19, 23, \cdots$
$b_n = 4, 2, 4, 2, \cdots$
$c_n = -2, 2, -2, \cdots$

$\{b_n\}$, $\{c_n\}$ は $\{a_n\}$ の第1，第2階差数列である．

$$c_n = 2(-1)^n,$$
$$b_n = b_1 + 2\sum_{k=1}^{n-1}(-1)^k$$
$$= 4 + 2 \cdot \frac{(-1)\{1-(-1)^{n-1}\}}{2}$$
$$= 3 + (-1)^{n-1},$$
$$a_n = a_1 + \sum_{k=1}^{n-1}\{3+(-1)^{k-1}\}$$
$$= 1 + 3(n-1) + \frac{1-(-1)^{n-1}}{2}$$
$$= \frac{(-1)^n + 6n - 3}{2}$$

∴ $1003 = \dfrac{-1 + 6 \times 335 - 3}{2}$ より

1003は第335項目　…((1)の答)

$$a_{2000} = \frac{1 + 6 \times 2000 - 3}{2}$$
$$= 5999 \quad \cdots((2)の答)$$

(3)については，もうお分かりであろう．

　以上で，**問題 6** を後にするが，筆者は，いまだに，"小さい順"（これは**問題 6** にある）とか"大きい順"という表現を混同する．というより，すぐ，ピンとこないのである．

　しかし，よく考えてみられたい．これらは，実は，**言語表現になっていない**のである．それぞれ，こういうべきであろう：'小さい方から（大きい方へ）順に'，'大きい方から（小さい方へ）順に'と．（前述の語では，省略が多過ぎるし，形容詞の使い方も正しくない．）

　本当は優秀な人なのに数学が苦手という人は，ひとつには，その人の読んでいる数学学習書の著者の文語力不足が影響している可能性がある．**数学は単なる言葉だけの学問ではない**が，それをいいことにして，言葉を粗雑にすると，読者は非常に当惑する．

第 2 章

数列と集合から不定方程式へ(その２)

それでは，今回の主旨，**不定方程式**に入る．通常，不定方程式では解がいくらでもあるが，適当な制限を加えることにより解の個数が決まってしまうものでもある．それ故，ここでは，そのような場合も，不定方程式の範ちゅうに含めることにする．

以下に，不定方程式の指導における少し新しい展開を呈示しよう：

a, b を互いに素な正の整数としておく．
直線を表す方程式

$$ax+by=ab \longleftrightarrow \frac{x}{b}+\frac{y}{a}=1$$

を，xy 座標平面に図示すると**図 6** のようになる：

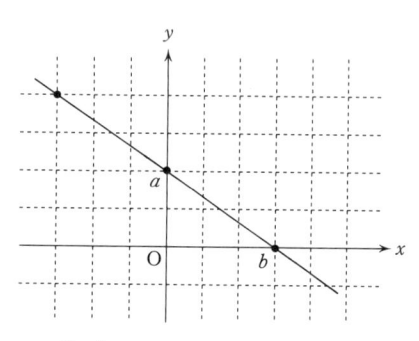

直線 $\frac{x}{b}+\frac{y}{a}=1$ において $a=2, b=3$ の場合

図 6

図 6 において，黒点(●)の座標は $(-b, 2a)$，$(0, a)$，$(b, 0)$ で，これらの各成分は整数値をとる．このような点を**格子点**という．

以後，直線 $\frac{x}{b}+\frac{y}{a}=1$ を記号 l で表すことにする．

いま l を x 方向へ $\frac{c}{a}-b$ だけ平行移動させたものを l' とする．ただし，c は 0 でない実数とする．(このような変換は**第 3 章**で改めて扱う．)
即ち

$$l': \frac{1}{b}\left\{x-\left(\frac{c}{a}-b\right)\right\}+\frac{y}{a}=1$$
$$\longleftrightarrow l': ax+by=c \quad (\text{図 7 参照})$$

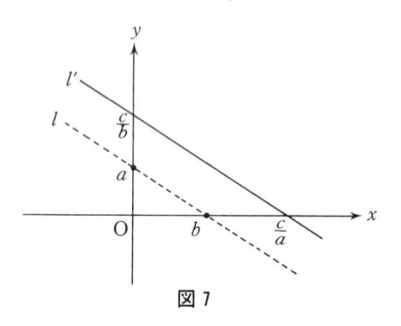

図 7

ここで，c がある条件を満たすと，l' 上には格子点が存在することになる．

l 上の 2 点 $(0, a)$，$(b, 0)$ をそれぞれ A, B で表し，それらが l' 上の 2 点 A′, B′ に，有向最短線分 AA′＝BB′ を満たすように，移動したとみることにしよう．l から l' への平行移動がうまくなされれば，点 A′, B′ は格子点になる（**図 8** 参照）．

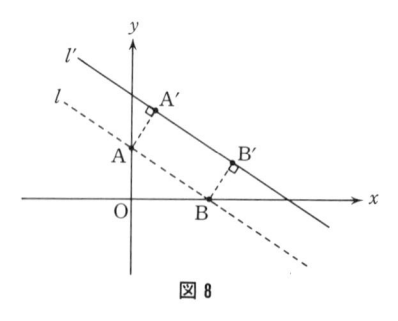

図 8

いま，l 上の全ての点 (x, y) を x 方向へ ka，y 方向へ kb（k は適当な整数とする）だけ移動させる：

$$\frac{1}{b}(x-ka)+\frac{1}{a}(y-kb)=1$$

この式の分母を払って整理する：

$$ax+by=k(a^2+b^2)+ab$$

そこで $k(a^2+b^2)+ab=c$ とおくと，これは l' の方程式に条件を課したことになり，つねに格

子点を，2つ以上，有する直線 l'_k が得られたことになる：
$$l'_k : ax+by=c, \quad c=k(a^2+b^2)+ab$$
$$(k \text{ は整数})$$

$k=0, \pm 1, \pm 2, \cdots$ と変化させることにより，l と平行で，つねに格子点を，2個以上，有する直線群 $\{l'_k | k=0, \pm 1, \pm 2, \cdots\}$ が得られることになる．(実は，より一般に議論ができる．)

さて，**直線の方程式**について，少し，大切なことに言及しておかねばならない．それは，**ある点と直線との距離**である．上の直線 l' と原点 O との距離を求めておこう．(数学では，何の断わりもなく"距離"と述べたときは，暗黙の了解で，最短距離を表すことと思うこと．同様のことは，"周期"，"格子点間隔"などでもいえる．)

まず図7において，原点 O から直線 l へ垂線を下ろし，その垂線の足を H とする．線分 OH の長さは原点 O と直線 l との距離である．いま，点 A(0, a)，B(b, 0) からつくられる線分 AB が AH : HB $= t : 1-t$ ($0<t<1$) と内分されているとして，三平方の定理を用いると，
$$\text{OH} = \sqrt{a^2 - (t\sqrt{a^2+b^2})^2}$$
$$= \sqrt{b^2 - \{(1-t)\sqrt{a^2+b^2}\}^2}$$
を得る．これより
$$t = \frac{a^2}{a^2+b^2}$$
$$\therefore \quad \text{OH} = \frac{ab}{\sqrt{a^2+b^2}}.$$

a, b を，改めて，それぞれ $\frac{|c|}{b}$, $\frac{|c|}{a}$ とおき直して，H を H' と改めると
$$\text{OH}' = \frac{|c|}{\sqrt{a^2+b^2}} \quad (\text{原点 O と直線 } l' \text{ との距離の公式})$$

となる．この結果は大切である．(この式は a, b, c が，$(a, b) \neq (0, 0)$ である限り，実数であっても成り立つものである．)

いまの場合，原点 O から1つの直線への距離を求めたのであるが，一般に，原点とは限らないで，点と直線の距離を評価することは，勿論，できる．その際は，上での OH を表す式に帰着させるように点と直線を平行移動させればよい．

念の為，点 P(x_0, y_0) と直線 $l' : ax+by-c=0$ $((a, b) \neq 0 ; a, b, c$ は実数)との**距離の公式**を記しておく (P から l' へ下ろした垂線の足を H' として)：
$$\text{PH}' = \frac{|ax_0+by_0-c|}{\sqrt{a^2+b^2}}$$

〈例5〉 a, b を互いに素な整数とする．不定方程式 $ax+by=ab$ の整数解を求めよ．

解 $ax+by=ab$ の1組の整数解は $(x_0, y_0) = (b, 0)$ で与えられる．x_0, y_0 を用いて
$$ax+by-ab = a(x-x_0) + b(y-y_0)$$
$$=0$$
a と b は互いに素であるというから，$x-x_0$ は b の倍数でなくては上の方程式は整数解をもち得ない．
$$\therefore \quad \begin{cases} x-x_0 = kb & (k \text{ は整数}) \\ y-y_0 = -ka \end{cases}$$
よって求める整数解は，$x_0=b$, $y_0=0$ より
$$\begin{cases} (x, y) = (b+bk, -ak) \\ \underline{k \text{ は任意の整数}} \end{cases} \text{(答)}$$

〈例6〉 a, b を正の整数とする．xy 座標平面上での直線 $l : ax+by=ab$ 上で，$-mb \leq x \leq nb$ (m, n はある自然数)の範囲には，何個の格子点が存在するか．ここに，格子点とは直線 l 上の点で x, y 座標がどちらも整数なる点のことをいう．

解 a と b が互いに素であれば，格子点の個数は
$$m+n+1 \text{(個)}.$$
a と b が互いに素でなければ，a と b の最大公約数を d として
$$l : \frac{a}{d}x + \frac{b}{d}y = \frac{ab}{d} \quad (-mb \leq x \leq nb)$$
$\frac{a}{d}, \frac{b}{d}$ は自然数だから，この場合の格子点の個数は
$$\begin{cases} d(m+n)+1 \text{(個)} \\ \underline{d \text{ は } a \text{ と } b \text{ の最大公約数}} \end{cases} \text{(答)}$$

◀ 問題 7 ▶

座標平面上の点 (x, y) は x, y がともに整数のとき，格子点と呼ばれる．直線 $y = \frac{2}{3}x + \frac{1}{2}$ を l とする．

(1) 直線 l 上には，格子点が存在しないことを示せ．

(2) 直線 l と格子点の距離の最小値を求めよ．

(3) 直線 l との距離が最小となる格子点のうちで，原点に近いものから順に，3点を求めよ．

(金沢大・理〈数〉)

↑ (1)は，方程式 $4x - 6y = -3$ には整数解が決して存在しないことを示す．背理法を用いるのも一法である．(2)は点と直線の距離の公式を用いるが，**最小値の評価ではグラフに頼ると，本当にその特定の格子点と直線との距離が最小値を与えるということの保証にはならない**．(3)は，部分的にはグラフに頼ることは許容されても，完全にグラフと数値計算（，つまり，(a, b) の値を原点の周囲でしらみつぶしにとって）のみで結果を求めることは避けなくてはならない．

〈解〉(1) $l: y = \frac{2}{3}x + \frac{1}{2}$

$= \frac{4x + 1}{6}$

x がどんな整数値をとっても分子は奇数であり，分母は6で偶数であるから，既約分数は決して整数にならない．

よって l 上には格子点は存在しない．◀

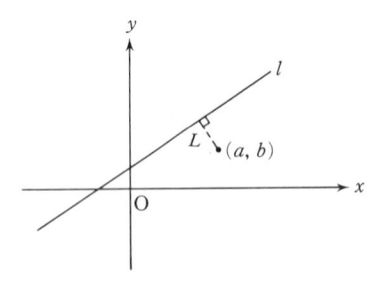

(2) 直線 l の近くの格子点座標を (a, b) で表すと，その点と l との距離 L は

$L = \frac{|4a - 6b + 3|}{\sqrt{4^2 + (-6)^2}}$

$= \frac{|(4a - 6b) - (-3)|}{2\sqrt{13}}$

$\geq \frac{|4a - 6b| \sim 3}{2\sqrt{13}}$

（ここに，2数 A, B に対して $A \sim B$ は大きい方の数から小さい方の数を引くことを意味する）

さて，a, b は整数であるから $|4a - 6b|$（$= 2|2 \cdot a - 3b|$）で3に最も近い値を与える (a, b) は，適うならば，$|2a - 3b| = 1$ または 2 なるものである：実際，

$\begin{cases} (a, b) = (\pm 1 + 3k, \pm 1 + 2k), \\ \quad\quad\quad (\pm 1 + 3\ell, 2\ell) \end{cases}$

（複号同順；k, ℓ は整数）

なる (a, b) がある．このうち，上の不等式で等号を成立させる (a, b) が必ずあるから

$L \geq \frac{1}{2\sqrt{13}}$

（等号成立は $(a, b) = (1, 1)$ 他）

よって求めるべき L の最小値は

$\frac{1}{2\sqrt{13}}$ …(答)

(3) (2)での過程において，$|2a - 3b| = 1$ または 2 を与える (a, b) で，かつ L を最小にするものを，原点Oに近いものから，3組，見出せばよい：

$\sqrt{a^2 + b^2} = \sqrt{13k^2 + 10k + 2}, \sqrt{13\ell^2 + 6\ell + 1}$

において，右辺ができるだけ小さいものを，順に求めていく．

$a^2 + b^2 = 1, 2$ を与えるのは，各々 $\ell = 0, k = 0$ であり，各々に応じて $(a, b) = (-1, 0), (1, 1)$ が全ての条件を満たす．

次に，$a^2 + b^2 = 4$ を与えるのは，$k = -1$ であり，それ以外の2条件全てを満たすものは $(a, b) = (-2, -1)$ である．

よって求める格子点は，問題文での順に

$(-1, 0), (1, 1), (-2, -1)$ …(答)

問題7の出題においては，学科が然るべき所であるだけに，採点も厳しくなりがちで，完全解答をするのは，なかなか難しいであろう．

◀ 問題 8 ▶

自然数 n について，$2x + y = n$ を満たす自然数 x, y を考える．ただし，$n \geq 3$ とする．

第2章 数列と集合から不定方程式へ（その2）

> このとき，次の問いに答えよ．
> (1) 3辺の長さが x, x, y である二等辺三角形がつくれるとき，
> $$\frac{n}{4} < x < \frac{n}{2}$$
> が成り立つことを示せ．
> (2) 3辺の長さが x, x, y である二等辺三角形がつくれるような自然数の組 (x, y) の総数を a_n とおく．$a_3 = 1$ である．このとき，自然数 k に対して，$a_{4k}, a_{4k+1}, a_{4k+2}, a_{4k+3}$ をそれぞれ k を用いて表せ．
> 〈福井大・教〉

† 不定方程式と三角形の周長を題材とした新しい融合問題で，標準的ではあるが，受験生の弱点を突いている．

(1)は，3辺の長さが a, b, c の三角形では，三角不等式 $a \sim b < c < a+b$ が成り立つことを用いればよい．(2)は，(1)での x の範囲に留意して，格子点の個数を求めていけばよい．

〈解〉(1) まず，y は自然数であるから
$$y = n - 2x > 0 \quad \therefore \quad x < \frac{n}{2} \quad \cdots ①$$

次に，三角形の形成条件として，実質的に，効果をもつのは
$$y < x + x = 2x \quad \therefore \quad y < 2x \quad \cdots ②$$

x, y は方程式 $2x + y = n$ の自然数解であるから，$y = n - 2x$ を②に代入して
$$n - 2x < 2x \quad \therefore \quad \frac{n}{4} < x \quad \cdots ③$$

①，③より
$$\frac{n}{4} < x < \frac{n}{2} \quad \blacktriangleleft$$

(2) 方程式 $2x + y = n$ において，x と y は自然数であるから，解としての x を $x = l$ とすると，
$$\begin{cases} x = l \quad \left(\frac{n}{4} < l < \frac{n}{2}, \ l はある自然数\right) \\ y = n - 2l \end{cases}$$

このような自然数解の個数 a_n を求めるとよい．

(ア) $n = 4k$ のとき
$$(x, y) = (l, 4k - 2l) \quad (k < l < 2k)$$

$x = l = k+1, k+2, \cdots, 2k-1$ の全てに対して自然数解は存在するので，この場合の $a_n = a_{4k}$ は
$$a_{4k} = 2k - 1 - (k+1) + 1 = k - 1 \quad \cdots （答）$$

(イ) $n = 4k + 1$ のとき
$$(x, y) = (l, 4k + 1 - 2l)$$
$$\left(k + \frac{1}{4} < l < 2k + \frac{1}{2}\right)$$

(ア)と同様の理由で
$$a_{4k+1} = 2k - (k+1) + 1 = k \quad \cdots （答）$$

(ウ) $n = 4k + 2$ のとき
$$(x, y) = (l, 4k + 2 - 2l)$$
$$\left(k + \frac{1}{2} < l < 2k + 1\right)$$

以上と同様で
$$a_{4k+2} = 2k - (k+1) + 1 = k \quad \cdots （答）$$

(エ) $n = 4k + 3$ のとき
$$(x, y) = (l, 4k + 3 - 2l)$$
$$\left(k + \frac{3}{4} < l < 2k + 1 + \frac{1}{2}\right)$$

以上と同様で
$$a_{4k+3} = 2k + 1 - (k+1) + 1 = k + 1 \quad \cdots （答）$$

今度は，直線グラフ上のみならずある領域内に存在する格子点の問題を扱う．これまでの内容を理解していれば，難しいものではない．

〈例7〉 xy 座標平面における直線
$$y = mx \quad (0 \leq x \leq n)$$
ただし，m, n はある正の整数
と x 軸および直線 $x = n$ で囲まれた領域（周上も含める）内の格子点の個数を求めよ．ここに，格子点とは座標の2成分が整数であるような点のことをいう．

<u>解</u>

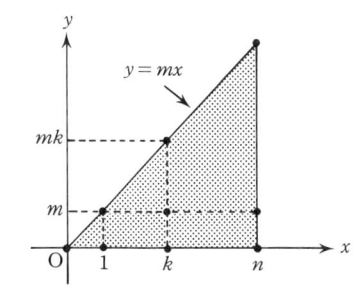

図のように直線 $x = k$ ($0 \leq k \leq n$, $0 \leq y \leq mk$) 上には，格子点が $mk + 1$ 個あるから，求める格子点の個数は
$$\sum_{k=0}^{n}(mk + 1) = \frac{m}{2} \cdot n(n+1) + (n+1)$$
$$= \frac{1}{2}(n+1)(mn + 2)$$
（答）

〈例8〉

n を自然数とする。$|x|+|y| \leq n$ となる2つの整数の組 (x, y) の個数を求めよ。

（熊本大・教）

解 $|x|+|y| \leq n$ なる点 (x, y) の領域は下図の正方形の内部（周上も含める）である。

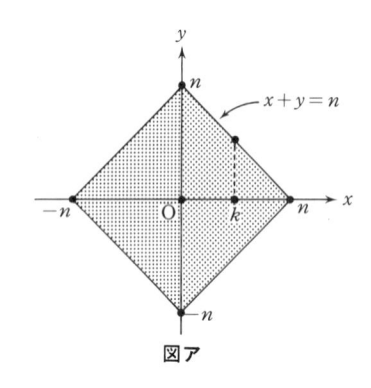

図ア

直線 $x=k$ （$0 \leq k \leq n$, $0 \leq y \leq n-k$）上には $n-k+1$ 個の格子点があるから、求める格子点の個数を S_n として

$$S_n = 4\sum_{k=0}^{n}(n+1-k) - 4(n+1) + 1$$
$$= 4(n+1)^2 - 2n(n+1) - 4(n+1) + 1$$
$$= \underline{2n^2 + 2n + 1} \quad (答)$$

◀問題 9▶

m, n を $1 \leq m \leq n$ で、n が m の倍数であるような自然数とする。次の不等式

$$\begin{cases} \dfrac{|x|}{m} + \dfrac{|y|}{n} \leq 2, \\ \mathrm{Max}\left\{\dfrac{|x|}{m}, \dfrac{|y|}{n}\right\} > 1 \end{cases}$$

を満たす整数の組 (x, y) の個数を求めよ。
ここに、$\mathrm{Max}\{A, B\}$ とは実数 A, B の小さくない方の数を表す。

(†) 本問は例8を発展させた連立不等式問題であるから、例8よりは解きづらい。

$$\mathrm{Max}\{A, B\} = \begin{cases} A & (A \geq B) \\ B & (A \leq B) \end{cases}$$

であることを捉えてグラフ・領域に注意して解く。

〈解〉 グラフ・領域は x, y 軸に関して対称であるから $x \geq 0$, $y \geq 0$ で議論し、あとで、適宜、何倍かして、個数定理同様の考えで調整する。

$x \geq 0$, $y \geq 0$ において、与えられた第2式は

$$\mathrm{Max}\left\{\dfrac{x}{m}, \dfrac{y}{n}\right\} = \begin{cases} \dfrac{x}{m} > 1 & \left(\dfrac{x}{m} \geq \dfrac{y}{n}\right) \\ \dfrac{y}{n} > 1 & \left(\dfrac{x}{m} \leq \dfrac{y}{n}\right) \end{cases}$$

であるから、問題での領域は次の図の霞状部分になる（第2〜第4象限の図では省略）。

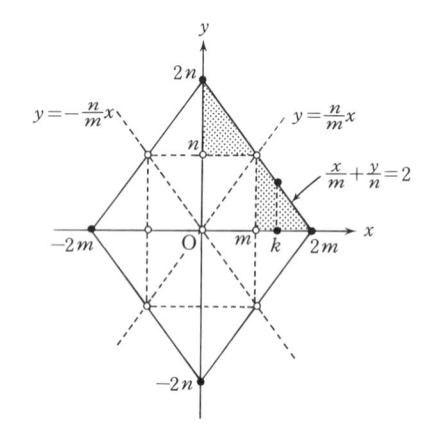

$x = k$ （$0 \leq k \leq 2m$）とおいて、その領域内での格子点の個数を求める。その個数を $S(m, n)$ として

$$S(m, n) = \sum_{k=0}^{2m}\left\{\left(2n - \dfrac{n}{m}k\right) + 1\right\} - (m+1)(n+1)$$
$$= m(n+1)$$

求める個数を $T(m, n)$ として

$$T(m, n) = 4S(m, n) - 2m - 2n$$
$$= 2(2mn + m - n)$$
$$= (2m-1)(2n+1) + 1 \quad \cdots (答)$$

例8を"素朴に"拡張してみよう（問題10）。

◀問題 10▶

m, n を $1 \leq m \leq n$ なる自然数とする。
次の不等式

$$m \leq |x| + |y| \leq n$$

を満たす整数の組 (x, y) の個数を求めよ。

(†) 例8を一般的にしたものであるが、単なる拡張ではない。

〈解〉 グラフ・領域は x, y 軸に関して対称であるから $x \geq 0$, $y \geq 0$ で議論し、あとで、適宜、何倍かして調整する。

$x \geq 0$, $y \geq 0$ において $m \leq x+y \leq n$ なる (x, y) を xy 座標平面に図示したものが次の霞状部分のものである（第2〜第4象限での図は省略）。

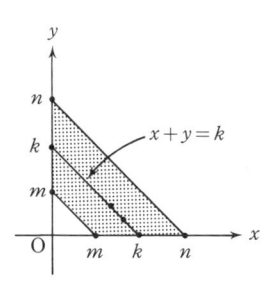

第2章 数列と集合から不定方程式へ（その2） 33

図において，直線 $x+y=k$ ($m \leq k \leq n$) 上の格子点の個数は $k+1$ 個あるから，霞状部分にある格子点の個数を $S(m, n)$ として

$$S(m, n) = \sum_{k=m}^{n}(k+1)$$
$$= \frac{1}{2}(n-m+1)(n+m+2)$$

求める個数を $T(m, n)$ として

$$T(m, n) = 4S(m, n) - 4(n-m+1)$$
$$= 2(n-m+1)(n+m) \quad \cdots \text{(答)}$$

(補) 問題10は，一見，例8を単純に拡張したように思われるかもしれないが，**問題10の結果の式で，仮に $m=0$ を許して，$m=0$ とおいても，例8の結果に一致はしない．つまり，問題10は，例8を単純に拡張したものにはなっていない**ということに留意されたい．（似て非なるものは世に多い！――だから，眼力がなければ，誤断や速断をする――これも**人の常**．）尤も，例8の結果は**問題10**で使えるが．

問題10は，多分に，入試に既出ではあっても，次の**発展問題**は，未だ（**平成12年3月時点まで**は），現れていない（と思う）．結果を付しておくので，腕に磨きがかかっている人は挑戦されよ．（高校生以下の人は，今の所，解けなくとも悲観しなくてよい．）

発展問題
m, n を $1 \leq m \leq n$ なる自然数とする．次の不等式
$$m \leq |x|+|y|+|z| \leq n$$
を満たす整数の組 (x, y, z) の個数を求めよ．
（答）$\dfrac{2}{3}\{2(n-m)(m^2+n^2+mn+2)$
　　　$+3(m^2+n^2+1)\}$ （$1 \leq m \leq n$）

問題10に関連して，少し道草を．

次の式
$$n^2+3n+2-m^2-m$$
を因数分解せよ．（因数分解をばかにできるかね？）

前述，"似て非なるものは世に多い！"で，思い出した．どうも，筆者は，本筋からよく脱線する．しかし，全く関連なき事に脱線する訳ではないし，このような脱線が本書の一大特色でもある．

かつて，伊勢に小旅行をしたことがある．伊勢は，周知の通り，伊勢海老と真珠で有名な所である．多分，水族館のような所だったと思われるが，館内に真珠の展示場があった．そこで，おもしろそうな催しがなされていたようなので，覗いてみた：約100個ぐらいの"真珠"（ここで2重逆コンマを付したのは，全部が本物の真珠ではなく，**模造品たるおもちゃのビーズ玉**がかなり混じっていたからである――）が散りばめてあり，そのうちに，本物かつ値打ち物（確か，1個，数百万円以上）が3個あるという．「それらを見出してみよ」というのである．

どれも本物といわんばかりで，外見上は区別がつかない．見た目には，非常によく光っている物が多く，かの3個を見つけるのは至難と思えた．しかし，じっと観察してみると，どうも，あまり目立たず，しかし，落ち着いた趣で鈍い銀白色の輝きを放つ物があった．直ちに直感が走り，これだと看破した．と同時に，これと同じような物があと2個あるはずだからと，よく見たら，確かにあった．かくして正当を得た．（因みに，筆者はダイヤモンドの原石をもっているのだが，素人目には石英――ガラスの原料――と区別がつかない．しかし，この場合でもダイヤモンドの原石の方が，光っていないように見える．あまり光って見えるものは，信用がおけないようである．人間もそうであろう．）

「**真金は鍍せず**」か！古の人はよくぞ言ったもの．

ところで，伊勢海老であるが，多くはカナダ産のロブスターと聞いているが，まことであろ

うか？　このような疑いをもっては，**伊勢観光協会**から睨まれかねないので，これで止めておく．

　元に戻る．

　不定方程式は次数を上げると，一般に，解きにくくなる．しかし，特殊形のものは解けるし，条件を与えれば，解はかなり限定されてくる．そのような問題はいくらでも容易に作れるので，あまり，感心するものではない．しかし，入試では，しばしば，得点させる為に，そのような問題は出題されるので，具体的かつ有限に整数解やそれらの個数が決まるような方程式問題を，2題程，例として解いておこう．（雑多な問題の中でも，以下の例はそれなりに工夫されている．）

〈例 9〉　$x+y+z^2=13$ を満たす 0 以上の整数の組 (x, y, z) は全部で何組あるか．

（茨城大（改文））

[解]　与式と x, y が 0 以上の整数ということより
$$0 \leq x+y = 13-z^2$$
$$\therefore\ z^2 \leq 13$$
これを満たす 0 以上の整数 z は
$$z=0,\ 1,\ 2,\ 3$$
各々の z の値に対して
$$x+y=13\ \cdots ①$$
$$x+y=12\ \cdots ②$$
$$x+y=9\ \cdots ③$$
$$x+y=4\ \cdots ④$$
　方程式①を満たす 0 以上の整数解は，$x \geq 0$, $y \geq 0$ より14個ある．同様に②，③，④を満たすものは，それぞれ13個，10個，5個ある．
　よって求める解の組の個数は
$$14+13+10+5=\underline{42}(個)\quad (答)$$

〈例10〉　等式
$$x^2=y^2-4y+19$$
を満たす正の整数の組 (x, y) を求めよ．

（宇都宮大）

[解]　$x^2=y^2-4y+19$
　　　$\Longleftrightarrow x^2=(y-2)^2+15$
　　　$\Longleftrightarrow (x-y+2)(x+y-2)=15$

よって
$$\begin{cases} x-y+2=\pm 1 \\ x+y-2=\pm 15 \end{cases}\quad (複号同順)$$
$$\begin{cases} x-y+2=\pm 3 \\ x+y-2=\pm 5 \end{cases}\quad (\,〃\,)$$
$$\begin{cases} x-y+2=\pm 5 \\ x+y-2=\pm 3 \end{cases}\quad (\,〃\,)$$
$$\begin{cases} x-y+2=\pm 15 \\ x+y-2=\pm 1 \end{cases}\quad (\,〃\,)$$
以上のうちで $x \geq 1$, $y \geq 1$ なる解を求めるとよい：
$$(x,\ y) = \underline{(8,\ 9)},\ \underline{(4,\ 3)},\ \underline{(4,\ 1)}\quad (答)$$

　例10において，"2次式を見たら判別式"というアルゴリズム記憶型の人は，まず，次のように変形しがちであろう：「$y^2-4y+(19-x^2)=0$ より判別式…．」
このようにやっても，x（や y）の範囲（上限）は押さえられなかったであろう．それはそうである．この問題での方程式は，幾何的に**楕円**ではなく**双曲線**だからである．

　整数解の個数が無限個ある代表は，**初等整数論**で有名な**ペル（Pell）の方程式**である．
そのことについて，ざっと叙述しておく：

　これは，x, y を整数として $x^2-Dy^2=\pm 1$（D は正の整数）の形をとる．実際上，問題になるのは $D>0$ かつ D が平方数でないとき，つまり，$D=2, 3, 5, \cdots$ のような場合である．どの D の値をとっても同様のことであるから，$D=2$ の場合で説明する．
$$x^2-2y^2=\pm 1$$
これを満たす整数解は，勿論，あるが，これらを一般に $x=x_n$, $y=y_n$ $(n=0, 1, 2, \cdots)$ としておく．このとき
$$x_n^2-2y_n^2=\pm 1$$
であり，これは，また
$$(x_n-\sqrt{2}\,y_n)(x_n+\sqrt{2}\,y_n)=\pm 1\quad \cdots(\text{i})$$
と表される．そこで
$$\begin{cases} (1-\sqrt{2})^n = x_n-\sqrt{2}\,y_n \\ (1+\sqrt{2})^n = x_n+\sqrt{2}\,y_n \end{cases}\quad \cdots(\text{ii})$$
となる (x_n, y_n) をとれる．このような (x_n, y_n) は明らかに(i)式を満たす．それ故，(ii)より

$$\begin{cases} x_n = \dfrac{1}{2}\{(1+\sqrt{2})^n + (1-\sqrt{2})^n\} \\ y_n = \dfrac{1}{2\sqrt{2}}\{(1+\sqrt{2})^n - (1-\sqrt{2})^n\} \end{cases}$$

と,ペルの方程式の一般解は求まる。(このような x_n, y_n が整数であることは,**第1章**の内容を学んだ人達には明らかであろう。)このような $(\pm x_n, \pm y_n)$(複号は全ての組合せをとる)だけで全ての解であるかどうかは,また,別問題であるが,いまの所,そこまで立ち入らなくともよい。(しっかりした出題者は,無理難題を出題しないであろう。高校生諸君の知らない内容においては,説明を付けて誘導小問形式で出題すると思われる。)

◀ **問 題 11** ▶

方程式
$$x^2 - 3y^2 = 1 \quad \cdots(*)$$
を満たす負でない整数の組 (x, y) を求めるために以下の手順を踏む。各問に答えよ。(以後,方程式(*)の負でない整数解を,しばしば,単に解という。)

(1) $(2+\sqrt{3})^n = x_n + \sqrt{3}\,y_n$ $(n=0, 1, 2, \cdots)$ を満たす負でない整数 x_n, y_n は $(2-\sqrt{3})^n = x_n - \sqrt{3}\,y_n$ をも満たすことを示せ。

(2) (1)における x_n, y_n は方程式(*)の解であることを示せ。

(3) 以上の $\{x_n\}$, $\{y_n\}$ $(n=0, 1, 2, \cdots)$ に対して次の関係式が成り立つことを示せ。
$$\begin{cases} x_{n+1} = 2x_n + 3y_n \\ y_{n+1} = x_n + 2y_n \end{cases} (n=0, 1, 2, \cdots)$$

(4) (x, y) $(x>0, y>0)$ が方程式(*)の解ならば,$x'=2x-3y$, $y'=2y-x$ なる (x', y') も(*)の解であることを示せ。

(5) (4)において $0<x'<x$, $0 \leqq y'<y$ であることを示せ。

(6) 方程式(*)の任意の負でない解 (x, y) は(1)で与えられる (x_n, y_n) $(n=0, 1, 2, \cdots)$ のどれか1つと等しいことを示せ。

(京都大(改作))

† 本問は昔の問題(原出題は,大分の長文である)。これだけの誘導小問形式ならば,出題に無理はない(?)。(1)は原出題にはない(筆者が付け加えたもの)。易しくはないだろう。$(2+\sqrt{3})^n = x_n + \sqrt{3}\,y_n$ の逆数をとってみよ。(これだけでは,まだまだだが。)(2)と(3)は no hint で大丈夫であろう? (4)と(5)は流れの雰囲気が変わる。

(4)での方程式は(3)での変換に関連させたものであることはすぐ気付くであろう。解くだけならば,これも易しいので no hint。

(5)は,方程式(*)を用いる。(6)は,筆者が原出題を大きく修正したもので,一応,無理なく解答できる問題になっていると思えるが,…。(それでも証明はかなり難しい。){(1)~(3)} と {(4), (5)} をいかに合流させるか。

⟨解⟩ (1) $(2+\sqrt{3})^n = x_n + \sqrt{3}\,y_n$
$$\longleftrightarrow (2-\sqrt{3})^n = \dfrac{1}{x_n + \sqrt{3}\,y_n}$$
$$= \dfrac{x_n - \sqrt{3}\,y_n}{x_n^2 - 3y_n^2}$$

上式左辺は $a_n - b_n\sqrt{3}$ (a_n, b_n は負でない適当な整数)の形で表せることは,帰納法で容易に示せる(省略)。従って,$(x_n, y_n$ は整数なのだから少なくとも)
$$a_n = \dfrac{x_n}{x_n^2 - 3y_n^2}, \quad b_n = \dfrac{y_n}{x_n^2 - 3y_n^2}$$
である。よって
$$a_n^2 - 3b_n^2 = \dfrac{x_n^2 - 3y_n^2}{(x_n^2 - 3y_n^2)^2}$$
$$= \dfrac{1}{x_n^2 - 3y_n^2}$$
この式の左辺は整数であるから右辺もそうでなくてはならない。よって
$$x_n^2 - 3y_n^2 = \pm 1$$
ところで,$a_n \geqq 0$, $b_n \geqq 0$;$x_n \geqq 0$, $y_n \geqq 0$ であるから
$$x_n^2 - 3y_n^2 = 1$$
よって $a_n = x_n$, $b_n = y_n$ となるから
$$(2-\sqrt{3})^n = x_n - \sqrt{3}\,y_n \quad ◀$$

(2) (1)により
$$(2-\sqrt{3})^n(2+\sqrt{3})^n = x_n^2 - 3y_n^2 = 1$$
よって,(1)での (x_n, y_n) は(*)の解である。 ◀

(3) (1)により
$$(2+\sqrt{3})^{n+1} = (x_n + \sqrt{3}\,y_n)(2+\sqrt{3})$$
$$= 2x_n + 3y_n + \sqrt{3}\,(x_n + 2y_n)$$

$$= x_{n+1} + \sqrt{3}\, y_{n+1}$$

よって
$$\begin{cases} x_{n+1} = 2x_n + 3y_n \\ y_{n+1} = x_n + 2y_n \end{cases} \blacktriangleleft$$

(4) $(x')^2 - 3(y')^2 = (2x-3y)^2 - 3(2y-x)^2$
$$= x^2 - 3y^2$$

(x, y) は(*)の解というから上式は
$$(x')^2 - 3(y')^2 = 1$$

よってこの整数の組 (x', y') も(*)の解である。 ◀

(5) $x^2 - 3y^2 = 1$
$$\longleftrightarrow (x - \sqrt{3}y)(x + \sqrt{3}y) = 1$$

x, y は正の整数であるから
$$x - \sqrt{3}y > 0$$
$$\therefore \ x > \sqrt{3}y > \frac{3}{2}y > 0 \quad \cdots ①$$
$$x - \sqrt{3}y < 1$$
$$\therefore \ x < 1 + \sqrt{3}y < 1 + 2y \quad \cdots ②$$

① より
$$2x - 3y > 0 \quad \cdots ①'$$

② より，そして x, y は正の整数であるから
$$2y - x > -1 \quad \therefore \ 2y - x \geq 0 \quad \cdots ②'$$

①′，②′ より
$$x' = 2x - 3y > 0,$$
$$y' = 2y - x \geq 0$$

そして
$$x - x' = 3y - x > 2y - x \geq 0$$
$$(\because y > 0 \text{ と } ②' \text{ より})$$
$$y - y' = x - y > \sqrt{3}y - y > 0$$
$$(\because ① \text{ と } y > 0 \text{ より})$$

以上によって
$$0 < x' < x, \ 0 \leq y' < y \blacktriangleleft$$

(6) (*)の任意の負でない解を (x, y) とする。$(x_0, y_0) = (2, 1)$ は(*)の1つの整数解である。
そこで，ある整数解を (x_n, y_n) と表すと，$x^2 - 3y^2 = 1$ と $x_n^2 - 3y_n^2 = 1$ が成り立つから
$$x^2 - 3y^2 = x_n^2 - 3y_n^2$$
$$\longleftrightarrow x^2 - x_n^2 = 3(y^2 - y_n^2).$$

$x^2 - x_n^2$ は3の倍数であるべきだから
$$x^2 - x_n^2 = 3k \quad (k \text{ は適当な整数})$$

と表され，従って
$$y^2 - y_n^2 = k$$

を得る。即ち，(x, y) はある (x_n, y_n) で
$$\begin{cases} x^2 = x_n^2 + 3k \\ y^2 = y_n^2 + k \end{cases} \quad (k \text{ は適当な整数}) \text{ と表される。}$$

まず，$x_n^2 + 3k = x_m^2$，$y_n^2 + k = y_m^2$ $((x_m, y_m) \in \{(x_n, y_n)\})$ なる負でない整数 m が，適当な整数 k に応じて整列的に存在することを示す。

$x_m^2 - x_n^2 = 3k$ を，(3)での漸化式の下で，m に関する帰納法で示すのだが，一般性を失うことなく $m \geq n$ としてよい。また，(x_n, y_n) は適当に固定しておく：

$m = n + 1$ の場合，(3)により (x_{n+1}, y_{n+1}) は整数解であって
$$x_{n+1}^2 = (2x_n + 3y_n)^2$$
$$= 4x_n^2 + 12x_n y_n + 9y_n^2$$
$$\therefore \ x_{n+1}^2 - x_n^2 = 3(x_n^2 + 4x_n y_n + 3y_n^2)$$

ある m について (x_m, y_m) が整数解で $x_m^2 - x_n^2 = 3k$ が成立していると仮定すると，
$$x_{m+1}^2 - x_n^2 = (2x_m + 3y_m)^2 - x_n^2$$
$$= 4x_m^2 + 12x_m y_m + 9y_m^2 - x_n^2$$
$$= 3(x_m^2 + 4x_m y_m + 3y_m^2) + x_m^2 - x_n^2$$
$$= 3 \text{ の倍数} \ (\because \text{帰納法の仮定より})$$

従って $x_n^2 + 3k = x_m^2$ なる $m (\geq 0)$ は k を適当にとれば，それに応じて存在することになる。
同時に $y_n^2 + k = y_m^2$ なる $m (\geq 0)$ の存在も，k を共通な整数パラメーターとして，示される。
即ち，(*)の任意の解 (x, y) に対して
$$x^2 = x_m^2, \ y^2 = y_m^2$$

なる m，従って x_m, y_m が存在し，そして $x, y; x_m, y_m$ は非負値であるから
$$x = x_m, \ y = y_m \quad ((x_m, y_m) \in \{(x_n, y_n)\})$$

となる。

次に，m と点 (x_m, y_m) は設問(3)における変換式より1対1対応であること（この証明は難しくはないが，本書では，未だ写像すら指導していないので，やらない）に留意する。従って $\{(x, y)\}$ は $\{(x_n, y_n)\}$ の変換に従う。

いま，設問(4)における変換は設問(3)におけるそれの逆変換になっている。
それ故，(5)により
$$0 < 1 = x_0 < x_1 < \cdots < x_{m-1} = x' < x_m = x,$$
$$0 = y_0 < y_1 < \cdots < y_{m-1} = y' < y_m = y$$

以上により，(*)の任意の負でない解 (x, y) はつねに1つの (x_n, y_n) で与えられることが示された。 ◀

(注) 設問(6)は迷怪答続出の可能性が非常に高い

ので，少し注意をしておく．

「{(1)～(3)} と {(4), (5)} を見比べて $x=x_n$, $y=y_n$ なる (x_n, y_n) がある」などとしたら，完全に 0 点である．少し体裁をよくして，「(5)により，$0<x'<x$, $0 \leq y'<y$ なる解 (x', y') が得られ，順次，(4)での変換を繰り返すことによって，有限回の操作で，最小解 $(x_0, y_0)=(1, 0)$ に到ってこのような不等式系列は閉じる．よって題意は示された」などとしても，証明にならない．何故ならば，任意の解 (x, y) に対して $x=x_n$, $y=y_n$ なる x_n, y_n の存在が保証もされていないのに，上の不等式系列が $(x, y)=(x_0, y_0)=(1, 0)$ で閉じるということは結論できないからである．このような意味において，(6)は難問である．そもそもペルの方程式の一般論は，まともに入試問題として出題するには，難し過ぎる．しかも，このような**歴史的問題**を引用出題したのでは，ただあるものを引き出してきただけのことで，何の工夫もなかったことになる．（単なる試験問題と割り切って，工夫不要というならば，それでもよいが，度の過ぎた難問は控えて頂きたいもの．）

　今回，我々は，集合や直線というものの重要さを学んできた．特に，直線や曲線というものは，関数のグラフ表示として捉えることもできる．
　そういう訳で，**第 3 章**では，「**集合・関数，そして不等式へ**」と進む．

第 3 章
集合・関数, そして不等式へ (その1)

　いまから, **関数**というものを, 意図的に扱っていくことにする.

　筆者は, 高校生の頃, 関数というものを (そればかりではなく, 当時, 学ばされていた"数学"そのものを), まるで分からなかった. 何が分からなかったかというと, そもそも1次関数からして分からなかった.

　例えば, 1次関数 $y = 2x$ $(0 \leq x \leq 1)$ からして不思議であった:「y の値と x の値は1対1で隙間なく対応が付く；なのに, どうして x の変域区間 $[0, 1]$ の長さが1で y の値域 $[0, 2]$ の長さが2になるのか？ y の点の個数は x の点の個数より2倍多いのか？ いや, おかしい. 確かに1対1なのだ. そもそも点とは何なのか？ それは大きさをもつものなのか？ どの点も等しい大きさをもつならば, y の点の個数は x の点の個数より2倍多くなるはず. 大きさをもたないならば, 点の集合である実軸上の区間 $[0, 1]$ や $[0, 2]$ などは長さをもたないではないか？ だって, 線分は点の集合なのだから. 一体, 長さとは何か？, 実数とは何か？, 関数とは何か？, ………？」

　分かっていることは, 自分は**何一つも分かっていない**ということだけであった. このような事を, 教師やよくできる (といわれていた) 級友達に尋ねたら,「お前はそんな事ばかり考えているから, (いつまでも) だめなんだ」というような返事しかなかった. 級友達は, 指導を受けると, 何の抵抗も疑問もなく,「それはそういうものなんだ」と受け容れて, あとは, ひたすら参考書や問題集で解法を**つめ込んでいける**のであった. 反対に筆者は, そのようにはなれなかったし, やっても無器用であった. 加えて暗算の弱さ (――急いでやるとよく計算ミスをした), そして Slow Starter らしくも筆記の鈍さが相乗効果として作用した. (今もそうである.) 他の人達にとってどうでもよいことが, 筆者にとってはしばしば大問題であったが, 結局, いくら考えても分からない事が多かったし, かといって受験勉強の仕方にも疎かったので, 諦めて, 平日は TV を見て, 土・日は魚釣りばかりしていたら, 見事に**試験劣等生**になってしまった.

　今時, 筆者高校生時のように考える高校生 (読者) がいるのかどうかは知らないが, そのような人は, 今, 考えるにはあまりにも高度過ぎるそのようなことには拘泥しない方がよいだろう. 今やるべき事は今やるのがよいかもしれない. ただし, そのやり方であるが, 筆者がいつも強調するのは,「すぐ憶えようとしないで, まず自分で考えよ」ということである. **数学というものは正直なもので, てっとり早く学べば, てっとり早い分にしか力も興味も湧かないものである**. 何かと, てっとり早さなどへの誘引の激しい昨今であるが, 読者は,「雑なまねや楽をすればその程度のものしか身に付かない」と思って頂きたい.

　さて, **関数**というものが考えられるようになったのは, 1600年代後半からである. この術語を初めて用いたのは**ライプニッツ (Leibnitz)** ではあるが, **ニュートン (Newton)** もその概念を有していたことは明らかである. 後に学ぶ微分法は, 変数というものを把えておかないとできないものだからである. ライプニッツは, グラフ考察はしていたようだが,「実数の集合からその集合へ」というような処までは, まだ進んではいなかったと思われる. しかし, **新しい発見がなされれば, 概念上の大きな発展が伴う**ので, そのような捉え方ができるようになるのは時間の問題でしかなかった.

　此所の内容はテーマから具体的にお分かり頂けることではあるが, 簡単に集合を復習し, それから**関数とグラフ**の説明をし, **最大・最小問**

題を通して**不等式**へと移行していく．

まずは集合の復習を兼ねた問題から．

◀ **問題 1** ▶

(1) 集合 A を
$$A=\{a+b\sqrt{2}\,|\,a, b は整数\}$$
と定める．このとき，$\dfrac{1}{\sqrt{3}+1}$ は A の要素でないことを示せ．ただし，$\sqrt{6}$ が無理数であることを用いてもよい．

(2) 集合 B, C, D を
$B=\{x\,|\,x は 1\leq x\leq 10 である整数\}$,
$C=\{x\,|\,x は 1\leq x\leq 20 である整数\}$,
$D=\{x\,|\,x^2-2(n+1)x+n^2=0 となる自然数 n がある\}$
と定める．このとき，
$$B\cup(C\cap D) \text{ および } B\cap\widetilde{D}$$
を求めよ．ただし，$\widetilde{C}$ は C の補集合である．

(山口大)

† (1)「$\dfrac{1}{\sqrt{3}+1}=-\dfrac{1}{2}+\dfrac{\sqrt{3}}{2}$ は明らかに $a+b\sqrt{2}$ (a, b は整数) にならないから，$\dfrac{1}{\sqrt{3}+1}\in A$ ではない」と，直ちに結論しないこと．設問(1)は，'$\sqrt{2}$ と $\sqrt{3}$ は，これらに有理数を掛けたり，有理数で割ったりしても，あるいは有理数を足したり引いたりしても，一方から他方が得られない事を示せ' ということと同じである．

(2) $B\cup(C\cap D)$ は何とかなるだろう．$B\cap\widetilde{D}$ の方であるが，$\widetilde{D}$ は，$\widetilde{D}=\{x\,|\,$任意の自然数 n に対して $x^2-2(n+1)x+n^2\not=0$ である$\}$ となる．

〈解〉(1) 背理法で示す．
$$\dfrac{1}{\sqrt{3}+1}=\dfrac{-1+\sqrt{3}}{2}=a+b\sqrt{2}\quad(a, b は整数)$$
とすると，
$$-1+\sqrt{3}=2a+2b\sqrt{2}$$
$$\longleftrightarrow \sqrt{3}-2b\sqrt{2}=2a+1$$
上式の両辺を 2 乗して，$\sqrt{2}\cdot\sqrt{3}=\sqrt{6}$ であるから
$$3+8b^2-4b\sqrt{6}=4a^2+4a+1$$
$$\therefore\ 4b^2-2a^2-2a+1-2b\sqrt{6}=0$$

$\sqrt{6}$ は無理数というから，上式は
$$b=0,\ 2a^2+2a-1=0$$
を与えるが，これを満たす整数 a はない．よって
$$\dfrac{1}{\sqrt{3}+1}\not=a+b\sqrt{2}\quad(a, b は整数)$$
$$\therefore\ \dfrac{1}{\sqrt{3}+1}\not\in A \quad ◀$$

(2) $C\cap D$ において，x は $1\leq x\leq 20$ なる自然数として
$$x^2-2(n+1)x+n^2=0$$
$$\longleftrightarrow n^2-2xn+x(x-2)=0$$
$$\therefore\ n=x\pm\sqrt{2x}\quad(n は自然数)$$
ここで $2x$ が $2\leq 2x\leq 40$ なる平方数であるものは
$$2x=4,\ 16,\ 36$$
$$\therefore\ x=2,\ 8,\ 18$$
それぞれの x に応じて n は次のように定まる：
$$n=4,\ 8\pm 4,\ 18\pm 6$$
よって
$$C\cap D=\{2,\ 8,\ 18\}$$
$\therefore\ B\cup(C\cap D)=\{x\,|\,1\leq x\leq 10$ である整数 x と $x=18\}$ …(答)

$B\cap\widetilde{D}$ は，任意の自然数 n について $x^2-2(n+1)x+n^2=0$ とならない x で，かつ $1\leq x\leq 10$ なる整数の集合である．上の過程より
$$n=x\pm\sqrt{2x}$$
を満たす x は $1\leq x\leq 10$ では $x=2, 8$ のみである．よって
$B\cap\widetilde{D}=\{x\,|\,1\leq x\leq 10$ である整数 x のうちで $x=2, 8$ を除いたもの$\}$ …(答)

(補)(1)は，†で述べたように，次のように解いてもよい：
$$\sqrt{3}=r\sqrt{2}+s\quad(r, s はある有理数)$$
と表せないことを示そう．上式を仮定すると，
$$(\sqrt{3}-r\sqrt{2})^2=s^2$$
$$\longleftrightarrow 3+2r^2-s^2=2r\sqrt{6}$$
ここで，$r=0$ とすれば，$\sqrt{3}=s$ となる．(これが不合理であることを示すのは易しい．) それ故，$r\not=0$ となる．この際，上式は
$$\dfrac{3+2r-s^2}{2r}=\sqrt{6}$$
となるが，この式の左辺は有理数であり，右辺の $\sqrt{6}$ は無理数なのだから，これもまた不合理である．

よって $\sqrt{3}=r\sqrt{2}+s$ (r, s は有理数) とは表

せない．それ故
$$\frac{1}{\sqrt{3}+1} = -\frac{1}{2} + \frac{\sqrt{3}}{2}$$
$$= a + b\sqrt{2} \quad (a, b は整数)$$
とは表せない．
$$\therefore \quad \frac{1}{\sqrt{3}+1} \notin A \quad \triangleleft$$

それでは**集合と関数**に入る．

そもそも集合とは物や数の集まりであり，我々は何らかの形でその概念を用いてきている．特に集合を形成する**元の個数が数えられる場合**については，これまで意図的に扱ってきた．そこで，いま，扱う集合は，**元の個数が数えられないもの**を中心に扱うことにする．例えば，x 軸を構成する数直線上のすべての点の個数は，勿論，数えられないし，区間 $0 \leq x \leq 1$ に限定してもその間の点の総数は数えられない．このようなことは平面上であっても，空間上であっても同様である．（そのような集合は，それ自身，考察の対象になるのだが，それは，**第3章の冒頭文**で述べたように，このような所でやるには高度過ぎる．）

ここでは，1つの集合からある集合への関わりの様子を考察する．この「関わり」具合を示すのが**関数**といわれるものである．

いま，集合
$$I = \{x \mid x は 0 \leq x \leq 1 なる実数\},$$
$$J = \{y \mid y は 0 \leq y \leq a なる実数 (a は正の定数)\}$$
がある．I から J への関数 $y = f(x)$ を，$f(x) = ax$ とすれば，これは，x の**1次関数**であるし，$f(x) = ax^2$ とすれば，これは，x の**2次関数**である．x は**独立変数**，$f(x)$ は**従属変数**といわれる．

上述のような集合 I は関数 $f(x)$ の**変域**（または**定義域**），集合 J は関数 $f(x)$ の**値域**といわれる．

関数の変域は，ここでの I のように限定したものでなくてよい．例えば，必要に応じて x の範囲を $0 < x \leq 1$ のようにしてもよい（この場合，$x = 0$ は除かれる）し，場合によってはいくら拡げてもよい．その際，x の値の正負方向へいくら拡げてもよいときは，x の範囲を $-\infty < x < \infty$ と表す．（∞ は「**無限大**」を表す記号で，やがて**極限**を扱うときにしょっちゅう使われる．）しかし，とり立てて変域を限定しない場合，誤解が生じそうにない限り，$-\infty < x < \infty$ のような表示は明記しないこともよくある．

さて，いま，上述の集合 I, J をとり挙げよう．

i) J の任意の元 y に対して $y = f(x)$ なる I の元 x があるとき，f は $I \to J$ なる**上への写像**（または**全射**）といわれる．

ii) J の 2 つの元 $y_1 = f(x_1)$, $y_2 = f(x_2)$ において $y_1 = y_2$ ならば $x_1 = x_2$ であるとき，f は $I \to J$ なる**1 対 1 の写像**（または**単射**）といわれる．

上に挙げた $f(x) = ax$ $(0 \leq x \leq 1)$ や $f(x) = ax^2$ $(0 \leq x \leq 1)$ は**上への 1 対 1 写像（全単射）**の例である．

関数 $f(x)$ を用いて，点集合 $\{(x, f(x)) \mid x$ は適当な範囲$\}$ を xy 座標平面内で視覚的に表したものが**曲線グラフ**である．

ここでは，特に，関数 $y = f(x)$ が曲線グラフとして対称になる場合を考察してみる：

(ア) $f(x) = f(-x)$ のとき，曲線グラフは y 軸に関して対称である．（関数は**偶関数**であるといわれる．）

(イ) $f(x) = -f(-x)$ のとき，曲線グラフは原点 O に関して対称である．（関数は**奇関数**であるといわれる．）

一般に，1つの xy 座標平面での点 (x_0, y_0) に関して関数 $y = f(x)$ と $y = g(x)$ が対称な位置関係になる場合を考察してみる（図参照）．

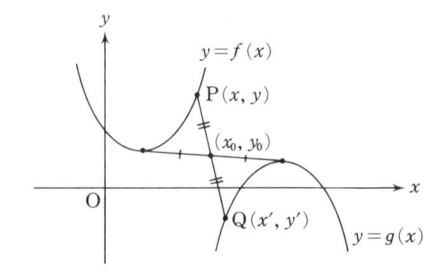

この図にあるように，曲線グラフ $y = f(x)$ 上の任意の点を P(x, y)，曲線 $y = g(x)$ 上の点で，点 P と点 (x_0, y_0) に関して対称な点を Q$(x',$

第3章 集合・関数, そして不等式へ（その1）

y') とすると,
$$\frac{x+x'}{2}=x_0, \quad \frac{y+y'}{2}=y_0$$
であるから
$$x'=2x_0-x, \quad y'=2y_0-y$$
となる. そこで, (x, y) を $(2x_0-x, 2y_0-y)$ と変換して
$$2y_0-y=f(2x_0-x)$$
$$\longleftrightarrow y=2y_0-f(2x_0-x)$$
なるものが $y=g(x)$ に他ならない訳である.

〈例1〉 xy 座標平面での関数 $y=ax^2$ $(x\geq 0)$ と点 $(c, 0)$ $(c>0)$ に関して対称な関数を求めよ.

[解] xy 座標平面における曲線グラフ $y=ax^2$ $(x\geq 0)$ 上の点 (x, y) を $(2c-x, -y)$ $(x\leq 2c)$ へと置き換えたものが求める関数を与える：
$$-y=a(2c-x)^2$$
$$\therefore \underline{y=-a(x-2c)^2 \ (x\leq 2c)} \quad (答)$$

◀ 問題 2 ▶

xy 座標平面における曲線グラフ $y=ax^2$ $(a\neq 0)$ は放物線といわれるものを表す. 放物線 $C: y=ax^2$ $(a\neq 0)$ 上にない点 (x_0, x_0) に関して C と対称な放物線 C' がある. C 上のある点 P での接線は C' 上のある点 Q での接線と同一のものであるという. x_0 の満たすべき範囲を求め, 点 P と Q の x 座標を a, x_0 で表せ.

なお, 一般に放物線 $y=kx^2+\ell x+m$ $(k, \ell, m$ は実定数) 上の点 (α, β) における接線の方程式は
$$y=(2k\alpha+\ell)x+\beta-(2k\alpha+\ell)\alpha$$
と表されることを用いてよい.

(↑) 2つの放物線の**共通接線問題**である. 問題における点 P, Q の x 座標は相異なるから, 2次方程式の問題に帰着する.

〈解〉 問題における放物線 C' の方程式は
$$2x_0-y=a(2x_0-x)^2$$
$$\longleftrightarrow y=-ax^2+4ax_0x+2x_0(1-2ax_0)$$
である. 放物線 C 上の点 $P(s, as^2)$ での接線の方程式は

$$y=2asx-as^2 \quad \cdots ①$$
であり, C' 上の点 $Q(t, \cdot)$ での接線の方程式は
$$y=(-2at+4ax_0)x$$
$$+at^2+2x_0(1-2ax_0) \quad \cdots ②$$
である. ①と②は同一の直線を表す方程式というから
$$\begin{cases} 2as=-2at+4ax_0 \\ -as^2=at^2+2x_0(1-2ax_0) \end{cases} \quad (a\neq 0)$$
$$\longleftrightarrow \begin{cases} s+t=2x_0 \\ s^2+t^2=-\dfrac{2x_0}{a}(1-2ax_0) \end{cases}$$
$$\longleftrightarrow \begin{cases} s+t=2x_0 \\ st=\dfrac{x_0}{a} \end{cases}$$
よって s, t は2次方程式
$$z^2-2x_0z+\frac{x_0}{a}=0$$
の相異なる2実根である. 求める条件は
$$判別式: x_0^2-\frac{x_0}{a}=x_0\left(x_0-\frac{1}{a}\right)>0$$
$$\left.\begin{array}{l} a>0 \text{ の場合} \quad x_0<0 \text{ または } x_0>\dfrac{1}{a} \\ a<0 \text{ の場合} \quad x_0<\dfrac{1}{a} \text{ または } x_0>0 \end{array}\right\}$$
$$\cdots (答)$$

点 P, Q の x 座標は
$$\left.\begin{array}{l} P: x_0\pm\sqrt{x_0\left(x_0-\dfrac{1}{a}\right)} \\ Q: x_0\mp\sqrt{x_0\left(x_0-\dfrac{1}{a}\right)} \end{array}\right\} \begin{array}{l}(両式は\\ 複号同順)\end{array}$$
$$\cdots (答)$$

(補) 座標平面内での放物線の接線の方程式は, **微分法**を用いるとすぐ求められるが, まだ先の事柄なので2次方程式の判別式で, **各自, 求めておかれたい.** (計算力強化の為であるから, 高校生読者は必ず一度はやっておくこと.)

ここで, 我々は関数の変数変換を具体的にやっている訳だが, もう少し, そのようなものを調べてみる. 例えば,
$$x'=x+x_0, \quad y'=y+y_0$$
$$(x_0, y_0 \text{ は定数})$$
なるものを考える. (x, y) を $(x-x_0, y-y_0)$ と変換して
$$y-y_0=f(x-x_0)$$

$\longleftrightarrow y = f(x - x_0) + y_0$

なるものは，曲線グラフ $y = f(x)$ を，x, y 方向にそれぞれ x_0, y_0 だけ平行移動したものに他ならない（図参照）．

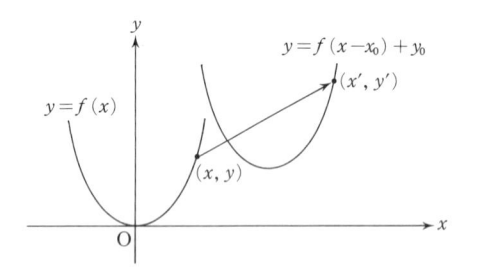

勿論，変数の変換は上述のようなものだけではなく，様々なものがあるが，ここでは，これ以上は立ち入らない．

ところで，一般に，関数というものは合成することができる．例えば，$f(x) = x^2$, $g(x) = x + 1$ とすると，$f(g(x)) = (x+1)^2$, $g(f(x)) = x^2 + 1$, $f(f(x)) = (x^2)^2 = x^4$, $g(g(x)) = (x+1) + 1 = x + 2$, $\cdots$ となる．$(f(g(x)) = (f \circ g)(x)$, $f(f(x)) = (f \circ f)(x) = f^2(x)$, $\cdots$ などとも表す．）このようにして低次の関数から高次の関数がいくらでも作られる．そして一般に，$n = 0, 1, 2, \cdots$ に対して

$$f(x) = a_0 x^n + a_1 x^{n-1} + \cdots + a_{n-1} x + a_n$$

（$a_0, a_1, \cdots, a_n$ は適当な係数）

なるものが考えられる．（このような関数を**有理整関数**という．）

次数が異なると，曲線グラフの様子は違ってくるが，全く違ってくるかというと，そうでもない．例えば，2 つの関数 $y = x^2$ と $y = x^4$ の曲線グラフは，それなりに，きちんと比較して描かないと，両者は区別がつかない．（曲線グラフをその特性を捉えて描くことは**微分法**に依ってできるが，$y = x^2$ と $y = x^4$ のような場合では，それだけでも間に合わず，どうしても，いくつかの点をプロットしてみなくてはならない．両者の決定的違いは，$y = x^2$ は曲線の接線の傾きの変化率が一定であるのに，$y = x^4$ はそうでないということである．）通常の問題ではそこまでうるさく気に掛けなくてもよい．

前にやった 3 次方程式をグラフ的に解釈するには，ある箇所を別として，大雑把でよい．例えば，$x^3 - ax = 0$（a は正の定数）では，$y = f(x) = x^3 - ax$ を考える．この $f(x)$ は奇関数であるから，グラフは原点 O に関して対称になる．$f(x) = 0$ となるのは，$x = 0, \pm\sqrt{a}$ であることに留意して $y = f(x)$ の**グラフ**を描いてみると，次のようになる：

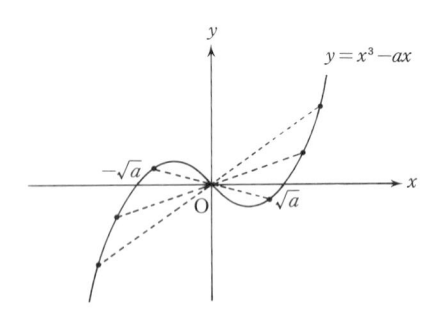

（いまの段階では，グラフの"山"の高さや"谷"の低さは求められない——**微分法**はその情報を与えてくれる便利な道具である．）

ここまでくれば，他の **3 次関数**，**4 次関数**の曲線グラフの雰囲気はつかめるであろう．

◀ **問題 3** ▶

4 次関数
$$y = f(x) = x^4 + ax^3 + bx^2 + c$$
のグラフが，y 軸に平行なある直線に関して対称になるための必要十分条件を $f(x)$ の係数を用いて最も簡潔な形で表せ．

（名古屋大）

† 4 次関数にもなると，見通しの悪い考えをすると，もて余す．このグラフを具体的に描く必要はないし，また，これだけでは無理でもある．（だから問題としておもしろいのである．**視覚的にグラフを描けて，それで片付くなら，何もかにもが見え透いて興味をもてないだろう．**——この意味においては，やがて扱う応用微積分法はつまらない．）それ故，「グラフに，直接，頼らず題意をどう捉えるか」ということに尽きる．

y 軸に平行な直線を $x = \ell$（ℓ はある定数）とする．題意は，'$y = f(x)$ のグラフを x 方向へ $-\ell$ だけ平行移動したもの，つまり，$y = f(x + \ell)$ が偶関数であれ' と主張しているのである．

⟨解⟩ $y = f(x)$ のグラフが直線 $x = \ell$（ℓ は定数）に関して対称であるということは，グラフ $y = f(x$

$+\ell$) が y 軸に関して対称であるということである：
$$f(x+\ell)=x^4+(4\ell+a)x^3+(6\ell^2+3a\ell+b)x^2$$
$$+(4\ell^3+3a\ell^2+2b\ell+c)x$$
$$+(\ell^4+a\ell^3+b\ell^2+c\ell+d)$$

これを $g(x)$ とおく．問題の条件は $g(x)=g(-x)$ となることであるから，直ちに
$$4\ell+a=0 \quad \text{かつ} \quad 4\ell^3+3a\ell^2+2b\ell+c=0$$
これらより
$$a^3-4ab+8c=0$$
を得る．逆に，この式で，$a=-4\ell$（ℓ はある実数）と組んで
$$-8\ell^3+2b\ell+c=0$$
$$\longleftrightarrow 4\ell^3-12\ell^3+2b\ell+c=0$$
$$\therefore \quad 4\ell^3+3a\ell^2+2b\ell+c=0$$
となる．よって求める条件は
$$a^3-4ab+8c=0, \quad a=-4\ell$$
$$(x=\ell \text{ は対称軸}) \cdots (\text{答})$$

此処の内容には**分数関数**を含めるつもりはなかったが，少しでも指導しておいた方が，後々の為によいかもしれないので，簡単に，**1次分数関数**だけについて説明しておく．

1次分数関数とは
$$f(x)=\frac{ax+b}{cx+d} \quad (a, b, c, d \text{ は実数定数}$$
$$\text{で } ad-bc\neq 0)$$
の形の関数である．これは，曲線グラフとしては**双曲線**とよばれるものである．例えば，$y=f(x)=\frac{1}{x-a}+b$（a, b は実数定数）の曲線グラフは，1例として，以下のようになる（直線 $x=a$, $y=b$ は**双曲線の漸近線**といわれる）：

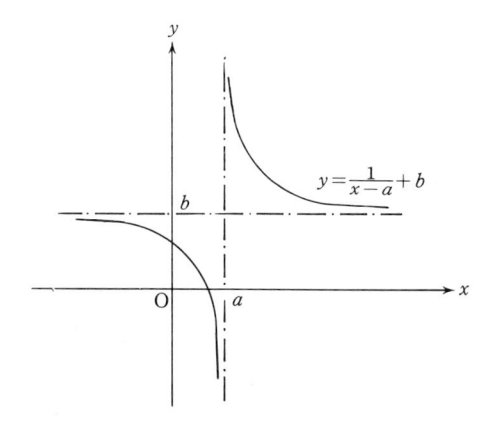

〈例2〉 a を1より大きい実数定数とする．
実数 x の関数
$$f(x)=\frac{x-a}{x-(a-1)} \quad (x>a-1)$$
があるとして以下に答えよ．
(1) $f(g(x))=x$ となる関数 $g(x)$ を求めよ．
(2) $g(x)$ の合成 $g(g(x))$ が x に等しくなるような a の値を定めよ．

解 (1) $f(g(x))=x$ より
$$\frac{g(x)-a}{g(x)-(a-1)}=x \quad (g(x)>a-1)$$
分母を払って整理すると，
$$(x-1)g(x)=(a-1)x-a$$
$$(g(x)>a-1)$$
となる．ここで $x=1$ とすると，$0=-1$ となって不合理であるから $x\neq 1$ であり，
$$g(x)=\frac{(a-1)x-a}{x-1}$$
$g(x)>a-1$ $(a>1)$ を解くと，$x<1$ である．
$$\therefore \quad g(x)=\frac{(a-1)x-a}{x-1} \quad (x<1)$$
$\cdots (\text{答})$

(2) $g(g(x))=x$ より
$$\frac{(a-1)\left\{\frac{(a-1)x-a}{x-1}\right\}-a}{\frac{(a-1)x-a}{x-1}-1}$$
$$=\frac{(a^2-3a+1)x-a(a-2)}{(a-2)x-(a-1)}$$
$$=x \quad (x>a-1, a>1)$$
$$\therefore \quad a=2 \quad (\text{答})$$

例2で見た $g(x)$ は $f(x)$ の**逆関数**とよばれるものである．（逆関数については，いずれ，また取り挙げる．）例2は，ただ作ったのではなく，それなりの意味をもっているのだが，いまの所，これ以上は立ち入らなくてよい．いま大切なことは $y=g(x)=\frac{(a-1)x-a}{x-1}$ $(x<1)$ のグラフを $y=f(x)=\frac{x-a}{x-(a-1)}$ $(x>a-1)$ のそれと対比して描いておくことである．両者のグラフは以下のようになる：
結果的に $y=f(x)$ $(x>a-1)$ と $y=g(x)$ $(x<$

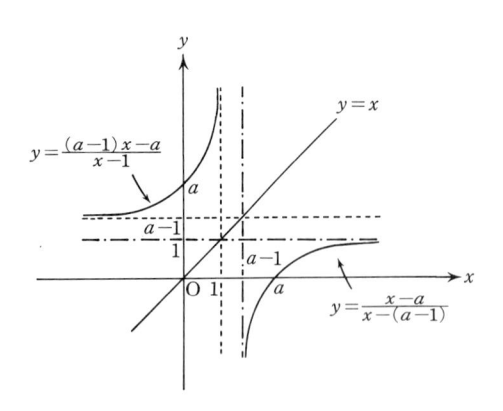

1) のグラフは直線 $y=x$ に関して対称になっている.

このようにして，多くの関数はグラフとして視覚化できる訳だが，人間がグラフをできるだけきちんと描くには，どうしても**微分法**に頼らざるを得ない．それ故，此処では，これ以上は進まない．

ところで，これまでは曲線グラフが"視覚的につながっている"ような関数（**連続関数**）ばかりを扱ってきたが，そうでない関数（**不連続関数**）も多い．そのような関数として，**第1章**にて提示した**ガウスの記号**を用いたものを取り挙げよう．

実数 x を越えない最大の整数を $[x]$ で表し，関数 $y=f(x)=[x]$ なるものを考える．これをグラフとして表すと次のようになる（下図）：

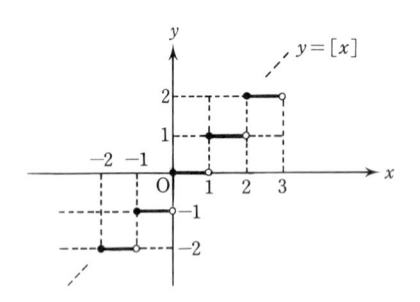

そして以上の内容を融合すると，次のような新しい基本的例題ができ上がる：

〈例3〉 次の関数のグラフを xy 座標平面に図示せよ．

$$y=f(x)=\begin{cases} -\dfrac{1}{[-x]} & (x\leq -1,\ x>0) \\ \dfrac{1}{x} & (-1<x<0) \end{cases}$$

ここに $[x]$ は実数 x を越えない最大の整数を表す.

解 まず

$$y=g(x)=\begin{cases} \dfrac{1}{[x]} & (x<0,\ x\geq 1) \\ \dfrac{1}{x} & (0<x<1) \end{cases}$$

のグラフを描く：

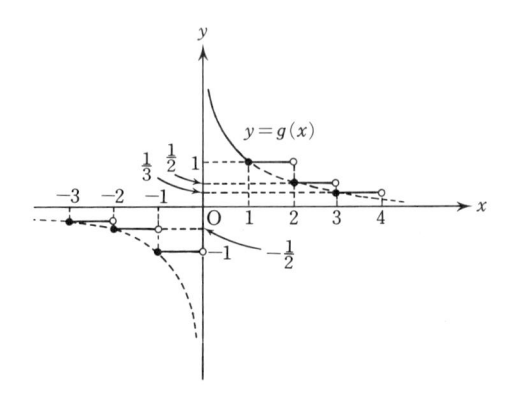

$y=f(x)$ の**グラフ**は，$y=g(x)$ のそれを y 軸に関して折り返してから，さらに x 軸に関して折り返したものである：

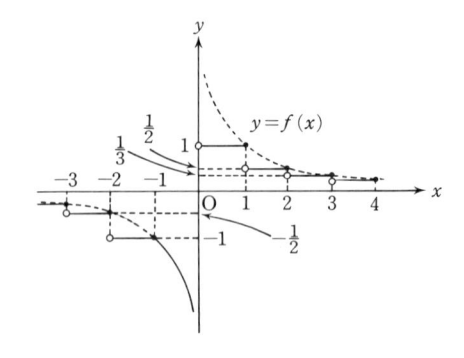

ここで「連続」とか「不連続」という言葉が出てきたが，このようなことをきちんと説明する為には，どうしても「実数と極限」という概念が必要である．いずれ，主題を新たにしてそれらを説明することになるだろう．

誤解が生じない為に述べておかねばならない．ここに"説明"とはいうものの，**基礎的事柄を説明するわけではない**．応用の為の初歩的説明のことであ

る．前述の連続関数とか極限などは，本当は高度な基礎的概念の部類に入るものである．それ故，"連続関数＝グラフがつながっているもの"というような捉え方は**基礎的ではない**説明なのである．

さて，分数関数はこのくらいにして，**第3章**の目標たる**不等式**の方に，徐々に進んで行く．

その為に，まずは，**n次関数**（$n=1, 2, 3, \cdots$）のうちで特に重要な**2次関数**について，もう少しだけ説明しておくべきなのであるが，多くの読者にとってつまらないであろうから，ここではそれを控えることにする．それ故，直ちに例題演習に入る．

2次関数は2次方程式の根（解）の評価でよく用いられるものである．

⟨例4⟩ kを実数として，
$$f(x) = x^2 - 2kx + \frac{1}{5}(2k-1)(4k-3)$$
とおく．方程式 $f(x)=0$ が実数解 α, β ($\alpha \leq \beta$) をもつとき，次の問いに答えよ．

(1) α, β が $\alpha \leq 1 \leq \beta$ をみたすように k の値の範囲を求めよ．

(2) (1)の場合に $f(x)$ の最小値がとり得る範囲を求めよ．

（九州大・文系）

解 (1)

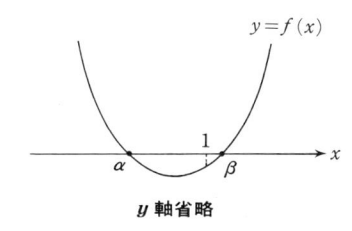

y軸省略

kの満たすべき範囲は $f(1) \leq 0$ であるから，
$$1 - 2k + \frac{1}{5}(2k-1)(4k-3) \leq 0$$
となる．整理すると，
$$2k^2 - 5k + 2 \leq 0$$
即ち，
$$(k-2)(2k-1) \leq 0$$
となる．

∴ $\dfrac{1}{2} \leq k \leq 2$　（答）

(2) $f(x) = (x-k)^2 - k^2 + \dfrac{1}{5}(2k-1)(4k-3)$

$y = f(x)$ は $x = k$（$y = f(x)$ の対称軸）で最小値をとるから，それを $g(k)$ とおくと，
$$g(k) = \frac{1}{5}(3k^2 - 10k + 3)$$
$$= \frac{1}{5}(3k-1)(k-3)$$
$$= \frac{1}{5}\left\{3\left(k - \frac{5}{3}\right)^2 - \frac{16}{3}\right\}$$
$$\left(\frac{1}{2} \leq k \leq 2\right)$$
である．

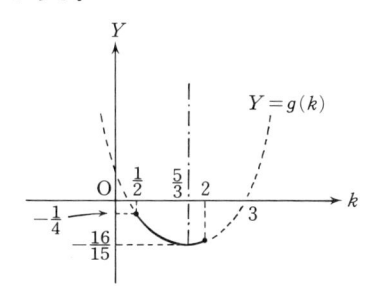

以上から $g(k)$ の範囲は
$$-\frac{16}{15} \leq g(k) \leq -\frac{1}{4}$$
（答）
となる．

2次関数の最大・最小問題は入試ではよく現れるものである．そのようなもので，図形への応用例を1つ．

⟨例5⟩ 面積が1であるような△ABCの辺AB, BC, CA上に点D, E, Fを
AD : DB = t : $1-t$,
BE : EC = $2t$: $1-2t$,
CF : FA = $3t$: $1-3t$
となるようにとる．$\left(\text{ただし，} 0 < t < \dfrac{1}{3} \text{と} \right.$する．$\left.\right)$

△DEFの面積をSとするとき，次の問いに答えよ．

(1) S を t で表せ.

(2) $0<t<\dfrac{1}{3}$ において S が最小となる t の値を求めよ.

（神戸大・文系）

解 (1) 図において $\triangle ABC = 1$ というから

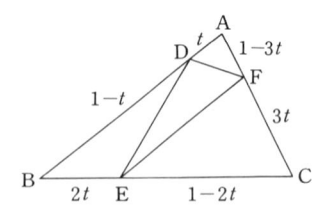

$$\dfrac{\triangle ADF}{\triangle ABC} = t(1-3t) = t-3t^2,$$

$$\dfrac{\triangle FEC}{\triangle ABC} = 3t(1-2t) = 3t-6t^2,$$

$$\dfrac{\triangle EBD}{\triangle ABC} = 2t(1-t) = 2t-2t^2$$

である.

$$\therefore\ S = 1 - (t-3t^2 + 3t-6t^2 + 2t-2t^2)$$

$$= \underline{11t^2 - 6t + 1}\quad \text{(答)}$$

(2) $S = 11\left(t-\dfrac{3}{11}\right)^2 + \dfrac{2}{11}\ \left(0<t<\dfrac{1}{3}\right)$

よって S が最小となる t の値は

$$\underline{t = \dfrac{3}{11}}\quad \text{(答)}$$

次の問題は2次関数の原理的問題である.

◀ **問題 4** ▶

a, b を実数係数とする2次関数
$$f(x) = |x^2 + ax + b|\ (|x| \leqq 1)$$
の最大値を M とする. $M \geqq \dfrac{1}{2}$ を示せ.

（奈良医大（改文））

(†) M の最小値を直接求めることも難しくはないが, 入試として出題するには, 無理難題の部類であろう. 受験生としては, この程度で解ければよい.

$y = f(x)$ のグラフを描いて場合分けしていては途方に暮れるだろう. 結果を既知とする以上, 背理法を用いるのが最も速いと思える.

〈解〉 $M < \dfrac{1}{2}$ とすると, $f(x)\ (|x|\leqq 1)$ において $f(\pm 1) < \dfrac{1}{2}$, $f(0) < \dfrac{1}{2}$ が成り立つ. 即ち,

$$\begin{cases} -\dfrac{1}{2} < 1+a+b < \dfrac{1}{2} & \cdots\cdots① \\ -\dfrac{1}{2} < 1-a+b < \dfrac{1}{2} & \cdots\cdots② \\ -\dfrac{1}{2} < b < \dfrac{1}{2} & \cdots\cdots③ \end{cases}$$

① + ② により

$$-1 < 2+2b < 1\quad \therefore\quad -\dfrac{3}{2} < b < -\dfrac{1}{2}$$

これは③に矛盾する. よって $M \geqq \dfrac{1}{2}$ である. ◀

（補）本問で, 等号が成り立つのは $a=0$, $b=-\dfrac{1}{2}$ のときに限ることを**示してみよ**.

本問の解答路線はいくつかある. 例えば, $f(x) = |x^2 + ax - (-b)|$ とみて考えることもできる.

この問題は, 元来, **初等数学**でよく知られているものであると付け添えておこう.

第 3 章

集合・関数，そして不等式へ（その2）

それでは2次関数の少し骨のある問題を扱ってみよう．

◀ 問題 5 ▶
a, b を正の定数とする．x, y の関数
$$f(x, y) = |y(x-y)|$$
$$\left(0 \leq x \leq a, \ -\frac{b}{4} \leq y \leq \frac{b}{2}\right)$$
の最大値を求めよ．

（†） 始めから $f(x, y) = |y^2 - xy| = \left|\left(y - \frac{x}{2}\right)^2 - \frac{x^2}{4}\right|$ としてしまうと苦しいだろう．まずは x の1次関数とみてその関数の最大値を求め，それから y の関数とみて最大値を求める．

〈解〉 $f(x, y) = |y||x-y|$ において
$$z = |x - y| \quad (0 \leq x \leq a) \quad \cdots ①$$
を x の関数とみて z の最大値を求める．その為に①を図示する（図1参照）：

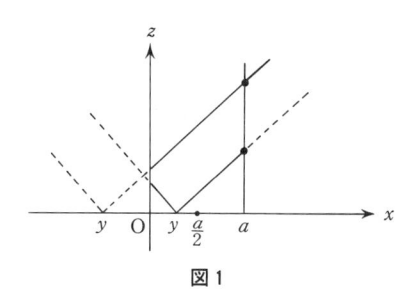

図 1

①における関数値 z の最大値は直ちに
$$\begin{cases} |y-a| & (y < \frac{a}{2} \text{ の場合}; x=a \text{ のとき}) \\ |y| & (y \geq \frac{a}{2} \text{ の場合}; x=0 \text{ のとき}) \end{cases}$$
よって
$$f(x, y) \leq \begin{cases} |y||y-a| & (y < \frac{a}{2} \text{ の場合}) \\ |y|^2 & (y \geq \frac{a}{2} \text{ の場合}) \end{cases}$$

$$= \begin{cases} \left|\left(y - \frac{a}{2}\right)^2 - \frac{a^2}{4}\right| & (y < \frac{a}{2} \text{ の場合}) \\ & \cdots ② \\ y^2 & (y \geq \frac{a}{2} \text{ の場合}) \\ & \cdots ③ \end{cases}$$

（この不等式で等号の成立するのは，それぞれ $x=a$, 0 のとき）

②，③の y の関数値を w で表し，図示する（図2参照）：

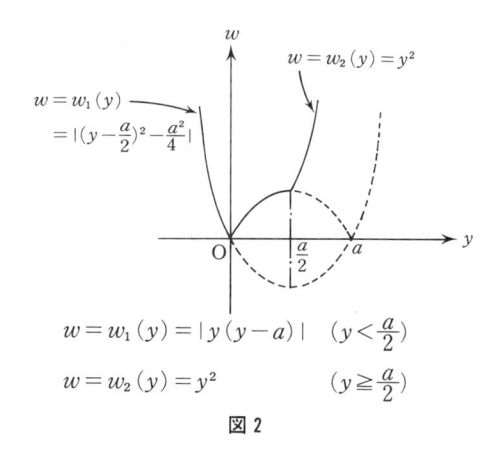

図 2

$w = w_1(y) = |y(y-a)| \quad (y < \frac{a}{2})$
$w = w_2(y) = y^2 \quad (y \geq \frac{a}{2})$

$f(x, y)$ の最大値を M で表す．

・$\frac{b}{2} \leq \frac{a}{2}$ の場合

$$w_1\left(\frac{b}{2}\right) = \frac{b}{2}\left(a - \frac{b}{2}\right)$$
$$w_1\left(-\frac{b}{4}\right) = \frac{b}{4}\left(a + \frac{b}{4}\right)$$

$w_1\left(\frac{b}{2}\right)$ と $w_1\left(-\frac{b}{4}\right)$ の大小で場合分けが生じる．

(ア) $b \leq \frac{4a}{5}$ の場合
$$M = w_1\left(\frac{b}{2}\right) = \frac{b}{2}\left(a - \frac{b}{2}\right)$$

(イ) $\frac{4a}{5} \leq b \leq a$ の場合

$$M = w_1\left(-\frac{b}{4}\right) = \frac{b}{4}\left(a + \frac{b}{4}\right)$$

・$\frac{b}{2} \geq \frac{a}{2}$ の場合

$w_1\left(-\frac{b}{4}\right)$ と $w_2\left(\frac{b}{2}\right)$ の大小で場合分けが生じる．

(ウ) $a \leq b \leq \frac{4a}{3}$ の場合

$$M = w_1\left(-\frac{b}{4}\right) = \frac{b}{4}\left(a + \frac{b}{4}\right)$$

(エ) $\frac{4a}{3} \leq b$ の場合

$$M = w_2\left(\frac{b}{2}\right) = \frac{b^2}{4}$$

以上をまとめて，求める最大値 M は

$$M = \begin{cases} \frac{b}{2}\left(a - \frac{b}{2}\right) \\ \quad \left(b \leq \frac{4a}{5} \text{の場合；}\right. \\ \quad\quad \left. (x, y) = \left(a, \frac{b}{2}\right) \text{のとき}\right) \\ \frac{b}{4}\left(a + \frac{b}{4}\right) \\ \quad \left(\frac{4a}{5} \leq b \leq \frac{4a}{3} \text{の場合；}\right. \\ \quad\quad \left. (x, y) = \left(a, -\frac{b}{4}\right) \text{のとき}\right) \\ \frac{b^2}{4} \\ \quad \left(\frac{4a}{3} \leq b \text{の場合；} (x, y)\right. \\ \quad\quad \left. = \left(0, \frac{b}{2}\right) \text{のとき}\right) \end{cases}$$

…(答)

(補 1) この解答では，場合分けをした後，まとめ上げているが，「いつも，このようにまとめなくてはならないのか？」と疑問に思う人が多いであろう．それは，問題や解答過程にもよるが，重複などのある複雑な場合分けになった際は，それらを見通しのよい形に，**きちんと**，**まとめ上げられるか否かも実力の評定に入ってくる**ので，原則として，まとめ上げるものと思ってよろしい．

(補 2) 本問において絶対値記号を取り去って，さらに x, y の変域も自由にして，$z = y(x - y)$ としてみよう．つまり，$z = -y^2 + xy$ とする．これが空間的にどういう**曲面**になるかを調べてみる：

見やすくする為に x, y 座標軸を $22.5°\left(=\frac{45°}{2}\right)$ だけ同じ向きに回転させたものを X, Y 座標軸とする．といっても，未だ，そのような事を知らない人の為に，単に，次のように変換してやるということにしよう：(**複素数**まで進めば，大体，お分かり頂けるであろうから，その時に，再び見返してくれればよろしい．)

$$\begin{cases} x = \frac{\sqrt{2+\sqrt{2}}}{2}X - \frac{\sqrt{2-\sqrt{2}}}{2}Y \\ y = \frac{\sqrt{2-\sqrt{2}}}{2}X + \frac{\sqrt{2+\sqrt{2}}}{2}Y \end{cases}$$

このような x, y を $z = -y^2 + xy$ に代入して整理すると，

$$z = \frac{\sqrt{2}-1}{2}X^2 - \frac{\sqrt{2}+1}{2}Y^2$$

となる．これを以て，**固有双曲(型)放物面**という．これを XYz 座標系で図示すると，以下のようになる：

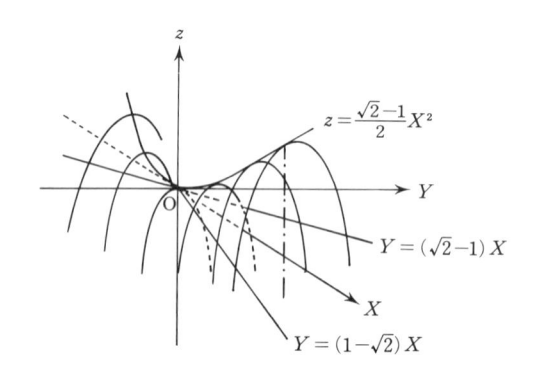

「問題を解くだけでよい」という人にはこのような問題の背景など，どうだってよいことになろうが，数学に強い関心をもっている高校生，受験生もいると思われるので，もう 1 つだけ，**回転放物面**というものを紹介しておく．

実数 x, y の関数で
$$z = f(x, y)$$
$$= -x^2 + 2ax - y^2 + 2by - a^2 - b^2 + c$$
$$(a, b, c \text{は実数係数})$$

のようなものは
$$z = -(x-a)^2 - (y-b)^2 + c$$

と表せるので，$f(x, y)$ の最大値は，直ちに，$x = a$, $y = b$ のとき，c である．これは図のような**回転放物面**である：

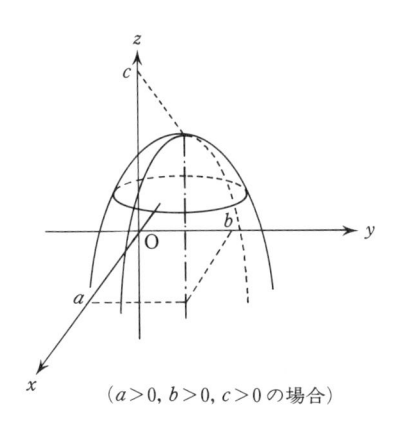

― 第3章 集合・関数，そして不等式へ（その2）― 49

($a>0, b>0, c>0$ の場合)

入試問題は，式変形の限界をこの程度で留めてくれれば，単に平方完成だけの問題であり，受験生が**放物面**のことを知らなくとも，教科書の範囲を逸脱するものではない．しかし，これを次の**補充問題**のように出題すると，幾何的に**楕円放物面**であることを知らないと，解くには苦しいであろう．

補充問題

次の問いに答えよ．

(1) p, q, a, b は定数で $p>0, q>0$ とする．x と y が $x \geq y$ を満たしながら動くとき，
$$-px^2-qy^2+ax+by$$
の最大値，およびそのときの x, y を求めよ．

(2) a, b, c を定数とする．x, y および z が $x \geq y \geq z$ を満たしながら動くとき，
$$-x^2-y^2-z^2+ax+by+cz$$
の最大値を求めよ．

（大阪大・理，工）

(答) (1) $\dfrac{a^2}{4p}+\dfrac{b^2}{4q}$ ($\dfrac{a}{p} \geq \dfrac{b}{q}$ の場合；

$x=\dfrac{a}{2p}, y=\dfrac{b}{2q}$ のとき)

$\dfrac{(a+b)^2}{4(p+q)}$ ($\dfrac{a}{p} < \dfrac{b}{q}$ の場合；

$x=y=\dfrac{a+b}{2(p+q)}$ のとき)

(2) $\dfrac{a^2+b^2+c^2}{4}$ ($a \geq b > c$ の場合；

$x=\dfrac{a}{2}, y=\dfrac{b}{2}, z=\dfrac{c}{2}$ のとき)

$\dfrac{2a^2+(b+c)^2}{8}$ ($a > \dfrac{b+c}{2} \geq b$ の場合；

$x=\dfrac{a}{2}, y=z=\dfrac{b+c}{4}$ のとき)

$\dfrac{(a+b+c)^2}{12}$ ($b \leq a \leq \dfrac{b+c}{2}$，または

$a \leq \dfrac{a+b}{2} \leq c$ の場合；

$x=y=z=\dfrac{a+b+c}{6}$ のとき)

$\dfrac{(a+b)^2+2c^2}{8}$ ($b \geq \dfrac{a+b}{2} > c$ の場合；

$x=y=\dfrac{a+b}{4}, z=\dfrac{c}{2}$ のとき)

この**補充問題**において，受験生は(1)を何とか解ければよい．(2)は煩わしい，といっても内容的には大したことではないが，実際の制限時間では，かなりの速記の人でも間に合うまい．余裕のある人は，挑戦してみられたい．

次は n 次関数を題材とした不等式問題．

◀ 問題 6 ▶

n を2以上の整数，a と b を $0<4a \leq b$ なる実数定数とする．正の実数 x に関する n 次関数 $f(x)=ax^n$ と1次関数 $g(x)=b\cdot\left(x-\dfrac{b}{4a}\right)$ の大小を比較せよ．等号が成立する場合はその旨を明示せよ．

（名古屋市大・医（改作））

† 本問では，グラフの様子を描けない訳ではないが，それに頼ろうとしても，正解に行きつくのは難しいだろう．式だけで解くのがよい．

まず，$0<x \leq \dfrac{b}{4a}$ においては，$f(x)>0$，$g(x) \leq 0$ であるから $f(x)>g(x)$ を押さえておく．

次に，$x > \dfrac{b}{4a}$ のときで調べる．始めから，考えないでよくやるように，ただ型にはめ込んで $f(x)-g(x)=ax^n-\left(bx-\dfrac{b^2}{4a}\right)$ の正負を調べようとすると，動きがとれまい．

〈解〉（ア）$0<x \leq \dfrac{b}{4a}$ において
$f(x)>0, g(x) \leq 0$ であるから
$f(x)>g(x)$

(イ) $x > \dfrac{b}{4a}$ において

$0 < a \leq \dfrac{b}{4}$ より $\dfrac{b}{4a} \geq 1$ であるから $x > 1$ である．そして $n \geq 2$ であるから
$$ax^2 \leq ax^n$$
を得る．そこで
$$\begin{aligned}f(x)-g(x) &\geq ax^2 - \left(bx - \dfrac{b^2}{4a}\right)\\ &= a\left(x^2 - \dfrac{b}{a}x + \dfrac{b^2}{4a^2}\right)\\ &= a\left(x - \dfrac{b}{2a}\right)^2 \geq 0\end{aligned}$$

(ア), (イ)をまとめて
$$\begin{cases} f(x) > g(x) & \left(0 < x \leq \dfrac{b}{4a} \text{ において}\right) \\ f(x) \geq g(x) & \left(x > \dfrac{b}{4a} \text{ において}\right) \end{cases} \cdots (\text{答})$$

等号の成立は
$$n=2 \quad \text{かつ} \quad x = \dfrac{b}{2a}\left(>\dfrac{b}{4a}\right) \text{のときのみ}$$
$$\cdots (\text{答})$$

さて，内容は，本格的に**不等式**の方に入ってきたので，そろそろ**相加・相乗平均の不等式**や**コーシー・シュワルツの不等式**が浮き上がってくる．

まずは**相加・相乗平均の不等式**の方から．
（教科書に載っていることなので，証明なしでただ並べておくだけに留める．）
〈1〉x, y が $x \geq 0, y \geq 0$ であるとき
$$\dfrac{x+y}{2} \geq \sqrt{xy}$$
が成り立つ（等号が成り立つのは $x = y$ のとき）．
〈2〉x, y, z が $x \geq 0, y \geq 0, z \geq 0$ であるとき
$$\dfrac{x+y+z}{3} \geq \sqrt[3]{xyz}$$
が成り立つ（等号が成り立つのは $x = y = z$ のとき）．
（〈1〉は 1, 2 行ぐらい，〈2〉もほんの数行で片付く．）

相加・相乗平均の不等式は，なかなか便利なもので，これによってある種の関数の値域などを直ちに読み取れることがある．

〈例6〉 n を 2 以上のある整数とする．任意の正の数 x, y に対して次の不等式が成り立つことを示せ．また，等号が成り立つのは，x, y がどのような条件を満たすときか．
$$xy + \dfrac{1}{x^n y^n} \geq \dfrac{2n}{x^{n-1} + x^{n-2}y + x^{n-3}y^2 + \cdots + xy^{n-2} + y^{n-1}}$$
ここに，右辺の分母の各項は $x^{n-k}y^{k-1}$ $(1 \leq k \leq n)$ で与えられる．

（東京女子大（改作））

解 $f(x, y) = \left(xy + \dfrac{1}{x^n y^n}\right) \cdot (x^{n-1} + x^{n-2}y + x^{n-3}y^2 + \cdots + y^{n-1})$
として $f(x, y) \geq 2n$ を示す．
$$\begin{aligned}f(x, y) &= x^n y + x^{n-1}y^2 + \\&\quad \cdots + x^2 y^{n-1} + xy^n \\&\quad + \dfrac{1}{xy^n} + \dfrac{1}{x^2 y^{n-1}} + \\&\quad \cdots + \dfrac{1}{x^{n-1}y^2} + \dfrac{1}{x^n y} \\&= \left(x^n y + \dfrac{1}{x^n y}\right) \\&\quad + \left(x^{n-1}y^2 + \dfrac{1}{x^{n-1}y^2}\right) + \\&\quad \cdots + \left(x^2 y^{n-1} + \dfrac{1}{x^2 y^{n-1}}\right) \\&\quad + \left(xy^n + \dfrac{1}{xy^n}\right)\end{aligned}$$

$x > 0, y > 0$ であるから相加・相乗平均の不等式によって
$$f(x, y) \geq 2n \quad \triangleleft$$

次に等号の成立は
$$\begin{cases} (x^{n-(k-1)} y^k)^2 = 1 \\ (k \text{ は } 1 \leq k \leq n \text{ なる任意の整数}) \end{cases} \cdots (\text{E})$$
となるときである．従って
$$x^n y = 1 \text{ と } x^{n-1}y^2 = 1$$
より，y を消去して
$$x^{n+1} = 1$$
$$\longleftrightarrow (x-1)(x^n + x^{n-1} + \cdots + 1) = 0$$
$x > 0$ より $x = 1$，従って $y = 1$．この x, y の値は (E) 式を満たす．
求める条件は
$$\underline{x = y = 1} \quad (\text{答})$$

この**例6**のような問題は，式がきれいなのはよいが，あまりにも見やすい為，直ちに解法の

処方化がなされやすいという弱みがあって，一度，憶えられると，この類問を出題しづらくなる．そこで，機械的に解かれないようにする為，こちらも，自然な"変化球"で対処する．

◀ **問題 7** ▶
以下の設問に答えよ．

[A] a, b, c を正の定数とする．$x \geqq \dfrac{a}{b}$，$y \geqq \dfrac{a}{c}$ のとき，x と y の関数
$$f(x, y) = \dfrac{(a+b+c)(b^2x^2+a^2)+c^2(bx-a)y}{x}$$
の最小値を求めよ．

[B] 実数 b の関数を
$$g(b) = ab(a+b+c) + \dfrac{a^3c}{b}$$
として，a と c を $0 < a < c$ なる定数とする．$a \leqq b \leqq c$ における $g(b)$ の最小値を求めよ．

† **式が複雑になっても落ち着くこと**．[A] では y に関する項が扱いやすいようなので，そこを糸口として解すとみればよいが，…．[A] を解ける力があれば，[B] はとり立てて困難はないだろう．

〈解〉[A] 与式は次のようになる：
$$f(x, y) = (a+b+c)b^2x + \dfrac{a^2(a+b+c)}{x} + ac^2\left(\dfrac{b}{a} - \dfrac{1}{x}\right)y$$

ここで $x \geqq \dfrac{a}{b} > 0$ より $\dfrac{1}{x} \leqq \dfrac{b}{a}$ であるから，$\dfrac{b}{a} - \dfrac{1}{x} \geqq 0$ である．そこで $y \geqq \dfrac{a}{c}$ より
$$f(x, y) \geqq f\left(x, \dfrac{a}{c}\right)$$
$$= (a+b+c)b^2x + \dfrac{a^2(a+b+c)}{x} + ac^2\left(\dfrac{b}{a} - \dfrac{1}{x}\right)\dfrac{a}{c}$$
$$= (a+b+c)b^2x + \dfrac{a^2(a+b)}{x} + abc$$
$$= (a+b)b^2x + \dfrac{a^2(a+b)}{x} + b^2cx + abc$$
$$\geqq 2ab(a+b) + b^2c \cdot \dfrac{a}{b} + abc$$

（ここで相加・相乗平均の不等式を用いた：等号の成立は $x = \dfrac{a}{b}$ のとき）
$$= 2ab(a+b) + 2abc$$

よって $f(x, y)$ の最小値は
$$\begin{cases} 2ab(a+b+c) \\ (x = \dfrac{a}{b},\ y = \dfrac{a}{c}\ \text{のとき}) \end{cases} \cdots(\text{答})$$

[B] $g(b) = ab^2 + (a^2+ac)b + \dfrac{a^3c}{b}$
$$= ab^2 + a^2b + ac\left(b + \dfrac{a^2}{b}\right)$$
$$(0 < a \leqq b \leqq c)$$

上式右辺の'第1項＋第2項'は b の2次関数であり，対称軸は b の負の領域にあるので，'第1項＋第2項'は $b = a$ で最小となる．このことにかんがみて $g(b)$ の表式の右辺第3項に相加・相乗平均の不等式を用いて
$$g(b) \geqq a \cdot a^2 + a^2 \cdot a + ac \cdot 2a$$
（等号の成立は $b = a$ のとき）
$$= 2a^2(a+c)$$

よって $g(b)$ の最小値は
$$\begin{cases} 2a^2(a+c) \\ (b = a\ \text{のとき}) \end{cases} \cdots(\text{答})$$

（**注**）[A] の解答の途中式で
$$(a+b+c)b^2x + \dfrac{a^2(a+b)}{x}$$

なる式が現れるが，**ここで機械的に相加・相乗平均の不等式を使うと**，
$$\text{上式} \geqq 2ab\sqrt{(a+b)(a+b+c)}$$

となる．等号の成立は
$$x = \sqrt{\dfrac{a+b}{a+b+c}} \cdot \dfrac{a}{b}$$

のときである．しかし，このような x の値は $x \geqq \dfrac{a}{b}$ の範囲にはない．

[B] においては，b の2次関数の最小値と相加・相乗平均の不等式の**微妙な相関**を明確に述べてから結論しなくてはならない．

（補）設問 [B] では，$g(b)$ の最大値まで求めることができるが，$g(b)$ の単調増加性などの議論が入ってくる為，**微分法なしでは苦しい**．それ故，最小値だけの問題にしておいたのである．高2生以下の読者は，やがて微分法を学ばれてから，$g(b)$ の最小値と最大値をそれで解いてみられたい．最小値は既に求めてある通りであり，

最大値は $a(a^2+ac+2c^2)$（$b=c$ のとき）である．（まだ，微分法を学んでない高1以下の読者もいるかもしれないが，焦らなくともよろしい．微分法ぐらいはすぐ追いつく．）

本問は，[A] でも [B] でも相加・相乗平均の不等式を使うように工夫したもので，しかも，その不等式で「ただ算数事務的には解かせはしない」という意味で，**柔軟性が要求される**．**このような素直な柔軟性を要する問題は tricky な問題とは違う**ということを理解されたい．

次は**コーシーの不等式**である．

❶ a, b, x, y が実数であるとき
$$|ax+by| \leq \sqrt{a^2+b^2}\sqrt{x^2+y^2}$$
が成り立つ（等号が成り立つのは $a:b=x:y$ のとき）．

❷ a, b, c, x, y, z が実数であるとき
$$|ax+by+cz| \leq \sqrt{a^2+b^2+c^2}\sqrt{x^2+y^2+z^2}$$
が成り立つ（等号が成り立つのは $a:b:c=x:y:z$ のとき）．

これらの不等式でも文字数がこれらより増えると，入試で，証明なしで使うことは**反則**になる．しかし，その証明そのものは非常に易しくて，少し余裕のある受験生は知っているであろう．念の為，その事を**示しておく**：

以下，a_n, x_n, t は全て実数とする．
$$\sum_{k=1}^{n}(a_k t - x_k)^2 \geq 0$$
$$\longleftrightarrow \left(\sum_{k=1}^{n} a_k^2\right) t^2 - 2\left(\sum_{k=1}^{n} a_k x_k\right) t + \sum_{k=1}^{n} x_k^2 \geq 0$$

これがつねに成り立つ条件は，$\sum_{k=1}^{n} a_k^2 \neq 0$ の下で，

判別式：$\left(\sum_{k=1}^{n} a_k x_k\right)^2 - \left(\sum_{k=1}^{n} a_k^2\right)\left(\sum_{k=1}^{n} x_k^2\right) \leq 0$

$\longleftrightarrow (a_1 x_1 + a_2 x_2 + \cdots + a_n x_n)^2$
$\leq (a_1^2 + a_2^2 + \cdots + a_n^2)(x_1^2 + x_2^2 + \cdots + x_n^2)$

となる．従って
$$|a_1 x_1 + a_2 x_2 + \cdots + a_n x_n| \leq \sqrt{a_1^2+a_2^2+\cdots+a_n^2}\sqrt{x_1^2+x_2^2+\cdots+x_n^2} \triangleleft$$
等号が成り立つ条件は
$$a_1 : a_2 : \cdots : a_n = x_1 : x_2 : \cdots : x_n$$
のときである．

〈例7〉 a, b, c を正の実数とする．次の不等式が成り立つことを示せ．
$$\frac{2}{a+b}+\frac{2}{b+c}+\frac{2}{c+a}$$
$$\leq \frac{1}{a}+\frac{1}{b}+\frac{1}{c} \leq \sqrt{\frac{3}{a^2}+\frac{3}{b^2}+\frac{3}{c^2}}$$

（姫路工大（改作））

解 まず左側の不等式を示す．

一般に2つの正の数 x, y に対して相加・相乗平均の不等式
$$\frac{x+y}{2} \geq \sqrt{xy} \geq \frac{2}{\frac{1}{x}+\frac{1}{y}}$$

が成り立つ．（この右側の不等式は，左側の不等式において x, y を各々 $\frac{1}{x}$, $\frac{1}{y}$ とおき直しただけのもので，$\frac{2}{\frac{1}{x}+\frac{1}{y}}$ を x, y の調和平均という．）よって，a, b, c が正の実数という前提で

$$\frac{a+b}{2} \geq \frac{2}{\frac{1}{a}+\frac{1}{b}}$$

$$\longleftrightarrow \frac{2}{a+b} \leq \frac{\frac{1}{a}+\frac{1}{b}}{2},$$

$$\frac{b+c}{2} \geq \frac{2}{\frac{1}{b}+\frac{1}{c}}$$

$$\longleftrightarrow \frac{2}{b+c} \leq \frac{\frac{1}{b}+\frac{1}{c}}{2},$$

$$\frac{c+a}{2} \geq \frac{2}{\frac{1}{c}+\frac{1}{a}}$$

$$\longleftrightarrow \frac{2}{c+a} \leq \frac{\frac{1}{c}+\frac{1}{a}}{2}$$

が成り立つので，これらを辺々相加えて
$$\frac{2}{a+b}+\frac{2}{b+c}+\frac{2}{c+a}$$
$$\leq \frac{1}{a}+\frac{1}{b}+\frac{1}{c}.$$

次に右側の不等式を示す．
コーシーの不等式により
$$\frac{1}{a}+\frac{1}{b}+\frac{1}{c}$$
$$\leq \sqrt{1^2+1^2+1^2} \cdot$$
$$\sqrt{\left(\frac{1}{a}\right)^2+\left(\frac{1}{b}\right)^2+\left(\frac{1}{c}\right)^2}$$
$$=\sqrt{\frac{3}{a^2}+\frac{3}{b^2}+\frac{3}{c^2}}.$$

以上で問題の不等式は示された． ◁

例7の解答中で"調和"という言葉が出てきたので，ついでに**調和数列**というものを紹介しておく：数列 $\{a_n\}$ が等差数列をなすとき，数列 $\left\{\dfrac{1}{a_n}\right\}$ を**調和数列**という．特に3文字数の数列 $\dfrac{1}{a}$, $\dfrac{1}{x}$, $\dfrac{1}{b}$ において $\dfrac{2}{x}=\dfrac{1}{a}+\dfrac{1}{b}$ が満たされるとき，$\dfrac{1}{x}$ を**調和中項**という．(これは $\dfrac{1}{a}$, $\dfrac{1}{x}$, $\dfrac{1}{b}$ がこの順で等差数列をなす，あるいは同じことだが，a, x, b が調和数列をなすことに他ならない．) そして $x=\dfrac{2}{\dfrac{1}{a}+\dfrac{1}{b}}$ をもって a, b の**調和平均**というのである．(調和平均の規約は文字数がいくら増えても同様である．)

◀ **問題 8** ▶
次の問いに答えよ．
(1) a_k, b_k ($k=1, 2, 3$) を実数とするとき，次の不等式を証明せよ．
$$(a_1^2+a_2^2+a_3^2)(b_1^2+b_2^2+b_3^2) \geq (a_1b_1+a_2b_2+a_3b_3)^2$$
(2) 実数 x_k, y_k, z_k ($k=1, 2$) が
$$x_1^2+y_1^2-z_1^2+1=0,$$
$$x_2^2+y_2^2-z_2^2+1=0,$$
$$z_1z_2>0$$
を満たしているとする．このとき不等式
$$x_1x_2+y_1y_2-z_1z_2+1\leq 0$$
が成り立つことを証明せよ．また等号が成立するのは
$$x_1=x_2, \quad y_1=y_2, \quad z_1=z_2$$
のときに限ることを示せ．
(信州大・理)

(†) (1)は'左辺−右辺≧0'を示すだけ．(2)は，(1)での文字記号が変わっただけのこと．条件式は，$x_k^2+y_k^2+1^2=z_k^2$ とみるのがよいだろう．

〈解〉(1) (コーシーの不等式) 省略．
(2) $x_1^2+y_1^2+1=z_1^2$, $x_2^2+y_2^2+1=z_2^2$ より
$$(x_1^2+y_1^2+1)(x_2^2+y_2^2+1)=(z_1z_2)^2$$
$$\geq (x_1x_2+y_1y_2+1)^2$$
(ここで(1)の不等式を用いた；等号の成立は $x_1=x_2$, $y_1=y_2$ のときに限る)

$z_1z_2>0$ より直ちに
$$-z_1z_2\leq x_1x_2+y_1y_2+1\leq z_1z_2$$
$$\therefore \quad x_1x_2+y_1y_2-z_1z_2+1\leq 0 \quad ◀$$
この結論の等号が成立するのは
$$x_k^2+y_k^2-z_k^2+1=0 \quad (k=1, 2) \quad \cdots ①$$
$$x_1x_2+y_1y_2+1-z_1z_2=0 \quad \cdots ②$$
$$x_1=x_2, \quad y_1=y_2 \quad \cdots ③$$
が成立するときに限る．②，③より
$$x_1^2+y_1^2+1=z_1z_2$$
この式と①より
$$z_1z_2=z_1^2=z_2^2 \quad (z_1z_2>0)$$
$$\therefore \quad z_1=z_2$$
$$\therefore \quad x_1=x_2, \quad y_1=y_2, \quad z_1=z_2 \quad ◀$$

(補) このように，問題を解くだけならば，大したことはない．しかし，それだけでは何かわびしいという人もおられるかもしれない．いみじくも，ちょうど，我々は，**問題4** の **(補2)** で **2次曲面**を垣間見たので，その脈絡として少し**幾何的世界**を覗いてみよう：

x, y, z の方程式 $x^2+y^2+z^2=1$ $\cdots$(A) は，実数だけの世界では，幾何的に**球面**を表す(これは常識)．(A)式で x, y, z を各々 $\dfrac{x}{i}$, $\dfrac{y}{i}$, z ($i=\sqrt{-1}$) と変換してやると，
$$-x^2-y^2+z^2=1 \quad \cdots(B)$$
となる(この式が，表向き，設問(2)での等式であることは，お分かり頂けるであろう)．x, y, z を実数とすれば，(B)式は，幾何的に，**二葉(回転)双曲面**といわれるものである．これを図示すると**下図**のようになる：

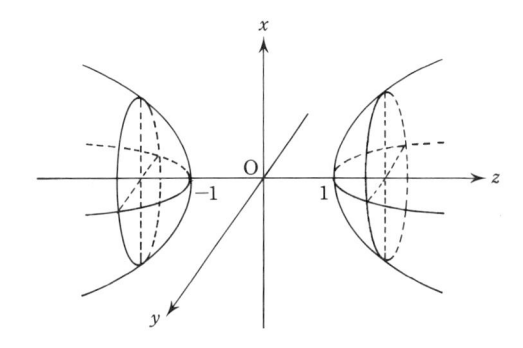

一方，(A)式で x, y, z をそれぞれ $\dfrac{x}{w}$, $\dfrac{y}{w}$, $\dfrac{z}{w}$ と変換してやると，
$$x^2+y^2+z^2-w^2=0 \quad \cdots(C)$$

となる．(C)式になると，このままではもう具象的図は描けない．(B)式は(C)式で z, w を各々 1, z と置き直したものである．

読者は**問題 5** の補充問題の(1)での式を見られたい．いま，分類上，$a=b=0$, $p=q=1$ としてよく，$z=-x^2-y^2$ とおいてみる．この式で x, y, z 各々を $\dfrac{x}{\sqrt{w}}$, $\dfrac{y}{\sqrt{w}}$, z と変換すると，$wz=-x^2-y^2$ となるが，この式の左辺は $\left(\dfrac{w+z}{2}\right)^2-\left(\dfrac{w-z}{2}\right)^2$ に他ならないから $\dfrac{w+z}{2}=z'$, $\dfrac{w-z}{2}=z''$ とおくと，
$$x^2+y^2+(z')^2-(z'')^2=0$$
となり，(C)式になる．

このような変換は，ただ恣(ほしい)いままに行なっているのではなく，きちんとした幾何学理論——(古典的)**代数幾何学**というもの——のある基礎概念に沿って行なっているのである．(C)式は1つの分類上の一般式であって，これから様々の（尖(せん)点等をもたない）**代数曲面の方程式**が引き出されてくるわけである．この辺りは**位相幾何学**とよばれるものとの相関が強いものである．

問題の roots は出題者の楽屋裏であるが，**問題 7** は，二葉双曲面の片面上の2点に対して3元ベクトルというものを考え，そして**計量**なるものを拡大定義したものになっている訳である．

そろそろ相加・相乗平均やコーシーの不等式**以外**（場合によってはそれらを使ってもよい）の不等式問題をも取り挙げて**第 3 章**を閉じることにしよう．

◀ **問題 9** ▶

x, y, z が $x+y+z\geq 3$ を満たすとき，
$$x^2+y^2+z^2\geq x+y+z$$
が成り立つことを示せ．

（室蘭工大）

(†) 筆者は入試過去問を知っているものより知らないものの方がはるか圧倒的に多いが，その乏しい蔵を抜きにしても，これはよくありそうでいて，そうでない斬新な問題ではないだろうか？　もしそうなら，出題者に敬意を表したい．

筆者は，「暗記に重きを置いてはならない」と強調してきているが，本問を初めて見かけた人は，過去問の解法暗記でこれを型通りにすぐ解けるかな？

本問を型通りにやる人は，まず
$$x^2-x+y^2-y+z^2-z\geq 0$$
を示そうとするであろう．そして，
$$\left(x-\frac{1}{2}\right)^2+\left(y-\frac{1}{2}\right)^2+\left(z-\frac{1}{2}\right)^2-\frac{3}{4}\geq 0\ (?)．$$
あるいは $(x+y+z)^2\geq 9$ より
$$x^2+y^2+z^2+2(xy+yz+zx)-9\geq 0$$
となって，それから？

他，いろいろ迷路はあるだろう．（迷路や袋小路に突き当たっても，それを打破できれば，それも実力のひとつではあるが，…．）

最初に筆者が思い付いた（とはいっても頭の始動回転の鈍さの為に10分位かかった）解答路線は $\dfrac{x^2+y^2+z^2}{x+y+z}\geq 1$ を示すことであった．

〈解〉
$$\frac{x^2+y^2+z^2}{x+y+z}$$
$$=\frac{(x+y+z)^2-2(xy+yz+zx)}{x+y+z}$$
$$=x+y+z-\frac{2(xy+yz+zx)}{x+y+z}$$
ここで
$$x^2+y^2+z^2-(xy+yz+zx)$$
$$=\frac{1}{2}\{(x-y)^2+(y-z)^2+(z-x)^2\}$$
$$\geq 0\ (\because\ x, y, z\ は（暗黙の了解で）$$
$$\qquad\qquad 実数より)$$
であるから
$$\frac{x^2+y^2+z^2}{x+y+z}\geq x+y+z-\frac{2(x^2+y^2+z^2)}{x+y+z}$$
このことと仮定より
$$\frac{3(x^2+y^2+z^2)}{x+y+z}\geq x+y+z\geq 3$$
$$\therefore\quad x^2+y^2+z^2\geq x+y+z\quad ◀$$

（補）これで10分かかったから，合計20分で何とか解けた．本問を解けなかった人は，再度，'x, y が $x+y\geq 2$ を満たすとき，$x^2+y^2\geq x+y$ が成り立つ' ことを確かめよ．

この解答をしたものの，筆者は，少々，不服だった．解答に積極さがないからである．（実は，本問はコーシーの不等式を使ってもいけたが，それで解いても何の感動もなかった．）

そこで，考え込んだ．問題の条件不等式に"3"という具体的数が入っていて，結論では"3"が消えている．上の解答を見ると，"3"が消える理由は，一応，分かるが，どうも晴ればれとしない．更にじっと考える．(時計を設置して，「制限時間25分以内で解決できるのだろうか？」と思いつつ．) 刻々…と時間は経過していく．もうすぐ20分になる；「こりゃ，(時間内では)もうだめだ」と観念しかけた瞬間に，閃いた：'**3という数が消えるのは x, y, z という3変数だからなのだ**'と．読者は，「これで解答になるの？」と思われるか？ そうである：$(x-1)+(y-1)+(z-1) \geq 0$ とみて，各項の2次平方式を考える (直観的に $x+y+z$ が出てくることを読み取る)．即ち，$(x-1)^2+(y-1)^2+(z-1)^2 \geq 0$ とする．(出題者には，**まんまと煙に巻かれたのであった**．初めに，"出題者に敬意を表したい"と述べた事は**取り消し**：$(x-a)^2+(y-b)^2+(z-c)^2 \geq 0$ で，$a=b=c=1$ としたものだから，うまく化けられてしまったのである．逆算 trick 問題の典型的な一例．)

〈別解〉 $(x-1)^2+(y-1)^2+(z-1)^2$
$= x^2+y^2+z^2+3-2(x+y+z) \geq 0$
∴ $x^2+y^2+z^2-(x+y+z) \geq x+y+z-3$
≥ 0 ◀

(**再補**) 20分弱考えて，1分以内で解答できた；勿論，試験場で解いているのではない為に，その分の pressure がないので，できたことではあろうが．この路線に気付いた為に，直ちに，本問を次のように**発展**させることができた．(この**別解**を見られた読者には，最早，それ程，困難な問題ではないと思われるが，……)

以下の**発展問題**を厳密に解く為には，**不等式に対する帰納法**を要する．この講義では，その為の帰納法を未だ指導していない．高2生以下の読者で，それを未だ学習していない人は，**発展問題の後に付録**として，一例を挙げておいたので，それを理解してから，**発展問題**を解かれよ．

> **発展問題**
> 実数の列 $x_1, x_2, \cdots, x_n$ (n は2以上の整数) は $x_1+x_2+\cdots+x_n \geq n$ を満たしているとする．この下で任意の自然数 m に対して
> $$x_1^{2^m}+x_2^{2^m}+\cdots+x_n^{2^m} \geq x_1^{2^{m-1}}+x_2^{2^{m-1}}+\cdots+x_n^{2^{m-1}}$$
> が成り立つことを示せ．(ここに，数 a に対して $a^0=1$ とする．)
> さらに，等号が成立するような $x_1, x_2, \cdots, x_n$ の条件をすべて求めよ．

(以下の解答を見る前に，最少限，30分は考えるように．)

《**解**》 m についての帰納法で題意を示す．

$m=1$ の場合は
$$x_1^2+x_2^2+\cdots+x_n^2 \geq x_1+x_2+\cdots+x_n$$
を示せばよい．$x_1, x_2, \cdots, x_n$ は実数であるから
$$(x_1-1)^2+(x_2-1)^2+\cdots+(x_n-1)^2 \geq 0$$
これより，そして前提より
$$x_1^2+x_2^2+\cdots+x_n^2-(x_1+x_2+\cdots+x_n)$$
$$\geq x_1+x_2+\cdots+x_n-n \geq 0$$
∴ $x_1^2+x_2^2+\cdots+x_n^2 \geq x_1+x_2+\cdots+x_n$
$\cdots$ ①

従って任意の自然数 m について
$$x_1^{2^{m-1}}+x_2^{2^{m-1}}+\cdots+x_n^{2^{m-1}} \geq n \quad \cdots ②$$
の成立を示せばよいことが分かる．
このことが示されれば，①での $x_1, x_2, \cdots, x_n$ をそれぞれ $x_1^{2^{m-1}}, x_2^{2^{m-1}}, \cdots, x_n^{2^{m-1}}$ と置き直してよいからである．

それでは②を示す．
$m=1$ のときは成立している．
$m=k$ のとき
$$x_1^{2^{k-1}}+x_2^{2^{k-1}}+\cdots+x_n^{2^{k-1}} \geq n$$
即ち
$$\sqrt{x_1^{2^k}}+\sqrt{x_2^{2^k}}+\cdots+\sqrt{x_n^{2^k}} \geq n$$
の成立を仮定するならば，
$$(\sqrt{x_1^{2^k}}-1)^2+(\sqrt{x_2^{2^k}}-1)^2+$$
$$\cdots+(\sqrt{x_n^{2^k}}-1)^2 \geq 0$$
なる計算によって
$$x_1^{2^k}+x_2^{2^k}+\cdots+x_n^{2^k} \geq x_1^{2^{k-1}}+x_2^{2^{k-1}}+\cdots+x_n^{2^{k-1}}$$
$$\geq n$$
が成り立つ．従って②は示された．同時に問題の不等式が示されたことにもなる． ◀

等号の成立は，明らかに
$$x_1=x_2=\cdots=x_n=1 \text{ のときに限る} \quad \cdots \text{(答)}$$
《補》本問の場合，《解》における①より $x_1{}^4+x_2{}^4+\cdots+x_n{}^4 \geqq x_1{}^2+x_2{}^2+\cdots+x_n{}^2$, $x_1{}^8+x_2{}^8+\cdots+x_n{}^8 \geqq x_1{}^4+x_2{}^4+\cdots+x_n{}^4, \cdots$ と順次追いかけられるので，このことから結論してもよい．帰納法で解く際，機転が効かないと，本問は論理的難問になってしまう：定型的に帰納法を使うのではなく，「帰納法によって何を示せばよいのか」を，自ら見定められなくてはならないからである．ついでに《解》における②はコーシーの不等式によっても証明できることを付記しておこう．

《付録》帰納法による不等式問題の一例と解答：

n は自然数，x は $x<1$ なる実数とする．このとき，$(1-x)^n \geqq 1-nx$ が成り立つことを示せ．

解．n についての帰納法で示す．

$n=1$ のときは明らかに成立している．

$n=k$ のとき，$(1-x)^k \geqq 1-kx$ の成立を仮定して，両辺に $1-x(>0)$ を掛けて，
$$(1-x)^{k+1} \geqq (1-x)(1-kx)$$
$$=1-(k+1)x+kx^2$$
$$\geqq 1-(k+1)x$$
となる．これで問題の不等式は示された． ◁

今回，学んだ事は，関数とグラフ，最大・最小問題そして種々の不等式であった．読者はこれらの内容を学んでこられて，先へ進むには，どうしても**複素数**，**ベクトル**というものや**指数法則**，**微分法**など，いろいろな事柄が必要になってくると感じられたであろう．そういう訳で，**第4章**では，第3章で，積み残した不等式問題を少し入れて，「**不等式から複素数へ**」と進む．

第4章

不等式から複素数へ（その1）

複素数は，数学の中で極めて**柔軟性**を要する分野である．その分，頭の固い人間には最も学びづらいものの一つになる．

頭が固いのは，日本流大学入試（数学）のやり方もそうである．大学入試で思考力とか独創力とかが問われるということは，皆無に等しい．（元来，**判明しきっている事を，**）習い知った処方で手際よく処理しさえすればよいという，要するに，「**手習い技の記憶量**」の勝負に堕してしまっている．その解答が，routine work の記憶量に依存したものか独自の思考力に依存したものかが，現状までの入試では判別しにくいのは致命的盲点であろう．

記憶されたアルゴリズムに乗った"数学"は，最早，「数学」という名には値しない．それは，**"算数事務"** というものであろう．このような事自体が学習者に数学的関心をもたせるということは，まずないのである．そこからどれ程，数学教育上の弊害が生じているのかということを反省することもなく，徒な改革のみで，このまま時は過ぎてゆくのであろう．

日本の大学は，少しずつでもよいから，入試のやり方を（根本的に）変えるようにしてゆかないと，「学問への道」を，入試で狭めてしまって**頭脳損失**をしていることになる．大学側は，**学問を志す青少年にできるだけ門戸を大きく開放してよい教育へのチャンスを多く与える**ようにするべきである．健全な「学問への道」はそこから始まる．そうすれば，本当の頭脳を抽出できるであろうし，「狭い」を言われ続けてきた日本人の視野も大きく拡がってゆくであろう．ちょうど複素関数論のように．

さて，**第4章**の内容は，**第3章**の不等式を引き継いで，不等式問題を1題だけ取り上げ，それから**複素数**へと向かう．そこでは，実数までは考えらた不等式が，何故，複素数というものでは考えられないのか，その差異を一考して，複素数の多彩な世界を垣間のぞきみることにする．

◀ **問題 1** ▶

次の問いに答えよ．
（1） n を自然数とする．実数 $a_1, a_2, \cdots, a_n$ は $|a_k| \leq 1$ $(k=1, 2, \cdots, n)$ を満たしている．このとき，すべての n について次の不等式が成り立つことを証明せよ．

$$\frac{1}{2^n}|1+a_1|\cdot|1+a_2|\cdot\cdots\cdot|1+a_n|$$
$$\leq \frac{1}{2}(1+|a_1|\cdot|a_2|\cdot\cdots\cdot|a_n|)$$

（2） a を任意の実数とする．このとき，すべての自然数 n について次の不等式が成り立つことを証明せよ．

$$|1+a|^n \leq 2^{n-1}(1+|a|^n)$$

（香川医大）

†（1）この設問は見事である．三角不等式 $|x+y| \leq |x|+|y|$ や相加・相乗平均の不等式 $\frac{|x|+|y|}{2} \geq \sqrt{|xy|}$ を使ってもビクともしなかったであろう．とすれば，帰納法が順当となるであろうが，それでも眼の付け所が悪いと複雑怪奇なジャングルへ迷い込みそうである．（時間はそれ程ないのだから——しかし**落ち着いて**——，なるべく手短に済ませたい．）不等式の左辺を

$$\frac{|1+a_1|}{2}\cdot\frac{|1+a_2|}{2}\cdot\cdots\cdot\frac{|1+a_n|}{2}$$

とみればよし．こうみないで，$n=k$ の場合に不等式の成立を仮定して

$$\frac{1}{2}(1+|a_1|\cdot|a_2|\cdot\cdots\cdot|a_k|\cdot|a_{k+1}|)$$
$$-\frac{1}{2^{k+1}}|1+a_1|\cdot|1+a_2|\cdot$$
$$\cdots\cdot|1+a_k|\cdot|1+a_{k+1}| \geq 0$$

を示そうなどとするようでは，着実に物事の見方が固い方向に向かっている．（これでは合格してもその後が期待できない．）

（2）（1）を上手に利用するべきなのだが，これとてスジが悪ければ，混線するだろう．
（1），（2）共に**発想の柔軟さ**が問われているので，日頃の学習姿勢がそのまま解答力として現れる．

〈解〉（1）$0 \leqq a_k \leqq 1$ ($k = 1, 2, \cdots, n$；n は自然数）の場合に問題の不等式の成立が示されれば，その a_k を $-a_k$ に替えても，かの不等式は成立するから $0 \leqq a_k \leqq 1$ としてよい．そして n についての帰納法で不等式を示そう．

$n = 1$ のときは問題はない．$n = k$ のとき
$$\frac{1+a_1}{2} \cdot \frac{1+a_2}{2} \cdot \cdots \cdot \frac{1+a_k}{2} \leqq \frac{1}{2}(1 + a_1 \cdot a_2 \cdot \cdots \cdot a_k)$$
が成立していると仮定して，両辺に $\frac{1+a_{k+1}}{2}$ (>0) を掛ける：
$$\frac{1+a_1}{2} \cdot \frac{1+a_2}{2} \cdot \cdots \cdot \frac{1+a_{k+1}}{2}$$
$$\leqq \frac{1}{4}(1 + a_1 a_2 \cdots a_k)(1 + a_{k+1})$$
$$= \frac{1}{4}(1 + a_1 a_2 \cdots a_{k+1})$$
$$\quad + \frac{1}{4}(a_{k+1} + a_1 a_2 \cdots a_k)$$
ここで
$$1 + a_1 a_2 \cdots a_{k+1} - (a_{k+1} + a_1 a_2 \cdots a_k)$$
$$= (1 - a_{k+1})(1 - a_1 a_2 \cdots a_k) \geqq 0$$
であるから
$$\frac{1+a_1}{2} \cdot \frac{1+a_2}{2} \cdot \cdots \cdot \frac{1+a_{k+1}}{2}$$
$$\leqq \frac{1}{4}(1 + a_1 a_2 \cdots a_{k+1}) \times 2$$
よって任意の自然数 n について，かの不等式の成立は示された．◀

（2）これも $a \geqq 0$ としておいてよい．しかも $a > 1$ のときは，$\frac{1}{a} = a'$ とすれば $0 < a' < 1$ であり，
$$\left(1 + \frac{1}{a'}\right)^n \leqq 2^{n-1}\left(1 + \frac{1}{a'^n}\right)$$
$$\longleftrightarrow (1 + a')^n \leqq 2^{n-1}(1 + a'^n)$$
となるから，$0 \leqq a \leqq 1$ としてよい．そしてこのときは（1）での不等式において，$a_1 = a_2 = \cdots = a_n = a$ としただけのことである．◀

（補）設問（1）はどうして作られ得るのか？（抽象数学では，視覚的グラフなどの入ってくる間隙は，通常，ないので，（正しい）**命題などの発見は純粋に頭脳だけでなされなくてはならない**．そのような発見への最も教訓的な思考上の痕跡が，この入試問題には見られるので呈示しようという訳である．）

$0 \leqq a_k \leqq 1$ ($k = 1, 2, \cdots, n$) ならば，
$$(1+a_1)(1+a_2) \cdots (1+a_{n-1}) \leqq 2^{n-1} \quad \cdots \text{Ⓐ}$$
は明らかである．それ故
$$(1+a_1)(1+a_2) \cdots (1+a_{n-1})(1+a_n)$$
$$\leqq 2^{n-1}(1+a_n) \quad \cdots \text{Ⓑ}$$
も明らかである．Ⓑ式で $a_n = 0$ とおくと，Ⓐ式に戻ることになる．この「当たりまえ」と思えることを**当たりまえでは済ませない**心構えが思考に大きな飛躍を与えるのである．いま，'不等式Ⓑの**底には何らかの綺麗な特性が隠れている**ように思える：Ⓑ式からその価値あるものを**えぐり取れないか？**' という**有意的問題を自分に課す**．そこで直観力を鋭く生かして，
'$0 \leqq a_1 a_2 \cdots a_n \leqq a_n (\leqq 1)$ であるから
$$(1+a_1)(1+a_2) \cdots (1+a_n)$$
$$\leqq 2^{n-1}(1 + a_1 a_2 \cdots a_n) \quad \cdots \text{Ⓒ}$$
と対称式化できればよい' と願うのである．さらに，一般に絶対値記号を付してよく，それ故，多分に，'best possibility' をもった問題（設問（1））が出来上がるということになる．

ここに，「ただ問題を routine work で解く」ということと「発見的推理」との雲泥の違いを垣間見られたであろう．（出題者の専門が，大体，伺われる．入試 level とはいえ，（1）は単なる"類推的一般化"で作られ得るような問題ではないので，**解析学**といわれるもののかなりの心得がなければ，作れない問題だからである．）

入試数学は，殆どが，**目に見える具体的数学**であるから，出題者も，多分，設問（2）では具体的関数を使って問作したのであろう．実際，設問（2）は，すぐ，関数 $y = f(x) = x^n$ (n は自然数）のグラフから作られる．（勿論，（2）の証明でグラフを使ってはならない．）問題が，完全に，**逆算的に作られた**であろうという意味

第4章 不等式から複素数へ (その1)

(x, y 軸のスケール幅は無視)

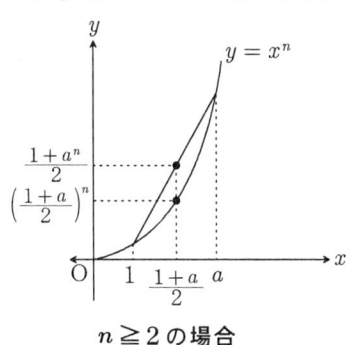

$n \geqq 2$ の場合

では，設問 (2) は浅ましいが，そうだとしても (2) を (1) に発展させ得た点は，さすがで，これで「浅ましさ」は帳消し．

不等式というものは実数の大小比較であった．では，既に2次方程式で現れた**複素数**のようなものでも大小比較できるのであろうか？ 多くの読者は，「複素数には大小はない」と思い込んでこられたであろう．では，「何故そのように断言できるのか？」と，尋ねられたら？「虚の数だから実の比較はできない」と禅問答調に答えるかな？

この際，大切な姿勢は，「虚数とは $i^2 = -1$ なる i を伴った数である」と，**ひとつ憶えで済ませない**ことである．そのようには済ませない姿勢の為にひとつ課題を与えよう．(次の**課題**は，一般の複素数に対しても考えられる．)

課題

適当な集合 S において導入された '大小' 関係 ($\geqq$) は S の任意の元 $a, b, \cdots$ に対し，以下の法則をもつとする：

i) $a \leqq a$.

ii) $a \leqq b$ かつ $b \leqq a$ であるならば $a = b$ である．

iii) $a \leqq b$ かつ $b \leqq c$ であるなら $a \leqq c$ である．

実数全体の集合においては，i)〜iii) の '大小' 関係は入っているものとする．

さて，虚数単位 i を $i = \sqrt{-1}$ なるものとして導入する．いま，x, y を実数として純虚数 $z = xi, v = yi$ に対して次のように規約する：

'$x \leqq y$ であるならば $z \leqq v$ である．'

ただし，$x = y$ であるならば $z = v$ に限るとする．

以下に答えよ．

(1) 純虚数全体の集合に対しても上の性質 i)〜iii) はつねに妥当といえるか？ 説明せよ．

(2) 次の命題は正しいか？ 正しければ証明し，正しくないならば正しくない例を1つ挙げよ．

'純虚数 z, v, w に対し，$z < v$ かつ $w > 0$ であるならば
$$wz < wv$$
である．'

このような (純数学的) 問題を見ると，受験生は「おかしな問題」と言って毛ぎらいする傾向がある (らしい)．「おかしな問題」：はて，それはどうだろう？

読者はこう考えられたことはないだろうか？ '曲がった物差から見ればまっすぐな物差の方が曲がって見える' と，もうこれ以上，述べなくてもよいだろう．**分かる人には分かる**；…．

とにかく，上の**課題**の結論をいうと，(1) **妥当である**，(2) **正しくない** となる．難しい事はともかくとして，積が定義された複素数では不等号が保持されないのに大小に固執するのは非常な不便をきたす．それ故，虚数では実数の意味における大小の概念を度外視している訳である．

ところで，「複素数は現実にはないものであるが，ただ便宜上のよい道具である」と思っている人は，高校生や受験生以上の (年齢の) 人達にも，かなり多いようであるが，そのような人達の意見をよく伺うと，どうも，「そう教え込まれてきている」からのようである．(これは，「偽」なることを「正しい」と断定的に仕込まれてしまった一例．) このように**洗脳**された人達は

(A) ある代数的集合においては，その任意の元 a に対し，$ma = 0$ となる正の整数 m が存在する

(B) 表も裏も決めれない平面がある

などということを聞くと，拒絶反応を示すし，あわよくとも後が続かない．大学での数学の講

義はこのような事で学生に疎んぜられる．それ以前に，ある種の**強い先入観念**で頭が支配されてきている為，見慣れない，聞き慣れない事には，（それらが本当は当然な事であっても，理解できなければ，）拒絶しようとする；反対にこれまで見慣れたり，聞き慣れたりしてきた事には，（それらがあいまいかつ不思議千万な事であっても，）至極当然と思っている．

実際，**実数の性質どころか有理数の性質ですらよく考えると不思議そのもの**だが，多くの学生はそうは思っていない．これは，初め強くはめ込まれた算数的観念に支配されて，数学を機械的手法として考えるように捕縛されてしまい，**不思議な事でも不思議と思わなくなった**のである．それ故，錯誤して物事を考えることが多くなってしまうし，一つの事が偶々うまくいくと，その単純な類推や同一の技法でそれ以外の事もうまくいくと思い込んでしまうのである．このようなことは，かなり進んだ人にも起こる．

虚数というものに戻ると，それは，概念的にも現実的にも存在する！ ただ，**人間の日常感覚が 3 次元的にできている**ものだから，現実的目にはないように錯覚するだけのことである．

さて，それでは**複素数分野**へと入ってゆく．複素数の共役，複素数に対する絶対値に関する諸公式の成立を示すことは，非常に初歩的なことなので，ここでそれらを蒸し返すことはしない．（それらは教科書を読めば済むであろう．）体裁上，諸公式を並べておくだけに留める：
$z = x + yi$（x, y は実数）に対して $\overline{z} = x - yi$, $\overline{\overline{z}} = x + yi$; $|z| = |\overline{z}| = \sqrt{x^2 + y^2}$ と定義する．以下に z_1, z_2 は複素数とする．

$$\overline{z_1 \pm z_2} = \overline{z_1} \pm \overline{z_2}, \ \overline{z_1 \cdot z_2} = \overline{z_1} \cdot \overline{z_2},$$
$$\overline{\left(\frac{z_1}{z_2}\right)} = \frac{\overline{z_1}}{\overline{z_2}} \quad (z_2 \neq 0).$$
$$|z|^2 = z\overline{z} = |\overline{z}|^2, \ |z_1 z_2| = |z_1| \cdot |z_2|,$$
$$\left|\frac{z_1}{z_2}\right| = \frac{|z_1|}{|z_2|} \quad (z_2 \neq 0).$$

次は**複素数の極形式**について少しだけ叙述する．これは幾何的性質が強い事柄なので，複素数座標平面を導入して考察を進める．

図 1 のように複素数平面上の位置（座標）z をもって点 z ともいうことにする．

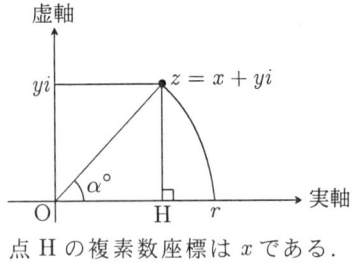

点 H の複素数座標は x である．
図 1

線分 Oz の長さを $|z|$ で表す（$|z| = \sqrt{x^2 + y^2}$ である）．

$z \neq 0$（0 はゼロとみても原点 O とみてもよい）のとき，線分 Oz が実軸となす角（通常は反時計回りを正の向きとする）を $\alpha°$ とし，これを z の**偏角**とよび，$\arg(z) = \alpha°$ と表す．

$\alpha°$ という 60 分法での角度は使いづらいので，代わりに**弧度**という名の"角"を用いる．これは半径 r の円弧を描いたとき，その円弧上の弧の長さ r に対応する"中心角"を 1 弧度あるいは 1 (rad) と規定したものである．いま，中心角 180°分の円弧の長さを πr と規定したとき，$\alpha°$ は $\frac{\alpha°}{180°}\pi = \frac{\alpha}{180}\pi$ (rad) に比例相当することになる．$\frac{\alpha}{180}\pi = \theta$（(rad) は省略してよい）と表すと，$\arg(z) = \theta$ となる．

さて，$|z| = r \ (r > 0)$ として
$$\frac{x}{r} = \cos\theta, \ \frac{y}{r} = \sin\theta$$
と規約して，順に，三角形 $\triangle OHz$ の角 $\angle zOH$ に関しての**余弦**(cosine)，**正弦**(sine) とよぶ．（ついでに $\frac{\sin\theta}{\cos\theta} = \tan\theta$ を**正接**(tangent) とよぶことも付加しておく．）この規約から，明らかに $\cos^2\theta + \sin^2\theta = 1$ となる．このような記号を用いると，z は $z = r(\cos\theta + i\sin\theta)$（ここでは $r = |z| \geqq 0$ としておく）と表されることになる．このような z の表式を**極形式**という．

図 1 では偏角 $\theta \left(= \frac{\alpha}{180}\pi\right)$ は第 1 象限でとってあるが，それが第 2 象限まで伸びたときは，余弦・正弦は次のように定義される：
$$\cos\theta = -\cos(\pi - \theta), \ \sin\theta = \sin(\pi - \theta).$$

このようにして余弦・正弦は第3，第4象限でも定義されることになる．一つ大切な事は
$$\cos\theta = \cos(-\theta),\ \sin\theta = -\sin(-\theta)$$
ということである．余弦・正弦は任意の実数に対して定まる関数，即ち，**三角関数**とよばれることになり，すぐ上の性質は，$\cos\theta$ は偶関数，$\sin\theta$ は奇関数であることを意味している．

ところで，点 z の偏角を一般的にとると，$0 \leqq \theta < 2\pi$ に対して
$$\arg(z) = \theta + 2n\pi \quad (n\text{ は整数})$$
となることも許されることになる．$\arg(z)$ は無限個の値をとることになるが，通常は，$0 \leqq \arg(z) < 2\pi$ の範囲に限定してよいことが多いので，そのようなときは，$\mathrm{Arg}(z) = \theta$ と表したりする．（注．$z=0$ のときは，$\arg(z)$ は不定．）

さらに**複素数の積・商**について．

極形式で表された 2 つの複素数 $z_1 = r_1(\cos\theta_1 + i\sin\theta_1)$，$z_2 = r_2(\cos\theta_2 + i\sin\theta_2)$ の**積**は
$$z_1 \cdot z_2 = r_1 r_2 \{\cos\theta_1\cos\theta_2 - \sin\theta_1\sin\theta_2$$
$$+ i(\sin\theta_1\cos\theta_2 + \cos\theta_1\sin\theta_1)\}$$
となる．上式は
$$z_1 \cdot z_2 = r_1 r_2 \{\cos(\theta_1+\theta_2) + i\sin(\theta_1+\theta_2)\}$$
と表される．右辺には**三角関数の加法定理**とよばれるものが使われた．（ここで，これらの公式の成立を示すのが順当なのだが，やらなくてもよいだろう．）

加法定理というものは，実は，大変なものである．しかし，不幸にも，今の時代における人々は（筆者も）機械的に仕込まれてきている為に，感動的な事にも無感動になるようになってしまっている．これは数学にとっても不幸である．もし $\cos(\theta_1+\theta_2) = \cos\theta_1 + \cos\theta_2$ ならば無感動でもよいのだが，このようにはならないものだから，筆者は今更のごとく驚き，"加法定理" とよぶより "非加法定理" とよんで感動したいものがあるのである．

元に戻って，今度は商の方であるが，$z_2 \neq 0$ として
$$\frac{z_1}{z_2} = \frac{r_1}{r_2}\{\cos(\theta_1-\theta_2) + i\sin(\theta_1-\theta_2)\}$$
となる．

かくして以下のような偏角に関する**公式**が得られたことになる（2π の整数倍を除いて）：
$$\arg(z_1 z_2) = \arg(z_1) + \arg(z_2),$$
$$\arg\left(\frac{z_1}{z_2}\right) = \arg(z_1) - \arg(z_2).$$

以上の事から，n を整数として，$z = r(\cos\theta + i\sin\theta)$ に対して
$$z^n = r^n(\cos n\theta + i\sin n\theta)$$
が導かれる訳である．これは名高い**ド＝モアヴルの定理**．（ド＝モアヴル先生は 1660 年代に生まれ，1750 年頃亡くなられた．改めてこの偉大な発見に拍手を贈りたいものである．）

◁**例1**▷ (1) n を整数とする．ド＝モアヴルの定理 $(\cos\theta + i\sin\theta)^n = \cos n\theta + i\sin n\theta$ が成り立つことを既知として，
$(\cos\theta - i\sin\theta)^n = \cos n\theta - i\sin n\theta$ が成り立つことを示せ．

(2) m, n を相異なる自然数とする．x の多項式
$$(x\cos\theta + \sin\theta)^m (x\sin\theta + \cos\theta)^n$$
$$+ ax^m \cos(m-n)\theta + bx^{m+1}\sin(m-n)\theta$$
が $x^2 + 1$ で割り切れるための定数 a, b の値を求めよ．ただし，θ は $\cos(m-n)\theta \neq 0$，$\sin(m-n)\theta \neq 0$ なるものとする．

[解] (1)
$(\cos\theta - i\sin\theta)^n = \{\cos(-\theta) + i\sin(-\theta)\}^n$
$\qquad = \cos(-n\theta) + i\sin(-n\theta)$
$\qquad = \cos n\theta - i\sin n\theta \quad \triangleleft$

(2) 与多項式を $f(x)$ とおく．$f(x)$ が $x^2 + 1$ で割り切れる為の条件は $f(\pm i) = 0$ となることである (**因数定理**)．(1) の定理により
$f(i) = i^m(\cos m\theta - i\sin m\theta)(\cos n\theta + i\sin n\theta)$
$\qquad + ai^m \cos(m-n)\theta + bi^{m+1}\sin(m-n)\theta$
$\quad = i^m\{\cos(m-n)\theta - i\sin(m-n)\theta\}$
$\qquad + ai^m \cos(m-n)\theta + bi^{m+1}\sin(m-n)\theta$
$\quad = 0$
∴ $(1+a)\cos(m-n)\theta + i(b-1)\sin(m-n)\theta$
$\qquad\qquad\qquad = 0 \quad \cdots ①$

同様に $f(-i) = 0$ の方からは

$(1+a)\cos(m-n)\theta - i(b-1)\sin(m-n)\theta$
$$= 0 \quad \cdots ②$$

①，②より，そして $\cos(m-n)\theta \not\equiv 0$，$\sin(m-n)\theta \not\equiv 0$ より

$$a = \underline{-1}, \quad b = \underline{1} \quad \text{(答)}$$

例1では a, b は実数の定数とは限っていないから，①式のみから $a = -1$, $b = 1$ とやらないこと．（例1はある入試問題を拡張したもの．）

◀ **問題 2** ▶

(1) 極座標表示された複素数 $z = r(\cos\theta + i\sin\theta)$ が
$$\left|z + \frac{1}{2}\right| < \frac{1}{2}$$
を満たすための必要十分条件を r と θ を用いて表せ．

(2) n を自然数とするとき，$|1+z+\cdots+z^n|^2$ を r, θ, n を用いて表せ．

(3) 複素数 z が $\left|z + \frac{1}{2}\right| < \frac{1}{2}$ を満たすならば，すべての自然数 n に対し，
$$|1+z+\cdots+z^n| < 1$$
が成り立つことを示せ．

（東京工大）

† (1)では，r は**正負値両方の場合がある**．(2)は等比数列の和の問題．(3)はおもしろい．合否の分岐点であろう．解答路線は解いてみないと，ちょっと見当がつかないが，三角関数の大小比較をすることになろう．

〈解〉(1)
$$\left|z + \frac{1}{2}\right| = \sqrt{\left(r\cos\theta + \frac{1}{2}\right)^2 + (r\sin\theta)^2}$$
$$= \sqrt{r^2 + r\cos\theta + \frac{1}{4}} < \frac{1}{2}$$

上式平方根の中は r の2次式として決して負の値をとらない．即ち
$$r^2 + r\cos\theta + \frac{1}{4} < \frac{1}{4}$$

求める条件は
$$0 < r < -\cos\theta \text{ または } -\cos\theta < r < 0 \cdots \text{(答)}$$

(2) $|1+z+\cdots+z^n|^2 = F(z)$ とおく．
$z = 1$ のとき
$$F(z) = (n+1)^2$$

$z \neq 1$ のとき
$$F(z) = \left|\frac{1-z^{n+1}}{1-z}\right|^2$$
$$= \frac{(1-z^{n+1})(1-\overline{z^{n+1}})}{(1-z)(1-\bar{z})}$$
$$= \frac{1}{1-(z+\bar{z})+|z|^2} \cdot$$
$$\quad \{1-(z^{n+1}+\overline{z^{n+1}})+|z|^{2n+2}\}$$

あとはド＝モアヴルの定理を用いる．

$$\therefore \text{与式} = \begin{cases} (n+1)^2 & (z = 1 \text{ のとき}) \\ \dfrac{1}{1-2r\cos\theta+r^2}\{1-2r^{n+1}\cdot \\ \quad \cos(n+1)\theta + r^{2n+2}\} \\ & (z \neq 1 \text{ のとき}) \end{cases} \cdots \text{(答)}$$

(3) (1)を満たす z は $z \neq 1$ であるから，(2)の結果の下の方を用いる．以下，分子，分母というのはその式のものであるとする．

(ア) $0 < r < -\cos\theta$ の場合

分子 $\leq 1 + 2r^{n+1} + r^{2n+2}$ $\cdots$①
（$\because -\cos(n+1)\theta \leq 1$ であるから）

分母 $> 1 + 2r^2 + r^2 = 1 + 3r^2$ $\cdots$②
（$\because 0 < r < -\cos\theta$ より）

①，②において（$0 < r < 1$ であるから）
$$1 + 2r^{n+1} + r^{2n+2} < 1 + 3r^{n+1} \leq 1 + 3r^2$$

よって（分子／分母）< 1 である．

(イ) $-\cos\theta < r < 0$ の場合

・n が奇数のとき

分子 $= 1 - 2|r|^{n+1}\cos(n+1)\theta + |r|^{2n+2}$
$\leq 1 + 2|r|^{n+1} + |r|^{2n+2}$

・n が偶数のとき

分子 $= 1 + 2|r|^{n+1}\cos(n+1)\theta + |r|^{2n+2}$
$\leq 1 + 2|r|^{n+1} + |r|^{2n+2}$

一方，
分母 $= 1 + 2|r||\cos\theta| + |r|^2 > 1 + 3|r|^2$

あとは(ア)の場合と同様で，n の偶奇によらず（分子／分母）< 1 である．

(ア)，(イ)によって問題の不等式の成立は示された．◀

(注) 本問では r が正か負かは指定されていないが，それは出題者が意図的に指定しなかっただけのことであると判断する．（$r > 0$ と決めつけない．）

極形式の導入時点では $r>0$ としてあるが、その後、断りがない式では $r\leqq 0$ も考えるとみる。

複素数は幾何的性質の強いものである。**問題2** だってきちんとした幾何的意味をもっている。それ故、意識的にだんだん**幾何的方向**へと進む。

<例2> 複素数平面上の原点 O に中心を一致させた円の周上の異なる任意の3点 z_1, z_2, z_3 は、それらの複素数和が $z_1+z_2+z_3=0$ を満たすならば、正三角形を形成することを示せ。

解
$$|z_1-z_2|^2 = (z_1-z_2)(\overline{z_1}-\overline{z_2})$$
$$= |z_1|^2+|z_2|^2-(z_1\overline{z_2}+z_2\overline{z_1})$$

以下同様で
$$|z_2-z_3|^2 = |z_2|^2+|z_3|^2-(z_2\overline{z_3}+z_3\overline{z_2}),$$
$$|z_3-z_1|^2 = |z_3|^2+|z_1|^2-(z_3\overline{z_1}+z_1\overline{z_3}).$$

$z_1+z_2+z_3=0$ に $\overline{z_1}$ を掛けて
$$|z_1|^2+z_2\overline{z_1}+z_3\overline{z_1}=0 \quad \cdots ㋐$$

同様に $\overline{z_2}, \overline{z_3}$ を掛けて
$$z_1\overline{z_2}+|z_2|^2+z_3\overline{z_2}=0 \quad \cdots ㋑$$
$$z_1\overline{z_3}+z_2\overline{z_3}+|z_3|^2=0 \quad \cdots ㋒$$

㋐+㋑より(そして $|z_1|=|z_2|=|z_3|$ より)
$$|z_1|^2+|z_2|^2+z_1\overline{z_2}+z_2\overline{z_1}+z_3(\overline{z_1}+\overline{z_2})=0$$
$$\therefore \ 2|z_1|^2+z_1\overline{z_2}+z_2\overline{z_1}-|z_3|^2$$
$$=|z_1|^2+(z_1\overline{z_2}+z_2\overline{z_1})=0$$
$$\therefore \ z_1\overline{z_2}+z_2\overline{z_1}=-|z_1|^2 \cdots ①$$

㋑+㋒, ㋒+㋐より
$$z_2\overline{z_3}+z_3\overline{z_2}=-|z_2|^2 \quad \cdots ②$$
$$z_3\overline{z_1}+z_1\overline{z_3}=-|z_3|^2 \quad \cdots ③$$

①〜③より
$$|z_1-z_2|^2=|z_2-z_3|^2=|z_3-z_1|^2=3|z_1|^2$$
$$(=正値一定)$$

よって $\triangle z_1z_2z_3$ は正三角形を形成する。 ◁

正三角形の形成条件はいろいろな形で示されるが、流通し過ぎている易しい計算問題に、これ以上過度に言及してもしょうがないので、これで打ち切る。次の幾何的内容に進もう。

ユークリッド座標平面上で、ある長さや面積をもった図形に平行移動や回転移動のような運動学的変換、さらに折り返し(これによって図形の向きは変わる)のような変換を施してもその合同性は変わらない:このような変換は距離(あるいは長さ)を変えない。

複素数平面上でも同様の事は考えられる。いま、1つの複素数平面上で、点 z を z_0 だけ**平行移動**させることを $z'=z+z_0$ で表す。

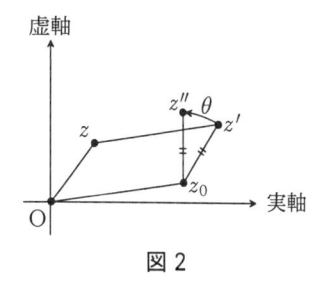

図2

そして、点 z' を点 z_0 の回りに角 θ だけ正の向きに**回転**させたものを z'' とすると、z'' は
$$z''=(z'-z_0)(\cos\theta+i\sin\theta)+z_0$$
$$=z(\cos\theta+i\sin\theta)+z_0$$

と表される。そこで、これを
$$f(z)=(\cos\theta+i\sin\theta)z+z_0$$

と表すと、**変換関数**というもののニュアンスがよく出てくる。

ところで、**図2**では $z'=z+z_0$ を視覚化して平行四辺形状に表した。これは、いわば複素数座標平面上での"点同士の和"であるが、実は、平行移動というものは方向と向き、そして距離を伴うものである。その直線的移動を視覚化して、矢印を付すことにより**矢線ベクトル**の考えが自然に生まれることになる。

さて、上の式 ($z''=\cdots$) に戻って、複素共役 $\overline{z''}$ をみると、これは実軸に関して点 z'' の対称移動点を表す。

さらに上の式 ($z''=\cdots$) をほんの少し拡張して
$$z''=rz(\cos\theta+i\sin\theta)+z_0$$
とする。これは
$$z''-z_0=r(\cos\theta+i\sin\theta)z$$
であるから、両辺を絶対値へともっていくと、
$$|z''-z_0|=|r||z|$$
となる。線分 z_0z'' の長さは線分 Oz のそれを $|r|$ 倍したものになる。このように長さをも変える変換を総称して**相似変換**という。

ここで複素数座標平面上の点 z を"実数倍"したが，これは，線分 Oz を原点 O から点 z への有効線分とみたとき，それを向きを含めて直線的に伸び縮みさせることに他ならない．こうして**矢線ベクトル**というものの概念が定義付けられ得ることになる．そして集合論的にベクトル平面（こんなよび方は通常しない），**代数系**というものの基礎的概念も暗に入ってきていることにもなる．これは，読者がわかりきっている（と思い込んでいる）事を，ただ，くどくどと述べているのではない．筆者は，本書の高校生読者には，いきなりしかもあいまいな，「ベクトルとは速度のような矢印である．矢印は方向，向き，大きさをもっている」という，表面的"定義"を与えたくはないので，わざわざこうして述べているのである．

<例3> 複素数 z の1次式
$$f(z) = \frac{1+i}{2}z + 4 \quad (i \text{ は虚数単位})$$
について考える．複素数平面上の3点 $\alpha_0 = 0$, $\beta_0 = 4+4i$, $\gamma_0 = 4-4i$ に対し，$f(\alpha_0) = \alpha_1$, $f(\alpha_1) = \alpha_2$, $\cdots$, $f(\alpha_{n-1}) = \alpha_n$ と定め，同様に β_k, γ_k $(k=1, 2, \cdots, n)$ も定める．3点 α_k, β_k, γ_k を頂点とする三角形を T_k とし，その周囲で囲まれた三角形板の面積を S_k とする．
（1）複素数平面上に T_0, T_1, T_2 を描け．
（2）$\displaystyle\sum_{k=0}^{n} S_k$ を求めよ．

（愛知教育大（改文））

解 （1）$\alpha_1 = 4$, $\beta_1 = 4+4i$, $\gamma_1 = 8$. $\alpha_2 = 6+2i$, $\beta_2 = 4+4i$, $\gamma_2 = 8+4i$. よって以下の図を得る：

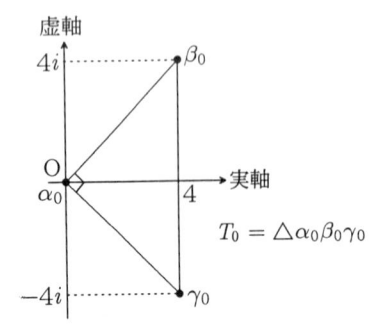

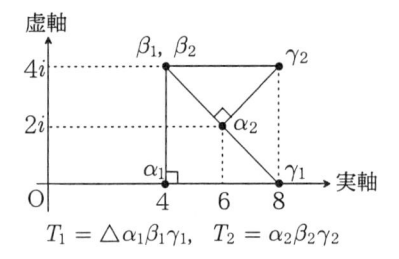

$T_0 = \triangle \alpha_0 \beta_0 \gamma_0$

$T_1 = \triangle \alpha_1 \beta_1 \gamma_1$, $T_2 = \alpha_2 \beta_2 \gamma_2$

（2）$f(z) = \dfrac{\beta_0}{8}(z - \beta_0) + 4 + \dfrac{\beta_0^2}{8}$

$ = \dfrac{\beta_0}{8}(z - \beta_0) + \beta_0$

$\longleftrightarrow f(z) - \beta_0 = \dfrac{1}{\sqrt{2}}\left(\cos\dfrac{\pi}{4} + i\sin\dfrac{\pi}{4}\right)$
$ \cdot (z - \beta_0)$

$\therefore \ |f(z) - \beta_0| = \dfrac{1}{\sqrt{2}}|z - \beta_0|$

このことから
$$\frac{S_k}{S_{k-1}} = \left(\frac{1}{\sqrt{2}}\right)^2 = \frac{1}{2}$$
が判明する．数列 $\{S_k\}$ は初項 $S_0 = \dfrac{1}{2} \times (4\sqrt{2})^2 = 16$，公比 $\dfrac{1}{2}$ の等比数列をなす．よって
$$\sum_{k=0}^{n} S_k = 16\sum_{k=0}^{n}\left(\frac{1}{2}\right)^k = 16 \times \frac{1-\left(\frac{1}{2}\right)^{n+1}}{1-\frac{1}{2}}$$
$$= 32\left\{1 - \left(\frac{1}{2}\right)^{n+1}\right\}$$
（答）

例3は無理のないさっぱりとした基本的良問である．（筆者は，入試問題はこれ位の程度でもよいと思っている．）この問題における β_0 は**不動点**とよばれるものである．これに関連して，既に実数上の1次分数関数を指導済みなので，次の**例題4**（――ほんの少し専門的な方からのお下がりで申し訳ないが，計算だけなら高校生諸君にもできる――）を提示しておく．

<例4> a, b, c, d を整数とする．複素数 z に対して
$$f(z) = \frac{az+b}{cz+d} \quad (ad - bc = 1)$$
と表す．$z^2 + 1 = 0$ または $z^2 + z + 1 = 0$ なる z に対して $f(z) = z$ となる (a, b, c, d) の組を全て求めよ．

解 省略．結果のみを付記しておく．
$z^2 + 1 = 0$ なる z に対して

$(a,\ b,\ c,\ d)=\underline{(0,\ \pm 1,\ \mp 1, 0)}$,

$\underline{(\pm 1, 0, 0\pm 1)}$　**(答)**

$z^2+z+1=0$ なる z に対して

$(a,\ b,\ c,\ d)=\underline{(0,\ \pm 1,\ \mp 1,\ \mp 1)}$,

$\underline{(\pm 1,\ \pm 1,\ \mp 1,\ 0)}$,

$\underline{(\pm 1, 0, 0, \pm 1)}$　**(答)**

（以上，全て複号同順）

これらは**行列形**として次のように並べてみると見やすい：

$$\begin{pmatrix} a & b \\ c & d \end{pmatrix}=\pm\begin{pmatrix} 1 & 0 \\ 0 & 1 \end{pmatrix},\ \pm\begin{pmatrix} 0 & 1 \\ -1 & 0 \end{pmatrix},\ \pm\begin{pmatrix} 0 & 1 \\ -1 & -1 \end{pmatrix},$$

$$\pm\begin{pmatrix} 1 & 1 \\ -1 & 0 \end{pmatrix}.$$

本書の為に，筆者は初心に戻ってこの**例4**を解いたのだが，途中，符号ミスをしたらしく，奇妙な式が出現し，少々，戸惑った．このような意味においては，数学，いや，算数というものにはげんなりするものがある．考え方が正当であっても，計算ミスあるいはうっかり勘違いや筆記ミスをしただけでも，芋蔓式に失点することが起こる．人間，いつも気を張りつめていることはできないものだから，フッと気が緩む時がある．そんな時にミスをしやすい．分かっていながら，それはどうにもならない人間の定めなのだろう．

この類(たぐい)の問題はもうよろしいか？ それでは**例3**を次のように出題したらどうする？**（問題は千変万化！）**

問題 3

複素数 z の1次式

$$f(z)=\frac{1+i}{2}z+4 \quad (i\text{ は虚数単位})$$

がある．

（1）$f(z)$ を z の関数とみたとき，それを n 回 $(n=1, 2, 3, \cdots)$ 合成したものを $f^n(z)$ で表す．ただし，$f^1(z)=f(z)$ とする．$f^n(z)$ を推定し，それが正しいことを示せ．

（2）複素数平面上の3点 $\alpha_0=0$, $\beta_0=4+4i$, $\gamma_0=4-4i$ に対し，$\alpha_n=f^n(\alpha_0)$, $\beta_n=f^n(\beta_0)$, $\gamma_n=f^n(\gamma_0)$ で定まる三角形を T_n とする．T_n の3つの頂点の座標を n と複素数値で表せ．

（3）三角形 T_n で定まるその面積を S_n とする．(2)の結果から S_n を求めよ．

（4）$\displaystyle\sum_{k=0}^{n} S_k$ を求めよ．

ⓣ　Nothing.

〈解〉（1）$\dfrac{1+i}{2}=a$ とおいて，

$$f^n(z)=a^n z+4(1+a+\cdots+a^{n-1})$$

と推定される．このことを帰納法で示す．

$n=1$ のときは $f^1(z)=f(z)$ の規約で，それは確かに成り立っている．

$n=k$ のとき

$$f^k(z)=a^k z+4(1+a+\cdots+a^{k-1})$$

が成り立っていると仮定すると，

$$\begin{aligned} f(f^k(z)) &= a\{a^k z+4(1+a+\cdots+a^{k-1})\}+4 \\ &= a^{k+1}z+4(1+a+\cdots+a^k) \\ &= f^{k+1}(z) \end{aligned}$$

となる．よって任意の自然数 n について $f^n(z)=\cdots$ の式は成立する．◀

（2）（1）の結果より

$$f^n(z)=a^n z+4\cdot\frac{1-a^n}{1-a} \quad \left(a=\frac{1+i}{2}\right)$$

ここでド＝モアヴルの定理により

$$a^n=\left(\frac{1}{\sqrt{2}}\right)^n\left(\cos\frac{n\pi}{4}+i\sin\frac{n\pi}{4}\right)$$

であるから，

$$\begin{aligned} (1-a^n)(1-\bar{a}) &= 1-\bar{a}-a^n+|a|^2 a^{n-1} \\ &= \frac{1+i}{2}-\frac{i}{2}a^{n-1}, \end{aligned}$$

$$(1-a)(1-\bar{a})=1+|a|^2-(a+\bar{a})=\frac{1}{2}$$

よって

$$f^n(z)=a^n z+4(1+i-ia^{n-1})$$

$$\therefore \begin{cases} \alpha_n=f^n(\alpha_0)=-4i\left(\dfrac{1+i}{2}\right)^{n-1}+4+4i \\ \beta_n=f^n(\beta_0)=4+4i \\ \gamma_n=f^n(\gamma_0)=4(1-i)\left(\dfrac{1+i}{2}\right)^{n-1}+4+4i \end{cases} \quad \cdots\textbf{(答)}$$

（3）三角形 T_n において $\beta_n = f^n(\beta_0) \to O$（原点）へと平行移動させる．$a = \dfrac{1+i}{2}$ として
$\alpha_n - \beta_n = -4ia^{n-1}$
$$= 4\left(\dfrac{1}{\sqrt{2}}\right)^{n-1}\left(\sin\dfrac{m\pi}{4} - i\cos\dfrac{m\pi}{4}\right),$$
$\gamma_n - \beta_n = 4(1-i)a^{n-1}$
$$= 4\left(\dfrac{1}{\sqrt{2}}\right)^{n-1}\left\{\left(\sin\dfrac{m\pi}{4} + \cos\dfrac{m\pi}{4}\right)\right.$$
$$\left. + i\left(\sin\dfrac{m\pi}{4} - \cos\dfrac{m\pi}{4}\right)\right\}$$
（$m = n-1$ とした）

$\therefore\ S_n = 16\left(\dfrac{1}{2}\right)^{n-1}$
$$\times \dfrac{1}{2}\left\{\sin\dfrac{m\pi}{4}\left(\sin\dfrac{m\pi}{4} - \cos\dfrac{m\pi}{4}\right)\right.$$
$$\left. + \cos\dfrac{m\pi}{4}\left(\sin\dfrac{m\pi}{4} + \cos\dfrac{m\pi}{4}\right)\right\}$$
$$= 16\left(\dfrac{1}{2}\right)^n \cdots \textbf{(答)}$$

（4）略．

（補）（3）では，xy 座標で $(x_1, y_1), (x_2, y_2)$ なる点と原点 O でつくられる三角形の面積は $\dfrac{1}{2}|x_1 y_2 - x_2 y_1|$ で与えられる事を用いた．
複素数のままでは，これはどう表されるか？ それは次回（その 2）でやる．

第4章

不等式から複素数へ（その2）

今回は図形的内容に本格的に入る．前回の内容を読まれた人はご存じであろうが，既に我々は**ベクトル**というものを少し学んできている．それ故，複素数とベクトルを融和させて記述していく．「できるだけ**自然な流れに沿いたい**」というのがこの講義の主眼目であるので，その流れをゆるりと無想しながら叙述してゆくつもりである：(型に捕われない) **無想自然流**の"剣"(本書での ✝ はその意味)．

いま，複素数平面上の点 $z = x + yi$ (x, y は実数)に対して $\overrightarrow{Oz} = (x, y)$ と表して1対1に対応させる．ここで新たに $\overrightarrow{Oz}$ を**(実)ベクトル**とよぶ．

0でない2つの複素数 $z_1 = x_1 + y_1 i$, $z_2 = x_2 + y_2 i$ ($x_1, y_1 ; x_2, y_2$ は全て実数)に対して

$$\overrightarrow{Oz_1} + \overrightarrow{Oz_2} = (x_1 + x_2, y_1 + y_2),$$
$$k\overrightarrow{Oz} = k(x, y) = (kx, ky) \quad (k は実数)$$

と定める．ベクトルの積に関しては，まず

$$\overrightarrow{Oz_1} \cdot \overrightarrow{Oz_2} = x_1 x_2 + y_1 y_2$$

と定めて，$\overrightarrow{Oz_1}$ と $\overrightarrow{Oz_2}$ の**内積**とよぶ．内積は幾何的に何を意味するかということを少し考える（下図参照）：

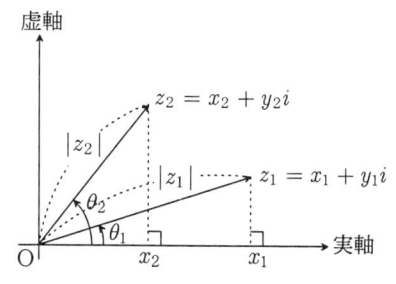

虚軸

$z_2 = x_2 + y_2 i$

$|z_2|$

$|z_1|$ $z_1 = x_1 + y_1 i$

θ_2

θ_1

O x_2 x_1 実軸

$$x_1 x_2 + y_1 y_2 = |z_1||z_2|\left(\frac{x_1}{|z_1|} \cdot \frac{x_2}{|z_2|} + \frac{y_1}{|z_1|} \cdot \frac{y_2}{|z_2|}\right)$$
$$= |z_1||z_2|(\cos\theta_1 \cos\theta_2 + \sin\theta_1 \sin\theta_2)$$

$|\overrightarrow{Oz}| = |z|$ と定義して

上式 $= |\overrightarrow{Oz_1}||\overrightarrow{Oz_2}|\cos(\theta_2 - \theta_1)$

となる．この式の意味は明らかであろう．
ここで $\overrightarrow{Oz_1}$ と $\overrightarrow{Oz_2}$ のなす角を $\theta (= \theta_2 - \theta_1)$ とすると，

$$\overrightarrow{Oz_1} \cdot \overrightarrow{Oz_2} = x_1 x_2 + y_1 y_2$$
$$= |\overrightarrow{Oz_1}||\overrightarrow{Oz_2}|\cos\theta \quad (0 \leqq \theta \leqq \pi) \quad \cdots (A)$$

となる．((A)式より $|\overrightarrow{Oz_1} \cdot \overrightarrow{Oz_2}| \leqq |\overrightarrow{Oz_1}||\overrightarrow{Oz_2}|$ となる．これは**シュワルツの不等式**．)

もう少しだけ進んでおこう．
$z = x + yi$ に対して $\mathrm{Re}(z) = x$, $\mathrm{Im}(z) = yi$ と表す ($\mathrm{Im}(z) = y$ と表すのが通常であるが，固苦しくそれにこだわらない方が**発展性**がある）．そうすると，

$$\mathrm{Re}(z_1 \overline{z_2}) = x_1 x_2 + y_1 y_2$$

であるから，(A)式は

$$\mathrm{Re}(z_1 \overline{z_2}) = |z_1||z_2|\cos\theta \quad \cdots (B)$$

となる．一方，

$$\mathrm{Im}(z_1 \overline{z_2}) = -(x_1 y_2 - x_2 y_1)i$$
$$= -|z_1||z_2|\left(\frac{x_1}{|z_2|} \cdot \frac{y_2}{|z_2|} - \frac{x_2}{|z_2|} \cdot \frac{y_1}{|z_1|}\right)i$$
$$= -|z_1||z_2|$$
$$\cdot (\cos\theta_1 \sin\theta_2 - \cos\theta_2 \sin\theta_1)i$$
$$= -i|z_1||z_2|\sin(\theta_2 - \theta_1)$$

であるから，$\theta_2 - \theta_1 = \theta$ とすると

$$\mathrm{Im}(z_1 \overline{z_2}) = i|z_1||z_2|\sin(-\theta) \quad \cdots (C)$$

となる．3点 O, z_1, z_2 が同一直線上にない場合，この右辺の絶対値が平行四辺形（$\triangle Oz_1 z_2$ の2つ分）の面積を表すことはお分かり頂けるであろう．（これは前回(その1)における**問題3**の**(補)**での質問への回答でもある．）(B)式は**スカラー**，(C)式は**擬ベクトル**というべきものである．

これらの概念を発展させると，ハミルトンの**4元数**などの世界への扉が開かれることになる．このような所から徐々に数学はおもしろくなり，「数学」というに相応しくなってくるのだが，

…．入試数学や初等数学では，感動的でおもしろくなる前に stop しなくてはならないのが残念である．

> **課題**
> z_1, z_2 を複素数として次の等式の成立を示せ．ただし，Im は虚数単位 i を含めたものとする．
> $$\mathrm{Im}(z_1 z_2) = \frac{1}{2}(z_1 z_2 - \overline{z_2}\,\overline{z_1})$$

（一を知って十を悟れ！）

＜例5＞ 複素数 z_1, z_2, z_3 および正の実数 a が条件
$$|z_1|=|z_2|=|z_3|=a,\ z_1+z_2+z_3=0$$
を満たしているとする．このとき，

（1）複素数平面上で，複素数 z_1, z_2 を表す点をそれぞれ P_1, P_2 とする．原点 O に対し，2つのベクトル $\overrightarrow{OP_1}, \overrightarrow{OP_2}$ の内積 $\overrightarrow{OP_1}\cdot\overrightarrow{OP_2}$ を求めよ（a で表せ）．

（2）$\omega^3=1,\ \omega\neq 1$ である複素数 ω に対し，$(z_2-\omega z_1)(\overline{z_2}-\omega\overline{z_1})$ を求めよ（$\overline{z_1}, \overline{z_2}$ はそれぞれ z_1, z_2 に共役な複素数を表す）．

（3）等式 $z_1^3 = z_2^3 = z_3^3$ が成り立つことを示せ． （奈良医大）

解 （1）問題の条件をベクトルで表すと
$$|\overrightarrow{OP_1}|=|\overrightarrow{OP_2}|=|\overrightarrow{OP_3}|=a,$$
$$\overrightarrow{OP_1}+\overrightarrow{OP_2}+\overrightarrow{OP_3}=\vec{0}$$

そこで，$\overrightarrow{OP_1}+\overrightarrow{OP_2}=-\overrightarrow{OP_3}$ として両辺を 2 乗して，直ちに
$$a^2+a^2+2\overrightarrow{OP_1}\cdot\overrightarrow{OP_2}=a^2$$
$$\overrightarrow{OP_1}\cdot\overrightarrow{OP_2}=\underline{-\frac{a^2}{2}}\quad\text{(答)}$$

（2）$(z_2-\omega z_1)(\overline{z_2}-\omega\overline{z_1})$
$$=|z_2|^2+\omega^2|z_1|^2-\omega(z_1\overline{z_2}+z_2\overline{z_1})$$

（1）の結果より
$$z_1\overline{z_2}+z_2\overline{z_1}=2\,\mathrm{Re}(z_1\overline{z_2})$$
$$=2\overrightarrow{OP_1}\cdot\overrightarrow{OP_2}=-a^2$$

であるから，そして条件より
$$(z_2-\omega z_1)(\overline{z_2}-\omega\overline{z_1})=a^2(1+\omega+\omega^2)$$
$$=\underline{0}\quad\text{(答)}$$

（$\because\ \omega^3-1=(\omega-1)(\omega^2+\omega+1)=0,$ $\omega\neq 1$ より）．

付記：$z_1+z_2=-z_3$ から $|z_1+z_2|^2=|z_3|^2$ として，それから $z_1\overline{z_2}+z_2\overline{z_1}=-a^2$ としてもよいのかな？ 採点側の基準はどうだったのだろう？

（3）（2）の結果より
$$|z_2-\omega z_1|\,|\overline{z_2}-\omega\overline{z_1}|=0$$
左辺 2 因数のうちのどちらか一方は 0 であることになる．$z_2=\omega z_1$ ならば $\omega^3=\left(\frac{z_2}{z_1}\right)^3=1$，$\overline{z_2}=\omega\overline{z_1}$ ならば $\omega^3=\overline{\left(\frac{z_2}{z_1}\right)^3}=1$ であり，いずれにしても $z_1^3=z_2^3$ が成り立つ．$z_2^3=z_3^3$ を示すのも，（2）で $z_1\to z_2$, $z_2\to z_3$ と置き直すだけのことで，あとは同様である．◁

付記：（3）では，次のようにして解いても許容されたであろうか？

（1）の結果より z_1 と z_2 の偏角の差も $\frac{2}{3}\pi$ である．即ち，z_2 は z_1 を $+\frac{2}{3}\pi$ だけ回転したものである．$|z_1|=|z_2|=a$ であるから，
$$z_1=a(\cos\theta+i\sin\theta)\quad(0\leq\theta<2\pi)$$
と表せて
$$z_2=a\left\{\cos(\theta+\frac{2}{3}\pi)+i\sin(\theta+\frac{2}{3}\pi)\right\}$$
ここでド・モアヴルの定理により $z_1^3=z_2^3$，同様にして $z_2^3=z_3^3$ が示された．◁

こうすると，設問（2）がすっぽかされたようになる．やはり，上の **解**（3）とは同列には置けるものではないが，大目に見たかな？

この例5における ω は**立方根**といわれるものである．入試ではしばしばお目にかかる．

＜例6＞ 複素数平面上の 3 点 z_1, z_2, z_3 は
$$|z_1|=|z_2|=|z_3|\neq 0,\ z_1+z_2+z_3=0$$
を満たしている．このとき三角形 $\triangle z_1 z_2 z_3$ で囲まれる部分の面積 S を複素数 z_1, z_2 のみで表せ．（勿論，複素共役は用いてよい．）

解 3 点 z_1, z_2, z_3 は相異なり，中心 O

のある円の周上に位置する．それ故
$S = \triangle Oz_1z_2 + \triangle Oz_2z_3 + \triangle Oz_3z_1$ であり，即ち，
$$S = \frac{1}{2}|\text{Im}(z_1\overline{z_2} + z_2\overline{z_3} + z_3\overline{z_1})|$$
$$= \frac{1}{2}|\text{Im}\{z_1\overline{z_2} + z_2(-\overline{z_1} - \overline{z_2})$$
$$+ (-z_1 - z_2)\overline{z_1}\}|$$
$$(\because z_1 + z_2 + z_3 = 0 \text{ より})$$
$$= \frac{1}{2}|\text{Im}(z_1\overline{z_2} - 2z_2\overline{z_1})|$$
$$= \frac{1}{2}|\text{Im}(z_1\overline{z_2} + 2z_1\overline{z_2})|$$
$$= \frac{3}{2}|\text{Im}(z_1\overline{z_2})| \quad \text{(答)}$$

◀ **問題 4** ▶

2つの複素数 z_1, z_2 に対して
$$|z_1 + z_2|^2 = |z_1|^2 + |z_2|^2 + z_1\overline{z_2} + z_2\overline{z_1}$$
が成り立つことを用いて，以下に答えよ．

(1) 複素数平面上の原点 O を中心とした半径 R の円の周上に相異なる3点 z_1, z_2, z_3 がある．三角形 $\triangle z_1z_2z_3$ において線分 Oz_k, Oz_ℓ ($k \neq \ell$; $k, \ell = 1, 2, 3$) のなす中心角の大きさを $\theta_{k\ell}$ とするとき，等式
$$\frac{|z_1 - z_2|}{\sin\frac{\theta_{12}}{2}} = \frac{|z_2 - z_3|}{\sin\frac{\theta_{23}}{2}} = \frac{|z_3 - z_1|}{\sin\frac{\theta_{31}}{2}} = 2R$$
が成り立つことを示せ．

(2) (1)における $\triangle z_1z_2z_3$ が直角三角形であるとき，3辺の長さの和 $|z_1 - z_2| + |z_2 - z_3| + |z_3 - z_1|$ の最大値を求めよ．そして，その辺の長さの和が最大のときは，$\triangle z_1z_2z_3$ の面積も最大になるか．説明せよ．

† (1)
$$|z_1 - z_2|^2 = |z_1|^2 + |z_2|^2 - (z_1\overline{z_2} + z_2\overline{z_1})$$
$$= |z_1|^2 + |z_2|^2 - 2|z_1z_2|\cos\theta_{12}$$
となる．これは**余弦定理**といわれるもの．そして問題の等式は**正弦定理**といわれるものである．

(2) (1)を利用して三角関数の最大値を評価することになる．

〈解〉(1) $|z_1 - z_2|^2 = |z_1|^2 + |z_2|^2$
$$-2|z_1z_2|\cos\theta_{12}$$
となる．いま，$|z_1|^2 = |z_2|^2 = R^2$ であるから，

$$|z_1 - z_2|^2 = 2R^2(1 - \cos\theta_{12})$$
$$= 2R^2 \cdot 2\sin^2\left(\frac{\theta_{12}}{2}\right) \quad \left(0 < \frac{\theta_{12}}{2} < \frac{\pi}{2}\right)$$
$$\iff \frac{|z_1 - z_2|}{\sin\frac{\theta_{12}}{2}} = 2R \quad (\quad '' \quad)$$

他についても同様であるから，これで問題の等式は示された．◂

(2) $\frac{\theta_{31}}{2} = \frac{\pi}{2}$ としてよいから，(1)により
$$|z_1 - z_2| + |z_2 - z_3| + |z_3 - z_1|$$
$$= \left(\sin\frac{\theta_{12}}{2} + \sin\frac{\theta_{23}}{2} + 1\right) \cdot 2R$$
ここで $\theta_{12} + \theta_{23} = \pi$ であるから，$\sin\frac{\theta_{23}}{2} = \sin\left(\frac{\pi}{2} - \frac{\theta_{12}}{2}\right) = \cos\frac{\theta_{12}}{2}$ となり，従って
$$\sin\frac{\theta_{12}}{2} + \sin\frac{\theta_{23}}{2} = \sin\frac{\theta_{12}}{2} + \cos\frac{\theta_{12}}{2}$$
$$= \sqrt{2}\sin\left(\frac{\theta_{12}}{2} + \frac{\pi}{4}\right) \leq \sqrt{2}$$
等号の成立は $\theta_{12} = \frac{\pi}{2}$ のときである．よって求めるべき最大値は
$$\left.\begin{array}{l} 2(1+\sqrt{2})R \\ (\theta_{12}, \theta_{23}, \theta_{31} \text{ のどれか1つが } \pi, \\ \quad \text{他の2つが } \frac{\pi}{2} \text{ のとき})\end{array}\right\} \cdots \text{(答)}$$

この結果より $\triangle z_1z_2z_3$ の一辺の長さは $2R$ であり，その一辺を底辺とする三角形の高さが最大となるのは，$\theta_{12}, \theta_{23}, \theta_{31}$ 2つが $\frac{\pi}{2}$ のときである．よって

$\triangle z_1z_2z_3$ の面積も最大になる …(答)

さて，どんどん進んで**円**や**直線**の方程式に向かう．(以下，複素数平面という用語は，必要なくば，断らないことにする．)

まず円であるが，これは中心が a のとき，
$$|z - a| = r \quad (r > 0)$$
なるものである．(これは明らか．) 円の内側を含めるならば，$|z - a| \leq r$ とすればよい．

次に**直線**である．
2点 α, β ($\alpha \neq \beta$) を通る直線は唯1つ決まりその上の点を z とすると，$z - \alpha$ と $\beta - \alpha$ の偏角は，

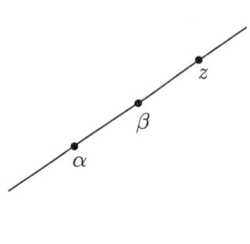

"実質的に" 0 または $\pm\pi$ だから
$$z - \alpha = k(\beta - \alpha) \quad (k \text{ は任意の実数})$$
即ち,
$$\frac{z-\alpha}{\beta-\alpha} = k \quad (\quad '' \quad)$$
となる.（たったこれだけのこと.）

<例7> 複素数平面において同一直線上にない相異なる3点 O（原点）, α, β（α, β は複素数）を通る円の方程式を求めよ. ただし,「相異なる4つの複素数 z_1, z_2, z_3, z_4 が
$$\frac{z_3-z_1}{z_3-z_2} \cdot \frac{z_4-z_2}{z_4-z_1} = k \quad (k \text{ は実数})$$
を満たすならば, 4点 z_1, z_2, z_3, z_4 は同一円周上にある. 逆も成り立つ」という事が成り立つが, この式に代入するだけのことをしてはならない. その事実を証明してから使うことはよいとする.

解 円周上の点 z は $z \neq \alpha, \beta$ とする.
（なお, ここでの偏角の議論では一般角まで持ち出さなくてもよい.）

図アのようなとき

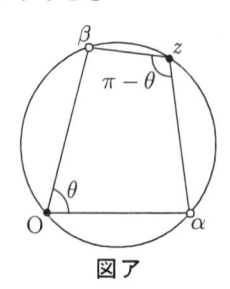

$$\begin{cases} \arg(\alpha-z) - \arg(\beta-z) = \pi - \theta \\ \arg(\beta) - \arg(\alpha) = \theta \end{cases}$$

∴ $\arg\left(\frac{\alpha}{\beta}\left(\frac{z-\beta}{z-\alpha}\right)\right) = -\pi$

∴ $\frac{\alpha}{\beta}\left(\frac{z-\beta}{z-\alpha}\right) = k$ （k は0でないある実数）

図イのようなとき

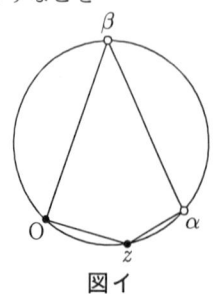

このときは, 上のときの α と z を入れ替えるだけでよいから
$$\frac{z}{\beta}\left(\frac{\alpha-\beta}{\alpha-z}\right) = k$$
$$\iff \frac{\alpha(z-\beta) + \beta(\alpha-z)}{\beta(\alpha-z)} = k$$
$$\iff \frac{\alpha}{\beta}\left(\frac{z-\beta}{z-\alpha}\right) = k' \quad (k' = 1-k,\ k' \neq 0)$$
いずれにしても
$$\frac{\alpha}{\beta}\left(\frac{z-\beta}{z-\alpha}\right) = k \quad (k \text{ は0でない実数パラメーター}) \quad \text{(答)}$$
とまとまる.

<例8> z を複素数とする. また, a を正, b を1より大きい実数とする. 不等式
$$a \leqq \frac{a^2}{z} + z \leqq a\left(\frac{1}{b} + b\right)$$
を満たすような z の存在領域を複素数座標平面上に図示せよ.

解 いま
$$\frac{a^2}{z} + z = \frac{a^2}{\bar{z}} + \bar{z}$$
であるべきだから, これを整理して
$$(z - \bar{z})\left(\frac{|z|^2 - a^2}{|z|^2}\right) = 0$$

(ア) $z = \bar{z}$ の場合
$z = x$（実数）であるから
$$a \leqq \frac{a^2}{x} + x \leqq a\left(\frac{b^2+1}{b}\right)$$
これより $x > 0$ であり, この不等式を整理すると
$$(x-ab)(bx-a) \leqq 0$$
$a > 0$, $b > 1$ より $ab > \frac{a}{b}$ であるから
$$\frac{a}{b} \leqq x \leqq ab, \quad y = 0.$$

(イ) $|z|^2 = a^2$ の場合
$\bar{z} = \frac{a^2}{z}$ であるから
$$a \leqq z + \bar{z} \leqq a\left(\frac{b^2+1}{b}\right)$$
$z = x + yi$（x, y は実数）とおいて $z + \bar{z} = 2x$ となるから
$$\frac{a}{2} \leqq x \leqq \frac{a(b^2+1)}{2b}$$
よって（$a < \frac{a(b^2+1)}{2b}$ に留意しておいて）

第4章 不等式から複素数へ（その2）

$|z| = a, \quad \dfrac{a}{2} \leqq x \leqq a.$

(ア), (イ) の場合に応じた図 (軌跡) は以下の通り：

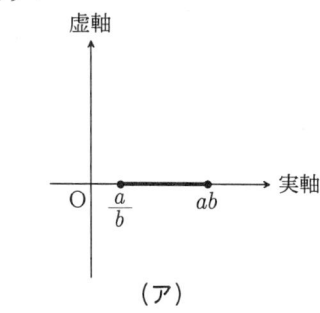

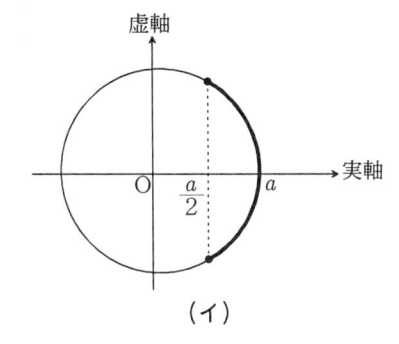

（ア）の図：実軸上の区間 $\dfrac{a}{b}$ から ab まで

（イ）の図：原点中心・半径 a の円上の $\dfrac{a}{2}$ 以右の弧

それでは本格的入試問題を解いてみる．
まずは東大入試から．

◀ **問題 5** ▶

複素数平面上の原点以外の相異なる 2 点 $P(\alpha), Q(\beta)$ を考える．$P(\alpha), Q(\beta)$ を通る直線を l，原点から l に引いた垂線と l の交点を $R(w)$ とする．ただし，複素数 γ が表す点 C を $C(\gamma)$ とかく．このとき，

「$w = \alpha\beta$ であるための必要十分条件は，$P(\alpha), Q(\beta)$ が中心 $A\left(\dfrac{1}{2}\right)$，半径 $\dfrac{1}{2}$ の円周上にあることである．」

を示せ． (東京大)

① わざとらしくない問題で，かつ少し芯があるということで，適度な良問であろう．

直線と円の方程式については大丈夫として，問題はその後の式変形の見通しにかかってくると思われる．（方程式の解を求める事と同値性の証明をする事は別．）

解 直線 l の方程式は $\alpha \neq \beta$ の下で
$$z - \beta = k(\alpha - \beta) \quad (k \text{ は任意の実数})$$

と表される．原点から l に引いた垂線の足が $R(w)$ というから，$\alpha \neq \beta$ に留意しておいて
$$w - \beta = k(\alpha - \beta) \quad \cdots ①$$
$$\arg\dfrac{\alpha - \beta}{w} = \pm\dfrac{\pi}{2} \quad \therefore \quad \dfrac{w}{\alpha - \beta} = \pm\left|\dfrac{w}{\alpha - \beta}\right|i \cdots ②$$

（偏角の変域は，問題の議論上，$[-\pi, \pi)$ としてよい．）

$w = \alpha\beta$ ならば①，②より
$$\dfrac{(\alpha - 1)\beta}{\alpha - \beta} = k, \quad \dfrac{\alpha\beta}{\alpha - \beta} = k'i \quad (k' \text{ は実数})$$

ここで $\alpha = 1$ とすると $k = 0$ になる．$\alpha \neq 1$ として，また，$\alpha, \beta \neq 0$ より直ちに
$$\dfrac{\alpha - 1}{\alpha} = \dfrac{k'}{k}i \;(=\text{純虚数})$$

よって
$$\dfrac{\alpha - 1}{\alpha} + \dfrac{\bar{\alpha} - 1}{\bar{\alpha}} = 0$$
$$\longleftrightarrow 2|\alpha|^2 - (\alpha + \bar{\alpha}) = 0$$
$$\longleftrightarrow \left|\alpha - \dfrac{1}{2}\right| = \dfrac{1}{2}$$

（この時点で $\alpha = 1$ を含めてよい．）

さらに，①を $w - \alpha = k(\beta - \alpha)$ と読み直してから，そしてそのことと上述の展開から β に対しても同様に $\left|\beta - \dfrac{1}{2}\right| = \dfrac{1}{2}$ が得られる．

逆に $\left|\alpha - \dfrac{1}{2}\right| = \left|\beta - \dfrac{1}{2}\right| = \dfrac{1}{2}$ であれば，
$$2|\alpha|^2 - (\alpha + \bar{\alpha}) = 0 \quad \cdots ㋑$$
$$2|\beta|^2 - (\beta + \bar{\beta}) = 0 \quad \cdots ㋺$$

である．さて，①，②より (k, k' を実数として)
$$w = k(\alpha - \beta) + \beta \longleftrightarrow \bar{w} = k(\bar{\alpha} - \bar{\beta}) + \bar{\beta} \cdots ①'$$
$$w = k'(\alpha - \beta)i \longleftrightarrow \bar{w} = -k'(\bar{\alpha} - \bar{\beta})i \quad \cdots ②'$$

①' の両式と ②' の両式のそれぞれに応じて
$$w + \bar{w} = k\{(\alpha - \beta) + (\bar{\alpha} - \bar{\beta})\} + \beta + \bar{\beta}$$
$$= 2k(|\alpha|^2 - |\beta|^2) + 2|\beta|^2$$
$$(\because \;㋑, ㋺ \text{ より})$$
$$w - \bar{w} = k'\{(\alpha - \beta) + (\bar{\alpha} - \bar{\beta})\}i$$
$$= 2k'(|\alpha|^2 - |\beta|^2)i$$
$$(\because \quad '' \quad)$$

辺々相加えて，$\alpha \neq \beta$ に留意すると
$$w = (|\alpha|^2 - |\beta|^2)(k + k'i) + |\beta|^2$$
$$= (|\alpha|^2 - |\beta|^2)\left(\dfrac{2w - \beta}{\alpha - \beta}\right) + |\beta|^2$$
$$(\because \;①', ②' \text{ より})$$

分母を払って少し変形すると

$$\{\alpha - \beta - 2(|\alpha|^2 - |\beta|^2)\}w$$
$$= -(|\alpha|^2 - |\beta|^2)\beta + |\beta|^2(\alpha - \beta)$$
$$= -|\alpha|^2\beta + |\beta|^2\alpha$$
$$= \alpha\beta(\bar{\beta} - \bar{\alpha}) \quad (\alpha \not= \beta)$$

上式左辺は㋑, ㋺より $(\bar{\beta} - \bar{\alpha})w$ になるので, $\bar{\alpha} \not= \bar{\beta}$ より $w = \alpha\beta$ を得る. ◀

(注) 逆の展開では $|\omega - \alpha\beta|^2 = 0$ を示してもよいが, 本問は変数が少し多いので迷路にはまらないように. 「$w = \alpha\beta$ であるための必要十分条件を求めよ」と混同したような解答をするべきではない. これは, 例えば, 「△ABCにおいて $AB^2 = BC^2 + CA^2$ である為の必要十分条件は, △ABC が $\angle C = 90°$ の直角三角形である」という事の証明のようなものである.

解答の難しさは, 後半部分であり, $w = \alpha\beta$ の形で w が決まる必要性を示す所にある. その為には, $\alpha \not= 0$, $\beta \not= 0$ そして $\alpha \not= \beta$ が, 問題文や図形の中だけでの付帯条件のように浮いてしまわないように, 使われなくてはならない. 特に $\alpha \not= \beta$ でなければ, α, β が split している㋑, ㋺式と α, β の方程式①からは唯一に方程式 $w = \alpha\beta$ が決まらないので, $\alpha \not= \beta$ の前提が式の上でどのように効いてきて $w = \alpha\beta$ が決定付けられるのかという過程をはっきりさせるように解答するべきである.

次は京大入試から.

◀ **問題 6** ▶

α, β, γ は互いに相異なる複素数とする.
(1) 複素数平面上で $\dfrac{z-\beta}{z-\alpha}$ の虚数部分が正となる z の存在する範囲を求めよ.
(2) 複素数 z が
$$(z-\alpha)(z-\beta) + (z-\beta)(z-\gamma) + (z-\gamma)(z-\alpha) = 0$$
を満たしているとき, z は α, β, γ を頂点とする三角形の内部に存在することを示せ.
ただし, α, β, γ は同一直線上にはないものとする. (京都大)

(†) 本問は**角領域問題**といわれるものである.

(1) 順当な路線は $\arg\left(\dfrac{z-\beta}{z-\alpha}\right)$ のとり得る値の範囲を調べることであろう.
(2) $z \not= \alpha, \beta, \gamma$ を示してから, 例えば $(z-\beta)(z-\gamma)$ で与式を割ると(1)の結果が使える. 京大は往々にして, maniac な人が知っていそうな**古い有名事実**を何のオリジナルもないまま出題することが多い. 最近, それがひどくなってきているように思える. 適度に問作の努力をして頂きたいものである.)

解 (1) $\dfrac{z-\beta}{z-\alpha} = r(\cos\theta + i\sin\theta)$
$\left(r = \left|\dfrac{z-\beta}{z-\alpha}\right| > 0, -\pi \leqq \theta < \pi\right)$

と表すと, 虚数部分が正ということは $\sin\theta > 0$ に他ならない. 即ち, $0 < \theta < \pi$ である. 上式は
$$\beta - z = r(\cos\theta + i\sin\theta)(\alpha - z) \quad (z \not= \alpha, \beta)$$
でもある. 仮に $\theta = 0, \pi$ を許すと, 相異なる2点 α, β を通る直線 $l_{\beta\alpha}$ が得られる. そして $0 < \theta < \pi$ の範囲で θ を正の向きに変化させることにより, 点 α は, ある領域内の任意の1つの z を中心として回転され, かつ線分 $z\alpha$ は線分 $z\beta$ に拡大・縮小(等大倍も含める)される. 従って複素数平面上にて下図のような霞状領域に z は存在することになる.

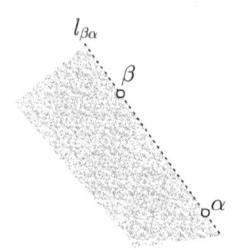

領域には直線 $l_{\beta\alpha}$ は含まれない
〈解答図〉

(2) $z = \alpha$ とすると与式は $(\alpha - \beta)(\alpha - \gamma) = 0$ となり, $\alpha = \beta$ または $\alpha = \gamma$ となり3点 α, β, γ が相異なるという条件に反する. よって $z \not= \alpha, \beta, \gamma$ である. 与式を $(z-\beta)(z-\gamma)$ で割ると
$$\dfrac{z-\alpha}{z-\beta} + \dfrac{z-\alpha}{z-\gamma} + 1 = 0 \quad \cdots ①$$
同様に
$$\dfrac{z-\beta}{z-\gamma} + \dfrac{z-\beta}{z-\alpha} + 1 = 0 \quad \cdots ②$$
$$\dfrac{z-\gamma}{z-\alpha} + \dfrac{z-\gamma}{z-\beta} + 1 = 0 \quad \cdots ③$$

まず α, β, γ は同一直線上にないことより，①での $\frac{z-\alpha}{z-\gamma}$ は実数になり得ないことを踏まえておかねばならない．その下で

(イ) ①において $\frac{z-\alpha}{z-\gamma}$ の虚数部分が負とすると，(ロ) $\frac{z-\alpha}{z-\beta}$ の虚数部分は正であり，(ハ) 従って②より $\frac{z-\beta}{z-\gamma}$ の虚数部分は正である．

(イ) より z の存在領域は(1)と同様にして図

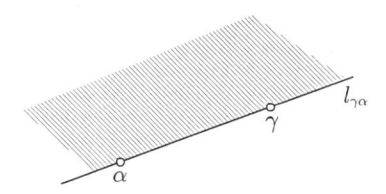

の斜線部分のようになるが，もし点 β が斜線部分の外側にあるとすると，(イ)，(ロ)，(ハ) を同時に満たすような z は存在しない．それ故，点 β はその斜線領域内にある．
そして(ロ)，(ハ) を考慮して次の図☆を得る：

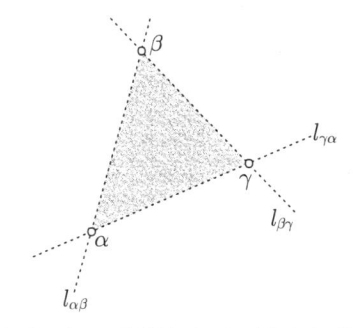

z は $\triangle \alpha\beta\gamma$ の内部にある．(向きに注意．)
図☆

①において $\frac{z-\alpha}{z-\gamma}$ の虚数部分が正としても同様の議論で済む．(z は $\triangle \alpha\beta\gamma$ の内部にある．)

いずれにせよ，題意は示された．◀

(補) 設問(2)について．
(1)の設問がなければ，与式を
$$\frac{1}{z-\alpha}+\frac{1}{z-\beta}+\frac{1}{z-\gamma}=0$$
として，これからベクトルを用いて解けるが，この講義では，未だそのようなベクトル考察をやっていないので，もう少し先に進んでから読者自ら挑戦してみられたい．

設問(1)について．腕に自信のある人は以下を読まれて**補充問題**を考えられたい．(再度：問題は千変万化！)

$z = x+yi$ (x, y は実数)の $y > 0$ ということは $(z-\bar{z})i = -2y < 0$ に他ならない．$\frac{z-\beta}{z-\alpha}$ の虚数部分が正ということは
$$\left\{\frac{z-\beta}{z-\alpha} - \overline{\left(\frac{z-\beta}{z-\alpha}\right)}\right\}i < 0$$
ということである．この式は
$$\{(\bar{\beta}-\bar{\alpha})z+(\alpha-\beta)\bar{z}+(\beta\bar{\alpha}-\alpha\bar{\beta})\}i < 0$$
となる．不等号（＜）を等号（＝）に替えると複素数平面上の2点 α, β ($\alpha \neq \beta$) を通る直線の方程式を表す．

> **補充問題**
> 複素数平面上に，相異なる2点 α, β がある．不等式
> $$\{(\bar{\beta}-\bar{\alpha})z+(\alpha-\beta)\bar{z}+(\beta\bar{\alpha}-\alpha\bar{\beta})\}i < 0$$
> （i は虚数単位）
> を満たすような複素数 z の存在領域を，α と β を適当にとって図示せよ．

問題6の代わりとして，これだけでも，充分，試験になったであろう．最早，この**補充問題**の結果は判ってしまっていることなので，解答路線は呈示しない．「冷淡だな」と思わないで頂きたい．筆者は，時折，そのように振舞うが，それは，若い人達に根性をもって頂きたいからである．

とはいうものの，少し位の示唆はしておこう．解答路線は 2 通りぐらいあるが，sense よく elegant に解こうと思うならば，z を，α と β を含ませての極形式にし，次に α と β の向きを含めた配置関係に留意するのがよいだろう．

これまでの流れを振り返って見ると，既に**三角関数やベクトル**までが伴っていた訳である．そういうことで，そろそろ複素数分野を終えて，この流れは本格的に**ベクトル**へと向かう．("ベクトル"という発音は，実は，よろしくないのだが，仕方がない．)

ベクトルは1つの座標平面上の点として捉えられるものであった．原点 O を表すベクトルを

零ベクトルとして $\vec{0}$ で表す．座標平面上のどんなベクトルに対しても，$\vec{0}$ 以外の任意のベクトルを加えると元のベクトルの終点（——座標平面上にて O を原点，P を任意の点としたとき，ベクトル $\vec{OP}$ の終点とは点 P のことである）を平行移動させる．これが**ベクトル性**である．

さて，この講義は随想調に流れているので，それに相応しくなるように内容を充実させてゆこう．その為には，やはり，ベクトルというものを最もよく理解し，その概念を見事に発展させられた大数学者**ハミルトン先生**（スコットランドの数学者・物理学者：1805～1865）にご登場願おう．ハミルトン先生は言語力に長けた方でもあられ，記憶力も達者でおられたようなので，急遽，日本語を学ばれて，はるばる歴史的時間を超えてこの 2000 年の時代までご足労願った次第である．ハミルトン先生は高校生や大学生をも交えてと討論されたいとの御由，願ったりかなったりの企画である．

筆者：（セミナー室に来られた学生の方々へ）
ここにおられるのがハミルトン先生です．

ハミルトン先生：今日は．この度，この講座の為に，ベクトルについて語ってくれと頼まれたのじゃが，こう見渡したところ，皆，わしよりベクトルの問題を解くのが得意のような感じがするな．

さて，ベクトルの考えは，古くは，**ニュートン**の著書『**プリンキピア (Principia)**』(1687) に力の合成として現れており，1700 年代後半に，それは**ラプラス**によって大きく発展させられた．そのような点も踏まえて，方向を対象としたベクトルについて少し語ろう．諸君には，平面上の**矢線ベクトル**がなじみやすいであろう．

図のように，"のっぺらな" 平面上に相異なる点 O，A，B があるとする．

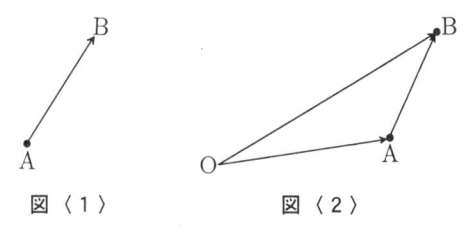

図〈1〉　　　図〈2〉

まず，$\vec{AB} = -\vec{BA}$ を定義とみなし，さらに，$\vec{OB} = \vec{OA} + \vec{AB}$ を定義とみる．それ故，$\vec{AB} = \vec{AO} + \vec{OB} = -\vec{OA} + \vec{OB}$ となる．何をやっているのかお分かりかな？

どうも，諸君の方からは，「そんな事はもうわかりきっている」という声が聞こえてくるような感じがする．そうすると，誰もこの部分には見向きもしないということになり，観客 0 人の舞台で 1 人演技をしていることになりかねない．しかし，時には，宝物は見向きもされない所に土が着いたまま眠っているものでもある．それ故，ベクトルの "分かりきった (?)" 説明をするからといって，見下げてはならない．**これは，ちょっとやそっとでは，見聞きできんぞ**．わしが上に記した式，本当に大丈夫かね？

ということで，高 2 生の A 君．

A 君：はっ？　はい．

ハミルトン先生：上で $\vec{OB} = \vec{OA} + \vec{AB}$ なるものがあるが，どうしてそれでよいのかね？

A 君：△OAB は平面上で閉じた三角形ですから，それは，当たりまえの式だと思いますが…．

ハミルトン先生：何？「当たりまえ」じゃと？　どうして，三角形が閉じていれば当たりまえなんじゃ？
では，高 3 生の B 君はどうだね？

B 君：あの．いえ．その．「定義だから，そう約束する」と習ったものですから，…．

ハミルトン先生：何だ？　それは？　では，君にとっては，そう習わなければ，そしてそう約束しなければ，$\vec{OB} = \vec{OA} + \vec{AB}$ ではないのかね？

B 君：いえ．その．（内心：困ったな．）

ハミルトン先生：今度は大学 1 年生の C 君．高校生の時はかなりできたそうじゃの．どうだ？　同じ質問じゃ．

C 君：はい．まず下図のように O を座標平面の原点として平行四辺形 OABC を作ります．そして点 A，B の座標を順に (a_1, a_2)，(b_1, b_2) とすれば，$\vec{OB} = \vec{OA} + \vec{OC}$ ですから点 C の座標は，

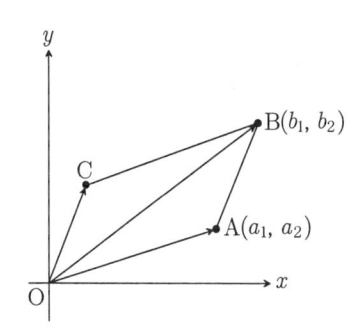

第4章 不等式から複素数へ(その2)

$\overrightarrow{OC} = \overrightarrow{OB} - \overrightarrow{OA} = (b_1 - a_1, b_2 - a_2)$ となります。一方，$\overrightarrow{OB} = \overrightarrow{OA} + \overrightarrow{AB}$ とは $\overrightarrow{AB} = \overrightarrow{OB} - \overrightarrow{OA}$ のことですから，$\overrightarrow{AB} = (b_1 - a_1, b_2 - a_2)$ です。よって $\overrightarrow{OC} = \overrightarrow{AB}$ となりますから，$\overrightarrow{OB} = \overrightarrow{OA} + \overrightarrow{OC} = \overrightarrow{OA} + \overrightarrow{AB}$ が示されました！

A君とB君：そうか！ さすが，先輩！

ハミルトン先生：(むせびながら，何と声が出ない．) ウー，オホン．全体の説明のひどさはともかくとして，君は $\overrightarrow{OB} = \overrightarrow{OA} + \overrightarrow{AB}$ を**証明したつもりかね**？ それに，君は座標軸をもち込んだが，座標軸がなければ議論できないのかね？ さらに $\overrightarrow{OC} = \overrightarrow{AB}$ についてきちんと説明してくれないか．

A君，B君：何だ．誤りか．(愕然．)

C君：(恐る，恐る) そう言われますと，どうも証明にはなっておりませんね？ 座標軸ですが，なくても，多分，よいですね？ $\overrightarrow{OC} = \overrightarrow{AB}$ ですが，図形 OABC が1つの平面上の平行四辺形ですから，ベクトルの平行移動によって $\overrightarrow{OC} = \overrightarrow{AB}$ は当たりまえの事と思えるのですが，….

ハミルトン先生：また，「当たりまえ」か．わしにとって不思議であった事が，皆にとっては，どうしてかくも当たりまえなのかな？ どうもいかん．なにかがずれとる．(ぐるりと見回される．)おや，初々しい女子(D子君)がおるな．(優しく) 何年生じゃ？ (ハミルトン先生も女子には甘いようである．)

D子君：はい．高2生です．

ハミルトン先生：ウホッ！で，どうだ？ $\overrightarrow{OC} = \overrightarrow{AB}$ は．

D子君：はい．ベクトルは**方向，向き，大きさ**をもったものです．それが同じものは位置によらず全て同じベクトルとみなします．ですから $\overrightarrow{OC} = \overrightarrow{AB}$ になります．

ハミルトン先生：九官鳥のような答え方だが，前の男子達よりは，大分，ましじゃ．しかし，方向，向き，そして大きさが同じであれば，どうして違った位置にあるのに等しいとみなせるのじゃ？ そんなこと，**勝手にみなしてよいのか**？ 何でもかんでも定義してよいものではない．物事はきちんとさせないと，ざるで水をすくおうということになるぞ．

D子君：それは，その，…？ (内心：意地悪な先生！)

ハミルトン先生：D子君の答弁はいい所を突いているが，まだまだじゃ．最後にE君．君も高2生かね？

E君：はい．

ハミルトン先生：どうだね？ $\overrightarrow{OC} = \overrightarrow{AB}$ については．

E君：実は，僕は $\overrightarrow{OC} = \overrightarrow{AB}$ が分からないんです．まして $\overrightarrow{OB} = \overrightarrow{OA} + \overrightarrow{AB}$ は尚更分からないのです．僕の場合，いろんな人に尋ねましたら，「それは約束事だ」と言われたのですが，やっぱり釈然としないのです．$\overrightarrow{OC} = \overrightarrow{AB}$ は $\overrightarrow{OC}$ は $\overrightarrow{AB}$ 自身だというのでしょうか？ それは違いますね？ 僕には，ハミルトン先生がおっしゃられたように，位置が違うのだから，$\overrightarrow{OC}$ は $\overrightarrow{AB}$ 自身ではないと思えるのです．ですから**同じ類**のものとみなすのでしょうが，それだけでは，まだすっきりしません．

ハミルトン先生：ほう！うん，君の疑問はもっともじゃ．**技術的な事ならば，環境と訓練が伴えば，誰でもそこそこにできる**ことだが，今の問題はそういうものではないからな．さて，諸君．実を言うと，わしが初めに，「$\overrightarrow{OB} = \overrightarrow{OA} + \overrightarrow{AB}$ を定義とみる」と述べたのには，かなり帰納的にしたごまかしがある．「分からない」と答えたE君は正当であった．$\overrightarrow{OC} = \overrightarrow{AB}$ も $\overrightarrow{OB} = \overrightarrow{OA} + \overrightarrow{AB}$ も，然るべき立脚点から証明されるべき事なのである．しかし，そもそも $\overrightarrow{OA}$ や $-\overrightarrow{OA}$ にしたって，諸君は，"**本当の**"幾何学の定義からは入ってはいない．概念があいまいな状態でただ技術的計算問題をどたばた解き慣れることだけに専心させられてきたのだから，仕方のないことだが．$\overrightarrow{OA}$ などの定義からきちんとやっては，諸君が逃げ出すような気がする(逃げ出さないで聞きたがる人もいるかもしれないが，稀だろう)からやらないが，少しだけ数学について教訓を述べると，純粋数学的には，「当たり

まえ」に思える算法は単なる道具ではなく，ある構造概念に伴った演算として捉える所にその秘められた"**精神**"がある．まして，C君が言ったような「当たりまえ」と思われるベクトルの平行移動などは，平面上でも，曲線座標系というものを入れると当たりまえの事ではなくなる．わしが草葉の陰から見てきたことを言うと（―― わしは墓の下で眠りながらも，時々，目を覚ましては，その後の数学を勉強し続けてきている ――），ユークリッド平面で考えられたような平行四辺形の線上に乗っ取った単純なベクトルの**全域的平行移動**というものは，最早，できなくなる．これは，そのような**幾何学そのものの中に，ある力学の効果が隠れている**という驚くべきことを示唆している．実は，諸君も知っている高名な**大天才アインシュタイン**はそのようなことを見抜いた，それ程の卓越した見解をもっていた人なのじゃ．彼の考えは，（よく誤解されているようだが，）力学の幾何学化でもなければ，まして幾何学の応用などでもなく，原理の特価性への着想にある．さて，その後，**ワイル** ―― これも偉大な数学者だが ―― ，彼もその力学原理を追究し，仕事そのものとしては大きな実りは得られなかったが，概念的には非常に貴重なものを残してくれた．（なお，諸君にとって「当たりまえ」のベクトル算法については，**ワイルの公理系**というものがある．）

ここで**力**とは何かという疑問が生じるが，それには立ち入らない．ただ，大切な姿勢は，それを不可知論的に単なる例示をもって片付けないことである．これは，元来，ニュートンの法則であると同時に数学的にも定義付けられるものでもある．それでもこれをベクトルの従う絶対的因果法則として捉えるのは，また固苦しい危険な状態にある．物事は1つ解明されると挙って**固い公式化，処方化**に向かいやすいが，そのようなことへの束縛思考は，常に，それ自身に気付かないという盲点をもっている．それ故，光に照らして叩けば，すぐいろいろと埃（ほこり）が出てくるものじゃ．処方的に「当たりまえ」のように思い込んでいる程，貴重な概念は見えない．数学でより大切なことは**概念に基づいて考えることであり，方法に従って処理することで**はない．現代では，それらが主客転倒で麻痺しているから，**数学の魅力が伝わらないのである．**

学生一同：ひゃあ，これは大変だ．勉強の姿勢をいまから考え直そう．

ハミルトン先生：その通り．物事を「分かる」ということは，本当は，大変なことだ．一言で「分かっている」といっても，その度合いは人によって非常に大きな差異があり，深遠さが伴う程，分かっている人は無論少なくなる．（**表面的言葉や技術を知ったからとて，それだけで分かっているということにはならない．**）そうそう，日本に来たついでにいくつかの大学における数学や物理学の講義というものをこっそり覗き込んでみたら，中にハミルトン力学といって，光栄にもわしの名が付けられた内容が"教授"されていたが，いやはや，これも計算走りの事務処理的指導でひどいものがあった．よい講義は得難しか．それにしても今時は大学も多いものじゃ！ 特に，**日本の大学は，入試が厳しくも卒業は広き門と聞く．本末転倒も甚しい．**しかも，大学の構内も車の多いこと．わしは，やはり，静かなわしの時代に戻ってゆっくり眠に就くことにする．

それでは，さらばじゃ．みんな，頑張ってくれ．

やれやれ，怖い先生である．昔の大学には，ここでのハミルトン先生のような気鋭の先生が少なくなかった．筆者はそのような先生を存じているのでその個性をハミルトン先生にあてがったのである．

第4章では，随分，それこそ自然哲学的なことを語ったのだが，少し難解であったかな？

第5章
ベクトル，そして三角関数へ（その1）

この章では，読者の多くが苦手とするベクトルを中心に，講義と雑談（？）を交えながら展開していく．

さて，お立会い．
平面内にとった2点A，BをAからBに向き付けた線分で結び，$\overrightarrow{AB}$と表す（図1）．

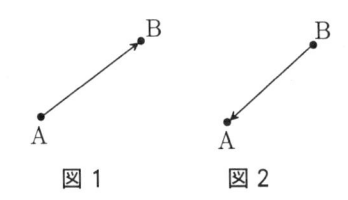

図1　図2

次に矢先を点Aの方に持ってきて（——このような表現は実にあいまいで非数学的ではあるが，辛抱して——），図2のようにしたものを$\overrightarrow{BA}$で表し，$\overrightarrow{BA}=-\overrightarrow{AB}$とがさつな"定義"（？）をする．

かくして矢線ベクトルなるものを考える．そして$\overrightarrow{AB}=\vec{a}$のように表したりする．そうすると，賢い**数学少年・青年**の為には，'平面上の任意の点Aに対して点Bがあって$\overrightarrow{AB}=\vec{a}$となる'と表現した方が，理解して頂きやすいだろう．

再び，がさつさに戻る．
更に，3点A，B，Cに対して$\overrightarrow{AB}+\overrightarrow{BC}=\overrightarrow{AC}$と"定義"する（図3）．（これと前述の"定義"は全く独立な訳ではない．）

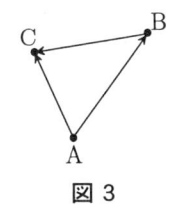

図3

ここでは難解なことには目をつむる．さりとて："$\overrightarrow{AB}+\overrightarrow{BC}=\overrightarrow{AC}$とすれば，これで幾何の問題がよく解けるので，便利な道具のようなものである"とはいいたくない．
就中，著名な幾何学者**松本 誠**先生（京大名誉教授）は時折次のように叱正されたということである：

"道具にこだわる人の中に数学はない．"「**言葉は身の文**」と言うが，さすがの**数学精神**．その道の達人は仰ることが違う．

そして，既にベクトルの内積は指導済みであるから，次の問題例にとりかかる．

<例1> 図のような△ABCにおいて，ABの中点をD，BCを3：1の比に内分する点をEとする．このときAEとBCは直交する．頂点BよりCAに下した垂線とAEとの交点をHとする．

いま，$\overrightarrow{BD}=\vec{x}$，$\overrightarrow{EC}=\vec{y}$，$\overrightarrow{EH}=\vec{z}$とおくとき，$\vec{x}$を$\vec{y}$と$\vec{z}$で表せ．

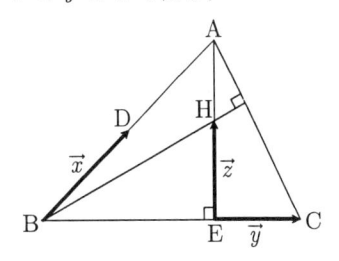

（熊本県大）
（**注記**．原出題文の記号と言語表現をほんの少し変更させて頂いた．**（改文）**と付す程のものではない．）

解　まず
$$\overrightarrow{BH}=3\vec{y}+\vec{z} \quad \cdots ①$$
に留意する．次に$\overrightarrow{AC}=\vec{y}-k\vec{z}$（$k$は$k>1$なる実数）と表すと，AC⊥BHより（内積をとって）
$$\overrightarrow{AC}\cdot\overrightarrow{BH}=(\vec{y}-k\vec{z})\cdot(3\vec{y}+\vec{z})$$
$$=3|\vec{y}|^2+(1-3k)\vec{y}\cdot\vec{z}-k|\vec{z}|^2=0$$
$\vec{y}\cdot\vec{z}=0$であるから
$$k=\frac{3|\vec{y}|^2}{|\vec{z}|^2}.$$

一方，

$$\overrightarrow{BH} = \overrightarrow{BA} + \overrightarrow{AH}$$
$$= 2\vec{x} - (k-1)\vec{z} \quad \cdots ②$$
（k は既に求まってある）

①，②より
$$3\vec{y} = 2\vec{x} - k\vec{z}$$
$$\therefore \ \vec{x} = \underline{\frac{3}{2}\left(\vec{y} + \frac{|\vec{y}|^2}{|\vec{z}|^2}\vec{z}\right)} \text{（答）}$$

例1は，一風，変わった出題でおもしろいし，基本的力を試すにも，充分，試験になったことであろう．

しかし，実は，例1は問題としては解答可能なのだが，その問題文において"BC を 3：1 の比に内分する点を E とする．このとき AE と BC は直交する"というのは，数学言語の流れとして，正しくない．出題者は何か思い違いされたのだろう．（「弘法も筆の誤り」か．）それはそうとしても，例1を，ただ解答しただけで終らせるのは勿体ない．

問題を解いただけで，そこに何も感概深いものや教訓的なものがないなら，それはあまり価値がない．（ただし，解いた人の元々の学識不足で，価値を汲みとれないということも多いものではあるが，それは対象外として．）

例1は，大きく生かす価値がある．

◀ **問題 1** ▶

図のような鋭角三角形 ABC において，頂点 A，B からそれぞれ辺 BC，CA に下した垂線の足を順に E，F とする．いま，BE：EC ＝ $m:n$ であるとする．また，線分 AE と BF の交点を H とする．

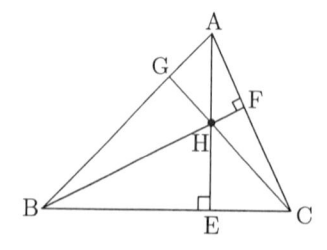

（図：三角形 ABC に点 G，F，H，E が示されている）

（1） $\overrightarrow{AB}$ を $\overrightarrow{EC}$ と $\overrightarrow{EH}$ で表せ．
（2）（1）の結果を用いて，頂点 C から点 H を通る直線は辺 AB に直交することを示せ．
（3）（2）の事実をベクトルを用いないで示してみよ．
（4）$m > n$ とする．いま，EC＝EH であるならば，△BCF と △AEC の面積の比はどうなるか．m, n を用いて最も簡潔な形で表せ．
（5）（4）での条件は満たされているとする．いま，頂点 C から点 H を通る直線が辺 AB と交わる点を G とする．長さの比 AG：GB を m, n を用いて最も簡潔な形で表せ．（ただし，チェバの定理を使うときは，それを証明してからにすること．）

† （1）は例1そのもの．（それでも読者はきちんと演習されたい．）（2）は内積を調べるのみ．（3）はどうなるかな？ 無論，'点 H は △ABC の垂心である'ということではあるが，…．「この証明，教科書に載ってあるけれど，忘れた（故に解けない）」では頼りない．実は，筆者とてこれをやるのは初めてである．（"初等幾何ぎらい"であることをほのめかしている．）他の本からちょろまかして（3）を解答執筆したのでは気が咎む．（そのようなことは全くしないといえばうそになることもあるが，物事には程度というものがある．）それ故，筆者の考えた路線（――しかしながら，太古の初等幾何の定理の一証明なのだから，太古の昔に見出されていたはず）は，2つの直角三角形から推して，円弧を引くことであった．（4）は，（2）や（3）とは直接の関係はないが，（1）とは関わりがある．（5）は，（1）～（4）を，適宜，利用する．

〈解〉（1）（途中省略）
$$\overrightarrow{AB} = -\frac{m}{n}\left(\overrightarrow{EC} + \frac{|\overrightarrow{EC}|^2}{|\overrightarrow{EH}|^2}\overrightarrow{EH}\right) \quad \cdots \text{（答）}$$

（2）$\overrightarrow{AB}$ と $\overrightarrow{CH}$ の内積を調べる：
$$-\frac{n}{m}\overrightarrow{AB}\cdot\overrightarrow{CH} = \left(\overrightarrow{EC} + \frac{|\overrightarrow{EC}|^2}{|\overrightarrow{EH}|^2}\overrightarrow{EH}\right)$$
$$\cdot(\overrightarrow{EH} - \overrightarrow{EC})$$
$$= 0 \ (\because \text{EC} \perp \text{EH より}) \ ◀$$

（3）図のように辺 AB を直径とする円弧と

CH を直径とする円弧が描ける．∠CAB = $A°$ と表す．点 C と H を通る直線が辺 AB と交わる点 G に対して ∠CGB = $x°$ とする．

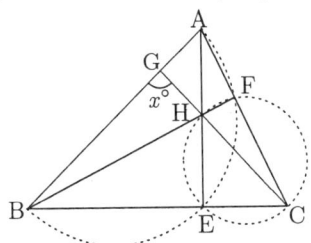

∠ABF = $90° - A°$ であり，それと等しい円周角は
$$\angle AEF = 90° - A° = \angle HCF$$
である．よって
$$\angle FHC = A°$$
∴ $x° = 180° - \{(90° - A°) + A°\} = 90°$ ◀

（4）まず $\vec{AC}$ であるが，（1）の結果より
$$\vec{AC} = \vec{AB} + \vec{BC}$$
$$= -\frac{m}{n}\left(\vec{EC} + \frac{|\vec{EC}|^2}{|\vec{EH}|^2}\vec{EH}\right) + \frac{m+n}{n}\vec{EC}$$
$$= \vec{EC} - \frac{m}{n} \cdot \frac{|\vec{EC}|^2}{|\vec{EH}|^2}\vec{EH}$$

よって，EC = EH（と EC⊥EH）より
$$|\vec{AC}|^2 = \frac{m^2 + n^2}{n^2}|\vec{EC}|^2$$
∴ $AC = \frac{\sqrt{m^2 + n^2}}{n} EC$ …①

次に問題の面積比であるが，∠BCA は △BCF と △ACE の共有角だから
$$\triangle BCF : \triangle ACE$$
$$= (FC \cdot CB) : (EC \cdot CA) \quad \cdots ②$$
となる．
ところで，△AHF∽△ACE であるから
$$AH : AC = AF : AE$$
↔ $(k-1)EH : AC = (AC - FC) : kEH$
ここに
$$k = \frac{m}{n} \cdot \frac{EC^2}{EH^2}$$
としたが，EC = EH というから $k = \frac{m}{n}$ となる．よって
$$FC = AC - \frac{m(m-n)}{n^2} \cdot \frac{EC^2}{AC} \quad \cdots ③$$
①，③より
$$FC = \frac{\sqrt{m^2+n^2}}{n} EC - \frac{m(m-n)}{n\sqrt{m^2+n^2}} EC$$
$$= \frac{m+n}{\sqrt{m^2+n^2}} EC$$

そして
$$CB = \frac{m+n}{n} EC$$
であるから，②の比例式は
$$\triangle BCF : \triangle ACE = \frac{(m+n)^2}{n\sqrt{m^2+n^2}} EC^2$$
$$: \frac{\sqrt{m^2+n^2}}{n} EC^2$$
$$= \frac{(m+n)^2}{\sqrt{m^2+n^2}} : \sqrt{m^2+n^2}$$
$$= (m+n)^2 : m^2+n^2 \quad \cdots \text{(答)}$$

（5）AG : GB = $t : 1-t$ $(0 < t < 1)$ とすると，（4）の過程より
$$AF : FC = (AC - FC) : FC$$
$$= m(m-n) : (m+n)n$$
（2）または（3）より AB⊥CG であるから
$$\frac{\triangle AHC}{\triangle CHB} = \frac{t}{1-t},$$
$$\frac{\triangle BHA}{\triangle AHC} = \frac{m}{n},$$
$$\frac{\triangle HBC}{\triangle ABH} = \frac{(m+n)n}{(m-n)m}$$
となる．これらの式を辺々相掛けることで
$$1 = \frac{t}{1-t} \cdot \frac{m+n}{m-n}$$
∴ $t = \frac{m-n}{2m}$
∴ AG : GB = $m-n : m+n$ …(答)

（補）（4）は，ベクトルでガチャガチャ計算していれば，いつかは解けるが，どうも elegance がない．

少々，出番が早いが，初等幾何における**メネラウスの定理**を使ってみよう：
$$\frac{CB}{BE} \cdot \frac{EH}{HA} \cdot \frac{AF}{FC} = 1$$
$\frac{CB}{BE} = \frac{m+n}{m}$, $\frac{EH}{HA} = \frac{1}{k-1}$ $\left(k = \frac{m}{n}\right)$ であるから
$$\frac{AF}{FC} = \frac{(m-n)m}{(m+n)n}$$

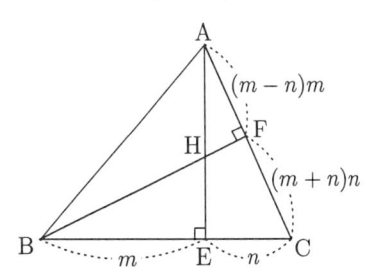

よって
$$\triangle \text{BCF} : \triangle \text{ACE} = \text{FC} \cdot \text{CB} : \text{EC} \cdot \text{CA}$$
$$= (m+n)n \cdot (m+n) : n \cdot (m^2+n^2)$$
$$= (m+n)^2 : m^2 + n^2$$
となる．（きれいな結果であろう？）

初等幾何には初等幾何のよさがあるものだと，しみじみ感慨深く思って頂けたかな？

例1で既に現れているが，この辺りで，ベクトルの**1次結合**について，直線の方程式を題材にして，少しだけ．簡単の為，平面上での$\vec{0}$でない2つのベクトル$\vec{a}, \vec{b}$で述べる．

（なお，$\vec{0}$は方向や向きの定められない唯一の**ベクトル**であると付記しておこう．）

ここに $\vec{a} = k\vec{b}$ （kは0でない実数）とは表せないものとする．

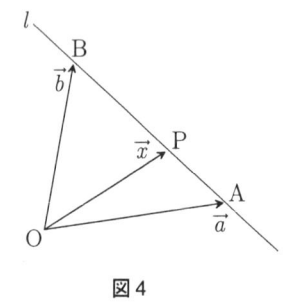

図4で示した2つの定位置ベクトル$\overrightarrow{\text{OA}} = \vec{a}, \overrightarrow{\text{OB}} = \vec{b}$の終点を通る直線を$l$とする．$l$上の任意の点をP，そして$\overrightarrow{\text{OP}} = \vec{x}$とすれば，$l$の方程式は

$$l : \vec{x} = t\vec{a} + (1-t)\vec{b} \quad (\text{tは任意の実数})$$

と，表される．これは$\vec{a}$と$\vec{b}$の**1次結合**である．$\vec{x}$は，$0 < t < 1$ならば点A, Bを含まない線分AB上の点を表し，$t \leqq 0$ならば（図4で）l上の点Bを含めてBから"左方向"，$t \geqq 1$ならばl上の点Aを含めてAから"右方向"の点の位置を表す．

上述のようなlの方程式は，**直線を表すベクトル方程式**といわれる．

また，点Aを中心とする半径rの**円周Cの方程式**は，円周上の任意の点をPとして，$C : |\overrightarrow{\text{AP}}| = r$で与えられる．$\overrightarrow{\text{OA}} = \vec{a}, \overrightarrow{\text{OP}} = \vec{x}$と表せば，

$$C : |\vec{x} - \vec{a}| = r$$

で表される．（このような事は，複素数幾何の場合と同様．）

上述のl, Cの方程式は空間でもそのまま拡張される．もっとも空間では，直線や円周以外に平面や球面も考えられるが．

それでは，領域に関連付いた問題例を1つ．

〈例2〉 三角形ABCにおいて$\overrightarrow{\text{CA}} = \vec{a}$, $\overrightarrow{\text{CB}} = \vec{b}$とする．次の問いに答えよ．

（1）実数s, tが$0 \leqq s+t \leqq 1, s \geqq 0, t \geqq 0$の範囲を動くとき，次の各条件を満たす点Pの存在する範囲をそれぞれ図示せよ．

(a) $\overrightarrow{\text{CP}} = s\vec{a} + t(\vec{a} + \vec{b})$

(b) $\overrightarrow{\text{CP}} = (2s+t)\vec{a} + (s-t)\vec{b}$

（2）（1）の各場合に，点Pの存在する範囲の面積は三角形ABCの面積の何倍か． （神戸大・文系）

解 （1）(a) $\vec{a} + \vec{b} = \vec{c}$とおくと
$\overrightarrow{\text{CP}} = s\vec{a} + t\vec{c}$ ($0 \leqq s+t \leqq 1, s \geqq 0, t \geqq 0$)
これを図示すると**図a**のようになる．

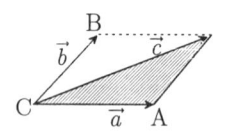

求める範囲は斜線部分
（実線の境界は含まれる）
〈図a〉

(b) $\overrightarrow{\text{CP}} = s(2\vec{a} + \vec{b}) + t(\vec{a} - \vec{b})$
$(0 \leqq s+t \leqq 1, s \geqq 0, t \geqq 0)$

これを図示すると**図b**のようになる．

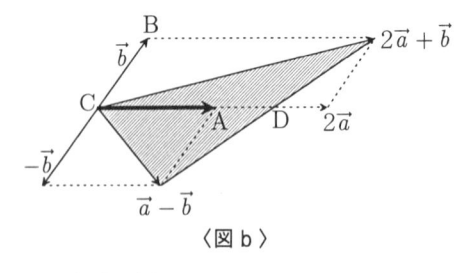

〈図b〉

（2）(a)の場合
斜線部分の面積は△ABCの1倍 (答)

(b)の場合
図bにおける線分CDの長さはCAのそれの1.5倍である．（これはすぐ判明する．**各自，式で示してみよ．**）

よって

第5章 ベクトル，そして三角関数へ（その1）

<u>斜線部分の面積は△ABCの3倍</u>（答）

◀ **問題 2** ▶

xy 平面に3つのベクトル
$$\vec{u} = (1, 0),$$
$$\vec{v} = \left(-\frac{1}{2}, \frac{\sqrt{3}}{2}\right),$$
$$\vec{w} = \left(-\frac{1}{2}, -\frac{\sqrt{3}}{2}\right)$$
を考える．このとき，次の問いに答えよ．
（1）ベクトル $\vec{f} = (x, y)$ に対して
$$(\vec{f} \cdot \vec{u})^2 + (\vec{f} \cdot \vec{v})^2 + (\vec{f} \cdot \vec{w})^2$$
を，$|\vec{f}|^2 = \vec{f} \cdot \vec{f}$ を使って表せ．
（2）ある定数 a があって，任意のベクトル $\vec{f}$ に対し，
$$\vec{f} = a(\vec{f} \cdot \vec{u})\vec{u} + a(\vec{f} \cdot \vec{v})\vec{v} + a(\vec{f} \cdot \vec{w})\vec{w}$$
が成り立つことを示せ．
（大阪教育大）

† （1）はただの計算．（2）が勝負所．$\vec{f}$ を $\vec{u}, \vec{v}, \vec{w}$ の1次結合で表させる斬新的問題．尤も，結果は与えているので，難問ではない．事実，a はすぐ求まる．（指定された $\vec{f}$ の表式に $\vec{f}$ を内積すれば，(1)の結果より立ち所．）その a に対して右辺が $\vec{f}$ に等しいことを確かめればよい．受験生には，これが順当な解答であろう．

〈解〉（1） $\vec{f} \cdot \vec{u} = x$, $\vec{f} \cdot \vec{v} = -\frac{x}{2} + \frac{\sqrt{3}y}{2}$, $\vec{f} \cdot \vec{w} = -\frac{x}{2} - \frac{\sqrt{3}y}{2}$ であるから
$$(\vec{f} \cdot \vec{u})^2 = x^2,$$
$$(\vec{f} \cdot \vec{v})^2 = \frac{1}{4}(x^2 + 3y^2 - 2\sqrt{3}xy),$$
$$(\vec{f} \cdot \vec{w})^2 = \frac{1}{4}(x^2 + 3y^2 + 2\sqrt{3}xy)$$
辺々相加えて
$$(\vec{f} \cdot \vec{u})^2 + (\vec{f} \cdot \vec{v})^2 + (\vec{f} \cdot \vec{w})^2$$
$$= \frac{3}{2}(x^2 + y^2) = \frac{3}{2}|\vec{f}|^2 \quad \cdots（答）$$

（2）（1）の結果は
$$\vec{f} \cdot \vec{f} = \frac{2}{3}\{(\vec{f} \cdot \vec{u})^2 + (\vec{f} \cdot \vec{v})^2 + (\vec{f} \cdot \vec{w})^2\}$$
ということであるから，設問（2）における $\vec{f}$ に $\vec{f}$ を内積してやることで，$a = \frac{2}{3}$ を得る．

逆に
$$\vec{f} = \frac{2}{3}\{(\vec{f} \cdot \vec{u})\vec{u} + (\vec{f} \cdot \vec{v})\vec{v} + (\vec{f} \cdot \vec{w})\vec{w}\}$$
と表せることを示す：
 上式右辺
$$= \frac{3}{2}\left\{x(1, 0) + \left(\frac{-x + \sqrt{3}y}{2}\right)\left(-\frac{1}{2}, \frac{\sqrt{3}}{2}\right)\right.$$
$$\left. + \left(\frac{-x - \sqrt{3}y}{2}\right)\left(-\frac{1}{2}, \frac{\sqrt{3}}{2}\right)\right\}$$

$$= (x, y) = \text{上式左辺}$$
$a = \frac{2}{3}$ で，与えられた表式は成立する．◀

〈講義〉「問題2の解答は分かった．これでよし」という人以外の人の為に

大学の入試出題者はどうして**問題2**のようなものを作れるのか？ その初等理論的背景を考察しよう．（「理論」などというには大げさ過ぎるが．）

1つの立方根 $\omega = \cos\frac{2}{3}\pi + i\sin\frac{2}{3}\pi$ と複素数 $u = u_1 + u_2 i$ （u_1, u_2 は実数，i は虚数単位）の積は
$$\omega u = u_1 \cos\frac{2}{3}\pi - u_2 \sin\frac{2}{3}\pi$$
$$+ i\left(u_1 \sin\frac{2}{3}\pi + u_2 \cos\frac{2}{3}\pi\right)$$
である．上式右辺において
$$u_1 \cos\frac{2}{3}\pi - u_2 \sin\frac{2}{3}\pi$$
$$= \left(\cos\frac{2}{3}\pi, -\sin\frac{2}{3}\pi\right)\begin{pmatrix}u_1 \\ u_2\end{pmatrix}$$
$$u_1 \sin\frac{2}{3}\pi + u_2 \cos\frac{2}{3}\pi$$
$$= \left(\sin\frac{2}{3}\pi, \cos\frac{2}{3}\pi\right)\begin{pmatrix}u_1 \\ u_2\end{pmatrix}$$
と表す．そして
$$\omega u \longleftrightarrow \begin{pmatrix}\cos\frac{2}{3}\pi & -\sin\frac{2}{3}\pi \\ \sin\frac{2}{3}\pi & \cos\frac{2}{3}\pi\end{pmatrix}\begin{pmatrix}u_1 \\ u_2\end{pmatrix}$$
と対応付けるのである．いまの所，右辺は判然としていないが，どういう演算規則になっているかはお分かり頂けたであろう．いま
$$\begin{pmatrix}\cos\frac{2}{3}\pi & -\sin\frac{2}{3}\pi \\ \sin\frac{2}{3}\pi & \cos\frac{2}{3}\pi\end{pmatrix} = R, \begin{pmatrix}u_1 \\ u_2\end{pmatrix} = \vec{u}$$
と表しておく．R は縦ベクトル $\vec{u}$ を $\frac{2}{3}\pi$ だけ正の向きに回転させる行列である．$k = 0$,

1, 2 に対して
$$\omega^k \longleftrightarrow R^k = \begin{pmatrix} \cos\frac{2k}{3}\pi & -\sin\frac{2k}{3}\pi \\ \sin\frac{2k}{3}\pi & \cos\frac{2k}{3}\pi \end{pmatrix}$$
と対応付けておくと
$$\begin{cases} \omega^2 + \omega + 1 = 0 \\ \omega^3 = 1 \end{cases} \longleftrightarrow \begin{cases} R^2 + R + E = O \\ R^3 = E \end{cases}$$
の対応が付く．（上式右側の式は以下で意味付けられる.）ここに E は**単位行列**とよばれ，
$$E = \begin{pmatrix} 1 & 0 \\ 0 & 1 \end{pmatrix}$$
なるものである．

そこで**行列の演算**を今から導入する：
$$A = \begin{pmatrix} a_{11} & a_{12} \\ a_{21} & a_{22} \end{pmatrix}, \quad B = \begin{pmatrix} b_{11} & b_{12} \\ b_{21} & b_{22} \end{pmatrix}$$
に対して

（ⅰ） $kA = \begin{pmatrix} ka_{11} & ka_{12} \\ ka_{21} & ka_{22} \end{pmatrix}$ （k は実数）

（ⅱ） $A + B = \begin{pmatrix} a_{11}+b_{11} & a_{12}+b_{12} \\ a_{21}+b_{21} & a_{22}+b_{22} \end{pmatrix}$

（ⅲ） $AB = \begin{pmatrix} a_{11}b_{11}+a_{12}b_{21} & a_{11}b_{12}+a_{12}b_{22} \\ a_{21}b_{11}+a_{22}b_{21} & a_{21}b_{12}+a_{22}b_{22} \end{pmatrix}$

と定義する．（A, B のようなものを **2×2 行列** などという.）

もし $AB(=BA) = E$ となるならば，B は A の逆行列といわれ，$B = A^{-1}$ と表す．これは
$$A^{-1} = \frac{1}{|A|}\begin{pmatrix} a_{22} & -a_{12} \\ -a_{21} & a_{11} \end{pmatrix},$$
$$|A| = a_{11}a_{22} - a_{12}a_{21}$$
で与えられる．

されば，$R^2 + R + E = O$ は実際に確かめられよう．（O は全ての成分が 0 なる行列.）

さて，いま縦ベクトル $\begin{pmatrix} u_1 \\ u_2 \end{pmatrix}$ と横ベクトル $(u_1 \; u_2)$（ただし，$u_1^2 + u_2^2 = 1$ とする）を用いて
$$\begin{pmatrix} u_1 \\ u_2 \end{pmatrix}(u_1 \; u_2) = \begin{pmatrix} u_1^2 & u_1 u_2 \\ u_2 u_1 & u_2^2 \end{pmatrix}$$
なる行列を作り，それを P と表すことにする．
（**$P^2 = P$ となることを確かめよ**.）

> **課題**
> $$\begin{pmatrix} 1 \\ 0 \end{pmatrix}(1, 0) + \begin{pmatrix} -\frac{1}{2} \\ \frac{\sqrt{3}}{2} \end{pmatrix}\left(-\frac{1}{2}, \frac{\sqrt{3}}{2}\right)$$
> $$+ \begin{pmatrix} -\frac{1}{2} \\ -\frac{\sqrt{3}}{2} \end{pmatrix}\left(-\frac{1}{2}, -\frac{\sqrt{3}}{2}\right)$$
> $$= \frac{3}{2}\begin{pmatrix} 1 & 0 \\ 0 & 1 \end{pmatrix}$$
> となることを確かめよ．（右辺の $\frac{3}{2}$ が，**問題 2** での（2）の $\frac{1}{a}$ になっている.

この**課題**においては，
$$R = \begin{pmatrix} \cos\frac{2}{3}\pi & -\sin\frac{2}{3}\pi \\ \sin\frac{2}{3}\pi & \cos\frac{2}{3}\pi \end{pmatrix}$$
を用いると，
$$\begin{pmatrix} -\frac{1}{2} \\ \frac{\sqrt{3}}{2} \end{pmatrix} = R\begin{pmatrix} 1 \\ 0 \end{pmatrix}, \quad \left(-\frac{1}{2}, \frac{\sqrt{3}}{2}\right) = (1, 0)R^{-1};$$
$$\begin{pmatrix} -\frac{1}{2} \\ -\frac{\sqrt{3}}{2} \end{pmatrix} = R^2\begin{pmatrix} 1 \\ 0 \end{pmatrix}, \quad \left(-\frac{1}{2}, -\frac{\sqrt{3}}{2}\right) = (1, 0)R^{-2}$$
なのである．

これを一般化する．
$\theta = \frac{2\pi}{n}$（n は $n \geq 3$ なる整数），a と b は実数で $a^2 + b^2 = 1$ なるものとして
$$R_k = \begin{pmatrix} \cos k\theta & -\sin k\theta \\ \sin k\theta & \cos k\theta \end{pmatrix},$$
$$A = \begin{pmatrix} a^2 & ab \\ ab & b^2 \end{pmatrix}$$
とおく．$P_k = R_k A R_k^{-1}$（$k = 1, 2, \cdots, n$）で P_k を定めると
$$P_k = \begin{pmatrix} \cos k\theta & -\sin k\theta \\ \sin k\theta & \cos k\theta \end{pmatrix}\begin{pmatrix} a^2 & ab \\ ab & b^2 \end{pmatrix}\begin{pmatrix} \cos k\theta & \sin k\theta \\ -\sin k\theta & \cos k\theta \end{pmatrix}$$
$$= \begin{pmatrix} a^2\cos^2 k\theta - ab\sin 2k\theta + b^2\sin^2 k\theta & \left(\frac{a^2-b^2}{2}\right)\sin 2k\theta + ab\cos 2k\theta \\ \left(\frac{a^2-b^2}{2}\right)\sin 2k\theta + ab\cos 2k\theta & a^2\sin^2 k\theta + ab\sin 2k\theta + b^2\cos^2 k\theta \end{pmatrix}$$
$$= \begin{pmatrix} \frac{a^2+b^2}{2} + \left(\frac{a^2-b^2}{2}\right)\cos 2k\theta - ab\sin 2k\theta & \left(\frac{a^2-b^2}{2}\right)\sin 2k\theta + ab\cos 2k\theta \\ \left(\frac{a^2-b^2}{2}\right)\sin 2k\theta + ab\cos 2k\theta & \frac{a^2+b^2}{2} + \left(\frac{a^2-b^2}{2}\right)\cos 2k\theta + ab\sin 2k\theta \end{pmatrix}$$
となる．ここで

$$\sum_{k=1}^{n}\cos 2k\theta = \sum_{k=1}^{n}\sin 2k\theta = 0$$

であるから

$$\sum_{k=1}^{n}P_k = \frac{n(a^2+b^2)}{2}E$$

$$\longleftrightarrow \frac{2}{n(a^2+b^2)}\sum_{k=1}^{n}P_k = E$$

を得る．このような行列 P_k を**射影行列**という．

問題2は，大阪教育大には**作用素解析学**というものの専門家がおられるという片鱗的示唆になっている．純粋に数学が好きで，将来，**抽象作用素論**というものを学んでみたい人はそこへ行けばよいということになるのであるが，….（この分野の専門家は多くはないが，東京理大にもおられる．）

さり気なく出題された**問題2**ではあったが，物事は仰々しいものにではなく，さり気ない所，さり気なく語られた所にそっと宝物として隠れてあるものである．それは，自ら汗して掘り下げねば手に入らない．本当に価値あるものはすぐには現れないし，得られもしないのである．それが現れるまで，あるいは得るまでには時間を要する．

ついでに恋人のいない男子諸君に為に：

「かのかわいい娘はすぐには得られない．故にその娘は価値がある」と速断しないこと．見た目にかわいい(?)娘には，まず**先約者**がいて，諸君が見かけた頃にはもう遅過ぎるというのが通常である．これも**世の常**！ この際，もし本当に価値があるならば，その先約者にも得られなかったであろうと思ってもよろしいだろう．（このようなことをこれ以上叙述すると，女子諸姉から叱られかねないのでこれで止めておく．）

いずれにせよ，**めっきは時間が経つほど，はげてくるものだが，本物は時間が経つほど，真価が現れてくる**．"かの娘，ねぶ程に（＝成長する程に）孔雀のごとき女にあざむきしが，嫁ぎて後，怪の皮はがれけり．あはれなるは婿殿ぞ．"（**筆者による"擬徒然草"．**）

発展問題

座標平面において $\vec{u_1}=(1,0)$ とする．n を3以上の整数とし，$\vec{u_2}$ は $\vec{u_1}$ を原点の回り（正の向き）に $\frac{2\pi}{n}$ だけ，$\vec{u_3}$ は $\vec{u_2}$ を $\frac{2\pi}{n}$ だけ，…，$\vec{u_n}$ は $\vec{u_{n-1}}$ を $\frac{2\pi}{n}$ だけ回転したベクトルとする．また，平面上の任意のベクトルを $\vec{f}$ とする．2つのベクトル $\vec{f}, \vec{f'}$ の内積を $\vec{f}\cdot\vec{f'}$ で表すとして以下に答えよ．

(1) $\vec{g}$ を $\vec{f}$ に直交する1つのベクトルとするとき，$\vec{g}$ は $\sum_{k=1}^{n}(\vec{f}\cdot\vec{u_k})\vec{u_k}$ と直交することを示せ．

(2) $\vec{f}$ を，$\vec{f}\cdot\vec{u_k}\,(k=1,2,\cdots,n)$ と適当な実数係数 $a_k\,(k=1,2,\cdots,n)$ を用いて $\vec{u_k}$ の1次結合で表せ．ここに $\vec{u_k}\,(k=1,2,\cdots,n)$ の1次結合とは，適当な実数係数 b_k を用いた $\sum_{k=1}^{n}b_k\vec{u_k}$ の形のものをいう．

（最早，「問題2の解法はどうだったっけ？」などと，思考に自信をもてないようなことを言わないこと．それに，**前問を解く方法などを憶えても本問には通用しない**．これはこれとして解く．解答は付けたくはないが，受験生読者は焦っているであろうから付すことにしよう．）

《解》(1) $\vec{f}=(x,y)$ と表すと，$\vec{g}=(-y,x)$ としてよい．また，$\vec{u_k}=(a_k,b_k)$，ただし，$\vec{u_1}=(1,0)=(a_1,b_1)$ とする．この下で

$$\sum_{k=1}^{n}(\vec{f}\cdot\vec{u_k})(\vec{g}\cdot\vec{u_k})$$
$$=(x^2-y^2)\sum_{k=1}^{n}a_kb_k - xy\sum_{k=1}^{n}(a_k^2-b_k^2)$$

となる．ここで i を虚数単位として

$$a_k+b_ki = \left(\cos\frac{2\pi}{n}+i\sin\frac{2\pi}{n}\right)(a_{k-1}+b_{k-1}i)$$
$$=\left(\cos\frac{2\pi}{n}+i\sin\frac{2\pi}{n}\right)^{k-1}(a_1+b_1i)$$
$$=\cos\frac{2(k-1)\pi}{n}+i\sin\frac{2(k-1)\pi}{n}$$
$$(\because \text{ド＝モアヴルの定理による})$$

であるから

$$\sum_{k=1}^{n} a_k b_k = \sum_{k=1}^{n} \cos\frac{2(k-1)\pi}{n} \sin\frac{2(k-1)\pi}{n}$$
$$= \frac{1}{2} \sum_{k=1}^{n} \sin\frac{4(k-1)\pi}{n}$$
$$(\because 加法定理 \sin(\theta+\theta) = 2\sin\theta\cos\theta を用いた)$$

そして
$$\sum_{k=1}^{n} (a_k^2 - b_k^2) = \sum_{k=1}^{n} \cos\frac{4(k-1)\pi}{n}$$

となる. $\frac{4\pi}{n} = \theta$ として

$$\sum_{k=1}^{n} \{\cos(k-1)\theta + i\sin(k-1)\theta\}$$
$$= \sum_{k=1}^{n} (\cos\theta + i\sin\theta)^{k-1}$$
$$= \frac{1-(\cos n\theta + i\sin n\theta)}{1-(\cos\theta + i\sin\theta)} = 0$$
$$\longleftrightarrow \sum_{k=1}^{n} \cos(k-1)\theta = \sum_{k=1}^{n} \sin(k-1)\theta = 0$$
$$\therefore \sum_{k=1}^{n} (\vec{f}\cdot\vec{u_k})(\vec{g}\cdot\vec{u_k}) = 0 \quad \blacktriangleleft$$

(2) (1)により, αをある実数として
$$\vec{f} = \alpha \sum_{k=1}^{n} (\vec{f}\cdot\vec{u_k})\vec{u_k}$$

と表せる. よって
$$|\vec{f}|^2 = \alpha \sum_{k=1}^{n} (\vec{f}\cdot\vec{u_k})^2$$
$$= \alpha\left(x^2\sum_{k=1}^{n}a_k^2 + y^2\sum_{k=1}^{n}b_k^2 + 2xy\sum_{k=1}^{n}a_k b_k\right)$$

(1)と同様の計算で
$$|\vec{f}|^2 = \frac{n}{2}\alpha(x^2+y^2) = \frac{n}{2}\alpha|\vec{f}|^2$$

$\vec{f}=\vec{0}$のときも併せて
$$\therefore \vec{f} = \frac{2}{n}\sum_{k=1}^{n}(\vec{f}\cdot\vec{u_k})\vec{u_k} \quad \cdots (答)$$

《注》 この発展問題の解答は, 問題2の解答と違って, $\vec{f}$の表式を完全に導いていることに留意されたい. 無論, この解答路線に従えば, 問題2も同様に解ける訳である.

《補》 再びド=モアヴルの定理が現れたので付記しておく. 高校生読者達には,
$\cos\theta + i\sin\theta = e^{i\theta}$ (**オイラーの公式**)と表せることを知っている人が多いかもしれないが, いまの段階でこれを使っても大して御利益はない. 習いたての"かっこいい"道具はすぐ使って見せたがるものだが, "えせ侍の刀いじり"と言われかねないので気をつけた方がよい.

◀ **問 題 3** ▶

(1) 0でない平面ベクトル$\vec{a}, \vec{b}, \vec{c}$が
$$\frac{\vec{a}}{|\vec{a}|} + \frac{\vec{b}}{|\vec{b}|} + \frac{\vec{c}}{|\vec{c}|} = \vec{0}$$
を満たすとき, 3つのベクトルの互いになす角を求めよ.

(2) $\vec{a} \neq \vec{0}$, $\vec{x}$を任意の平面ベクトルとするとき,
$$|\vec{a}-\vec{x}| \geqq |\vec{a}| - \vec{x}\cdot\frac{\vec{a}}{|\vec{a}|}$$
であることを示せ. ここで$\vec{x}\cdot\frac{\vec{a}}{|\vec{a}|}$は$\vec{x}$と$\frac{\vec{a}}{|\vec{a}|}$の内積を表す.

(3) すべての内角が120°未満の三角形ABCの内部の点Xから各頂点までの距離の和$|\overrightarrow{XA}|+|\overrightarrow{XB}|+|\overrightarrow{XC}|$が最小になるようなXを求めよ. (東北大)

† (1) 内積を調べるだけ. (2) 左辺から右辺へ移行して不等式そのものを導く. (3) (2)の不等式をフル回転させるのだが, …? 高校生・受験生読者とて, 設問内容から判断して, これは何か歴史的に知られている定理そのものであろうとの察視は付くであろう. しかし, 通常, 受験生はそれを知らないで解くことになろう. (知っていて"解けた"というのは自らの発想力をもって「解けた」ことではない. が, しかし, この(3)は問題呈示の仕方が斬新で, かつ難問なので, 「これはフェルマー点である」と知っていても正解者は一人もいないだろう.)

〈解〉(1) $\frac{\vec{a}}{|\vec{a}|} = \vec{e_1}, \frac{\vec{b}}{|\vec{b}|} = \vec{e_2}, \frac{\vec{c}}{|\vec{c}|} = \vec{e_3}$と表すと,
$$\vec{e_1} + \vec{e_2} + \vec{e_3} = \vec{0} \quad \cdots ①$$
であるという. ①式に, 順に$\vec{e_1}, \vec{e_2}, \vec{e_3}$を内積してやると
$$1 + \vec{e_1}\cdot\vec{e_2} + \vec{e_1}\cdot\vec{e_3} = 0 \quad \cdots ②$$
$$\vec{e_2}\cdot\vec{e_1} + 1 + \vec{e_2}\cdot\vec{e_3} = 0 \quad \cdots ③$$
$$\vec{e_3}\cdot\vec{e_1} + \vec{e_3}\cdot\vec{e_2} + 1 = 0 \quad \cdots ④$$

②—③より
$$\vec{e_1}\cdot\vec{e_3} = \vec{e_2}\cdot\vec{e_3}$$
これを④式に代入して
$$2\vec{e_1}\cdot\vec{e_3} = -1 = 2\cos\theta° \quad (0 \leqq \theta° \leqq 180°)$$
よって $\dfrac{\vec{a}}{|\vec{a}|}$ と $\dfrac{\vec{c}}{|\vec{c}|}$ のなす角は $120°$. 故に 3 つのベクトル $\vec{a}, \vec{b}, \vec{c}$ の 2 つのなす角は
$$120° \quad \cdots(答)$$

(2) $|\vec{a}-\vec{x}|^2 = |\vec{a}|^2 - 2\vec{a}\cdot\vec{x} + |\vec{x}|^2$
$$\geqq |\vec{a}|^2 - 2\vec{a}\cdot\vec{x} + \dfrac{(\vec{a}\cdot\vec{x})^2}{|\vec{a}|^2}$$
($\because \vec{a} \neq \vec{0},\ |\vec{a}||\vec{x}| \geqq |\vec{a}\cdot\vec{x}|$ であるから)
$$= \left(|\vec{a}| - \dfrac{\vec{a}\cdot\vec{x}}{|\vec{a}|}\right)^2$$
$$\therefore\ |\vec{a}-\vec{x}| \geqq \left||\vec{a}| - \dfrac{\vec{a}\cdot\vec{x}}{|\vec{a}|}\right|$$
$$\geqq |\vec{a}| - \dfrac{\vec{a}\cdot\vec{x}}{|\vec{a}|} \quad \blacktriangleleft$$
(等号の成立は $\vec{x} = k\vec{a}\ (k \leqq 1)$ のときである)

(3) 平面上で任意に固定した異なる 3 点 A, B, C に対して適当な始点 O があって,$\overrightarrow{OA} = \vec{a}, \overrightarrow{OB} = \vec{b}, \overrightarrow{OC} = \vec{c}$ (これらはどれも $\vec{0}$ でない), $\overrightarrow{OX} = \vec{x}$ (これは $\vec{0}$ になり得る) と表しておく. そうすると (2) によって
$$|\overrightarrow{XA}| + |\overrightarrow{XB}| + |\overrightarrow{XC}|$$
$$= |\vec{a}-\vec{x}| + |\vec{b}-\vec{x}| + |\vec{c}-\vec{x}|$$
$$\geqq |\vec{a}| + |\vec{b}| + |\vec{c}| - \left(\dfrac{\vec{a}}{|\vec{a}|} + \dfrac{\vec{b}}{|\vec{b}|} + \dfrac{\vec{c}}{|\vec{c}|}\right)\cdot\vec{x} \quad \cdots①$$
ここで, $|\vec{a}-\vec{x}| + |\vec{b}-\vec{x}| + |\vec{c}-\vec{x}| = f(\vec{x})$ とおく. $f(\vec{x})$ の値は始点 O の位置によらない. それ故 $f(\vec{x})$ を最小にする点が △ABC 内にあれば, (それはまだ 1 つとは限らないが) その 1 つを $\hat{O}$ としておいて, O をそれに一致させるようにしてよい. そのとき, $f(\vec{x})$ の最小値 m は
$$m = |\vec{a}| + |\vec{b}| + |\vec{c}| \quad \cdots②$$
となる.

ところで ①式において, $\vec{x}$ の不等式としては, $\vec{x} = \vec{0}$ のときに (限り,) 等号は成り立つので, O = $\hat{O}$ において
①式右辺 $= |\vec{a}| + |\vec{b}| + |\vec{c}|$
$$- \left(\dfrac{\vec{a}}{|\vec{a}|} + \dfrac{\vec{b}}{|\vec{b}|} + \dfrac{\vec{c}}{|\vec{c}|}\right)\cdot\vec{x}$$
$$= g(\hat{O}, \vec{x})$$
と表せて, ②の m を与える $g(\hat{O}, \vec{x})$ の値が存在する. 即ち, $\hat{O}$ の方程式として
$$m = m - \left(\dfrac{\vec{a}}{|\vec{a}|} + \dfrac{\vec{b}}{|\vec{b}|} + \dfrac{\vec{c}}{|\vec{c}|}\right)\cdot\vec{x}$$
が存在するべきである. つまり,
$$\left(\dfrac{\vec{a}}{|\vec{a}|} + \dfrac{\vec{b}}{|\vec{b}|} + \dfrac{\vec{c}}{|\vec{c}|}\right)\cdot\vec{x} = \vec{0}$$
である. $\hat{O}$ の位置は $\vec{x}$ の終点 X と無関係に決まるものであるから, この式より一意的に $\hat{O}$ の満たすべき解
$$\dfrac{\vec{a}}{|\vec{a}|} + \dfrac{\vec{b}}{|\vec{b}|} + \dfrac{\vec{c}}{|\vec{c}|} = \vec{0}$$
を得る. それ故, (1) の結果が使えて $\vec{a}, \vec{b}, \vec{c}$ は互いに $120°$ の角をなすが, そのようになる為には始点 $\hat{O}$ はあれば, 下図のような位置でなくてはならない.

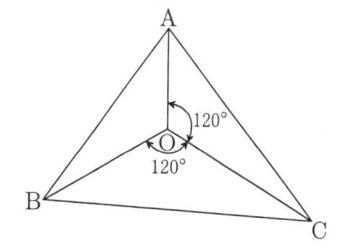

全ての内角が $120°$ 未満の三角形 ABC は, このような点 $\hat{O}$ の存在を保証する. ($\because$ いま, ∠BCA を鈍角まで許すとして, ∠BCA $< 120°$ に限り, 凹四角形 A$\hat{O}$BCA の頂点 C の内対角が $240°$ であるような, (上図のような) 点 $\hat{O}$ が △ABC 内に存在することになるから)

かくして $\hat{O}$ が △ABC 内に唯 1 つだけ存在することも示された.

求める点 X は上述の点 $\hat{O}$ である $\cdots$(答)

(注) 設問 (3), 20 世紀最終年における東北大 (後期) による**フェルマー点問題をベクトルで解かせるというこの問題は, ベクトル分野, いや, 大学入試数学そのものの歴史の中で最大の論理的大難問であることは間違いない.**

設問 (3) には, さすがに筆者も苦しんで解答路線を見出した. 試験時間内では, (3) は, 完全に 0 点. (疑いたくはないが, 出題側とて本当に正解できていたのだろうか??) この解答を見

出す前に，筆者が始めにうっかりと踏み込んだ誤りに沿って，いくつかのはまりやすい難点を以下にまとめて述べることにしよう．

例えば，次のようにしたとしよう：

「(3) $\overrightarrow{OA}=\vec{a}$, $\overrightarrow{OB}=\vec{b}$, $\overrightarrow{OC}=\vec{c}$, $\overrightarrow{OX}=\vec{x}$ とすると，(2)より

$|\overrightarrow{XA}|+|\overrightarrow{XB}|+|\overrightarrow{XC}|$
$=|\vec{a}-\vec{x}|+|\vec{b}-\vec{x}|+|\vec{c}-\vec{x}|$
$\geqq |\vec{a}|+|\vec{b}|+|\vec{c}|-\left(\dfrac{\vec{a}}{|\vec{a}|}+\dfrac{\vec{b}}{|\vec{b}|}+\dfrac{\vec{c}}{|\vec{c}|}\right)\cdot \vec{x}$ …㋐

上式において

$$\dfrac{\vec{a}}{|\vec{a}|}+\dfrac{\vec{b}}{|\vec{b}|}+\dfrac{\vec{c}}{|\vec{c}|}=\vec{0} \quad \text{…㋑}$$

となるような点 O があり，それは，すべての内角が 120°未満という条件より，△ABC 内に唯 1 つ存在する．(1)よりこの点 O は $\overrightarrow{OA}$, $\overrightarrow{OB}$, $\overrightarrow{OC}$ のどの 2 つも 120°をなすような点である．そして，㋑より㋐は

$|\overrightarrow{XA}|+|\overrightarrow{XB}|+|\overrightarrow{XC}|\geqq |\vec{a}|+|\vec{b}|+|\vec{c}|$ …㋒

となる．この㋒を満たすことにより求める X は上述のような点 O である．」

殆どの読者にはこれが分かり易くて，しかも正解に見えるであろう！ そして，筆者の本解答が煩わしく見えるであろう．はまっていても気付かない，人の常！ 実は，これ，証明になっていないのである：

㋐からは，$|\overrightarrow{XA}|+|\overrightarrow{XB}|+|\overrightarrow{XC}|$ の最小値は決めれない．然るに，都合の悪い"じゃま者" $\left(\dfrac{\vec{a}}{|\vec{a}|}+\dfrac{\vec{b}}{|\vec{b}|}+\dfrac{\vec{c}}{|\vec{c}|}\right)\cdot \vec{x}$ を都合勝手に消そうにする．つまり，㋑とする．幸いに㋑を満たす点 O は存在するものだから，それを採用したら，全く当たりまえの㋒が成り立つ，いや，成り立つように仕向けたのである．しかし，これは㋑を採った場合のことで，それ以外の場合が何ら考慮されていない．例えば，㋐においては△ABC 内の始点 O が

$$\dfrac{\vec{a}}{|\vec{a}|}+\dfrac{\vec{b}}{|\vec{b}|}+\dfrac{\vec{c}}{|\vec{c}|}\neq \vec{0}$$

なるものであっても

$$\left(\dfrac{\vec{a}}{|\vec{a}|}+\dfrac{\vec{b}}{|\vec{b}|}+\dfrac{\vec{c}}{|\vec{c}|}\right)\cdot \vec{x}\leqq 0$$

であれば，㋒は満たされる．㋒は $|\overrightarrow{XA}|+|\overrightarrow{XB}|+|\overrightarrow{XC}|$ の最小値を与える位置の判定基準にならないのである．ここでの㋑は，$|\overrightarrow{XA}|+|\overrightarrow{XB}|+|\overrightarrow{XC}|$ が最小値をもつような位置を与える為に必要になっていないし，唯 1 つに点 O が決定づけられる理由にもなっていないのである．

(補 1) 筆者は，(解決済みの)**初等数学の有名な難問は一般に難し過ぎて入試問題に相応しくない**ので避けて頂きたいと願ってきているのだが，試験する側は，受験生の立場など殆ど気にしていないようである．

この際，受験生は，とにかく易しい小設問を確実に解ければ合格間違いなしと思ってよいだろう．(本番では，へたに，大難問にはまり込まない方が功利的かもしれない．)

(補 2) 設問(3)は，**初等幾何的に解くのが，断然，楽である**．(いずれやる．) ベクトルで解くと，内積の値をとる関数の評価がからんできて，正解をするには，これ程，高度な演繹展開が必要になる．ということで，解法アルゴリズムの**方法とか道具にこだわる人は，要注意**("蛇の道はへび")．

次は空間ベクトルの問題に移行する．

◀ **問題 3** ▶

(1) △ABC の内部に点 O をとり，s_A, s_B, s_C をそれぞれ△OBC，△OCA，△OAB の面積とする．直線 AO と辺 BC の交点を P とするとき，$\overrightarrow{OP}$ を $\overrightarrow{OB}$, $\overrightarrow{OC}$, s_B, s_C で表せ．

(2) 記号は(1)と同じとして，次の等式を証明せよ．
$$s_A\overrightarrow{OA}+s_B\overrightarrow{OB}+s_C\overrightarrow{OC}=\vec{0}$$

(3) 四面体(三角錐) ABCD の内部に点 O をとり，v_A, v_B, v_C, v_D をそれぞれ四面体 OBCD, OCDA, ODAB, OABC の体積とするとき，次の等式を証明せよ．
$$v_A\overrightarrow{OA}+v_B\overrightarrow{OB}+v_C\overrightarrow{OC}+v_D\overrightarrow{OD}=\vec{0}$$

(滋賀医大)

† (1)は誰が解いても同じようなものだろう：それだけ簡単ということ．(2)も，面積比は容易に評価できるので，難しくはないだろう．(ここまで解ければ，合格間違いなし．) (3)は(2)の形式的発展に過ぎないが，入試としては，無理難題の気がする．設問内容がきれい過ぎるだけに，かなりの実力をもった受験生にも取りつく島がなかったであろう．問題の背景は**重心座標**にあるが，それを知っていたとしてもそれだけで解ける訳ではない．(2)をどのように用いるかであるが，(2)だけに気をとられていたのでは，(3)を示せない．1本の直線 AO が △DBC と交わる点に着目して解くのがスジであろう．(その"心"は？)

〈解〉(1) 右図において
△OAB と △AOC は辺 AO を共有するから
$$s_B : s_C = PC : PB$$
$$= t : (1-t) \quad (0 < t < 1)$$
と表される．よって
$$\overrightarrow{OP} = t\overrightarrow{OB} + (1-t)\overrightarrow{OC}$$
$$= \frac{s_B \overrightarrow{OB} + s_C \overrightarrow{OC}}{s_B + s_C} \quad \cdots (答)$$

(2) (1)の解答における図で
$$\frac{PO}{PA} = \frac{PO}{PO + OA} = \frac{s_A}{s_A + s_B + s_C}$$
よって
$$\frac{OA}{PO} = \frac{s_B + s_C}{s_A}$$
$$\therefore \ \overrightarrow{OP} = -\frac{s_A}{s_B + s_C}\overrightarrow{OA}$$
このことと(1)の結果より
$$s_A\overrightarrow{OA} + s_B\overrightarrow{OB} + s_C\overrightarrow{OC} = \vec{0} \quad ◀$$

(3) 下図を参考にする．

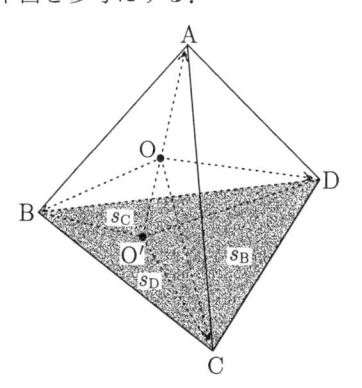

(2)と同様に，直線 AO と三角形板 BCD との交点を O' とすると，四面体 ABCD と OBCD の体積比から直ちに
$$\overrightarrow{OO'} = -\frac{v_A}{v_B + v_C + v_D}\overrightarrow{OA} \quad \cdots ①$$

一方，一般に四面体の体積を △ で表すと
$$v_B : v_C : v_D = △\,OO'CD :$$
$$△\,OO'DB : △\,OO'BC$$
$$= s_B : s_C : s_D$$

(s_B, s_C, s_D はそれぞれ △O'CD, △O'DB, △O'BC の面積である．)

それ故，(2)により
$$s_B\overrightarrow{O'B} + s_C\overrightarrow{O'C} + s_D\overrightarrow{O'D} = \vec{0}$$
$$= v_B\overrightarrow{O'B} + v_C\overrightarrow{O'C} + v_D\overrightarrow{O'D}$$

よって
$$v_B\overrightarrow{OB} + v_C\overrightarrow{OC} + v_D\overrightarrow{OD}$$
$$= (v_B + v_C + v_D)\overrightarrow{OO'} \quad \cdots ②$$

①，②より
$$v_A\overrightarrow{OA} + v_B\overrightarrow{OB} + v_C\overrightarrow{OC} + v_D\overrightarrow{OD} = \vec{0} \quad ◀$$

(補) 解答の長短と難易は何の関係もない(ただ，解答の短いものは紛れ当たりが起こりやすいが，長いものは底力がないとやりおおせないといえるが．) ここで(3)の解答を初めから見てしまった人には，「何だ，短くて易しいではないか」と思われるかもしれないが，解答を見てからそう言ってはならない．

本問は既知の材料を用いてはいるが，問題としては斬新的に工夫されている．

なお，(2)では次のような遠回りの**別解**もある：
直線 BO と辺 CA との交点を Q とすると，(1)の結果と同様に
$$\overrightarrow{OQ} = \frac{s_C\overrightarrow{OC} + s_A\overrightarrow{OA}}{s_C + s_A}$$

となる．そして
$$-\overrightarrow{OA} = \alpha\overrightarrow{AQ} = (1-\alpha)\overrightarrow{AB} \quad (0 < \alpha < 1)$$

と連立させて，あとは，**一所懸命**に計算していくとよいだろう．(因みに"一生懸命"は，元来は，"誤字"であった．皆で"誤用"すれば怖くないか？ 数学ではこんなことは赦されない．しかし，…！)

さらに，(3)について遠回りを少々．(3)の解答中での図を参照．

△OCD を共有面として四面体 OACD と OO'CD の体積比は

$$\triangle OACD : \triangle OO'CD = OA : OO'$$

である．同様に

$$\triangle OADB : \triangle OO'DB = OA : OO',$$
$$\triangle OABC : \triangle OO'BC = OA : OO',$$

である．よって

$$\frac{v_B}{\triangle OO'CD} = \frac{v_C}{\triangle OO'DB} = \frac{v_D}{\triangle OO'BC}$$
$$= \frac{v_B + v_C + v_D}{\triangle(OO'CD + OO'DB + OO'BC)}$$

（これは**加比の理**といわれるもの）

$$= \frac{v_B + v_C + v_D}{v_A} = \frac{OA}{OO'}$$

となる．

〈講義〉 重心について

重心の存在概念は，本来，数学的なものではなく，物理的なものである．これは質量をもった図形の質量分布によって決まるものだからである．しかし，数学では，暗に均質一様な面密度あるいは体密度分布した図形を想定し，そこから帰納的に"幾何的重心"というものを定義している[*]．そこで，**物理的重心から幾何的重心に概念移行する過程**をご披露しようという訳である．

平面内でも空間内でもよいが，位置の原点 O をとって，大きさの無視できる3つの質点（各々の質量を m_1, m_2, m_3 とし，これを以て質点の名とする）が置かれているとする．（実際には，3質点は作用反作用力というもので結ばれている．）図Ⅰのように m_1, m_2, m_3 の各々の位置ベクトルを $\overrightarrow{OA} = \vec{r_1}$, $\overrightarrow{OB} = \vec{r_2}$, $\overrightarrow{OC} = \vec{r_3}$ と表したとき，その3質点系の**重心** G の位置ベクトル $\overrightarrow{OG} = \vec{r_G}$ は次のように定義され得る：

$$\vec{r_G} = \frac{m_1\vec{r_1} + m_2\vec{r_2} + m_3\vec{r_3}}{m_1 + m_2 + m_3} \quad \cdots (1)$$

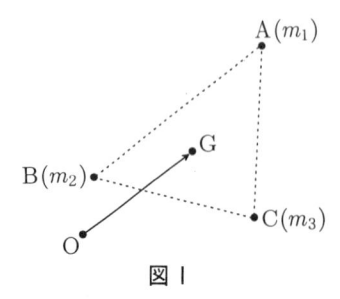

図Ⅰ

上式は

$$m_1(\vec{r_1} - \vec{r_G}) + m_2(\vec{r_2} - \vec{r_G}) + m_3(\vec{r_3} - \vec{r_G}) = \vec{0}$$

とも表される．$\vec{r_i} - \vec{r_G} = \vec{r_i^*}$ $(i = 1, 2, 3)$ と置くと

$$m_1\vec{r_1^*} + m_2\vec{r_2^*} + m_3\vec{r_3^*} = \vec{0} \quad \cdots (2)$$

とも表せる．このようにして定められる位置座標系を連比 $m_1 : m_2 : m_3$ で表して**重心座標系**という．

これから均質一様な三角形板へと移行していく．（2）式は

$$\vec{r_1^*} = -\frac{m_2\vec{r_2^*} + m_3\vec{r_3^*}}{m_1}$$

となる．いま，図Ⅰにおいて，直線 AG が辺 BC と交わる点を P とすると，$\overrightarrow{GP} = k\vec{r_1^*}$ $(k < 0)$ と表されるから

$$\overrightarrow{GP} = -k \cdot \frac{m_2 + m_3}{m_1} \cdot \frac{m_2\vec{r_2^*} + m_3\vec{r_3^*}}{m_3 + m_2}$$

である．元々の質量 m_1, m_2, m_3 を"質量相当長"とみなして図Ⅱのようなものを描いてみる：

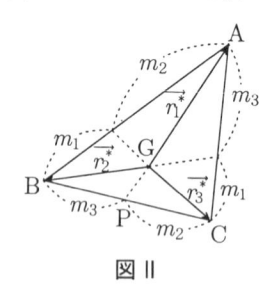

図Ⅱ

こうすることは，幾何的に

$$k = -\frac{m_1}{m_2 + m_3},$$
$$\overrightarrow{GP} = -\frac{m_1}{m_2 + m_3}\vec{r_1^*} = \frac{m_2\vec{r_2^*} + m_3\vec{r_3^*}}{m_2 + m_3}$$

を意味する．ここで注意しておかねばならない．点 G は，元々，3質点系の物理的重心なのであって，それをそのまま△ABC の幾何的重心とみなす訳にはゆかないということである．

さて，ここで**問題4**と対比されよ．容易に

$$\frac{m_2}{m_2 + m_3} = \frac{s_B}{s_B + s_C},$$
$$\frac{m_3}{m_3 + m_1} = \frac{s_C}{s_C + s_A},$$
$$\frac{m_1}{m_1 + m_2} = \frac{s_A}{s_A + s_B}$$

が成立することをお分かり頂けるであろう．上式は順に

$$m_2 s_C = m_3 s_B, \quad m_3 s_A = m_1 s_C, \quad m_1 s_B = m_2 s_A$$

と同じである．従って，

$$\frac{m_1}{s_A} = \frac{m_2}{s_B} = \frac{m_3}{s_C} = \frac{M}{S} \quad (\text{加比の理})$$
$$(M = m_1 + m_2 + m_3, \ S = s_A + s_B + s_C)$$

となる．よって**(2)**式は幾何的に
$$s_A \overrightarrow{r_1^*} + s_B \overrightarrow{r_2^*} + s_C \overrightarrow{r_3^*} = \vec{0}$$
へと**移行する**ことになる．(これが**問題4(2)**の内容でもある．) ここでやったことは，勿論，2質点系でも空間内での4質点系(これは**問題4(3)**の内容)でも，同様にやれる訳である．

なお，
$$\frac{m_3}{m_2} \cdot \frac{m_1}{m_3} \cdot \frac{m_2}{m_1} = \frac{s_C}{s_B} \cdot \frac{s_A}{s_C} \cdot \frac{s_B}{s_A} = 1$$
は有名な**チェバの定理**を与える．

$m_1 = m_2 = m_3$，同じことだが，$s_A = s_B = s_C$ であれば，これが**幾何的重心を与えることになる**．

*) 一般に数学や物理学における'定義'というものは，原理や法則と密接な関連がある．数学や物理学では数式が先立って見える為に，計算さえ間違っていなければ，言葉はどうでもよいように軽視されがちである．事実，ここで取り挙げた'帰納'や'定義'という言葉は最も無思慮に使われやすい．例えば，数列の漸化式を定めるとき，「帰納的に定義する」という語句が異様に流行した時があるが，この際の"帰納的に"は何の為に付けているのか奇異に見える．(しかも，何に帰納させるのか？) それに，そこでの"定義する"という言い回しも大層に見える．ただ気ままに等置してその場限りの規則を与えただけのことに過ぎないものを．

上述の"帰納的に"という言い回しは，"帰納法とは特殊なものから一般的なものを推定すること"という帰納概念への誤解が蔓延支配してしまっていることに因る．また，哲学用語上，「帰納」と「演繹」は反対のものといわれてきているが，何がどうで反対なのか．誤解に起因したこの単純で無理な割り切り観念も奇異に思える．帰納法は，むしろ演繹の中で生きているのであるから．(三段論法の保証．)

数学においても言語概念は非常に大切である．むしろ，数式以上に大切なときが少なくない．概念上の誤謬や皮相な断定は，数式などの誤りとは比較にならない程の恥になると付け加えておきたい．

ある高校生A，B君とD先生の質疑応答

A君：先生．前に教わった数学的帰納法ですが，…．"n は自然数とする．
$$1+2+\cdots+n = \frac{n(n+1)}{2}$$
を証明せよ．" 授業では，「$n=k$ のとき
$$1+2+\cdots+k = \frac{k(k+1)}{2}$$
を仮定すると，$n=k+1$ のとき
$$1+2+\cdots+k+(k+1)$$
$$= \frac{k(k+1)}{2} + (k+1)$$
$$= \frac{(k+1)(k+2)}{2}$$
となる」としましたが，計算処理法としては分かっても，これ，数学の言語概念として，何かおかしくありません？

D先生：そうかなぁ．いいじゃないか？

A君：どうもよく分からないなぁ．何がどうだと帰納法なんだろう？

B君：あのう．先生．僕は別の質問なんですが．今日，やった複素数です．「複素数では，負の数の平方根が定義される」とおっしゃいましたね．

D先生：うん．

B君：では，
$$1 = \sqrt{1^2} = \sqrt{(-1)^2} = \sqrt{(-1)(-1)}$$
ですね．そして負の数の平方根は定義されるなら，上式は
$$1 = (\pm\sqrt{-1}) \cdot (\pm\sqrt{-1}) = -1$$
となりますね．どういう理由で，こんな奇妙な事が起こるんですか？「複素数」って，何かおかしいんじゃないですか？

D先生：それもそうだな？

今回は，非常に高密度の問題を扱いながらの講義であった．そして，**幾何的問題では，必ずしもベクトルの方が，初等幾何的見地からよりも解きやすいとは限らない**ということも，学ばれたであろう．対象が何であるかということで，そこでの有用な概念が，生きてくるように自在でなくてはならない．(筆者は，"解法"というものをあまり知らないので，いつも**概念的に問題を解いている**．)

さらに行列の演算も導入され，いよいよ賑わいを見せてきた訳である．次回は，**三角関数の融合的問題と応用問題へと入っていく．三角関数を学ばれてから初等幾何に入っていった方が**，見通しがよいので，その course を辿ることにする．

第 5 章

ベクトル，そして三角関数へ（その２）

三角関数は，既にしばしば現れてきた．
特に加法定理は非常に重要なものである．この定理は，一見，正弦定理や余弦定理とは何ら関連していないように思われてきているようだが，**間接的には関連している**ということは，本書で学ばれてきた読者にはお分かり頂けたであろう．

正弦・余弦定理というものは，特に**測量**などで実用される．例えば，平地上の3点と山の頂点に関する情報（水平2点距離，俯角や仰角等）から，簡単に山の高さなどを求めることができる．このような問題は広い意味で**三点問題**とよばれ，筆者が高校生の頃，流行していたものである．

読者は，よく路上や平地で測量士の人達が，測鎖（巻尺）やトランスィット（tránsit）（——経緯儀とよばれるもので，望遠鏡で2地点を見込む角度を測るもの）を用いて実測しているのを見かけられるであろう．まずは，そのような基本的典型例をやっておこう．

＜例3＞ 図のような水平面上の2点A,Bから山の高さTHを求めたい．（3点A,B,Hは同一水平上にある．）点Aから山の頂点Tを望んだ角が$\alpha°$，点Aから2点B,Hを見込んだ角が$\beta°$，点Bから2点A,Hを見込んだ角が$\gamma°$，そして2点A,B間の距離がℓ[m]であった．

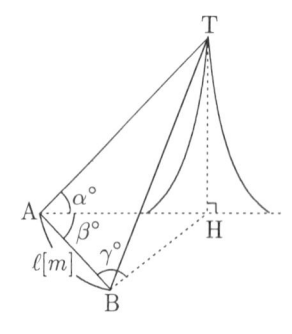

山の高さを求める公式を作れ．

解 正弦定理により

$$\frac{AB}{\sin\angle BHA} = \frac{AH}{\sin\angle ABH}$$

であるから

$$\frac{\ell}{\sin(\beta° + \gamma°)} = \frac{AH}{\sin\gamma°}$$

よって山の高さは

$$TH = AH \tan\alpha°$$
$$= \frac{\sin\gamma° \cdot \tan\alpha°}{\sin(\beta° + \gamma°)} \ell \text{ [m]} \quad \text{(答)}$$

山の高さを規定するには，実際は，海面を基準とした水準測量法が採られる．その意味では，この例の結果は拙くて，海面（日本では，東京湾の平均海面？）からの補正を要する．

さて，今度は，**三角関数のグラフ**である．$y = \sin\theta, y = \cos 2\theta, y = \tan 3\theta$（$\theta$は実数）などのグラフを丁寧に描いた所で，本書の読者には退屈であろうから，少し体裁をよくして

$$y = \tan\left(\theta - \frac{\pi}{4}\right)^2 \quad \left(|\theta| < \sqrt{\frac{\pi}{2}}\right)$$

ぐらいで図を描くことにしよう．（結果の図を見る前に各自で描いてみよ！ **できるかね??**）

注意しておくが，$y = \left\{\tan\left(\theta - \frac{\pi}{4}\right)\right\}^2$のグラフを描くのではない．なお，グラフを描く際は，大雑把でよいが，特徴的な所は，はっきりさせること．

まず，$\tan\theta^2 = \tan(-\theta)^2$であるから$y = \tan\theta^2$は$y$軸に関して対称である．$y = \tan\theta^2$は周期関数ではないことに注意せよ．**(各自，このことを示してみよ．)** $y = \tan\theta^2$グラフは図5のようになる．そして，$y = \tan\left(\theta - \frac{\pi}{4}\right)^2$のそれは，$y = \tan\theta^2$のグラフを$\theta$方向正の向きに$\frac{\pi}{4}$だけ平行移動したものであるから，図6のようになる．

図5 [グラフ: $y=\tan\theta^2$]

図6 [グラフ: $y=\tan\left(\theta-\frac{\pi}{4}\right)^2$]

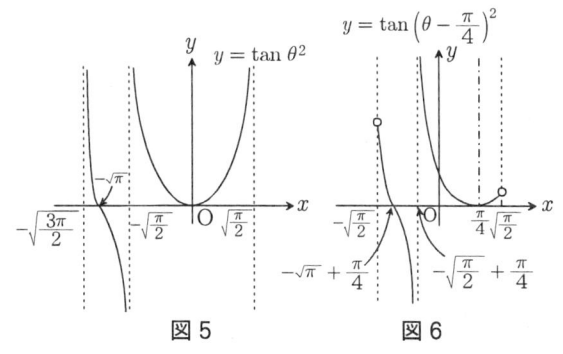

ところで，$y=\tan\theta^2$ は原点 O の近くで 2 次関数 $y=\theta^2$ と酷似していることに気付いた高校生読者もいるであろう．ここで先走ったことを述べたくはないが，気になる人もいるだろうからこれを機に説明しておこう．

実は，$\theta \fallingdotseq 0$ では $\sin\theta \fallingdotseq \theta$, $\cos\theta \fallingdotseq 1$ なので，$y=\tan\theta^2=\dfrac{\sin\theta^2}{\cos\theta^2}\fallingdotseq \theta^2$ となった訳．（もちろん，$\theta\fallingdotseq 0$ では $y=(\tan\theta)^2$ の場合でも同様の様子になる．）

ここで $\sin\theta\fallingdotseq\theta$ ($\theta\fallingdotseq 0$) であるが，本当にそんなふうになるのかを，非機械文明的手計算で，**θ の値をどんどん小さくしていって調べてみよ！** 何？「手計算は面倒くさい．関数電卓を使えば一瞬である！」と言われるか？ マラソンの選手が，「**走るのは面倒くさい．乗用車を使えばすぐだ！**」と言うかね？ 20 世紀後期から，世は care-selling 時代となって，"マラソン選手を乗用車に乗せて鍛えるコーチ" が急増したようである．（便利さは人間様の気に入る．しかし，**往々にして掛替えのないものを失う．**）太古の人は，電卓などがなかったから，一所懸命，頭と手を使って式を見出したり，グラフを手で描いたのであった．それだから，価値あるものを現代人に遺(のこ)せ得た．今の人は，それらを**ただ使って**退廃させることしかできまい．

それではやってみよう．"獅子は兎(うさぎ)を追うにも全力を尽くす" という．然して，既知のものから未知のものを見出せた感動は一入(ひとしお)というもの．それでこそ数学を学ぶ意義がある．'宝物は多くの人が気付かないところにそっと眠っている' というのが，本講義から読者への**大きな present** でもある．

加法定理によると，$\sin 2\theta = 2\sin\theta\cos\theta$, $\cos 2\theta = 1-2\sin^2\theta$ であるから
$$\sin^2\theta = (\sin\theta)^2 = \frac{1-\cos 2\theta}{2}$$
となる（倍角・半角の公式）．これらを使うと，何とか様子を探れそうである．

$\theta=\dfrac{\pi}{8}$ からスタートしよう．
$$\sin\frac{\pi}{8}=\sqrt{\frac{1-\cos\frac{\pi}{4}}{2}}=\frac{1}{2}\sqrt{2-\sqrt{2}}$$
$$\fallingdotseq \frac{1}{2}\sqrt{2-1.41}\fallingdotseq 0.384,$$
$$\frac{\pi}{8}\fallingdotseq \frac{3.14}{8}\fallingdotseq 0.393.$$
$$\therefore \quad \frac{\pi}{8}-\sin\frac{\pi}{8}\fallingdotseq 0.0090$$
（まあ，悪くはないだろう．）

次に $\theta=\dfrac{\pi}{16}$ では，$\cos^2\left(\dfrac{\pi}{8}\right)=1-\sin^2\left(\dfrac{\pi}{8}\right)$
$=1-\dfrac{2-\sqrt{2}}{4}=\dfrac{2+\sqrt{2}}{4}$ であるから
$$\sin\frac{\pi}{16}=\sqrt{\frac{1-\cos\frac{\pi}{8}}{2}}=\frac{1}{2}\sqrt{2-\sqrt{2+\sqrt{2}}}$$
$$\fallingdotseq 0.1957,$$
$$\frac{\pi}{16}\fallingdotseq 0.1963.$$
$$\therefore \quad \frac{\pi}{16}-\sin\frac{\pi}{16}\fallingdotseq 0.0006$$
（だんだん近くなってきた．）

もうひと踏ん張り．$\theta=\dfrac{\pi}{32}$ では，$\cos^2\left(\dfrac{\pi}{16}\right)=1-\sin^2\left(\dfrac{\pi}{16}\right)=1-\dfrac{1}{4}(2-\sqrt{2+\sqrt{2}})=\dfrac{2+\sqrt{2+\sqrt{2}}}{4}$ であるから
$$\sin\frac{\pi}{32}=\sqrt{\frac{1-\cos\frac{\pi}{16}}{2}}$$
$$=\frac{1}{2}\sqrt{2-\sqrt{2+\sqrt{2+\sqrt{2}}}}$$
$$\fallingdotseq 0.09837,$$
$$\frac{\pi}{32}\fallingdotseq 0.09817.$$
$$\therefore \quad \frac{\pi}{32}-\sin\frac{\pi}{32}\fallingdotseq 0.0002$$
（もうこれ位で良いだろう．）

$\theta\fallingdotseq 0$ では $\sin\theta\fallingdotseq\theta$ であることの雰囲気が伝わってきたであろう．（勿論，$\theta=\dfrac{\pi}{12}$ などからスタートしてもよかった訳である．）ところで，そうこうしているうちに，あるおもしろい副産

物が現れてきたことに気付かれたのでは？ そう，上の操作を繰り返し行なうと，
$\sqrt{2+\sqrt{2+\sqrt{2+\sqrt{2+\cdots}}}}$ という数が**自然に現れること**！（始めから関数電卓で $\sin\theta,\theta$ の結果的数値のみをはじき出していたら，こういう珍しい数式は見出せなかったのである．これは苦労した者への報償．）このおもしろい数の値を知りたくはないかな？ それは**数列の極限**の問題である．ここでの内容の流れからすれば，その数の値は 2 であるはずなのであるが，…？

とにかく，我々は，最早，**極限**というものを避け得ない所まで来ているようである．

前に**石谷茂先生**が雑誌上で，
$\sqrt{1+\sqrt{1+\sqrt{1+\sqrt{1+\cdots}}}}$ なる数を紹介されて，"幼い頃に初めて見たとき，「不思議な数もあるものだ」と思った"と述懐しておられた．実は，筆者は，その時，初めてその数を見た．「おもしろい数だな」とは思ったものの，一体，どこから由来したものか，見当がつかなかった．従って，上述の $\sqrt{2+\sqrt{2+\sqrt{2+\cdots}}}$ なる数は，筆者にとっても，ささやかながら自然な"新発見"になる．（"単に 1 を 2 に変えた"のではないということは**認めてくれるだろう**．）

数列 $a_1, a_2, \cdots, a_n, \cdots$ が無限に続くとき，$\{a_n\}$ は**無限数列**であるといわれる．この**極限**を $\lim_{n\to\infty} a_n$ で表し，$\{a_n\}$ の極限という．$n\to\infty$ は，n が自然数の値をとりながら無限に大きくなるということを意味する．（∞ は数ではない．）

$\lim_{n\to\infty} a_n$ は次のように分類される：
$$\lim_{n\to\infty} a_n = \begin{cases} \alpha \,(\text{唯一の有限値}) \\ \pm\infty \\ \text{不定} \end{cases}$$

$\{a_n\}$ は，唯一の有限値 α に収束するとき，**極限値 α をもつ**といわれ；$\pm\infty$ のとき，**発散する**といわれる．例えば，$\lim_{n\to\infty}\frac{1}{n}=0$, $\lim_{n\to\infty}\frac{n}{n+1}=1$, $\cdots$；$\lim_{n\to\infty}\frac{n^2}{n+1}=\infty$, $\cdots$ という具合である．

$\{a_n\}$ の極限が**不定**というのは，例えば，$\{a_n\}=1,-1,1,-1,1,-1,\cdots$ のような規則の無限数列の場合であり，$\{a_n\}$ は**振動する**ともいわれる．

極限がすぐ求まってしまうようではつまらないので，通常は，少し工夫された問題が出題されることになる．

〈例 4〉 a を 1 より大きい定数とする．n を自然数として，数列 $\left\{\dfrac{a^n}{n!}\right\}$ の極限を求めよ．（$n!=n(n-1)\cdots 2\cdot 1$ は公的規定である．）

解 $[a]$ は，a 以下の整数のうちで最大のものを表すとする．まず，不等式
$$n!\geqq a^{n-[a]} \quad (n\geqq [a])$$
を n に関する帰納法で示そう．

$n=[a]$ のときは，$[a]!\geqq a^0=1$ で問題なく成立している．

$n=k\,(\geqq[a])$ のとき
$$k!\geqq a^{k-[a]}$$
の成立を仮定して，両辺に $k+1$ を掛けて
$$\begin{aligned}(k+1)!&\geqq (k+1)a^{k-[a]}\\ &\geqq a\cdot a^{k-[a]}\\ &\quad(\because a-1<[a]\leqq k \text{ であるから})\\ &=a^{k+1-[a]}\end{aligned}$$

よって任意の n について $n!\geqq a^{n-[a]}$ は示された．それ故 $(n-1)!\geqq a^{n-1-[a]}$ となるから，この不等式の両辺を $n!$ で割って整理する：
$$0<\frac{a^n}{n!}\leqq \frac{a^{1+[a]}}{n}$$

a は定数であるから，$\lim_{n\to\infty}\dfrac{a^{1+[a]}}{n}=0$ となり，従って
$$\lim_{n\to\infty}\frac{a^n}{n!}=\underline{0} \quad \text{(答)}$$

（このようにして極限を求めることを，**はさみうちの論法**という．）

さて，元の方に戻ると，n が大きくなるにつれて，$\sin\dfrac{\pi}{2^n}\fallingdotseq\dfrac{\pi}{2^n}$ の近似はよくなることになる．そうすると，$\lim_{n\to\infty}\dfrac{\sin\dfrac{\pi}{2^n}}{\dfrac{\pi}{2^n}}$ の値も 1 らしいと**予想をつけることもできる**訳である．（これについては，やがて扱う．）

課題

$a > 0$ とするとき，
$$\sqrt{a+\sqrt{a+\sqrt{a+\sqrt{a+\cdots}}}}$$
と，規則的に続くこの和を求めよ．

《解》問題の式で a が n 個あるときの(有限)値を a_n とすると
$$a_1 = a,$$
$$a_{n+1} = \sqrt{a_n + a}$$
となる．$\lim_{n\to\infty} a_n$ が極限値 α をもつと仮定すると，上式から
$$\alpha = \sqrt{\alpha + a}$$
$$\longleftrightarrow \alpha^2 - \alpha - a = 0 \quad (\alpha > 0)$$
$$\therefore \quad \alpha = \frac{1+\sqrt{1+4a}}{2}$$

そこで，この α が数列 $\{a_n\}$ の極限値になることを示す．

α は $\alpha^2 - \alpha - a = 0$ を満たすから
$$|a_{n+1} - \alpha| = |\sqrt{a_n + a} - \alpha|$$
$$= \left|\frac{(\sqrt{a_n + a} - \alpha)(\sqrt{a_n + a} + \alpha)}{\sqrt{a_n + a} + \alpha}\right|$$
$$= \frac{|a_n + a - \alpha^2|}{\sqrt{a_n + a} + \alpha}$$
$$= \frac{|a_n - \alpha|}{\sqrt{a_n + a} + \alpha}$$
$$= \frac{|a_n - \alpha|}{\sqrt{a_n + a} + \alpha}$$
$$< \left(\frac{1}{\alpha}\right)^n |a_1 - \alpha|$$
$$= \left(\frac{1}{\alpha}\right)^n |a_1 - \alpha|$$

よって
$$0 \leq |a_n - \alpha| < \left(\frac{1}{\alpha}\right)^{n-1} |\alpha - a|$$

$\alpha > 1$ であるから，はさみうちの原理によって
$$\lim_{n\to\infty} a_n = \alpha$$
$$= \frac{1+\sqrt{1+4a}}{2} \quad \cdots(\text{答})$$

この**課題**の結果より
$$\sqrt{2+\sqrt{2+\sqrt{2+\sqrt{2+\cdots}}}} = 2$$
となる．左辺だけを見ると，その値は無理数だと思いきや，なんと整数 2 であったとは！（数のもつ不思議さに驚き，感動して頂きたい．そして，少なくとも，**課題**での $a=2$ の場合は，「問題の為の問題」ではなく，**自然な流れ**からのものであったのだということも再度理解して頂きたい．）

このまま進んでは完全に極限のほうに向かってしまうので，ここで舵を回して，再び三角関数に戻り，演習に入る．

◀ 問題 5 ▶

関数
$$f(x) = a\sin^2 x + b\cos^2 x + c\sin x \cos x$$
の最大値が 2，最小値が -1 となる．このような a, b, c をすべて求めよ．
ただし，a は整数，b と c は実数とする．

(お茶の水大)

† 三角関数の最大・最小問題の典型例であり，倍角・半角の公式を使うという所までは，問題ないだろう．従って峠はその後の整数問題になる．

〈解〉倍角・半角の公式によって
$$f(x) = a \cdot \frac{1 - \cos 2x}{2} + b \cdot \frac{1 + \cos 2x}{2}$$
$$+ c \cdot \frac{\sin 2x}{2}$$
$$= \frac{1}{2}(b-a)\cos 2x + \frac{1}{2}c\sin 2x + \frac{1}{2}(a+b)$$

いま，前提より $a = b$ かつ $c = 0$ ということはあり得ない（$\because f(x) = a$ となってしまう）ので
$$f(x) = \frac{1}{2}\sqrt{(b-a)^2 + c^2}$$
$$\cdot \cos(2x - \theta_0) + \frac{1}{2}(a+b)$$

と表せる．ここに
$$\cos \theta_0 = \frac{b-a}{\sqrt{(b-a)^2 + c^2}},$$
$$\sin \theta_0 = \frac{c}{\sqrt{(b-a)^2 + c^2}}$$

である．
題意より
$$\begin{cases} \frac{1}{2}\left(\sqrt{(b-a)^2 + c^2} + a + b\right) = 2 & \cdots ① \\ \frac{1}{2}\left(-\sqrt{(b-a)^2 + c^2} + a + b\right) = -1 & \cdots ② \end{cases}$$

なる a, b, c を求めればよい．
①+② は
$$a + b = 1 \quad \cdots ③$$
従って ② は
$$\sqrt{(b-a)^2 + c^2} = 3$$
$$\longleftrightarrow (b-a)^2 + c^2 = 9$$
$$\longleftrightarrow (a+b)^2 - 4ab + c^2 = 9$$

③より，
$$c^2 - 4ab = 8 \quad \cdots ④$$
これより
$$c^2 = 4(2+ab) \geqq 0$$
$$\therefore \quad ab \geqq -2 \quad \cdots ⑤$$

さて，③において a は整数というから b も整数でなくてはならない．そして a, b の一方が 1 以上ならば，他方は 0 以下である．そこで⑤より
$$0 \leqq -ab \leqq 2 \quad \cdots ⑥$$
を得るから，③と⑥より
$$(a, b) = (-1, 2), (0, 1), (1, 0), (2, -1)$$
これら各々に対して④より
$$(a, b, c) = (-1, 2, 0), (0, 1, \pm 2\sqrt{2}),$$
$$(1, 0, \pm 2), (2, -1, 0) \quad \cdots (答)$$

次は**幾何的問題への応用**である．

これまでは，2 倍角の公式を多用してきたが，当然，3 倍角，4 倍角，… の公式もできる．しかし，**やたら目立つように公式化すると，頭が退化硬直してくる**ので，3 倍角ぐらいで留めておく．この程度の公式導出は単純な計算を機械的にやるだけのことなので，本書の読者の前でくどくどとやるべきことではないが，少しは，筆者も気を抜きたいので，やらせて頂く：

$$\sin 3\theta = \sin(\theta + 2\theta)$$
$$= \sin\theta \cos 2\theta + \cos\theta \sin 2\theta$$
$$= \sin\theta(1 - 2\sin^2\theta) + \cos\theta \cdot 2\sin\theta\cos\theta$$
$$= \sin\theta(1 - 2\sin^2\theta) + 2\sin\theta(1 - \sin^2\theta)$$
$$= 3\sin\theta - 4\sin^3\theta$$

同様に
$$\cos 3\theta = 4\cos^3\theta - 3\cos\theta$$

となる．(これらは公式として使ってよい．筆者個人としては，**名古屋大と同様の立場で**，試験時に，公式集を配布してやるべきだと思っている．)

◀ **問題 6** ▶

以下に答えよ．
(1) $\cos\dfrac{\pi}{5}$, $\cos\dfrac{2\pi}{5}$, $\sin\dfrac{\pi}{5}$, $\sin\dfrac{2\pi}{5}$ の値を求めよ．
(2) (1) の結果を，適宜，用いて一辺の長さが 1 の正五角形の面積を求めよ．

(電通大（改文）)

† 原出題はかなりゆるい誘導小問形式になっていて，短い時間内で解かせるにはよい出題形式である．しかし，読者には少し頭を使って本問ぐらいで考えて頂きたい．
(1) そのままでは値を求められない．2 次か 3 次の整方程式にもち込めばよいと看破する．その為には，どうしたらよいか？
(2) (1) での各値を知れば，易しい．

〈解〉(1) 倍角の公式により
$$\cos\frac{\pi}{5} = \sqrt{\frac{1 + \cos\dfrac{2\pi}{5}}{2}} \quad \cdots ①$$
ここで $\dfrac{2\pi}{5} = \theta$ とおくと
$$2\pi = 5\theta, \quad \text{つまり，} \quad 3\theta = 2\pi - 2\theta$$
よって
$$\cos 3\theta = \cos(2\pi - 2\theta) = \cos 2\theta$$
$$\longleftrightarrow \quad 4\cos^3\theta - 3\cos\theta = 2\cos^2\theta - 1$$
$\cos\theta = t(>0)$ とおいて
$$4t^3 - 2t^2 - 3t + 1 = 0$$
$$\longleftrightarrow \quad (t-1)(4t^2 + 2t - 1) = 0$$
$$\therefore \quad (t=)\cos\frac{2\pi}{5} = \frac{-1 + \sqrt{5}}{4} \quad \cdots (答)$$

よって，①より
$$\cos\frac{\pi}{5} = \sqrt{\frac{3 + \sqrt{5}}{8}} = \frac{\sqrt{6 + 2\sqrt{5}}}{4}$$
$$= \frac{1 + \sqrt{5}}{4} \quad \cdots (答)$$

従って
$$\sin\frac{\pi}{5} = \sqrt{1 - \cos^2\frac{\pi}{5}}$$
$$= \frac{\sqrt{10 - 2\sqrt{5}}}{4} \quad \cdots (答)$$

$$\sin\frac{2\pi}{5} = 2\sin\frac{\pi}{5}\cos\frac{\pi}{5}$$
$$= \frac{(1+\sqrt{5})\sqrt{10 - 2\sqrt{5}}}{8} \quad \cdots (答)$$

(2) 求める面積は図の △OAB の面積を 5 倍したものである．正五角形の一辺の長さは 1 というから

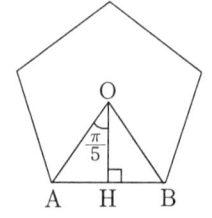

$$\text{OH}\tan\frac{\pi}{5} = \frac{1}{2} \quad \therefore \quad \text{OH} = \frac{1}{2}\cot\frac{\pi}{5}$$

求める面積を S とすると

$$S = 5 \times \frac{1}{2} \times 1 \times \mathrm{OH}$$
$$= \frac{5}{4} \cdot \frac{1+\sqrt{5}}{\sqrt{10-2\sqrt{5}}}$$
$$= \frac{5}{4} \cdot \frac{(1+\sqrt{5})\sqrt{10+2\sqrt{5}}}{\sqrt{100-4\times 5}}$$
$$\therefore \quad S = \frac{(5+\sqrt{5})\sqrt{10+2\sqrt{5}}}{16} \quad \cdots \text{(答)}$$

(補) 通常, **入試問題**というものは, いわば, "どうやっても解ける" ようなもので, 解答路線を見出すのにあまり苦労はない.

設問(1)では, 複素数を使おうかと思った人も少なくないだろう.

$\frac{2\pi}{5} = \theta$ とおいて $z = \cos\theta + i\sin\theta$ と表すと, ド=モアヴルの定理により
$$z^5 = 1$$
$$\longleftrightarrow (z-1)(z^4+z^3+z^2+z+1) = 0$$
$z \neq 0$ でもあるから, 上式の両辺を z^2 で割って
$$\left(z^2 + \frac{1}{z^2}\right) + \left(z + \frac{1}{z}\right) + 1 = 0$$
$$\longleftrightarrow \left(z + \frac{1}{z}\right)^2 + \left(z + \frac{1}{z}\right) - 1 = 0$$
$|z| = 1$ でもあるから $\bar{z} = \frac{1}{z}$ であり, 従って上式は
$$4\cos^2\theta + 2\cos\theta - 1 = 0$$
$\cos\theta > 0$ であるから
$$\cos\theta = \cos\frac{2\pi}{5} = \frac{-1+\sqrt{5}}{4}$$
となる.

加法定理というものは非常に重要であると述べたが, その重宝さは, 次の**和と積の変換公式** (― "変換公式" というのは, 数学言語的に少々奇妙だが, 仕方がない; '変形公式' とでもよぶのが適している ―) にも見られる. これも, このような所でくどくどとやるべきことではないのだが, 筆者が, 時には楽をする為に.
$$\sin(\alpha+\beta) = \sin\alpha\cos\beta + \cos\alpha\sin\beta$$
$$\sin(\alpha-\beta) = \sin\alpha\cos\beta - \cos\alpha\sin\beta$$
辺々相加えて
$$\sin(\alpha+\beta) + \sin(\alpha-\beta) = 2\sin\alpha\cos\beta$$
となる. (簡単に出来上がり.) ほんの少し変形しておく. $\alpha+\beta = x$, $\alpha-\beta = y$ とおいて

$$\sin x + \sin y = 2\sin\frac{x+y}{2}\cos\frac{x-y}{2}$$
となる. 上式で y を $-y$ とおき直すと
$$\sin x - \sin y = 2\sin\frac{x-y}{2}\cos\frac{x+y}{2}$$
となる. あるいは x, y を各々 $x+\frac{\pi}{2}$, $y\pm\frac{\pi}{2}$ とおき直すと
$$\cos x + \cos y = 2\cos\frac{x+y}{2}\cos\frac{x-y}{2},$$
$$\cos x - \cos y = -2\sin\frac{x+y}{2}\sin\frac{x-y}{2}$$
を得る.

ここで "雑談".

筆者は, 高校生の頃, 数学がつまらなかったのだが, そのつまらなさは三角関数に至っていよいよ募ってしまった. 田舎のせいか, 授業がのんびりしていたことはよかったが, **ただ問題解法の型に固執させて, それらを使い慣らすようにさせる指導形態に**はうんざりしたことが多く, 毎日の授業が苦痛でしかなかった. 少し掘り下げると, 何一つ当たりまえの事ではないのに, 「当たりまえ」のことのように言われ, 頭が柔軟になるどころか, 反対に膠固になってゆくような教育. これは, 筆者の場合の "数学ぎらい" の理由であった. 登校で, 唯一, うれしかったのは, バスのきれいな(?)車掌さん(―これで時代背景も伺えるだろう: 昔は, バスに女性の車掌さんが乗っていて非常によかった―)を見る時であった.

なお失望させたのは, ある先生の所へどうしても解けなかった問題の質問をもっていったとき, 「えーっと, どうやったっけ? 忘れた!」と言って真剣に考えてくれずに, 戻されたことであった. その様子を見ていた友人, 後にいわく: 「何だ, 数学もやっぱり暗記か! 先生も解法を前もって知っていないとできないんだな」と. 当時の筆者としては, その先生には, **解けなくともよいが, 少しは真剣に考えて頂きたかった**. (結局, 後に自分で解いてしまった.)

このような問題の質問はまだしも, 非常に困ったのは $60° = \frac{\pi}{3}$, $45° = \frac{\pi}{4}$, … などというものが教科書に載っていたが, それを, 本質的に, "分からなかった" ことであった. (それはそうである. 本当は, 正しくない式だからである.) それで, いつも比例計算で $60° \leftrightarrow \frac{\pi}{3}$, $45° \leftrightarrow \frac{\pi}{4}$, … として sine, cosine の値を考えていたものであった．それ故，筆者の指導では，これらを等号で結んだ式を，読者が目の当たりにすることは，絶対にない．そもそも，正確な意味での等号で結んでは，単位円弧の長さが，明白な方向性によらない角度そのものになってしまう．円弧の長さは角を誘導的に指定するだけである．その1対1対応性から，緩い意味で円弧長を改めて"角"とみなせるが，それは $60° = \dfrac{\pi}{3}$ などを意味するものではないということを筆者が，(誌上で)初めて公開論述したことがある．ご存知の読者もおられるであろう．

教科書権威のお膝元で，「$180° = \pi$」を強く盲信して譲らない多くの人達は，sine のマクローリン展開(これは高校生読者の預り知らぬ事)

$$\sin \dfrac{\pi}{180}x = \dfrac{\pi}{180}x - \dfrac{1}{3!}\left(\dfrac{\pi}{180}x\right)^3 + \cdots \quad (A)$$
$$= x° - \dfrac{1}{3!}(x°)^3 + \cdots \quad (B)$$

という式の右辺の(B)式の意味をどう説明するのであろう？「世にとって不都合な事は，皆で黙殺乃至踏みにじれ」か？何事も都合次第．**これも世の常，人の常！**

問題に移ろう．

◀ 問題 7 ▶

次の設問に答えよ．
(1) すべての実数 x, y に対して
$$\left|\sin\left(x+\dfrac{\pi}{4}\right) - \sin\left(y+\dfrac{\pi}{4}\right)\right| \leq |x-y|$$
が成り立つことを示せ．
(2) 数列 $\{x_n\}$ は $x_1 = 0$ で，漸化式
$$x_{n+1} = \dfrac{\pi}{4}\sin\left(x_n + \dfrac{\pi}{4}\right) \ (n=1, 2, \cdots)$$
を満たすとする．このとき，$\lim\limits_{n \to \infty} x_n$ の値を求めよ．

(東京学芸大（改文))

① (1)は，和と積の変換公式の利用だけ．(2)は，(1)を使ってはさみうちの原理に帰着させるのだろうと予想がついたかな？この際，$|x_n| \leq \dfrac{\pi}{4}$ であるから，$n \to \infty$ のあかつきは，$\dfrac{\pi}{4} = \dfrac{\pi}{4}\sin\left(\dfrac{\pi}{4} + \dfrac{\pi}{4}\right)$ に至ると洞察できればよい．

〈解〉(1) 和と積の変換公式により
$$\left|\sin\left(x+\dfrac{\pi}{4}\right) - \sin\left(y+\dfrac{\pi}{4}\right)\right|$$
$$= 2\left|\cos\left(\dfrac{x+y}{2}+\dfrac{\pi}{4}\right)\sin\left(\dfrac{x-y}{2}\right)\right|$$
$$\leq 2\left|\sin\left(\dfrac{x-y}{2}\right)\right|$$

そこで $\dfrac{x-y}{2} = t \,(\text{rad})$ とおいて
$$|\sin t| \leq |t|$$
を示せばよい．(いまは，これを三角形と円の図形的大小比較でとらえる．) $0 < t < \dfrac{\pi}{2}$ で調べれば，$|\sin t| \leq 1$ であるから，十分である．

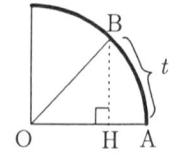

図の $\dfrac{1}{4}$ 円は，半径1の単位円のものである．円弧 $\overset{\frown}{AB}$ の長さは t である．そして
$$\sin t = BH < AB < \overset{\frown}{AB} = t$$
となる．よって任意の実数 t に対して
$$|\sin t| < |t|$$
$$\therefore \ \left|\sin\left(\dfrac{x-y}{2}\right)\right| \leq \dfrac{|x-y|}{2}$$
$$\therefore \ \left|\sin\left(x+\dfrac{\pi}{4}\right) - \sin\left(y+\dfrac{\pi}{4}\right)\right| \leq |x-y| \ \blacktriangleleft$$

(2) 与えられた数列 $\{x_n\}$ の規則より
$$\left|x_{n+1} - \dfrac{\pi}{4}\right| = \dfrac{\pi}{4}\left|\sin\left(x_n + \dfrac{\pi}{4}\right) - 1\right|$$
$$= \dfrac{\pi}{4}\left|\sin\left(x_n + \dfrac{\pi}{4}\right) - \sin\left(\dfrac{\pi}{4} + \dfrac{\pi}{4}\right)\right|$$
$$\leq \dfrac{\pi}{4}\left|x_n - \dfrac{\pi}{4}\right| \ (\because \ (1) による)$$
$$\leq \left(\dfrac{\pi}{4}\right)^n \left|x_1 - \dfrac{\pi}{4}\right|$$
$$= \left(\dfrac{\pi}{4}\right)^n \cdot \dfrac{\pi}{4} \ (\because \ x_1 = 0 より)$$

よって
$$0 \leq \left|x_n - \dfrac{\pi}{4}\right| \leq \left(\dfrac{\pi}{4}\right)^n$$

$\dfrac{\pi}{4} < 1$ であるから，はさみうちの原理より
$$\lim_{n \to \infty} x_n = \dfrac{\pi}{4} \quad \cdots (答)$$

(注) 設問(1)では，厳密には，$t - \sin t > 0$ $(t > 0)$ を**微分法**で証明しなくてはならない．この講義では，未だ，微分法まではやっていないので，単に図形的解釈から示したのである．(入試 level では，これでもよいと思う．)

(補1) 設問(2)の原出題は，"このとき，すべての自然数 n に対して
$$\left|x_n - \frac{\pi}{4}\right| \leq \left(\frac{\pi}{4}\right)^n$$
が成り立つことを示せ."である．

(補2) 本問は，リプシッツ(Lipschitz)の条件といわれるものの最も単純な具体例になっている．その条件とは：'任意の実数 x, y に対して
$$|f(x) - f(y)| \leq k|x - y| \quad (k は正の定数)$$
を満たすこと'である．(微分法での記号を使うと，k の最小値は $|f'(x)|$ の"最大値" —— 正しくは上限 —— であることが示される．)

なお，適当な微分方程式なるものが与えられると，この条件は $f'(x)$ の連続性をも保証する．

◀ 問題 8 ▶

三角形 △ABC において
$$\alpha = \sin 2A, \ \beta = \sin 2B, \ \gamma = \sin 2C$$
とおくとき，次の2つの条件(イ)，(ロ)は互いに同値であることを示せ．
(イ) $\alpha^2 = \beta^2 + \gamma^2$
(ロ) $A = 45°$ または $A = 135°$，または $B = 90°$ または $C = 90°$

(京都大・総合人間，他)

† '0と負の長さも許して，三平方の定理を成立せしめる正弦の引き数(角度)を評価せよ'という，**小さくとも意味のある問題である**．α, β, γ の形からすれば倍角の公式を思い浮べるかもしれないが，それを使うべきかどうか？ 内角の和 $A + B + C = 180°$ (ただし，どの角も $0°$ より大きく $180°$ 未満)を用いるのは，勿論のこと．

(イ)→(ロ) を示すには，ただ計算していけばよさそうである．

(ロ)→(イ) を示すには，α, β, γ のどれかは具体的数として決まるから，あとは，行き当りばったりで何とかなると思う．

〈解〉(イ)→(ロ)を示す．
α, β, γ を与える式と(イ)より
$$\begin{cases} \sin^2(2A) = \sin^2(2B) + \sin^2(2C) \\ A + B + C = 180° \end{cases}$$

C を消去して
$$\sin^2(2A) = \sin^2(2B) + \sin^2 2\{\pi - (A+B)\}$$
$$\longleftrightarrow (\sin 2A - \sin 2B)(\sin 2A + \sin 2B) = \sin^2 2(A+B)$$
$$\longleftrightarrow 4\cos(A+B)\sin(A-B) \cdot \sin(A+B)\cos(A-B) = \sin^2 2(A+B)$$
(∵ 和と積の変換公式による)
$$\longleftrightarrow \sin 2(A+B)\sin 2(A-B) = \sin^2 2(A+B) \quad \cdots ①$$

$0 < A + B < 180°$ より $0 < 2(A+B) < 360°$ である．この下で
i) $2(A+B) = 180°$ のとき
   $A + B = 90°, \ C = 90°$
ii) $2(A+B) \neq 180°$ のとき，①は
$$\sin 2(A-B) = \sin 2(A+B)$$
$$\longleftrightarrow \cos 2A \cdot \sin 2B = 0$$
(∵ 和と積の変換公式による)
$0° < 2A < 360°, \ 0° < 2B < 360°$ より
$$\begin{cases} 2A = 90° \text{ または } 270° \\ \text{または} \\ 2B = 180° \end{cases}$$
∴ $A = 45°$ または $135°$，または $B = 90°$

以上，i)，ii)によって(イ)→(ロ)は示された．
(ロ)→(イ)を示す．

・$A = 45°$ のとき
   $\alpha = \sin 90° = 1, \ B + C = 180° - A = 135°$
よって
$$\beta^2 + \gamma^2 = \sin^2(2B) + \sin^2(2C)$$
$$= \sin^2(2B) + \sin^2(270° - 2B)$$
$$= \sin^2(2B) + \cos^2(2B) = 1 = \alpha^2$$

・$A = 135°$ のとき
   これも $A = 45°$ のときと同様である．

・$B = 90°$ のとき
   $\beta = \sin 180° = 0, \ C + A = 90°$
よって
$$\beta^2 + \gamma^2 = 0 + \sin^2(180° - 2A)$$
$$= \sin^2(2A) = \alpha^2$$

・$C = 90°$ のとき
   これも $B = 90°$ のときと同様である．

以上によって(ロ)→(イ)も示された．◀

"京大は三角関数が好き"と，筆者は思っている．そういうと，京大志願者は，京大入試過去問から三角関数の問題を拾い集め，一所懸命，やり出す．しかし，そんな時にこそ，三角関数の問題は出題されなかったということもよくあることだろう．そして，「そんなものは出題されない」と思って，あしらっていたものが出題されたりする．次年度の受験生は，これまであしらわれてきたものが出題されたということで，今度は，それを，挙って，やり出す．しかし，その次には，それこそそんなものは出題されない．

かくして，**いつも事後を追いかけて裏をかかれる**．要するに，あまり傾向とか何とかにこだわるものではあるまいということ．これに関しては，**過去は過去でしかない**．

それにしても，京大は三角関数の出題を好むことは，やはり，否定はできないものがある．それでも傾向などを過信すると，期待を裏切られるので，ほどほどに．

◀ **問題 9** ▶

$\vec{a} = (1, 0, 0)$, $\vec{b} = \left(\cos\dfrac{\pi}{3}, \sin\dfrac{\pi}{3}, 0\right)$ とする．

（1）長さ 1 の空間ベクトル $\vec{c}$ に対し，
$$\alpha = \vec{a}\cdot\vec{c}, \quad \beta = \vec{b}\cdot\vec{c}$$
とおく．このとき，次の不等式（∗）が成り立つことを示せ．
$$(\ast)\quad \cos^2\alpha - \cos\alpha\cos\beta + \cos^2\beta \leq \dfrac{3}{4}$$

（2）不等式（∗）を満たす (α, β)
$(0 \leq \alpha \leq \pi,\ 0 \leq \beta \leq \pi)$ の範囲を図示せよ．

（京都大）

① （1）どうやっても解ける問題であろう．
（2）$\cos\alpha$ か $\cos\beta$ の 2 次不等式とみてもよいが，計算が煩わしい気がする．むしろ，2 次式を 1 次式へ変形する方向で解いた方がよいだろう．

解　（1）$\vec{c} = (c_1, c_2, c_3)$ と表すと，$\cos\alpha = \vec{a}\cdot\vec{c} = c_1$，$\cos\beta = \dfrac{c_1 + \sqrt{3}\,c_2}{2}$ である．

$$\cos^2\alpha - \cos\alpha\cos\beta + \cos^2\beta$$
$$= c_1^2 - c_1\left(\dfrac{c_1 + \sqrt{3}\,c_2}{2}\right)$$
$$\quad + \dfrac{1}{4}(c_1^2 + 3c_2^2 + 2\sqrt{3}\,c_1c_2)$$

$$= \dfrac{3}{4}(c_1^2 + c_2^2) \leq \dfrac{3}{4}$$
$(\because c_1^2 + c_2^2 \leq c_1^2 + c_2^2 + c_3^2 = 1$ より$)$ ◀

（2）（∗）において，倍角の公式，和と積の変換公式を用いて
$$\dfrac{1+\cos 2\alpha}{2} - \dfrac{1}{2}\{\cos(\alpha+\beta) - \cos(\alpha-\beta)\}$$
$$+ \dfrac{1+\cos 2\beta}{2} \leq \dfrac{3}{4}$$
$$\Longleftrightarrow\ \cos 2\alpha + \cos 2\beta - \cos(\alpha+\beta)$$
$$-\cos(\alpha-\beta) + \dfrac{1}{2} \leq 0$$
$$\Longleftrightarrow\ 4\cos(\alpha+\beta)\cos(\alpha-\beta) - 2\cos(\alpha+\beta)$$
$$-2\cos(\alpha-\beta) + 1 \leq 0$$
$$\Longleftrightarrow\ \{2\cos(\alpha+\beta) - 1\}\{2\cos(\alpha-\beta) - 1\} \leq 0$$

・$\cos(\alpha+\beta) \geq \dfrac{1}{2}$ かつ $\cos(\alpha-\beta) \leq \dfrac{1}{2}$ のとき
（$0 \leq \alpha+\beta \leq 2\pi$, $-\pi \leq \alpha-\beta \leq \pi$ に注意しておく．）

$$\left\{\alpha+\beta \leq \dfrac{\pi}{3}\ \text{または}\ \alpha+\beta \geq \dfrac{5\pi}{3}\right\}$$
$$\text{かつ}\ \left\{\alpha-\beta \leq -\dfrac{\pi}{3}\ \text{または}\ \alpha-\beta \geq \dfrac{\pi}{3}\right\}$$

・$\cos(\alpha+\beta) \leq \dfrac{1}{2}$ かつ $\cos(\alpha-\beta) \geq \dfrac{1}{2}$ のとき
$$\dfrac{\pi}{3} \leq \alpha+\beta \leq \dfrac{5\pi}{3}$$
$$\text{かつ}\ -\dfrac{\pi}{3} \leq \alpha-\beta \leq \dfrac{\pi}{3}$$

$0 \leq \alpha \leq \pi$ かつ $0 \leq \beta \leq \pi$ の下で以上を図示すると次のようになる．

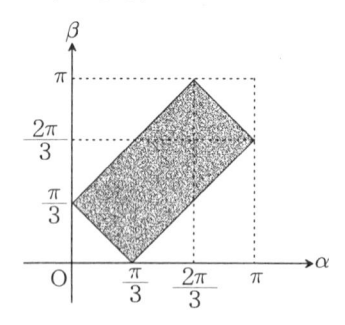

霞状部分が求める範囲(実線の境界は含まれる)
〈解答図〉

（補）α と β が完全に独立でないことを不思議に思う人がいるかもしれないが，元々，（1）で
$$\cos\alpha = c_1,\ \cos\beta = \dfrac{c_1 + \sqrt{3}\,c_2}{2}$$
であるから $\cos\beta = \dfrac{\cos\alpha + \sqrt{3}\,c_2}{2}$ となり，c_2 というパラメーターを介して $\cos\alpha$ と $\cos\beta$ は完全には独立というものではない訳である．

三角関数の問題となると，とかく計算処理中心になりがちで，筆者はやった後，頭の硬化を防ぐ為に，下手な趣味である謡曲をうなることにしている．前に，"観世(かんぜ)流謡曲"云々と述べたことをご存知であろう．あの時は，さっと述べて何の説明もしなかったが，今度は少し紹介させて頂く：

観世とは，日本史に詳しい人には周知であろうが，室町時代前期に足利義光の庇護下で能楽(のうがく)を大成させた観阿弥・世阿弥親子である．それまで，物真似(まね)中心であった猿楽(さるがく)とよばれていたものは，観世親子によって独自の深みをもった幽玄なる能へと発展させられた．歌舞と音楽を伴った日本の代表的古典芸能であり，元来は能面と衣装を着けて謡(うた)い舞うのであるが，能面を付けて謡うと声がよく聞こえないという難点がある．その為，舞(まい)と謡(うたい)を別にすることも多い．この謡だけを取り出したものが謡曲といわれるものである．

記念切手にのった能楽「田村」（左）．これは，平安時代初期，観世音を信じていた坂上の田村丸（田村麿）が蝦夷征討で武勲を立てた報恩の為に，京都清水寺を建立するに至った歴史的由来を題材としている．切手の左の図は，春の頃，清水の花守の童子を描いたものである．因みに，現在の清水寺は，江戸三代目将軍徳川家光による再建とのこと．記念切手の右の方は「葵(あおい)上」．

読者は，日本古来の結婚式では，"高砂(たかさご)や，…"という謡が吟唱されるのをご存知であろう．これは謡曲の一例である．

観世流能楽・謡曲の心は，"気取ることなく心を鎮めて，自然の中に幽玄を汲み，ありのままに謡い，謡う人も聞く人も同心一曲の境地にならん"であるそうである．

筆者の**数学精神**にはこれも影響している．数学をやる人は古典をも心得てこそ安定した情緒をもてると思われるのでやっている（―― 少々，虚構的ではあるが，うすっぺらなものではない）．

今時の文明・国際化時代でそんな古びたものと思う人が多いかもしれないが，それは正しくない．教養ある外国人は，一般の日本人よりはるかに**日本の古典芸能**などに詳しい．そのようなことを問われて何ひとつ答えられないと，外人さんは奇妙な顔をする．

加えて，日本には，外人さんが怪訝(けげん)な顔をするような和製英語・和製英単語の"情報公害"が氾濫している．これは**英語にも日本語にもならない**．概して，日本人は言葉を粗末にする．前にひどい和製英単語を紹介したことがあった："(車の)back-mirror"，"lemon-tea"，"A.M.10"．（"A.M."は省略されたラテン語．）

ある商社の人いわく：「イギリスで"lemon-tea"と言ったら，ウェイトレスが奇妙な顔をして，レモン丸ごと1個と紅茶を持ってきた．」

今時の日本，外人さんは非常に多い．外人客の為(?)の"A.M.10:00"は，彼らには'午前10時'ではなく，"10時と午前"のように別々のものに見えるようである．銀行などでは平然としているが，こちらが恥ずかしくなるというもの．最近は，特に訳の分からぬ"片仮名英語"や"英単語(?)の省略"が流行しているが，ここは日本である．しかも，**和製英語**などは，**百害あって一益ないもの**である．また，英単語そのものはよいとしても使い方がでたらめなものも多い．(例えば，"healthyな食べ物"，など．)

和製英単語の氾濫．これはどうにもならないのかな？ 特に目に付くのは"power-up"，"skill-up"，"grade-up"，…，"何でも up"などである．（こういう，英語塾の宣伝すら見られる．）前述の和製英単語，順に'rear-view-mirror'（"back-mirror"では車の後ろにある mirror になる）'tea with a sheet of sliced lemon'または'tea with a slice of lemon'（これでもやっとで通じるらしいから"lemon-tea"では全然通じないということ），'10:00 A.M.'（これは常識：少し調べればわかる事であろうに）となる．

第 6 章

三角関数，そして対数関数へ

　第 6 章は，初め，初等幾何の方に進もうかと思ったのであるが，迷いながらも，やっぱり，三角関数の問題を 1 題やってから**指数・対数関数**の方を先にやろうと決めた．

　まずは三角関数の復習を兼ねた問題から．

◀ 問題 1 ▶

　単位円 $C: x^2+y^2=1$ 上の点 P をとり，定点 $A(-2, 0)$ から P へ線分を引き，その線分の P の側の延長線上に点 Q を $AP \cdot PQ = 3$ となるようにとる．
（1）$s=AP$, $t=OQ$ とおいて，t を s で表せ．ただし，O(0, 0) は原点である．
（2）点 P が円 C 上を動くとき，点 Q の軌跡を求めよ． （京都大）

① 比較的，素直な問題であるから，自力で解けなくてはなるまい．複素数でも解けるが，ここではひたすら三角関数で解いてみる．なお，"軌跡"という言葉は，本講義では，まだ教えていないが，意味は分かるであろう．
〈解〉下図を見ながら解く．

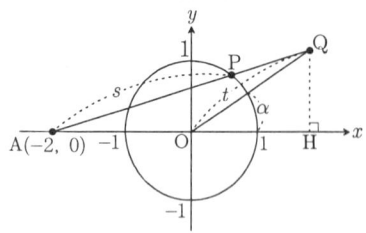

（1）点 Q から x 軸に下ろした垂線の足を H，$\angle QOH = \alpha$ ととると，Q の座標は
$$Q = (t\cos\alpha, t\sin\alpha)$$
と表せて，x, y 各々の座標値は
$$t\cos\alpha = AQ\cos\angle QAO - 2,$$
$$t\sin\alpha = AQ\sin\angle QAO$$

である．ここで △OPA に対して余弦定理を用いる：
$$1^2 = s^2 + 2^2 - 4s\cos\angle QAO$$
$$\therefore \quad \cos\angle QAO = \frac{s^2+3}{4s} \quad \cdots ①$$
また，$AP \cdot PQ = 3$ ということより
$$AQ = AP + PQ$$
$$= s + \frac{3}{s} \quad \cdots ②$$
以上から
$$(t\cos\alpha)^2 + (t\sin\alpha)^2$$
$$= (AQ\cos\angle QAO - 2)^2 + (AQ\sin\angle QAO)^2$$
$$= AQ^2 - 4AQ\cos\angle QAO + 4$$
$$= \left(\frac{s^2+3}{s}\right)^2 - 4\left(\frac{s^2+3}{s}\right)\cdot\left(\frac{s^2+3}{4s}\right) + 4$$
$$\hspace{4em} (\because \text{①，②より})$$
$$= 4$$
$$\therefore \quad t = 2 \; (>0) \quad \cdots \text{(答)}$$

（2）Q の座標を (x, y) とすると
$$x = t\cos\alpha = AQ\cos\angle QAO - 2$$
$$= \left(\frac{s^2+3}{s}\right)\left(\frac{s^2+3}{4s}\right) - 2$$
$$= \frac{1}{4}\left(s^2 + \frac{9}{s^2} + 6\right) - 2$$
$$\geq \frac{1}{4} \times (2\sqrt{9} + 6) - 2$$
$$\hspace{2em} (\because \text{相加・相乗平均の}$$
$$\hspace{6em} \text{不等式による)}$$
$$= 1$$
上の不等式で，等号の成立は $s = \sqrt{3}$ のときである．さらに
$$y = t\sin\alpha$$
であることより
$$x^2 + y^2 = t^2 = 4 \quad (\because (1) \text{の結果より})$$

よって求める（点 Q の）軌跡は
$$\begin{cases} x^2 + y^2 = 4 \; (x \geq 1) \\ \text{なる円弧である} \end{cases} \cdots \text{(答)}$$

(補) (1)では, $t=2$ となったので, ドキッとした人が多いのでは？ t は定数でも立派に s の関数である.

それでは**指数・対数**へと移っていく.
そもそも, 我々は, 暗黙のうちに
$$(a^2)^3 = a^2 \cdot a^2 \cdot a^2 = a^{2+2+2} = a^6$$
のような計算をやっていたのであるが, この"暗黙のうちに"というのが曲者なのである. この癖に慣れてしまうことによって, 「当たりまえ」では済まないことを当たりまえに思ってしまうのである. そして, 次のような事柄を教えられると, フムフムと分かったつもりになる:

m, n を整数とする. また, $a \neq 0, b \neq 0$ とする.

(0) $a^0 = 1$
(1) $a^m \cdot a^n = a^{m+n}$
(2) $\dfrac{a^m}{a^n} = a^{m-n}$
(3) $(a^m)^n = a^{mn}$
(4) $(ab)^m = a^m b^m$
(5) $\left(\dfrac{a}{b}\right)^m = \dfrac{a^m}{b^m}$

(なお, m, n がより一般的に有理数ならば, a, b は正の数とする. そうすると **m, n は実数になってもよい**. これは驚くべき事である.)

(0)〜(5)は**指数法則**といわれるのであるが, どうして"法則"なのか, きちんと説明できるかな？「何となく, …」と言ってごまかすのでは？筆者は理解できない事を暗記したり, 使ったりすることが非常に苦手であるから, 高校生時代, (0)〜(5)を操れなかった. まして, m や n が実数になってもよいといわれると, 疑問符 "?" が2つも並んだものであった.

しかし, ここは, **入試数学・初等数学**をやっているのだから, あいまいさには目をつむって, (0)〜(5)を認めよう.（強いて「憶えよ」とはいいたくない. 上述のような筆者の質疑の本質を少しでも考えて頂きたい. そうすれば, 憶えなくとも分かってしまう.）

そして, 正の定数 a と実数 x に対して
$$f(x) = a^x \ (a \neq 1, \ -\infty < x < \infty)$$

なる関数を考える. これが**指数関数**である. 補助の為に $y = f(x)$ からのグラフを用いることにしよう.

$a > 1$ であるならば, x の値が大きくなるにつれて $f(x)$ の値は大きくなるし, x の値が小さくなるにつれて（ここで"小さくなる"とは符号を含めてのことだから, 例えば -2 は -1 より小さいということ）$f(x)$ の値は小さくなる.（$f(x)$ の値はいくら小さくなっても0より大きい.）

$0 < a < 1$ であるならば, $a > 1$ と反対のことが起こる.

これらを図示したものが, **下図**である.

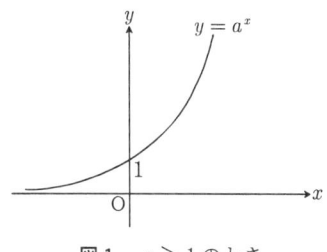

図1 $a > 1$ のとき

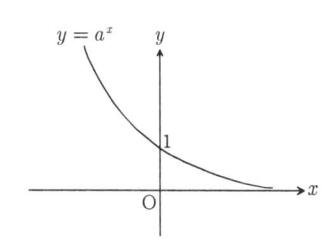

図2 $0 < a < 1$ のとき

例えば, $a = 2, a = \dfrac{1}{2}$ としてやってみればよい.（これは1つの"実験".）

図1のように, x が大きくなるにつれ, $f(x)$ が大きくなるとき, この関数は**単調増加関数**であるといわれる. 反対に, 図2のように, x が大きくなるにつれ, $f(x)$ が小さくなるとき, この関数は**単調減少関数**であるといわれる.（ここは, がさつな"定義"で辛抱.）

そして図1, 2のようにグラフが湾曲しているとき, そのグラフは**下に凸**であるといわれる.（このことは, 厳密には, 微分法で示さなくてはいけない.）なお, **図1, 2**の場合, いずれも x 軸は曲線グラフ $y = a^x$ の**漸近線**といわれる.

それでは，次に進む．「ちょっと，待った：" 下に凸" はよいが，" 上に凸" はないのか？」，「ご尤も．それが，もうすぐやる対数関数のグラフなのである．」

指数関数は，1対1の関数であるから，
$$a^{x_1} = a^{x_2} \to x_1 = x_2$$
となる．

＜例1＞ $67^x = 27, 603^y = 81$ のとき，$\dfrac{4}{y} - \dfrac{3}{x}$ の値を求めよ．
（自治医大）

解 $x \neq 0, y \neq 0$ に注意しておく．
$$67 = 27^{\frac{1}{x}} = 3^{\frac{3}{x}},$$
$$603 = 81^{\frac{1}{y}} = 3^{\frac{4}{y}}$$
であるから
$$\frac{603}{67} = 9 = 3^2 = 3^{\frac{4}{y} - \frac{3}{x}}.$$
$$\therefore \quad \frac{4}{y} - \frac{3}{x} = 2 \quad \text{(答)}$$

このくらいで済めばよいのだが，そうは問屋が卸さない．

◀ 問題 2 ▶
$0 < a < b < 1$ のとき，
$$(b-a)^{\frac{1}{b-a}}, \quad \left(\sqrt{b^2-a^2}\right)^{\frac{1}{\sqrt{b^2-a^2}}}$$
の大小を比較せよ．　（出題校不明）

(†) 煩わしい式は，ちょっとした置き直しで見やすくなることも少なくない．$b-a = x, \sqrt{b^2-a^2} = y$ とでも置いてみよ．

〈解〉 $b - a = x, \sqrt{b^2-a^2} = y$ と置くと，$0 < a < b < 1$ より $x > 0, y > 0$ であるが，それ以上に
$$0 < b - a < 1 - a < 1 \quad (\because 0 < a < 1 \text{ より})$$
$$0 < b^2 - a^2 < b^2 < 1 \quad (\because 0 < a^2 < b^2 < 1 \text{ より})$$
であるから，$0 < x < 1, 0 < y < 1$ である．さらにそれ以上に
$$b - a < \sqrt{(b-a)(b+a)} = \sqrt{b^2-a^2}$$
であるから，結局，
$$0 < x < y < 1$$
ということになる．

従って

$$x^{\frac{1}{x}} < y^{\frac{1}{x}} \quad (\because \frac{1}{x} > 0 \text{ より})$$
であり，さらに
$$y^{\frac{1}{x}} < y^{\frac{1}{y}}$$
$$\left(\because \frac{1}{x} > \frac{1}{y} > 0, \text{ そして } 0 < y < 1 \text{ より}\right)$$
であるから，結局は
$$x^{\frac{1}{x}} < y^{\frac{1}{y}}.$$
$$\therefore \quad (b-a)^{\frac{1}{b-a}} < \left(\sqrt{b^2-a^2}\right)^{\frac{1}{\sqrt{b^2-a^2}}} \quad \cdots \text{(答)}$$

(補)「うまい問題だ！」と，思われるか？ 実は，からくりは始めから見えているのである．これは，目に見える（関数の）グラフ $y = x^{\frac{1}{x}}$，同じものだが，$y = \dfrac{\log x}{x}$（log はすぐ後でやる対数関数）から，何食わぬ顔でちょろまかしたものであるから．（結果やグラフから逆算しないで良問を作れて，自明でない結果を導けたら，それは立派であるが．それ程の人はそんなにいない．）

いよいよ，**対数**へと流れていくことになるが，先程，"−2 は −1 より小さい" などと記したが，ちょっと気に掛かったことがある．このようなことは，安易には片付けられない事だからである．大人は，このような事を当たりまえとして，無思慮に済ませる．しかし，子供はそうではないのである：

子供： 先生，$2 - 1 = 1$ はいいけど，どうして $-2 + 1 = -1$ になるの？

先生： $-2 = -1 - 1$ だから，$-2 + 1 = -1 - \cancel{1} + \cancel{1} = -1$ じゃないか．

子供： でもね，それは，$1 - 1 - 1 = 0 - 1$ でしょ？ "0" って，0個じゃない．0個から，どうして1個を引けるの？

先生： 困ったな！（どうして，この子はこんなに出来が悪いんだろ！ 何も理解できないんだから！）

また，別の会話：

子供： お父さん．どうして夕日は赤いの？

お父さん： さぁな？ お日様が燃えて火の色をしているからだろ？

子供： でも，日中はそんなことないよ．

お父さん： それもそうだな？？

弟 ： お兄ちゃん，水に浮いている氷が融けると，水面は上昇するよね？

兄 ： そりゃ，もちろんそうだ！

子供： お母さん．$\frac{1}{3}$ は 0.333333… となってどこまでも割り切れないよ．$\frac{1}{3}$ は，このケーキ3等分のうちの1個でしょ？ でも，0.333333…個ってあるの？

お母さん： そんなこと言ったってしょうがないでしょ?! とにかく，1個のケーキのうち $\frac{1}{3}$ 個だけ食べて，あとの $\frac{2}{3}$ 個は，弟と妹の為に残しとくのよ！

子供： 分かんないなぁ．

まあ，ふつうはこんなものであろう．

子供は，素朴でありながら，時々，**的を突いた質問をする**．それを子供なりにでも，納得したいのである．大人は，一つも答えれないで，（うまく）ごまかすものだから，いつの間にか，子供は大人に対して不信感をもってしまう．かくいう子供も，大人になるにつれ，子供時代にもった疑問を考えなくなる．これは，悪い意味で現実を知ってくるからである．そこに子供と大人の gap がある．かくして純朴さも失われていく．子供の時は，光の屈折が不思議でならなかったのが，いつの間にか，**屈折角をただひたすら計算させる教育に流され，屈折現象そのものへの関心が薄れてしまう**のである．ただ，speedy に計算して答を求めさえすればよくなってしまう．（そうしないと試験で落ちこぼれて，早い者勝ちという生存競争で惨めになるという恐怖感にさいなまれるからである．）大人は，とにかく，**物事を処理する方法ばかり**を云々する．これが，自然科学そのものばかりでなく，早くも子供の心までを歪めてしまうのである．そのようなことが，どれだけ，てきぱきとできるかで，子供の才能を判定するのは愚の骨頂であって，それは，才能を有している為に必要でもなければ十分でもない．子供がすぐ技術的問題を解けないなら，それはそれでよいと思う．人それぞれ機運というものもあるのだから，そのようなものを無視して，ただ枠にはめ込むような事はするべきではない．この程度の道理も弁えないで，ただ尤もらしいことばかり喚くもの故，"教育崩壊" やら "理系離れ"，"数学嫌い" の世にさせるのである．

とにかく，まず大切なことは，子供たちと共に彼らの素朴な疑問（——しかし，それが難しい——）を**考える姿勢**であろう．必ずしも，子供の疑問に答えれなくてもよいが，どこまでも考え抜き，**自ら見出そうという姿勢**だけはもたせてやりたいものである．正しい教育はそこからスタートする．

それでは，対数関数に入る．

対数法則は指数法則と表裏一体になっている．いま，$a > 1$ としておこう．（$0 < a < 1$ でも同様の議論で済むから．）そして $a^m = b$（m は実数）を

$$m = \log_a b \quad (x \text{ は正の変数})$$

と表す．これは，実は，m を定める定義方程式なのである．b は正の値になっている．（いまの所，"$\log_a$" は正体不明であるが．）そこで b を x，m を $f(x)$ と表せば

$$f(x) = \log_a x$$

となる．これを以て**対数関数**という．
ここに a を**対数の底**，x を**真数**という．これらの意味を今から考える．

指数関数

$$g(x) = a^x \quad (a \text{ は上の } a \text{ と同じもの})$$

との相関を調べてみるのである．これは上述の記号を用いると，$x = \log_a g(x)$ である．x の値は $g(x)$ の値で決まる．

一方，$f(x) = \log_a x$ は $x = a^{f(x)}$ であるが，これは，x の値が $f(x)$ の値で決まることを意味している．（図3参照．）

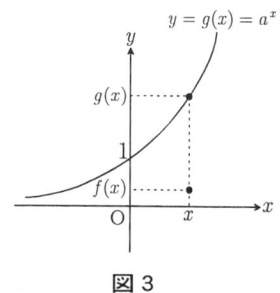

図3

$f(x)$ の値を y 軸上で変化させれば，x は $f(x)$ の指数関数として振る舞うことになる．

以上を少しまとめてみると

$$x = \log_a g(x) = \log_a(a^x),$$
$$x = a^{f(x)} = a^{\log_a x}$$

ということになる．従って，合成関数として

$$f(g(x)) = g(f(x)) = x$$

を得ることになる．これは，何を意味しているのかというと，$f(x)$ と $g(x)$ は互いに逆関数の立場にあるということである．従って $g(x) = f^{-1}(x)$ のように表せる訳である．

グラフ的にいうと，曲線 $y = f(x)$ と $y = g(x)$ は直線 $y = x$ に関して対称ということになる．(図4参照.)

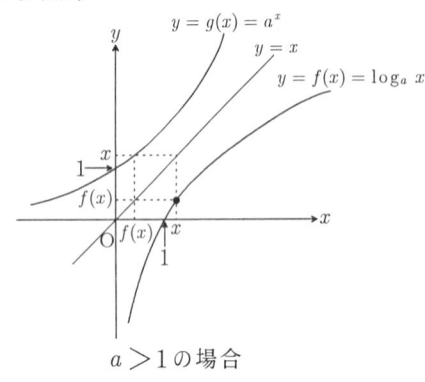

$a > 1$ の場合

図4

ここでの $y = \log_a x$ の曲線が "上に凸" なのである．(そして視覚的にも "$\log_a$" の正体が，何となく判明したのである．)

このような事は，一般に，単調連続関数ではつねに起こることである．(ここに述べたことを，既知の事として片付けないで，言外の意味と価値を汲み取れる人は幸いである．)

さて，"$\log_a$" の正体も，一応，判明したことであるから，以下に，たてまえ上，**対数法則**の諸公式を並べておこう：

a, b, c を正の数，対数の底は 1 でないとする．

(0)′ $\log_c 1 = 0$
(1)′ $\log_c(ab) = \log_c a + \log_c b$
(2)′ $\log_c\left(\dfrac{a}{b}\right) = \log_c a - \log_c b$

もう1つ．**底変換の公式**：

$$\log_b a = \frac{\log_c a}{\log_c b}$$

(筆者は，"底変形の公式" とよびたい．)

それでは基本問題例．

<例2> (1) $y = \log_{\frac{1}{2}}(3-x)$ のグラフと $y = \log_2(x+1)$ のグラフを描け．
(2) この2つのグラフの交点の座標を求めよ．
(3) $\log_2(x+1) - \log_{\frac{1}{2}}(3-x)$ の最大値と，それを与える x の値を求めよ．

(岐阜大)

解 (1) $y = \log_{\frac{1}{2}}(3-x)$
$= \dfrac{\log_2(3-x)}{\log_2 \frac{1}{2}}$
(∵ 底変換の公式を用いた)
$= -\log_2(3-x) \quad (x < 3)$

これは，$y = \log_2 x$ のグラフを x, y 両軸に関して折り返したものを x 軸方向正の向きに 3 だけ平行移動したものである．

$y = \log_2(x+1)$ は $0 < \theta < \dfrac{\pi}{2}$ のグラフを x 軸上で -1 だけ平行移動したものである．以上から，次の図を得る．

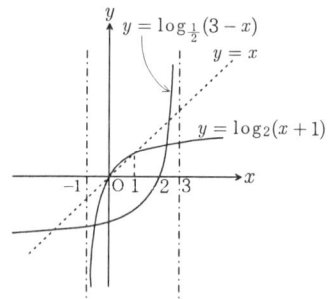

直線：$x = -1$ と $x = 3$ はそれぞれ曲線：$y = \log_2(x+1)$, $y = \log_{\frac{1}{2}}(3-x)$ の漸近線である

(2) 方程式
$\log_{\frac{1}{2}}(3-x) = \log_2(x+1) \quad (-1 < x < 3)$
いま
$-\log_2(3-x) = \log_2(x+1)$
$\iff \log_2(3-x)^{-1} = \log_2(x+1)$
であるから，問題の方程式は
$\dfrac{1}{3-x} = x+1 \quad (-1 < x < 3)$
となる．これを解いて
$x = 1 \pm \sqrt{3}$．
よって求める交点の座標は
$\underline{(1 \pm \sqrt{3}, \ \log_2(2 \pm \sqrt{3}))}$ (答)
(複号同順)

(3) $f(x) = \log_2(x+1) - \log_{\frac{1}{2}}(3-x)$
$= \log_2(x+1) + \log_2(3-x)$
$= \log_2((x+1)(3-x))$

2次関数 $(x+1)(3-x)$ $(-1 < x < 3)$ の最大値は $x = 1$ のとき 4 である．対数の底：

$2>1$ であるから，求める最大値は
$$f(1) = \log_2 4 = 2 \quad (答)$$

＜例3＞ $f(x) = \dfrac{a^x - a^{-x}}{a^x + a^{-x}}$ とする．ただし，a は 1 でない正の数である．

（1）$f(x)$ の値域を求めよ．

（2）a を 2 以上の自然数の定数とするとき
$$f(x) > 1 - 2a^{-a}$$
となるような x のうちで，最小の正の整数であるものを a で表せ．

解 （1）$f(x) = \dfrac{a^{2x} - 1}{a^{2x} + 1}$

$a^{2x} = t$ とおくと $t > 0$ であり，このときの $f(x)$ を $g(t)$ で表すと
$$g(t) = \dfrac{t-1}{t+1} = 1 - \dfrac{2}{t+1} \quad (t>0)$$

$Y = g(t)$ のグラフを補助にしてよい．

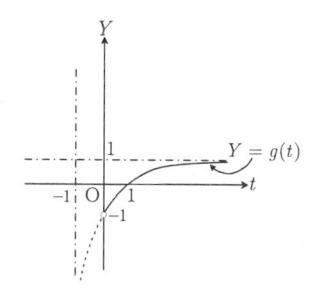

よって
$$-1 < f(x) < 1.$$

（2）（1）の過程より
$$g(t) = 1 - \dfrac{2}{t+1} > 1 - 2a^{-a}.$$

よって
$$\dfrac{1}{t+1} < a^{-a}$$
$$\longleftrightarrow \quad a^a < t+1$$

$t = a^{2x}$ で，問題の性質上，x は正の整数としてよいから，そして a は 2 以上の自然数というから
$$a^a \leqq a^{2x}$$
$$\longleftrightarrow \quad a \leqq 2x \quad \therefore \quad x \geqq \dfrac{a}{2}$$

求める x の最小値は
$$\begin{cases} \dfrac{a}{2} & (a は偶数), \\ \left[\dfrac{a}{2}\right] + 1 & (a は奇数) \end{cases} \quad (答)$$
（$[\alpha]$ は実数 α を越えない最大の整数）．

対数の基本問題例はこれくらいでよいだろう．問題の程度を少し上げよう．

◀ **問題 3** ▶

a, b, c をそれぞれ 1 より大きな数とする．

（1）$1 < \log_{ab} a + \log_{bc} b + \log_{ca} c < 2$ を示せ．

（2）$\log_{ab} a + \log_{bc} b + \log_{ca} c = \dfrac{3}{2}$ となるための必要十分条件を求めよ．

（東北大）

† （1）は底変換の公式を使っていくだけであろう．（2）では，$\dfrac{3}{2} = \dfrac{1+2}{2}$ ということで，それは，（1）での $\log_{ab} a + \log_{bc} b + \log_{ca} c$ の値域の中間点の値になっている．そこから，大体の結論を予想することができれば，非常によろしい．

〈解〉（1）底変換の公式によって
$$\log_{ab} a = \dfrac{1}{\log_a ab} = \dfrac{1}{1 + \log_a b},$$
$$\log_{bc} b = \dfrac{1}{1 + \log_b c},$$
$$\log_{ca} c = \dfrac{1}{1 + \log_c a}$$

となる．ここで $\log_a b = \alpha$, $\log_b c = \beta$, $\log_c a = \gamma$ とおくと，$a > 1$, $b > 1$, $c > 1$ より $\alpha > 0$, $\beta > 0$, $\gamma > 0$ である．
$$x = \log_{ab} a + \log_{bc} b + \log_{ca} c$$
とおくと，上述より
$$x = \dfrac{1}{1+\alpha} + \dfrac{1}{1+\beta} + \dfrac{1}{1+\gamma}$$
$$= \dfrac{3 + 2(\alpha+\beta+\gamma) + (\alpha\beta+\beta\gamma+\gamma\alpha)}{(1+\alpha)(1+\beta)(1+\gamma)} \quad \cdots ①$$

そこで
$$\alpha+\beta+\gamma = p,$$
$$\alpha\beta+\beta\gamma+\gamma\alpha = q, \quad \alpha\beta\gamma = r$$
とおくと，
$$p > 0, \quad q > 0,$$
$$r = \log_a b \cdot \log_b c \cdot \log_c a = 1$$
であり，①式は
$$x = \dfrac{3 + 2p + q}{2 + p + q} \quad (p>0, q>0)$$
となる．

まず
$$x - 1 = \dfrac{1+p}{2+p+q} > 0.$$

次に
$$2-x = \frac{1+q}{2+p+q} > 0.$$
これらで問題の不等式は示された．◀

（2） $\log_{ab}a + \log_{bc}b + \log_{ca}c(=x) = \frac{3}{2}$ ということは，上の記号では
$$\frac{3+2p+q}{2+p+q} - \frac{3}{2} = \frac{p-q}{2(2+p+q)} = 0$$
に他ならない．即ち
$$p = q\ (>0)$$
（1）の過程から $p(=q)$ は t の3次方程式
$$t^3 - pt^2 + pt - 1 = 0\ (p>0,\ t>0)$$
を与える．この式は
$$(t-1)\{t^2 + (1-p)t + 1\} = 0$$
$$(p>0,\ t>0)\quad \cdots ②$$
である．

ところで相加・相乗平均の不等式により
$$p = \alpha + \beta + \gamma \geq 3\sqrt[3]{\alpha\beta\gamma} = 3$$
が成り立つ．
この下で $t^2 + (1-p)t + 1 = 0$ の根は
$$t = \frac{p-1 \pm \sqrt{(p-3)(p+1)}}{2}\quad (p \geq 3)$$
となる．従って方程式②は正の3実根をもつ．それ故 α, β, γ のうち<u>少なくとも</u>1つは1である．
仮に $\beta = 1$ としてよいから，このとき
$$\log_b c = 1 \leftrightarrow b = c$$
を得る．
逆に $b = c$ ならば，
$$\log_{ab}a + \log_{bc}b + \log_{ca}c$$
$$= \frac{1}{1+\log_a b} + \frac{1}{2} + \frac{\log_a b}{1+\log_a b} = \frac{3}{2}$$
となる．
以上から求める条件は
$$\begin{cases} a = b,\ b = c \\ \text{の1つ以上が成り立つこと} \end{cases} \cdots \text{(答)}$$

ただ問題ばかりを解くのは苦痛であろう．もう1題解いてから，少し雑談．

◀ 問題 4 ▶

θ を $0 < \theta < \frac{\pi}{2}$ とする．不等式
$$\log_{\sin\theta}\cos\theta \geq \log_{\cos\theta}\sin\theta$$
を満たす θ の範囲を求めよ．

㊟ これも $\sin\theta$ と $\cos\theta$ の対称不等式なので，大体，結果の予想がつく．問題3より易しいので，完答されよ．

〈解〉 $0 < \theta < \frac{\pi}{2}$ より底の条件
$$0 < \sin\theta < 1,\ 0 < \cos\theta < 1$$
と真数の条件は満たされている．
$\sin\theta = x$ とおくと $0 < x < 1$ であり，そして
$$\cos\theta = \sqrt{1-x^2}$$
である．それ故，問題の不等式は（底変換の公式を使って）
$$\log_x \sqrt{1-x^2} - \frac{1}{\log_x \sqrt{1-x^2}} \geq 0$$
となる．$\log_x \sqrt{1-x^2} = t$ とおくと，上式は
$$t - \frac{1}{t} \geq 0$$
$$\longleftrightarrow t^3 - t \geq 0\quad (t \neq 0)$$
$$\longleftrightarrow t(t-1)(t+1) \geq 0\quad (t \neq 0)$$
$$\longleftrightarrow -1 \leq t < 0,\ t \geq 1$$
即ち
$$-1 \leq \log_x \sqrt{1-x^2} < 0,\ \log_x \sqrt{1-x^2} \geq 1$$
$0 < x < 1$ に注意して
$$\frac{1}{x} \geq \sqrt{1-x^2} > 1 \quad \cdots ①$$
$$x \geq \sqrt{1-x^2} \quad \cdots ②$$
となる．

①において
$$\sqrt{1-x^2} \leq \frac{1}{x}\quad (0 < x < 1)$$
の部分は $x^4 - x^2 + 1 = (x^2)^2 - (x^2) + 1 \leq 0$ となるが，これを満たす実数 x^2 は存在しない．
また，
$$\sqrt{1-x^2} > 1\quad (0 < x < 1)$$
の部分は $x^2 < 0\ (0 < x < 1)$ となるが，これも不成立である．

よって②だけに目標が絞られる．②において両辺を平方して整理すると
$$2x^2 - 1 \geq 0\ (0 < x < 1)$$

$$\longleftrightarrow \quad \frac{1}{\sqrt{2}} \leq x < 1$$

$x = \sin\theta$ であったから，$0 < \theta < \frac{\pi}{2}$ より求める

θ の範囲は

$$\frac{\pi}{4} \leq \theta < \frac{\pi}{2} \quad \cdots \text{(答)}$$

大方の読者は，こういう問題を解くのに**慣れておられる**であろう．

しかし，筆者は，指数・対数の計算が非常に苦手である．(これに限ったことではないが．) これは，筆者が，一般に"慣れる"ということに不得意なせいでもある．

筆者は，高2生の秋に初めて"バイク"(英語では motor-cycle または motor-bike)を運転した．同期の友人がバイクの免許をとると言って，バイクの話をいろいろ聞かせてくれたのが，きっかけであった．そのとき，「ギア」とか「クラッチ」，という言葉が出てきたので，根掘り葉掘り尋ねたのであるが，よく分からなかった．何せ，**素人が素人に，(操作)方法とその(操作)結果ばかりを教える**ものだから，単純な機械の話であるにも拘らず，本質が一つも伝わってこない．そして教習所に行ったのであった．指導員が大型のバイクを用意し，いきなり，「運転できるな？やってみな」と言ったのであるが，クラッチのメカニズムが分からず，失敗の連続であった．仕方がないから，その日は，1時間，指導員の運転するバイクの後部座席に座って，自動車学校のコースの"サーキット"で辛抱した．それから，クラッチのメカニズムを教本で学び，分かったら，今度はすんなり操作できた次第であった．(すぐ"慣れる"ことのできないこの無器用さは死ぬまで治りそうもない．)

今回の締めくくりに，**常用対数**を扱っておく．

対数の底が10のものを**常用対数**という．これは，文字通り，日常的に実用度の高いものである．その実用度は実に広範である．化学での酸性・アルカリ性の指標であるpHの計算，測量関係，物理での放射性物質の半減期(これはすぐ後でやる)，数学では10進法整数などの桁数の導出，などなど．筆者は，最近まで知らなかったのだが，元々は，**ブリッグス(H.Briggs)**というイギリス人が，その実用性を主張されたらしく，初めて(常用)対数表を作成し，**指標や仮数**(――これについては教科書等を参照)を命名したようである(1600年前後のことらしい)．それ故，常用対数をブリッグスの対数ともいうらしい．

常用対数では，通常，煩雑さを防ぐ為に底の10を省略する．(これは公的に認容されている．しかし，いずれ，**自然対数**を学ぶと，その底をも省略することが通常となる．どちらの対数かは，問題や前後関係から判別できるが，誤解の恐れのあるときは，必ず，区別が明示される．)

常用対数の値は対数表を見れば済むのではあるが，**測量士の人達が野外などで入用な時にそれも電卓も手元にないときは，不等式で凡その数値を見積もることになる**．

例えば，以下のようになる：

$2^3 = 8 < 10$ より

$$3\log 2 < 1 \quad \therefore \quad \log 2 < \frac{1}{3} = 0.333\cdots.$$

$2^{10} = 1024 > 1000$ より

$$10\log 2 > 3 \quad \therefore \quad \log 2 > \frac{3}{10} = 0.3.$$

よって

$$0.3 < \log 2 < 0.333\cdots$$

となる．($\log 2 \fallingdotseq 0.3010$ であるから，まずまずの評価であろう．)

もう少し精度を上げたければ，$2^{13} = 8192 < 10^4$ より

$$13\log 2 < 4 \quad \therefore \quad \log 2 < \frac{4}{13} < 0.3077.$$

よって

$$\mathbf{0.3000 < \log 2 < 0.3077}$$

となる．(以下，この近似不等式を用いよう．ただし，計算するときは $\frac{3}{10} < \log 2 < \frac{4}{13}$ として，割り算を最後にやらないと誤差が大きくなるので注意．)

次は，$3^2 = 9 < 10$ より

$$2\log 3 < 1 \quad \therefore \quad \log 3 < \frac{1}{2} = 0.5.$$

$3^4 = 81 > 80$ より

$$4\log 3 > 1 + 3\log 2.$$

$\log 2$ の下界は既に求まっているから，$3\log 2 > 3 \times \frac{3}{10}$ より

$$4\log 3 > 1 + 3 \times \frac{3}{10} = \frac{19}{10}$$

∴ $\log 3 > \dfrac{19}{40} = 0.475.$

よって
$$0.475 < \log 3 < 0.500$$
となる．($\log 3 \fallingdotseq 0.4771$ であるから，これもまずまずの評価であろう．)

$\log 2$ と $\log 3$ の範囲が既知となれば，$\log 4$, $\log 5 \left(= \log \dfrac{10}{2}\right)$, $\log 6$ の範囲もそれから求まる．$\log 7$ になると，ちょっとやりづらいが，$6 < 7 < 8$ でやってみると
$$\begin{aligned}\log 6 &= \log 2 + \log 3\\&< \log 7\\&< 3\log 2\end{aligned}$$
であるから
$$0.8083 < \log 7 < 0.9231$$
となる．少々，近似が粗過ぎるので，もう少し精度を上げないと拙い．$2400 < 7^4 = 2401 < 2500$ でやってみると
$$\begin{aligned}\log 2400 &= 3\log 2 + \log 3 + 2\\&< 4\log 7\\&< \log 2500 = 2\log 5 + 2\end{aligned}$$
(ありゃ！$\log 5$ の範囲を調べていなかった．しかし，すぐ $\log 5 < 0.7000$ と評価できる．)
よって
$$\dfrac{135}{160} < \log 7 < \dfrac{34}{40}$$
∴ $0.8437 < \log 7 < 0.8500$
となる．(もう，このような計算にうんざりしてきた．)

$\log N$ の N が大きくなる程，元々の $\log 2$ や $\log 3$ の近似精度をかなりよくしておかないと，誤差が大きくなることになる．勿論，近代以降は機械文明時代であるから，そのような作業は**馬力ある**コンピューターにやらせておく．

次の問題例に入る前に，簡単に**放射性物質**(より詳しくは，**放射性核**)の**半減期**について述べておく．

ある時刻を $t=0$ として，その時にその物質が質量 M_0 だけあって，それが $\dfrac{M_0}{2}$ になる時刻を $t=T$ とする．このような T をその物質の**半減期**という．任意の時刻 t におけるその物質の量を M とすると，次のような関係式が成り立つ：
$$\left(\dfrac{1}{2}\right)^t = \left(\dfrac{M}{M_0}\right)^T \quad (T \text{ は一定}).$$
いま，この式は定義と思ってもよい．$M=M_0$ のときは $t=0$. $M = \dfrac{M_0}{2}$ になれば，上式は $\left(\dfrac{1}{2}\right)^T = \left(\dfrac{1}{2}\right)^t$, 即ち，$t=T$ となる．$M \to 0$ では $t \to \infty$ ということで，もっともらしい関係式であろう．(単純な微分方程式を知っている人は，すぐその算数を振り回そうとするが，**まずは定性的に理解しておくことが自然科学を学ぶ上では大切である．**) 上の式を変形して
$$M = M_0 \left(\dfrac{1}{2}\right)^{\frac{t}{T}}$$
の形で表すのが通常である．t が与えられると，M が決まる．

この式は簡単で実用度が高い．放射性核種というものは地層の年代測定の為に，かなり早くから注目されていた．例えば，ウラニウム ^{238}U は，半減期が約 4.5×10^9 年であるから，10^8 年 ($=1$ 億年)前後の年代測定が行なわれる．この同位元素の ^{235}U は，崩壊率が非常に高くて，しかも半減期は 7×10^8 年で ^{238}U と同様に長いので，原子炉の核燃料として利用されているのだが，その扱いには最高度の危険が伴なうということは，news などで騒がれているので，周知であろう．

何はともあれ，問題例を 1 つ．

◁例 4▷ ある薬品の不純物は壊れやすく，7 日間で最初の量の 50% に減少する．この不純物が最初の量の 0.1% 以下になるのが $10 \times n$ 日後(n は整数)だとする．n を求めよ．ただし，$\log_{10} 2 = 0.3010$ とする．

(自治医大)

解 初めに M_0 だけあった不純物は，7 日後には $\dfrac{M_0}{2}$ になる．さらにその 7 日後には $\dfrac{1}{2}\left(\dfrac{M_0}{2}\right)$ になる．以下，この規則に従うものとすれば，$7 \times x$ 日後には $M_0\left(\dfrac{1}{2}\right)^x$ になっている．$7 \times x = 10 \times n$ では，題意より

$$M_0 \left(\frac{1}{2}\right)^{\frac{10\times n}{7}} \leqq \frac{1}{1000} M_0$$

即ち

$$(10\times n)\log\left(\frac{1}{2}\right) \geqq 7\log\frac{1}{1000}$$

$$\longleftrightarrow 10\times n \log 2 \leqq 21$$

よって

$$n \geqq \frac{21}{10\times \log 2} = \frac{21}{3.010}$$

$$= 6.97\cdots$$

問題の n は，この解答中での n の最小値である．故に求める n は

$$n = \underline{7} \quad \text{(答)}$$

別解 前述の半減期の式を用いてみる．この不純物の"半減期"は $T=7$（日）であるから，題意より

$$\left(\frac{1}{1000}\right)^7 \geqq \left(\frac{1}{2}\right)^{10\times n}$$

$$\longleftrightarrow 7\log 1000 \leqq 10\times n \log 2$$

$$\therefore \quad n \geqq \frac{21}{10\times \log 2} \quad \text{（以下省略）．}$$

実をいうと，最初，筆者は，上の解の——————の部分で述べたようなことに気付かなかった．「どういう崩壊規則になっているのか．これでは？」ということで，まず，"1日当たりに壊れる割合が一定値 α（$0<\alpha<1$）である"としてやってみた．7日後の残存量は $(1-\alpha)^7 M_0$ となり，これを $\frac{M_0}{2}$ と等置して α を求めて解いてみた訳．次に，この出題文では，"7日間"が，その不純物の"半減期"であるとは決定付けれないのだが，それでやってみた．（そして，更に，その妥当性を**別解**のように半減期の式で確かめた訳．）それならば，問題文はこうであって頂きたかった：'7日間単位で規則的に量が半分ずつになっていく'と．

◀ **問題 5** ▶

（1） $\log 2$ は $\frac{3}{10}$ より大きいことを示せ．

さらに，$80<81$ および $243<250$ であることに注意して，

$$\frac{3}{10} < \log_{10} 2 < \frac{23}{75}, \quad \frac{19}{40} < \log_{10} 3 < \frac{12}{25}$$

であることを示せ．

（2） $\left(\frac{5}{9}\right)^n$ の少数第5位に初めて0でない数字が現れるような自然数 n を求めよ．

（岩手大・教）

† （1）hint は要らないだろうが，念の為：$243=3^5$, $250=2\times 5^3$．（2）何も問題ないだろう？ 勿論，$\log 2 \fallingdotseq 0.3010$, $\log 3 \fallingdotseq 0.4771$ を暗記していても，使ってはならない．

〈解〉（1）$\log 2 > \frac{3}{10}$ を示すことは，$2 > 10^{\frac{3}{10}}$ を示すことであるが，これは $2^{10} = 1024 > 1000 = 10^3$ より明らか． ◀

$80 = 2^3 \times 10 < 81 = 3^4$ であるから

$$1 + 3\log 2 < 4\log 3 \quad \cdots ①$$

$243 = 3^5 < 2\times 5^3 = 2\times \left(\frac{10}{2}\right)^3 = \frac{10^3}{2^2} = 250$ であるから

$$5\log 3 < 3 - 2\log 2 \quad \cdots ②$$

①，②より

$$1 + 3\log 2 < 4 \times \frac{3 - 2\log 2}{5}$$

$$\longleftrightarrow \log 2 < \frac{7}{23}$$

$\frac{7}{23} < \frac{23}{75}$ であるから

$$\frac{3}{10} < \log 2 < \frac{23}{75} \quad ◀$$

①，②より

$$\frac{1 + 3\log 2}{4} < \log 3 < \frac{3 - 2\log 2}{5}$$

$\log 2 > \frac{3}{10}$ より

$$\frac{1 + 3\cdot\frac{3}{10}}{4} < \frac{1 + 3\log 2}{4},$$

$$\frac{3 - 2\log 2}{5} < \frac{3 - 2\times\frac{3}{10}}{5}$$

それ故

$$\frac{19}{40} < \log 3 < \frac{17}{25} \quad ◀$$

(2) 題意より
$$10^{-5} \leq \left(\frac{5}{9}\right)^n < 10^{-4}$$
なる最小の整数 n を求めればよい．この式より
$$5 \geq n(\log 9 - \log 5) > 4$$
$$\longleftrightarrow 4 < n(2\log 3 - 1 + \log 2) \leq 5$$
$$\longleftrightarrow \frac{4}{2\log 3 + \log 2 - 1} < n$$
$$\leq \frac{5}{2\log 3 + \log 2 - 1}$$
$$(\because 2\log 3 + \log 2 > \frac{25}{20} > 1 \text{ を用いた})$$

(1) の結果より
$$2\log 3 + \log 2 > 2 \times \frac{19}{40} + \frac{3}{10} = \frac{5}{4},$$
$$2\log 3 + \log 2 < 2 \times \frac{12}{25} + \frac{23}{75} = \frac{19}{15}$$
であるから
$$\frac{4}{\frac{19}{15} - 1} < n < \frac{5}{\frac{5}{4} - 1}$$
$$\longleftrightarrow 15 < n < 20$$

これを満たす最小の n は
$$n = 16 \quad \cdots \text{(答)}$$

(補) この問題での $\log 2$, $\log 3$ の不等式評価はすぐ前にやったそれよりもよい評価になっていることを確認しておくこと．

もう対数は問題ではないだろう？

最後に**補充問題**を1題提供しておくので，暇な時にやってみられたい．

補充問題

n を自然数とし，$p(x) = \log_{\frac{1}{2}} \sqrt[4]{1 - \sin nx}$ とする．次の等式を満たす (x, y) の存在範囲を xy 座標平面に図示せよ．
$$\begin{cases} \frac{1}{2^{p(x)}} - \sqrt{2}\, y \left[\frac{2nx}{\pi}\right] \cdot 2^{p(x)} = 0 \\ \left(\frac{\pi}{2n} \leq x \leq \frac{5\pi}{2n}\right) \end{cases}$$
ただし，$[x]$ は実数 x を越えない最大の整数を表す．

(問題を見てすぐに底変換の公式を用いるのだと気付かねばならない．その後が問題．)

《解》真数条件は，$1 - \sin nx \neq 0$ であるから，$\frac{\pi}{2n} \leq x \leq \frac{5\pi}{2n}$ においては
$$x \neq \frac{\pi}{2n}, \frac{5\pi}{2n}$$
この下で
$$\sqrt[4]{1 - \sin nx} = a \,(> 0)$$
とおく．

次に底変換の公式により
$$p(x) = \log_{\frac{1}{2}} a = \frac{\log_2 a}{\log_2 \frac{1}{2}} = -\log_2 a$$
であるから，与式は
$$a - \sqrt{2}\, y \left[\frac{2nx}{\pi}\right] \frac{1}{a} = 0$$
$$\therefore \quad y = \frac{1}{\sqrt{2} \left[\frac{2nx}{\pi}\right]} \sqrt{1 - \sin nx}$$
$$\left(\frac{\pi}{2n} < x < \frac{5\pi}{2n}\right)$$

上式において
$$\sqrt{1 - \sin nx}$$
$$= \sqrt{\sin^2 \frac{n}{2}x + \cos^2 \frac{n}{2}x - 2\sin \frac{n}{2}x \cos \frac{n}{2}x}$$
$$= \sqrt{\left(\sin \frac{n}{2}x - \cos \frac{n}{2}x\right)^2}$$
$$= \left|\sin \frac{n}{2}x - \cos \frac{n}{2}x\right| = \sqrt{2}\left|\sin\left(\frac{n}{2}x - \frac{\pi}{4}\right)\right|$$
$$\therefore \quad y = \frac{1}{\left[\frac{2nx}{\pi}\right]} \sin\left(\frac{n}{2}x - \frac{\pi}{4}\right)$$
$$\left(\frac{\pi}{2n} < x < \frac{5\pi}{2n}\right)$$

ここで
$$\begin{cases} \left[\frac{2nx}{\pi}\right] = 1 & \left(\frac{\pi}{2n} < x < \frac{\pi}{n}\right), \\ \left[\frac{2nx}{\pi}\right] = 2 & \left(\frac{\pi}{n} \leq x < \frac{3\pi}{2n}\right), \\ \left[\frac{2nx}{\pi}\right] = 3 & \left(\frac{3\pi}{2n} \leq x < \frac{2\pi}{n}\right), \\ \left[\frac{2nx}{\pi}\right] = 4 & \left(\frac{2\pi}{n} \leq x < \frac{5\pi}{2n}\right). \end{cases}$$

以上より下図を得る．

〈解答図〉

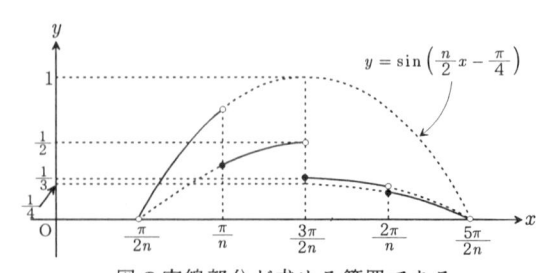

図の実線部分が求める範囲である
(●印は含まれる；点線, ○印は含まれない)

((補)) この問題は，昔々，作っておいたもので，いわゆる "monitors" にやらせてみたら，

一人もグラフを描けなかった．

　本問は**純粋に高校数学の範囲内からの材料**：指数・対数関数の底変換公式と三角関数(それも倍角・半角の公式と $1 = \cos^2\theta + \sin^2\theta$ だけ)の基本的内容から組立て創作したものである．どこにも trick は仕掛けていないので，実力があれば，大体，スラスラ解けるはずと思ってはいたのであるが，…．解答中での $\sqrt{1 - \sin nx}$ の変形は，少し技巧的に見えるかもしれないが，$1 = \cos^2\theta + \sin^2\theta$ を，**左辺から右辺に変形して使うだけ**のことだから，無理というものではあるまい．この変形をせずに微分法を用いるのは損であるし，スジでもない．$1 = \cos^2\theta + \sin^2\theta$ を，右辺から左辺に変形することにしか頭が働かない人はすぐ微分法をもち出してくる．**微分法という方法で頭が凝り固まっている人は，赤信号！**

　この章で，やったこと，読んだことをじっくり振り返ってみられたい．

　測量士の人達は，野外で「対数の値」を知りたい時，そして，偶々，**道具を持ち合わせていなかった時は，自力でその値を見積れなくては名測量士とはいえない**．このようなことは，**数学でも同様である**．

　道具や手段がなかったら，自分で見出すこと．ただ既成のものしか扱えないようでは，いくら堪能であっても，独創的人間とはいえない．

　第7章は，先約通り，**幾何**の course へと向かう．行列や極限はその後になる．

第 7 章

初等幾何（その1）

　此の度は，筆者の不得手たる**初等幾何**（特に**平面幾何**）である．恐らく，読者にも初等幾何を苦手とする人は少なくないのでは？　そう思って，この分野に関しては**歴史的内容**も混ぜて，**初歩的事柄のまとめ**を兼ねながら記述していくことにする．

　対象となる図形は，**点**，**直線**そして**円**のような単純な図形なのであるが，これがなかなかどうして，大変な"曲者"なのである．

　立場は**ユークリッド幾何**にある．

　ユークリッドという数学者は，調べによると，紀元前 300 年頃のギリシア人らしい．その著作『**幾何学原論**』は，大著であり，当時としては，厳密さにおいてもかなりのものである．これは，多分に，それ以前に相当の幾何学体系が出来上がっていたことを示唆する．

　紀元前 2500 年と推定されるエジプトのピラミッドを写真で見る限りでも，あれだけの均整の取れた墓を構築するには，かなりの**幾何学**と**力学**に達していないとできなかったはずである．その後，少しずつエジプトの数学が，ギリシア人やフェニキア人の媒介によってギリシアに流れ込んでいたと思われる．歴史は，エジプトが紀元前 500 年頃にペルシアに征服され，そのペルシアとエジプトが，長い間，勢力闘争・交戦していたことを教えるので，そのどさくさの間にエジプトの数学が，元々のギリシアの自然哲学と融合されて，それらがユークリッドによって集大成されたものではないかと筆者は憶測している．

　幾何の歴史はそれだけ長く，その分，内容の膨大な分野である．そしてそれと並列して幾何の問題を四則代数計算と平方根の逐次演算で解いてきていたのであった．

　それ故，300 年以上昔までは，"幾何学"は，数学の別称，というより数学そのものを意味するものであったようである．

　再び，ユークリッドの時代に戻ると，太古では実用性のみが重視されていたのであろう（——今もそうかもしれない——）が，単にそれだけでは数学にはなり得ない．ということで，概念を明確にするべき反省，それが『幾何学原論』には強く見られるように思える．

　『幾何学原論』は，全 13 巻から成っているらしいが，その各巻の冒頭に定義（——中には，とても定義とは思われないものも定義とされている——）や術語の説明がなされている．

　その第 1 巻にある次の **5 公準**は丸写しでよく引き合いに出される：

（現在では，というより既に 100 年ぐらい前に，ユークリッド幾何学は，より広くかつ数学的にきちんと整備されている．）

(1)　任意の異なる 2 点間には唯 1 つの直線を引ける．

(2)　（有限な長さの）線分を連続的に延長することができる．

(3)　任意の点を中心として任意の半径の円を描ける

(4)　直角は全て互いに等しい．

(5)　1 つの直線が 2 つの直線と交わって，かつその 1 つの側の内角の和が 2 直角より小さいとき，上述の 2 つの直線はその 1 つの側で交わる．（図 1 参照）

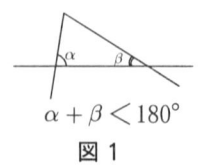

$$\alpha + \beta < 180°$$

図 1

　どれを取ってみても，当たりまえの事のよう

に思えるであろう．しかし，そうでもないのである．（'「当たりまえ」のように見えることを当たりまえで済ませる人は何ら成長し得ない'というのは筆者の持論．）**第5公準**は，今では，**平行線公準**とよばれるものであるが，**これを証明しようとして幾多の数学者がその労を報われなかったのである**．これは，'直線 l 上にない1点を通り，l に平行な直線が唯1つ存在する'と翻訳されるが，(1)～(4)からは，(5)を示せない．にも拘らず，多くの人はそれをやろうとした．その中にサッケリ（G.Saccheri）という，ニュートンと同時代の数学者がいた．彼は，第5公準の"証明"に失敗したものの，実は，気付かずに**非ユークリッド幾何学の世界**——当時は，これは未解明の世界——に入り込んでいたということである．（平行線公準の成立に何ら疑問をもたなかったのは，彼の不運というよりも，固定観念に縛られ過ぎた頭の固さの故であろう．）調べによると，それに気付いたのは，**ガウス**であったらしい．やはり，さすが．（"非ユークリッド幾何学"というのは，ガウスによる命名である．）しかし，ガウスは，その研究があまりの常識返しである為に，気後れして公表を控えてしまったので，ほぼ同時期に研究していた若い**ロバチェフスキー**（I.Lobachevskii：ロシアの数学者）と**ボヤイ**（J.Bolyai：ハンガリーの数学者）——どちらも1800年前後に生まれている——に業績上の知名度を得られてしまった．（"鬼の居ぬ間に洗濯"ならぬ，"鬼の控えたる間に持ち去れ"か？されば，'強者必ずも勝者とはならぬ'．これを方便として，"**鬼のごとき強者が目覚めないうちに，やるべき事をやれば勝者になれる**"．かくなる不公平も世の常！）かくして，華麗な非ユークリッド幾何学は，ユークリッドの第5公準を適当に否定することによって，その扉が開かれたのであった．

その1つの命題：

'直線 l 上にない1点を通り，l に平行である無数の異なる直線が引ける'

には，全くあきれ果てるではないか．（勿論，入試程度には，こんな恐ろしい程度のものが入ってくることはあり得ないので，これ以上は進まない．）

よく，「数学は重箱の隅を突いたような事をくどくどとやる」という悪評を耳目にする．"誉人千人悪口万人"（それだけ，人は嫉み深いという事．）誹謗やら"御教訓"やらはその道でそれだけの事をやって見せてからにしていただきたいものである．さて，この悪評に対して，筆者は論駁する：「（ここぞと思う）重箱の隅をつついて，つつき通すからこそ**大きな発見がなされるのである**」と．（既述の非ユークリッド幾何学の発見はその典型例ではないか！）それに，一見，正しく思われていたことが，よくよくつついて調べてみたら，正しくなかったというどんでん返しは，数学の歴史の中でもざらにある．

この点は物理学でもそうである．アインシュタインのような人達の思考は極度に緻密である．そもそも顕わであったら，"ロバ"にでも疾っくの昔に見出されていたはず．発見というものは，常に，綿密な論理を伴ってこそなされる．

然るに，よく論理と直観のどちらが数学的センスとして大切かということで，「直観がはるかに大切」と言う人が圧倒的のようであるが，そのような断言は早計であろう．直観は論理に付随してこそ力を有し得て，両者は共に支え合って成長していくものである．直観ばかりが先走りしたところで，未解明事実に対しては，それは単なる試行錯誤にしかならない．そのような場合は，ギリギリの所まで理詰めで追いつめないと，正しい直観は働かないからである．

多くの高校生読者には，「直観的に当たりまえに思える初等幾何のくどくどした証明など，一体，何の為に？」と思われるかもしれないが，それは，やがて高度な level での未解明問題などをやる為の基本的鍛錬と準備をしていることにもなるのである．

"村上の御時，随身たる男ありけり．かの男，功ありきによりて，さるべき大納言より家宝と云ひ伝へられし重箱を賜はりし．そこはかとなく，かの重箱の顕たる飯を食らひし後，いかなる品でこれは家宝なるやと不思議に思ひけるに，いかばかりかは重くありけむ．かくして重箱の隅をやんごとなくつつきし．あないみじ．平底にかしこくも黄金箔敷き

つめてありけむ".（筆者による"大鏡版擬徒然草"）.
　"世にかたりつたふる事，まことはあいなきにや，おほくはみな虚事（＝偽り事，でたらめ事）なり"（吉田兼好による徒然草）.
　どうやら，今も昔も変わらぬようである.
　吉田兼好師は，世というもの，人というものをよく観ておられた.

　それでは，まず，作図問題である.
　再三，ギリシア時代に戻る.
　（「一体，問題はいつになったらやるのか？」と焦らないこと．そのようなものは，いつでもすぐやれる．筆者は，読者が内容も分からずに，「初等幾何を復古調のもの」と見下げることのないように指導しようとしているのである．これを見下げて，ただ最近の入試問題ばかりを求めるのは，繁った葉のみを見て，大本たる幹を見ないようなものである．しかし，葉はすぐ枯れる！）
　ギリシア時代に提出された**三大作図不能問題**を，何かの本で読み知っている人も少なくないであろう：
　❶ 任意の角を三等分すること．
　❷ 与えられた立方体の 2 倍の体積をもつ立方体を作図すること（デロスの問題）．
　❸ 与えられた円と同じ面積をもつ正方形を作図すること．
　使用できる器具は，（目盛なしの直線形の）定木とコンパスのみで，次の 2 つの**公法**を認める：
　（A） 任意の異なる 2 点を通る直線を引ける．
　（B） 任意の点を中心とした任意の円弧を描ける．
　（A），（B）はそれぞれ前述の**ユークリッド**の第 1，第 3 公準そのものである．
　直線や円弧を描く操作は，どうしても有限回に決まっている．ある図を，そのような操作を有限回で作図できるなら，それは**作図可能**，さもなくば**作図不能**という．
　上の問題❶〜❸については，歴史の中でも無数の**巧妙な誤解答**が提出されたようである．
　問題だけは単純であるから，初めてこれらを見かけた人でも，解けそうに思えるであろう．

ところが，どっこい，どれも**本当の超難題**なのである．しかし，❶と❷は❸に比べたら，断然，易しい．（いずれも 1800 年代に，作図不能であることが，論法上，ルール違反をすることなくして証明された．❶と❷は L.Wantzel，❸は F.Lindemann という数学者によって解決されている．）
　ということで，作図問題とてばかにはできない訳である．

　ここでは，典型的かつ易しい問題例を扱ってみる.
　その前に，'正三角形を作図する'，'二等辺三角形を作図する'ことや'任意の角を 2 等分する'ような作図題は大丈夫であろうか？

　<例 1>　直角が与えられたとして，それを三等分するように作図せよ．そして，それが直角の三等分になっていることを証明せよ．

　[解]　まず，図イにように直角が与えられたとする．OX，OY は半直線である.

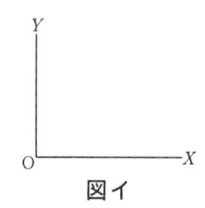

図イ

　次に，点 O を中心としてコンパスで円弧を描く．これが図ロである．点 A，B はその円弧がそれぞれ半直線 OX，OY と交わる点である．

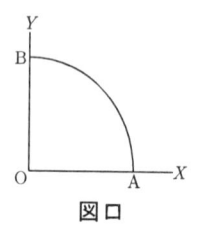

図ロ

　そして，点 A，B を中心として上と同じ半径の円弧を描く．それが図ハである．点 C，D はそれぞれ図ロにおける円弧と新しく描いた円弧の交点である．

図ハ

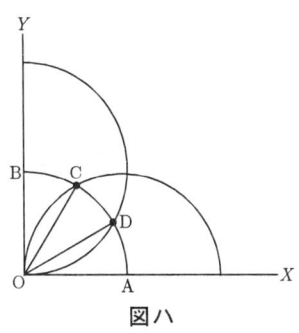

こうして得られた線分 OC, OD が直角の三等分線である．

それでは，
$$\angle DOA = \angle COD (= \angle BOC)$$
であることを示す：

上の作図の過程より
$$\angle COA = 60° = \angle OAC$$
であるから△COA は正三角形である．同様に△BOD も正三角形である．

従って
$$\angle BOC = 30° = 90° - \angle COA$$
であるから
$$\angle COD = 30°$$
が判明し，題意は示された．◁

直角の三等分については，次のように解説するのが標準的かもしれない：（記号は**例1**と同じ．）

"まず，OX 上の任意の点を A として，正三角形 OAC を作図する．

次に，点 O から，∠COA を 2 等分するような直線 OP（この点 P は，例 1 の解答中にはないが，点 D を通る直線である）を引く．

このとき，OP と OC は直角を三等分している．"

純粋の作図問題は，入試では，あまり好んで出題されないようなので，このくらいで打ち切ることにしよう．しかし，長さや面積を評価する問題と融合して作図題をやることは，これからもお目にかかるであろう．

それでは，徐々に，具体的内容へと入ってゆく．（以後，"長さ"という概念は，一応，認めることにする．従ってピタゴラスの定理，即ち，三平方の定理のようなものは認める．）

まずは，**点対称**と**線対称**について．
（実は，作図題では，既に，円の幾何的対称性を暗に認めてそれに依存していたのである．）

〈1〉 点対称

図形 S と S' が点 P に関して点対称であるとは，以下の**図2**のような場合をいう：

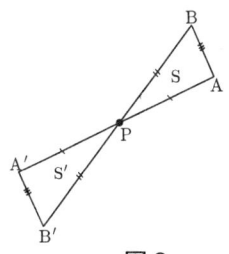

図2

本書で学んでこられた読者は，既にこのようなものを見ておられるのである．（関数とグラフの箇所で，三次関数のグラフをこのようにして描いた．）

図形 S' は，S を点 O の回りに 180° だけ回転すると得られる．（同様に S と S' の立場を入れ替えてもよい．）そして，**図2**において点 A と B'，点 B と A' を線分で結んでみよ．平行四辺形が出来上がるであろう．そして，一般に，'平行四辺形とは 2 つの対角線の交点に関して点対称な四角形である'と定義できることになるのである．云々．

〈2〉 線対称

図形 S と S' が直線 l に関して線対称であるとは，以下の**図3**のような場合をいう：

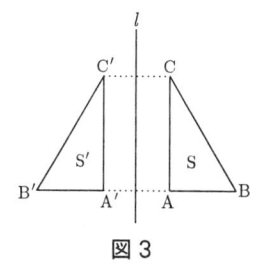

図3

読者は，既にこのようなものを見ておられるであろう．（x 軸や y 軸に関してグラフの対称変換をやったはず．）

〈1〉，〈2〉のような**対称変換**を f で表すと，いずれにせよ
$$f^2(S) = f(f(S)) = S$$
なる等式が成立する．f^2 は何も変換しなかった

ことと同じになる．このようなとき，f を**対合**という．ここでの f は**合同変換**であるといわれる．勿論，図形の回転や平行移動も合同変換になる．

かくして図形の合同なるものへと進んでゆくことになる．(作図問題では，適当な1つの図形を与えて「その合同な図形を作図せよ」ということもあるが，ここではやらない．)

さて，上述の〈1〉での図2は合同な三角形を2つ描いているが，実は，"合同" ということをきちんと説明するのは容易なことではない．ユークリッドの『幾何学原論』では，"二等辺三角形の両底角は等しい" ということすら認めて，"対応する3辺の長さが等しい2つの三角形は合同である" を，背理法で証明しているくらいであるが，反省の余地は大いにある．

まあ，とにかく厳密なことを云々しなければ，易しいわけであるから，その立場で**合同**というものを定義しているのである．

〈3〉$_1$ 2辺夾角が等しい2つの三角形は合同．
〈3〉$_2$ 2角夾辺が等しい2つの三角形は合同．
〈3〉$_3$ 3辺の長さが等しい2つの三角形は合同．

これらは，しかし，球面上の三角形，即ち，**球面三角形に対しては成り立たない**．

また，**四面体では〈3〉$_3$ のようなものは成り立たない**．つまり，対応する4辺の長さが等しくても2つの四面体は合同とは限らない．

このように設定条件が異なったり，空間的図形になったりすると，単純な類推で物事を決めつけることはできなくなるのである．

なお，〈3〉$_3$ は，**フィロ**(Philo：東ローマ帝国時代の数学者) によって，二等辺三角形の性質を定義として証明がなされている：

図4

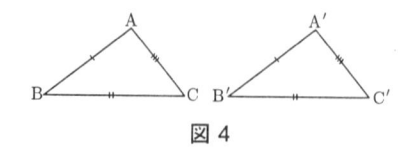

図4において辺 BC と B'C' を接合させると，図5のようになる．

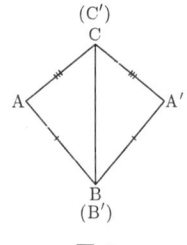

図5

2点 A, A' 間を線分で結ぶ．そうすると，△AA'C と △ABA' は二等辺三角形であるから
$$\angle CAA' = \angle CA'A$$
$$\angle BAA' = \angle BA'A$$
であり，辺々相加えて
$$\angle CAA' + \angle BAA' = \angle CA'A + \angle BA'A$$
となる．これは
$$\angle CAB = \angle BA'C$$
である．そして〈3〉$_1$ より
$$\triangle ABC \equiv \triangle A'B'C'$$
('≡' は合同を表す公的記号)
となる．q.e.d.

〈3〉$_3$ の証明としては，このフィロの証明が，現今では最も普及している．

それでは，入試問題 (といってもセンター試験のものだが) を1つ．筆者は，個人的にはセンター試験を好かないが，それと問題の良悪は別であるから，適当な問題は採択する．

◀ 問題 1 ▶

平面上に2つの合同な三角形 △ABC と △DEF があり，その頂点はこの順に対応し，次の条件を満たしている．(図を参照)

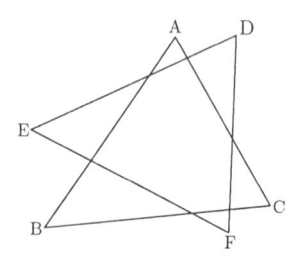

(a) どちらの三角形の3頂点も，もう一方の三角形の外側にある．
(b) 頂点 D は直線 AC に関して頂点 B の反対側にあり，頂点 E は直線 AB に関し

て頂点 C の反対側にあり，頂点 F は直線 BC に関して頂点 A の反対側にある．

このとき，ある点 G を中心とする回転移動により △DEF を △ABC に，この順に頂点が対応するようにして，移すことができることを示そう．

次の文章中の アイ ， ウエ ， カキク と ケコサ に当てはまるものを，記号 A〜G のうちから選べ．(アとイ，ウとエ，ケとサは，それぞれ解答の順序を問わない．)

ここでは，直線 AD と直線 CF が平行でない場合を考えてみよう．

(1) 点 G を中心とする回転移動により △DEF が △ABC に移ったとすると，D が A に移るのだから AG= アイ ，同じく CG= ウエ である．ゆえに G は オ でなくてはならない．(オ に当てはまるものを，次の ①〜④ のうちから選べ．)

① 直線 AC と直線 DF の交点
② 線分 AC の垂直二等分線と線分 DF の垂直二等分線の交点
③ 直線 AD と直線 CF の交点
④ 線分 AD の垂直二等分線と線分 CF の垂直二等分線の交点

(2) 逆に，G が オ であると，AG= アイ ，CG= ウエ で，さらに AC=DF だから，対応する 3 辺が等しく，△DGF=△ カキク で，このとき頂点 D は頂点 カ に，頂点 G は頂点 キ に，頂点 F は頂点 ク にそれぞれ対応している．したがって，点 G のまわりに角 ケコサ だけ回転移動すれば △DGF は △ カキク に移される．こうして △DEF は △ABC に移されることがわかる．

(センター)

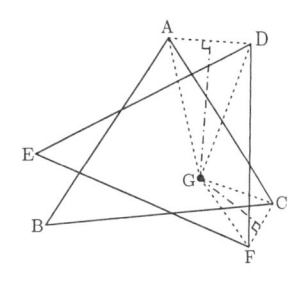

点 G は

　　線分 AD の垂直二等分線と線分 FC のそれの交点である

ことが判明する．

　よって答は

　　　DG …(アイ)，　CG …(ウエ)

　　　④ …(オ)

(2) △ABC≡△DEF より

　　　△DGF≡△ AGC

であり，頂点 D は頂点 A に，頂点 G は頂点 G に，頂点 F は頂点 C にそれぞれ対応する．従って点 G の回りに ∠ AGD (=∠CGF, etc.) だけ回転すれば，△DGF は △ABC に移される．

　よって答は

　　　AGC　…(カキク)

　　　AGD　または　CGF　…(ケコサ)

流れの幅を広くして**相似**の方に向いていく．

　相似とは，ある図形をそのままで拡大・縮小することであり，長さに関して比例式が成立する．そうなると，当然，面積はどうなるかという問題も付きまとってくる．

〈4〉₁ 対応する 1 つの角が等しく，これを夾む 2 辺の比が等しい 2 つの三角形は相似．

〈4〉₂ 対応する 2 つの角が等しい 2 つの三角形は相似．

〈4〉₃ 対応する 3 つの辺の長さの比が等しい 2 つの三角形は相似．

(円の場合は，述べるまでもないだろう．全ての円は合同であるか相似であるかでしかないから．)

　なお，相似を表す公的記号は '∽' である．

　三角形の相似条件より導かれる初歩的定理としてよく知られているのは，中点連結定理とよばれているものである．

† センター用とはいえ，よくできた問題である．丁寧な誘導形式になっているので，素直に解いてよいだろう．

〈解〉 (1) 題意より直ちに

　　　AG= DG ，CG= FG

である．上 2 式の基づいて図を補助にしてよい：

中点連結定理

'三角形の2辺の中点を線分で連結した場合,その線分の長さは,三角形の他の1辺の長さの半分である.'

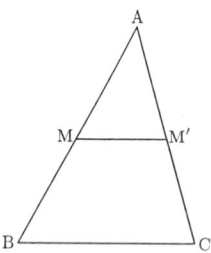

M, M′ はそれぞれ辺 AB, AC の中点で, $MM' = \frac{1}{2} BC$

図6

その他,メネラウスの定理やチェバの定理もあるが,ここでは,取り挙げないことにする.あとでやるかもしれない.

これまで「円」はあまり扱われていないが,そろそろ円に登場していただかなくてはならない.実際上,幾何の多くの問題は円と融合されて問題らしくなってくるが,それ以上に,**三角形と円を完全に分離して議論するのは,あまり自然であるとはいえないのである**.それは,三角関数を振り返ってみても納得していただけるであろう.三角関数は三角形と円から生まれついているからである.

簡単に「円」とはいうが,これ程,見かけが単純でありながら,その本性の解明に手間取ったものはざらにはない.その深遠さは,円周率πという数にある.その解明の歴史は長過ぎてここで述べるわけにはゆかない.ただ,πという数のかなりよい近似不等式を与えたのは,紀元前200年代の**アルキメデス**であるらしいと付記しておく.どの歴史書も同じ数値評価式で載せてあるので,それを信用する:

$$3 + \frac{10}{71} < \pi < 3 + \frac{1}{7}.$$

これを小数で表すと

$$3.1408 < \pi < 3.1429$$

であるから,当時としては,かなりよい近似であった訳.

アルキメデスは,このπというものを用いて,**円の面積,球面の表面積や球の体積を正しく表**している.

"半径 r の球面の表面積は $4\pi r^2$ で表される"ということは,大変,驚くべき発見である.**読者は,もしアルキメデスと同年代に生まれていたとして,球の表面積が $4\pi r^2$ で正確に表されることを導ける自信はおありかな??**(今では微積分法ですぐ求めれるこの事実だが,筆者はここで,'アルキメデスは素手で虎に勝ったが,現代人は銃で虎に勝つ'と陰喩しておく.現代人にアルキメデスのような先生はどれだけいるのだろう??)こうして曲がった対象物の解析はスタートを切ったのであるが,"無限"という概念を"明確に(?)"できなかった為,πの正体の解明にはどうしても微分法の発見まで,そしてさらに前述のリンデマンの業績まで待たねばならなかったのである.(それ故,初等幾何の作図等では2直角を表す記号としてπという文字を**本当は使うべきではない**.なるべく 180°と表した方がよい.)

ここで"無限"という言葉が出てきた.既にこの講義では「$\lim_{n\to\infty} \frac{1}{n} = 0$」という式が現れているが,**無限というものに何ら言及はしていない**.というのは,"無限とは何か?"と問われて答え得る人間は1人もいない故に.当然である.我々は,無限という言葉を**知ってはいるが,それを分かってはいない**からである.「有限でないものは無限である」と答えても全然答にはなっていない.こう答えられたとしても,「我々は無限の何たるものかを分かっていない」ということに何ら変わりはない.にも拘らず,「$\lim_{n\to\infty} \frac{1}{n} = 0$」を分かった気でいるのである.この式は何であろうか? 読者は真剣に考えられたことがあるだろうか?

この式は単なる算数処理式である."$\frac{1}{n} \to 0$ $(n \to \infty)$ を $\lim_{n\to\infty} \frac{1}{n} = 0$ と表す"と,筆者は高校生の時に教わったのであるが,何かが怪しい.「$\lim_{n\to\infty} \frac{1}{n} = 0$」というものは,$n \to \infty$ としたとき,$\frac{1}{n}$ が限りなく近づくも決して至り得ない先の値 0 を表したものであり,「$\frac{1}{n} \to 0$」の 0 とは意味が違う.

どうも"等式" $\lim_{n\to\infty}\frac{1}{n}=0$ の表示法がしっくりしない．$\left(0=\frac{0}{n}=\lim_{n\to\infty}\frac{0}{n}\stackrel{?}{=}\lim_{\frac{1}{n}\to 0}\frac{1}{n}.\right)$（高校生読者は，数学専攻の大学生になれば，**ε-δ 論法**なるものを学ばれるのであるが，これとて無限という事を解明できているのではない．ただ，$\lim_{n\to\infty}\frac{1}{n}=0$ のようなものを論理記号で表しただけのこと．基礎概念として立派ではあるが．）

　　対数関数の箇所で，筆者は
$$\frac{1}{3}=0.333333\cdots$$
という数を，"子供の疑問"として叙述した．この素朴な疑問は，実は，決して単純なものではない．右辺は3が無限に続く循環小数であって，その**無限等比級数**の和はすぐに $\frac{1}{3}$ と求まる．しかし，そんな計算処理だけで $0.33333\cdots=\frac{1}{3}$ を分かったとはいえない．これは，無限なるものを有限な値に丸め込んだだけの事に過ぎない．無限は，やっぱり，無限ではないのか．

（仮に実数の稠密性などを持ち出しても，やはり「無限」というものを分かっていることにはなるまい．）

　人間には，「無限」が分からない．分からないが，何とか育(なだ)めて人間がつかめるように処理しているだけのことと思った方が無難であろう．（ついでに，筆者はよくは知らないが，少し高級(?)な事をいうと，「無限」ということに真っ向から挑戦する(?)厳(いか)しい名の"超準解析"なるものに基づくと，$\frac{1}{3}$ と $0.33333\cdots$ の間には無数の'無限小の数'があるということになる？！）

　それでは，**円と線分ないしは直線**の相関的定理を抜粋的にまとめておくことにしよう．証明は省略してよいだろう．（弦，円周角と中心角などの基本的用語に関しては既知とする．）

〈5〉₁ **円周角一定の定理**

　　円周上に相異なる3点 A, B, P をとり，A と B を固定しておく．弦 AB に関するどちらか一方の共役弧上に対して点 P が動くとき，∠BPA はつねに一定である．

　　そして，円の中心を O とすると，'∠BPA=一定値' は

∠BPA = $\frac{1}{2}$ ∠BOA（中心角の半分）

で与えられる．

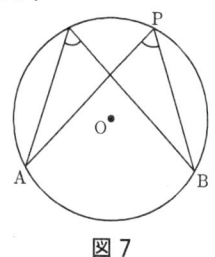

図 7

（この定理での後半部分の系として，'弦 AB が円の直径である場合，∠BPA=90°である'が得られる．これは**ターレス(Thales)の定理**といわれるらしい．）

〈5〉₂ **接弦の定理**

　　円の接線（これは，ここでは無定義用語）とその接点を通る弦とのなす角は，この角内にある弧に対する円周角に等しい．

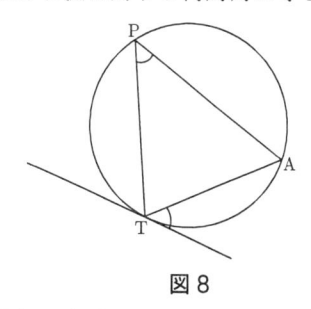

図 8

〈5〉₃ **補角の定理**

　　円に内接する（凸）四角形の向かい合う内角の和は 180°である．（逆に，向かい合う内角の和が 180°になる四角形は円に内接する．）

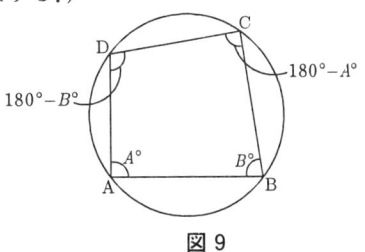

図 9

　そして，円に関わる線分の長さの比例関係を与える方べきの定理がある．

〈6〉 **方べきの定理**

　　1点 P を通る2直線が円と交わる点を，図

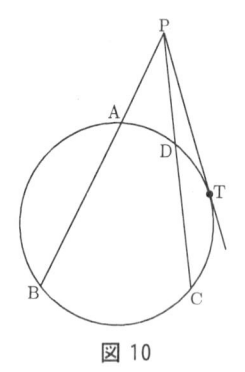

のように A, B, C, D とすると
$$\frac{PA}{PC} = \frac{PD}{PB}$$
が成り立つ.

特に PT が円の接線であれば
$$\frac{PA}{PT} = \frac{PT}{PB}$$
となる.

<例2> 一辺の長さが1の正方形 ABCD の内部に点 P をとって，∠APB, ∠BPC, ∠CPD, ∠DPA がいずれも $\frac{3}{4}\pi$ をこえないようにするとき，点 P の動き得る範囲の面積を求めよ． （東京大・文系）

|解| 下図における円 C_1 は，∠APB = $\frac{3}{4}\pi$ となるような点 P の軌跡である．∠APB > $\frac{3}{4}\pi$ なる点 P は，図中の霞状領

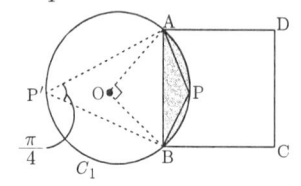

域にある．直ちに
$$\angle AP'B = \frac{\pi}{4} = \frac{1}{2}\angle AOB$$
（点 O は図中の円 C_1 の中心）
となる．

同様の円で BC を弦とするもの C_2 を描いたとき，それが C_1 と点 B で接することを示しておかねばならない．

これは，正方形 ABCD の対角線 AC, BD の交点を I とすると，∠BIA = $\frac{\pi}{2}$ であるから
$$\angle IAO = \angle OBI = \frac{\pi}{2}$$

となり，従って直線 IB は円 C_1, C_2 の共通内接線となることで示された．

以上から，図の霞状部分の4つ分の面積は，図中の半径 $\frac{1}{\sqrt{2}}$ の円の面積から，一辺の長さ1の正方形のそれを引いた分である．即ち，$\pi\left(\frac{1}{\sqrt{2}}\right)^2 - 1$ である．

よって求める面積は
$$1^2 - \left(\frac{\pi}{2} - 1\right) = \underline{2 - \frac{\pi}{2}} \quad \text{(答)}$$

例2では，答そのものは，直観的にすぐ求め得るので，途中のきちんとした説明に配点ウェイトがかかったであろう．（因みに**昭和43年**出題．）

入試問題は，基本的には，いつの時代も変わらない．大抵は，ただ，**装いが変わってくるのみ**である．以下，少し問題演習に入る．

◀ **問題 2** ▶

円に内接する四角形 ABCD の辺の長さを，それぞれ
　　AB = 4, BC = 3, CD = 2, DA = 6
とする．2直線 BC と AD の交点を E とし，2直線 AB と DC の交点を F とする．

次の文章中の アイウ と ケコ ～ セソ については，当てはまるものを記号 A～G のうちから選べ．（アとイウ，ケとコ，サとス，セとソは，それぞれ解答の順序を問わない．）

(1) EC = x, ED = y とおけば，相似な2つの三角形 △アイウ と △ABE との対応する辺の比はみな等しいから
　　　$x : 2 = (y + エ) : 4$
　　　$y : 2 = (x + エ) : 4$
が成り立つ．ゆえに，$x = $ カ である．さらに，
　　　EC・EB = キク ……①
である．同様に，
　　　FC・FD = $\frac{160}{9}$ ……②
である．

(2) 点 G を，△FBC の外接円と直線 EF との交点で F とは異なる点とすれば，
　　ケコ・EF = EC・EB ……③
である．また，4点 F, G, C, B は同一円

周上にあり，4点 A, B, C, D も同一円周上にあるから
$$\angle FGC = \angle \boxed{サシス} = \angle EDC$$
となる．これにより 4点 E, D, C, G は同一円周上にあることがわかる．
したがって，
$$\boxed{セソ} \cdot FE = FC \cdot FD \quad \cdots\cdots ④$$
となる．①, ②, ③, ④ により
$$EF = \frac{2}{3}\sqrt{\boxed{タチツ}}$$
である．　　　　　　（センター・追試）

(†) 円周角，方べきの定理の応用問題．（合同・相似に目配りしながら，比例計算をするのみ．）

〈解〉　下図を参照．

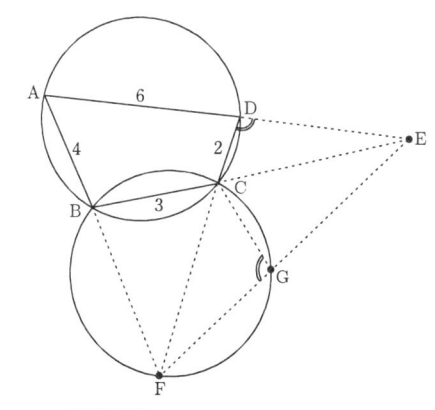

(1) △$\boxed{CDE}$ ∽ △ABE であるから
$$x : 2 = (y + \boxed{6}) : 4$$
$$y : 2 = (x + \boxed{3}) : 4$$
が成り立つ．故に
$$x = \boxed{5}$$
である．さらに
$$EC \cdot EB = x(x+3) = \boxed{40} \quad \cdots\cdots ①$$
である．同様に
$$FC \cdot FD = \frac{160}{9} \quad \cdots ②$$
よって答は
　CDE … (アイウ)，6 … (エ)，3 … (オ)
　5 … (カ)，40 … (キク)

(2) 上図において，方べきの定理により
$$\boxed{EG} \cdot EF = EC \cdot EB \quad \cdots\cdots ③$$
である．また
$$\angle FGC = \angle \boxed{ABC} = \angle EDC$$
となる．これにより 4点 E, D, C, G はある同一円周上にある．再び，方べきの定理により
$$\boxed{FG} \cdot FE = FC \cdot FD \quad \cdots\cdots ④$$

となる．
①と③より
$$EG \cdot EF = 40 \quad \cdots\cdots (☆)$$
②と④より
$$FG \cdot FE = \frac{160}{9}$$
$$\longleftrightarrow (EF - EG) \cdot EF = \frac{160}{9} \quad \cdots (☆☆)$$
(☆) + (☆☆) より
$$(EF)^2 = \frac{520}{9} = \frac{2^3 \times 5 \times 13}{9}$$
$$\therefore \quad EF = \frac{2}{3}\sqrt{\boxed{130}}$$

よって答は
　EG … (ケコ)，ABC … (サシス)
　FG … (セソ)，130 … (タチツ)

センター試験のような場合，幾何の問題では，大急ぎで図を描かなければならず，それだけに図が粗雑になって解きづらくなりがちである．その意味において，本問を 20 分以内で解くのは厳しい．筆者もそうだが，Slow Starter にとっては，人の何倍も応える．このような "スピード入試" では，支障のない限りで，**図は印刷して載せてやるべき**ではなかろうか．（これも無駄な要望か．）

また，選択問題形式というのは，どれを選ぶかで，かなり損得が生じやすいので，あまり好ましい制度とは，思われないが，仕方のない事かな？

◀ 問題 3 ▶

下図において，AB = AC = 14，BC = 7，EB = 2 とする．4点 A, B, D, F が同一円周上にあるとき，次の各問に答えよ．

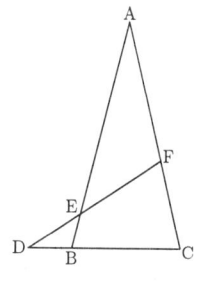

(1) 次の 2つの比例式を最も簡単な整数比で表せ．
　　CF : CD，AF : DB．

(2) DB の長さを求めよ．

（宮崎大・教，農（改文））

① 短い時間での試験問題として，適度であろう．これも円周角の問題であるが，本問では，メネラウス先生に平伏して，その定理を拝借せねばなるまい．

〈解〉 右図に基づく． 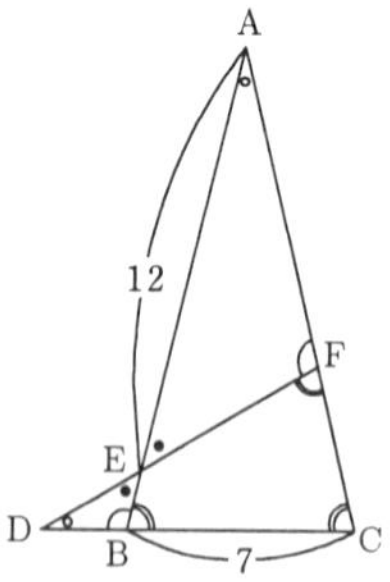
4点 A, B, D, F が同一円周上にあるというから，
∠ABD = ∠AFD であり，
従って
$$\angle ABC = \angle CFD$$
∴ △ABC ∽ △DCF

（1） まず，第1の比例式から．
$$CF : CD = BC : CA = 7 : 14$$
$$= 1 : 2 \quad \cdots (答)$$

次に，第2の比例式について．
メネラウスの定理で
$$\frac{CD}{DB} \cdot \frac{BE}{EA} \cdot \frac{AF}{FC} = 1$$
となるから，$\frac{CD}{CF} = 2$，BE = 2，EA = 12 を代入して
$$2 \times \frac{2}{12} \times \frac{AF}{DB} = 1$$
∴ AF : DB = 3 : 1 $\cdots$ (答)

（2） （1）の結果より
$$2CF = CD \longleftrightarrow 2(CA - FA) = CB + BD$$
CB = 7 より
$$\frac{7 + BD}{2} = CA - AF \quad \cdots ①$$
および
$$3DB = AF \quad \cdots ②$$
①+② より
$$\frac{7(1 + DB)}{2} = CA = 14$$
∴ DB = 3 $\cdots$ (答)

もう1題，問題を解いてから**三角形の五心**について簡単に述べる．

▶ **問題 4** ◀
円の中心 O を通らない弦 AB を引く．点 P は弦 AB に関し O と同じ側にある弧 AB 上にとる．線分 PA またはその延長上に PQ=PB となるように点 Q をとる．このとき，次の（1），（2）に答えよ．
（1） P が弧 AB を点 A を除いて動くとき，Q の軌跡は AB を弦とするある円周上を動くことを証明せよ．
（2） 線分 BQ が（1）で定まる円の直径となるときの点 P の位置を求めよ．

（鹿児島大）

① 本問は，軌跡の問題（―― **動点問題**とよんでもよいだろう ――）であるが，基本的には，これまでの内容と，別段，変わり映えのないものである．
（1），（2）共に，要するに，「円周角の定理と二等辺三角形の性質をフルに利用せよ」というもの．

〈解〉（1） PQ ≦ PA のとき

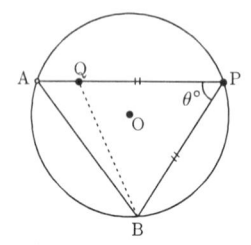

∠BPA = θ° とすると
$$\angle BQA = 180° - \frac{180° - θ°}{2}$$
$$= 90° + \frac{θ°}{2} \quad \cdots ①$$
である．
PQ > PA のとき

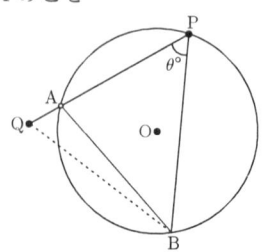

上と同様に ∠BPA = θ° とすると
$$\angle BQA = 90° - \frac{θ°}{2} \quad \cdots ②$$
である．

点 P が優弧，つまり，大円弧 $\overparen{AB}$ 上を動くとき，$\theta°$ は一定であるから，上記どちらの ∠BQA も一定である．そして，①と②の右辺の和は180° である．

よって点 Q は AB を弦とするある1つの円周上を動く．◀

（2） BQ が（1）で定まる円の直径になる瞬間では，∠BAQ = 90° であるから，∠PAB = 90° でもある．

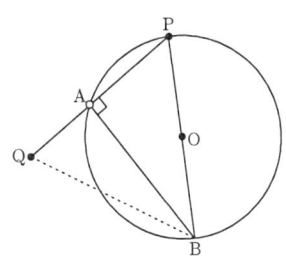

よってその瞬間における点 P の位置は

$\begin{cases} 図のように線分 PB が，点 P の \\ 動く円周の直径になる所である \end{cases}$ …（答）

この**問題4**を少し延長させてみよう．

補充問題

半径 R の円 C_1 の中心 O を通らない弦 AB（その長さを a とする）を引く．点 P を，つねに，AB に関して O と同じ側にある弧 $\overparen{AB}$ 上にとる．

いま，線分 PA またはその延長線上に
$$PQ = PB$$
となるような点 Q をとる．

点 P が上述の弧 $\overparen{AB}$ 上を動くとき，点 Q は AB を弦とする半径 r のある円周 C_2 を描く．

2つの円 C_1, C_2 各々の半径 R, r の大小を比較せよ．

（問題4の解答を既知としてやってよい．）

《解》 図は QB が円 C_2 の直径になった瞬間の様子を表したものである．

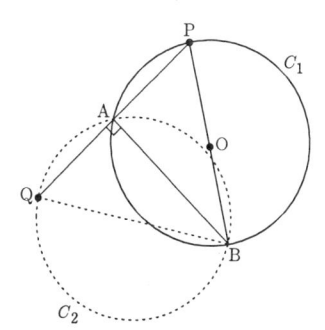

与えられた記号によって
$$PA = \sqrt{(2R)^2 - a^2} \quad (a \leq 2R)$$
であるから
$$\begin{aligned} AQ &= PQ - PA = PB - PA \\ &= 2R - \sqrt{4R^2 - a^2} \end{aligned}$$
となる．よって
$$\begin{aligned} QB = 2r &= \sqrt{AB^2 + AQ^2} \\ &= \sqrt{8R^2 - 4R\sqrt{4R^2 - a^2}} \end{aligned}$$
そこで
$$\begin{aligned} (2R)^2 &- (2r)^2 \\ &= 4R^2 - (8R^2 - 4R\sqrt{4R^2 - a^2}) \\ &= 4R(\sqrt{4R^2 - a^2} - R) \end{aligned}$$
よって
$\begin{cases} R \geqq r \quad (a \leq \sqrt{3}R \text{ の場合}) \\ R < r \quad (\sqrt{3}R < a \leq 2R \text{ の場合}) \end{cases}$ …（答）

内容記述が少し遅れたが，**三角形の五心**について少々．これまでの原理的内容を認める以上，どれも自然に納得される．（図は省略する．）

〈7〉$_1$ 三角形の3辺の垂直二等分線の交点を**外心**という（三角形の外接円の中心）．

〈7〉$_2$ 三角形の3内角の二等分線の交点を**内心**という（三角形の内接円の中心）．

〈7〉$_3$ 三角形の1内角と他の2外角の二等分線の交点を**傍心**という（三角形の傍接円の中心：1つの三角形に対して傍接円は3つある）．

〈7〉$_4$ 三角形の各頂点から対辺へ下ろした垂線の交点を**垂心**という．

〈7〉$_5$ 三角形の各頂点から対辺の中点へ下ろした中線の交点を**重心**という．

三角形と円の問題について，高校生読者はこれまでもかなり演習を積んできているであろう．まずは，復習を兼ねて問題例を1つ．

＜例3＞ 1辺の長さ a の正方形の各頂点を中心として，半径 a の $\dfrac{1}{4}$ 円を図のように描いたとき，図中の4つの円弧 $\overparen{A_1B_1}$, $\overparen{B_1C_1}$, $\overparen{C_1D_1}$,

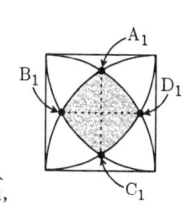

$\overparen{D_1A_1}$ で囲まれた霞状部分の図形の面積を S_1 とする．

次に，正方形 $A_1B_1C_1D_1$ の各頂点を中心として，この正方形の1辺と同じ長さを半径とする $\frac{1}{4}$ 円を描いたとき，上と同様の円弧で囲まれた図形の面積を S_2 とする．

以下，同様の手続きをして得られる円弧の包囲による図形の面積を S_n ($n=1, 2, 3, \cdots$) とする．

和 $\sum_{k=1}^{n} S_k$ を a と n を用いて最も簡潔な形で表せ．

解 まず，S_1 を求める．

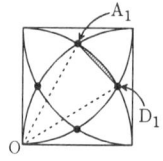

図のように，3点 O, A_1, D_1 を結んだ三角形において $\angle A_1OD_1 = 30°$ であるから

扇形 $O\overparen{D_1A_1}$ の面積
$$= \frac{1}{2}a^2 \cdot \frac{\pi}{6}$$

$\triangle OD_1A_1$ の面積
$$= \frac{1}{2}a^2 \cdot \frac{1}{2}$$

となる．よって図での斜線部分の弓形の部分の面積は

$$\frac{1}{2}a^2\left(\frac{\pi}{6} - \frac{1}{2}\right) \quad \cdots ①$$

一方，弦 A_1B_1 の長さは，余弦定理を使って

$$A_1D_1^2 = 2a^2\left(1 - \frac{\sqrt{3}}{2}\right) \quad \cdots ②$$

となる．①，②より
$$S_1 = 4 \times \frac{1}{2}a^2\left(\frac{\pi}{6} - \frac{1}{2}\right)$$
$$+ 2a^2\left(1 - \frac{\sqrt{3}}{2}\right)$$
$$= \left(\frac{\pi}{3} + 1 - \sqrt{3}\right)a^2$$

さて，いま①の4倍の値を
$$\alpha a^2 \quad \left(\text{ここに } \alpha = 2\left(\frac{\pi}{6} - \frac{1}{2}\right)\right),$$
②の値を
$$\beta a^2 \quad \left(\text{ここに } \beta = 2\left(1 - \frac{\sqrt{3}}{2}\right)\right)$$

と表すことにする．そうすると，
$$S_1 = (\alpha + \beta)a^2,$$
$$S_2 = (\alpha + \beta)A_1B_1^2 = (\alpha + \beta)\beta a^2$$

となり，以下同様の手続きがなされるから
$$S_n = (\alpha + \beta)\beta^{n-1}a^2 \quad (n = 1, 2, \cdots)$$

となる．数列 $\{S_n\}$ は，公比 β の等比数列であるから

$$\sum_{k=1}^{n} S_k = (\alpha + \beta)a^2 \sum_{k=1}^{n} \beta^{k-1}$$
$$= (\alpha + \beta)a^2 \cdot \frac{\beta^n - 1}{\beta - 1}$$
$$= \left(\frac{\pi}{3} + 1 - \sqrt{3}\right)\frac{1 - (2 - \sqrt{3})^n}{\sqrt{3} - 1}a^2 \quad \text{(答)}$$

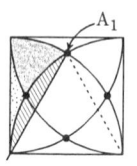

例3 では，単に S_1 だけを求めるだけならば，右図のようにして霞状部分の面積を求めてそれを4倍したものを a^2 から引けばよい．（この「解法」を習った読者は多いであろう．これは，古来からよく知られている．）しかし，これで解くと，**例3** は苦しいはず．

さて，例3を見ると，「何だ，ただ従来からあった問題と等比数列の融合的応用問題ではないか」と思われるかもしれないが，（人工的）入試問題とは，大半，こんなものである．（**装いの違い！**）それだから，要領のよい「解法」を知ってさえいれば，**相対評価上の合格点**を得点できてきたというだけのことである．しかし，それで終わってしまうと，将来，続かない．これは，高度になる程，潜在的才能の差が顕著になってくるという以前に，まず学習姿勢に大きな問題があるからである．**序文**で述べた古典ギターでの表現をすると，仮に楽譜通りには正しく演奏できていても，「拙い運指」に依っているなら，そしてその癖がついてしまっているなら，そこまでであるということになる．

それ故，このような計算処理的問題例で，今回の内容の末頁にしたくはないのだが，ひと休みの為に止むを得ない．次回は，歴史を振り返りながら，あまり計算処理的でない内容にしてゆきたい．

第 7 章

初等幾何（その2）

幾何の歴史は非常に長い．

「数学の歴史は幾何学の歴史である」と述べたとて，過言ではないくらいであろう．

本稿では，そのうちでも最も古い集体系をもつ**ユークリッド（平面）幾何＋α**（ここにαとは三角法程度の内容の付加を表す）を中心に歴史を繙きながら展開している．

凡そ**ユークリッド**という人物に就いては，紀元前300年頃のギリシア人数学者という事以外，個人的な事は殆ど知られていない．しかし，彼が類稀な才能を有し，かつ勤勉家であったことは間違いない．それは，有名な格言「**幾何学に王道なし**」と述べた彼の言葉に集約されている．

古代ギリシアは，紀元前900年頃にエーゲ海の諸民族によって形成された集団国家と思われる．その権勢は強まり，やがて（アケメネス朝）ペルシアと，紀元前500年頃から覇権争いが生じる．そのうち，紀元前330年頃，ギリシア北部のマケドニアからアレクサンダー大王が新星のごとく現れ，ギリシアを支配，そしてエジプトを含めてペルシアを打ち砕き，一時，東西に権勢を誇る．しかし，アレクサンダーは若くして病死．その後，紀元前300年頃，マケドニアは，将軍達の勢力争いで，実質的ギリシアであるマケドニア，プトレマイオス朝エジプト，セレウコス朝シリアに大分裂の運命を辿る．

〈 将軍の皆さんは，小さいながらも，一国一城の主になりたいようで，人間の名誉・地位欲は今も昔も，そして洋の東西を問わず，変わっていない．1991年頃のソヴィエト連邦の分裂もこれと似ている．それにしても，時代の変化を利用し，首尾よくソ連大統領ゴルバチョフ氏を空位に至らしめた，かのロシア大統領E氏は，恥さらしな事を（恥と気付かず）得意気に披露する素人芸を，政治でやって見せたようなものであろう．〉

従ってプトレマイオス朝，セレウコス朝は，それぞれギリシア系エジプト，ギリシア系シリアということになる．

セレウコス朝は，当初はまだしも，概しては，ただのばか者でしかなかったが，プトレマイオス朝はそうではなかった．

エジプトのアレキサンドリア市は，アレクサンダーによる建設都市のうちでも最大の繁栄地であり，やがてギリシアの学問の中心地となった．（それはプトレマイオス1世，2世たるエジプト王がそのアレキサンドリア市に力を注いだからである．）これが有名なヘレニズム文化となる．

そのアレキサンドリア市にあるムセイオンはプトレマイオス王立たる研究所であり，ユークリッドはその研究所の教授だったと伝えられる．5世紀のプロクロス（Proclus）という歴史家によれば，いみじくもプトレマイオス王は，幾何学を学ぼうとしたが，『ユークリッド原本』(13巻)の膨大さの前に途方に暮れ，「幾何学を手っとり早く学ぶすべはないのか？」と，ユークリッドに問い出したのに対し，ユークリッドは，「幾何学に王道はありません」と，答えたという．

〈 現今は尚更のことである．つめ込み型などで手っとり早く学べるのは，風にも揺さぶられる傀儡人形かバラック程度のものしかない．〉

そこで，従来の入試では，全く見られない，前代未聞の'**王道なき問題**'を呈示しよう．

課題

紀元前 300 年頃における**ユークリッド**の『幾何学原論』(全13巻中第1巻の序) によれば,

　　(＊)（平面上の)全ての直角は互いに
　　　　等しい

ということを(第4)公準として挙げている.
「(＊)についてどう思われるか?」という問い出しに対して

　　(※)「"全ての 90°は 90°に等しい"
　　　　という無意味なことを主張している
　　　　だけである」

という意見の人が殆どであろうか.

されば, ユークリッド先生は, わざわざ挙げるまでもないばかげたものを大切な公準としていることになる.

読者たる人にはどのように思われるか. 論述してみよ.

（「これが数学の問題というものか?」と思われるかな. 筆者は,「数学」を単なる計算技術に堕落させたくないので, この方が数学教育的にもよいという立場をとる.

《解答例》
この解答例をユークリッド先生の霊に捧ぐ (笑)
　　　　　　　　　　　　　　中村英樹

まず(※)の意見は,「直角」という概念を, <u>その単なる象徴に過ぎない数値</u>でしか見ておらず, (＊)たる公準が幾何学的に何を説明し得るのかを全然考えていない.

公準(＊)は「直角」というものを, 無定義用語のようにしながらも, それを定義付ける程の原理となるように述べられている. そして, そこには相似変換や合同変換の存在を裏付ける観念が入ってある.

以下に, (＊)から示唆されるべき概念を論述する.（それは, 無意味な恒等命題ではない.)

いま, 平面 α 上で 2 つの半直線 OX, OY によって 1 つの直角 ∠XOY が構成されてあるとする. 同様に α 上で 2 つの半直線 O′X′, O′Y′ によってもう 1 つの直角 ∠X′O′Y′ が構成されてあるとする.（図A参照.）

図A

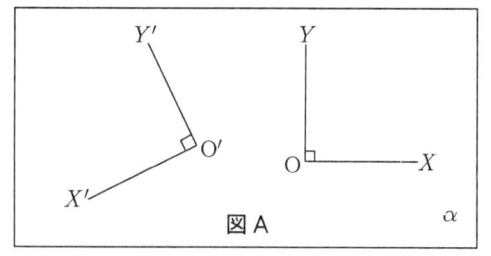

これらを, ここだけの用語で"半直線直交枠"とよぶことにし, OXY, O′Y′X′ と表すことにする.

さて, (＊)によると, O′Y′X′ を適当に平行かつ回転移動(—— これらは<u>運動の公理</u>)させて図Bの(i)と(ii)のようにすることができる.

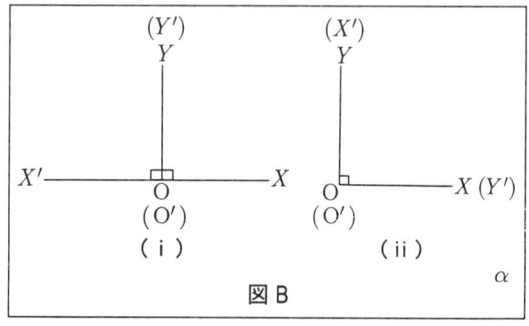

図B

図Bの(i)は, 公準(＊)に述べられてあるように, 2 つの直角が互いに等しいならば, そのときに限り, 2 つの"半直線直交枠"は一直線 XX′ を形成できる, 即ち, <u>ユークリッド的直線</u>を矛盾なく定義できる.

ということを示唆する. … [ⅰ]

図Bの(ii)は, (＊)を公準とする限りにおいて, OXY と O′Y′X′ は一致するように重ねることができる.

ということを示す. … [ⅱ]

ところで, 全ての角は, 直角という<u>基本的角</u>あってのその細分的存在からの構成と考えられる. 1°とは, 直角の 1/90 を単位として定められる実用単位である.

そこで上述の [ⅰ] に続けて, 逆に, 一直線 X′X 上に点 O をとり, O から半直線 OY を引いたとき, 角として ∠XOY＝∠X′OY であるならば, このような角を「<u>直角</u>」と定義することになる.（感覚的「直角」は線分を引けば, 定木とコンパスで作図される.）

他方, 上述の [ⅱ] に続けて, そのことは(直角)三角形の<u>合同・相似条件</u>を規定し得るという

ことを示唆していることになる.

以上から, 概念的に, 平面上においては, 直線の存在と直角の存在とは相補的役割をもって関連付けられていることも判明する.

これまで, 安易に見てきた「直角」というものに対して, その基礎的重要さを切に汲み取って頂けたであろうか？

ユークリッド先生, 上述の(*)を公準にされたのは, さすがは, 偉大な天才. 凡人なら,「そんな事, 当たりまえ」として, それで分かっているつもりで何も思弁しないところである.

〈底に底あり！〉

そこで,「直角」にまつわる三角形に戻って, 少々, 煩わしい垂心の存在を簡単に示しておこう. (ただし, どんな三角形にも外心は存在するものとしておく.)

　'三角形の各頂点からその各々の対辺に下ろした垂線は1点で交わる'

∵) △ABC が鋭角三角形である場合だけで示してみる.

図のように辺 BC, CA, AB に平行な3直線の交点を D, E, F とする.

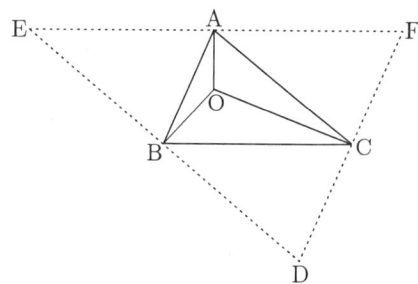

EA∥BC, EB∥CA

であるから, 四辺形 AEBC は平行四辺形である. 同様に ABCF, ABDC も平行四辺形である. 従って

AB=FC=CD, BC=FA=AE,
CA=EB=BD

である. 3点 A, B, C は 3辺 FE, ED, DF が垂直二等分される点であり, そして3本の垂直二等分線は上図のように1点 O(△DEF の外心)で交わる. q.e.d.

そして,「直角」と傍心に関して, "自然流精神" からの問題.

◀ 問題 5 ▶

古代ギリシアの人プラトン(紀元前 427〜347)によれば, 円の定義は次のようである：

　[D] ある1点から等距離にある点全体のつくる図形を円という.

[D] によれば, 平面上である点 O を中心としてコンパスで引いた軌跡は円になる.

(1) いま, 直角を作図するのに, 中心 O の円を描き, その円周上の1点 H で接する直線を定木で引き, それから点 O と H を定木で結べばよい（── これはユークリッドの『幾何学原論』の序の公準に従っている）.

原理的にはこれで直角を構成できるが, 現実にやろうとすると, この方法は必ずしも精度のよい直角を与えてくれない.

そのような場合を考慮して簡潔に理由を論述せよ.

(2) さて, ここに命題 [☆] が与えられているとする：

　[☆] 三角形の1内角と他の2外角の二等分線の交点は存在し, その点を中心とした円で, その三角形の上述の1内角の対辺に外接し, 他の2辺の延長線に接する円(傍接円)が存在する.

図のように, ある傍接円 C とその接線 l が1点 T で接している. いま, '円のある接線(図中の直線 AP)はその接点(図中の点 P)で半径(線分 EP)と垂直であるならば, その円の半径(線分)はどんな接線ともその接点で垂直になる'ことを示してみよ.

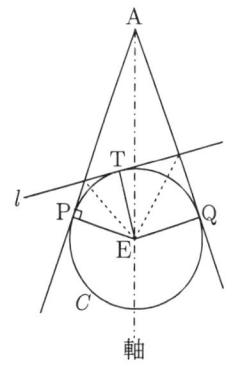

∠APE は直角, C 上の点 P と Q は軸対称であるとする

ただし, 上の[D], [☆]と三角形の合同条件および図の下に付した条件に基づいて示すこと.

(†) (1)は hint なし．(2)は，前の**課題**における公準(∗)を，他の命題の方から示させようというもの．これも hint なしにする．

〈解〉(1) 提示された方法は，円の半径が(人間の大きさに比べて)小さい場合は近似的に結構よい直角が得られるが，円の半径が大きくなると接点が視覚的に不鮮明になってしまうきらいがある．円の半径が大きい程，円周は局所的に線分に近くなるからである．

(2) △APE と △AQE において，[D]より
$$EP = EQ$$
そして
$$辺 AE は共通辺$$
さらに [☆] より
$$\angle EAP = \angle EAQ$$
そして，さらに
$$点 P, Q は図で軸対称$$
である．以上から
$$\triangle APE \equiv \triangle AQE$$
よって ∠APE が直角ならば ∠AQE は直角

さて，接線 l と直線 AP の交点を B とすると，上と同様にして
$$\triangle BPE \equiv \triangle BTE$$
よって ∠APE が直角ならば ∠ETB は直角

ところで，[☆] が成立する限り，l の接点 T は劣弧 $\overparen{PQ}$ 上のどの点にとってもよい．

1頂点を A として円 C の外接三角形を描くと，上と同様の過程が展開されるので，l の接点 T は優弧 $\overparen{PQ}$ 上のどの点にとってもよい．

以上で題意は示された．◀

(補) 一般に円の接線を明確に作図するにはどうすればよいか？(各自，考えよ．)

次は一変して現世の好む入試問題．(あまりうれしくないが，仕方がない．)

◀ **問題 6** ▶

△ABC において，頂点 A, B, C の対辺の長さをそれぞれ a, b, c とおく．
また，頂点 A と辺 BC の3等分点を結ぶ2線分のうち，B に近い方の長さを a_B，C に近い方の長さを a_C で表す．b_C, b_A, c_A, c_B も同様とする．

不等式 $c < b < a$ が成り立つとき，以下に答えよ．

(1) $a_B < a_C$ を示せ．
(2) $a_C < c_A$ を示せ．
(3) a_C と b_A の大小関係について，次のうちから正しいものを1つ選び，それが(ア)または(イ)ならば証明し，(ウ)ならば例を挙げよ．
   (ア) つねに $a_C \leq b_A$ が成立する．
   (イ) つねに $a_C > b_A$ が成立する．
   (ウ) $a_C > b_A$ が成立する場合も，$a_C < b_A$ が成立する場合もある．

(愛知教育大)

(†) どの問題も，その都度，行き当たりばったりで解くしかない．どういう解答のスジになっていくのか，筆者もやってみないと見当が付かない．どれも易しくはなさそうなので，(1)だけでも完答できれば文句なしだろう．初等幾何の証明問題であるから，原理にまつわる問題が生じやすい為に，ある程度の直観は仕方がないが，明確な論拠で展開していかねばならない．

〈解〉(1) 図イは辺 BC の三等分点を A_1, A_2 とし，BC の中点を M としたものである．

$A_1M = MA_2$ であり，かつ $b > c$ より $\angle AMB < 90°$ であるから
$$a_B < a_C \blacktriangleleft$$

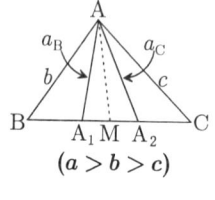

(2) 図ロは辺 AB の三等分点のうち，点 A に近い点を C_1 としたものである．△ABC において

$C_1A_2 \parallel AC$ であり，
$CA_2 = \dfrac{a}{3} > \dfrac{c}{3} = AC_1$
であるから
$$a_C < c_A \blacktriangleleft$$

(3) 図ハは辺 CA の三等分点を B_1, B_2 としたものである．

まずは ∠CAB=90° として調べてみる．
$AB \parallel B_2A_1 \parallel B_1A_2$ に留意しておく．三平方の

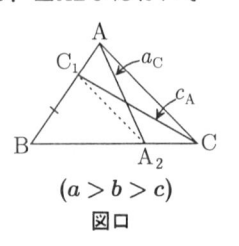

定理によって
$$a_C^2 = \left(\frac{c}{3}\right)^2 + \left(\frac{2b}{3}\right)^2 = \frac{1}{9}(4b^2 + c^2),$$
$$b_A^2 = c^2 + \left(\frac{b}{3}\right)^2 = \frac{1}{9}(b^2 + 9c^2)$$

であるから
$$a_C^2 \gtreqless b_A^2 \leftrightarrow 3b^2 \gtreqless 8c^2$$

となる．つまり，$b > c$ であっても上の不等号の向きは一方だけには定まらない．

（例）$b = 2 > 1 = c$ とすれば（$a = \sqrt{5}$ であり），$a_C > b_A$ となるが，$b = 3 > 2 = c$ とすれば，$a_C < b_A$ となる．

よって，正しいのは
$$\text{（ウ）} \quad \cdots \text{（答）}$$

（補）① で述べた予想は少し外れ．せめて（2）まで正解してくれないと拙い．

問題6において，設問（1）と（2）は，やってみたらすぐ判明したが，（3）は a_C と b_A の大小が判然としない．（それは，結果論として a_C と b_A には大小が決定付けれないというのだから当然ではある．）小生，一瞬，"a_C と b_A の大小は決まるのかな？"と思ったが，"決まるとしてもそれを示すのは並大抵のことではあるまい"と考えた．そこで，手始めに直角三角形で調べた訳．

a_C と b_A の大小は決まらないものの，ある程度の相関不等式はありそうな気がした．そして，それを見出せないかと思い，"重箱の隅"をつついてみたら，見出せた．それを読者に present しよう．

発展問題

$\triangle ABC$ において，頂点 A, B の対辺の長さをそれぞれ a, b とおこう．そして $b < a < \sqrt{2}b$ とする．頂点 A と辺 BC の3等分点を結ぶ2線分のうち，点 C に近い方の長さを a_C で表す．同様に頂点 B と辺 CA の3等分点を結ぶ2線分のうちで点 A に近い方の長さを b_A で表す．

つねに，$\dfrac{b_A}{\sqrt{2}} < a_C < 2b_A$ であることを示せ．

（時間60分；あるいは60分以上でも可）

《解》 図において，点 A_1, A_2 は辺 BC の，点 B_1, B_2 は辺 CA の三等分点である．線分 AA_2 と BB_2 の交点を I とし，直線 CI が辺 AB と交わる点を J とする．

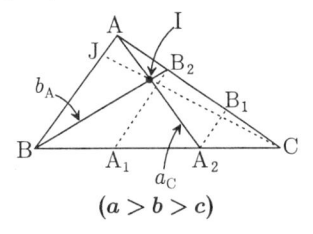

(図：$a > b > c$)

まず線分 IB, A_2I および IA, B_2I の長さは，メネラウスの定理によって，与えられた記号 a_C, b_A で表されることに留意する：

$$\frac{CB}{BA_2} \cdot \frac{A_2I}{IA} \cdot \frac{AB_2}{B_2C} = 1$$

$$\left(\frac{CB}{BA_2} = \frac{3}{2}, \ \frac{AB_2}{B_2C} = \frac{1}{2}\right)$$

これより
$$3A_2I = 4IA$$

そして
$$A_2I + IA = a_C$$

これらより
$$IA = \frac{3}{7}a_C, \quad A_2I = \frac{4}{7}a_C \quad \cdots \text{①}$$

一方，
$$\frac{CA}{AB_2} \cdot \frac{B_2I}{IB} \cdot \frac{BA_2}{A_2C} = 1$$

$$\left(\frac{CA}{AB_2} = 3, \ \frac{BA_2}{A_2C} = 2\right)$$

以下，前と同様で
$$IB = \frac{6}{7}b_A, \quad B_2I = \frac{1}{7}b_A \quad \cdots \text{②}$$

さて，$\angle BIA_2 = \theta$ としておく．

余弦定理によって
$$BA_2^2 = BI^2 + IA_2^2 - 2BI \cdot IA_2 \cos\theta$$
$$B_2A^2 = B_2I^2 + IA^2 - 2B_2I \cdot IA \cos\theta$$

であるが，これらに与えられた記号と①，②を当てがって

$$\left(\frac{2}{3}a\right)^2 = \left(\frac{6}{7}b_A\right)^2 + \left(\frac{4}{7}a_C\right)^2 - \frac{48}{49}a_C b_A \cos\theta \cdots \text{③}$$

$$\left(\frac{1}{3}b\right)^2 = \left(\frac{1}{7}b_A\right)^2 + \left(\frac{3}{7}a_C\right)^2 - \frac{6}{49}a_C b_A \cos\theta \cdots \text{④}$$

を得る．$\left(\dfrac{2}{3}a\right)^2 > \left(\dfrac{2}{3}b\right)^2$ ということと，③および④より

$$\frac{36}{49}b_A^2 + \frac{16}{49}a_C^2 - \frac{48}{49}a_C b_A \cos\theta$$
$$> \frac{4}{49}b_A^2 + \frac{36}{49}a_C^2 - \frac{24}{49}\cos\theta$$

整理して評価する：

$$8b_A^2 - 5a_C^2 > 6a_C b_A \cos\theta > -6a_C b_A$$

よって
$$8b_A^2 - 5a_C^2 + 6b_A a_C > 0$$
$$\longleftrightarrow (2b_A - a_C)(4b_A + 5a_C) > 0$$
$$\therefore \quad a_C < 2b_A$$

他方, ③と④より $\cos\theta$ を消去すると
$$\frac{1}{7}b_A^2 - \frac{2}{7}a_C^2 = \frac{1}{9}a^2 - \frac{2}{9}b^2.$$
$a < \sqrt{2}b$ より $a_C > \dfrac{b_A}{\sqrt{2}}$.
$$\therefore \quad \frac{b_A}{\sqrt{2}} < a_C < 2b_A \quad \triangleleft$$

次は, 三角形の垂心に関連する問題例.

◁ 例4 ▷ 鋭角三角形 ABC の各頂点 A, B, C から対辺に下ろした垂線の足をそれぞれ P, Q, R とするとき, 次の問いに答えよ.
(1) ∠APQ=∠APR であることを示せ.
(2) 点 A は△PQR の傍心であることを示せ. (和歌山大)

|解| 図は AB, CA を直径とする半円弧を描いたものである.

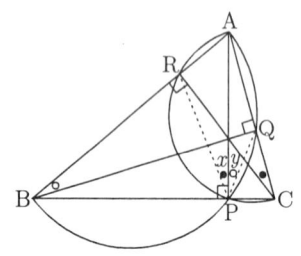

(1) 円周角に関する定理により
$$\angle APR = \angle ACR = x,$$
$$\angle APQ = \angle ABQ = y,$$
よって
$$\angle BAC = 90° - x = 90° - y,$$
$$x = y \longleftrightarrow \angle APQ = \angle APR \quad \triangleleft$$
(2) (1)と同様にして
$$\angle CRP = \angle CRQ$$
従って
$$\angle QRA = \angle PRB$$
これと同様に
$$\angle RPA = \angle PQC$$
以上と(1)の結果により
点 A は△PQR の傍心である ◁

◀ 問題 7 ▶

三角形 ABC の垂心を H とし, 頂点 A, B, C から対辺またはその延長線への垂線の足をそれぞれ K, L, M とする.
(1) 点 K が線分 BC(両端を除く)の上にあるならば, 直線 AK は角 LKM を二等分することを示せ.
(2) 三角形 ABC が鋭角三角形ならば, 点 H は三角形 KLM の内心であることを示せ.
(3) 三角形 ABC が鈍角三角形のときは, 点 H は三角形 KLM とどのような位置関係にあるか.
理由をつけて答えよ.
(愛知教育大)

† どれも古代における既知の事実をそのまま入試問題にしたものであるが, それだけにやりづらいかもしれない. (1)では, 三角形 ABC は, ∠BAC において, 鋭角三角形のみならず鈍角三角形, 直角三角形も対象になってくる. (2)と(3)は, (1)ができれば, 易しいはず.

〈解〉 (1) ∠BAC < 90° の場合
∠MKH = x, ∠HKL = y とする. 点 H が垂心ということより図のように線分 BH, CH を直径とした円弧 C_1, C_2 が描ける.

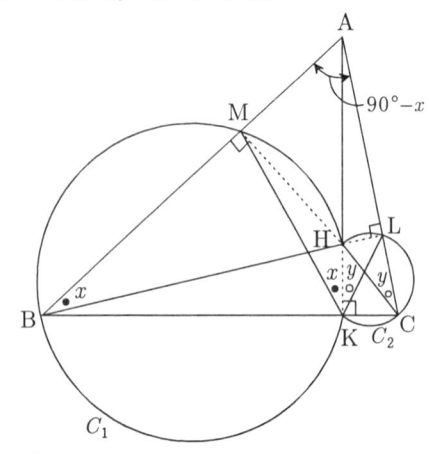

まず MH を円 C_1 の弦としてみて
$$\angle MBH = x$$
次に HL を円 C_2 の弦としてみて
$$\angle HCL = y$$

従って△ABL において
$$\angle LAB = 90° - x$$
であるから，△AMC において
$$90° - x + y = 90°$$
$$\therefore \quad x = y$$

∠BAC > 90° の場合

∠HKM = x，∠HKL = y とする．図のように線分 AB, AC を直径とした円弧 C_1, C_2 が描ける．

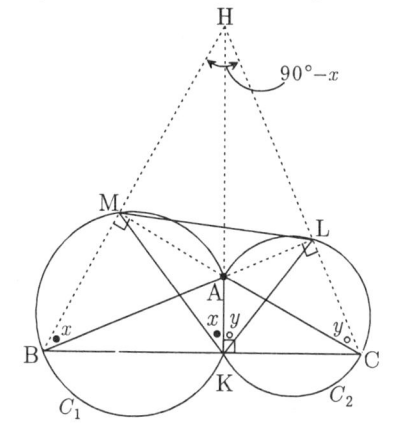

まず AM を円 C_1 の弦としてみて
$$\angle MBA = x$$
次に AL を円 C_2 の弦としてみて
$$\angle LCA = y$$
従って△HBL において
$$\angle LBH = 90° - x$$
であるから，△HMC において
$$90° - x + y = 90°$$
$$\therefore \quad x = y$$

∠BAC = 90° の場合

この場合は，A = L = M = H となる．

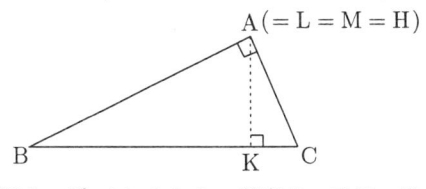

∠LKM = 0° であるから，題意は，当然，満たされている．

以上で題意は示された．◀

(2) (1) で示したように，∠BAC < 90° の場合，△KLM の各内角は全て二等分されて，そしてそれらの交点 H が△KLM の内部にあることより，点 H は△KLM の内心である．◀

(3) (1) の解答中で，∠BAC = 90° の場合であるから，図のような角の分布となる．

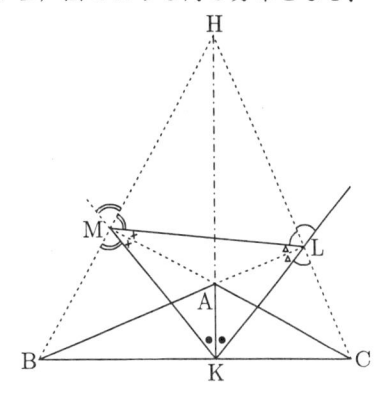

∠MKH = ∠LKH であること，および ∠KLC と∠KMB の分布から

$\begin{cases} 点 H は△KLM の内角∠K に関する \\ 傍心である \end{cases}$ …(答)

さて，歴史に戻って，ギリシアは分裂しながらも存続していく．そして，ユークリッドの後，紀元前 300 年～200 年には 2 人の数学者かつ物理学者たる**アルキメデス**，そして**アポロニウス**が出現する．彼らは，いずれもムセイオンでユークリッド幾何学を学んだ．

順は前後するが，アポロニウスは，有名な『**円錐曲線論**』(全 8 巻) を著した．そこには放物線，双曲線そして楕円の抽出が見られ，それらの命名もアポロニウスが与えている．(紀元)300 年代のギリシア系数学者パップスによると，いわゆる"アポロニウスの円"は，アポロニウスの著作『**平面上の軌跡**』の中で述べられているという事である．

ところで，折りしもギリシアの陰で目立たなかったローマ共和国は，北アフリカのフェニキア人植民市カルタゴを，紀元前 150 年頃の第 3 次ポエニ戦争で最終的に打ち破り，また，ギリシアが分裂した紀元前 300 年頃から (アレクサンダー死後の) マケドニア王国と交戦を続けて，これも紀元前 150 年頃に打破する．

アルキメデスは，紀元前 210 年頃，ローマ軍兵士によって殺害された．

<有名なギリシア語「ヘウレーカ！」(=分かった) というのは，アレキサンドリアへの留学から故郷シラクサ (シチリア島にあ

る古代ギリシアの植民地）に戻ったアルキメデスが，入浴中に浮力の原理に気付いて叫んだ言葉とされている．〉

アルキメデスが殺害される破目になった所以(ゆえん)は以下のごとくである．

シラクサは，第1次ポエニ戦争でローマと結託したが，その後，カルタゴに寝返った為に，第2次ポエニ戦争でローマ軍によって陥落させられたのであった．アルキメデスには直接の関わりがないものの，結局，挙国一致体制でローマ軍と戦わざるを得ない運命に追い詰められた訳である．

〈愚かな王や為政者はこんなばかな事しかできない．裏切り行為はよい結末をもたらさないもの．〉

当時，アルキメデスは，てこの原理を用いて作った投石器などでローマ軍をてこずらせたということである．

かくしてローマは，カルタゴ，そして（プトレマイオス朝エジプトを除いて）ギリシアを制覇したが，犠牲も大きく，内部はうまく統率されなかった．何とかまとまってきたのは紀元前1世紀であり，下層の貧民を率いて力をつけてきたのが，かの有名なカエサル（シーザー）であり，ポンペイウス，クラックスと組んで第1回三頭政治（紀元前60年）を始めた．ところが，ポンペイウスは，カエサルのガリア凱戦を，陰湿にも妬んで，元老院と奸計してカエサルを暗殺しようとするが，失敗してエジプトに逃げ，そこで逆に暗殺された（紀元前48年）．カエサルは，紀元前48～47年には，プトレマイオス朝エジプトのアレキサンドリアに出征した．

その頃，エジプトを統治していたのが，かの有名な女王クレオパトラ（在位：紀元前51～30年）であった．（このギリシア系女性は，現代に至るまで史上最高の美女と謳(うた)い継がれてきている．）ローマとまともに戦っては，エジプトの滅亡は火を見るよりも明らかだった．かく故に，ローマのカエサルは，アレキサンドリアの王宮に迎合されることになる．エジプト存命の為に，クレオパトラは，カエサルに自分を捧げる．カエサルは，無論（？），クレオパトラの美の虜となる．（時にカエサル50歳，クレオパトラ21歳：これは恐れ入りました．）

クレオパトラの思惑はともかく，2人は，数ヶ月に亘る蜜月――さしずめ，"ナイルのロマンス"といったところか――を過ごし，その後，カエサルはエジプトの存続を許し，ローマに帰った．残されたクレオパトラは一男児の母となり，その子にカエサルの面影を偲んだという．（史実かな？）やがてカエサルは，凱戦祝いの為に，ローマへ彼女を呼び寄せた．彼女は，カエサルの独裁を恐れた共和派が彼を暗殺する（紀元前44年）まで，ローマに滞在する．

カエサルの死によって，ローマは再び乱れるが，カエサルの養子オクタヴィアヌス（カエサルの姪の子）は，（カエサルの部下であった）アントニウスやレピドスと組んで第2回三頭政治（紀元前43年）を行なう．

しかし，アントニウスは，比類なき才色美のクレオパトラを目にしてから，彼女の虜となり，政略も兼ねて（？）二人は結婚する．［クレオパトラは，エジプト出征時のカエサル（――彼がどの程度の男前であったかは知る由もないが――）に出会って，とにかくも，熱い眼差しを注いだのではなかったのか．それとも，征服者の外的権力（――これは単に幸運からの贈物――）に惚れただけのことだったのか？］

そして，この2人はオクタヴィアヌスと対立し，ギリシア西岸のアクチウムの戦い（紀元前31年）で敗北する．アントニウスは自殺．

クレオパトラは，今度は，敵対していたオクタヴィアヌスに媚(こび)を示す．やはり，多情か．（時にオクタヴィアヌス33歳，クレオパトラ39歳．）しかし，オクタヴィアヌスは，クレオパトラの魔性の美には，はまらなかった．（箱入生娘でもなければ，疾うに美の峠も過ぎていたクレオパトラは，オクタヴィアヌスの前では，少々，身の程知らずの籠絡(ろうらく)作戦をもくろんだようである．それとも，本当に惚れていたのかな？）絶望したクレオパトラは自殺（紀元前30年）．

〈"美"というものは，偏(ひとえ)に若さに依存していただけのものなら，それは幻惑に過ぎまい．〉

オクタヴィアヌスは，元老院からローマ皇帝の称号"アウグストゥス"（＝尊厳者）を授かる

(紀元前 27 年). これは, 男として最高の誉れである「気骨」というものへの褒美であろう.

爾来, ローマ帝政時代となる.

天文学者トレミー (Ptolemy, ギリシア名は Ptolemaios) は, そのようなローマ帝政期の 2 世紀にエジプトで生まれたのであった. トレミーは, ローマ支配下にあるギリシア人である.

トレミーは, 『アルマゲスト (Almagest)』(全 13 巻)(これはアラビア語で "集大成" という意味らしい)を著した.『ユークリッド原本』に匹敵した大著であり, 天文学上, 非常に有効な球面三角法, そして平面三角法に関する内容が叙述されているという. 有名な**トレミーの定理**は, その中に折りこまれているらしく, トレミーは, その定理を用いて, 本質的に三角関数の加法定理や三角法の種々の公式などを導いていたようである.(従って, **勿論, トレミーの定理は逆に三角法からも導かれていた**ということになる.)この定理は, しかし, 初等幾何で真っ向から証明するのは並大抵のことではない.

今ではそれを複素数でやる. 複素数は "武器" (——このような言葉はあまり使いたくないが——)として強力である. ちょうど, か弱い女子でも銃を持てば, 大男を一撃で倒すようなものである.

それでは, トレミー自身による**トレミーの定理と証明**を紹介させて頂く:

　'円に内接する四角形の向かい合う対辺の長さの積の和は, 対角線の長さの積に等しい'

∵) 図のように対角線 BD 上に
$$\angle CAB = \angle DAE$$
となるような点 E をとる.

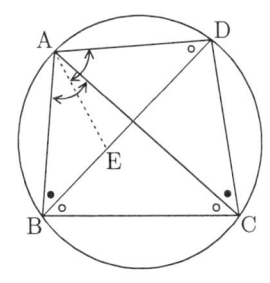

そうすると

$$\angle EAB = \angle DAC$$
であり, しかも円周角として
$$\angle ABE = \angle ACD$$
ということになる. 従って
$$AB : AC = BE : CD$$
∴ $AB \cdot CD = AC \cdot BE$　…①

さらに
$$\angle BDA = \angle BCA$$
であるから
$$\triangle AED \backsim \triangle ABC$$
ということにもなる. 従って
$$AD : AC = ED : BC$$
∴ $BC \cdot AD = AC \cdot ED$　…②

①+②より
$$AB \cdot CD + BC \cdot AD = AC \cdot (BE + ED)$$
$$= AC \cdot BD \quad \text{q.e.d.}$$

試行錯誤的試みでは, このようなものの証明すら, とてもとても.「まずは方べきの定理を使ってみましょう」などという人は, 堂々巡りを覚悟しなくてはなるまい.

トレミーの着想は非常に見事であった. 推してみると, 彼は, △ABC, △ACD それぞれの相似三角形を見出す為に点 E をとったのであろう.(着想は, あるいは違って, 一挙に, 定理そのものを導いていて, それをこのような形で整備したのかもしれない.)トレミーがこのような幾何と三角法にたけていたのは, **アラビアの数学**に精通していたからでもあろう. 古代アラビアでは 60 進法が使われていた為, 彼は, それとユークリッド幾何を折衷したと思われる.

トレミーの定理は, 今では, 多くの問題を解く為に, 絶対, 必要というものではない. これがなくて, 非常に困るということは, まずめったにない(と思う). これが最も使い得となるのは, 対角線の長さを求めさせるような場合である.

例えば, 一辺の長さが与えられた正五角形の対角線の長さは, **トレミーの定理**を利用するとたちまちに求まる.

いま1辺の長さが1の正五角形があるとする.

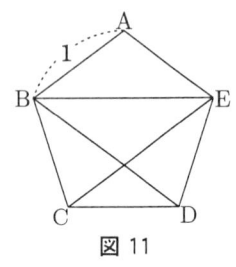

正五角形は円に内接するので，トレミーの定理が使える．図11において，四角形 BCDE は円に内接しており，BE($=$ BD $=$ CE) $= \ell$ と表すと，
$$BC \cdot DE + CD \cdot BE = BD \cdot CE$$
は次のようになる：
$$1^2 + 1 \cdot \ell = \ell^2$$
よって
$$\ell = \frac{1+\sqrt{5}}{2}$$
という具合である．

この数は**黄金比**の値として知られている．

<例5> 円に内接する四角形 ABCD は AB$=$BC$=2\sqrt{2}$, BD$=2\sqrt{3}$, $\angle$ABC$=120°$ を満たすとする．ただし，AD$>$CD とする．

このとき AC $=$ ア$\sqrt{イ}$，$\angle$BDC $=$ ウエ$°$ である．

また，AD $=$ オ$+\sqrt{カ}$，CD $=$ キ$-\sqrt{ク}$ であり，四角形 ABCD の面積は ケ$\sqrt{コ}$ である．

(センター)

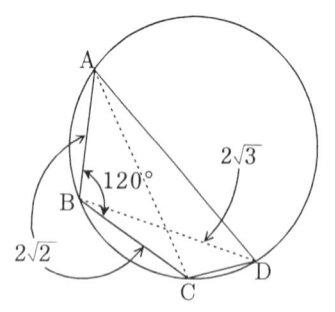

[解]

まず，AC を求める．

余弦定理によって
$$AC^2 = AB^2 + BC^2 - 2AB \cdot BC \cos 120°$$
$$= 2 \times (2\sqrt{2})^2 - 2 \times (2\sqrt{2})^2 \times \left(-\frac{1}{2}\right)$$
$$= 24$$

$\therefore$ AC $= \boxed{2}\sqrt{\boxed{6}}$

次に，$\angle$BDC は $\angle$CAB を求めればよい．余弦定理によって
$$BC^2 = AB^2 + AC^2 - 2AB \cdot AC \cos \angle CAB$$
即ち，
$$0 = (2\sqrt{6})^2 - 2 \times 2\sqrt{2} \times 2\sqrt{6} \cos \angle CAB$$
$\therefore \cos \angle CAB = \frac{\sqrt{3}}{2}$
$\therefore \angle CAB = \boxed{30}°$

また，$\angle$BDA$=30°$ であるから，△ABD に余弦定理を使って
$$AB^2 = AD^2 + BD^2 - 2AD \cdot BD \cos \angle BDA$$
即ち，
$$(2\sqrt{2})^2 = AD^2 + (2\sqrt{3})^2 - 2 \times 2\sqrt{3} \times \frac{\sqrt{3}}{2} AD$$
$\longleftrightarrow$ AD$^2 - 6$AD $+ 4 = 0$
$\therefore$ AD $= 3 \pm \sqrt{5}$

そして CD はトレミーの定理で
$$AB \cdot CD + BC \cdot DA = AC \cdot DB$$
$$2\sqrt{2} CD + 2\sqrt{2} \times (3 \pm \sqrt{5}) = 2\sqrt{6} \times 2\sqrt{3}$$
$\therefore$ CD $= 3 \mp \sqrt{5}$

いま AD$>$CD というから，
AD $= \boxed{3} + \sqrt{\boxed{5}}$，CD $= \boxed{3} - \sqrt{\boxed{5}}$

最後に，四角形 ABCD の面積は
△ACD$+$△ABC
$= \frac{1}{2}$CD$\cdot$AD$\sin 60°$
$\quad + \frac{1}{2}$AB$\cdot$AC$\sin 30°$
$= \frac{1}{2} \times (3-\sqrt{5}) \times (3+\sqrt{5}) \times \frac{\sqrt{3}}{2}$
$\quad + \frac{1}{2} \times 2\sqrt{2} \times 2\sqrt{6} \times \frac{1}{2}$
$= \sqrt{3} + 2\sqrt{3} = \boxed{3}\sqrt{\boxed{3}}$

(答) $2\sqrt{6}$ …(アイ)
$30°$ …(ウエ) $3+\sqrt{5}$ …(オカ)
$3-\sqrt{5}$ …(キク) $3\sqrt{3}$ …(ケコ)

この**例5**の原出題では
" AD $=$ オ$+\sqrt{カ}$，CD $=$ オ$-\sqrt{カ}$ "
のようになっていて，解答者がわざわざ CD の長さを求めなくてもよいように配慮されている．

さて，**例5** における CD $=$ キ$-\sqrt{ク}$ では，

大げさにもトレミーの定理を使ってみせたのであるが，勿論，トレミーの定理を知らなくとも簡単に CD の長さは求められる：

△BCD に余弦定理を用いて
$$BC^2 = BD^2 + CD^2 - 2BD \cdot CD \cos 30°$$
即ち，
$$(2\sqrt{2})^2 = (2\sqrt{3})^2 + CD^2 - 2 \times 2\sqrt{3} \times \frac{\sqrt{3}}{2}CD$$

となり，これは AD を求める際の 2 次方程式と同じ形の 2 次方程式である．その為に，出題者は AD＞CD の条件を付したのであった．

事はついでであるから，四角形 ABCD の外接円の半径 R も求めておく．これは正弦定理で
$$\frac{AB}{\sin \angle ADB} = 2R$$
より
$$R = \frac{2\sqrt{2}}{2 \times \sin 30°} = 2\sqrt{2}$$

である．そうすると，∠DAC＝∠DBC の正弦や余弦も直ちに求まる．正弦定理で
$$\frac{CD}{\sin \angle DAC} = 2R$$
より
$$\sin \angle DAC = \frac{3-\sqrt{5}}{4\sqrt{2}},$$
$$\cos \angle DAC = \sqrt{1-\sin^2 \angle DAC}$$
$$= \sqrt{\frac{18+6\sqrt{5}}{32}} = \frac{\sqrt{3}(1+\sqrt{5})}{4\sqrt{2}}$$

である．（∠DAC の大きさは正確には求めれない訳である．）**これでこの四角形 ABCD に関する情報は全て得られたことになる．**

さて，元の文脈に戻って，ちょうどよい機会なので，歴史的に有名な**黄金分割**について少し述べておこう．

先程，"黄金比の値" と述べた数値に導くべき 2 次方程式を，線分上で具現してみる：

A———————G———————B
　　　x　　　　$1-x$
　　　　$AB = 1, \; x > \frac{1}{2}$
　　　　　図 12

上の図 12 は，長さ 1 の線分において AG＝x と表したものである．**黄金分割**というものは，

$x > \frac{1}{2}$ のとき，点 G が
$$AB : AG = AG : GB$$
なる比を与えるような内分点であるとき，そのようによばれるものである．上式は**黄金比**とよばれ，
$$AG^2 = AB \cdot GB$$
と表される．即ち，
$$x^2 = 1 - x \quad (x > \frac{1}{2})$$
であり，$x = \frac{-1+\sqrt{5}}{2}$ と決まる．よって
$$\frac{AG}{GB} = \frac{AB}{AG} = \frac{1}{x}$$
$$= \frac{1+\sqrt{5}}{2} \; (= 1.68103 \cdots)$$
となる．

ここで黄金分割点 G の作図が問題になる．

図 13 のように，長さ 1 の線分 AB(M は中点) に長さ $\frac{1}{2}$ の垂線を立て，その端点を C として，点 C を中心とした円弧を描く．

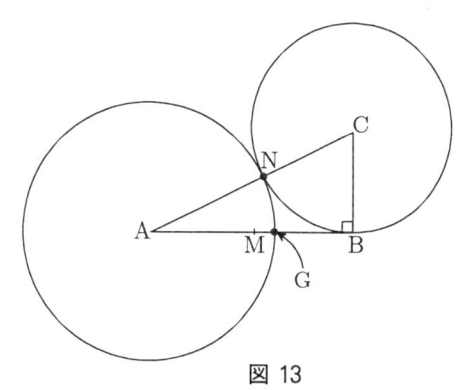

図 13

線分 CA がその円弧と交わる点を N とすると，線分 AB 上に AG＝AN となる点 G が存在する．この点 G が AB の**黄金分割点**である．

実際に計算してみよう：
AG ＝ AN ＝ x として
$$AC^2 = AB^2 + BC^2$$
を表すと，
$$\left(x + \frac{1}{2}\right)^2 = 1^2 + \left(\frac{1}{2}\right)^2$$
即ち，
$$x^2 + x - 1 = 0$$
となり，$x = \frac{-1+\sqrt{5}}{2}$ を得る．

（ここでの作図法は，古来，知られているものであるが，そのような作図法を可能とせしめる着想がどこからくるのか，**読者自ら見出せ．**）

かくして黄金分割点が作図されれば，前に戻って，正五角形の作図に応用されるはずということにもなる．それをやってみよう：

正十角形が作図しやすいので，そちらの方から正五角形を作図することにする．

図 14 において

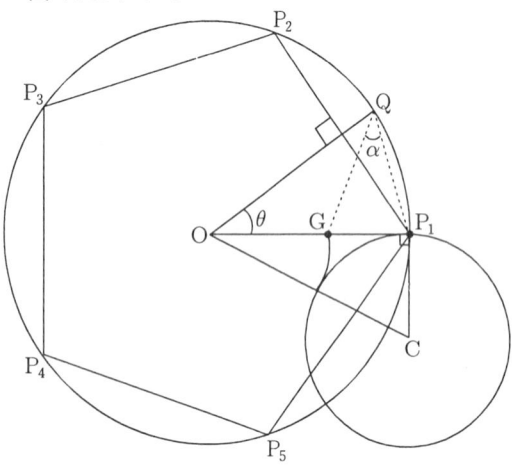

$OP_1 = 1$, $CP_1 = \dfrac{1}{2}$, $OG = x = \dfrac{-1+\sqrt{5}}{2}$

図 14

$GQ = OG = x$ となる点 Q が存在する．実際，$OG=GQ$ であるなら，$\angle GQO = \angle QOG = \theta$ である．そして，$\angle P_1 QG = \alpha$ と表すと

$$3\theta + 2\alpha = 180°$$

を得るが，もし $\alpha = \theta$ であれば $\theta = 36°$ であり，

$$\angle OP_1 Q = 2\theta = 72°$$

となり，$P_1 Q = GQ$ である．（逆は，いうまでもない．）

点 P_1 からコンパスを用いて，正十角形も正五角形も作図されることは明らかであろう．

作図題というものは，定木とコンパスで行なわせるのが原則であるが，**一方だけの使用をしか認めない作図題**というものもある．（これは高級である．）この際は，大抵，ある規準を設定しなくてはならない．その基準を認めた上で作図の可能・不可能を議論することになる．

このように一方だけの使用をしか認めない場合，例えば，次のようなことが判明している：

<i> 中心が不明な1つの円があるとして，その円の中心の位置を定木だけでは作図できない．

<ii> 定木だけでは与えられた線分の中点を作図できない．

etc.

正五角形の作図は古来から知られていた．正三角形は対象外として，他に作図可能な正素数角形として**正十七角形**がある．（実は，まだある．）これは，勿論，並大抵のことではない．まず，これが作図可能であることを証明したのは，かの偉大なる**ガウス**である．彼は，同時に，整数論にも大きな貢献をした．ガウス，19歳（1796年）の時であった．（高校生の読者と殆ど変わらない！）

そして，（円に内接した）正十七角形の作図は，その後，何人かの数学者によって研究された．

〈古来の天才達は，受験勉強などというもので仕込まれていない．彼らは，自らの才能を，**数少ない貴重な文献を基に**，自らの力で輝きさせ得た．それが（本当の）'頭脳'というものである．人は，そういう優れた先生を目標にするべきであろうが，万一でも，めぐり会えたら幸いというもの．〉

では，入試程度の作図問題を1つ．（正十七角形のような作図問題に比べたら，"メダカの頭"程度のものだが．）

◀ 問題 8 ▶

半径 r の円の直径を AB とし，AB を点 B の方へ延長した半直線を l とする．いま，その円周上の1点 Q で接する接点が l と交わる点を P としたとき，その点 P は

$$AQ = QP$$

を満たしたという．上式の値を r で表せ．また，点 Q における接線を作図せよ．

（横浜市立大（改作））

† これは，昔の問題を作図題用に変えたもの．始めに，三平方の定理や方べきの定理で情報を捉え，そこから作図法を述べればよい．

〈解〉 図のように円の中心をOとしておく．

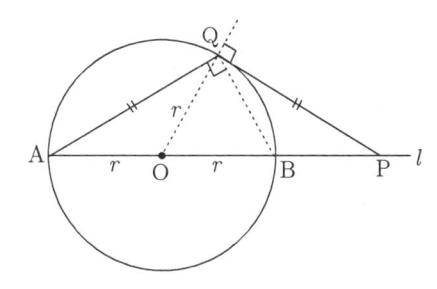

まず，AQ=QP そして OA=OQ(=r) より，
$$\angle QAO = \angle QPB = \angle OQA$$
さらに，明らかに
$$\angle OQA = \angle BQP$$
であるから
$$\triangle OQA \equiv \triangle BPQ$$
となる．よって
$$BQ = r$$
それ故
$$\begin{aligned} AQ &= \sqrt{AB^2 - BQ^2} \\ &= \sqrt{(2r)^2 - r^2} \\ &= \sqrt{3}\,r \quad \cdots \text{(答)} \end{aligned}$$

点 Q における接線の作図法は次の通り：
$$\left\{\begin{array}{l} \text{点 B を中心とし，半径 BO}(=r)\text{の} \\ \text{円を描いて，それが直径 AB の円} \\ \text{と直線 } l \text{ に交わる点がそれぞれ} \\ \text{Q, P であるから，その 2 点} \\ \text{を定木で結べばよい} \quad \cdots\text{(答)} \end{array}\right.$$

今回の締めくくりに，**黄金比**についてもう少しだけ述べておこう．

それは**フィボナッチの数列**の極限にも見られる．フィボナッチの数列 $\{a_n\}$ は，漸化式
$$a_1 = a_2 = 1,$$
$$a_{n+2} = a_{n+1} + a_n \quad (n = 1, 2, \cdots)$$
を満たすものである．一般項は
$$a_n = \frac{1}{\sqrt{5}}\left\{\left(\frac{1+\sqrt{5}}{2}\right)^n - \left(\frac{1-\sqrt{5}}{2}\right)^n\right\}$$
と求まる．
$\frac{1-\sqrt{5}}{2} = \alpha, \ \frac{1+\sqrt{5}}{2} = \beta$ とおくと
$$a_n = \frac{1}{\sqrt{5}}(\beta^n - \alpha^n)$$
であり，$\{a_n\}$ の隣接項の比 $\frac{a_n}{a_{n-1}}$ $(n \geq 2)$ の極限を調べると
$$\lim_{n \to \infty} \frac{a_n}{a_{n-1}} = \lim_{n \to \infty} \frac{\beta^n - \alpha^n}{\beta^{n-1} - \alpha^{n-1}}$$

$$\begin{aligned} &= \lim_{n \to \infty} \frac{\beta - \beta\left(\frac{\alpha}{\beta}\right)^n}{1 - \left(\frac{\alpha}{\beta}\right)^{n-1}} \\ &= \beta \quad \left(\because 0 < \left|\frac{\alpha}{\beta}\right| < 1 \text{ だから}\right) \\ &= \frac{1+\sqrt{5}}{2} \end{aligned}$$

になる．これは**黄金比**の値である．

フィボナッチの数列の一般項はそのままで**フィボナッチ数**とよばれる．自然界にはこのフィボナッチ数に適合するものが少なくないようである．（例えば，植物の葉の順序など．）それ故，黄金比の値は何か神秘的象徴の数に思われてきたのであろう．

古代ギリシア人は，黄金比の値を特に重宝していたようで，多くの建造物や工芸品そのものやそれらのデザインにもその数に関連したものを象徴として用いていたらしい．

しかし，歴史書によると，"黄金比" という言葉そのものは，その頃には用いられていなかったらしく，その名でよばれたのは**ルネッサンス**（Renaissance 14世紀末～16世紀）以降だといわれている．

ルネッサンスとは，人文・文芸復興といわれ，中世的封建社会から近世的社会へ向かう為の人間性の肯定と開放なるものを目指したものであった．

しかし，ここに，"人間性の肯定と開放" という言葉に，筆者は，たぶらかしにも似た晦冥さを察する．その "人間性" というものからして，それは，一見，尤もらしく見えるものの，実は，無定義のままでは困る無定義言語として用いられているからである．この言語は，まるでぼかしたものであり，容易に人間精神の利己性や堕落をも隠蔽乃至は偽装させて "合理化" してみせることをも許容する．

曖昧さを裡に秘めた言葉は，広く人間の得意とする手である．読者のために具体的に述べてみよう：

いま，Aさんという人がいて，息子が神経症（ノイローゼ）にかかって悩んでいるとしよう．どうにもならないので，ある占い師に会って「実は，息子がノイローゼにかかっているようです．息子はどうなるのでしょうか？」と相談した．早速，占い師は八卦等で占う．そして「ご安心下さい．相を見ますと，九分九厘，息子さんは近いうちに立ち直ります．

万一，すぐ直らなくても，長い目で見てやって下さい．きっと立ち直るという結果が出ていますから」と言って，何千円か何万円かは知らないが，ぶったくる．（"ぼったくる"は slang）．Ａさんは気慰めにも拘らず安心して帰宅する．

　　　〈ここに巧みなごまかしが見られる．その占い師は，「近いうちに立ち直る」と言いながら，「すぐ直らなくても，長い目で見てやって下さい」とも言った．近いうちに立ち直るか否かは二者択一．しかし，どちらに転がってもよいように自己防御の逃げ道ができている．それに「長い目で」というのは，これもはっきりごまかしである．これは半年位なのか，１年位なのか，あるいは10年，50年後なのか？（その言葉には責任が入っていない．）未来を予見するという程の人が，こんなことでは困る．〉

　さて，仲々，息子が立ち直れないので，今度は，Ａさん，様々なカウンセラーや心理学者，精神科医とやらに次から次へと相談した．いずれも，「希望を捨てないで下さい．長い目で暖かく見守ってやって下さい」という常套文句でしか答えれまい．
　いくら待っても息子は，（一時的には良くなったものの，）結局は，立ち直れないので，思い余ったＡさん，人間の拵えものに過ぎないような宗教，とりわけ，宣伝の激しい新興宗教などに救いを求める．
　（これらの**教祖様方**は，人間の利己性を心酔させる言葉を巧みに使う．）Ａさんは「何十万円，何百万円かけても」と，祈祷(とう)を願う．

　　　〈かくして，人は，蟻(あり)の子一匹ひっくり返りもしないようなまじないに頼る．〉

　このような例は，見聞しただけでも，ざらに転がっている．多くの女子が恋占いなどに頼るのも，大体，**これと似たようなものであろう**．

　曖昧さというものは政治家の演説などにも多い．彼らは，よく，耳障りだけはよい，「早急の抜本的対策云々」と叫ぶが，**その実，圧税等で貧乏人を苦しめるようなことしかできない**．しかも，直接，自分への非難攻撃がこないように，巧みに逃げ場を造りながら二心で発言するものだから，常にぼかしたようにしか聞こえない．

　何にせよ，**尤もらしい"ご託宣"は多い**ので，用心というもの．数学では，勿論，くれぐれもごまかしをしないように．

第7章

初等幾何（その3）

いささか唐突ではあるが，前回での**正五角形**の内容を引き継いで，早速，問題から入る．

◀ **問題 9** ▶

正五角形の頂点を反時計回りに A, B, C, D, E とし，線分 AC と BD の交点を F，BD と CE の交点を G，CE と DA の交点を H，DA と EB の交点を I，EB と AC の交点を J とする．
（1）三角形 ABF と三角形 AFH は合同な三角形であることを示せ．
（2）三角形 ABJ の面積と五角形 FGHIJ の面積はどちらが大きいか検討せよ．
（3）星形 AJBFCGDHEIA の面積と，正五角形 ABCDE からその星形を除いた残りの部分の面積は，どちらが大きいか検討せよ．

（九州大・文系）

† これは，行きあたりばったりで解いてみないと何ともいえない．（2），（3）では"検討せよ"とあるので，具体的に計算しなくとも，定性的にかつ明確に図形の面積の大小が決定付けられるはず．（この問題呈示はなかなかおもしろい．ちなみに**平成12年入試**からのもの.）

〈解〉正五角形の内頂角は 108° である.

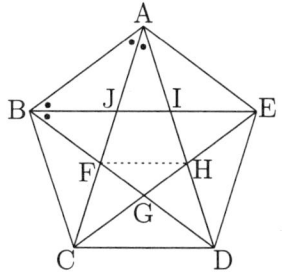

(1) 図において，・は 36° を表す．△AFH は二等辺三角形であるから

$$\angle AFH = \angle AHF = \frac{180° - 36°}{2} = 72°$$

さらに，∠ABF = 72° であるから ∠AFB = 72° である．よって △ABF と △AFH の対応する内角は全て等しい．そして AF は2つの二等辺三角形△ABF と △AFH の共通辺である．

以上から

△ABF と △AFH は合同である ◀

(2) (1) により

△ABF ≡ △AFH

そして △AJI ≡ △BFJ であるから，

△ABJ の面積 = ▱ (台形) JFHI の面積

である．よって

△ABJ の面積 < ⬠ (五角形) FGHIJ …(答)

(3) 辺 AB 上に AJ=AJ′ なる点 J′ をとる．(1)により BJ=BF=FH であるから，△BJJ′ ≡ △FGH である．従って面積値の式として

5△ABJ = 5△AJ′J + 5△BJJ′
       = 5△AJI + 5△FGH
       > 5△AJI + ⬠FGHIJ

$$\left[\begin{array}{l}\because \text{（2）の解答過程により}\\ ⬠\text{FGHIJ} = △\text{ABJ} + △\text{FGH} \\ \qquad\qquad < 4△\text{BJJ}' + △\text{FGH} \\ \qquad\qquad = 5△\text{FGH}\end{array}\right]$$

よって

5△ABJ > ☆AJBFCGDHEIA …(答)

（補）設問（3）は，易しくはないだろう，というよりも，これ，正解者はいたのかな？「数学を学ぶ上で大切なことは，**着想であって，問題処理法を記憶することではない**」と，筆者は主張してきている．そこで，（3）の解答をするための発想がどうして生じたと思われるか？ それを，読者自ら考えていただきたい．なお，（3）では，4△AIJ ＜ 3△ABJ を示して解くこともできる．

ここのところ，続けて**初等古典幾何**の道を歩んでいるが，初等的といえども古典幾何は難しい．アレキサンドリア学派以来，追究されてきた古典幾何の問題には，ちょっとやそっとの考えでは，びくともしない難攻不落のものが少なくない．それらについては，本書の初等幾何（その1）（その2）でも，ちらほら，上っつらだけだが，紹介してきている．勿論，アレキサンドリア時代以前の初等幾何とて，それなりに結構難しいものがあるが．

さて，ここでやった正五角形問題は，結果的には，紀元前2500年頃の古代エジプト王国時代には，解明されていた事実であろう．（問題9（3）の呈示は出題者のoriginal版であろうか？）前に述べた古代エジプトのピラミッド構築の水準からすれば，ピタゴラスよりはるか以前に，かなりのlevelの初等幾何が出来上がっていなくてはならないからである．加えて，構造力学のlevelも相当でなくてはならない．あのような均整のとれた重厚な建造物を建立するには，多重剛体間の各層に働く自重と圧縮力の計算，静的非平衡状態から生じる剪断応力（ずれ応力ともいう）の計算がそれなりに綿密になされていなくてはできない．（計算機のない時代によくやったものである．）

ピタゴラス（Pythagoras 紀元前570〜490年頃のギリシアの数学者）が，（既に矮小化した）エジプト（――紀元前520年頃にペルシアに服属さる）で学んでいたのは，当を得ていた訳である．ついでにバビロニアでも学んでいた．その後，彼は，ギリシアに戻り，紆余曲折しながら，**ピタゴラス学派**を開花させた．そこで，整数論や幾何学，特に**素数**や**完全数**，"**ピタゴラス数**"，**正五角形の作図**（従って"**黄金分割**"）や**多面体**等を主に追究した．彼は，**整数係数2次方程式の根を，定木とコンパスの作図によって求め**たりもした．それ故，"**黄金律**"を見出したのである．

尤も，当時は有理数をしか数学の対象にしていなかった為，様々な支障をきたしていたことは，想像に難(かた)くはない．

また，ピタゴラスは，思想上においてもピタゴラス学派（これについては，"教団"とは，筆者は，いいたくない）を形成していたが，晩年は不運な最後を遂げた．

しかしながら，（史書を信用する限りにおいてだが，）ピタゴラス及びピタゴラス学派の人々は，**数学を単に数学で終わらせない点**で，現代の学者達よりはるかに優れていた，というより良い意味で正反対の方向に向かおうとしていた．彼らは，数学の何たるかを，価値と目的においてかなり分かっていたように思われる．（これに関しては，現代人の方がまるで分かっておるまい．）それ故，ピタゴラス学派は数学において多くの人を魅了し得たのであった．

昭和43年〜44年の東大紛争をpeakに，学生達は団結して，気に入らない教授達に立ち向かうことが頻繁に起こった．東北大でも起こっている．学生達は，教授達を吊るし上げては，「あんた達は専門バカだ」と罵倒し，逆に教授達は，「では，君達はただのバカか」と巻返す．

若い読者には，一聞してこのような悶着はどう映るであろう？

筆者は，両方の言い分に**一理あると同時に非もある**と思う．非というのは，学生達の言動は，どう見ても，冷静さに欠けていて，何か割れたガラスにも似たとげとげしい言葉に思われるし，他方，教授達は冷徹に専門を専門に終始させる点で，ピタゴラス学派の学者たちと同列にはおけない（――専門教育とて，ただそれだけでは，いかに高度なlevelに至っても虚しいものであり，人間指導上の価値はない）．

人間の歴史の中では，いかなる形にせよ，'争い'というものが絶えたことがなかったし，世が続く限り，そうであろう．人生，まともな事をやっても，**必ず僭越者やら速断的誹謗者が少なからず現れる**．（そして軽薄にもそれらを信じる人間も多い．）既にピタゴラス学派の学者達は，人間社会のそのようなことを分かっていたようで，それだけに彼らは戦ったし，同時にまた憎悪されて頻繁に悲惨の渦の中に巻き込まれていたのであった．（と述べても，"暖簾(のれん)に腕押し"かな？）

'ピタゴラス'といえば，'三平方の定理'といわれるくらいであるが，これは，ピタゴラスが見出したものではないということは明らかである．つまり，古代エジプト王国の時代には，その定理どころかその定理を超一般化した余弦定理も判明していたはずである．（筆者が高校生の頃，余弦定理は，第一余弦定理と第二余弦定理に分かれていた——今では，後者のみを余弦定理というであろう．第一余弦定理とは全くばかげたものであった．**むやみに公式化してつめ込ませるという教育**であったことがよく分かる．当時，何も知らない筆者達は覚えた：「第一余弦定理…．」：**おうむや九官鳥が言う言葉で，飼い主の程度までが分かる**というもの．）

<例5> △ABC の内部に 1 点 O をとって，∠AOB=∠BOC=∠COA=120° とする．BC=a, CA=b, AB=c, OA=x, OB=y, OC=z とするとき，
$$a^2(y-z)+b^2(z-x)+c^2(x-y)=0$$
であることを示せ．　　　　　（東邦大）

[解]　余弦定理により
$$a^2 = y^2+z^2-2yz\cos 120°$$
$$= y^2+z^2+yz$$
同様に
$$b^2 = z^2+x^2+zx,$$
$$c^2 = x^2+y^2+xy$$
を得る．それ故
$$a^2(y-z) = (y^2+z^2+yz)(y-z)$$
$$= y^3-z^3,$$
$$b^2(z-x) = z^3-x^3,$$
$$c^2(x-y) = x^3-y^3$$
となり，これらを辺々相加えて
$$a^2(y-z)+b^2(z-x)+c^2(x-y)=0 \quad \triangleleft$$

この例5における点 O は，**フェルマー点**とよばれるものであることは，この一連の講義でも前に述べてあるので，周知であろう．もう少しすれば，これを扱う．

さて，**ユークリッド**は，ピタゴラスの時代からさらに 200 年程経ってから生まれた人であった．ユークリッド幾何学が出来上がってから**アルキメデス**，**アポロニウス**が活躍し，歴史はローマ帝政時代へと進んだのであった．そして，アレキサンドリアにはギリシア人**メネラウス**（Menelaus　1世紀の天文学者）が現れた．彼は，天文学上，有用な球面三角法に関する著作を残している．なお，**メネラウスの定理**に就いては，既に紹介してあり，それを，入試問題でも使ってきた．これについて，くどくどとやるつもりはなかったのだが，やはり，定理の逆命題ぐらいはやっておいた方がよいかもしれないと思い始めた．（多分，多くの読者には易しくはないであろうから．）

〈8〉₁　メネラウスの定理

△ABC の 3 辺 AB, BC, CA またはその延長線と，△ABC のどの 3 頂点をも通らない 1 直線との交点を D, E, F とすれば，
$$\frac{AD}{DB}\cdot\frac{BE}{EC}\cdot\frac{CF}{FA}=1$$
が成り立つ．（図 15, 図 16 参照）

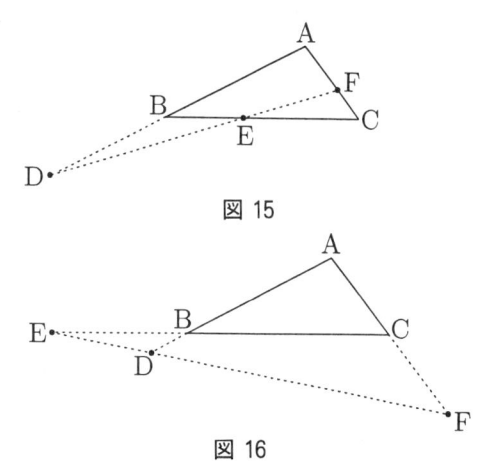

図 15

図 16

（図 16 の場合も実質的には図 15 と同じである．なお，証明は，△ABC の各頂点から直線 DE に垂線，あるいは 3 本の平行線を下ろすことで簡単にできるので省略する．）

〈8〉₂　メネラウスの定理の逆命題

△ABC の辺 AB, BC, CA またはその延長線上の点をそれぞれ D, E, F として
$$\frac{AD}{DB}\cdot\frac{BE}{EC}\cdot\frac{CF}{FA}=1$$

が成り立ち，かつ D, E, F の2つが△ABC の辺上で，1つが延長線上にあれば，3点 D, E, F は1直線上にある．ただし，3点 D, E, F は3頂点 A, B, C にはないとする．

∵) 辺 AC 上のある1点 F′ が

$$\frac{AD}{DB} \cdot \frac{BE}{EC} \cdot \frac{CF'}{F'A} = 1$$

を満たしているとする．

一方，線分 DE の延長線が辺 AC と交わる点を F とすれば，

$$\frac{AD}{DB} \cdot \frac{BE}{EC} \cdot \frac{CF}{FA} = 1$$

が成立する．以上2式より直ちに

$$\frac{CF'}{F'A} = \frac{CF}{FA}$$

となり，点 F′ は点 F と同じく辺 AC の内外分点を与える．

よって

$$F' = F$$

即ち，3点 D, E, F は同一直線上にある． q.e.d.

(付記) 有向線分として考えると，

$$\frac{AD}{DB} \cdot \frac{BE}{EC} \cdot \frac{CF}{FA} = -1$$

となるが，これで仮定すると，〈8〉₂ においての "かつ D, E, F の2つが……にあれば" という付帯条件は不要である．

また，3点 D, E, F は△ABC の3辺の延長線上にある場合も，上の証明で尽くされていることを付け添えておく．

メネラウスの定理をやった以上，**チェバの定理**もやっておかないと締まらない．

チェバ (G. Ceva 1600 年代中期頃生まれ) はイタリアの数学者であり，広く知られている**チェバの定理**は，彼の著書の中で初めて公開されたものであるようである．

〈9〉₁ **チェバの定理**

△ABC の頂点と，どの辺上にもない点 P あるいはどの辺の延長線上にもない点 P を結ぶ直線がそれぞれ辺 AB, BC, CA と交わる点を D, E, F とすれば，

$$\frac{AD}{DB} \cdot \frac{BE}{EC} \cdot \frac{CF}{FA} = 1$$

が成り立つ．

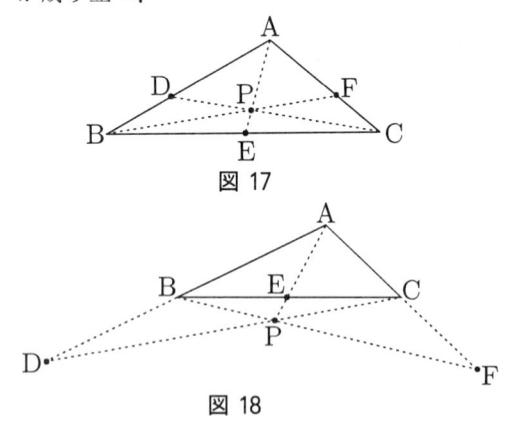

図 17

図 18

(証明は，適当な面積比からすぐできることなので，これも省略する．)

〈9〉₂ **チェバの定理の逆命題**

△ABC の辺 AB, BC, CA またはその延長線上の点を D, E, F として

$$\frac{AD}{DB} \cdot \frac{BE}{EC} \cdot \frac{CF}{FA} = 1$$

が成り立ち，かつ3点 D, E, F が全て3辺上にあるか1点が1辺上で2点が2本の延長線上にあるならば，直線 CD, AE, BF は1点で交わる．ただし，3点 D, E, F は3頂点 A, B, C にはないとする．

∵) 辺 BC 上のある1点 E′ が

$$\frac{AD}{DB} \cdot \frac{BE'}{E'C} \cdot \frac{CF}{FA} = 1$$

を満たしているとする．

一方，線分 AP と辺 BC の交点を E とすれば，

$$\frac{AD}{DB} \cdot \frac{BE}{EC} \cdot \frac{CF}{FA} = 1$$

が成立する．以上2式より直ちに

$$\frac{BE'}{E'C} = \frac{BE}{EC}$$

となり，点 E と E′ は辺 BC に同じ内外点を与える． q.e.d.

メネラウスの定理とチェバの定理の発見の年代差が1500年もあるのは，なんとも奇妙であろう．チェバの定理ぐらいのものは太古の昔に気付き得ていそうなものだが．(それだけ数学の

発展には**長い停滞期もあった**ということ.)

これまで,図形の合同というものをしばしば多く考えてきたのであるが,ここでは,ほんの少し近代的視点で捉えてみる.

平面上にある2つの三角形の合同というものを,**置換**という立場から見る.

ここで置換というものは,2つの三角形間の次のような辺の長さの変換で面積の変わらないものともいえる:

(いま,△ABCの3辺の長さを a, b, c とする.)

(0) $a \to a, \ b \to b, \ c \to c$
(1) $a \to b, \ b \to c, \ c \to a$
(2) $a \to c, \ c \to b, \ b \to a$
(3) $a \to a, \ b \to c, \ c \to b$
(4) $a \to c, \ b \to b, \ c \to a$
(5) $a \to b, \ b \to a, \ c \to c$

(辺というものは有向線分とまでみなせるが,ここでは,それは考えない.)

(0)〜(5)は,(a, b, c) 3文字の並べ方(**順列**)が6通りあることによる.これは,左端の最初にくる文字が3通りあって,次にくる文字が2通りあるということから,$3 \times 2 = 3 \times 2 \times 1 = 3!$(通り)ということである.一般に n を自然数として

$$n! = n(n-1) \cdots 2 \cdot 1$$

と規定している.これは,異なる n 個の物の順列の総数である.

(0)〜(5)のような置換で変わらない三角形の面積 S というものは,$k(a+b+c) = \ell$(k はある正の実数)と置けば,そしてこれにのみ依存するとすれば,S は ℓ および $\ell - a, \ell - b, \ell - c$ による ℓ の4次対称式で決め得るであろう.

(基本対称式という視点からすれば,$ab + bc + ca, abc$ のようなものも混在し得る.)a, b, c による割り算式を含まないならば,上の S のようなものにして,多分に充分と直観するのである.

<例6> 1つの三角形の3辺の長さを a, b, c とする.$k(a+b+c) = \ell$(k はある正の実数)と置き,その三角形の面積 S は

$$S = \alpha\{\ell(\ell-a)(\ell-b)(\ell-c)\}^\beta$$

のような形で表せると仮定して,S の表式を1つ決定してみよ.ただし,α と β は正の定数である.

解 S は2つの線分の長さの積で決まるので,$\beta = \frac{1}{2}$ としてよい.従って

$$S = \alpha\sqrt{\ell(\ell-a)(\ell-b)(\ell-c)}$$

の形になる.いま,正三角形 ($a=b=c$) を考えると

$$S = \frac{\sqrt{3}}{4}a^2$$

であるから,$\ell = 3ka$ と併せて,上2式より

$$\alpha k (3k-1)^3 = \left(\frac{1}{2}\right)^4$$

を得る.即ち

$$\alpha \cdot 2k\{2(3k-1)\}^3 = 1$$

となるが,目算で

$$\alpha = 1, \ k = \frac{1}{2}$$

ととれる.従って a, b, c の対称式として

$$S = \sqrt{\ell(\ell-a)(\ell-b)(\ell-c)}, \\ \ell = \frac{1}{2}(a+b+c) \quad \text{(答)}$$

と,帰納決定される.

例6における S の表式は**ヘロンの公式**に他ならない訳だが,それを算数で求めるのは単なる技術に過ぎない.本書の中でそれをやるのは,気がひけるが,たてまえ上,やっておこう:

この図において

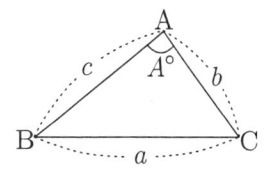

$$S = \frac{1}{2}bc \sin A°,$$

$$\sin A° = \sqrt{1 - \cos^2 A°}$$
$$= \sqrt{1 - \left(\frac{b^2+c^2-a^2}{2bc}\right)^2}$$
$$= \frac{1}{2bc}\sqrt{(2bc+b^2+c^2-a^2)(2bc-b^2-c^2+a^2)}$$
$$= \frac{1}{2bc}\sqrt{\{(b+c)^2-a^2\}\{a^2-(b-c)^2\}}$$

$$= \frac{1}{2bc}\sqrt{(b+c-a)(b+c+a)}$$
$$\cdot \sqrt{(a-b+c)(a+b-c)}$$

となる．ここで
$$s = \frac{1}{2}(a+b+c)$$
なる記号を用いると
$$S = \sqrt{s(s-a)(s-b)(s-c)}$$
となる．

本書で学んでいる人には，最早，不要の注意とは思われるが，アルゴリズム：

「3辺の長さが与えられた→ヘロンの公式」

のように，**凝り固まった考え方をしないように**と付け添えておく．

それでは，読者の頭がそのような routine recipe で凝り固まっていないかどうかということを次の難問で試してみられたい．

◀ **問題 10** ▶

三角形 ABC の各頂点の対辺の長さを順に $a=7$, $b=5$, $c=4$ とする．この三角形の面積を 2 等分する線分の長さを ℓ とするとき，ℓ の最小値は
$$\sqrt{2(s-a)(s-b)} \quad \left(s = \frac{a+b+c}{2}\right)$$
であることを示せ． （一橋大（改文））

(†) 三角形の面積を 2 等分するような線分のとり方はいくつかの場合で分けられるが，よく考えてやらないと，正解には行き着けない．

〈解〉 図のような △ABC において

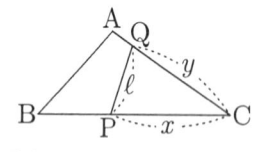

BC $= a = 7$, CA $= b = 5$,
AB $= c = 4$, PQ $= \ell$
CP $= x$, CQ $= y$

余弦定理を用いると
$$c^2 = a^2 + b^2 - 2ab\cos C°$$
であるから
$$4^2 = 7^2 + 5^2 - 2 \times 35 \cos C°$$
$$\therefore \quad \cos C° = \frac{29}{35}$$
よって

$$\ell^2 = x^2 + y^2 - 2xy \cos C°$$
$$= x^2 + y^2 - \frac{58}{35}xy$$
$$\geqq 2xy - \frac{58}{35}xy$$
（相加・相乗平均の不等式）
$$= \frac{12}{35}xy \quad \cdots ①$$

ところで
$$\triangle ABC = \frac{1}{2}ab\sin C°,$$
$$\triangle CQP = \frac{1}{2}xy \sin C°$$
であり，そして題意より
$$\triangle ABC = 2\triangle CQP$$
であるから
$$xy = \frac{1}{2}ab \quad \cdots ②$$

②を①に代入して
$$\ell^2 \geqq \frac{6}{35}ab = \frac{6}{35} \times 7 \times 5 = 6$$

①において等号の成立は $x = y$ のときであるから，そのとき②は
$$x^2 = \frac{1}{2} \times 7 \times 5 = \frac{35}{2}$$
ここで $\frac{35}{2} <$ CA$^2 = 25$ であるから，上式を満たす x, 従って点 P, Q はそれぞれ辺 BC, CA に存在する．

$$s = \frac{7+5+4}{2} = 8, \quad s-a = 1, \quad s-b = 3$$
であるから ℓ の最小値は
$$\ell_{\min} = \sqrt{6} = \sqrt{2(s-a)(s-b)} \quad \cdots ③$$
である．

しかしながら，この時点では，未だこの $\ell_{\min}$ が，△ABC の面積を 2 等分する全ての場合での最小のものとは限らない．そのことをいまから詮議する．

まず，点 Q が頂点 A にある場合
点 P は辺 BC 上にあって AP の最小値は
$$AC \sin C° = 5 \times \sqrt{1 - \left(\frac{29}{35}\right)^2}$$
$$= \frac{8}{7}\sqrt{6}$$

ところが，この値は③の $\ell_{\min}$ より大きい．このことと，a, b, c の長さからして △ABC を 2 等分する線分の一端点が頂点 A, B, C にくる場合は全て却下される．

次に，線分 PQ が辺 AB と AC，あるいは辺

AB と BC 上に端点をおく場合
・前者の場合
（以下の記号 x, y の使用は，前にやったものと異なるが，それらに準ずるものとする.）
$$\begin{aligned}\ell^2 &= x^2 + y^2 - 2xy\cos A° \\ &= x^2 + y^2 + \frac{2}{5}xy \\ &\geqq 2xy + \frac{2}{5}xy \\ &= \frac{12}{5}xy = \frac{6}{5}bc = 24\end{aligned}$$

$\sqrt{24}$ は③の $\ell_{\min}$ より大きい．

・後者の場合
$$\begin{aligned}\ell^2 &= x^2 + y^2 - 2xy\cos B° \\ &= x^2 + y^2 - \frac{10}{7}xy \\ &\geqq \frac{4}{7}xy = \frac{2}{7}ca = 8\end{aligned}$$

$\sqrt{8}$ は③の $\ell_{\min}$ より大きい．

以上から
$$\ell_{\min} = \sqrt{2(s-a)(s-b)} \quad \blacktriangleleft$$

問題 10 では，a, b, c が具体的に与えられ，そして ℓ の最小値 $\sqrt{2(s-a)(s-b)}$ からして，いかにも，「ヘロンの公式を使うべし」といった様子であったが，豈はからんや，であったろう．この解答中，どこでもヘロンの公式に直接依存してはいない．

読者は，事前に，筆者の警告を知っていたので，ヘロンの公式を持ち出さなかったであろうが，さもなくば，本書の熱心な読者とて，結構，

「△QPC＝ヘロンの公式様」

とやって泥沼にはまり込んだのでは？

> ◁ フェルマー点問題 ▷
> 三角形 ABC の内角はいずれも120° 未満とする．この三角形の内部に点 P をとったとき
> PA＋PB＋PC
> が最小となる点 P は，その三角形の内部のどのような所に位置するときか．

† 初等幾何の問題とはいうものの，必要とする着想は，入試数学の level をはるかに超えている．計算そのものは初歩的でしかないのだが．それ故，**初等数学の問題として面白いのである.**

結果論ではあるが，筆者の場合，PA＋PB＋PC の評価では，始めから点と線分の距離の評価にもち込んだ．その際，裡々，**置換の概念**に基づいたのであった．

〈解〉 まず，図イのように正三角形 A′B′C′ の内部の任意の点を P とすると，P から辺 A′B′, B′C′, C′A′（いずれも長さを a' とする）に下ろした各々の垂線 PH_1, PH_2, PH_3 の和 $PH_1+PH_2+PH_3$ が一定であることを示そう：

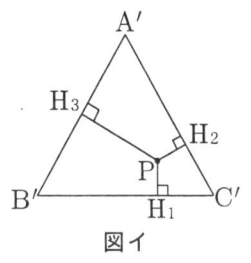

図イ

△A′B′C′ の面積をその記号と同じく表して
$$\begin{aligned}\triangle A'B'C' &= \triangle PB'C' = \triangle PC'A' + \triangle PA'B' \\ &= \frac{1}{2}a'(PH_1 + PH_2 + PH_3)\end{aligned}$$

そして △A′B′C′ の内接円の半径を r とすると
$$A'B'C' = \frac{3}{2}a'r$$

である．上 2 式より
$$PH_1 + PH_2 + PH_3 = 3r \; (＝一定値) \quad \blacktriangleleft$$

次に，問題におけるどんな △ABC に対しても図ロのような外接正三角形 A′B′C′ を考えることができることに留意する：

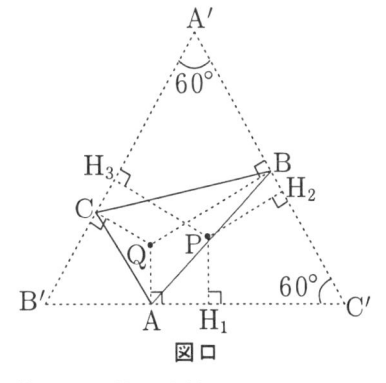

図ロ

点と線分の距離の比較をして
$$\begin{aligned}PA+PB+PC &\geqq PH_1+PH_2+PH_3 \\ &= QA+QB+QC\end{aligned}$$

となることは明らか．

このような Q は，△ABC のどの内角も 120° 未満のときに限り，△ABC の中に存在する．何故ならば，点 Q が存在する為には，例えば，∠

CAB については
$$\angle\text{CAB} = 360° - (\angle ABA' + \angle BA'C + \angle A'CA)$$
$$= 300° - (\angle ABA' + \angle A'CA)$$
$$< 300° - (90° + 90°)$$
$$= 120°$$
でなくてはならないし，逆もまた然り．

よって求める点 P の位置は

$$\begin{cases} \text{図口における点 Q，即ち，} \\ \angle AQB = \angle BQC = \angle CQA = 120° \\ \text{を満たす位置 Q である} \end{cases} \cdots \text{(答)}$$

（補）フェルマー点問題では，どの内頂角も 120°未満という条件が入っているが，当然，「120°以上になったらどうなるのか？」という疑問が生じる．この場合は，「取るに足らない程，易しい」ように思われるかもしれないが，そうでもない．
PA+PB+PC を最小にする点 P=Q は △ABC の外部にはなく，△ABC の頂点を含めて辺上のどこかにあるが，それは 3 つの頂角のどの内角が 120°以上であるかによる．

点 P をどこかの辺上に置いて，PA+PB+PC の最小値を調べることにする．この際，

$$\text{PA+PB+PC} = \begin{cases} \text{BC+PA} \\ \text{または} \\ \text{CA+PB} \\ \text{または} \\ \text{AB+PC} \end{cases}$$

のいずれかの等式が成り立つ．

内頂角 $A° \geqq 120°$ であるとしよう．

点 P が辺 AB 上にあるときは
$$\text{PA+PB+PC=AB+PC}$$
$$\geqq \text{AB+AC}$$

となり，点 P が頂点 A に一致したときに PA+PB+PC は最小になる．（点 P が辺 CA 上にあるときも上の不等式は変わらないので，結論も同じである．）

点 P が辺 BC 上にあるときは
$$\text{PA+PB+PC=BC+PA}$$
であるが，
$$\text{BC+PA} \geqq \text{AB+AC}$$
はつねには成立しないと思う．多分，AB，BC，CA の長さで場合分けが生じて，PA+PB+PC を最小にする点 P の位置は，頂点 A，または頂点 A から辺 BC に下ろした垂線の足の位置となるであろう．（計算は煩わしいと思われるのでやっていない．）

フェルマー点問題の解答として，フェルマーの思考過程からすれば，当時，彼はここでの解答と同じことをやっていたはず．

次のような別解答は，誰が最初に見出したのかは，筆者は知らないが，最もよく引用紹介される見事な発見的解答である．（多分，これもフェルマーあるいは彼の周辺にいた数学者のやった解答であろう．その根拠は後述する．）

<別解> 図Ⅰのように

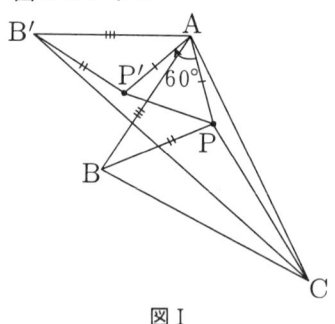

図Ⅰ

△ABP を，頂点 A を中心して時計回りに 60°だけ回転してやると，△AP'P は正三角形であるから
$$\text{PA} = \text{PP'}, \text{ そして } \text{PB} = \text{P'B'}$$
である．よって
$$\text{PA+PB+PC=PP'+P'B'+PC}$$
$$\geqq \text{CB'}$$
点 P, P' が，図Ⅱのように，線分 CB' 上にあるときに限り等号が成り立つ：

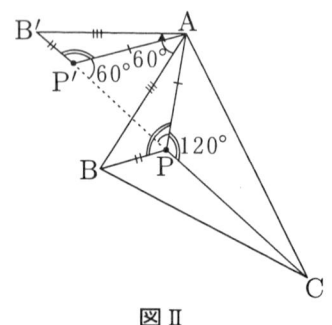

図Ⅱ

このような作図は，△ABC の内頂角がいずれも 120°未満のときに可能である．

――――――――― 第7章 初等幾何(その3) ――――――――― 147

図IIにおいては
$$\angle BPA = \angle CPB = \angle CPA = 120°$$
となる.

$$\begin{cases} 上式を満たす点 P が \\ 求める点である \end{cases} \cdots (答)$$

(補)解答中の図IIから明らかなように,△AB'B は正三角形である.少し解説を加えておこう.

この**別解**におけるような図形の回転は頂点 B, C を中心として行なってもよいので,次のような図が描ける(△BC'C,△CA'A も正三角形である):

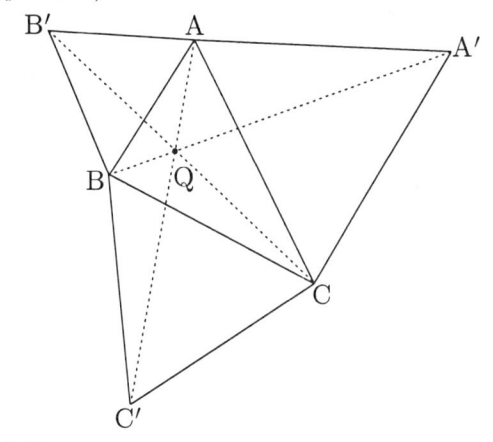

当然
$$B'C = C'A = A'B$$
が成り立たなくてはならない.そしてこれら3線分の交点 Q が,PA+PB+PC を最小にするフェルマー点である訳である.

△ABC の辺の長さが与えられると,容易に線分 B'C の長さを求めることができる.
BC=a, CA=b, AB=c とすると,余弦定理により
$$B'C^2 = AB'^2 + AC^2 - 2AB' \cdot AC \cos(160° + A°)$$
$$= AB^2 + AC^2 - 2AB \cdot AC \cos(60° + A°)$$
$$= c^2 + b^2 - 2cb\left(\frac{1}{2}\cos A° - \frac{\sqrt{3}}{2}\sin A°\right)$$
(∵ 加法定理を用いた)
$$= b^2 + c^2 - 2bc \cdot \left(\frac{b^2+c^2-a^2}{4bc} - \frac{\sqrt{3}}{2}\sin A°\right)$$
$$= b^2 + c^2 - \frac{b^2+c^2-a^2}{2} + \sqrt{3}bc\sin A°$$
$$= \frac{a^2+b^2+c^2}{2} + 2\sqrt{3} \cdot \triangle ABC$$

(△ABC はその面積を表す)
ところでヘロンの公式により
$$\triangle ABC = \sqrt{s(s-a)(s-b)(s-c)}$$
$$\left(s = \frac{a+b+c}{2}\right)$$
であったから
$$B'C = \sqrt{\frac{a^2+b^2+c^2}{2} + 2\sqrt{3}\sqrt{s(s-a)(s-b)(s-c)}}$$
となり,B'C は確かに a, b, c の対称式になっている訳である.

◀ **問題11** ▶
 △ABC の内部に1点 O を,∠AOB=∠BOC=∠COA=120° となるようにとる.
 BC=a, CA=b, AB=c, OA=x, OB=y, OC=z とするとき,以下に答えよ.
 (1) $xy+yz+zx$ は a, b, c の対称式であることを示せ.
 (2) $x+y+z$ を a, b, c で表せ.

(†) これまでの復習問題である.
(1) $xy+yz+zx$ は三角形の面積に相当していることに気付くこと.(2) 計算のみ.

〈解〉(1) △OAB,△OBC,△OCA の面積は次の通り:
$$\triangle OAB = \frac{1}{2}xy\sin 120° = \frac{\sqrt{3}}{4}xy,$$
$$\triangle OBC = \frac{\sqrt{3}}{4}yz,$$
$$\triangle OCA = \frac{\sqrt{3}}{4}zx$$
従って
$$\triangle ABC = \frac{\sqrt{3}}{4}(xy+yz+zx)$$
△ABC はヘロンの公式で与えられるので,
$$xy+yz+zx = \frac{4}{\sqrt{3}}\triangle ABC$$
は a, b, c の対称式である. ◀
(2) 余弦定理により
$$a^2 = y^2 + z^2 + yz,$$
$$b^2 = z^2 + x^2 + zx,$$
$$c^2 = x^2 + y^2 + xy$$
であるから,辺々相加えて
$$a^2+b^2+c^2 = 2(x^2+y^2+z^2) + xy+yz+zx$$
$$= 2(x+y+z)^2 - 3(xy+yz+zx)$$
よって
$$x+y+z = \sqrt{\frac{a^2+b^2+c^2+3(xy+yz+zx)}{2}}$$

$$= \sqrt{\frac{a^2+b^2+c^2+4\sqrt{3}\sqrt{s(s-a)(s-b)(s-c)}}{2}}$$

$$\left(s = \frac{a+b+c}{2}\right) \qquad \cdots \text{(答)}$$

長々とフェルマー点に関連した内容であった．初等幾何での解答とて決して易しくない．しかし，前にベクトルで解いたような高度なものではない．とはいうものの，フェルマー達と同じ頃に生きていたとして，「これを解いてみよ」といわれたら，まずお手上げであろう．それはそうである．解答の糸口が容易に見出せるようなものであったなら，フェルマー達の間で提起されてもてはやされたなどということはなかったはずであるから．解答は**極めて発見的**である．しかし，それは，闇雲にやって偶然発見できるようなものではなく，未だ見えていない物事の明暗を，**ぎりぎりの所まで追い詰めて判明される**ものである．

数学青少年の為に少し啓蒙しておこう：

数学でも物理学でも，醍醐味とか感動とかは，**常に，新発見にある**．しかし，それは，苦しみを伴いながらも自然な過程からのものである．**人間の思考が固くて自然でないものだから，なかなか発見できない**ことが多いのである．

故小平邦彦先生（日本初のフィールズ賞受賞者：1954年受賞）はいわれた：「自分の数学上の業績は，自分が考え出したものではなく，数学という木の中に埋まっているあるがままのものを見出したに過ぎない」と．これが達人の数学精神というものであり，いやしくも自然な数学の先端頂上に立ちたいと思うなら，早いうちからそのような数学観を以て学ばねばならない．（筆者は，気付くのが遅過ぎた．）

数学上の発見は自然な過程からのものではある．しかし，それは，**多くの人に踏みならされた平坦な道を足速に歩くような行程にはない**．未だ見ぬ '**絶頂の花一輪**' を見出す為には，どうしても Hammer と Seil(ザイル)を持って自らの足で一歩々々攀じ登る他ない．（これに関しては，それこそ王道はない．）また，どうしても時間を要する．何故ならば，**本物は旬の日を待ってじっくり熟成していくもの**だからである．

然るに，人間はいろいろな意味において '待つ' ということをわきまえない．焦って自分の分け前に預かろうとする．いわゆる，"バスに乗り遅れまい" として焦る．そして，あわてて方向違いのバスに乗って，やがてさんざんな目に遭うものである．（特に，自分で見定めたつもりの未来に向かう様々の "バス" は行き先不明である．その "バス" が焦心への罠でなければよいのだが．）

とにかく，物事は，一般に "**急がば迂れ**"（語源は，ローマ皇帝アウグストスの格言 "ゆっくり急げ"）のようである．

さて，フェルマーは1600年代の数学者兼物理学者である．彼は，幾何学においては，いわゆる '**最小の距離**' というものを念頭に置いて，その中に原理性を追究しようとした．それが，彼をして**幾何光学の研究**へと至らしめた．

その原理とは，'光線の通過経路は，その道のりが最小時間になるようにとられる' というものである．（フェルマーの原理）

これによって光線の直進，反射そして屈折の法則は統一的に説明された．

例えば，光の反射の法則は次のように説明される：

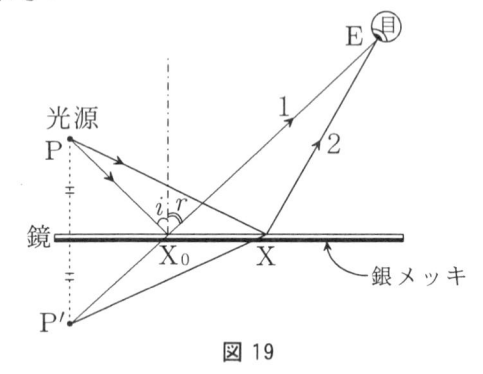

図19

この図においてユークリッド幾何的に

$$PX + XE = P'X + XE$$
$$\geq P'X_0 + X_0E$$
$$= P'E$$

が成り立つ．$P'X + XE \geq P'E$ という不等式は，三角形 $P'XE$ についての三角不等式であることがお分かり頂けるであろう．等号の成立は，三角形 $P'XE$ が線分 $P'E$ にまでつぶれてもよいことを意味している．（空気中を伝わる）光の速さを c とすると，

$$\frac{PX+XE}{c} \geq \frac{P'E}{c} = \frac{PX_0+X_0E}{c}$$

が成り立つが，左辺は図 19 における任意のコース 2 で光が伝達する時間を表しており，その最小値が右辺であるということになる．

このことから，点 X_0 における光の入射角 i と反射角 r が等しいことも示される．

（上の不等式の流れから，フェルマー点問題解明との脈略も肯けるものがあるであろう．）

屈折の法則も同様に示せるが，微分法を用いないと説明が苦しいので，ここではやらない．

入試問題では，屈折の法則を実験的既成事実として問題を解くことに習熟しておけばよい．**余談**：入試数学にはまだ数学者も楽しめるものが結構あるが，入試物理には物理学者が楽しめるものが何もない．それだけ variation がないからである．高校物理が不得意だと嘆く人は学び方が悪いのであろう．

その後，**ホイヘンス**（Hygens 1600 年代のオランダの物理学者兼数学者）は，波面というものを素元波の集まりとみなして，より簡単に，**波の反射・屈折の法則**を導いた．このようにして捉える波面は**包絡面**ともよばれる．

ここで一服．

読者は，「かわせみ」という鳥を知っておられるであろうか？ この鳥は，るり色の美しい羽毛をもち，それこそ渓流の川岸に棲息し，水中の小魚を空中から狙って正確に捕える．これを不思議に思わないだろうか？ 筆者は，実に不思議に思う．というのは，かわせみの眼に映っている小魚は**屈折してきた映像**である．かわせみがそのまま，水中に突っ込むと，的は必ず外れるのである．正確に小魚を捕えるこのような鳥類は，光の屈折現象まで読みとらねばならない．これらの動物は，どうして，そのような直覚を持ち合わせているのであろう？ **単なる慣れからのものとは思えない**．自然は不可解である．

渓流に足を運ぶと魚が見えたりするが，逆に魚からも人間（釣人）が見える．そうすると，魚は警戒して餌に見向きもしない．それだから釣人は，プランクトンなどが多く発生して，水が濃緑色になって魚が見えないような所に糸を垂らす．

1500 年～1600 年代は，フランスにおいて偉大な幾何学者が連なった時代である．

デザルグ，デカルト，フェルマー，そしてパスカルと．この時代は，ピタゴラスやユークリッド以来の初等幾何から新しい幾何学への過渡期であった．その新しい幾何学は，特に 1800 年代の**近代幾何学への掛橋**となった．残念ながら，彼らの幾何学をここでやる訳にはゆかない．しかしながら，デカルトのように座標軸を平面上に描いて幾何の問題を解くことは，諸君はいつもやってきている．やがて，そのような意味での 2 次曲線をやることになるだろう．

上記の数学者において，**デカルトとパスカル**は極めて思索的であるが，見解において両者は相容れない．

デカルトとしては，人間の精神までも物質形態の個別性に依存した映像と主張したいのであったろうが，これがパスカルの考えと真っ向からぶつかるのであった．

フェルマーは，パスカル寄りであったろうし，パスカルをこそ親友としたかったようである．また，パスカルの友人で，貴族であったルアンヌ公爵の妹シャルロットは，パスカルの科学的頭脳以上に，その優れた思念性に強く惚れ込んでいて，彼を除いて恋の対象となる男はいなかった程であったようである．不幸にも彼女はパスカルとは結ばれなかった．病弱のパスカルは 39 歳の若さで夭折するまで独身であった．（多くの人文哲学者は，両者の恋を否定するが，恋心の以心伝心が分からないのだろう．）

さて，この講義の流れは，そろそろ**平面幾何から空間的幾何へと移行していく**．

空間的幾何とはいうものの，これまでの平面幾何と変わったものは殆どない．それは，結局，平面図形を空間的に配置しただけのものであるから．ということで，早速，問題に入る．

◀ **問題 12** ▶

以下の設問に答えよ．
（1）空間内の直線 L を共通の境界線とし，角 θ で交わる2つの半平面 H_1, H_2 がある．H_1 上に点 A，L 上に点 B，H_2 上に点 C がそれぞれ固定されている．ただし，A, C は L 上にはないものとする．
　半平面 H_1 を，L を軸として，$0° \leq \theta \leq 180°$ の範囲で回転させる．
　このとき，θ が増加すると $\angle ABC$ も増加することを証明せよ．
（2）空間内の相異なる4点 A, B, C, D について，不等式
$$\angle ABC + \angle BCD + \angle CDA + \angle DAB \leq 360°$$
が成り立つことを証明せよ．ただし，4点全ては，同一直線上にはないものとする． (東京大)

† （1）直観的に当たりまえの事なのだが，いまは，証明問題なので，「その事をきちんと式で表して述べてみよ」ということである．余弦定理で式を表し，それから定性的説明をすればよい．（これは，**思考力を試す意味で好ましい問題である．**）
　（2）"空間内の相異なる4点"では，'相異なる4点が同一平面上にある'ということを除外できない．従って，この場合について軽く言及しておいて，それと別に4点が四面体を形成する場合を中心課題として考える．（1）はどう生きてくるのか？

〈解〉（1）図は直線 L に垂直な平面 α をとって，そして L に平行であるように平行光線を $\triangle$ABC に当て，α 上に $\triangle$ABC の正射影 $\triangle$A'B'C' を写したものである．
　余弦定理によって
$$AC^2 = AB^2 + BC^2 - 2AB \cdot BC \cos \angle ABC$$
ここで線分 AB, BC の長さは一定であることに留意しておく．この式より AC は，適当な範囲内において $\angle ABC$ の増加に従って，長くなっていくことが分かる． 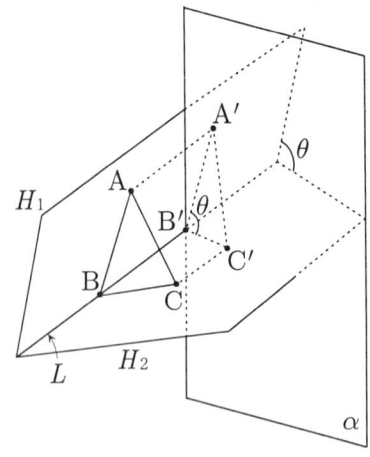
AC が長くなる程，その線分の α 上への正射影 A'C' も比例的に長くなるし，逆も，又，然り．
　再び余弦定理によって
$$A'C'^2 = A'B'^2 + B'C'^2 - 2A'B' \cdot B'C' \cos \theta \quad (\theta = \angle A'B'C')$$
ここで線分 A'B' と B'C' の長さも一定である．A'C' は θ の増加に従って長くなる．
　以上から θ が $0° \leq \theta \leq 180°$ で増加すると A'C' は長くなり，それ故 AC も長くなり，$\angle ABC$ も増加するということが示された．◀
（2）相異なる4点が空間内の同一平面上にある場合，高々四角形までしか形成されないので，問題の角の和では，それは，つねに 360° 以下あることは明らか．
　以下では，相異なる4点が一般に四面体を形成する場合を考察する．

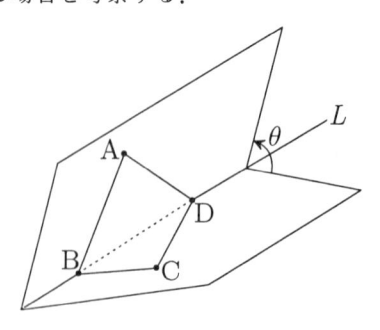

（1）における図中での B'を，この設問での点 D とみなしてよい．
（1）により，角 θ が小さくなる程，$\angle ABC$, $\angle CDA$ は小さくなる．（$\angle DAB$, $\angle BCD$ は変わらない．）
それ故，反対に θ を大きくして，$\theta = 180°$ まで

もっていった場合で考えてみる．
このとき，平面上で(凹凸両方のタイプ)四角形 ABCD が得られる．

（ア） ABCD が凸四角形の場合

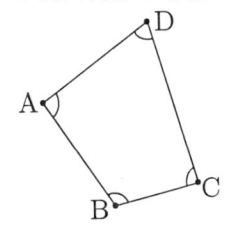

$$\angle ABC + \angle BCD + \angle CDA + \angle DAB = 360°$$

（イ） ABCD が凹四角形の場合

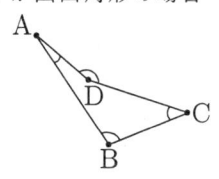

凹四角形内の内角の和は 360° であるから
$$\angle ABC + \angle BCD + \angle CDA + \angle DAB < 360°$$
以上より
$$\angle ABC + \angle BCD + \angle CDA + \angle DAB \leqq 360° \blacktriangleleft$$

問題 12 は，2 面角問題であり，入試問題としては，無理がなく，設問もよくできている．

それでは，最後の問題として，空間図形の総合的問題を 1 題やって本稿を終えることにしよう．

◀ 問題 13 ▶

1 辺の長さが 2 の正 n 角形がある．半径 1 の球の中心がこの正 n 角形の周及び内部をすべて動くとき，この球が通過する点全体からなる立体の体積を求めよ．
半径 r の球の体積が $\frac{4}{3}\pi r^3$ （π は円周率）であることを用いてよい．

（日本女子大・家政）

(†) 平成年 1 桁時代では，まだ"家政学部"という名のものがあったが，最近は，だんだんと"人間生活科学部"とか"人間情報学部"というようなしゃれた名に変わってきた．

時代の変遷に応じて，いろいろなものの表向きの名だけは変わってきたのだが…．"どのように装っても，どんな底上靴を履いても，君は君である"（ゲーテ「ファウスト」より）

本問は，図をあまりずさんに描くと，解くには苦しくなるので，焦らず地道にやっていく．
（解けない人は，$n=3$ ぐらいでやってみよ．）

〈解〉 正 n 角形の頂点を $P_1, P_2, \cdots, P_n$ とする．図は半径 1 の球の中心が辺 P_nP_1, P_1P_2, P_2P_3 上を移動している様子を表したものである．

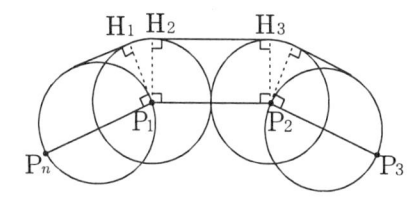

$$P_1P_2 = P_2P_3 = \cdots = P_{n-1}P_n = P_nP_1 = 2$$

図において
$$\angle H_1P_1H_2 = \frac{360°}{n}$$
である．また，図においては
$$nH_2H_3 = 2n$$
だけの長さをもった半円柱(その半径 1)があり，その体積 V_1 は
$$V_1 = \frac{1}{2} \times \pi \times 1^2 \times 2n = n\pi$$
である．さらに，図中の点 P_1 を中心として弧 $\overset{\frown}{H_1H_2}$ の部分を与える空間図形（西瓜を半月状に切ったようなもの）の体積は，簡単な比例計算から $\frac{4\pi \cdot 1^3}{3n}$ であるが，これは n 個あるのだから，その分では
$$V_2 = \frac{4\pi}{3}$$
である．

一方，厚さ 2 の正 n 角形"煎餅"の体積 V_3 は，正 n 角形の体積が
$$n \times 2 \times \left\{\frac{1}{2} \times 1 \times \tan\left(90° - \frac{180°}{n}\right)\right\}$$
$$= \frac{n}{\tan\frac{180°}{n}}$$
であるから
$$V_3 = 2 \times \frac{n}{\tan\frac{180°}{n}}$$
である．
よって求める体積は
$$V_1 + V_2 + V_3 = \left(n + \frac{4}{3}\right)\pi + \frac{2n}{\tan\frac{180°}{n}} \quad \cdots（答）$$

余興

初等幾何の"妖怪退治"の着想の披露

『理系への数学』（現代数学社）の 2000 年 8 月号にて，難波 誠先生（大阪大学）が，「幾何学鑑賞室」という記事の中で右の**問題**を一解答例付きで紹介されていた．これは，奇怪な問題として，mania の間で流れていたもののようである．

故あって，筆者はその問題を解くはめになった．そしてその**解答**を同上誌 2000 年 10 月号に公開した．（編集部の原稿受理日は同年 8 月 4

問題 頂角 $\angle A$ が $20°$ の二等辺三角形 $\triangle ABC$ において，辺 AB, AC 上に点 D, E をそれぞれ $\angle BCD = 60°$, $\angle CBE = 50°$ となるようにとる（右図）．このとき $\angle DEB$ は何度か．

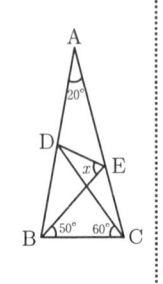

日になっている．）それが末節後の**解答**である．その時，筆者は，"その着想についてはまた機を新たに致したい"と付け沿えている．丁度よい機会なので，その着想をここに披露致す．

筆者は次のように 2 段階に分けて解いたのである．:
 i) 辺 AC が対称軸になるように対称図形を作る（$\triangle ABC$ に，それと合同な $\triangle ACC_1$ を辺 AC を共通辺にして張り合わせる）．
 ii) i) の対称性を破る（もう 1 つ合同な $\triangle AC_1C_2$ を張り合わせることでその対称性は破れる）．

始めに i) の路線をとってから ii) に至るまでは 3 時間程要した．抽象代数学等の数学では対称性に視点をもってゆくことがよくやられる．具体的問題ではなおさらと思い，i) で「いける」と睨んだのであったが，徒労であった．そして，3 時間も経ってから，「もう 1 つ三角形をくっつけて対称性を壊してみようかと」と思った瞬間，絡繰が見えたのであった．それを皮肉って，筆者は，その時に"妖怪退治"と記したのであった．そもそも，どうして i) と ii) に気付いたのかというと，それは，多分に筆者の専門が関与していたからであろう．筆者は，素粒子理論の一部門を専攻する端くれ（の端くれ）なのであるが，そこでは抽象的対称性が論じられる．そして，それは表現論に移ったとき破れるということが起こったりする．そのような概念が筆者には染みついているのである．しかし，数学では，折角の対称性をうまく活用しても，破れるように流れを構成するというような事はふつうないと思われる．数学に対してそのような**先入観**が筆者にはあったので，初等幾何の問題であるにも拘らず，ii) に至るのに 3 時間も要し，日曜日の主要部分を潰してしまったのであった．

ところで，この**問題**であるが，当初から解きながら思っていたのであるが，これは**初めから逆算で作られたものである**ということは間違いないだろう．つまり，問作時から tricky な補助線を入れた多角形であって，問作者が人目に晒す時に，その補助線を取り払って恰も三角形の角度の問題に見せかけたものであると思われる．されば，"手品"と"そのタネを明

かせるか？"という(昔よく見かけた)大道芸人まがいの見世物としてはおもしろいが，問題そのものには，何ら数学的価値などない．

　入試問題では，trick は極力避けて頂きたいものである．**「自然な数学」**は何の仕掛けもしていない，にも拘らず，**無限の高度さをもっている**（例えば，素数分布——実に素朴で自然な問題なのだが，天才達にも手も足も出ない．）このようなものに対し，徒に複雑にした人工的問題の**非常に狭い世界**の方が人受けして，「これが数学」という錯覚を冒しているのは何としたことであろう．これでは，「数学」が没落してゆくのは当然である．人工的小細工の問題を解けることは，自然な数学の問題を解明できる為に必要とはいえない．場合によっては有害である．それ故，青少年育成の為の問題は，**できるだけ自然で，結果に感動できる**ようなものでなくてはならないというのが筆者の主張である．

解　答

　(この**解答図**を御覧頂ければ一目瞭然と思われるが，念の為，簡単に付記しておく．)

　点 B から辺 AC_2 に下ろした垂線の足を H，辺 AC に関して点 D′ の対称点を D (問題図でのものと同じ記号にしておいた) とすると，

$$AH = AF = \frac{1}{2} AB,$$
$$\angle AEH = \angle AED = 50°,$$
$$\triangle ADF \equiv \triangle CDF$$

であるから，$\angle BED = 80°$ を得る．

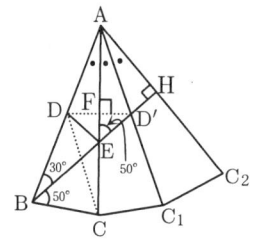

・印は 20° を表す．
$\triangle ABC \equiv \triangle ACC_1 \equiv \triangle AC_1C_2$

(解答図)

第 8 章

行列（その1）

　実数や複素数では，2つの数 a と b の積 ab はつねに ba に等しい．ベクトルでも，（成分が実数である限り，）2つのベクトル $\vec{a}$ と $\vec{b}$ の内積 $\vec{a} \cdot \vec{b}$ は $\vec{b} \cdot \vec{a}$ に等しい．

　いずれにしても，これまで，読者にとって，何らかの"**数**"（複素数は勿論，ベクトルも含める）の2つの積は，つねに順序を入替えてもよいということは暗黙の了解であった．このような世界でのみ数学を見てきていると，「2つの"数"の積 ab は ba とは限らない」ということには思いもよらない．

　ところで，実数を並べて構成した2つのベクトル $\vec{a} = (a_1, a_2)$, $\vec{b} = (b_1, b_2)$ の内積

$$\vec{a} \cdot \vec{b} = (a_1, a_2)\begin{pmatrix} b_1 \\ b_2 \end{pmatrix}$$
$$= a_1 b_1 + a_2 b_2$$

を考えたとき，そこでは，既に，1つの演算規則を施して積というものを定義していた．

いま，矢線印を外して

$$a = (a_{11}, a_{12}), \quad b = \begin{pmatrix} b_{11} \\ b_{21} \end{pmatrix}$$

と，表記法を改めて，積を

$$ab = (a_{11}, a_{12})\begin{pmatrix} b_{11} \\ b_{12} \end{pmatrix}$$
$$= a_{11}b_{11} + a_{12}b_{21}$$

と表す．
このような視点から，実数を正方形状に並べて

$$a = \begin{pmatrix} a_{11} & a_{12} \\ a_{21} & a_{22} \end{pmatrix}, \quad b = \begin{pmatrix} b_{11} & b_{12} \\ b_{21} & b_{22} \end{pmatrix}$$

と表したものに対して，積を

$$ab = \begin{pmatrix} a_{11}b_{11} + a_{12}b_{21} & a_{11}b_{12} + a_{12}b_{22} \\ a_{21}b_{11} + a_{22}b_{21} & a_{21}b_{12} + a_{22}b_{22} \end{pmatrix}$$

で定める．こうして，**行列**といわれるものとその**積**が定義される．このような視点からは，行列というものは，ベクトルの概念の素朴な拡張ともいえるものになる．積 ba も同様に定義される．この際，$ab = ba$ とは限らなくなる訳である．

　行列というものの先覚者**ケイリー**（A.Cayley イギリスの数学者，1821〜1895）は，x と y の連立1次方程式

$$\begin{cases} ax + by = k \\ cx + dy = \ell \end{cases}$$

を

$$\begin{pmatrix} a & b \\ c & d \end{pmatrix}\begin{pmatrix} x \\ y \end{pmatrix} = \begin{pmatrix} k \\ \ell \end{pmatrix}$$

と表記することによって，行列の概念を抽出していたようである．

　ケイリーは，24〜31歳の頃までケンブリッジ大学の特別研究員であったが，任期が切れた後，どういう訳か，法律職に就いている．もちろん，数学への愛着が失せた訳ではない．事実，彼は，その間にも，質・量共にかなりの研究をしているし，行列の概念も見出している．そして，42歳の時からケンブリッジ大学に戻って，そこの教授になっている．

　なお，前に紹介した**ハミルトン**は，1805年生まれで，ケイリーの大先輩に当たる．どちらも英国王立協会（—— 高質の公的研究学会であり，会員の選考基準はかなり高い）の会員として多くの優れた研究をした．

　さて，いずれにしても，行列というものの概念は，デカルト流の座標の導入に先行するものではない．それだけ，行列の世界が展開されるのは遅れてしまった訳である．

　しかし，それだからといって，手放しで，「行列」が高校数学では最も新しいものであるということにはならない．計算技術という立場から見れば，行列間そのものでの演算は四則演算の算数に過ぎないので，むしろ，微分積分法が技

術的に最も新しいものである．

　行列は，その特有の構造概念の分類抽出を以って「近代数学」と言うに相応しくなり，その意味では，微分積分法より新しくかつ高度なものとなる．(単に"新しい"ということは"高度である"ということとは別！　流行や時代の先端を行くこと，即，高度な事をやるということにはならない．**低落ということも多い**．)

　しかし，読者が学ぶ範囲での行列は，結局は，2×2 行列（あるいは 2 次の行列とよばれるもので，既述の a, b がそれである）や 3×3 行列で計算するだけなのであるから，基本的には簡単なものではある．入試問題までもそうであれば楽なのであるが，大学の先生が頭をうんと使って出題してくると，問題は，易しくはなくなる．行列の問題は，それを問作された先生が何を専攻しておられるのかということを最も如実に示してくれる数少ないものである．それだけに，行列には，計算の簡単な割には隠れた難しさと魅力が秘められてくるわけである．

　それでは，**行列**に関する解説をする：

　行と列の成分の個数がいくつあっても同様のことであるから，具体的に，2×2 行列でやってよい．また，行列間の和と積の定義に関しては周知のことであろうから，ここでいちいち述べ立てることはしないことにする．

　行列 A, B, C に対して行列間の**和**や**積**から導かれたものが再び行列であることから，以下の諸性質が示される．(以下，O は零行列，E は単位行列とする)：

（1）　$A + (B + C) = (A + B) + C$
（2）　$A + O = A$
（3）　$A + B = B + A$
　　　〈注意　（1）〜（3）は同じタイプの行列に対してだけのもの．〉
（4）　$A(BC) = (AB)C$
（5）　$AE = EA = A$
（6）　$AO = OA = O$
　　　〈注意　（4）〜（6）は積の演算が入る行列間に対してだけのもの．〉
（7）　$A(B + C) = AB + AC$
（8）　$(A + B)C = AC + BC$

　なお，$A \doteqdot O$ かつ $B \doteqdot O$ であっても $AB = O$ ということがある．(このとき，A, B は（狭義の）**零因子**とよばれる．しかし，いま，このような言葉を無理に覚える必要はない．)

　さらに，いま入用な分として少しだけ付加しておく：

〈ⅰ〉正方行列
$$A = \begin{pmatrix} a_{11} & a_{12} \\ a_{21} & a_{22} \end{pmatrix}, \quad B = \begin{pmatrix} b_{11} & b_{12} & b_{13} \\ b_{21} & b_{22} & b_{23} \\ b_{31} & b_{32} & b_{33} \end{pmatrix}$$
に対して
$$\text{tr } A = a_{11} + a_{22}, \quad \text{tr } B = b_{11} + b_{22} + b_{33}$$
と規約する．("tr" は trace (跡) の省略である．昔は，$\text{Sp}A$ と表す数学者もいたが，昨今では，これを使う人は見られなくなった．因みに "Sp" はドイツ語の Spur（跡）——"シュプール"——の省略．)

〈ⅱ〉正方行列
$$A = \begin{pmatrix} a_{11} & a_{12} \\ a_{21} & a_{22} \end{pmatrix}$$
に対して
$$|A| = a_{11}a_{22} - a_{12}a_{21}$$
と規約する．($|A|$ と $\det A$ とも表すが，特に必要がなければ，筆者は，簡便な $|A|$ の方を多用する．"det" は determinant (行列式) の省略．)

　ここでは，3 次の行列の行列式をやる訳にはゆかない．

　さて，**行列式**が導入されると，**逆行列**というものも導入されてくる．

　'正方行列
$$A = \begin{pmatrix} a_{11} & a_{12} \\ a_{21} & a_{22} \end{pmatrix}$$
に対して
$$AB = BA = E$$
となる行列 B があれば，
$$B = \frac{1}{|A|} \begin{pmatrix} a_{22} & -a_{12} \\ -a_{21} & a_{11} \end{pmatrix}$$
と表される．'

　(このような B を A^{-1} と表す．)

∵) $A = \begin{pmatrix} a & b \\ c & d \end{pmatrix}$ $(ad - bc \doteqdot 0)$,

　　$B = \begin{pmatrix} x & y \\ z & w \end{pmatrix}$

と表すことにする．
$$AB = E$$
$$\longleftrightarrow \begin{pmatrix} ax+by & az+bw \\ cx+dy & cz+dw \end{pmatrix} = \begin{pmatrix} 1 & 0 \\ 0 & 1 \end{pmatrix}$$
$$\longleftrightarrow \begin{cases} ax+by=1 & \cdots ① \\ cx+dy=0 & \cdots ② \\ az+bw=0 & \cdots ③ \\ cz+dw=1 & \cdots ④ \end{cases}$$

①と②より
$$x = \frac{1}{|A|} d, \quad y = \frac{1}{|A|}(-c)$$

③と④より
$$z = \frac{1}{|A|}(-b), \quad w = \frac{1}{|A|} a$$

よって
$$B = \frac{1}{|A|} \begin{pmatrix} d & -c \\ -b & a \end{pmatrix}.$$

（これ以上に言及する必要はない．）
q. e. d.

（一般に，'行列 A の逆行列は，存在すれば，一意的である'．）

次は，**ケイリー・ハミルトンの定理**について．

'$A = \begin{pmatrix} a & b \\ c & d \end{pmatrix}$ であるならば，
$$A^2 - (a+d)A + (ad-bc)E = O$$
が成り立つ．'
（これは示すまでもないだろう．）

一つの**補題**．

'任意の正方行列 X に対して
$$AX = XA$$
となる行列 A は，単位行列の定数倍である'．（**各自，2×2 行列でこの事を示してみよ．**）

それでは，基本問題例と演習問題に入る．

＜例1＞ 行列 X が
$$X = \begin{pmatrix} 0 & 1 & 0 \\ 0 & 0 & 1 \\ 0 & 0 & 0 \end{pmatrix}$$
で与えられたとき，n を3以上の自然数として，行列
$$T = E + X + \frac{1}{2!} X^2 + \cdots + \frac{1}{n!} X^n$$
（Eは単位行列）

を具体的に表せ．また，$T = xE + N$（x は実数，N は 3×3 行列で $N^3 = O$ なるもの）と分解したときの N を求めよ．

[解] $X^2 = \begin{pmatrix} 0 & 0 & 1 \\ 0 & 0 & 0 \\ 0 & 0 & 0 \end{pmatrix}$,

$X^3 = O$（全ての成分が 0 なる零行列）

であるから
$$T = \begin{pmatrix} 1 & 1 & 1 \\ 0 & 1 & 1 \\ 0 & 0 & 1 \end{pmatrix}$$

また
$$N = T - xE = \begin{pmatrix} 1-x & 1 & 1 \\ 0 & 1-x & 1 \\ 0 & 0 & 1-x \end{pmatrix}$$

であり，$N^3 = O$ より
$$N^2 = \begin{pmatrix} (1-x)^2 & 2-2x & 3-2x \\ 0 & (1-x)^2 & 2-2x \\ 0 & 0 & (1-x)^2 \end{pmatrix},$$
$$N^3 = \begin{pmatrix} (1-x)^3 & 3(1-x)^2 & 3(1-x)(2-x) \\ 0 & (1-x)^3 & 3(1-x)^2 \\ 0 & 0 & (1-x)^3 \end{pmatrix}$$
$$= O$$

よって $x=1$ であり，従って
$$N = \begin{pmatrix} 0 & 1 & 1 \\ 0 & 0 & 1 \\ 0 & 0 & 0 \end{pmatrix}$$
_____(答)

◀ **問 題 1** ▶

$a > 0$ とする．行列
$$A = \begin{pmatrix} a & 1 \\ -4 & 1 \end{pmatrix}$$
は，$N^2 = O$ を満たす 2×2 行列 N を用いて
$$A = xE + N$$
と表される．ただし
$$O = \begin{pmatrix} 0 & 0 \\ 0 & 0 \end{pmatrix}, \quad E = \begin{pmatrix} 1 & 0 \\ 0 & 1 \end{pmatrix},$$
x は実数とする．
（1）実数 a, x および行列 N を求めよ．
（2）$A(A-E)(A-2E)(A-3E)(A-4E)$
   $\cdot (A-5E)$ を求めよ．

（九州工大）

† ただ計算処理するのみであるから，（1），（2）共に解けなくてはなるまい．

〈解〉（1）$N = A - xE$ であるから

$$N^2 = (A - xE)^2$$
$$= A^2 - 2xA + x^2E = O$$

ここで
$$A^2 = \begin{pmatrix} a^2 - 4 & a+1 \\ -4a - 4 & -3 \end{pmatrix}$$

であるから
$$N^2 = \begin{pmatrix} a^2 - 2ax - 4 + x^2 & a + 1 - 2x \\ -4a - 4 + 8x & (x-3)(x+1) \end{pmatrix}$$
$$= O$$

$a > 0$ より
$$x = 3, \ a = 5 \quad \cdots \text{(答)}$$
$$N = \begin{pmatrix} 2 & 1 \\ -4 & -2 \end{pmatrix} \quad \cdots \text{(答)}$$

(2) (1)の結果より
$$A = 3E + N \quad (N^2 = O)$$

従って
$$A - E = 2E + N, \ A - 3E = N,$$
$$A - 4E = -E + N, \ A - 5E = -2E + N$$

それ故
$$(A - E)(A - 5E) = -4E,$$
$$(A - 3E)(A - 4E) = -N$$

よって求めるべきものは
$$(3E + N)(-N)(-4E) = 12N$$
$$= 12 \begin{pmatrix} 2 & 1 \\ -4 & -2 \end{pmatrix} \quad \cdots \text{(答)}$$

以下，少し続けて，計算問題例と演習問題を解くことにする．

◁例2▷ 3×3 行列
$$A_1 = \begin{pmatrix} 0 & 0 & 0 \\ 0 & 0 & -1 \\ 0 & 1 & 0 \end{pmatrix}, \ A_2 = \begin{pmatrix} 0 & 0 & 1 \\ 0 & 0 & 0 \\ -1 & 0 & 0 \end{pmatrix},$$
$$A_3 = \begin{pmatrix} 0 & -1 & 0 \\ 1 & 0 & 0 \\ 0 & 0 & 0 \end{pmatrix}$$

において

(1) $A_1 A_2 - A_2 A_1 = A_3$ であることを確かめよ．

(2) $A_1^2 + A_2^2 + A_3^2$ を求めよ．

|解| (1) 省略．

(2)
$$A_1^2 = -\begin{pmatrix} 0 & 0 & 0 \\ 0 & 1 & 0 \\ 0 & 0 & 1 \end{pmatrix}, \ A_2^2 = -\begin{pmatrix} 1 & 0 & 0 \\ 0 & 0 & 0 \\ 0 & 0 & 1 \end{pmatrix},$$
$$A_2^3 = -\begin{pmatrix} 1 & 0 & 0 \\ 0 & 1 & 0 \\ 0 & 0 & 0 \end{pmatrix}$$

よって
$$A_1^2 + A_2^2 + A_2^3 = -2 \begin{pmatrix} 1 & 0 & 0 \\ 0 & 1 & 0 \\ 0 & 0 & 1 \end{pmatrix} \quad \text{(答)}$$

◁例3▷ 2×2 行列
$$E_{12} = \begin{pmatrix} 0 & 1 \\ 0 & 0 \end{pmatrix}, \ E_{21} = \begin{pmatrix} 0 & 0 \\ 1 & 0 \end{pmatrix}, \ H = \begin{pmatrix} 1 & 0 \\ 0 & -1 \end{pmatrix}$$

において

(1) $HE_{ij} - E_{ij}H$ を E_{ij} ($i \neq j$; i, j は 1 か 2 の値) で表せ．

(2) $E_{ij}E_{ji} - E_{ji}E_{ij}$ を H で表せ．

|解| (1) $HE_{ij} - E_{ij}H = \pm 2E_{ij}$ (答)
(+符号は $(i, j) = (1, 2)$，—符号は $(i, j) = (2, 1)$ のとき)．

(2) $E_{ij}E_{ji} - E_{ji}E_{ij} = \pm H$ (答)
(+符号は $(i, j) = (1, 2)$，—符号は $(i, j) = (2, 1)$ のとき)．

例2，例3のような行列や表式には呼び名があるが，いま，そのような言葉だけを覚えても受験生読者には役に立たないので，紹介は控えることにしよう．(後で，何かの都合上，紹介するかもしれない；しないかもしれない．)

◀ 問題 2 ▶

行列
$$J = \begin{pmatrix} 0 & 1 \\ -1 & 0 \end{pmatrix}, \ A = aJ \ (a = \pm 1)$$

に対して以下に答えよ．

(1) A^n (n は 0 以上の整数) を計算せよ．(結果のみでよい．)

(2) $A' = -aJ$ で表す．実数を成分とする行ベクトル $(x \ y)$，列ベクトル $\begin{pmatrix} z \\ w \end{pmatrix}$ に対して
$$(x \ y)(A')^n J A^n \begin{pmatrix} z \\ w \end{pmatrix}$$
を x, y, z, w の多項式で表せ．

† (1) Nothing. (2) 念の為に演算規則を表示しておく：

$$(x, y)\begin{pmatrix} a_{11} & a_{12} \\ a_{21} & a_{22} \end{pmatrix} = (a_{11}x + a_{21}y, \ a_{12}x + a_{22}y).$$

〈解〉（1）
$$J^2 = -\begin{pmatrix} 1 & 0 \\ 0 & 1 \end{pmatrix}, \ J^3 = -\begin{pmatrix} 0 & 1 \\ -1 & 0 \end{pmatrix} = -J,$$
$$J^4 = \begin{pmatrix} 1 & 0 \\ 0 & 1 \end{pmatrix}$$

よって

$$A^n = \begin{cases} a\begin{pmatrix} 0 & 1 \\ -1 & 0 \end{pmatrix} & (n = 4m+1 \text{ のとき}) \\[4pt] -\begin{pmatrix} 1 & 0 \\ 0 & 1 \end{pmatrix} & (n = 4m+2 \text{ のとき}) \\[4pt] -a\begin{pmatrix} 0 & 1 \\ -1 & 0 \end{pmatrix} & (n = 4m+3 \text{ のとき}) \\[4pt] \begin{pmatrix} 1 & 0 \\ 0 & 1 \end{pmatrix} & (n = 4m+4 \text{ のとき}) \end{cases} \cdots (\text{答})$$

ただし $m = 0, 1, 2, \cdots$ とする

（2） $(A')^n J A^n = (-1)^n a^n J^n J a^n J^n$
$$= (-1)^n J^{2n+1} \quad (\because \ |a| = 1 \text{ より})$$

ここで $m = 0, 1, 2, \cdots$ に対して

$n = 2m$ のとき
$$(-1)^n J^{2n+1} = J$$
$n = 2m+1$ のとき
$$(-1)^n J^{2n+1} = (-1)(-1)J = J$$

よって
$$(x, y)(A')^n J A^n \begin{pmatrix} z \\ w \end{pmatrix}$$
$$= (x, y) J \begin{pmatrix} z \\ w \end{pmatrix}$$
$$= xw - yz \quad \cdots (\text{答})$$

（補） (2) の結果は，行列式で
$$\begin{vmatrix} x & z \\ y & w \end{vmatrix}$$
を表している．

◀ 問題 3 ▶

行列
$$A = \begin{pmatrix} 0 & -c & b \\ c & 0 & -a \\ -b & a & 0 \end{pmatrix}$$
がある．ただし，a, b, c は実数で
$$a^2 + b^2 + c^2 = 1$$
を満たしている．
E, O をそれぞれ 3 次の単位行列および零行列とする．

（1） $A^3 = -A$ となることを示せ．
（2） 実数 p, q に対して
$$pA + qA^2 = O$$
となるのは，$p = q = 0$ であるときに限ることを示せ．
（3） $E + sA + tA^2$ が $E + A + A^2$ の逆行列となるような実数 s, t の値をすべて求めよ．

（京都工繊大）

(†) 行列 A の逆行列は存在するともしないともいえない．(実は，存在しない．) 存在すれば，$A^3 = -A$ を示すには，$A^2 = -E$ を示せばよいのであるが，…．受験生の立場では，とにかくカリカリと計算する他ないだろう．$a^2 + b^2 + c^2 = 1$ としてあるから，要領よく計算するのみ．

〈解〉（1）
$$A^2 = \begin{pmatrix} -b^2 - c^2 & ab & ac \\ ab & -c^2 - a^2 & bc \\ ac & bc & -a^2 - b^2 \end{pmatrix}$$
$$= \begin{pmatrix} -1 + a^2 & ab & ac \\ ab & -1 + b^2 & bc \\ ac & bc & -1 + c^2 \end{pmatrix}$$
$$(\because \ a^2 + b^2 + c^2 = 1 \text{ より})$$
$$= -E + \begin{pmatrix} a^2 & ab & ac \\ ab & b^2 & bc \\ ac & bc & c^2 \end{pmatrix}$$

よって
$$A^3 + A = A(A^2 + E) = O \quad \blacktriangleleft$$

（2） $pA + qA^2 = O \quad \cdots ①$
に A を掛けて
$$pA^2 + qA^3 = O \quad \cdots ②$$
(1) により $A^3 = -A$ であるから，これを上式に代入し，
$$pA^2 - qA = O$$
① $\times p -$ ② $\times q$ より
$$(p^2 + q^2)A = O$$
$a^2 + b^2 + c^2 = 1$ より a, b, c のうち少なくとも 1 つは 0 でないこと，そして p と q は実数であることより
$$p^2 + q^2 = 0 \leftrightarrow p = q = 0 \quad \blacktriangleleft$$

（3） $(E + sA + tA^2)(E + A + A^2) = E$
$$\leftrightarrow tA^4 + (s+t)A^3 + (s+t+1)A^2$$

$$+(s+1)A = O$$

$A^3 = -A$ であったから,上式は

$$(1-t)A + (1+s)A^2 = O$$

(2)により

$$s = -1, \quad t = 1 \quad \cdots(\text{答})$$

(補)この問題での行列 A は,例2での A_1, A_2, A_3 を用いると,$A = aA_1 + bA_2 + cA_3$ で表される.

次の問題は行列の跡に関したもの.

◀ 問題 4 ▶

行列はすべて2次の正方行列とし,行列
$$A = \begin{pmatrix} a & b \\ c & d \end{pmatrix}$$
に対して,
$$t(A) = a + d$$
と定める.次の問に答えよ.

(1)行列 A が行列 X, Y により $A = XY - YX$ と表されるならば,$t(A) = 0$ であることを表せ.

(2)行列 A が $t(A) = 0, c = 0$ を満たすとき,
$$X = \begin{pmatrix} 0 & 1 \\ 0 & 0 \end{pmatrix}$$
に対して行列 Y を適当にとって $A = XY - YX$ の形に表せ.

(3)行列 A が $a = d = 0$ を満たすとき,行列 X, Y を適当にとって $A = XY - YX$ の形に表せ.

(4)行列 A が $t(A) = 0, c \neq 0$ を満たすとき,行列 P を
$$\begin{pmatrix} 1 & k \\ 0 & 1 \end{pmatrix}$$
の形にとって $P^{-1}AP$ を
$$\begin{pmatrix} 0 & b' \\ c' & 0 \end{pmatrix}$$
の形に表せ.

(5)行列 A が $t(A) = 0$ を満たすとき,行列 X, Y を適当にとって $A = XY - YX$ の形に表せることを証明せよ.

(滋賀医大)

(†)(1)はどうやっても易しい.(2)と(3)では X, Y の表記はいくらでも出てくるが,当てずっぽうは最少限にしないと,無駄を多くすることになる.(4)は単なる計算.(5)がウェイトの大きい設問であり,(2)〜(4)をどう用いるのかというもの.なお,(1)は,もちろん,(2)〜(5)とは独立している.

〈解〉(1)行列
$$X = \begin{pmatrix} x_{11} & x_{12} \\ x_{21} & x_{22} \end{pmatrix}, \quad Y = \begin{pmatrix} y_{11} & y_{12} \\ y_{21} & y_{22} \end{pmatrix}$$
に対して
$$t(XY) = (x_{11}y_{11} + x_{12}y_{21}) + (x_{21}y_{12} + x_{22}y_{22})$$
$$= (y_{11}x_{11} + y_{12}x_{21}) + (y_{21}x_{12} + y_{22}x_{22})$$
$$= t(YX)$$
であり,そして t の性質から明らかに
$$t(A) = t(XY - YX)$$
$$= t(XY) - t(YX)$$
$$= 0 \quad ◀$$

(2)$t(A) = 0, c = 0$ より
$$A = \begin{pmatrix} a & b \\ 0 & -a \end{pmatrix} \quad \cdots ①$$
の形となる.一方,y を次のように表して
$$XY - YX = \begin{pmatrix} 0 & 1 \\ 0 & 0 \end{pmatrix}\begin{pmatrix} y_{11} & y_{12} \\ y_{21} & y_{22} \end{pmatrix}$$
$$- \begin{pmatrix} y_{11} & y_{12} \\ y_{21} & y_{22} \end{pmatrix}\begin{pmatrix} 0 & 1 \\ 0 & 0 \end{pmatrix}$$
$$= \begin{pmatrix} y_{21} & y_{22} - y_{11} \\ 0 & -y_{21} \end{pmatrix} \quad \cdots ②$$

①と②を等置して
$$y_{21} = a, \quad y_{22} - y_{11} = b$$
$$\therefore \begin{cases} A = \begin{pmatrix} 0 & 1 \\ 0 & 0 \end{pmatrix}\begin{pmatrix} y_{11} & y_{12} \\ a & y_{11}+b \end{pmatrix} - \begin{pmatrix} y_{11} & y_{12} \\ a & y_{11}+b \end{pmatrix}\begin{pmatrix} 0 & 1 \\ 0 & 0 \end{pmatrix} \\ (y_{11}, y_{12} \text{は任意の数}) \end{cases} \quad \cdots(\text{答})$$

(3)A において $a = d = 0$ より
$$A = \begin{pmatrix} 0 & b \\ c & 0 \end{pmatrix} \quad \cdots ③$$
の形となる.一方,X と Y を次のように表して
$$XY - YX = \begin{pmatrix} 0 & x_{12} \\ x_{21} & x_{22} \end{pmatrix}\begin{pmatrix} 0 & y_{12} \\ y_{21} & y_{22} \end{pmatrix}$$
$$- \begin{pmatrix} 0 & y_{12} \\ y_{21} & y_{22} \end{pmatrix}\begin{pmatrix} 0 & x_{12} \\ x_{21} & x_{22} \end{pmatrix}$$
$$= \begin{pmatrix} x_{12}y_{21} - y_{12}x_{21} & x_{12}y_{22} - y_{12}x_{22} \\ x_{22}y_{21} - y_{22}x_{21} & x_{21}y_{12} - y_{21}x_{12} \end{pmatrix}$$

ここで $x_{12}y_{21} = y_{21}x_{21}$ とし,$x_{22} = 0$ とおくと,

上式 = $\begin{pmatrix} 0 & x_{12}y_{22} \\ -y_{22}x_{21} & 0 \end{pmatrix}$ …④

③と④が等置になるように
$$y_{22} = 1, \; x_{12} = b, \; x_{21} = -c$$
ととる．この際，y_{12} と y_{21} は $by_{21} = -cy_{12}$ を満たさねばならない．

$$\therefore \begin{cases} A = \begin{pmatrix} 0 & b \\ -c & 0 \end{pmatrix}\begin{pmatrix} 0 & y_{12} \\ y_{21} & 1 \end{pmatrix} - \begin{pmatrix} 0 & y_{12} \\ y_{21} & 1 \end{pmatrix}\begin{pmatrix} 0 & b \\ -c & 0 \end{pmatrix} \cdots (\text{答}) \\ (y_{11}, y_{21} は by_{21} = -cy_{12} を満たす任意の数) \end{cases}$$

（4）$t(A) = 0$, $c \neq 0$ より
$$A = \begin{pmatrix} a & b \\ c & -a \end{pmatrix} \quad (c \neq 0)$$

の形をとる．与えられた P の形より
$$P^{-1}AP = \begin{pmatrix} 1 & -k \\ 0 & 1 \end{pmatrix}\begin{pmatrix} a & b \\ c & -a \end{pmatrix}\begin{pmatrix} 1 & k \\ 0 & 1 \end{pmatrix}$$
$$= \begin{pmatrix} a - ck & b + 2ak - ck^2 \\ c & -a + ck \end{pmatrix}$$

これが
$$\begin{pmatrix} 0 & b' \\ c' & 0 \end{pmatrix}$$
の形に等しいというから
$$k = \frac{a}{c} \quad (c \neq 0)$$
$$\therefore \begin{pmatrix} 0 & b' \\ c' & 0 \end{pmatrix} = \begin{pmatrix} 0 & b + \frac{a^2}{c} \\ c & 0 \end{pmatrix} \quad \cdots (\text{答})$$

（5）$t(A) = 0$ より
$$A = \begin{pmatrix} a & b \\ c & -a \end{pmatrix}$$

の形をとる．

$c = 0$ のときは，（2）より $A = XY - YX$ と表せる．

$c \neq 0$ のときは，（4）により
$$A = P\begin{pmatrix} 0 & b' \\ c' & 0 \end{pmatrix}P^{-1}$$
$$= P(X'Y' - Y'X')P^{-1}$$
と表される．ここで（3）を用いた．

上式 $= (PX'P^{-1})(PY'P^{-1})$
$\qquad\qquad -(PY'P^{-1})(PX'P^{-1})$

であるから，$PX'P^{-1} = X$，$PY'P^{-1} = Y$ とおくと
$$A = XY - YX$$
となる．

以上で題意は示された．◀

（補）この問題の具体例を，既に我々は，例3で見ている．

例3での H は
$$H = E_{12}E_{21} - E_{21}E_{12}$$
と表されたのであった．そして，本問での
$$A = \begin{pmatrix} a & b \\ c & -a \end{pmatrix}$$
は
$$A = bE_{12} + cE_{21} + aH$$
と分解される．

課題
$$A = \begin{pmatrix} a & b \\ c & -a \end{pmatrix}$$
の形をとる行列は
$$A^2 = \frac{1}{2}\,\text{tr}(A^2)E$$
$$= -|A|E$$
となることを確かめよ．ここに E は2次の単位行列とする．

行列は，計算をやるだけなら，単に規則通りのアルゴリズムに過ぎず，何とも素っ気ないものであろう．**アルゴリズムばかりに傾倒されると，数学に魅力を感じることは起こり得まい．**

往々にして，文系の多くの人間が，「数学は，コンピューターのように思考の固い人間達のやるもの」という錯覚をするのは，まさしくこの点にある．この傾向の火の手は，最近，特に加速されてきているようである．（数学教育論関係者達は，「火災には水を」のつもりであろうが，多くのそれは，あいにく，「油を」になっていないかな．）

つい先程まで，行列の計算等を，比較的，淡々と記述し，問題を解いてみせた．筆者は，決して，「問題の為の問題」をやったのではないが，それでも，自分らしからぬ内容記述になっており，何とも耐えがたい．

筆者は，本当は，"数学好き"ではあるが，それは，多くの人が思うような意味で"好き"という訳ではない．その為にか，自分の専門に関しても，朝から晩まで数式ばかりを見ていたいとは思わない．（個人的には，半日もやれば充分であるし，それ程，知的好奇心もない．）ということで，時折，詩（らしきもの）を作ったり，抒情歌などに耽ることも少なくない．中でも，**島崎藤村**（1872年，明治初期の生

まれ，詩集『若菜集』は有名）の詩を歌曲にしたものは気に入っている．

「"古い人間"だな」と言われそうだが，しかし，一体，そもそも何が新しいのであろう？　今，現在そのものが，すぐ古い時代になるのである．流行していたものは，いずれ，色褪せ，場合によっては昔のこっけいな"ハイカラ"になってしまう運命を辿ることになる．（総じて，お粗末な茶番劇を"まじめに"演じさせられているのかもしれない．）このようなことを，**夏目漱石**（幕末生まれ）はうまく風刺できた．彼は，明治の文明開花の担い手の一人であったが，それだけに上滑りな流行などに対して，結構，きつい批評もしているが，それも，ユーモアを以て読者にやんわりと受け容れられてきたのは，彼の巧みな文章力である．漱石という人は，若い人達に迎合的になることも，彼らの言う「流行」というものに従うことも如意としなかった．そのせいか，当時，彼は，新しい時代の人でありながら，"古い人間"のように思われることもあったようである．

漱石は，自分の個性を崩さず，自己の経験を客観的かつ文芸的に表現する方に向いていた．この点は，半部分的に，心情ロマン的な藤村とは対照的である．

小生は，物事の視点においては，通常，客観的見地に立つが，心情的（見境のない感情とは違う）でもあって，よく，一人盃（＝酒）を傾けながら，虚構的とは識りつつも，風情の世界にも浸る．
それでも，自分のカラーは，'不変'にある．'**自分の数学**'は，第一義には自己を補助する為の数学であり，それ故，自分には数学が必要であって，その意味において**健全な数学**を好きなのである．（問題を考える際にも，「定型の方法」にとらわれない自由さを以て"方法"としている．いわば，**できるだけ無になることが"方法"**なのである：**無想自然流**）

できれば，"行列の為の行列"はやりたくない．それだけでは何の意味もなさないからである．このような事をやるのは，本書で学ぶ読者にも，感動し得ないであろう．しかし，それは，今の所，仕方のないものでもあろう．ということで再び問題をやる．

◀ **問 題 5** ▶

以下の設問に答えよ．

（1）実数を成分とする2次正方行列
$$A = \begin{pmatrix} a & b \\ c & d \end{pmatrix}$$
が，ある実数 $p, q (q \neq 0)$ について
$$A^3 = \begin{pmatrix} p & q \\ -q & p \end{pmatrix}$$
を満たせば，$a=d, b=-c$ であることを示せ．

（2）実数を成分とする2次正方行列
$$A = \begin{pmatrix} a & b \\ -b & a \end{pmatrix}$$
で
$$A^3 = \begin{pmatrix} 2 & 2 \\ -2 & 2 \end{pmatrix}$$
を満たすものをすべて求めよ．

（東北大）

† （1）多くの人は，A^3 を計算するのだろうか．筆者は，$A = \begin{pmatrix} a & b \\ c & d \end{pmatrix}$ のままでは A^3 を計算する気にはなれない．ハミルトンの定理を使うのも，少々，煩わしい気がする．ということで，….

（2）ぐらいならば，A^3 を計算するかな？　しかし，A には逆行列が存在するから，そちらの方からいけそうでもあるので，….（計算のしづらい出題をする大学であるから，要領よく．）

〈解〉（1）A と A^3 の形より
$$A^4 = \begin{pmatrix} a & b \\ c & d \end{pmatrix}\begin{pmatrix} p & q \\ -q & p \end{pmatrix}$$
$$= \begin{pmatrix} p & q \\ -q & p \end{pmatrix}\begin{pmatrix} a & d \\ c & b \end{pmatrix}$$
即ち，
$$\begin{pmatrix} ap-bq & aq+bp \\ cp-dq & cq+dp \end{pmatrix} = \begin{pmatrix} ap+cq & bp+dq \\ -aq+cp & -bq+dp \end{pmatrix}$$
$q \neq 0$ というから
$$a = d, \ b = -c \quad ◀$$

（2）$|A^3| = 8 \neq 0$ であるから，A には逆行列 A^{-1} が存在する．

$$A^{-1} = \frac{1}{a^2+b^2}\begin{pmatrix} a & -b \\ b & a \end{pmatrix}$$

であるから，A^3 にこれを掛けて

$$A^2 = \frac{1}{a^2+b^2}\begin{pmatrix} a & -b \\ b & a \end{pmatrix}\begin{pmatrix} 2 & 2 \\ -2 & 2 \end{pmatrix}$$

$$= \begin{pmatrix} a & b \\ -b & a \end{pmatrix}\begin{pmatrix} a & b \\ -b & a \end{pmatrix}$$

即ち，

$$\begin{cases} 2(a+b) = (a^2+b^2)(a^2-b^2) \\ \qquad\quad = (a+b)(a-b)(a^2+b^2) \quad \cdots ① \\ a-b = ab(a^2+b^2) \quad\quad\quad \cdots ② \end{cases}$$

(ア) $a+b=0$ のとき

② より

$$a^4 + a = 0 \quad (a \neq 0)$$

$\longleftrightarrow a = -1 \quad \therefore \quad a = -b = -1$

(イ) $a+b \neq 0$ のとき

① と ② は

$$\begin{cases} 2 = (a-b)(a^2+b^2) \quad \cdots ①' \\ a-b = ab(a^2+b^2) \quad \cdots ②' \end{cases}$$

明らかに $a \neq b$ であるから，②$'$/①$'$ によって

$$\frac{a-b}{2} = \frac{ab}{a-b}$$

従って

$$a^2 - 4ab + b^2 = 0$$

$$\therefore \quad a = 2b \pm \sqrt{3}|b| = (2 \pm \sqrt{3})b$$

これを ①$'$ に代入して

$$2 = (1 \pm \sqrt{3})(8 \pm 4\sqrt{3})b^3$$

$$\longleftrightarrow b^3 = \frac{1}{10 \pm 6\sqrt{3}}$$

いま，$\frac{1}{b^3} = (x \pm \sqrt{3})^3$ とおいて

$$\frac{1}{b^3} = x^3 \pm 3x^2\sqrt{3} + 9x \pm 3\sqrt{3}$$

$$= x(x^2+9) \pm 3\sqrt{3}(x^2+1)$$

となるが，$x=1$ と決まるので

$$\frac{1}{b} = 1 \pm \sqrt{3} \quad \therefore \quad b = \frac{-1 \pm \sqrt{3}}{2}$$

よって

$$a = \frac{(2 \pm \sqrt{3})(-1 \pm \sqrt{3})}{2} \quad (複号同順)$$

$$= \frac{1 \pm \sqrt{3}}{2} \quad (上で求めた b と複号同順)$$

以上(ア)，(イ)をまとめて

$$A = \begin{pmatrix} -1 & 1 \\ -1 & -1 \end{pmatrix}, \quad \text{または}$$

$$\frac{1}{2}\begin{pmatrix} 1 \pm \sqrt{3} & -1 \pm \sqrt{3} \\ 1 \mp \sqrt{3} & 1 \pm \sqrt{3} \end{pmatrix} \quad \cdots (答)$$

(補) (2) では，計算が，結構，煩わしいので，

$$A = \begin{pmatrix} -1 & 1 \\ -1 & -1 \end{pmatrix}$$

まで求めれば，充分，合格圏であったろう．

なお，

$$A = \sqrt{a^2+b^2}\begin{pmatrix} \cos\theta & -\sin\theta \\ \sin\theta & \sin\theta \end{pmatrix}$$

の形でも表せるが，正弦・余弦の値を求めるのに，少々，手間取る．

もうそろそろ行列の計算にうんざりしてきたであろうが，もう少し頑張って頂きたい．次は3行3列の行列計算である．

◀ 問題 6 ▶

実数を成分にもつ3次の正方行列
$$A = \begin{pmatrix} a_{11} & a_{12} & a_{13} \\ a_{21} & a_{22} & a_{23} \\ a_{31} & a_{32} & a_{33} \end{pmatrix}$$
は次を満たすとする．
 (i) すべての i, j について，$a_{ij} = a_{ji}$ である．
 (ii) $A^2 = A$
このとき，次を示せ．
 (1) 各 $i(i=1,2,3)$ に対して，$0 \leqq a_{ii} \leqq 1$ が成り立つ．
 (2) $i \neq j$ のとき
$$|a_{ij}| \leqq \frac{1}{2}$$
が成り立つ．
 (3) $a_{ii} = 0$ または $a_{ii} = 1$ のとき，各 j $(i \neq j)$ について $a_{ij} = 0$ が成り立つ．
 (4) 行列 A が逆行列をもつならば，A は単位行列である．
さらに
 (5) $a_{11} = 1, a_{23} \neq 0$ であるような行列 A の例をあげよ．

(京都府医大)

† (i) と (ii) のような性質をもつ行列は，冪等対称行列とよばれる．呼び名はさておき，各設問はどういう構成によるのか？

(1)と(2)は相関をもっている．(3)は，(1)での a_{ii} の不等式の等号成立の場合を吟味せよというもの．(4)は，(ii)より明らか．(5)は，(3)と(4)から1例を見つければよいのだろう．

<解> (i)より A は
$$A = \begin{pmatrix} a & b & c \\ b & d & e \\ c & e & f \end{pmatrix} \quad (a \sim f は実数)$$

の形をとる．それ故
$$A^2 = \begin{pmatrix} a^2+b^2+c^2 & ab+bd+ce & ac+be+cf \\ & b^2+d^2+e^2 & bc+de+ef \\ & & c^2+e^2+f^2 \end{pmatrix}$$

となる(空白部分は気にしなくてよい)．(ii)よりこれが A に等しいというから
$$a = a^2+b^2+c^2 \quad \cdots ①$$
$$b = b(a+d)+ce \quad \cdots ②$$
$$c = be+c(a+f) \quad \cdots ③$$
$$d = b^2+d^2+e^2 \quad \cdots ④$$
$$e = bc+e(d+f) \quad \cdots ⑤$$
$$f = c^2+e^2+f^2 \quad \cdots ⑥$$

(1) ①より
$$b^2+c^2 = a-a^2 \geqq 0$$
よって
$$a(a-1) \leqq 0 \quad \therefore \quad 0 \leqq a \leqq 1$$
同様に④,⑥より
$$0 \leqq d \leqq 1, \quad 0 \leqq f \leqq 1$$
を得る．
$$\therefore \quad 0 \leqq a_{ii} \leqq 1 \quad \blacktriangleleft$$

(2) $|c| \leqq \frac{1}{2}$ と $|e| \leqq \frac{1}{2}$ を示せばよい．

(1)の結果より $0 \leqq f \leqq 1$ であるから，⑥より
$$0 \leqq f(1-f) = c^2+e^2 \leqq \frac{1}{4}$$
よって
$$\frac{1}{4} \geqq c^2+e^2 \geqq \begin{cases} c^2 \\ e^2 \end{cases}$$
$$\therefore \quad |c| \leqq \frac{1}{2}, \quad |e| \leqq \frac{1}{2}$$
($|b| \leqq \frac{1}{2}$ も，①または④から示される．)
$$\therefore \quad |a_{ij}| \leqq \frac{1}{2} \quad \blacktriangleleft$$

(3) $i=1$ の成分についてのみ調べればよい．
$a_{11} = a = 0$ のとき
$a_{12} = b, \ a_{13} = c$ に対して①は

$$b^2+c^2 = 0 \quad \therefore \quad b = c = 0$$
$a_{11} = a = 1$ のとき
①は
$$b^2+c^2 = 0 \quad \therefore \quad b = c = 0$$
これで題意は示された． ◀

(4) A が逆行列 A^{-1} をもつなら，(ii)より
$$A^2 A^{-1} = E \text{ (2次の単位行列)}$$
$$\therefore \quad A = E \quad \blacktriangleleft$$

(5) $a_{11} = 1$ ならば，(3)により $a_{12} = b = 0$，$a_{13} = c = 0$ である．いま $a_{23} = e \neq 0$ であるから A は単位行列ではなく，従って(4)により A は逆行列をもたない．A は
$$A = \begin{pmatrix} 1 & 0 & 0 \\ 0 & d & e \\ 0 & e & f \end{pmatrix}$$
の形をとる．④〜⑥は
$$d = d^2+e^2 \quad \cdots ④'$$
$$e = e(d+f) \quad \cdots ⑤'$$
$$f = e^2+f^2 \quad \cdots ⑥'$$
となる．$e \neq 0$ より⑤'は
$$d+f = 1 \quad \cdots ⑤''$$
となる．④',⑤'',⑥'より最も簡単な d, e, f は
$$d = e = f = \frac{1}{2}$$
であるから，A の1例は
$$\begin{cases} A = \begin{pmatrix} 1 & 0 & 0 \\ 0 & \frac{1}{2} & \frac{1}{2} \\ 0 & \frac{1}{2} & \frac{1}{2} \end{pmatrix} \\ (これは逆行列をもたない) \end{cases} \quad \cdots (答)$$

(補) 解答(5)で求めた 'A は逆行列をもたない' ということはどうしてか？ いずれ，その事についても，'行列(その2)' で説明するつもりである．

　少し，幾何と融合された問題を扱いたいので，事前に，**双曲線**に就いて簡単にやっておく．(以下の例や問題では，別段，双曲線について詳しくやらねばならない程のものではないが，その言葉が使われるのでやっておくというもの．それに，いずれやるものでもあるから．)

　これは，元来，**円錐曲線**とよばれるものの1つであり，前に述べたように，古代ギリシアの数学者**アポロニウス**が，既に，その著作の中で著

していたものである．アポロニウスは，直円錐を，その頂点を通らない平面で切った際にできるその切り口の平面曲線として円錐曲線を分類したのであった．（図1は，円錐曲線としての双曲線の一部分を示したもの．）

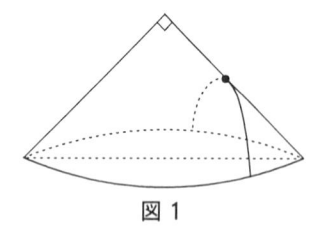

図1

そして，双曲線を1つの軌跡として捉える為には，平面上での線分の長さの比として考える．図2のように（まだ原点のない）x軸をとり，その上にある定点Fをとり，x軸に垂直なある直線を l，平面上の適当な点を P としたとき，P から下ろした垂線の足を H として
$$\frac{\mathrm{PH}}{\mathrm{PF}} = e \quad (e \text{ は } 1 \text{ より大きい定数})$$
なる点 P が**双曲線**を描く．

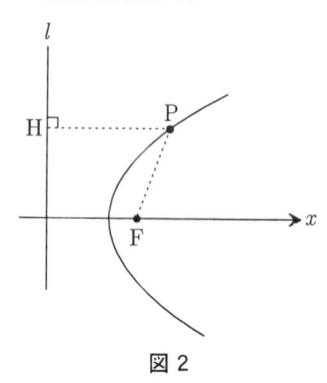

図2

上の比例式を具体的に (x, y) 座標値で表すには，図2に y 軸を描き込まねばならない．y 軸を直線 l に一致させてもよいが，点 F を通るように y 軸をとってもよい．あるいは，y 軸をどこにとってもよいとも述べておこう．（とにかく表式ができるだけ簡単になるようにした方がよい．）

ここでは y 軸を l に一致させよう：
$$\begin{cases} \text{点 F の座標}: (c, 0) \\ l \text{ の方程式} : x = 0 \end{cases}$$

そうすると，$P(x, y)$ に対して
$$e^2 = \left(\frac{\mathrm{PF}}{\mathrm{PH}}\right)^2 = \frac{(x-c)^2 + y^2}{x^2} \quad (e>1)$$
となるが，整理すると，

$$(e^2-1)x^2 + 2cx - y^2 = c^2 \quad (x \neq 0)$$

と表される．即ち，$e>1$ としておいて
$$\frac{(e^2-1)^2}{c^2 e^2}\left(x + \frac{c}{e^2-1}\right)^2 - \frac{e^2-1}{c^2 e^2} y^2 = 1$$
あるいは
$$\frac{\left(x + \frac{c}{e^2-1}\right)^2}{\left(\frac{ce}{e^2-1}\right)^2} - \frac{y^2}{\frac{(ce)^2}{e^2-1}} = 1 \quad (e>1)$$

と変形される．（この式だけを見れば，$0<e<1$ でもよい．そうすると，これは，**楕円の方程式**を与える．）

上式は双曲線を表すが，明らかに x 軸に関して対称である．$x \to x - \frac{c}{e^2-1}$ としてこの曲線を x 軸上で平行移動すれば，
$$\frac{x^2}{a^2} - \frac{y^2}{b^2} = 1$$
の形で表されることになる．ここに
$$a = \frac{ce}{e^2-1}, \quad b = \frac{ce}{\sqrt{e^2-1}}$$
としてあるから，両式から c を消去すると
$$a\sqrt{e^2-1} = b$$
となり，従って
$$e = \frac{\sqrt{a^2+b^2}}{a}$$
を得る．（これは**離心率**といわれるもので，座標系に関係なく決まる．）

いまの場合，平行移動された F を同じ記号 F で表すとして，その x 座標 c_{F} は
$$c_{\mathrm{F}} = c + \frac{c}{e^2-1} = \frac{ce^2}{e^2-1}$$
となるが，$a = \frac{ce}{e^2-1}$ であるから
$$c_{\mathrm{F}} = ae$$
とまとまる．こうして図示されたものが図3で

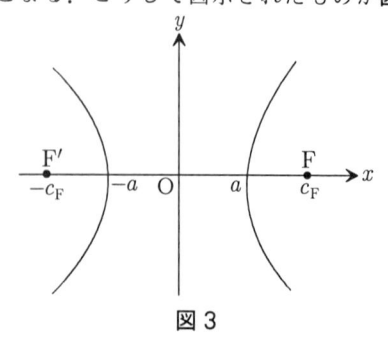

図3

ある．（双曲線には**漸近線**というものが存在するので，それも描かねばならないが，今はまだ目をつむる．）これで双曲線の図も，一応，描け

たことになる．

（少し前に，$(e^2-1)x^2+2cx-y^2=c^2$ なる式があったが，このようなものをもう少し一般に表したものを総称して**2次曲線の方程式**という．本書では，ずっと前に**2次曲面**について記述したことがあるが，2次曲面は xyz 座標空間での曲面であった．2次曲線の方は xy 座標平面での曲線なのだが，これでも，一般に計算は煩わしいことが多い．）

それでは双曲線に関した問題例．

＜例 4＞ 双曲線
$$x^2 - 5y^2 = 4 \quad \cdots ①$$
を考える．

（1）①を満たす正の整数の組 (m, n) で，原点からの距離が最小になるものを (m_1, n_1) とおく．m_1, n_1 を求めよ．

（2）（1）で求めた m_1, n_1 を用いて作った 2×2 行列
$$A = \begin{pmatrix} \dfrac{m_1}{2} & \dfrac{m_1}{2}+1 \\ \dfrac{n_1}{2} & \dfrac{n_1}{2}+1 \end{pmatrix}$$
に対して，数列 $\{m_k\}, \{n_k\}$ $(k \geq 2)$ を
$$\begin{pmatrix} m_k \\ n_k \end{pmatrix} = A \begin{pmatrix} m_{k-1} \\ n_{k-1} \end{pmatrix} \quad \cdots ②$$
で定める．

（ア）②で定められた (m_k, n_k) は①を満たすことを示せ．

（イ）上の (m_k, n_k) は，正の整数であることを示せ．

（北見工大）

解　（1）正の整数の組 (m, n) が①の解ならば，
$$m^2 - 5n^2 = 4$$
となるが，これより
$$5n^2 = m^2 - 4 > 0 \quad \therefore \quad m > 2$$
そこで $m = 3$ ととると
$$n^2 = 1 \quad \therefore \quad n = 1$$
点 $(2, 0)$ を除いて，原点からの距離が最小となるものは
$$(m_1, n_1) = \underline{(3, 1)} \text{（答）}$$

（2）（ア）k に関する帰納法で示そう．
$k = 1$ のとき，$m_1^2 - 5n_1^2 = 4$ は当たりまえ．
$k = N$ のとき
$$m_N^2 - 5n_N^2 = 4$$
の成立を仮定すると，②より
$$\begin{aligned} m_{N+1}^2 - 5n_{N+1}^2 &= \left(\frac{3}{2}m_N + \frac{5}{2}n_N\right)^2 \\ &\quad - 5\left(\frac{1}{2}m_N + \frac{3}{2}n_N\right)^2 \\ &= m_N^2 - 5n_N^2 = 4 \end{aligned}$$
となる．よって任意の自然数 k に対して
$$m_k^2 - 5n_k^2 = 1$$
は成立する．◁

（イ）（ア）の過程より
$$\begin{cases} m_{k+1} = \dfrac{3}{2}m_k + \dfrac{5}{2}n_k \\ n_{k+1} = \dfrac{1}{2}m_k + \dfrac{3}{2}n_k \end{cases}$$
よって
$$\begin{aligned} m_{k+1} + n_{k+1} &= 2m_k + 4n_k \quad \cdots ③ \\ m_{k+1} - n_{k+1} &= m_k - n_k \\ &= m_1 - n_1 \\ &= 3 - 1 = 2 \quad \cdots ④ \end{aligned}$$
④より $n_k = m_k - 2$（k は任意の自然数）を得て，これを③に代入し，整理する：
$$m_{k+1} = 3(m_k - 1)$$
$m_1 = 3$ である．ある m_k（$m_k \geq 3$ は明らか）が正の整数であれば m_{k+1} も正の整数である．

同様のことは n_k についてもいえる．

これで題意は示された．◁

例 4 のような問題では，双曲線の図を描いても何の役にも立たない．にも拘らず，このような問題では必ず図を，しかも精確に描きたがる受験生が少なからずいるという．とにかく"作図実験"しながら，解かねば気が済まないのであろう．シェーマ（Schema）教育というものの度が過ぎたのではないかな？

ポントリャーギン（ロシアの数学者．1908 年生まれ）は，筆者が最も尊敬する数学者の一人である．子供の頃に爆発物で失明しながらも，（抽象的）幾何学に偉大な業績を遺してきた人である．「目が見えていたら，どれ程の業績を挙げた

だろう」と思われるかもしれないが，筆者は，逆説的に部分否定したい．この大先生の望んだ数学をやるには，盲人であったことは，不幸中の幸いであったのかもしれない．ポントリャーギンは，**盲目**の中にこそ「**数学の髄**」を"**見ていた**"のである．

それでは，再度，双曲線と行列の融合問題である．

◀ **問題 7** ▶

整数 x, y が
$$x^2 - 3y^2 = 1 \quad \cdots ①$$
を満たすとき，
$$\begin{pmatrix} x \\ y \end{pmatrix}$$ を①の整数解
とよぶ．行列
$$A = \begin{pmatrix} 2 & 3 \\ 1 & 2 \end{pmatrix}$$
とする．
(1) A の逆行列 A^{-1} を求めよ．
(2) $\begin{pmatrix} a \\ b \end{pmatrix}$ が①の整数解のとき，
$$\begin{pmatrix} c \\ d \end{pmatrix} = A^{-1} \begin{pmatrix} a \\ b \end{pmatrix}$$
も①の整数解であることを示せ．
(3) $\begin{pmatrix} a \\ b \end{pmatrix}$ は $a > 0, b \geqq 0$ なる①の整数解とし，
$$\begin{pmatrix} c \\ d \end{pmatrix} = A^{-1} \begin{pmatrix} a \\ b \end{pmatrix}$$
とする．このとき $c > 0, d < b$ となることを示せ．
また，$d < 0$ ならば $b = 0$ であることを示せ．
(4) $\begin{pmatrix} a \\ b \end{pmatrix}$ が $a > 0, b > 0$ なる①の整数解のとき，ある自然数 n に対して
$$\begin{pmatrix} a \\ b \end{pmatrix} = A^n \begin{pmatrix} 1 \\ 0 \end{pmatrix}$$
が成り立つことを示せ．

(岡山大)

† (1) と (2) は順当に解かせてくれるが，(3) は易しくはないだろう．(3) は，1組の解 $\begin{pmatrix} a \\ b \end{pmatrix}$ があれば，$\begin{pmatrix} c \\ d \end{pmatrix}$ の"値"は決まるのではあるが，それよりも $\begin{pmatrix} c \\ d \end{pmatrix}$ の特性的範囲を見出せというものだから，方程式から不等式に移行させねばならない．その変形路線が腕の見せ所となる．

(4) は，(2) を順次利用し，(3) で決める．

〈解〉 (1)
$$A^{-1} = \frac{1}{2 \times 2 - 1 \times 3} \begin{pmatrix} 2 & -3 \\ -1 & 2 \end{pmatrix}$$
$$= \begin{pmatrix} 2 & -3 \\ -1 & 2 \end{pmatrix} \quad \cdots \text{(答)}$$

(2) (1) の結果より
$$\begin{pmatrix} c \\ d \end{pmatrix} = A^{-1} \begin{pmatrix} a \\ b \end{pmatrix} = \begin{pmatrix} 2 & -3 \\ -1 & 2 \end{pmatrix} \begin{pmatrix} a \\ b \end{pmatrix}$$
$$= \begin{pmatrix} 2a - 3b \\ -a + 2b \end{pmatrix}$$
であるから
$$c^2 - 3d^2 = (2a - 3b)^2 - 3(-a + 2b)^2$$
$$= a^2 - 3b^2 = 1 \quad (\because \begin{pmatrix} a \\ b \end{pmatrix} \text{は①の整数解})$$
これより $\begin{pmatrix} c \\ d \end{pmatrix}$ も①の整数解である．◀

(3) $\begin{cases} c = 2a - 3b & \cdots ② \\ d = -a + 2b \end{cases}$ $(a > 0, b \geqq 0)$

まず問題の**前半**を示す．
$\begin{pmatrix} a \\ b \end{pmatrix}$ は $a^2 - 3b^2 = 1$ $(a > 0, b \geqq 0)$ なる整数解であるから
$$a^2 = 3b^2 + 1 > 3b^2$$
$a > 0, b \geqq 0$ より
$$a > \sqrt{3} b$$
よって
$$c = 2a - 3b > (2\sqrt{3} - 3)b \geqq 0$$
$a > \sqrt{3} b$ であるから，$0 > a - \sqrt{3} a > \sqrt{3}(b - a)$
であり，それ故 $b - a < 0$ であり，
$$d = b - a + b < b$$
以上をまとめて
$$c > 0, \quad d < b \quad ◀$$

次に**後半**を示す．

(2)により $\begin{pmatrix} c \\ d \end{pmatrix}$ も①の整数解であること，そしてすぐ上で $c>0$ が示されていることより②は

$$\begin{cases} \sqrt{1+3d^2} = 2a-3b \\ d = -a+2b \end{cases}$$

上式より a を消去して
$$b = \sqrt{1+3d^2} + 2d$$
これより
$$(b-2d)^2 = 3d^2 + 1$$
$$\longleftrightarrow b^2 - 4bd + d^2 = 1$$
$$\longleftrightarrow (b-d)^2 - 2bd = 1$$
$$\therefore \quad (b-d)^2 = 1 + 2bd > 0 \quad (b>d, b \geqq 0)$$

よって，$d<0$（つまり $d \leqq -1$）であれば，$b=0$. ◀

(4) いま，m を充分大きな自然数として
$$\begin{pmatrix} a \\ b \end{pmatrix} = \begin{pmatrix} x_m \\ y_m \end{pmatrix} \quad (a>0, b>0)$$

と表しておく．(2)の方程式を順次適用して
$$\begin{pmatrix} x_{m-1} \\ y_{m-1} \end{pmatrix} = A^{-1} \begin{pmatrix} x_m \\ y_m \end{pmatrix},$$
$$\vdots$$
$$\begin{pmatrix} x_{m-k} \\ y_{m-k} \end{pmatrix} = A^{-1} \begin{pmatrix} x_{m-k+1} \\ y_{m-k+1} \end{pmatrix},$$
$$\begin{pmatrix} x_{m-k-1} \\ y_{m-k-1} \end{pmatrix} = A^{-1} \begin{pmatrix} x_{m-k} \\ y_{m-k} \end{pmatrix},$$
$$\vdots$$

(2)により $x_{m-\ell}, y_{m-\ell}$ $(\ell = 1, 2, \cdots, k, \cdots)$ は全て①の整数解であり，そして(3)の前半により
$$x_{m-\ell} > 0, \quad y_m > y_{m-1} > \cdots > y_{m-k-1} > \cdots$$
となる．$\{y_{m-\ell}\}$ は単調減少数列であり，しかもある所から負の値をとる．負の値をとる最初の数を y_{m-k-1} とすると，(3)の後半により $y_{m-k} = 0$ である．このとき，$x_{m-k} = 1$ である．そこで上の等式を整理して
$$\begin{pmatrix} x_{m-k} \\ y_{m-k} \end{pmatrix} = \begin{pmatrix} 1 \\ 0 \end{pmatrix} = A^{-k} \begin{pmatrix} x_m \\ y_m \end{pmatrix}$$

$k=n$ と表して
$$A^n \begin{pmatrix} 1 \\ 0 \end{pmatrix} = \begin{pmatrix} a \\ b \end{pmatrix} \quad ◀$$

問題7は**ペルの方程式**に関したものである．ペルの方程式は，これまでも，時折，入試に現れてきている．**問題7**は**平成12年**の出題．なお，ペルの方程式については，既に，本書で比較的詳しくやってあるので再度参照しておかれたい．

　行列の概念は，1800年代にイギリスで見出されたものであった．1800年代のイギリス王国は，18世紀以降の産業革命に伴い，工業や貿易が躍進し，しかも政治的にも安泰であった．ハミルトンやケイリーは，動乱知らずで，落ち着いて学べたので幸せだったであろう．一方，フランスは1800年代初頭にナポレオン帝国が没落し，王政が復古したが，その後，共和政や帝政の入替わりで，政情不安定であった．それでも，この時期（もそれ以降も），数学全体としては，フランスはイギリスをしのいでかなりの発展をもたらした，といえるだろう．当時，政治・経済状況等が，直接，数学に影響してこなかったのは，数学にとっては幸運期だったようである．

第 8 章

行列（その 2）

今回は，行列の基本的性質に関する問題を少し解いてから，行列とベクトルの掛け算を中心に扱っていくことにする．まずは，warm-up 問題から．

◀ 問題 8 ▶

行列
$$A = \begin{pmatrix} 1 & 2 & 1 \\ 2 & 1 & 3 \\ 1 & 1 & 1 \end{pmatrix} \text{と} AB = \begin{pmatrix} -1 & 0 \\ 0 & -1 \\ -1 & 1 \end{pmatrix}$$
を満たす $m \times n$ 行列 B について，次の問に答えよ．

(1) m, n を求め，その理由も簡単に述べよ．

(2) $X = \begin{pmatrix} x \\ y \\ z \end{pmatrix}$

とおくとき，連立方程式
$$AX = \begin{pmatrix} -1 \\ 0 \\ -1 \end{pmatrix}$$
を解け．

(3) 同様に
$$AX = \begin{pmatrix} 0 \\ -1 \\ 1 \end{pmatrix}$$
を解き，これと(2)の結果を利用して B を求めよ．

(4) $C = \begin{pmatrix} 1 & 2 & 1 \\ 2 & 1 & 3 \end{pmatrix}$

とおくとき，2×2 行列 CB を求めよ．また，任意の自然数 k に対して行列 $(BC)^k$ を求めよ．

(長崎大)

† (1)は，行列の積の定義に関するもの．(2)と(3)は得点させる為の問題．(4)も前半は易しい．後半は標準的かな．

〈解〉(1) $m = 3, n = 2$ …(答)

理由：A は 3×3 行列，AB は 3×2 行列であるから行列の積の定義より B は 3×2 行列である．

(2) $AX = \begin{pmatrix} x + 2y + z \\ 2x + y + 3z \\ x + y + z \end{pmatrix}$

であるから，問題の連立方程式は
$$x + 2y + z = -1,$$
$$2x + y + 3z = 0,$$
$$x + y + z = -1$$
となる．これを解いて
$$x = -3, y = 0, z = 2 \quad \text{…(答)}$$

(3) (2)と同様で
$$x + 2y + z = 0,$$
$$2x + y + 3z = -1,$$
$$x + y + z = 1$$
を解いて
$$x = 6, y = -1, z = -4 \quad \text{…(答)}$$

さらに(2)と上の結果より
$$A \begin{pmatrix} -3 & 6 \\ 0 & -1 \\ 2 & -4 \end{pmatrix} = \begin{pmatrix} -1 & 0 \\ 0 & -1 \\ -1 & 1 \end{pmatrix}$$

これは，問題文における AB の表式に他ならない．B は唯 1 つしか存在しないので
$$B = \begin{pmatrix} -3 & 6 \\ 0 & -1 \\ 2 & -4 \end{pmatrix} \quad \text{…(答)}$$

(4) (3)の結果より
$$CB = \begin{pmatrix} 1 & 2 & 1 \\ 2 & 1 & 3 \end{pmatrix} \begin{pmatrix} -3 & 6 \\ 0 & -1 \\ 2 & -4 \end{pmatrix}$$
$$= \begin{pmatrix} -1 & 0 \\ 0 & -1 \end{pmatrix} \quad \text{…(答)}$$

さらに

$$BC = \begin{pmatrix} -3 & 6 \\ 0 & -1 \\ 2 & -4 \end{pmatrix}\begin{pmatrix} 1 & 2 & 1 \\ 2 & 1 & 3 \end{pmatrix}$$
$$= \begin{pmatrix} 9 & 0 & 15 \\ -2 & -1 & -3 \\ -6 & 0 & -10 \end{pmatrix}$$

よって

$$(BC)^k = (BC)(BC)\cdots(BC)$$
$$(k\,\text{個の}\,(BC)\,\text{の積})$$
$$= B(CB)(CB)\cdots(CB)C$$
$$(k-1\,\text{個の}\,(CB)\,\text{の積})$$
$$= B(-E)^{k-1}C$$
$$(\because\,(4)\,\text{の前半より},\,E\,\text{は単位行列.})$$
$$= (-1)^{k-1}BC$$
$$\therefore\quad (BC)^k = \mp\begin{pmatrix} 9 & 0 & 15 \\ -2 & -1 & -3 \\ -6 & 0 & -10 \end{pmatrix}\Bigg\}\cdots(\text{答})$$

(−符号はkが偶数のとき,
+符号はkが奇数のとき)

問題8は，親切な誘導形式であるので，比較的成績良好であったろう．では，次の問題ではどうかな？

◀ **問題 9** ▶

3次正方行列
$$A = \begin{pmatrix} a_1 & a_2 & a_3 \\ b_1 & b_2 & b_3 \\ c_1 & c_2 & c_3 \end{pmatrix}$$

は，各行および各列の成分の和がすべて一致するとき，すなわち，
$$a_1 + a_2 + a_3 = b_1 + b_2 + b_3 = c_1 + c_2 + c_3$$
$$= a_1 + b_1 + c_1 = a_2 + b_2 + c_2 = a_3 + b_3 + c_3$$
が成り立つとき，**定和性**をもつという．定和性をもつ行列 A の逆行列が存在するとき，逆行列 A^{-1} は定和性をもつことを証明せよ．

(浜松医大)

① 3次以上の行列の逆行列を求めることは，大学でやるが，それを知っていたとしても，その処方に頼るのは，もちろん，反則であるし，解答としてもおもしろくない．
$$A^{-1} = \begin{pmatrix} x_1 & x_2 & x_3 \\ y_1 & y_2 & y_3 \\ z_1 & z_2 & z_3 \end{pmatrix}$$
のように表して $AA^{-1} = A^{-1}A = E$ に基づくのがよいだろう．以下に地道に計算していく解答と手間の省ける解答を示しておこう．

〈解1〉
$$A^{-1} = \begin{pmatrix} x_1 & x_2 & x_3 \\ y_1 & y_2 & y_3 \\ z_1 & z_2 & z_3 \end{pmatrix}$$

として $AA^{-1} = E$（単位行列）を表すと

$a_1 x_1 + a_2 y_1 + a_3 z_1 = 1$ ⋯①
$a_1 x_2 + a_2 y_2 + a_3 z_2 = 0$ ⋯②
$a_1 x_3 + a_2 y_3 + a_3 z_3 = 0$ ⋯③
$b_1 x_1 + b_2 y_1 + b_3 z_1 = 0$ ⋯④
$b_1 x_2 + b_2 y_2 + b_3 z_2 = 1$ ⋯⑤
$b_1 x_3 + b_2 y_3 + b_3 z_3 = 0$ ⋯⑥
$c_1 x_1 + c_2 y_1 + c_3 z_1 = 0$ ⋯⑦
$c_1 x_2 + c_2 y_2 + c_3 z_2 = 0$ ⋯⑧
$c_1 x_3 + c_2 y_3 + c_3 z_3 = 1$ ⋯⑨

となる．A の定和性を与える式の値を k と表しておく．そこで

①+④+⑦より
$$k(x_1 + y_1 + z_1) = 1$$
$$\therefore\quad x_1 + y_1 + z_1 = \frac{1}{k}$$

②+⑤+⑧より
$$x_2 + y_2 + z_2 = \frac{1}{k}$$

③+⑥+⑨より
$$x_3 + y_3 + z_3 = \frac{1}{k}$$

さらに $AA^{-1} = E$ では，①〜⑨の a_i と x_i，b_i と y_i，c_i と z_i（$i = 1, 2, 3$）の文字を交換したものだから，これによる①〜⑨を①'〜⑨'と対応させて表すと，①'+②'+③'より
$$k(x_1 + x_2 + x_3) = 1$$
$$\therefore\quad x_1 + x_2 + x_3 = \frac{1}{k}$$

以下，上の場合と同様で
$$y_1 + y_2 + y_3 = z_1 + z_2 + z_3 = \frac{1}{k}$$

以上で A^{-1} の定和性は示された．◀

〈解2〉A^{-1} は〈解1〉で表したようにしておく．
$AA^{-1} = E$ より
$$A\begin{pmatrix} x_1 \\ y_1 \\ z_1 \end{pmatrix} = \begin{pmatrix} 1 \\ 0 \\ 0 \end{pmatrix} \cdots ① \quad A\begin{pmatrix} x_2 \\ y_2 \\ z_2 \end{pmatrix} = \begin{pmatrix} 0 \\ 1 \\ 0 \end{pmatrix} \cdots ②$$

$$A\begin{pmatrix}x_3\\y_3\\z_3\end{pmatrix}=\begin{pmatrix}0\\0\\1\end{pmatrix}\quad\cdots ③$$

である．①式は
$$\begin{pmatrix}a_1x_1+a_2y_1+a_3z_1\\b_1x_1+b_2y_1+b_3z_1\\c_1x_1+c_2y_1+c_3z_1\end{pmatrix}=\begin{pmatrix}1\\0\\0\end{pmatrix}$$

である．そこで，解1で表した k を用いて，上式の成分の和をとることにより
$$k(x_1+y_1+z_1)=1$$
$$\therefore\quad x_1+y_1+z_1=\frac{1}{k}$$

②，③式より明らかに
$$x_2+y_2+z_2=x_3+y_2+z_3=\frac{1}{k}$$

次に $A^{-1}A=E$ では，(a,b,c) と (x,y,z)（添数は省略）の記号が順序対応で入れ替わるだけなので，直ちに
$$x_1+x_2+x_3=y_1+y_2+y_3$$
$$=z_1+z_2+z_3=\frac{1}{k}$$

が示される．◀

（補）解2は解1と実質的には同じものである．しかし，どう見ても解2の方が，断然，見やすいであろうし，筆記ミスもしにくいであろう．

なお，解答中で，$k \neq 0$ ということより A の成分のうち，少なくとも3つは0ではないということがはっきりする．

ところで，問題で与えられた A の表式では，A^{-1} があれば，
$$A^{-1}=\frac{1}{|A|}\begin{pmatrix}b_2c_3-b_3c_2 & a_2c_3-a_3c_2 & a_2b_3-a_3b_2\\b_1c_3-b_3c_1 & a_1c_3-a_3c_1 & a_1b_3-a_3b_1\\b_1c_2-b_2c_1 & a_1c_2-a_2c_1 & a_1b_2-a_2b_1\end{pmatrix}$$

の形になる．この式そのものは，多くの受験生には，今は，無用の長物であるが，計算力強化の為にこの定和性を少し調べてみられたい（**各自，演習**）．

3次正方行列 A 及び A^{-1} で定和性をもつ例（単位行列以外）を以下に与えておこう：
$$A=\begin{pmatrix}a & a & 0\\a & 0 & a\\0 & a & a\end{pmatrix}\ ;$$
$$A^{-1}=\frac{1}{2a}\begin{pmatrix}1 & 1 & -1\\1 & -1 & 1\\-1 & 1 & 1\end{pmatrix}$$

他にいくらでもある：

$$A=\begin{pmatrix}0 & a & a\\a & 0 & a\\a & a & 0\end{pmatrix},\ \text{etc.}$$

問題8で連立1次方程式が現れたが，それについてはくどく記述するまでもないだろう．

これから述べる事は，簡単な **1次変換** についてである．（"1次変換"という名は，表向きには現れずとも，入試では，さり気なく出題されているので，基本的な事はやっておいても損はないであろう．）
$$A=\begin{pmatrix}a_{11} & a_{12} & a_{13}\\a_{21} & a_{22} & a_{23}\\a_{31} & a_{32} & a_{33}\end{pmatrix},$$
$$\vec{r}=\begin{pmatrix}x\\y\\z\end{pmatrix},\ \vec{r_0}=\begin{pmatrix}x_0\\y_0\\z_0\end{pmatrix}$$

において，$A\vec{r}=\vec{r_0}$ なる $\vec{r}$ が存在すれば，これは未知数 x,y,z に関して解き得る連立1次方程式である．(これを連立方程式として解くということは，$A\vec{r}=\vec{r_0}$ なる $\vec{r}$ を全て求めるということである．)

一般に，連立1次方程式を解くには，**掃き出し法**（これについては，ここではやらない）で様子を調べ，そして A^{-1} があれば解は一意に決まり，さもなくば解は無数に存在するか，解くことが不能となる．（問題6の補への回答．）
未知数が多い連立1次方程式の計算は，ばからしくてやってられないので，通常は，コンピューターにやらせる．（方程式の係数だけを並べれば，あとは，機械が処理してくれる．）

折角なので，ここで少し，**コンピューター** について言及しておこう．

いわゆる "電子" 計算機の製造計画の，そもそもの始まりは，1800年代前期の頃で，イギリスのバベジ(C.Babbage)という人物によるが，当然の事ながら，当時は，技術的困難が多過ぎて，製作は実現しなかった．その後，機械文明が進歩し，第2次世界大戦の前頃から，電子計算機は，急速に進歩し始めた．戦後，電子計算機に計算手順を記憶させる，いわゆるプログラム方式が，ノイマン(V.Neumann)という人物により構想されて実現した．人間は，機械にパターンを読み取らせるようにしさえすればよい．さすれば，機械は，淡々と，い

くらでも（四則）算数計算の実験などをやってくれる．

コンピューター機械そのものとて，整流素子や磁気記憶素子を大量に組み合せて連動させる**スイッチ回路**に過ぎない．構造原理が単純であるだけに，人工的にいくらでも小型化や複雑化ができるのであり，それが資本と結びついて，昨今の"パソコン"時代を形成した訳である．（高校生諸君は，その型にはめるべき**機械言語**を，好むと好まざるに拘らず，ほぼ強制的に指導されるようになっている．）

筆者は，学生時代に，FORTRAN（——これは IBM による開発で，数値計算に適している）を学び，それで何度かプログラムを作成したことがあった．（少し勉強すれば誰でもできる．）がしかし，筆者は，畢竟，そのようなものを好かなかったし，自分個人にとっては過った方向に踏み込んだと後悔もした．（小生は，行動においては比較的冷静な方なのであるが，それでも，時折，方向違いの"バス"に乗る．）

ということで，プログラミングのようなことは，筆者はやらないが，それでは困るという読者もいないだろうと思う．

さて，元に戻って，$A\vec{r}=\vec{n}$ は，見方によっては，A によって $\vec{r}$ は $\vec{n}$ に移されたともみなせる．そこで，$A\vec{r}=f(\vec{r})$ と表して，これを $\vec{r}$ の **1次変換**とよぶ．

1次変換は，空間ベクトルを空間ベクトル（「空間」のところは「平面」であっても，もちろん，よい）に移す．それ故，一般に，$f(\vec{x})=\vec{y}$ と表すと nuance がよく出てくる．
$f(\vec{x})=A\vec{x}$（A は行列）と思えばよいのだから，
$$f(\vec{x_1}+\vec{x_2})=f(\vec{x_1})+f(\vec{x_2}),$$
$$f(k\vec{x})=kf(\vec{x})\quad(k は実数)$$
を満たすものを **1次変換**と定義するのである．

しかし，これだけでは，何も話が展開しないので，特定の座標系による行列とベクトルがある特性をもった場合を考えるのである．

いま，xyz 直交座標空間上の1次変換として行列
$$A=\begin{pmatrix}0 & 0 & 0\\ 1 & 0 & 1\\ 0 & 0 & 0\end{pmatrix}$$
を考えることにしよう．これは
$$\vec{e}=\begin{pmatrix}1\\ 0\\ 0\end{pmatrix}\quad(x 軸上の単位ベクトル)$$
を
$$A\vec{e}=\begin{pmatrix}0\\ 1\\ 0\end{pmatrix}\quad(y 軸上の単位ベクトル)$$
に移す．あと1つ
$$\vec{e'}=\begin{pmatrix}0\\ 0\\ 1\end{pmatrix}\quad(z 軸上の単位ベクトル)$$
を用意すると，xyz 空間は $\vec{e}$, $A\vec{e}$ と $\vec{e'}$ で張られることになる．つまり，$\vec{e}=\vec{e_1}$, $A\vec{e}=\vec{e_2}$, $\vec{e'}=\vec{e_3}$ と表せば，任意の空間位置ベクトル $\vec{r}$ は
$$\vec{r}=x\vec{e_1}+y\vec{e_2}+z\vec{e_3}$$
と表せることになる．
さらに，$\vec{e_1}+\vec{e_3}$ に対して
$$A(\vec{e_1}+\vec{e_3})=2\vec{e_2}$$
となるが，これは，zx 平面が y 軸に移ることを意味する．

このように，行列 A の性質によってベクトルの様々な移動配置が決定付けられることになる．

課題

xyz 直交座標空間上の1次変換として行列
$$A=\begin{pmatrix}0 & 1 & 0\\ 0 & 0 & 1\\ 0 & 0 & 0\end{pmatrix}$$
を考えたとき，その空間は $A^2\vec{e}$, $A\vec{e}$, $\vec{e}$ で張られることを確かめよ．ここに
$$\vec{e}=\begin{pmatrix}0\\ 0\\ 1\end{pmatrix}$$
とする．

さて，ベクトルはある1次変換によっては，その方向を変えないときがある．つまり，$\vec{x}\neq\vec{0}$ に対して $A\vec{x}=k\vec{x}$（k は実数）となるときがある．このようなとき，k を A の**固有値**，$\vec{x}$ を k に属する A の**固有ベクトル**という．

A が3次の行列では，少々，煩わしいので，2次の行列としよう．そうすると，
$$\begin{pmatrix}a & b\\ c & d\end{pmatrix}\begin{pmatrix}x_1\\ x_2\end{pmatrix}=k\begin{pmatrix}x_1\\ x_2\end{pmatrix}$$
のように表される．（記号の説明は不要であろう．）上式は

と表されるが，$(x_1, x_2) \neq (0, 0)$ である以上，
$$\begin{vmatrix} a-k & b \\ c & d-k \end{vmatrix} = 0$$
でなくてはならない．即ち，
$$k^2 - (a+d)k + ad - bc = 0$$
ということになる．これから A の固有値 k が求まり，従って A の固有ベクトルが求まる．（このようなものは，2次曲線などで多用される．あとでやるかもしれない．）

◇例5◇ 行列
$$A = \begin{pmatrix} 1 & -1 \\ 2 & 4 \end{pmatrix}$$
の3次の多項式
$$B = A^3 - 2A^2 + E \quad (E \text{ は単位行列})$$
の固有値と大きさ1の固有ベクトルを求めよ．

解 ハミルトンの定理により
$$A^2 - 5A + 6E = O$$
が成り立つから
$$\begin{aligned}
B &= A(5A - 6E) - 2A^2 + E \\
&= 5(5A - 6E) - 6A \\
&\quad - 2(5A - 6E) + E \\
&= 9A - 17E \\
&= \begin{pmatrix} 9 & -9 \\ 18 & 36 \end{pmatrix} - \begin{pmatrix} 17 & 0 \\ 0 & 17 \end{pmatrix} \\
&= \begin{pmatrix} -8 & -9 \\ 18 & 19 \end{pmatrix}
\end{aligned}$$

B の固有値を k とすると
$$\begin{vmatrix} -8-k & -9 \\ 18 & 19-k \end{vmatrix} = 0$$
$$\longleftrightarrow k^2 - 11k + 10 = 0$$
よって
$$(k-10)(k-1) = 0$$
$$\therefore \quad k = \underline{1, 10} \text{(答)}$$
次に，B の固有ベクトルを $\vec{r} = \begin{pmatrix} x \\ y \end{pmatrix}$ と表すと
$$B\vec{r} = k\vec{r}.$$
(ア) $k=1$ の場合

$$\begin{cases} -8x - 9y = x \\ 18x + 19y = y \end{cases}$$
これを解いて $x = -y$ であるから
$$x \begin{pmatrix} 1 \\ -1 \end{pmatrix} \quad (x \neq 0)$$
が固有ベクトルである．
(イ) $k = 10$ の場合
$$\begin{cases} -8x - 9y = 10x \\ 18x + 19y = 10y \end{cases}$$
これを解いて $2x = -y$ であるから
$$x \begin{pmatrix} 1 \\ -2 \end{pmatrix} \quad (x \neq 0)$$
が固有ベクトルである．
以上から求める単位固有ベクトルは
$$\begin{cases} \underline{\dfrac{1}{\sqrt{2}} \begin{pmatrix} 1 \\ -1 \end{pmatrix}} \quad (k=1 \text{ の場合}) \\ \text{(答)} \\ \underline{\dfrac{1}{\sqrt{5}} \begin{pmatrix} 1 \\ -2 \end{pmatrix}} \quad (k=10 \text{の場合}). \\ \text{(答)} \end{cases}$$

例5 において
$\begin{pmatrix} x \\ y \end{pmatrix}$ の終点から $\begin{pmatrix} -8x - 9y \\ 18x + 19y \end{pmatrix}$ の終点へと結んでいくと，変位ベクトルの分布の様子が視覚的に得られる．（グラフィックスを楽しみたい人はやってみればよい．）

3次以上の行列の固有値を求めるには，どうしても3次以上の行列式までやっておかねばならない．しかし，それは，大学用の線型代数でやればよい．

次の問題例は，直線を直線に移す場合である．

◇例6◇ xy 座標平面内の直線
$$l : y = x + n \quad (n \neq 0)$$
上の点 (x, y) は，1次変換
$$f\begin{pmatrix} x \\ y \end{pmatrix} = \begin{pmatrix} a & b \\ b & a \end{pmatrix} \begin{pmatrix} x \\ y \end{pmatrix}$$
$$(a^2 - b^2 \neq 0)$$
によって l に平行な直線 l' の点に移されるとする．l' の表式を求めよ．そして，その l' は原点 O を通らないことを説明せよ．

第8章 行列（その2）

解1 直線 l 上の方向ベクトルの1つを $\begin{pmatrix}1\\1\end{pmatrix}$ とし, l 上の点を P とすると

$$\overrightarrow{OP} = t\begin{pmatrix}1\\1\end{pmatrix} + \begin{pmatrix}n\\0\end{pmatrix} \quad (t \text{ は実数})$$

である. このベクトルが問題の1次変換で $l': y = x+m$ 上に終点 Q をもつ位置ベクトル

$$\overrightarrow{OQ} = s\begin{pmatrix}1\\1\end{pmatrix} + \begin{pmatrix}m\\0\end{pmatrix}$$

に移るという. 即ち,
$$\begin{pmatrix}s+m\\s\end{pmatrix} = \begin{pmatrix}a & b\\b & a\end{pmatrix}\begin{pmatrix}t+n\\t\end{pmatrix}$$
$$= \begin{pmatrix}a(t+n)+bt\\b(t+n)+at\end{pmatrix}$$
$$\longleftrightarrow \begin{cases} s+m = (a+b)t + an \\ s = (a+b)t + bn \end{cases}$$

よって
$$m = (a-b)n$$
$$\therefore \quad \underline{l': y = x + (a-b)n} \text{（答）}$$

また, $a^2 - b^2 \neq 0$ より $a - b \neq 0$ であるから, $n \neq 0$ と併せて l' は原点 O を通らない. ◁

解2 直線 l 上の点を (x, y) とする. 直線 l' 上の点を (x', y') とすると,

$$\begin{pmatrix}x'\\y'\end{pmatrix} = \begin{pmatrix}a & b\\b & a\end{pmatrix}\begin{pmatrix}x\\y\end{pmatrix} \quad (a^2 - b^2 \neq 0)$$

$$\longleftrightarrow \begin{pmatrix}x\\y\end{pmatrix} = \frac{1}{a^2-b^2}\begin{pmatrix}a & -b\\-b & a\end{pmatrix}\begin{pmatrix}x'\\y'\end{pmatrix}$$

この x, y を $y = x + n$ に代入して
$$\frac{1}{a^2-b^2}(-bx' + ay')$$
$$= \frac{1}{a^2-b^2}(ax' - by') + n$$
$$\longleftrightarrow y' = x' + (a-b)n \quad (a^2 - b^2 \neq 0)$$
$$\therefore \quad \underline{l': y = x + (a-b)n} \quad (a^2 - b^2 \neq 0) \text{（答）}$$

また, $(a-b)n \neq 0$ より l' は原点 O を通らない. ◁

＜例7＞ 行列
$$A = \begin{pmatrix}a & b\\b & a\end{pmatrix} \quad (a^2 - b^2 \neq 0)$$

がある. いま, 点 P の座標 (p, q) と点 P' の座標 (p', q') とが

$$\begin{pmatrix}p'\\q'\end{pmatrix} = A\begin{pmatrix}p\\q\end{pmatrix}$$

を満たすとする. ただし,
$$p^2 \neq q^2, \quad p \neq p', \quad q \neq q'$$
とする.

2点 P, P' を通る直線が直線 $y = x$ と平行であって一致しない条件を a と b を用いて表せ. （鹿児島大（改文））

解 $p \neq p'$ かつ $q \neq q'$ より2点 P, P' を通る直線は x 軸とも y 軸とも平行にはならない.（この説明は, ここでは, 付録.）

点 (p, q) と $(p', q') = (ap+bq, bp+aq)$ を通る傾き1の直線を
$$y = x + n \quad (n \neq 0)$$
として直ちに
$$\begin{cases} q = p + n \quad (n \neq 0) \\ bp + aq = ap + bq + n \end{cases}$$
を得る. n を消去して
$$(a - b - 1)p = (a - b - 1)q$$
$p^2 \neq q^2$ より $p \neq q$ であるから, 直ちに
$$a - b - 1 = 0.$$
また, $n = q - p \neq 0$ は $p \neq q$ で保証されている. 求める条件は $\underline{a - b = 1(\neq 0)}$ である.
（答）

例7で求めた条件は, 例6の初めの解答中で求めた $m = (a-b)n$ で $m = n (\neq 0)$ の場合になっている訳である. $a - b = 1$ は, その1次変換によって直線 l が図形として不動であること, 即ち, 原点を通らない傾き1の直線が不動であるような**合同変換**になるという条件になっている訳.

＜例8＞ 行列
$$A = \begin{pmatrix}0 & 1 & 0\\0 & 0 & 1\\0 & 0 & 0\end{pmatrix}$$

に対して
$$P^{-1}AP = \begin{pmatrix}0 & 0 & 0\\1 & 0 & 0\\0 & 1 & 0\end{pmatrix}$$

となるような3次の行列 P の形を決めよ.

解

$$P = \begin{pmatrix} a & b & c \\ d & e & f \\ g & h & i \end{pmatrix}$$

と表すと，問題の式より

$$\begin{pmatrix} 0 & 1 & 0 \\ 0 & 0 & 1 \\ 0 & 0 & 0 \end{pmatrix} \begin{pmatrix} a & b & c \\ d & e & f \\ g & h & i \end{pmatrix}$$

$$= \begin{pmatrix} a & b & c \\ d & e & f \\ g & h & i \end{pmatrix} \begin{pmatrix} 0 & 0 & 0 \\ 1 & 0 & 0 \\ 0 & 1 & 0 \end{pmatrix}$$

$$\longleftrightarrow \begin{pmatrix} d & e & f \\ g & h & i \\ 0 & 0 & 0 \end{pmatrix} = \begin{pmatrix} b & c & 0 \\ e & f & 0 \\ h & i & 0 \end{pmatrix}$$

よって
$$\begin{cases} b = d, \ c = e = g, \\ h = i = f = h = 0 \end{cases}$$

$$\therefore \quad P = \begin{pmatrix} a & b & c \\ b & c & 0 \\ c & 0 & 0 \end{pmatrix}$$

さらに，P の逆行列を求める為に，x, y, z の(形式的)連立1次方程式を考える:

$$\begin{cases} ax + by + cz = k \\ bx + cy = \ell \\ cx = m \end{cases}$$

$c \neq 0$ としておいて

$$\begin{cases} x = \dfrac{m}{c} \\ y = \dfrac{1}{c}\left(\ell - \dfrac{b}{c}m\right) \\ z = \dfrac{1}{c}\left\{k - \dfrac{b}{c}\ell + \left(\dfrac{b^2c - a}{c^2}\right)m\right\} \end{cases}$$

$$\longleftrightarrow \begin{pmatrix} x \\ y \\ z \end{pmatrix} = \dfrac{1}{c}\begin{pmatrix} 0 & 0 & 1 \\ 0 & 1 & -\dfrac{b}{c} \\ 1 & -\dfrac{b}{c} & \dfrac{b^2 - ca}{c^2} \end{pmatrix}\begin{pmatrix} k \\ \ell \\ m \end{pmatrix}$$

この右辺の係数行列が P^{-1} であることを示すのは易しい．P^{-1} の存在は一意的であるから，この係数行列しかない．

$$\therefore \quad \underline{P = \begin{pmatrix} a & b & c \\ b & c & 0 \\ c & 0 & 0 \end{pmatrix} \ (c \neq 0)}. \quad \text{(答)}$$

例8は，いわば，"行列方程式"とでもいうべきものである．例8においては，$A^3 = O$ となるので，$P^{-1}AP = B$ となる B は

$$(P^{-1}AP)^3 = P^{-1}A^3P = O$$

を満たす．従って P, B の形を具体的に知らなくとも，$P^{-1}AP = B$ の形に表せるならば，A と同類の行列の情報を無理なく捉えることができる訳である．

例8を2次の行列版に"格下げ"すると，

$$A = \begin{pmatrix} 0 & 1 \\ 0 & 0 \end{pmatrix}$$

に対して

$$P = \begin{pmatrix} a & b \\ b & 0 \end{pmatrix} \ (b \neq 0)$$

となるような P があって

$$P^{-1}AP = \begin{pmatrix} 0 & 0 \\ 1 & 0 \end{pmatrix}$$

となる．このようなものは，行列論では，少し気取った用語を使って説明できるのだが，ここでは，これ以上のことは言及しない．

それでは，これから入試問題演習に入る．（問題ばかりをずらりと並べてやるのは読者にとっても気が滅入るであろうから，時折，**数学人生**でも語りながら，休み休み行くことにする．）上の問題例よりも以下の入試問題のほうが易しいかもしれない．

まずは，連立1次方程式，固有値，固有ベクトルから行列の n 乗の計算問題．

◀ **問題 10** ▶

x, y に関する方程式

$$(*) \quad \begin{cases} 7x - 10y = kx \\ 5x - 8y = ky \end{cases}$$

について，次の問いに答えよ．

(1) $(*)$ が $(0, 0)$ と異なる解をもつときの k の値を2つ求めよ．

(2) (1)で求めた k の値を $k_1, k_2 \ (k_1 < k_2)$ とする．
$(x_1, y) = (x_1, 1)$ が $k = k_1$ のときの $(*)$ の解，
$(x_1, y) = (x_2, 1)$ が $k = k_2$ のときの $(*)$ の解となるとき，x_1, x_2 の値を求めよ．

(3) (1)と(2)で定められた k_1, k_2, x_1, x_2 に対し

$$\begin{pmatrix} 7 & -10 \\ 5 & -8 \end{pmatrix}\begin{pmatrix} x_1 & x_2 \\ 1 & 1 \end{pmatrix} = \begin{pmatrix} x_1 & x_2 \\ 1 & 1 \end{pmatrix}\begin{pmatrix} k_1 & 0 \\ 0 & k_2 \end{pmatrix}$$

となることを示し,n を自然数とするとき
$$\begin{pmatrix} 7 & -10 \\ 5 & -8 \end{pmatrix}^n$$
を求めよ. (大阪教育大)

† (1)は固有値の問題. (2)は固有ベクトルの問題. (3)は変換行列による恒等式の問題と行列の n 乗. とり立てて困難はないであろうが, (3)の後半は少し戸惑うのでは?

〈解〉 (1) (∗)は
$$\begin{pmatrix} 7-k & -10 \\ 5 & -8-k \end{pmatrix}\begin{pmatrix} x \\ y \end{pmatrix} = \begin{pmatrix} 0 \\ 0 \end{pmatrix}$$
であり,$(x, y) \neq (0, 0)$ ということより
$$\begin{vmatrix} 7-k & -10 \\ 5 & -8-k \end{vmatrix} = 0$$
$$\longleftrightarrow k^2 + k - 6 = 0$$
よって
$$(k+3)(k-2) = 0$$
$$\therefore k = -3, 2 \quad \cdots (答)$$

(2) $k_1 = -3$ のとき (∗)は
$$\begin{cases} 7x - 10y = -3x \\ 5x - 8y = -3y \end{cases}$$
即ち,
$$x = y$$
$$\therefore (x_1, 1) = (1, 1)$$
$k_1 = 2$ のとき (∗)は
$$\begin{cases} 7x - 10y = 2x \\ 5x - 8y = 2y \end{cases}$$
即ち,
$$x = 2y$$
$$\therefore (x_2, 1) = (2, 1)$$
以上から
$$x_1 = 1, \quad x_2 = 2 \quad \cdots (答)$$

(3) 前半について.
$$\begin{pmatrix} 7 & -10 \\ 5 & -8 \end{pmatrix}\begin{pmatrix} 1 & 2 \\ 1 & 1 \end{pmatrix} = \begin{pmatrix} -3 & 4 \\ -3 & 2 \end{pmatrix}$$
$$\begin{pmatrix} 1 & 2 \\ 1 & 1 \end{pmatrix}\begin{pmatrix} -3 & 0 \\ 0 & 2 \end{pmatrix} = \begin{pmatrix} -3 & 4 \\ -3 & 2 \end{pmatrix}$$

これで示された. ◀

後半について.
$$A = \begin{pmatrix} 7 & -10 \\ 5 & -8 \end{pmatrix}, \quad S = \begin{pmatrix} x_1 & x_2 \\ 1 & 1 \end{pmatrix} = \begin{pmatrix} 1 & 2 \\ 1 & 1 \end{pmatrix}$$
とおくと,前半により
$$S^{-1}AS = \begin{pmatrix} -3 & 0 \\ 0 & 2 \end{pmatrix}$$
両辺を n 乗して
$$S^{-1}A^n S = \begin{pmatrix} (-3)^n & 0 \\ 0 & 2^n \end{pmatrix}$$
よって
$$A^n = S\begin{pmatrix} (-3)^n & 0 \\ 0 & 2^n \end{pmatrix}S^{-1}$$
$$= \begin{pmatrix} 1 & 2 \\ 1 & 1 \end{pmatrix}\begin{pmatrix} (-3)^n & 0 \\ 0 & 2^n \end{pmatrix}\begin{pmatrix} -1 & 2 \\ 1 & -1 \end{pmatrix}$$
$$= \begin{pmatrix} -(-3)^n + 2^{n+1} & 2(-3)^n - 2^{n+1} \\ -(-3)^n + 2^n & 2(-3)^n - 2^n \end{pmatrix} \cdots (答)$$

もう1題, 行列の n 乗の問題を解いておく. 漸化式, 1次変換から行列の n 乗の計算問題.

◀ **問題 11** ▶

2つの数列 $\{x_n\}$, $\{y_n\}$ があり,
$$\begin{pmatrix} x_0 \\ y_0 \end{pmatrix} = \begin{pmatrix} u \\ v \end{pmatrix}, \quad \begin{pmatrix} x_n \\ y_n \end{pmatrix} = \begin{pmatrix} k & 0 \\ 1 & k \end{pmatrix}\begin{pmatrix} x_{n-1} \\ y_{n-1} \end{pmatrix}$$
$$(n = 1, 2, 3, \cdots)$$
の関係を満たしている. ここで u, v, k を実定数とするとき, 以下の問いに答えよ.

(1) $x_n = ax_{n-1} + by_{n-1}$
$\quad\quad y_n = cx_{n-1} + dy_{n-1}$
と表すとき, 係数 a, b, c, d を求めよ.

(2) x_n, y_n を求めよ.

(3) $\begin{pmatrix} k & 0 \\ 1 & k \end{pmatrix}^n$ を求めよ. (豊橋技科大)

† これは, 少しうるさい問題がつきまとうが, 大雑把に合格点を取るくらいならば, 大方の読者にはスラスラいけるであろう. ということで, no comments.

〈解〉(1) 漸化式
$$\begin{cases} x_n = kx_{n-1} & \cdots ① \\ y_n = x_{n-1} + ky_{n-1} & \cdots ② \end{cases}$$
を, 任意の自然数 n について
$$\begin{cases} x_n = ax_{n-1} + by_{n-1} \\ y_n = cx_{n-1} + dy_{n-1} \end{cases}$$

と表すというのだから，
$$a = k, \ b = 0, \ c = 1, \ d = k \quad \cdots \text{(答)}$$
（2）（1）における①は
$$x_n = k^n x_1 = k^n u \quad (n \geqq 1)$$
従って②は
$$\begin{aligned} y_n &= x_{n-1} + k y_{n-1} \\ &= k^{n-1} u + k y_{n-1} \quad (n \geqq 1) \quad \cdots ③ \end{aligned}$$
$k = 0$ であれば
$$\begin{cases} x_0 = u, \ x_n = 0 \ (n \geqq 1) \\ y_0 = v, \ y_n = 0 \ (n \geqq 1) \end{cases}$$
$k \neq 0$ であれば
③は
$$\frac{y_n}{k^n} = \frac{y_{n-1}}{k^{n-1}} + \frac{u}{k} \quad (n \geqq 1)$$
$\frac{y_n}{k^n} = z_n$ とおいて
$$z_n - z_{n-1} = \frac{u}{k} \quad (n \geqq 1)$$
よって
$$\begin{aligned} z_n &= z_0 + \frac{u}{k} n \\ &= v + \frac{u}{k} n \end{aligned}$$
$$\therefore \ y_n = v k^n + u n k^{n-1} \quad (n \geqq 1)$$
以上をまとめて
$$\left. \begin{array}{l} k = 0 \text{ のとき} \\ \quad x_0 = u, \ x_n = 0 \ (n \geqq 1) \\ \quad y_0 = v, \ y_n = 0 \ (n \geqq 1) \\ k \neq 0 \text{ のとき} \\ \quad x_0 = u, \ x_n = u k^n \ (n \geqq 1) \\ \quad y_0 = v, \ y_n = v k^n + u n k^{n-1} \ (n \geqq 1) \end{array} \right\} \cdots \text{(答)}$$
（3）（2）の結果より，$k \neq 0$ では
$$\begin{pmatrix} x_n \\ y_n \end{pmatrix} = \begin{pmatrix} k^n & 0 \\ n k^{n-1} & k^n \end{pmatrix} \begin{pmatrix} u \\ v \end{pmatrix}$$
従って
$$\left. \begin{array}{l} k = 0 \text{ のとき} \\ \begin{pmatrix} k & 0 \\ 1 & k \end{pmatrix}^n = \begin{cases} \begin{pmatrix} 0 & 0 \\ 1 & 0 \end{pmatrix} & (n = 1) \\ \begin{pmatrix} 0 & 0 \\ 0 & 0 \end{pmatrix} & (n \geqq 2) \end{cases} \\ k \neq 0 \text{ のとき} \\ \begin{pmatrix} k & 0 \\ 1 & k \end{pmatrix}^n = \begin{pmatrix} k^n & 0 \\ n k^{n-1} & k^n \end{pmatrix} \ (n \geqq 1) \end{array} \right\} \cdots \text{(答)}$$

（補） 読者は完答できたかな？（結構，煩わしいであろう．）

本問では，$\begin{pmatrix} k & 0 \\ 1 & k \end{pmatrix}^n$ を連立1次漸化式で求めさせているが，他にも様々である．基本的には帰納法が順当であろう．

ところで，**設問（1）**であるが，上の解答でよいのだろうか？ というのは，次のように考えることもできるからである：
$$\begin{pmatrix} x_n \\ y_n \end{pmatrix} = \begin{pmatrix} k & 0 \\ 1 & k \end{pmatrix} \begin{pmatrix} x_{n-1} \\ y_{n-1} \end{pmatrix}$$
$$\begin{pmatrix} x_n \\ y_n \end{pmatrix} = \begin{pmatrix} a & b \\ c & d \end{pmatrix} \begin{pmatrix} x_{n-1} \\ y_{n-1} \end{pmatrix}$$
を辺々引いて
$$\begin{pmatrix} 0 \\ 0 \end{pmatrix} = \begin{pmatrix} k-a & -b \\ 1-c & k-d \end{pmatrix} \begin{pmatrix} x_{n-1} \\ y_{n-1} \end{pmatrix}$$
そこで $\begin{pmatrix} u \\ v \end{pmatrix} = \begin{pmatrix} 0 \\ 0 \end{pmatrix}$ であれば，a, b, c, d は<u>任意の実数でもよい</u>．

$\begin{pmatrix} u \\ v \end{pmatrix} \neq \begin{pmatrix} 0 \\ 0 \end{pmatrix}$ であれば，
$$\begin{vmatrix} k-a & -b \\ 1-c & k-d \end{vmatrix} = 0$$
ということになり，
$$k^2 - (a+d)k + ad + b(1-c) = 0$$
でなくてはならない．解答中で求めた $a = k, \ b = 0, \ c = 1, \ d = k$ は，もちろん，上の方程式を満たすのだが，….

迷った挙句，**当解答**のようにしたのである．（多分，それでよいと思う．）設問（1）は，なければなくて済む．というより，何か浮いたようなものという気がしてならない．

行列の n 乗の計算は，かつて，かなり流行していた．近年は，あまり見かけなくなっていたのだが，最近，再び流行しつつあるようである．

流行というものは，巷でも学者の世界でも奇妙な力で人を動かす．それについてゆかないと，流行の波に乗れない愚鈍な人間であるかのように見下げられる．

筆者のように，流行など気にしない人間は，疎んぜられてしまう傾向がある．

若年時は，結構，流行のバイクも乗り回した（――昭和44年頃のバイクの方が，今のものより格好よ

いと思う——）のであるが，本性的には，あまり機械には向いていない．1990年頃，購入した性能の高い電卓も殆ど使うことがないし，TeX等も使いたくなくて，今だに必要な時には type-writer を使う．乗用車も，"車を運動させる"為に，週1回ぐらいしか運転しない．（それでも，バスだけは何歳になっても好きで，最も多く乗るし，その窓から海を眺めるのは最も気に入っている．）こうなると，いろいろな意味で流行や文明時代からはみ出してしまいそうであるが，しかし，よく見ていると，基本的には殆ど何も変わっていないのである．結局は，sine, cosine のグラフにちょっとした装いが付いたものを見ているのであるから．車の流行はといえば，大体，10年 cycle で丸型流線形か角型矩形を繰り返しているし，overcoat は長くなったり，短くなったりの繰り返しである．

人は，好きずきとはいうものの，流行追従はほどほどにしておくのが無難というものであろう．

それでは，再び問題に入る．次の問題は，なかなかよく工夫されていておもしろい．これも固有値問題である．

◀ **問題12** ▶

$A = \begin{pmatrix} a & b \\ c & d \end{pmatrix}$ （a, b, c, d はすべて正の定数）とする．

（1） $\begin{pmatrix} p(x) \\ q(x) \end{pmatrix} = A\begin{pmatrix} x \\ 1-x \end{pmatrix}$ （$0 \leqq x \leqq 1$）とおく．

（a） $0 \leqq x \leqq 1$ のとき常に $p(x) > 0, q(x) > 0$ となることを証明せよ．

（b） $f(x) = \dfrac{p(x)}{p(x)+q(x)}$ とおくとき，$f(x_0) = x_0$ かつ $0 < x_0 < 1$ を満たす x_0 がただ1つ存在することを証明せよ．

（2） $A\begin{pmatrix} u \\ v \end{pmatrix} = \alpha\begin{pmatrix} u \\ v \end{pmatrix}$ を満たすような $u > 0$，$v > 0$，$\alpha > 0$ が存在することを証明せよ．

（富山医薬大）

† （1）（a）は得点させてやる為の設問．（b）では，$f(x)$ は1次分数関数のようであるが，既に，本書では分数関数は適当な区間で単調関数

であることを指導済みであるから，それを用いてよいだろう．（2）は，（1）をどう用いるかという所であろう．無理に考えずとも，自然にいけるように設問は工夫されている．

〈解〉（1）（a）
$$A\begin{pmatrix} x \\ 1-x \end{pmatrix} = \begin{pmatrix} ax+b(1-x) \\ cx+d(1-x) \end{pmatrix}$$

であるから
$$p(x) = ax + b(1-x)$$
$$q(x) = cx + d(1-x)$$

a, b, c, d は正の定数より，そして $0 \leqq x \leqq 1$ において $x = 0$ かつ $1 - x = 0$ となることはないから
$$p(x) > 0, \quad q(x) > 0 \quad \blacktriangleleft$$

（b）（a）により，$0 \leqq x \leqq 1$ では
$$0 < f(x) < 1$$

である．そして $p(x) + q(x)$ が定数でなければ，$f(x)$ は $0 \leqq x \leqq 1$ で連続な1次分数関数であるから，その区間で単調関数である．従って，このときには，$f(x) = x$ となる x は $0 < x < 1$ で唯ひとつである．

$p(x) + q(x)$ が定数であるときは
$$a - b + c - d = 0$$
であるから
$$f(x) = \frac{(a-b)x + b}{b+d}$$

これも連続な単調関数か定数である．ただし
$$\frac{a-b}{b+d} = 1, \quad \frac{b}{b+d} = 0$$

ということは，a, b, c, d が正の定数であることから，あり得ない．従って，このときも $f(x) = x$ となる x は $0 < x < 1$ で唯ひとつである．

以上で題意は示された．◀

（2）（1）（b）により
$$f(x_0) = \frac{p(x_0)}{p(x_0) + q(x_0)} = x_0 \quad (0 < x_0 < 1)$$

なる x_0 は唯ひとつ存在する．この式は
$$q(x_0) = \frac{(1 - x_0)p(x_0)}{x_0}$$

となるから
$$\begin{pmatrix} p(x_0) \\ q(x_0) \end{pmatrix} = p(x_0)\begin{pmatrix} 1 \\ \dfrac{1-x_0}{x_0} \end{pmatrix}$$

を与える．そこで次のように α, u, v をとると

$\alpha = p(x_0),\ u = 1,\ v = \dfrac{1-x_0}{x_0}$

は全て正である。◀

（補）(1)(b)では，$f(x) = x$ を
$$(a-b)x + b = (a-b+c-d)x^2 + (b+d)x$$
$$\longleftrightarrow (a-b+c-d)x^2 + (2b-a+d)x - b = 0$$

云々とやってしまうようではスジが悪い。（こういう風にする受験生は多いものである。そうであろう？）分母を払うならば，
$$p(x) = \{p(x) + q(x)\}x$$
として，
$$g(x) = \{p(x) + q(x)\}x - p(x)$$
とおいた方がよい。これは $0 \leqq x \leqq 1$ で連続関数であり，しかも高々2次関数である。
$$g(0) = -b < 0,$$
$$g(1) = a + c - a = c > 0$$
であるから，$g(x) = 0$ は，$0 < x < 1$ で唯ひとつの実根をもつことになる。

最後の問題は，連立1次漸化式と固有ベクトルの総合問題。

◀ **問題 13** ▶

平面上の点 (x_0, y_0) から次の規則で点列 (x_n, y_n) $(n = 1, 2, \cdots)$ を構成する。
$$x_n = (2\alpha_n - \beta_n)x_{n-1} + (\alpha_n - \beta_n)y_{n-1},$$
$$y_n = -2(\alpha_n - \beta_n)x_{n-1} + (-\alpha_n + 2\beta_n)y_{n-1}$$
ただし，α_n と β_n は $\alpha_n \neq \beta_n$ で，かつ
$$\alpha_n = \frac{1}{3} \cdot \frac{2^n + 3^n}{2^{n-1} + 3^{n-1}},$$
$$\beta_n = \frac{\sqrt{n+1} - \sqrt{n}}{\sqrt{n} - \sqrt{n-1}}$$
とする。

(1) 行列 M_n を
$$M_n = \begin{pmatrix} 2\alpha_n - \beta_n & \alpha_n - \beta_n \\ -2(\alpha_n - \beta_n) & -\alpha_n + 2\beta_n \end{pmatrix}$$
としたとき，
$$M_n \vec{v_1} = \alpha_n \vec{v_1},\quad M_n \vec{v_2} = \beta_n \vec{v_2}$$
となるベクトル
$$\vec{v_1} = \begin{pmatrix} 1 \\ a \end{pmatrix},\ \vec{v_2} = \begin{pmatrix} -1 \\ b \end{pmatrix}$$
を求めよ。また，これらのベクトルを使って
$$M_n P = P \begin{pmatrix} \alpha_n & 0 \\ 0 & \beta_n \end{pmatrix}$$
となる行列 P をつくれ。

(2) $n \to \infty$ のとき，x_n および y_n の極限値を求めよ。

（三重大・医, 工）

(†) volume で圧倒されそうであるが，無理なく作られているはずなので，落ち着いてやること。
(1)の前半は，「固有ベクトルを求めよ」ということ。後半は"行列方程式"の問題であるが，易しい。(2)は，$M_n = P\begin{pmatrix} \alpha_n & 0 \\ 0 & \beta_n \end{pmatrix} P^{-1}$ の形にもっていけばよい。

〈解〉(1) (前半) 題意より
$$M_n \begin{pmatrix} 1 \\ a \end{pmatrix} = \alpha_n \begin{pmatrix} 1 \\ a \end{pmatrix}$$
$$\longleftrightarrow \begin{pmatrix} \alpha_n - \beta_n & \alpha_n - \beta_n \\ -2(\alpha_n - \beta_n) & -2(\alpha_n - \beta_n) \end{pmatrix} \begin{pmatrix} 1 \\ a \end{pmatrix} = \begin{pmatrix} 0 \\ 0 \end{pmatrix}$$
$$\longleftrightarrow (\alpha_n - \beta_n) \begin{pmatrix} 1 & 1 \\ -2 & -2 \end{pmatrix} \begin{pmatrix} 1 \\ a \end{pmatrix} = \begin{pmatrix} 0 \\ 0 \end{pmatrix}$$
$\alpha_n \neq \beta_n$ より
$$\begin{pmatrix} 1 & 1 \\ -2 & -2 \end{pmatrix} \begin{pmatrix} 1 \\ a \end{pmatrix} = \begin{pmatrix} 0 \\ 0 \end{pmatrix}$$
$$\longleftrightarrow \begin{pmatrix} 1+a \\ -2-2a \end{pmatrix} = \begin{pmatrix} 0 \\ 0 \end{pmatrix}$$
$$\therefore\ a = -1$$
同様に
$$M_n \begin{pmatrix} -1 \\ b \end{pmatrix} = \beta_n \begin{pmatrix} -1 \\ b \end{pmatrix}$$
$$\longleftrightarrow (\alpha_n - \beta_n) \begin{pmatrix} 2 & 1 \\ -2 & -1 \end{pmatrix} \begin{pmatrix} -1 \\ b \end{pmatrix} = \begin{pmatrix} 0 \\ 0 \end{pmatrix}$$
$\alpha_n \neq \beta_n$ より
$$\begin{pmatrix} -2+b \\ 2-b \end{pmatrix} = \begin{pmatrix} 0 \\ 0 \end{pmatrix}$$
$$\therefore\ b = 2$$
以上から
$$\vec{v_1} = \begin{pmatrix} 1 \\ -1 \end{pmatrix},\ \vec{v_2} = \begin{pmatrix} -1 \\ 2 \end{pmatrix}\quad \cdots（答）$$

（後半）上の結果より

$$M_n \begin{pmatrix} 1 & -1 \\ -1 & 2 \end{pmatrix} = \begin{pmatrix} \alpha_n & -\beta_n \\ -\alpha_n & 2\beta_n \end{pmatrix}$$
$$= \begin{pmatrix} 1 & -1 \\ -1 & 2 \end{pmatrix} \begin{pmatrix} \alpha_n & 0 \\ 0 & \beta_n \end{pmatrix}$$

従って $\vec{v_1}, \vec{v_2}$ を用いて作った P は

$$\begin{cases} P = \begin{pmatrix} k & -\ell \\ -k & 2\ell \end{pmatrix} \\ (k, \ell \text{ は任意の実数}) \end{cases} \quad \cdots \text{(答)}$$

(2) P として
$$P = \begin{pmatrix} k & -\ell \\ -k & 2\ell \end{pmatrix} \quad (k\ell \neq 0)$$

をとると, M_n は P で表される:

$$M_n = P \begin{pmatrix} \alpha_n & 0 \\ 0 & \beta_n \end{pmatrix} P^{-1}$$

一方, 点 (x_n, y_n) と (x_{n-1}, y_{n-1}) 間の関係式は

$$\begin{pmatrix} x_n \\ y_n \end{pmatrix} = M_n \begin{pmatrix} x_{n-1} \\ y_{n-1} \end{pmatrix}$$
$$= M_n M_{n-1} \cdots M_2 M_1 \begin{pmatrix} x_0 \\ y_0 \end{pmatrix}$$

ここで
$$M_n M_{n-1} \cdots M_1$$
$$= P \begin{pmatrix} \alpha_n & 0 \\ 0 & \beta_n \end{pmatrix} \begin{pmatrix} \alpha_{n-1} & 0 \\ 0 & \beta_{n-1} \end{pmatrix} \cdots \begin{pmatrix} \alpha_1 & 0 \\ 0 & \beta_1 \end{pmatrix} P^{-1}$$
$$= P \begin{pmatrix} \alpha_n \alpha_{n-1} \cdots \alpha_1 & 0 \\ 0 & \beta_n \beta_{n-1} \cdots \beta_1 \end{pmatrix} P^{-1}$$

そして与えられた α_n, β_n の形より
$$\alpha_n \alpha_{n-1} \cdots \alpha_1$$
$$= \left(\frac{1}{3}\right)^n \left\{ \left(\frac{2^n + 3^n}{2^{n-1} + 3^{n-1}}\right) \left(\frac{2^{n-1} + 3^{n-1}}{2^{n-2} + 3^{n-2}}\right) \right.$$
$$\left. \cdots \left(\frac{2+3}{2}\right) \right\}$$
$$= \frac{1}{2} \left(\frac{1}{3}\right)^n (2^n + 3^n) \xrightarrow[n \to \infty]{} \frac{1}{2}$$

$$\beta_n \beta_{n-1} \cdots \beta_1$$
$$= \frac{\sqrt{n+1} - \sqrt{n}}{\sqrt{n} - \sqrt{n-1}} \cdot \frac{\sqrt{n} - \sqrt{n-1}}{\sqrt{n-1} - \sqrt{n-2}}$$
$$\cdots \frac{\sqrt{2} - 1}{1}$$
$$= \sqrt{n+1} - \sqrt{n}$$
$$= \frac{1}{\sqrt{n+1} + \sqrt{n}} \xrightarrow[n \to \infty]{} 0$$

よって
$$\lim_{n \to \infty} \begin{pmatrix} x_n \\ y_n \end{pmatrix} = P \begin{pmatrix} \frac{1}{2} & 0 \\ 0 & 0 \end{pmatrix} P^{-1} \begin{pmatrix} x_0 \\ y_0 \end{pmatrix}$$

$$= \frac{1}{k\ell} \begin{pmatrix} k & -\ell \\ -k & 2\ell \end{pmatrix} \begin{pmatrix} \frac{1}{2} & 0 \\ 0 & 0 \end{pmatrix} \begin{pmatrix} 2\ell & \ell \\ k & k \end{pmatrix} \begin{pmatrix} x_0 \\ y_0 \end{pmatrix}$$
$$= \begin{pmatrix} 1 & \frac{1}{2} \\ -1 & -\frac{1}{2} \end{pmatrix} \begin{pmatrix} x_0 \\ y_0 \end{pmatrix}$$
$$= \begin{pmatrix} x_0 + \frac{y_0}{2} \\ -x_0 - \frac{y_0}{2} \end{pmatrix}$$

$$\therefore \begin{cases} \lim_{n \to \infty} x_n = x_0 + \frac{y_0}{2} \\ \lim_{n \to \infty} y_n = -\left(x_0 + \frac{y_0}{2}\right) \end{cases} \quad \cdots \text{(答)}$$

(補) 本問(2)は, 行列を使って"遠回り"に解かせているが, 行列を使わなくとも解ける: (もちろん, 本番でこんなことをしては, **勝手に出題形式の無視**ということで減点になるだろうが, ここでは参考のためにやっておこうというもの.)

与漸化式より
$$x_n + y_n = \beta_n (x_{n-1} + y_{n-1}),$$
$$2x_n + y_n = \alpha_n (2x_{n-1} + y_{n-1})$$

を得る. これらは
$$x_n + y_n = \beta_n \beta_{n-1} \cdots \beta_1 (x_0 + y_0),$$
$$2x_n + y_n = \alpha_n \alpha_{n-1} \cdots \alpha_1 (2x_0 + y_0)$$

となるので,
$$\lim_{n \to \infty} (x_n + y_n) = 0,$$
$$\lim_{n \to \infty} (2x_n + y_n) = \frac{1}{2}(2x_0 + y_0).$$

直ちに
$$\lim_{n \to \infty} x_n = \frac{1}{2}(2x_0 + y_0),$$
$$\lim_{n \to \infty} y_n = -\lim_{n \to \infty} x_n = -\frac{1}{2}(2x_0 + y_0)$$

となる. (あっけないであろう.)

問題 13 では, 一見, α_n, β_n が複雑な分数形であるので, 目が眩んだ人も多かったのではないか? よく見ると, そうでもないのだが. しかし, 分数式を苦手とするのは, 近年の加速的特徴のようであるから, 出題側は, 案外, 的を突いたのかもしれない.

問題 13 は, **問題 10** と比べて, 式が複雑に見えるだけであって, 基本的には同じことをやっているに過ぎない. (**装いの違いだけ!**) にも拘らず, 断然, **問題 13** の方が, 成績がよくないだろう. それだけ, **人間は眩惑されやすい**ということである.

第 9 章

微分法（その 1）

　講義の流れは、いよいよ、後半部分に入る。
　何とか先が見えてきて、ホッとしている。（読者もそうかもしれないが。）そもそも、筆者のような人間には、ひたすら数学をやるというのは向かない。どうしても叙述の羽を広げてやらないと窮屈な思いでもあるし、それに、今の時代風潮からして、素知らぬふりで淡々と数学をやるのも後ろ髪を引かれる。ということで、多少なりとも**数学人生**を語りながら、執筆しているわけである。（いずれ、若い読者は、世で当面する問題でもあろうから。）

　さて、入試では**微分積分法**ほど、大学の教科書から引きずり降ろしやすいものはない。**出題側は頭を使わずして問題を"作れる"**。出題が、即、そうしてなされていることを知らぬ受験生。知らないからといって、それは、頭脳とは関係がない。しかるに、世の試験は、知っているかどうかを偏重して、才能と決めつける点で、既に幼児 level である：

　（近所のある）子供：「おじちゃん。ぼくんちの犬の名前知ってる？」
　おじさん：「さあな？　何だろ？」
　子供：「知らないの？　おじちゃん、頭悪いね。」
　おじさん：「（苦笑しながら）そうだな！」

人間の学習は、記憶とパターン習得から入っていくのであるが、大人になってもそれから抜けきれないのは**人の常**！　そこで、「では、中村のおじちゃんはどういう内容を繰り広げるの？」と、問われると、少々当惑する。何せ、微積分法は計算道具でしかないだけに、**数学精神を伝える**ように指導するのは難しいが、なるべく算数便法に傾倒しないように、微積分法を自分なりに解説してゆこうと思う。

　それでは、**微分法**に入るが、読者には、初歩的事柄は周知であろうから、そのような事につい

ては、あまりくどくどとはやらないことにする。むしろ、微分法の<u>正しい視点</u>を中心に説明していくつもりである。（記号についてのいちいちの説明も省く。）

　微分法というものは、要するに、ある"連続極限法"の演算化なのである。（この意味では、積分法も同じである。）

　実数 x の（連続）関数 $y = f(x)$（$x \in I$：適当な区間）が**微分可能**であるとは、x のある近傍内で比 $\dfrac{\Delta y}{\Delta x} = \dfrac{f(x+\Delta x) - f(x)}{\Delta x}$ を考えたとき、任意の $x(\in I)$ において $\lim_{\Delta x \to 0} \dfrac{\Delta y}{\Delta x}$ が唯ひとつ、きちんと定まるということである。（これを、時々、**有限（値）確定**という。）Δy は x と Δx の 2 変数関数である。そして、そのような"極限関数"（これは筆者の造語）$\lim_{\Delta x \to 0} \dfrac{\Delta y}{\Delta x}$ を $\dfrac{dy}{dx}$ <u>あたかも"比"の形で表して</u>、$y = f(x)$ の**微分**というのである。このように表すと、最早、$\dfrac{dy}{dx}$ を $\dfrac{\Delta y}{\Delta x}$ のような分数式とみなす訳にはゆかない。つまり、$\dfrac{dy}{dx}$ において dy と dx を別々に分離して扱うということは、現時点では、論理上、許されないのである。$\dfrac{dy}{dx}$ を以て x の関数とみなくてはならない。それ故、$\dfrac{dy}{dx} = f'(x)$ と表し、こうして表すことで規約された関数 $f'(x)$ を $f(x)$ の**導関数**という訳である。（このことについては誤解をしている人が多いので、次回、もう少し厳密に述べる。）

　ここで、**連続関数**という概念を、事前にはっきりさせておかねばならない。その為に、**関数の極限**をやって、**連続性、微分可能性**へと進んでゆかねばならない。その上での $\dfrac{dy}{dx}$ や $f'(x)$ なのであるから。

　$\dfrac{dy}{dx}$ や $\int$（積分記号）はライプニッツの工夫

した記号である．

周知の通り，微分積分法は，イギリスの**ニュートン**(1643～1727)とドイツの**ライプニッツ**(1646～1716)によってそれぞれ独自に，"体系"として見出されたといわれている．（真偽のほどは定かではない．）

ニュートンは，1671年（これが正確な年であるかは断定はしにくい），27歳の時に『**流率法**』(本質的に'微分法'という意味)を著し，これが，微分積分法の先覚的研究の初めての公表（英国内だけの"回覧論文"と思われる）のようである．諸外国への公表は，1704年のことらしい．

ところで，**ライプニッツ**は，1672年，政治家として，フランス（――当時のフランス王は，諸外国への干渉の激しいルイ14世）のパリにいて，そこで**ホイヘンス**と出会って，ホイヘンスの師事を仰いで，パリ滞在中に微分と積分が"逆演算"であることを見出したといわれている．そして，1684～86年の間に，微分積分法に関する研究を発表した．

ニュートンの有名な大著『**プリンキピア**』は，1687年に出版されている．ニュートンは，1679年に，ロンドン王立協会の物理学者**フック**(――ニュートンにとって，光学上の論敵)からの要請で，『プリンキピア』への著述にとりかかっている．〈昨日の敵は今日の味方；今日の味方は明日の敵ともなる，か．人は都合次第でコロコロと変わるもの．〉『プリンキピア』の編集は，主として，天文学者**ハレー**(ロンドン王立協会会員)に依っており，ハレーは，その編集兼後援者になっている．（実は，ハレーにとっても，フックは，引力の逆2乗則発見の先取権争いの論敵であった．）

『プリンキピア』の序文で，ニュートンが，人間の技術と自然界の究明を明確に区別宣言しているのは，注目に値する．

再び，**ライプニッツ**であるが，彼は，1704年頃から，微積分法発見の先取権について，ニュートンと争い，多くの人々から冷たくも軽視され，苦悶の内に死去したようである．

ニュートンは，ライプニッツより長生きはしているが，ニュートンとて神経症（ノイローゼ）の気があったようで，どちらも名声は馳せたものの，暗いかげりも残している．

若い人達には，まだ，「先取権」という事の重大さがピンとこないかもしれないが，これは，いつの時代にもつきまとう一大事である：「ひとたび，コロンブスの卵を立てられると，後で駝鳥の卵を立てたとて，まるで及ばない」（これは，今は亡き**内山龍雄**先生(阪大名誉教授)の名言――)のである．それだけ，最初の突破 idea は非常に高い価値があるということである．このような場合，事の解明が公表された後で，「自分(あるいは彼の人)も同じような事をやっていた」などと主張しても，登録上の確かな証拠なしでは，相手にはされない．まして，本に載る程，既知になってしまった事をただ受売り豪語することなどは，"喧嘩過ぎての空威張り"であるということは納得して頂けるであろう．

たとい単純な事でも，言われるまで気付かないのが人間．

されば，ニュートン側とライプニッツ側が，空前絶後の画期的業績になる微分積分法の先取権について，長年，激論したとて何の不思議もない．当時の情報流通の speed や論文の submitting 制度のあり方のずさんさからすれば，どちらも独立に微分積分法を見出したのかもしれないが，しかし，ライプニッツがパリ滞在の頃に，既にニュートンの微積分法の情報が，フランスに少しも入っていなかったと断定しにくいものでもある．それにホイヘンスが，ロンドンとパリの間を研究の目的で往き来していて，ニュートンの親友であったことも知られているので，そのホイヘンスにライプニッツが教えを受けていたというのであれば，…．とすれば，ニュートンがライプニッツに対して，「素知らぬ顔をして，その実，俺の仕事の idea を盗用したであろう」と言ったとて，無理はあるまい．まして，はるか後世の人間達には，ライプニッツが，本当に，独自で微積分法を見出したのかどうかは，正確に知るすべがないので，双方を認めざるを得ないのである．

なお，その後の微分積分法の style は，ライプニッツの論文を見て，**ヤコブ・ヨハン＝ベルヌーイ兄弟**と**ロピタル**(いずれも1600年代後半に生まれているが，ロピタルは43歳の短命であ

った）らがまとめ上げたものであるということで，改めてこれらの先生方の御苦心にも感謝せねばならない．

それでは**関数の極限**から入ることにする．

既に，我々は，内容的に数列の極限をやってきているし，また，n次関数（nは0以上の整数），1次分数関数，そして三角，対数関数をも学んできた．ここでさらに**非1次分数関数**や**無理関数**（例えば，$f(x)=\sqrt{x}$ や $f(x)=\sqrt[3]{x^2-1}$ $=(x^2-1)^{\frac{3}{2}}$ のようなもの）を加えて，それらの極限を求めようというもの．

つまり，実数 $x=a$ の近くで関数 $f(x)$ が定義されているとき，$\lim_{x\to a}f(x)$ を求めようというものである．この際，数直線上の点としての $x=a$ への x の値の近づき方は 2 通りあり得るが，その両方を含めている．

まずは，予備知識の殆ど要らない基本問題例から．

＜例1＞ 次の等式が成り立つような定数 a,b を求めよ．

（1） $\displaystyle\lim_{x\to 1}\frac{x^2+ax+b}{x-1}=2$

（2） $\displaystyle\lim_{x\to 1}\frac{\sqrt{x^2-x+1}-(x-1+a)}{x-1}=b$

解 （1） $x^2+ax+b=(x-1)(x-x_0)$
（x_0 は定数）と表されるべきだから
$$a=-1-x_0,\ b=x_0$$
であり，それ故
問題の式：$\displaystyle\lim_{x\to 1}(x-x_0)$
$=1-x_0=2$
$\therefore\ x_0=-1$
$\therefore\ \underline{a=0,\ b=-1}$（答）
これは題意に適う．

（2） $x-1=t$ とおくと
$$\lim_{t\to 0}\frac{\sqrt{t^2+t+1}-(t+a)}{t}=b$$
左辺は有限確定であるべきなので，
$\displaystyle\lim_{t\to 0}\{\sqrt{t^2+t+1}-(t+a)\}$
$=1-a=0\quad\therefore\quad a=1$
これから

$\displaystyle\lim_{t\to 0}\frac{\sqrt{t^2+t+1}-(t+1)}{t}$
$=\displaystyle\lim_{t\to 0}\frac{-t}{t\{\sqrt{t^2+t+1}+(t+1)\}}$
$=-\dfrac{1}{2}=b$

求める a,b は
$$\underline{a=1,\ b=-\dfrac{1}{2}}\text{（答）}$$

このように，問題を解くこと自体は，単なる極限算数にしかならないのであるが，少し立ち入ってみるのも大切．

例1（1）では，関数 $f(x)=\dfrac{x^2-1}{x-1}$ の $x=1$ での極限値を求めたことになる．（もちろん，$f(x)$ は $x=1$ を除いて存在する．）一見，分数関数の極限を扱ったように見えるが，実は，$f(x)=x+1\ (x\neq 1)$ の $x=1$ での極限値を求めたに過ぎない．ここで $\displaystyle\lim_{x\to 1}f(x)=\lim_{x\to 1}(x+1)=2$ ではあるが，$f(x)$ は 2 という値をとらないことに留意しておかれたい．

（2）の方は，れっきとした"無理分数関数"で，$f(t)=\dfrac{\sqrt{t^2+t+1}-(t+1)}{t}$ の $t=0$ での極限値を求めたことになる．こちらの方は，$t\to\pm\infty$ での極限値が定まり，この関数からのグラフを描くのは，後に基本問題例としてやる．

次は，**三角，対数関数の極限**であるが，今度は，少しの予備知識なしでは済まない．しかし，うるさいことを云々しなければ，なにも難しいものではない．

❶ $\displaystyle\lim_{x\to 0}\frac{\sin x}{x}=1$

❷ $\displaystyle\lim_{x\to 0}(1+x)^{\frac{1}{x}}=e(=2.7182\cdots)$

をおさえてさえおけば，事足りるのであるから．

ここからすぐ問題例では，つまらないので，中村のおじちゃん流に解説する．

❶と❷は，一見，何の関係もないように思えるであろう？ 特に❷は，突然，降ってわいてきたような話としか思われないであろう．（あま下り式の導入 $\displaystyle\lim_{n\to\infty}\left(1+\dfrac{1}{n}\right)^n=e$ では，ますますそうなる．）

❶の方は，前に三角関数の分野で無理なく方向指示されている．

では、❷であるが、これは、
$$\lim_{x \to 0} \frac{\log_a(1+x)}{x} = \log_a e \quad (a > 0, a \neq 1)$$
と表せるので、対数関数の極限とみれて、しかも $a = e$ ととれば

❷' $\quad \lim_{x \to 0} \dfrac{\log_e(1+x)}{x} = 1$

となって、❶と極限値が 1 に一致して、きれいに並ぶことになる。むしろ、❷' で e を定義した方が自然に思える。

（本当は、対数関数 $\log_a x$ $(x > 0)$ の連続性などが相俟って議論されなくてはならないのだが、それについてはすぐ後で簡単にやる。）
$\log_e x$ は自然対数とよばれ、常用対数と同様に、底 e はしばしば省略される。

さて、❶と❷' を並べてみると、$x \fallingdotseq 0$ では
$$\frac{\sin x}{x} \fallingdotseq \frac{\log(1+x)}{x} \fallingdotseq 1$$
となり、従って
$$\sin x \fallingdotseq \log(1+x) \fallingdotseq x \quad (x \fallingdotseq 0)$$
という "特性近似式" が得られる。それ故
$$e^x - 1 \fallingdotseq x \quad (x \fallingdotseq 0)$$
も得られる。

（$|x|$ が 0 より少し大きくなってくると、もう少しよい近似式でなくてはならない。例えば、
$$\sin x \fallingdotseq x - \frac{1}{3!}x^3,$$
$$\log(1+x) \fallingdotseq x - \frac{1}{2}x^2,$$
$$e^x - 1 \fallingdotseq x + \frac{1}{2}x^2$$
のようになる。今は、これ以上、進まないことにする。）

かくして、$\sin x$ や $\log x$ などが、性質上、「何の関わりもない」とはいえない、ということも少しずつ納得されてきたであろう。

$x \fallingdotseq 0$ では、$e^x - 1 \fallingdotseq x$ であったから
$$\lim_{x \to 0} \frac{e^x - 1}{x} = 1$$
というのも、粗い結論だが、自然に理解されよう。（正確に示すのも簡単。）

自然対数は**ネイピア**（J. Napier, 1550〜1617）の対数ともいわれる。ネイピアはイギリスはスコットランドの貴族数学者である。歴史書等によると、ネイピアは、異なる 2 点 A, B 間を A から B へ動点 P が直進する際、その速度が距離 PB に比例するような運動を考えることで、対数を捉えたという。（今流にいえば、変数分離型微分方程式の考えが暗に芽生えていたということになる。）より詳しく紹介すると、そのような運動質点と点 A から等速直線運動をする別の質点が同位置になるような時刻の評価をしたのである。従って自然対数とネイピアそのものが捉えた対数は完全に一致している訳ではないのだが、通常、自然対数もネイピアの対数も同義として使っている。

〈例2〉 以下の各問に答えよ。

（1）定数 a, b に対して
$$\lim_{x \to 0} \frac{ax^2 + bx^3}{\tan x - \sin x} = 1$$
が成り立つような a, b を求めよ。

（明治大）

（2）次の極限値を求めよ。
$$\lim_{x \to 0} \frac{e^{x^2} - 1}{1 - \cos x} \quad \text{（北見工大）}$$

解　（1）与式は
$$\lim_{x \to 0} \frac{x^2(a+bx)\cos x}{\sin x (1 - \cos x)}$$
$$= \lim_{x \to 0} \frac{x^2(a+bx)\cos x}{\sin x \cdot 2\sin^2\left(\dfrac{x}{2}\right)}$$
$$= \frac{1}{2} \times 4 \lim_{x \to 0} \left\{\frac{\dfrac{x}{2}}{\sin\left(\dfrac{x}{2}\right)}\right\}^2$$
$$\quad \cdot \left(\frac{a\cos x}{\sin x} + b \cdot \frac{x}{\sin x}\cos x\right)$$
$$= 1$$
となる。これより
$$a = 0, \quad b = \frac{1}{2} \text{（答）}$$

（2）与式
$$= \frac{1}{2}\lim_{x \to 0} \frac{e^{x^2} - 1}{\sin^2\left(\dfrac{x}{2}\right)}$$
$$= \frac{1}{2} \times 4 \lim_{x \to 0} \left(\frac{e^{x^2}-1}{x^2}\right)\left\{\frac{\dfrac{x}{2}}{\sin\left(\dfrac{x}{2}\right)}\right\}^2$$
$$= 2 \text{（答）}$$

こうして問題例を見てくると、極限の問題は、特に分数関数の "$\lim_{x \to a} f(x) = \dfrac{0}{0}$" の形に集中していることがお分かり頂けるであろう。それはそうである。$\lim_{x \to 1} x^2 = 1$ や $\lim_{x \to 0} \cos x = 1$ では話にならないからである。ここで着目するべきは、

連続関数の極限ではつまらなく，不連続関数の極限では"つまる"ということなのである．では，「連続関数とは何なのか？」ということになる．

'実数 $x \in I$ の関数 $f(x)$ が $x=a$ で**連続**とは $f(a)$ が 1 つだけ存在して
$$\lim_{x \to a} f(x) = f(a)$$
となる' ことである．（以後，単に I と表したものは，x の変域とする．）

例 1（1）での $f(x) = \dfrac{x^2-1}{x-1}$ は $x=1$ を除いて $-\infty < x < \infty$ で関数値が存在して，（しかも $x=1$ を除いて関数は連続であって）$f(x) = x+1 \ (x \neq 1)$ であった．この $f(x)$ は $x=1$ で連続ではないのだが，
$$f(x) = \begin{cases} \dfrac{x^2-1}{x-1} & (x \neq 1) \\ 2 & (x=1) \end{cases}$$
とすれば，
$$\lim_{x \to 1} f(x) = f(1)$$
となって $x=1$ で連続になる．

'実数 $t \in I$ の関数 $f(t)$ に対して
$$\lim_{t \to x} f(t) = f(x) \quad (x \in I)$$
を満たすとき，区間 I で $f(x)$ は**連続関数**といわれる' 訳である．正確には，区間 $I=[a,b] \ (a<b)$ の両端は，別扱いして，片側極限だけを考えて
$$\lim_{t \to a+0} f(t) = f(a),$$
$$\lim_{t \to b-0} f(t) = f(b)$$
を満たすとき，$f(x)$ は I で連続といわれる．
次の**定理**は大切である．

'閉区間 I において連続な関数は最大値と最小値をもつ．'

（閉区間とは $a \leqq x \leqq b$ のようなもの．）
この証明は易しくはないが，直観的には明らかであろう．

◁**例 3**▷ n を自然数とする．実数 x の関数
$$f(x) = \begin{cases} \dfrac{1-\cos(1-\cos x)}{x^n} & (x \neq 0) \\ \dfrac{1}{8} & (x=0) \end{cases}$$
が $x=0$ で連続になるように n を定めよ．

解 $x \neq 0$ において
$$\lim_{x \to 0} \frac{1-\cos(1-\cos x)}{x^n}$$
$$= \lim_{x \to 0} \frac{1-\cos\left(2\sin^2\left(\dfrac{x}{2}\right)\right)}{x^n}$$
$$= \lim_{x \to 0} \left[\frac{1-\cos\left(2\sin^2\left(\dfrac{x}{2}\right)\right)}{\left\{2\sin^2\left(\dfrac{x}{2}\right)\right\}^2} \cdot \frac{\left\{2\sin^2\left(\dfrac{x}{2}\right)\right\}^2}{2^n\left(\dfrac{x}{2}\right)^n} \right]$$

ここで
$$\lim_{x \to 0} \frac{1-\cos x}{x^2} = \lim_{x \to 0} \frac{2\sin^2\left(\dfrac{x}{2}\right)}{4\left(\dfrac{x}{2}\right)^2}$$
$$= \frac{1}{2}$$
であることに留意しておく．従って $\lim_{x \to 0} f(x) = \dfrac{1}{8}$ になるような n は
$$\underline{n=4} \text{（答）}$$

例 3 は，$g(x) = 1-\cos x$ とすると，その合成関数 $g(g(x))$ を作って分数関数にしたものである．そして $h(x) = \dfrac{1-\cos(1-\cos x)}{x^3}$ とすると
$$\lim_{x \to 0} f(x) = \lim_{x \to 0} \frac{h(x)-h(0)}{x-0} = \frac{1}{8}$$
となる．これは，関数 $h(x)$ の $x=0$ での微分係数ということになる．（微分法を知っている読者は，直接，$h(x)$ を微分して $h'(0)$ を求めてみよ．そして，**必ずしも，微分演算が結果に速く導いてくれるとは限らないとの警鐘**とせよ！）

さて，一般に $\lim_{x \to a} \dfrac{f(x)-f(a)}{x-a}$ の極限値が存在するとき，それを $f'(a)$ と表して，$f(x)$ の $x=a$ における**微分係数**という：
$$\lim_{x \to a} \frac{f(x)-f(a)}{x-a} = f'(a)$$
$x-a \fallingdotseq 0$ である以上，
$$f(x) \fallingdotseq f'(a)(x-a) + f(a)$$
となるので，
$$f(x) - \{f'(a)(x-a) + f(a)\} = g(x)$$
とおいたとき，$g(a)=0$ が満たされ，そして
$$\lim_{x \to a} \left| \frac{g(x)}{x-a} \right| = |g'(a)| = 0$$
とも理解される訳である．

関数 $f(x) \ (x \in I)$ は任意の x で微分係数が存在するとき，$f(x)$ は**微分可能な関数**といわれる．$f'(x)$ の存在は，必ずしも $f'(x)$ の連続性を保証はしないが，$f(x)$ の連続性をは保証する．

なお，I の両端 $x=a, \ x=b$ では，微分係数としては，片側微分係数を考えるものとする．そ

して，場合によっては，$f'(a) = \pm\infty$, $f'(b) = \pm\infty$ のようなものも許容することがあると付記しておこう．

この辺りで $\sin x$ や $\log x$ などの微分公式を提示してずらりと並べるのは，どうもマンネリズム (mannerism) に陥るようなので，止めておく．特に微積分法は，その傾向が強いもので，そうならないようにしようとすると，構想に手間取って，執筆がまるではかどらない．どこにでもあるような退屈な事は書きたくない．しかし，そうすると時間は刻々と過ぎて，なかなか進まないので，さすがにのらくろの筆者もいら立ちを隠せない．それでも，他書にはないような流れ，微妙な解説をしようと尽力しているのである．

という訳で，合成関数，周期関数，逆関数，そしてそれらの微分等の基本的事柄はやらない．（後で何かのきっかけでやるかもしれないが，それでもあまり初歩的な説明はやらないだろう．）そもそも，本書は，**正しく数学を学ぶ姿勢**を少しずつ会得して頂ければ，というのが本当の主旨なのであるから，公式などを再録して平坦な説明をするくらいなら，数学雑談をやっている方がまだましである．（その方が，数学好きな読者の為にもなるだろう．）

それでは直ちに微分可能性に関する問題例．

例4 実数全体で定義され，実数値をとる連続関数 $f(x)$, $g(x)$ がある．これらは，任意の実数 a, b に対し，
$$f(a+b) = f(a)g(b) + f(b)g(a),$$
$$f(a-b) = f(a)g(b) - f(b)g(a)$$
をつねに満たすものとし，$f(x)$ は恒等的には 0 でないとする．
次の問に答えよ．ただし，求める手順を分かりやすく説明すること．
(1) $f(0)$ と $g(0)$ を求めよ．
(2) 任意の実数 x, h に対し，
$$f(x+2h) - f(x) = 2f(h)g(x+h)$$
が成り立つことを示せ．
(3) $f(x)$ が $x = 0$ で微分可能であるとき，$f(x)$ は任意の x で微分可能であることを示せ．

(名古屋市大・医（改文）)

解 $f(a+b) = f(a)g(b) + f(b)g(a)$ ……①
$f(a-b) = f(a)g(b) - f(b)g(a)$ ……②
(1) ② で $a = b = 0$ とおいて
$$f(0) = \underline{0}\text{(答)}$$
① + ② の式で $b = 0$ とおいて
$$f(a) = f(a)g(0)$$
$f(x)$ は恒等的には 0 でないというから
$$g(0) = \underline{1}\text{(答)}$$
(2) ①, ② で $a = x+h$, $b = h$ とおいて辺々相引くことで
$$f(x+2h) - f(x) = 2f(h)g(x+h) \quad \triangleleft$$
(3) $g(x)$ は連続関数であるから
$$f'(0)g(x) = \lim_{h \to 0}\left\{\frac{f(h)-f(0)}{h} \cdot g(x+h)\right\}$$
$$= \lim_{h \to 0}\frac{f(h)g(x+h)}{h} \quad (\because f(0) = 0 \text{ より})$$
$$= \lim_{h \to 0}\frac{f(x+2h)-f(x)}{2h} \quad (\because (2) \text{ より})$$
これより $f(x)$ は微分可能であることが示された．$\triangleleft$

例4は，人工的でなく，しかも中身があって好ましい出題と思う．これについて解説を補っておこう．関数 $f(x)$, $g(x)$ の方程式から $f(x) = \sin x$, $g(x) = \cos x$ のようであると察視がつくであろうが，もちろん，このようにして解くものではない．そもそも与方程式のみからは，$f(x) = \sin x$, $g(x) = \cos x$ とは決定できない．このように決定するようにはできるが：

任意の実数 a, b に対し，
$$g(a+b) = g(a)g(b) - f(a)f(b),$$
$$g(a-b) = g(a)g(b) + f(a)f(b)$$
を加味すると，$f(x)$ が微分可能である以上，
$$g'(x) = -f'(0)f(x)$$
が得られる．(**各自，演習**．)
そうすると，例4 (3) より
$$f'(x) = f'(0)g(x)$$
であるから，容易に
$$\{f'(x)\}' = -\{f'(0)\}^2 f(x),$$
$$\{g'(x)\}' = -\{f'(0)\}^2 g(x)$$
が得られる．（これは，物理では**単振動の方程式**．）$f'(0) = 1$, $g'(0) = 0$ とでもしておけば，この方程式を解いて $f(x)$, $g(x)$ を求めることは極めて容易である．（ほんの少し複素数を使う

が.）いま，それをやる必要はないだろう．数学的に大切な事は，**$f(x)$ や $g(x)$ の定性**を，具体形によらず，捉える方である．

課題

実数全体の上での実数値連続関数 $f(x)$, $g(x)$ が任意の実数 a, b に対し，
$$f(a+b) = f(a)g(b) + g(a)f(b) \quad \cdots ①$$
$$f(a-b) = f(a)g(b) - g(a)f(b) \quad \cdots ②$$
を満たしており，$f(x)$ は恒等的には 0 ではないとする．以下に答えよ．

ⅰ）$f(x)$ は奇関数，$g(x)$ は偶関数であることを証明せよ．

ⅱ）$f(x)$ は微分可能な関数であるとして，$\{-f(-x)\}' = f'(x)$ であることを示せ．
また，$f'(x)$ は偶関数，$g'(x)$ は奇関数であることを示せ．

ⅲ）$f(x)$ は周期関数，すなわち，$f(x+p) = f(x)$ であるような最小の正の定数 p が存在するものとする．このとき，$g(x)$ も周期関数であることを証明せよ．

《解》ⅰ）①，②において，$a=0, b=x$ と置いて辺々相加えることで
$$f(x) + f(-x) = 2f(0)g(x)$$
$$= 0 \quad (\because f(0)=0 \text{ であるから})$$
$$\therefore \quad f(-x) = -f(x)$$

次に，①，②で $b=x$ と置いて辺々相加えて
$$f(a+x) + f(a-x) = 2f(a)g(x)$$
そして，①，②で $b=-x$ と置いて辺々相加えて
$$f(a-x) + f(a+x) = 2f(a)g(-x)$$
これら 2 式は等しい値であるから
$$f(a)g(x) = f(a)g(-x)$$
これが任意の a に対して成立し，かつ $f(a)$ は恒等的には 0 でないのだから
$$g(-x) = g(x)$$

以上で $f(x)$ は奇関数，$g(x)$ は偶関数であることが証明された．◀

ⅱ）ⅰ）の解答過程より
$$\{-f(-x)\}' = f'(x) \quad \blacktriangleleft$$
また，上の事実より
$$f'(-x) = f'(x)$$

であるから，$f'(x)$ は偶関数である．
さらに（ⅰ）により $g(-x) = g(x)$ であるから
$$-g'(-x) = g'(x)$$
よって，$g'(x)$ は奇関数である．◀

ⅲ）②で $a=x$, $b=x+p$ と置いて
$$f(-p) = f(x)g(x+p) - g(x)f(x+p)$$
$$= f(x)\{g(x+p) - g(x)\}$$
$$(\because f(x+p) = f(x) \text{ より})$$
$f(-p) = -f(p)$ であり，しかも $f(x+p) = f(x)$ より
$$f(p) = f(0) = 0$$
であるから
$$0 = f(x)\{g(x+p) - g(x)\}$$
任意の x に対して $f(x)$ は恒等的には 0 でないから，これより
$$g(x+p) = g(x)$$
よって $g(x)$ も周期関数である．◀

さて，上で $\{f'(x)\}'$ や $\{g'(x)\}'$ が現れたのであるが，これらは $f''(x)$, $g''(x)$ と定義される．これを以て **2 階微分**という．もちろん，関数によっては，**高階微分** $f'''(x)$ ($=f^{(3)}(x)$ と表す), …, $f^{(n)}(x)$ も定義される．ということで，高階微分（その結果は，n 次導関数）の問題をやるのであるが，その前に 1 つ偶・奇関数に関する問題をやっておく．

◀ **問題 1** ▶

a は 0 でない任意の実数，n は任意の自然数，$f_n(x)$ は n 次の整式で
$$f_n\left(a + \frac{1}{a}\right) = a^n + \frac{1}{a^n}$$
を満たすものとする．ただし，
$$f_1(x) = x$$
とする．このとき，次の問に答えよ．

（1）$f_{n+1}(x)$ を $f_1(x)$, $f_{n-1}(x)$ および $f_n(x)$ で表せ．

（2）$f_{2n}(x)$ は偶関数，$f_{2n-1}(x)$ は奇関数であることを示せ．

（岐阜薬大（改文））

---

† comments なし．

〈解〉　（1）$f_{n+1}\left(a + \dfrac{1}{a}\right) = a^{n+1} + \dfrac{1}{a^{n+1}}$

$$= \left(a^n + \frac{1}{a^n}\right)\left(a + \frac{1}{a}\right) - \left(a^{n-1} + \frac{1}{a^{n-1}}\right)$$
$$= f_1\left(a + \frac{1}{a}\right)f_n\left(a + \frac{1}{a}\right) - f_{n-1}\left(a + \frac{1}{a}\right)$$
$$\therefore \quad f_{n+1}(x) = f_1(x)f_n(x) - f_{n-1}(x) \quad \cdots (答)$$

（2） $f_{2n}\left(a + \frac{1}{a}\right) = a^{2n} + \frac{1}{a^{2n}}$

a は 0 でない任意の実数であるから，a を $-a$ と読み直して
$$f_{2n}\left(-\left(a + \frac{1}{a}\right)\right) = (-a)^{2n} + \frac{1}{(-a)^{2n}}$$
$$= a^{2n} + \frac{1}{a^{2n}} = f_{2n}\left(a + \frac{1}{a}\right)$$

$a + \frac{1}{a} = x$ とおくと，これは，$f_{2n}(-x) = f_{2n}(x)$ であるから，$f_{2n}(x)$ は偶関数である．

次に，（1）の結果より，$n \geqq 2$ において
$$f_{2n}(x) + f_{2n-2}(x)$$
$$= f_1(x)f_{2n-1}(x) = xf_{2n-1}(x)$$

この式の左辺は偶関数であり，右辺の因数 x は，それをもって奇関数であるから，$f_{2n-1}(x)$ は奇関数である．そして $f_1(x) = x$ は奇関数である．

以上で題意は示された． ◀

（注） 整数では奇数同士の和は偶数であるが，整式では奇関数同士の和が偶関数になる訳ではない．がしかし，奇関数同士の和が奇関数になるともいえない．例えば，x は奇関数であるが，$x - x = 0$ は偶関数である．

（補） 本問で $f_2(x), f_3(x), f_4(x)$ ぐらいを求めておかれたい：$f_2(x) = x^2 - 2$, $f_3(x) = x^3 - 3x$, $f_4(x) = x^4 - 4x^2 + 2$, $\cdots$．

◀ **問題 2** ▶

関数
$$f(x) = e^{-ax}\cos x$$
の第 n 次導関数（n は正の整数で $f^{(1)}(x) = f'(x)$ とする）を $f^{(n)}(x)$ で表す．a は定数で $0 < a < 1$ とする．このとき，次の問に答えよ．

（1） $f(x)$ の第 n 次導関数が
$$f^{(n)}(x) = (-1)^n(a^2+1)^{\frac{n}{2}}\,e^{-ax}\cos(x - n\theta)$$
で表されることを数学的帰納法で示せ．ただし，θ は
$$\cos\theta = \frac{a}{\sqrt{a^2+1}}, \quad \sin\theta = \frac{1}{\sqrt{a^2+1}}$$
を満たすものとする．

（2） a をうまく選べば，$f^{(n)}(x) = bf(x)$ となるような正の整数 n が存在する．ただし，b は a および n によって決まる定数である．

n を最小にするような a を求めよ．また，そのとき n の最小値および b の値を求めよ．

（山形大・理）

† （1）はともかくとして，（2）は，多分，点差がつかなかったであろう．（2）は，"a をうまく選べば，$f^{(n)}(x) = bf(x)$（b は x によらない定数）のような恒等式になる" といっているのである．

〈解〉（1） $n = 1$ のとき
$$f'(x) = -e^{-ax}(a\cos x + \sin x)$$
$$= (-1)(a^2+1)^{\frac{1}{2}}\,e^{-ax}\cos(x - \theta) = f^{(1)}(x)$$
$$\left(\cos\theta = \frac{a}{\sqrt{a^2+1}}, \quad \sin\theta = \frac{1}{\sqrt{a^2+1}}\right)$$
である．

$n = k$ のとき
$$f^{(k)}(x) = (-1)^k(a^2+1)^{\frac{k}{2}}\,e^{-ax}\cos(x - k\theta)$$
とすると，
$$\{f^{(k)}(x)\}' = (-1)^k(a^2+1)^{\frac{k}{2}}$$
$$\cdot\{-ae^{-ax}\cos(x - k\theta) - e^{-ax}\sin(x - k\theta)\}$$
$$= (-1)^{k+1}(a^2+1)^{\frac{k+1}{2}}\,e^{-ax}$$
$$\cdot\{\cos(x - k\theta)\cos\theta + \sin\theta\sin(x - k\theta)\}$$
$$= (-1)^{k+1}(a^2+1)^{\frac{k+1}{2}}\,e^{-ax}\cos(x - (k+1)\theta)$$
$$= f^{(k+1)}(x)$$
であるから，任意の自然数 n について題意は成り立つ． ◀

（2） a がうまく選ばれていれば，与恒等式を成立させる n が存在するという．その恒等式を整理してみる．
$$(-1)^n(a^2+1)^{\frac{n}{2}}\,e^{-ax}\cos(x - n\theta)$$
$$= be^{-ax}\cos x$$
$$\longleftrightarrow (-1)^n(a^2+1)^{\frac{n}{2}}\cos(x - n\theta) = b\cos x \quad \cdots ①$$
これが成り立つ為には，
$$\cos(x - n\theta) = \cos x$$
でなくてはならないので，これを変形して
$$\sin\frac{2x - n\theta}{2}\sin\frac{n\theta}{2} = 0$$
$$\therefore \quad \sin\frac{n\theta}{2} = 0$$

$$\therefore \quad \frac{n\theta}{2} = k\pi \quad (k=1, 2, \cdots)$$

$0 < \theta < \frac{\pi}{2}$ であるから，$0 < \frac{2k\pi}{n} < \frac{\pi}{2}$, つまり，

$$0 < \frac{k}{n} < \frac{1}{4} \quad \cdots ②$$

$k=1$ ならば $n \geqq 5$, $k=2$ ならば $n \geqq 8$, $\cdots$ となっていく．（$n=1, 2, 3, 4$ は②を満たさない．）従って最小の n は 5 であり，②より $k=1$ となる．このとき

$$\cos\theta = \cos\frac{2\pi}{5} = \frac{a}{\sqrt{a^2+1}}$$
$$\sin\theta = \sin\frac{2\pi}{5} = \frac{1}{\sqrt{a^2+1}} \quad (0 < a < 1)$$

となる．

$$\sin\frac{2\pi}{5} = \frac{\sqrt{10+2\sqrt{5}}}{4},$$
$$\cos\frac{2\pi}{5} = \frac{\sqrt{5}-1}{4}.$$

（正五角形の問題．各自，演習．）

以上から，最小の n は

$$n=5, \quad a = \sqrt{\frac{5-2\sqrt{5}}{5}} \quad \cdots \text{(答)}$$

そして①より

$$b = -(a^2+1)^{\frac{5}{2}}$$
$$= -\left(\frac{10-2\sqrt{5}}{5}\right)^{\frac{5}{2}} \quad \cdots \text{(答)}$$

　2階微分では，座標平面内の**曲線の凹凸**に関する情報を与えてくれるものであることは周知であろう．これによって，これまで雰囲気的に描いてきた分数関数 $y=\frac{1}{x}$ や三角関数 $y=\sin x$ などのグラフもかなり特徴を捉えて描けるようになる．

　通常，グラフを描くには，**2次導関数を求め**ねばならないのであるが，問題によっては，2次導関数の計算が大変なときがある．そのようなときは，**1次導関数と極限から応急処置して**よい．例1（2）でやった $y = \frac{\sqrt{x^2+x+1}-(x+1)}{x}$ のようなものでは，y'' の計算など，やってられまい．y' で止めて増減表等を作成してよい．
（読者は，増減表作成など得意であろうから，これらについても殆ど説明しない．さっそく，いくつかの例と問題に入ることにする.）

<例5> xy 座標平面に，実数 x の関数
$$f(x) = \frac{\sqrt{x^2+x+1}-(x+1)}{x}$$
によるグラフを描け．（$f''(x)$ までは計算しなくてよい．)

解

$$f'(x) = \frac{\frac{2x^2+x}{2\sqrt{x^2+x+1}} - \sqrt{x^2+x+1}}{x^2} + \frac{1}{x^2}$$
$$= \frac{-x-2}{2x^2\sqrt{x^2+x+1}} + \frac{1}{x^2}$$
$$= \frac{-x-2+2\sqrt{x^2+x+1}}{2x^2\sqrt{\ }} > 0$$

そして
$$\lim_{x \to \pm 0} f'(x) = \infty, \quad \lim_{x \to \pm\infty} f'(x) = 0,$$
$$\lim_{x \to \pm 0} f(x) = -\frac{1}{2},$$
$$\lim_{x \to \infty} f(x) = 0, \quad \lim_{x \to -\infty} f(x) = -2$$

以上から $y = f(x)$ の**グラフ**は次のようになる：

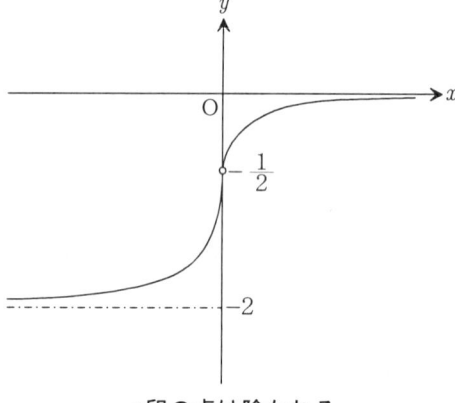

○印の点は除かれる

　例5（これは易しくはなかったはず）におけるこのグラフは，なかなか個性的であろう？ 特に $x=0$ の所の"曲線美"に見とれて頂きたい．ここをがさつに描くと，見るも無惨なのである．極限算法の威力も大したものであろう．

　さて，それでは入試問題．

　日本受験界最高の idol たる東大の問題．（昔，何かの本で読んだことがある：「史上最高の頭脳アインシュタインでも，東大には入れないだろう．」アインシュタインも落ちたものである．)

◀ 問題 3 ▶

$a > 0$ とする．正の整数 n に対して，区間 $0 \leqq x \leqq a$ を n 等分する点の集合
$$\left\{0, \frac{a}{n}, \cdots, \frac{n-1}{n}a, a\right\}$$
の上で定義された関数 $f_n(x)$ があり，次の方程式を満たす．
$$\begin{cases} f_n(0) = c, \\ \dfrac{f_n((k+1)h) - f_n(kh)}{h} \\ \qquad = \{1 - f_n(kh)\} f_n((k+1)h) \\ \qquad\qquad (k = 0, 1, \cdots, n-1) \end{cases}$$
ただし，$h = \dfrac{a}{n}$，$c > 0$ である．このとき以下の問いに答えよ．

(1) $p_k = \dfrac{1}{f_n(kh)}$ $(k = 0, 1, \cdots, n)$ とおいて p_k を求めよ．

(2) $g(a) = \lim_{n \to \infty} f_n(a)$ とおく．$g(a)$ を求めよ．

(3) $c = 2, 1, \dfrac{1}{4}$ それぞれの場合について，$y = g(x)$ の $x > 0$ でのグラフを描け．

(東京大)

† ごく単純な事を難しく見せかけて，題意を把握しづらく出題するのは東大の伝統的特技．本問がそうであるというのではないが，ここを志望する受験生は，とにかく，煙に巻かれないようにされよ．本問は**差分方程式問題**という．

受験生としては，とにかく解きさえすればよいのであろうから，まず，(1) の漸化式を片付ける．次に，(2) であるが，$f_n(a)$ とは何じゃ？「(1) での p_k の式で $kh = k \cdot \dfrac{a}{n}$ なのだから，$k = n$ とせよ」ということか？(3) は元々の $f_n(kh)$ の式からすれば，$\log$ 型関数の問題になっているはずと予想がつく．それなら $g''(x)$ まで調べること．

〈解〉(1) $f_n(kh) = \dfrac{1}{p_k}$ を与方程式に代入して
$$\frac{1}{p_{k+1}} - \frac{1}{p_k} = \left(1 - \frac{1}{p_k}\right)\frac{h}{p_{k+1}}$$
$$\iff p_{k+1} + (h-1)p_k - h = 0$$
$$\iff p_{k+1} - 1 = (1-h)(p_k - 1)$$
$$= (1-h)^{k+1}(p_0 - 1)$$

$p_0 = \dfrac{1}{f_n(0)} = \dfrac{1}{c}$ であることより
$$p_k = 1 + \left(\frac{1}{c} - 1\right)(1 - h)^k \quad \cdots (答)$$

(2) $k = n$ のとき $f_n(kh) = f_n(a) = \dfrac{1}{p_n}$ であるから，(1) の結果より
$$f_n(a) = \frac{1}{1 + \left(\dfrac{1}{c} - 1\right)\left(1 - \dfrac{a}{n}\right)^n}$$
そこで
$$\lim_{n \to \infty}\left(1 - \frac{a}{n}\right)^n = \lim_{n \to \infty}\left(1 - \frac{a}{n}\right)^{\left(-\frac{n}{a}\right)(-a)}$$
$$= e^{-a}$$
に留意して
$$g(a) = \lim_{n \to \infty} f_n(a) = \frac{e^a}{e^a + \left(\dfrac{1}{c} - 1\right)} \quad \cdots (答)$$

(3) (2) の結果より
$$g(x) = \frac{e^x}{e^x + \left(\dfrac{1}{c} - 1\right)} \quad (x > 0)$$

(ア) $c = 1$ の場合
$$g(x) = 1$$

(イ) $c \neq 1$ のとき
$$g'(x) = \frac{-\left(1 - \dfrac{1}{c}\right)e^x}{\left\{e^x + \left(\dfrac{1}{c} - 1\right)\right\}^2},$$
$$g''(x) = \frac{\left(1 - \dfrac{1}{c}\right)e^x\left\{e^x + \left(1 - \dfrac{1}{c}\right)\right\}}{\left\{e^x + \left(\dfrac{1}{c} - 1\right)\right\}^3}$$

・$c = 2$ の場合
$$g'(x) = \frac{-\dfrac{1}{2}e^x}{\left(e^x - \dfrac{1}{2}\right)^2} < 0,$$
$$g''(x) = \frac{\dfrac{1}{2}e^x\left(e^x + \dfrac{1}{2}\right)}{\left(e^x - \dfrac{1}{2}\right)^3} > 0,$$
$$\lim_{x \to \infty} g(x) = 1, \quad \lim_{n \to +0} g'(x) = -2$$

・$c = \dfrac{1}{4}$ の場合
$$g'(x) = \frac{3e^x}{(e^x + 3)^2} > 0,$$
$$g''(x) = \frac{-3e^x(e^x - 3)}{(e^x + 3)^2}$$

$x = \log 3$ はグラフの変曲点を与える．
$$\lim_{x \to \infty} g(x) = 1, \quad \lim_{x \to +0} g'(x) = \frac{1}{3}$$

以上 (ア), (イ) の場合を図示する．

〈解答図〉

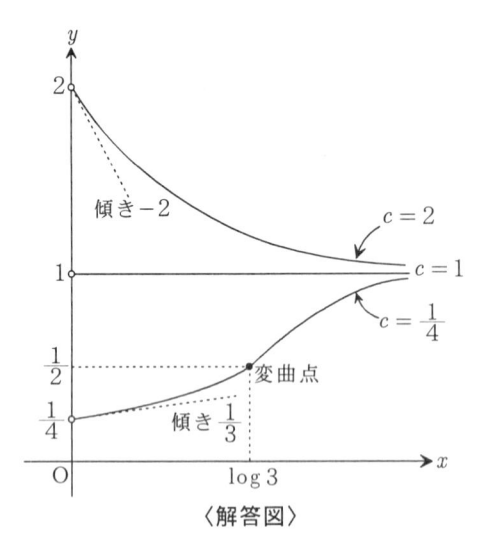

(補) 元々，与えられた方程式で $k=n$ とすると

$$\frac{f_n\left(a+\frac{a}{n}\right)-f_n(a)}{\frac{a}{n}}=\{1-f_n(a)\}f_n\left(a+\frac{a}{n}\right)$$

となる．これで $n\to\infty$ として大雑把に見ると

$$g'(a)=\{1-g(a)\}g(a)$$

のようになる．これは**変数分離型微分方程式**の一例で容易に解ける．うるさいことを云々しなければ，

$$\frac{g'(a)}{1-g(a)}+\frac{g'(a)}{g(a)}=1$$

なので

$$-[\log\{1-g(a)\}]+\log\{g(a)\}=a+\alpha$$
$$(\alpha \text{ は定数})$$

となる．これ以上の計算は，退屈なのでやらないが，本問は，始めに離散的関数方程式を漸化式として解かせて，それから極限移行しているということで，いきなり微分方程式をやるよりも，現象的かつ原理的で好ましいのである．出題者としては，「微分方程式を出題できないので」というよりも，上述の理由のほうが大きかったのであろう．

なお，設問(3)では，$c=1, 2, \frac{1}{4}$ と3種類の数で $y=g(x)$ の曲線を描かせていて，何か適当に数を与えて，問題のための問題をやらせているように思えるかもしれないが，そうではない．この問題全体のモデルは，**自然界の生物の生長存続分布**にある．x 軸として時刻 t を，そして y 軸を，基準を適当にとったある生物種の個体数として捉える．そうすると，$c=2$ は，その生物種の絶滅の回避状況，$c=\frac{1}{4}$ は，無限増加の回避状況を表している．特に $c=\frac{1}{4}$ の方は，**ロジスティック(logistic)曲線**とよばれるものである．($\frac{1}{4}$ という数そのものは，本質的ではない．)

人類がやたら自然界を破壊しない限り，自然界の生物は，バランスのとれた食物連鎖，その他の適度な抵抗によって，うまく存続できるのである．しかし，今の時代では，絶滅種あるいはそれに向かいつつある種がかなりあって，それらの分布曲線は滅茶苦茶になってしまっている(**環境汚染**)．人間という人間の利己心がこうしてしまったのである．そして，あまり歓迎されない生物が異常繁殖している．ごきぶりのような生物は，無限増加しないようにしてもらいたいものだが，どうなることやら．

仙台以北の読者にはごきぶりを見たことのない人が多いかもしれないので，簡単なさし絵を御覧にいれよう．(成虫は黒い羽があって，この図より少し大きい．動作は幼虫からして素速い．)

それはともかくとして，このようなモデルでは，現実には，**連続分布**ということはないので，いきなり微分方程式に先走りするのは拙いのである．それに微分方程式にしてしまうと，数学というにもおこがましいものになるが，**問題3**のように出題すれば，自然でしかも数学の問題らしくなるのである．(出題者は，よく心得ておられる！)

◀ 問題 4 ▶

a を実数とし，区間 $(-1, \infty)$ において関数 $f(x)$ を次にように定める．

$$f(x)=\begin{cases}\dfrac{x}{\sqrt{1-x^2}} & (-1<x\leq 0)\\ ax & (x>0)\end{cases}$$

ただし，$f(x)$ は $x=0$ で微分可能とする．

(1) a を求めよ．

(2) 導関数 $f'(x)$ は $x=0$ で微分可能であることを示せ．

(3) $f(x)$ の2次導関数 $f''(x)$ を求め，$y=f''(x)$ のグラフの概形を描け．

(埼玉大)

† （1）は，多分，大丈夫であろうが，（2）は，計算力のない受験生はつまずくだろう．（1），（2）はともかくとして，（3）は，4次導関数 $f^{(4)}(x)$ までは，とてもやってられないだろうから，凹凸の状況については極限で間に合わせるのがよい．（多分，減点にはならないだろうから．）

〈解〉（1） $f(x)$ は $x=0$ で微分可能というから，$f(0)=0$ に留意しておいて

$$\lim_{x \to -0} \frac{\frac{x}{\sqrt{1-x^2}}}{x} = 1,$$

$$\lim_{x \to +0} \frac{ax}{x} = a$$

なる2つの極限値は一致しなくてはならない．

$$\therefore \quad a = 1 \quad \cdots\text{(答)}$$

（従って $f'(0) = 1$．）

（2） $-1 < x < 0$ では

$$f'(x) = \frac{1}{(1-x^2)^{3/2}}$$

$x > 0$ では

$$f'(x) = 1$$

よって，$-1 < x < 0$ では

$$\lim_{x \to -0} \frac{f'(x) - f'(0)}{x}$$

$$= \lim_{x \to -0} \frac{\frac{1}{(1-x^2)^{3/2}} - 1}{x}$$

$$= \lim_{x \to -0} \frac{1 - (1-x^2)^{3/2}}{x(1-x^2)^{3/2}} \quad \cdots ①$$

ところで

$$1 - (1-x^2)^{\frac{3}{2}} = 1 - \{(1-x^2)^3\}^{\frac{1}{2}}$$

$$= \frac{1 - (1-x^2)^3}{1 + (1-x^2)^{3/2}}$$

$$= \frac{x^6 - 3x^4 + 3x^2}{1 + (1-x^2)^{3/2}}$$

であるから

$$① = 0$$

$x > 0$ では

$$\lim_{x \to +0} \frac{f'(x) - f'(0)}{x} = 0$$

以上で題意は示された．◀

（3）（2）により $f''(0) = 0$ であることに留意しておく．

$-1 < x < 0$ では

$$f''(x) = \frac{3x}{(1-x^2)^{5/2}}$$

$x > 0$ では

$$f''(x) = 0$$

そこで $f''(x) = g(x)$ とおくと

$$g(x) = \begin{cases} \dfrac{3x}{(1-x^2)^{5/2}} & (-1 < x \leq 0) \\ 0 & (x > 0) \end{cases}$$

$-1 < x < 0$ において

$$g'(x) = \frac{3(4x^2+1)}{(1-x^2)^{7/2}} > 0$$

$$\lim_{x \to -0} g'(x) = 3,$$

$$\lim_{x \to -1+0} g(x) = \infty$$

以上から $y = g(x) = f''(x)$ のグラフは以下のようになる：

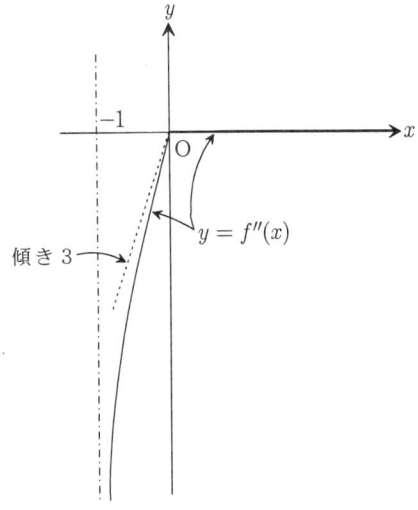

<解答図>

（補） 本問の2次導関数 $f''(x)$ は $x=0$ で連続ではあるが，微分可能ではない．つまり，$f'''(0)$ は存在しない．（$f'(x)$ は微分可能な関数であるにもかかわらず．）

高階微分した関数 $f^{(n)}(x)$ が，**連続ではあっても微分可能とは限らない**という教訓的一例になっている訳である．

　今回の内容はいかがであったかな？
　高2生以下の読者には，少し難しかったかもしれないが，頑張っていただきたい．
　微積分法は，ざっくばらんでよければ，易しいものである．筆者が「微分法を初めて学んだ」のは，高2生の11月頃であった．その年の9月

頃?，"エリート"クラスの友人と木造校舎の廊下の窓ぎわで次のような駄弁．(この友人は，Y．S．という名で，筆者にバイクのことについて"御教授"下さった人である．)

筆者：おい，Y．お前達のクラスでは，もう微分法に入っているそうだな？

Y君：うん．

筆者：それは難しいものか？

Y君：いや，簡単だ．

筆者：どうして？

Y君：例えば，x^2を微分すると$2x$, x^3を微分すると$3x^2$, 一般にx^nを微分するとnx^{n-1}になる．

筆者：何だ，たったそれだけの規則か．

Y君：そんなもんだ．

　何とも，のんびりし過ぎていたようである．(これは"急がば迂れ"とは別．)

　筆者は，微分学を，「初めて学んだ」と感動したのは，大学生になってからであった．集合論と構造論から入ったその格調高い講義は，今，振り返ってみても実に見事であった．(今度は，ざっくばらんの微積分ではなかった．しかし，学生達は，「何やってるのか，さっぱりわからん」と不平ばかりをこぼしていた．) その頃，指導されたK先生(当時50歳位)の御言葉：「このような集合を，我々は，第一類とよんでいます」．"第一類"という言葉は，しばらく筆者には余韻として残った．(ここでは，有理数全体と思って頂いてよい．) それから，3ヶ月後ぐらいに，テイラー展開のような微分算数に入った途端，K先生，板書の中で$\sin 2\theta = 2\cos^2\theta - 1$ ($\cos 2\theta = 2\sin\theta\cos\theta$だったのかもしれない)とされ，そのミスに気付かれるのに<u>30分程</u>かかったことを鮮明に覚えている．当時の筆者は，「なるほど，こういう頭のキレる先生は，どんな劣等学生でも絶対やらないような所でミスをするものなのか」，という貴重なことを学び，それは，2度目の大感動であった．多くの学生からは，高級過ぎて(?)，それに計算ミスが多くて折角のノートを消して初めからやり直される事が多いということで不人気の先生ではあったが，筆者にとっては，人物的にも数学的にも素晴しい学恩人になった．これで，筆者は，「分かりやすさ」よりも「正しさ」を重んじるようになった．

　ところで，読者には，「どうして，K先生のミスを誰も指摘してやらなかったのか？」と思う人が多いかもしれない．筆者は，「そんな事の指摘は，大先生に申し訳ないし，それにすぐ気付かれるだろう」と思っていた．それがあれやこれやという内に延々となってしまったのである．他の多くの学生は，"やっと，少し解放された"といった感じで顔を伏せて休んでいた．と，いうこと．

第 9 章

微分法（その2）

今回も，まずは，少し高級である「基礎」というものから start する．

（1階）微分可能な関数 $f(x)$ に対して $f'(x)$ は**導関数**といわれるものである．

微分可能な関数 $f(x), g(x)$ があれば，

❸　$f'(x) + g'(x) = \{f(x) + g(x)\}'$

が成り立つ．

これを「当たりまえ」と思わないこと．「左辺は，2つの導関数の和．右辺は，微分可能な関数の和が微分可能な関数となり，それの導関数を考えること」ということで，両者の一致は，本当は，厳密な証明を要する．しかし，それは，高度なことなので目をつむっているだけなのである．（**目をつむれば，ただの算数**．）

さらに，微分可能な関数 $f(x)$ と任意の実数定数 k に対して

❹　$kf'(x) = \{kf(x)\}'$

も成り立つ．

そこで

$$f'(x) = \{f(x)\}' = \frac{d}{dx} f(x)$$

と表し，$f(x)$ への微分演算を定義するのである．ここで，上式における $f'(x) = \{f(x)\}'$ をただの記号の書き換えに過ぎないと思ってはならない．❸，❹ 式に基づいたこの点への視点は大きな意味をもっている．即ち，$f'(x)$ は'導関数'という関数であり，$\{f(x)\}'$ は $f(x)$ を微分したもの，つまり，$f(x)$ の'**微分**'というもので，ここで導関数から微分演算へ概念移項する step を定義として踏まえているのである．（$\{f(x)\}' = \frac{d}{dx} f(x)$ の方こそ記号の書き換えに過ぎない．）

「中村のおじちゃんの数学は，小さなことにうるさいな」と，思っている読者も多いかもしれないが，本当に小さなことかどうか．'**玉杯**の底に（小さくとも）**穴があいている**'では使い物にはなるまい．

そういう意味で，'小事にがさつであれば，大事にもがさつになる'のである．

「**玉盃**」とは，**杯**(さかずき)としての目的を完うさせてこそ姿ともに玉盃たりうるのであって，さもなくば，ブリキの空罐(かん)にめっきでもしたもので満足しておけばよかろうというもの．

そして，❸，❹ 式は

❸′　$\dfrac{d}{dx} f(x) + \dfrac{d}{dx} g(x) = \dfrac{d}{dx}\{f(x) + g(x)\}$

❹′　$k\dfrac{d}{dx} f(x) = \dfrac{d}{dx}\{kf(x)\}$

と表されることになる．

❸′，❹′ 式の姿は，行列（その2）で扱ったベクトルの1次変換（線型変換）

〈ⅰ〉　$f(\vec{x_1}) + f(\vec{x_2}) = f(\vec{x_1} + \vec{x_2})$

〈ⅱ〉　$kf(\vec{x}) = f(k\vec{x})$ （k は実数）

と似ているであろう．

それ故に $\dfrac{d}{dx}$ を微分可能関数に対する線型演算子（作用素）とよぶのである．（こういう言葉ぐらいなら取るに足らない小事だが．）

さて，微分演算の大きな特徴は，上記の❸，❹ 式以上に次の❺ 式にある．（以下，微分可能な関数ばかりを扱うのは，暗黙の了解とする．）

❺　$f'(x)g(x) + f(x)g'(x) = \{f(x)g(x)\}'$

（**ライプニッツの定理**）

この威力は大したものである．次の**例6**をやってみられたい．

<**例6**>　$f(x)$ と $g(x)$ が微分可能な関数で，$g(x)$ が恒等的に 0 でなければ，次の公式

$$\left\{\frac{f(x)}{g(x)}\right\}' = \frac{f'(x)g(x) - f(x)g'(x)}{\{g(x)\}^2}$$

が成り立つことを，上述の❺ 式を用いて示してみよ．

[解] ❺において $\dfrac{1}{g(x)} = f(x)$ とおいて

直ちに

$$\dfrac{f'(x)}{f(x)} + f(x)g'(x) = 0$$

が得られる．即ち，

$$g'(x) = \left\{\dfrac{1}{f(x)}\right\}' = -\dfrac{f'(x)}{\{f(x)\}^2}$$

となる．それ故，❺において $g(x)$ を改めて $\dfrac{1}{g(x)}$ とすることで

$$\dfrac{f'(x)}{g(x)} + f(x)\left\{\dfrac{1}{g(x)}\right\}' = \left\{\dfrac{f(x)}{g(x)}\right\}'$$

$$\longleftrightarrow \dfrac{f'(x)}{g(x)} - \dfrac{f(x)g'(x)}{\{g(x)\}^2} = \left\{\dfrac{f(x)}{g(x)}\right\}'$$

$$\longleftrightarrow \dfrac{f'(x)g(x) - f(x)g'(x)}{\{g(x)\}^2} = \left\{\dfrac{f(x)}{g(x)}\right\}' \quad \triangleleft$$

この例6では，❺式を2回用いた．❸，❹そして❺は，微分の代数的特性である．

さらに，次の❻式（合成関数の微分）は大切なもの：

❻ $\quad \{f(g(x))\}' = g'(x)f'(g(x))$

〈例7〉 e は自然対数の底とする．
$\{e^{f(x)}\}' = f'(x)e^{f(x)}$ を既知として

$$\{\log|f(x)|\}' = \dfrac{f'(x)}{f(x)}$$

であることを示せ．

[解] $f(x) > 0$ として計算するだけでよい．

$$f'(x) = \{e^{\log f(x)}\}' = \{\log f(x)\}'e^{\log f(x)}$$
$$= \{\log f(x)\}'f(x)$$

$$\therefore \quad \{\log f(x)\}' = \dfrac{f'(x)}{f(x)} \quad \triangleleft$$

公式❺と❻は，無理関数の微分式を立ち所に与えてくれる：

$$\left\{\sqrt{f(x)}\right\}' = \dfrac{f'(x)}{2\sqrt{f(x)}}.$$

これによると，次のいかにも人工的な問題の典型例はすぐ解ける．

〈例8〉 $f(x) = \sqrt{1 + \sqrt{1 + \sqrt{1 + \sqrt{x}}}}$ のとき，$\dfrac{1}{f'(0)}$ の値を求めよ． （小樽商大）

[解] $f'(x) = \dfrac{(\sqrt{1+\sqrt{1+x}})'}{2\sqrt{1+\sqrt{1+\sqrt{1+\sqrt{x}}}}}$

ここで上式の分子は

$$\dfrac{(\sqrt{1+x})'}{2\sqrt{1+\sqrt{1+x}}} = \dfrac{1}{4\sqrt{1+\sqrt{1+x}}\sqrt{1+x}}$$

であるから

$$f'(0) = \dfrac{1}{2\sqrt{1+\sqrt{2}}} \cdot \dfrac{1}{4\sqrt{2}}$$

$$\therefore \quad \dfrac{1}{f'(0)} = 8\sqrt{2}\sqrt{1+\sqrt{2}} \quad (= 8\sqrt{2+2\sqrt{2}})$$

——（答）

この例8での計算手順にこだわり過ぎると，次のような問題例では苦しいだろう．

〈例9〉 $f(x) = \sqrt{1+\sqrt{1+\sqrt{1+\sqrt{1+\sqrt{1+x}}}}}$
（平方根記号の個数は5つ）のとき，
$\dfrac{1}{f'(0)}$ の値を求めよ．

[解] 与式より

$$f(0) = \sqrt{1+\sqrt{1+\sqrt{1+\sqrt{2}}}}$$

また，

$$\{f(x)\}^2 - 1 = \sqrt{1+\sqrt{1+\sqrt{1+\sqrt{1+x}}}},$$

$$[\{f(x)\}^2 - 1]^2 - 1 = \sqrt{1+\sqrt{1+\sqrt{1+x}}}$$
$$= g(x) \quad (\text{とおく})$$

であるから，左辺を微分して

$$2[\{f(x)\}^2 - 1] \cdot 2f(x)f'(x)$$

この式に $x = 0$ を代入して

$$4\sqrt{1+\sqrt{1+\sqrt{2}}}\sqrt{1+\sqrt{1+\sqrt{1+\sqrt{2}}}}\,f'(0)$$

他方，

$$g'(0) = \dfrac{1}{8\sqrt{2}\sqrt{1+\sqrt{2}}}$$

であるから

$$\dfrac{1}{f'(0)} = 2^5\sqrt{2}\sqrt{1+\sqrt{2}}\sqrt{1+\sqrt{1+\sqrt{2}}}$$
$$\cdot \sqrt{1+\sqrt{1+\sqrt{1+\sqrt{2}}}}$$

（きれいな結果であろう．これは，**人工的材料から得られた人工美！**）

例8の結果だけからは例9の結果の予想はつかなかったであろう．ここまでくると，もう平方根が一般に n 個の場合でも大丈夫であろうし，

結果もすぐ表すことができるだろう．

これから，グラフと最大・最小問題あるいは不等式問題を中心にやってゆくのであるが，その前にグラフの基本問題例を，復習を兼ねてやっておく．

<例10> 次の関数によるグラフを xy 座標平面に図示せよ．
$$f(x) = \log\left(1 - \frac{a}{x}\right)$$
（a は正の定数，$x > 0$）

解 $1 - \frac{a}{x} > 0 \quad (x > 0)$ であるのだから $x > a$ である．
$$f(x) = \log(x-a) - \log x \quad (x > a > 0)$$
に対して
$$f'(x) = \frac{1}{x-a} - \frac{1}{x} = \frac{a}{x(x-a)} > 0,$$
$$f''(x) = \frac{a(a-2x)}{\{x(x-a)\}^2} < 0$$
しかも
$$\lim_{x \to \infty} f(x) = 0, \quad \lim_{x \to a+0} f(x) = -\infty$$
以上から次の図を得る：

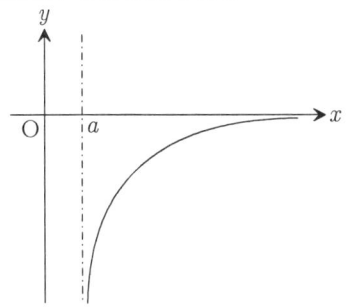

この**例10**において何か気付かれなかったか？「何も？」と，思うようではいかんな．次の**課題**をやってみよ．

課題 1

xy 座標平面において，次の２つの曲線
$$C_1 : y = \log\left(1 - \frac{a}{x}\right)$$
（a は正の定数，$x > 0$），
$$C_2 : y = \frac{b}{a-x}$$
（b は正の定数，$x > a$）

を描く際，１回さらに２回微分して変化を調べただけでは，両者の特徴に区別がつかない．どうすればよいか？

　読者は，先生になったつもりで，生徒がこのような質問を持って来たことを想定し，その生徒を納得させるような明確な説明を簡単に記述し，かつ両者の図を描いて明示してみよ．その際，$a = b = 1$ とせよ．自然対数の底は $e = 2.7$ として概算せよ．また，目盛の入った定規は用いてよい．

この**課題1**で，すぐコンピューター画像に頼ってはつまらない．（ここは，"**少林寺拳法**"の**試合**．）男らしく，いや，人間らしく，頭と手を使って，うまい plot のとり方を工夫してやっていただきたい．

ここで，筆者がすぐその解答をやって見せては，若い読者は，（多分，若くなくとも，）すぐそれを見て考えはしまいから，本稿の後の方で適当な箇所に呈示する．

それでは，前回よりは少し難しいグラフの問題である．

◀ 問題 5 ▶

以下の設問に答えよ．
(1) $x > 0$ において不等式
$$\frac{x}{2} < \frac{(x-1)e^x + 1}{e^x - 1} < \frac{e^x - 1}{2}$$
が成り立つことを示せ．
(2) 次の関数によるグラフを xy 座標平面に図示せよ．
$$f(x) = \frac{x}{e^x - 1} \quad (x > 0)$$
ただし，$f''(x)$ の変化までは調べなくてよい．また，$\lim_{x \to \infty} \frac{x}{e^x} = 0$ は既知として使ってよいとする．

(†) この場合では，x が 0 の近くで $y = f(x)$ がどのような様相を示すのかが大切な問題であるので，$\lim_{x \to +0} f(x), \lim_{x \to +0} f'(x)$ をはっきりさせること．

<解> (1) $e^x > 1 \quad (x > 0)$ は明らかである．
　(左側の不等式について)
$$g(x) = xe^x - 2e^x + x + 2 > 0 \quad (x > 0)$$
を示せばよい．
$$g'(x) = xe^x - e^x + 1,$$
$$g''(x) = xe^x > 0 \quad (x > 0)$$

であり，かつ $\lim_{x\to+0} g'(x) = 0$ であるから $g'(x) > 0$ $(x>0)$．そして $\lim_{x\to+0} g(x) = 0$ であるから $g(x) > 0$ $(x>0)$ が示された．

（右側の不等式について）
$$h(x) = 2(x-1)e^x + 2 - (e^x - 1)^2$$
$$= 2xe^x - e^{2x} + 1 < 0 \quad (x>0)$$
を示せばよい．
$$h'(x) = 2(e^x + xe^x - e^{2x})$$
$$= 2e^x(1 + x - e^x)$$
明らかに $1 + x - e^x < 0$ $(x>0)$ であるから $h'(x) < 0$ $(x>0)$ である．そして $\lim_{x\to+0} h(x) = 0$ であるから，$h(x) < 0$ $(x>0)$ も示された．◀

（2） $f'(x) = \dfrac{(1-x)e^x - 1}{(e^x - 1)^2}$

ここで
$$k(x) = (1-x)e^x - 1 \quad (\text{とおく})$$
$$k'(x) = -xe^x < 0 \quad (x>0)$$

であり，そして $\lim_{x\to+0} k(x) = 0$ であるから，$k(x) < 0$ $(x>0)$．よって $f'(x) < 0$ $(x>0)$ であり，そして $\lim_{x\to\infty} f(x) = 0$ であるから $f(x) > 0$ $(x>0)$．
さらに
$$\lim_{x\to+0} f(x) = \lim_{x\to+0} \dfrac{1}{\frac{e^x - 1}{x}} = 1$$
（分母の極限は右微分係数）

である．また，$\lim_{x\to+0} f'(x)$ では，（1）を用いる：
$x>0$ において
$$-\dfrac{1}{2} < \dfrac{(1-x)e^x - 1}{(e^x - 1)^2} < \dfrac{-x}{2(e^x - 1)}$$
$$= \dfrac{-1}{2 \cdot \frac{e^x - 1}{x}}$$

となるから，はさみうちの原理によって
$$\lim_{x\to+0} f'(x) = -\dfrac{1}{2}$$

以上で，$y = f(x)$ のグラフは次の通り：

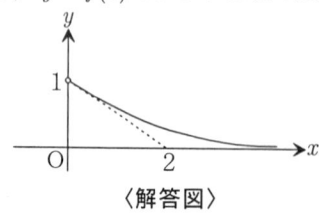

〈解答図〉

この**問題 5** のグラフ，きちんと描けたかな？ $\lim_{x\to+0} f'(x)$ の計算で，（1）を用いるところが少し難しかったかもしれない．

▶ **問題 6** ▶

関数
$$f(x) = x + \sqrt{3(x - x^2)} \quad (0 \leqq x \leqq 1)$$
について以下に答えよ．
（1）$f'(x) = 0$ $(0 < x < 1)$ なる x を α とする．$0 < x < \alpha$ では $f'(x) > 0$，$\alpha < x < 1$ では $f'(x) < 0$ であることを証明せよ．
（2）$f(x)$ の最大値を求めよ．
（3）$f(x)$ によるグラフを xy 座標平面に図示せよ．

(†) （1）は，易しくないと思う．この設問がないと，安易に増減表を作って逃げられると想定したので設けた．（2）と（3）は易しいであろうが，（3）では $f''(x)$ まで調べること．

〈解〉（1）
$$f'(x) = \dfrac{2\sqrt{x(1-x)} + \sqrt{3}(1-2x)}{2\sqrt{x(1-x)}} \quad \cdots ①$$
$$(0 < x < 1)$$

①で $f'(x) = 0$ なる x があるなら，$1 - 2x \leqq 0$ であり，その下で
$$f'(x) = \dfrac{4x(1-x) - 3(1-2x)^2}{2\sqrt{x(1-x)}\{2\sqrt{x(1-x)} - \sqrt{3}(1-2x)\}}$$
$$= \dfrac{-(4x-1)(4x-3)}{\text{上式と同じ分母}} \quad \cdots ②$$
$$\left(\dfrac{1}{2} \leqq x < 1\right)$$

よって $\alpha = \dfrac{3}{4}$ である．

・$0 < x < \dfrac{3}{4}$ では
$$0 < x \leqq \dfrac{1}{2} \quad \text{または} \quad \dfrac{1}{2} < x \leqq \dfrac{3}{4}$$
であるが，$0 < x \leqq \dfrac{1}{2}$ では①の $f'(x)$ は正の値，$\dfrac{1}{2} < x < \dfrac{3}{4}$ では②の $f'(x)$ は正の値をとる．

・$\dfrac{3}{4} < x < 1$ では

②の $f'(x)$ は負の値をとる．
以上で題意は示された．◀

（2）（1）の過程により $f(x)$ の最大値は
$$\dfrac{3}{2} \quad \left(x = \dfrac{3}{4} \text{のとき}\right) \cdots \textbf{(答)}$$

（3） $f''(x) = \dfrac{\sqrt{3}}{4(x - x^2)^{3/2}} < 0$
$$(0 < x < 1)$$

そして
$$\lim_{x\to+0} f'(x)=\infty,\ \lim_{x\to 1-0} f'(x)=-\infty$$
であるから，$y=f(x)$ のグラフは以下の通り：

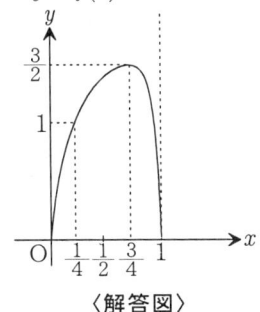

〈解答図〉

(**注**) 設問（1）は，難しかったであろう？ $0<x<\frac{3}{4}(=\alpha)$ で $f'(x)>0$ であることの証明が易しくないのである．解答中で，$f'(x)$ を①，②式と2つに分けて扱っていることに注意されたい．

$f'(x)=0$ を計算することに気をとられ，単純に「$2\sqrt{x-x^2}=\sqrt{3}(2x-1)$ $(x>2)$，従って $(4x-1)(4x-3)=0$ となり，$\alpha=\frac{3}{4}$ である」としたら，$0<x<\frac{3}{4}$ で $f'(x)>0$ を証明するのに当惑したはず．本問は，そこを狙ったのである．

では，そろそろ先程の**課題1**の解答を示そう．

《解》（前半）曲線 $y=\dfrac{b}{a-x}$ は，直線 $x+y=a$ に関して対称である．このような対称性は，曲線 $y=\log\left(1-\dfrac{a}{x}\right)$ にはない．

（後半）まず，$y=\dfrac{1}{1-x}$ のグラフから描く．この際，めぼしい座標値は，
$$\left(\tfrac{3}{2},-2\right),\ (2,-1),\ \left(3,-\tfrac{1}{2}\right),\ \left(4,-\tfrac{1}{3}\right)$$
であるから，あとは曲線グラフが $x+y=1$ に関して対称であることを利用する：

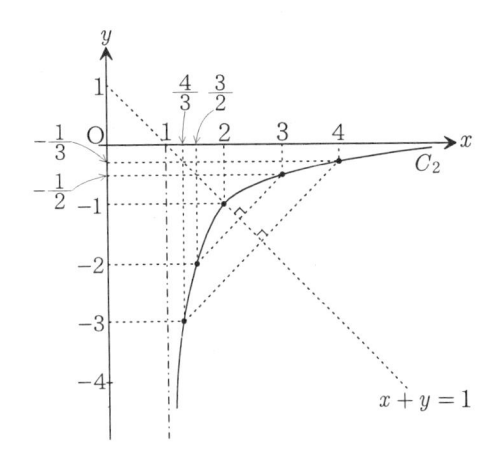

次に $y=\log\left(1-\dfrac{1}{x}\right)$ のグラフを描く．
$x=\dfrac{1}{1-e^y}$ に留意してめぼしい座標値は，
$$\left(\tfrac{e^3}{e^3-1},-3\right),\ \left(\tfrac{e^2}{e^2-1},-2\right),$$
$$\left(\tfrac{e}{e-1},-1\right),\ \left(\tfrac{\sqrt{e}}{\sqrt{e}-1},-\tfrac{1}{2}\right)$$
である．計算途中では有効数字を3桁とし，結果を2桁で表すことにする．
$$e^3=(2.7)^3=19.7\ \text{より}\ \frac{e^3}{e^3-1}=1.1,$$
$$e^2=(2.7)^2=7.29\ \text{より}\ \frac{e^2}{e^2-1}=1.2.$$
そして
$$\frac{e}{e-1}=1.6.$$
さらに
$$\sqrt{2.7}=\sqrt{\frac{270}{100}}=\frac{1}{10}\sqrt{270}=1.64$$

$$\left(\begin{array}{l}\text{開平:}\quad\quad\quad 1\ 6.\ 4\\ \quad\quad 1\quad\ \ \overline{)2\,|\,70.\,|\,00}\\ \quad\quad\underline{\ \ 1}\quad\ \ \underline{1}\\ \quad\quad 26\quad\ 170\\ \quad\quad\underline{\ \ 6}\quad\ \ \underline{156}\\ \quad\quad 32\quad\ 1400\end{array}\right)$$

より $\dfrac{\sqrt{e}}{\sqrt{e}-1}=2.6$．

(**注意**：有効数字を表すのに"≒"を用いる人が非常に多い（多過ぎる）が，"≒"を用いると有効数字ではなくなる.)

以上から曲線グラフは次のようになる：

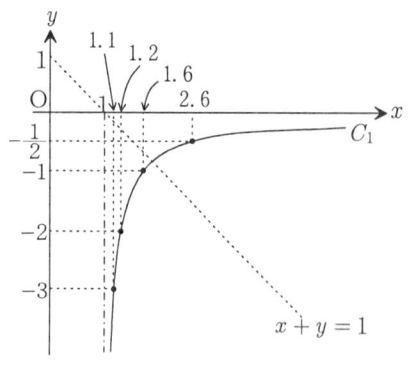

これら2つの曲線グラフの違いに感動されよ．筆者は，**これらの曲線グラフを，定規とfree-handで描いた．**「本当？」などと猜疑心の目で見ないこと．編集部が見知っているのだから，うそはつけないではないか．（もちろん，図は印刷されても，原図と殆ど変わらない．）

ところで，$y = \log\left(1 - \dfrac{1}{x}\right)$ の方であるが，これを x の値（$x = 2, 3, 4, \cdots$）から y の値へと求めようとした人は，ギャフンとなったであろう．**（うまくやるには頭を駆使しなくてはならない．）**

課題2
曲線 $C : y = \dfrac{b}{a-x}$ （a, b は正の定数）は，直線 $l : x + y = a$ に関して対称であることを証明せよ．

課題3
xy 座標平面に直線 $l : x + y = a$ （$a > 0$）がある．この直線と x 軸との交点を A とする．そして，この平面上の点 $P(x, y)$ の l に関する対称点を Q とする．
(1) $\overrightarrow{AQ} = \begin{pmatrix} -y \\ a-x \end{pmatrix}$ と表されることを示せ．
(2) 点 Q の座標を a, x, y で表せ．
(3) 直線 l は次の変換（非同次変換という）
$$\begin{pmatrix} x \\ y \end{pmatrix} \to -\begin{pmatrix} 0 & 1 \\ 1 & 0 \end{pmatrix}\begin{pmatrix} x \\ y \end{pmatrix} + a\begin{pmatrix} 1 \\ 1 \end{pmatrix}$$
では動かない固定直線であることを示せ．

（課題1，2共に，読者自ら演習されよ．）

数学は，特に，基礎的な事につっ込めば，それだけ難しくなる．どんどんつっ込んで行けば，そのうち，「今までやってきた"数学"にも何かあいまいさや仮説らしきものがあるな」と，気付いてくる．さらに，我々は，「数学は絶対なるものであってほしい」と願うのであるが，それだからといって，公準のようなものまでも絶対であるべきだとはいえない．一般に，定説だからといって，何でもかんでも「絶対だ」という固定観念乃至盲信を強くもつのは危険である．

微分法では，**実数の連続性**を認めた上で，微分可能な関数に対する無限小変化の結果を得ることができる．しかし，これまで我々は，実数の連続性などを仮設してきた．その下で導関数などを求め，目に見える単純な計算結果からそれらの妥当性などを認知してきたのである．土台が確かかどうかははっきりしなくとも，**出来上がったものだけを見て，絶対のように思い込んで，あるいは，思い込まされてきた．**これが，やがて数学そのものへの多くの誤解を生じさせる一要因にもなってしまった．そういう訳で，この講義では，なるべくそうならないように指導しようとしているわけ．

それでは，再び問題に入る．

◀ **問題 7** ▶

以下の設問に答えよ．
(1) 不等式
$$x \cos x < \sin x < x \quad (0 < x < \pi)$$
の成立を示せ．
(2) 関数
$$f(x) = \dfrac{x - \sin x}{x^2} \quad (0 < x < 2\pi)$$
に対して
$$\lim_{x \to +0} f(x) = 0$$
であることを示せ．
(3) (2)における $f(x)$ の最大値を求めよ．

（岐阜薬大）

† 頭を使って解けば，どれも取り立てて難しいものではないから，no comments.

〈解〉 (1)（右側の不等式について）
$f(x) = x - \sin x$ （とおく）
$f'(x) = 1 - \cos x > 0$

$\lim_{x\to+0} f(x) = 0$ であるから $f(x) > 0$ $(0 < x < \pi)$.
∴ $x > \sin x$ $(0 < x < \pi)$

（左側の不等式について）
$g(x) = \sin x - x \cos x$ （とおく）
$g'(x) = x \sin x > 0$ $(0 < x < \pi)$
$\lim_{x\to+0} g(x) = 0$ であるから $g(x) > 0$ $(0 < x < \pi)$.
∴ $\sin x > x \cos x$ $(0 < x < \pi)$
以上で全て示された． ◀

（2） （1）における不等式より，$0 < x < \pi$ において
$$0 < x - \sin x < x(1 - \cos x)$$
$$\therefore \quad 0 < \frac{x - \sin x}{x^2} < \frac{x}{2} \cdot \left(\frac{\sin \frac{x}{2}}{\frac{x}{2}}\right)^2$$
はさみうちの原理で
$$\lim_{x\to+0} \frac{x - \sin x}{x^2} = 0 \quad \blacktriangleleft$$

（3） $f'(x) = \dfrac{2\sin x - x\cos x - x}{x^3}$
$(0 < x < 2\pi)$

$$= \frac{2\cdot 2 \sin \frac{x}{2} \cos \frac{x}{2} - 2x\left(\cos \frac{x}{2}\right)^2}{x^3}$$

$$= \frac{2\left(2\sin \frac{x}{2} - x\cos \frac{x}{2}\right)\cos \frac{x}{2}}{x^3}$$

ここで $0 < \frac{x}{2} < \pi$ だから，(1) により
$\sin \frac{x}{2} > \frac{x}{2} \cos \frac{x}{2}$, つまり，
$$2 \sin \frac{x}{2} > x \cos \frac{x}{2}$$

となる．これより，増減表を作成するまでもなく，$x = \pi$ で $f(x)$ は最大値をとる．求める最大値は
$$f(\pi) = \frac{1}{\pi} \quad \cdots \text{(答)}$$

（補） 本問は，原出題 (1998年) では，ここで付したような小問番号は付されていない．それに原出題では，

"定理「$\lim_{x\to 0}\dfrac{g(x)}{h(x)} = \lim_{x\to 0}\dfrac{g'(x)}{h'(x)}$ （$g(0)=0$, $h(0)=0$」の使用は，その証明をしなければ不可とする" という断りが入っている．(このような断りを入れねばわかってもらえない時代なのか．)

近年，巷で，「$x > \sin x$ $(x > 0)$ を示すのに，$f(x) = x - \sin x$, $f'(x) = 1 - \cos x > 0$, … と 微

分するのは**循環論法**（――地面上で，蛇が自分のしっぽをくわえて頭と同一化したというようないんちき論法）である」という風説が流れているという．この点について，難しい事は除いて，単的に述べておく．$|x|\cos|x| < \sin|x| < |x|$ $(0 < |x| < \frac{\pi}{2})$ と $(\sin x)' = \cos x$ は，同値に思えるかもしれないが，実は，そうではない．この点が誤解の火元なのであろう．

英語での "vicious circle" は，日本語では "循環論法" と翻訳されているが，どちらの用語表現も拙くて，むしろ，'noneffective reasoning'（'無効証明'）という方が相応しいと思われるのだが．

◀ **問題 8** ▶

以下に答えよ．log は自然対数とする．
（1） 不等式
$$x - 1 \geqq \sqrt{x} \log x \quad (x \geqq 1)$$
の成立を示せ．
（2） n を 1 より大きい自然数とする．不等式
$$1 + \frac{1}{2} + \frac{1}{3} + \cdots + \frac{1}{n} > \frac{1}{2} + \frac{1}{2n} + \log n$$
の成立を示せ．
（3） 不等式
$$1 + \frac{1}{2} + \frac{1}{3} + \cdots + \frac{1}{n} > \log(n+1)$$
の成立を示せ．

(†) (2)では，もちろん，(1)を利用する．(利用しないと手も足も出ないだろう．) (1)における平方根が消えていることに留意せよ．

設問の流れから，(3)では，定積分 $\int_k^{k+1} \frac{1}{x} dx$ を使うものではないということは，すぐ気付かれたい．(2)の立場から示すこと．

〈解〉 （1） $f(x) = x - 1 - \sqrt{x}\log x$ $(x \geqq 1)$ とおくと，$x > 1$ において
$$f'(x) = 1 - \frac{1}{\sqrt{x}}\left(\frac{1}{2}\log x + 1\right),$$
$$f''(x) = \frac{\log x}{4x^{3/2}} > 0 \quad (x > 1)$$

であり，かつ $\lim_{x\to 1-0} f'(x) = 0$ であるから，$f'(x)$ は $x > 1$ において単調増加関数．そして $f(1) = 0$ だ

から，$f(x) \geqq 0 \ (x \geqq 1)$ が示された．◀

（2）実数 $x_1, x_2, \cdots, x_n$ が
$$0 < x_1 < x_2 < \cdots < x_n$$
であれば，$\frac{x_{k+1}}{x_k} > 1 \ (k=1, 2, \cdots, n-1)$ であり，
$$0 < x_1^2 < x_2^2 < \cdots < x_n^2$$
となる．さて，（1）により $x > 1$ において
$$\sqrt{x} - \frac{1}{\sqrt{x}} > \log x$$
であるから，$x = \left(\frac{x_{k+1}}{x_k}\right)^2 (>1)$ とおく．$x_k > 0$ より
$$\frac{x_{k+1}}{x_k} - \frac{x_k}{x_{k+1}} = 2(\log x_{k+1} - \log x_k)$$
ここで，$x_k = k$ とおくと，
$$\frac{k+1}{k} - \frac{k}{k+1} = \frac{1}{k} + \frac{1}{k+1}$$
$$= 2\{\log(k+1) - \log k\}$$
よって
$$\sum_{k=1}^{n-1}\left(\frac{1}{k} + \frac{1}{k+1}\right)$$
$$= 2\sum_{k=1}^{n-1}\{\log(k+1) - \log k\}$$
$$\longleftrightarrow \left(1 + \frac{1}{2}\right) + \left(\frac{1}{2} + \frac{1}{3}\right) + \left(\frac{1}{3} + \frac{1}{4}\right) + \cdots$$
$$\cdots + \left(\frac{1}{n-1} + \frac{1}{n}\right) > 2\log n$$
$$\longleftrightarrow \frac{1}{2} + \left(\frac{1}{2} + \frac{1}{3} + \cdots + \frac{1}{n-1}\right) + \frac{1}{2n}$$
$$> \log n$$
$$\longleftrightarrow 1 + \frac{1}{2} + \frac{1}{3} + \cdots + \frac{1}{n}$$
$$> \frac{1}{2} + \frac{1}{2n} + \log n \ \ ◀$$

（3）$\frac{1}{2} + \frac{1}{2n} + \log n > \log(n+1)$ の成立を示せばよい．
$$g(x) = \frac{1}{2} + \frac{1}{2x} + \log x - \log(x+1)$$
$$(x > 1)$$
とおくと，
$$g'(x) = -\frac{1}{2x^2} + \frac{1}{x} - \frac{1}{x+1}$$
$$= \frac{x-1}{2x^2(x+1)} > 0 \ (x > 1)$$
そして
$$g(1) = 1 - \log 2 = \log e - \log 2 > 0$$
であるから，$g(x) > 0 \ (x > 1)$．従って，$x = n$ とおいて，問題の不等式は示された．◀

（補）（2）または（3）の不等式により無限級数
$$1 + \frac{1}{2} + \frac{1}{3} + \cdots + \frac{1}{n} + \cdots$$
は発散することが分かる．

不等式
（∗） $\log(n+1) < 1 + \frac{1}{2} + \frac{1}{3} + \cdots$
$$\cdots + \frac{1}{n} < 1 + \log n$$
を御存知の人は多いであろう．

本問における（2）の不等式
（2） $\frac{1}{2} + \frac{1}{2n} + \log n < 1 + \frac{1}{2}$
$$+ \frac{1}{3} + \cdots + \frac{1}{n}$$
は，（∗）の左側の不等式より緻密なものになっている．これが設問（3）の意義である．

「（2）の不等式は，どうして見出したのか？」と思われるであろう？

これが得られたのは，設問（1）の不等式が自明なものでないことに依る．（1）の不等式は，拙著『**いかに崩すか難関大学への数学**』中の**問題 53** の中で自然に見出されたものであった．そして，（2）の不等式は，この原稿作成中（2001年5月）に自然に見出された．それ故，解答の流れも自然になっているわけ．

ただ解答やら説明やらを，フムフムと目で追いかけて，それで万事済んだと思っては，講義や問題の価値の有無は分からない．分からなければ，浅慮で不当な評価を下すのも**人の常**！ということで，**問題 8** の内容の価値を分かっていただくために，解説補充の欄外にてもう少し説明する：
$$\gamma_n = 1 + \frac{1}{2} + \frac{1}{3} + \cdots + \frac{1}{n} - \log n$$
は，$n \to \infty$ で収束することが知られている．この収束値は**オイラー**（**L.Euler**．1700年代のスイスの数学者）**の定数**とよばれる．
$\lim_{n \to \infty} \gamma_n = \gamma$ と表しておこう．
（∗）の不等式は
$$\log\left(1 + \frac{1}{n}\right) < \gamma_n < 1$$
であるが，これより
$$0 \leqq \gamma \leqq 1 \quad \cdots (A)$$
となる．これで γ の範囲は，大づかみに判明し

てはいるが，まだあまりにも雲をつかむようなもので，頼りない．

そこで(2)の不等式によると
$$\frac{1}{2} \leqq \gamma \quad \cdots (B)$$
となるので，(A)と(B)より
$$\frac{1}{2} \leqq \gamma \leqq 1$$
が得られるのである．事実，$\gamma = 0.5772\cdots$ $(\gtrsim \frac{1}{2})$ であるから，不等式(2)の価値は認めていただけるであろう．

γ の上限の方がもう少し緻密なものであれば，よりおもしろいのであるが．（時間に余裕のある読者はやってみられたい．しかし，もちろん，闇雲な試行錯誤法では手も足も出ないので，きちんとした論拠に依らなければならない．これは，ちょっとした**理論的問題**である．）

補充問題

不等式
$$x - 1 \geqq \sqrt{x} \log x \quad (x \geqq 1)$$
を既知とする．M を任意の自然数とするとき，極限 $\lim_{x \to \infty} \frac{\log x}{\sqrt[M]{x}}$ の値を求めよ．

(答) 0

それでは，今度は，図形への応用問題を2題程やっておこう．

◀ **問題 9** ▶

一辺の長さが $2a$ の正三角形 ABC の辺 BC 上の中点 O から頂点 B に向かって距離 x の位置にある点を D とする．辺 AB 上の点 E と辺 AC 上の点 F を結ぶ直線で三角形を折り返し，点 A が点 D に重なるようにする．

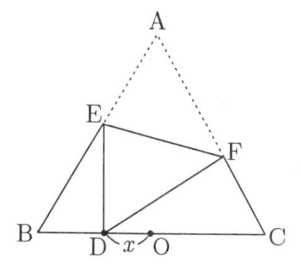

(1) x を $0 \leqq x \leqq a$ 内で変化させたとき，長さ AE の最小値と最大値を求めよ．

(2) 三角形 AEF の面積 S を a と x で表せ．

(3) x を $0 \leqq x \leqq a$ 内で変化させたとき，(2)における S の最小値と最大値を求めよ．

（東京理大（改文））

(†) 直線 EF に関して点 A と D は線対称であることに留意する．従って AE=ED，AF=FD であり，それ故，AB $=2a=$ AE+ED，AC $=2a=$ AF+FD である．そして，ED や FD に対しては余弦定理．

〈解〉 (1) まず BE の長さを a と x で表す．

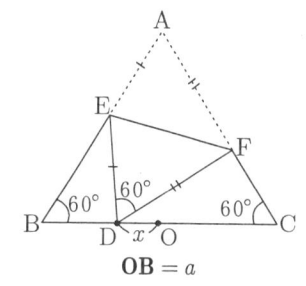

OB $= a$

図において
$$ED = EA,$$
$$EA + BE = AB = 2a$$
であるから
$$ED = 2a - BE \quad \cdots ①$$
余弦定理により
$$ED^2 = BE^2 + BD^2 - 2BE \cdot BD \cos 60°$$
$$= BE^2 + (a-x)^2 - (a-x)BE \quad \cdots ②$$
①の ED を②に代入して BE を求めると
$$BE = \frac{(3a-x)(a+x)}{3a+x}$$
よって
$$AE = 2a - BE = \frac{x^2 + 3a^2}{x + 3a}$$
この AE を $f(x)$ で表す．
$$f'(x) = \frac{x^2 + 6ax - a^2}{(x+3a)^2}$$
$f'(x) = 0$ となる x は $x = (2\sqrt{3} - 3)a$．増減表を作るまでもなく，$f(x)$ の

$$\left.\begin{array}{l}\text{最小値 } (4\sqrt{3} - 6)a \\ \quad (x = (2\sqrt{3} - 3)a \text{ のとき}) \\ \text{最大値 } a \\ \quad (x = a \text{ のとき})\end{array}\right\} \cdots \text{(答)}$$

(2) (1)の過程から，まず FC の長さを a と x

で表す．
これは，(1)での BE の式で，次の変換を行えばよい：
$$BE \to FC, \quad a \longrightarrow -a$$
即ち，
$$FC = \frac{(3a+x)(x-a)}{x-3a}$$
よって
$$AF = 2a - FC = \frac{3a^2 + x^2}{3a - x}$$
$$\therefore \quad S = \frac{1}{2} DF \cdot DE \sin 60°$$
$$= \frac{\sqrt{3}}{4} \cdot \frac{(3a^2+x^2)^2}{(9a^2-x^2)} \quad \cdots \text{(答)}$$

(3) $S = S(x)$ として
$$S'(x) = \frac{\sqrt{3}}{2} \cdot \frac{x(a^2+x^2)(21a^2-x^2)}{(9a^2-x^2)} > 0$$
$$(0 < x < a)$$

$S(x)$ の

$$\left. \begin{array}{l} \text{最小値} \quad \dfrac{\sqrt{3}}{4} a^2 \quad (x=0 \text{ のとき}) \\ \text{最大値} \quad \dfrac{\sqrt{3}}{2} a^2 \quad (x=a \text{ のとき}) \end{array} \right\} \cdots \text{(答)}$$

(補) (2)の解答でFCの長さを求める際，(1)でやったような計算をしなかったことに留意されよ．(1)の過程をフルに利用したのである．このようなことができるのは，△ABC が正三角形であり，点Oが辺BC上の中点であるために，点EとFが互いに '共役' な対応をもっているからである．複素数で譬えるなら，(実数) $y \gtrless 0$ として $x + yi$ と $x - yi$ のようなものである．なお，(3)では微分法を用いなくても結果だけならすぐ求まると付記しておく．

◀ 問題10 ▶

三辺の長さが $1, 1, a$（a は定数）である三角形の面積を，周上の2点を結ぶ線分で2等分する．それらの線分の長さの最小値を微分法を用いて求めてみよ．

（東京工大）

① 原出題(1999年)では，「微分法を用いて」とは指定はされていない．もちろん，微分法なしで解けるが，微分法に依った方が，線分の端点が，三角形の頂点に一致する場合も一挙に扱

えるので得策であろう．

<解> (ア) 問題の線分PQが図1のような配置にある場合

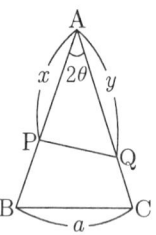

$$AB = AC = 1$$
図1

$$\left. \sin\theta = \frac{a}{2}, \quad \cos\theta = \sqrt{1 - \left(\frac{a}{2}\right)^2} \\ (0 < a < 2) \right\} \cdots ①$$

に注意しておく．題意より
$$\triangle ABC = \frac{1}{2} a \cos\theta$$
$$= 2\triangle APQ$$
$$= xy \sin 2\theta$$
よって
$$\frac{a}{2} = 2xy \sin\theta = axy \quad (\because \text{①より})$$
$$\therefore \quad xy = \frac{1}{2} \quad (0 < x \leqq 1, \ 0 < y \leqq 1) \quad \cdots ②$$
余弦定理によって
$$PQ^2 = x^2 + y^2 - 2xy \cos 2\theta$$
$$= x^2 + \frac{1}{4x^2} - \left\{1 - 2\left(\frac{a}{2}\right)^2\right\}$$
$$(\because ①, ② \text{より})$$
$$= x^2 + \frac{1}{4x^2} + \frac{a^2}{2} - 1$$

$PQ^2 = f(x)$ と表して
$$f'(x) = 2x - \frac{1}{2x^3} \quad (0 < x < 1)$$
$$= \left\{(2x)^{\frac{1}{3}} - \frac{1}{(2^{\frac{1}{3}}x)}\right\} (\cdots\cdots)$$

($\cdots\cdots$) の部分はつねに正の値しかとらない．$f'(x) = 0$ となるのは，$x = \frac{1}{\sqrt{2}}$ のところだけであり，増減表を作るまでもなく，$x = \frac{1}{\sqrt{2}}$ で $f(x)$ は最小である．よって PQ の最小値は
$$\frac{a}{\sqrt{2}} \quad \cdots ㋐$$

(イ) 問題の線分PQが図2のような配置にある場合

AB = AC = 1
図2

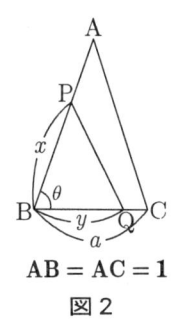

$$\left.\begin{array}{l}\sin\theta = \sqrt{1-\left(\frac{a}{2}\right)^2},\quad \cos\theta = \frac{a}{2}\\ (0<a<2)\end{array}\right\}\cdots ①'$$

あとは，(ア)の場合と同様で

$$\triangle ABC = \frac{1}{2}a\sin\theta$$
$$= 2\triangle BQP$$
$$= xy\sin\theta$$

$$\therefore\quad xy = \frac{a}{2}\quad (0<x\leqq 1,\ 0<y\leqq a)\cdots ②'$$

そして
$$PQ^2 = x^2 + y^2 - 2xy\cos\theta$$
$$= x^2 + \frac{a^2}{4x^2} - \frac{a^2}{2}$$
$$(\because ①',\ ②'\ \text{より})$$

$PQ^2 = f(x)$ と表して

$$f'(x) = 2x - \frac{a^2}{2x^3}$$
$$= \frac{1}{2x^3}(4x^4 - a^2)$$
$$= \frac{1}{2x^3}(\sqrt{2}x - \sqrt{a})(\sqrt{2}x + \sqrt{a})(2x^2 + a)$$

$f(x)$ は $x = \sqrt{\frac{a}{2}}$ で最小となる．よって PQ の最小値は

$$\sqrt{a - \frac{a^2}{2}}\quad \cdots ④$$

さて，⑦と④の大小で場合分けが生じる．このことを勘案して，PQ の最小値は

$$\begin{cases}\dfrac{a}{\sqrt{2}}\quad (0<a<1\ \text{の場合})\\ \sqrt{a-\dfrac{a^2}{2}}\quad (1\leqq a<2\ \text{の場合})\end{cases}\cdots\text{(答)}$$

当講義「初等幾何」(その3)で，昔の一橋大の難問(**問題10**)をやった．ここでの**問題10**は，まさしく，それに他ならない．(もっとも一橋大のその問題も**古来からあったもの**であるが．) 従って re-recycle での"新装開店"，いや，"旧装新開店"というべきか．流行は繰り返す：

'sine, cosine にちょっとした装いが付いたものを見ているだけ' ということを前に筆者は述べた．

そろそろ，不等式や最大最小問題から曲線の接線(法線)問題に移ってゆこう．

接線や法線の公式など，単に技術的事柄に過ぎず，ここでやるまでもないであろうが，建前上，列挙だけをしておくに留める：

$f(x)$ は微分可能な関数とする．$x=a$ において曲線 $y=f(x)$ の

❼ **接線の方程式は**
$$y = f'(a)(x-a) + f(a)$$

❽ **法線の方程式は**
$$y = -\frac{1}{f'(a)}(x-a) + f(a)$$

である．ただし，これらの表式の直線では，通常，y 軸に平行なものは除く．

曲線上の1本の接線だけを眺めていても，何もおもしろくない(であろう)．それ故，むしろ，接線と曲線の特性との関わりが中心となってくる．

曲線が与えられたとき，その1本の接線だけを見ていても気の効いたものは得られないのであるから，2本以上の接線と併せて，曲線からくる情報を引き出そうというのである．

接線の情報が非常に多く入手できると，逆に曲線そのものを表すこともできる．

例えば，xy 座標平面内で，実数 a をパラメーターとする直線族の1つの代表を $2ax-y-a^2 = 0$ とすれば，これと直線 $x=a$ の交点は，軌跡として $y=x^2$ なる放物線を与える．(勿論，$2ax-y-a^2 = 0$ は，$y=x^2$ の $x=a$ における接線である．)

問題は複雑になっても，所詮，曲線から直線へ，あるいは直線から曲線への情報のやりとりをやっているに過ぎない．それ故，一般に接線問題はあまりおもしろくないのである．ここでは，ほんの少しの問題をやることにする．

◁**例11**▷　　xy 座標平面内に放物線
$$C_1 : y = rx^2\quad (r>0,\ x>0)$$
があり，半径 r の円 C_2 が C_1 と y 軸に接し

ている．C_1 と C_2 の接点の座標を (t, rt^2) $(t>0)$，C_2 の中心の y 座標を Y で表すとき，極限
$$\lim_{r\to\infty}\frac{t}{r}, \quad \lim_{r\to\infty}\frac{Y}{r}$$
を求めよ．

解

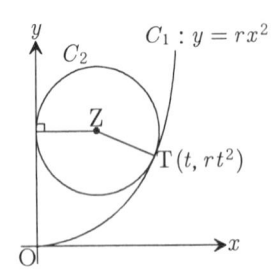

C_1 の点 $\mathrm{T}(t, rt^2)$ $(t>0)$ での法線の傾きは $-\dfrac{1}{2rt}$ である．C_2 の中心を $\mathrm{Z}(r, Y)$ と表せば，C_1 の法線ベクトルとして

$$\overrightarrow{\mathrm{TZ}} = \frac{r\cdot 2rt}{\sqrt{1+4r^2t^2}}\begin{pmatrix}-1\\ \dfrac{1}{2rt}\end{pmatrix}$$

$$= \begin{pmatrix}r-t\\ Y-rt^2\end{pmatrix}$$

$$\therefore \quad \frac{2r^2t}{\sqrt{1+4r^2t^2}} = t-r \quad \cdots ①$$
$$\frac{r}{\sqrt{1+4r^2t^2}} = Y-rt^2 \quad \cdots ②$$

①より
$$t-r>0 \quad \therefore \quad r<t$$

よって，$r\to\infty$ では $t\to\infty$ となる．再び，①は
$$\frac{2}{\sqrt{\dfrac{1}{(rt)^2}+4}} = \frac{t}{r}-1$$

である．
$$\therefore \quad \lim_{r\to\infty}\frac{t}{r} = 2 \quad \text{(答)}$$

そして②は
$$\frac{1}{\sqrt{1+(2rt)^2}} = \frac{Y}{r}-t^2$$

である．
$$\therefore \quad \lim_{r\to\infty}\frac{Y}{r} = \infty \quad \text{(答)}$$

放物線と円は，初歩的な曲線であるのだが，どちらも**2次曲線**であるために，両者が接したりするとき，下手な計算をすると，非常に煩わしいことになる．そういうわけで，この**例11**は，

きちんと正解するには，少し難しかったのではないか？ 点 $\mathrm{T}(t, rt^2)$ での放物線の法線の方程式は
$$y = -\frac{1}{2rt}x + \frac{1}{2r} + rt^2$$

であるから，これが円の中心を通ることより
$$Y = -\frac{1}{2t} + \frac{1}{2r} + rt^2$$

となるが，これだけからは，$\lim_{r\to\infty}\dfrac{t}{r}$ は不明である．解答中の①，②両式からすぐ上の方程式が得られるという点に留意せよ．

それでは，さらに original 問題を present．

◀ **問題11** ▶

xy 座標平面内に，a を正の定数とする2曲線
$$C_1: y = e^{ax} \quad (x<0),$$
$$C_2: y = e^{-ax} \quad (x>0)$$
がある．

(1) $x=t$ $(t>0)$ における C_2 の法線 l_1 が C_1 に接するという．このような場合，t と a はある範囲になくてはならない．そのような範囲を求めよ．

(2) (1)を満たすような t を求めて，それを t_0 と表した場合，この t_0 が(1)における t の範囲内にあることを確かめよ．

(3) t_0 は(2)における値とし，座標 (t_0, e^{-at_0}) を点 A，この点における C_2 の法線 l_1 が y 軸と交わる点を B，l_1 が C_1 と接する点を C，点 C における C_1 の法線 l_2 が y 軸と交わる点を D，さらに点 D を通る C_2 の法線 l_3 が C_2 と交わる点を E とする．そして，2直線 BA と DE の交点を F とする．面積比として $\dfrac{\triangle\mathrm{BEF}}{\triangle\mathrm{BDE}}$ を a で表せ．

また，a がどんな値をとるとき，$\triangle\mathrm{BEF}\equiv\triangle\mathrm{BDE}$（合同）となるか．

〈**解**〉(1) $x=t$ での C_2 の法線の方程式は
$$l_1: y = \frac{e^{at}}{a}(x-t) + \frac{1}{e^{at}}$$

これが C_1 の $x=s$ $(s<0)$ での接線の方程式

に一致するのであるから
$$y = ae^{as}(x-s) + e^{as}$$
$$\frac{e^{at}}{a} = ae^{as} \quad \cdots ①$$
$$\frac{1}{e^{at}} - \frac{te^{at}}{a} = e^{as} - ase^{as} \quad \cdots ②$$
でなくてはならない．①は
$$2\log a = a(t-s) \quad \cdots ①'$$
よって
$$s = t - \frac{2\log a}{a} < 0$$
$$\therefore \begin{cases} (0<)\ t < \dfrac{2\log a}{a} \\ a > 1 \end{cases} \quad \cdots (答)$$

(2) (1)における①,②より
$$\frac{1}{e^{at}} - \frac{te^{at}}{a} = \frac{e^{at}}{a^2} - \frac{e^{at}}{a} \cdot s$$
$$\longleftrightarrow \frac{1}{e^{at}} - \frac{e^{at}}{a^2} = \frac{e^{at}}{a}(t-s)$$
①' より上式は
$$\frac{1}{e^{at}} - \frac{e^{at}}{a^2} = \frac{e^{at}}{a} \cdot \frac{2\log a}{a}$$
これより
$$t = t_0 = \frac{1}{2a}\log\left(\frac{a^2}{1+\log a^2}\right) \quad \cdots (答)$$

次に $t_0 < \dfrac{2\log a}{a}$ を示す．これは
$$1 < a^2 + 2a^2 \log a$$
を示すことと同じであるが，$a>1$ よりこの不等式は明らかに成立している．◀

(3) 題意を図示すると以下のようになる：

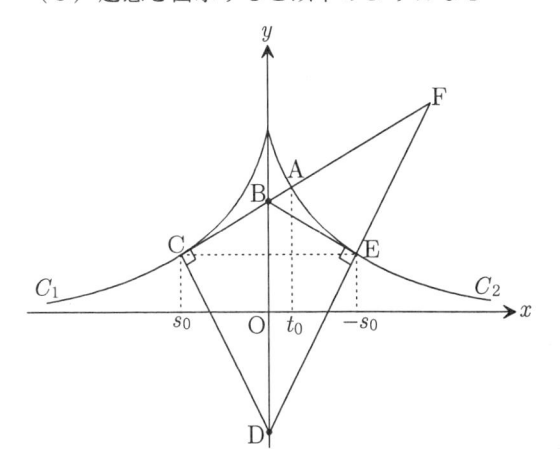

ここに s_0 は(1)の過程より
$$s_0 = t_0 - \frac{2\log a}{a} \quad \cdots ③$$
である．直線 CF は l_1 であるから
$$l_1 : y = \frac{e^{at_0}}{a}(x - t_0) + \frac{1}{e^{at_0}}$$
さらに点 E における C_2 の法線の方程式は
$$l_3 : y = \frac{1}{ae^{as_0}}(x + s_0) + e^{as_0}$$
l_1 と l_3 の交点 F の x 座標 x_F は
$$\frac{1}{a}\left(e^{at_0} - \frac{1}{e^{as_0}}\right)x_F = \frac{t_0 e^{at_0}}{a} - \frac{1}{e^{at_0}}$$
$$+ \frac{s_0}{ae^{as_0}} + e^{as_0}$$
を満たすが，(1)での①,②により
$$\frac{1}{a}\left(a^2 e^{as_0} - \frac{1}{e^{as_0}}\right)x_F = s_0\left(ae^{as_0} + \frac{1}{ae^{as_0}}\right)$$
よって
$$x_F = \frac{s_0(a^2 e^{2as_0}+1)}{a^2 e^{2as_0}-1} = \frac{|s_0|(a^2 e^{2as_0}+1)}{1 - a^2 e^{2as_0}}$$
さて
$$\triangle BEF = \triangle BDF - \triangle BDE$$
であるから
$$\frac{\triangle BEF}{\triangle BDE} = \frac{\triangle BDF}{\triangle BDE} - 1$$
$$= \frac{x_F}{|s_0|} - 1$$
$$= \frac{1+a^2 e^{2as_0}}{1 - a^2 e^{2as_0}} - 1$$
$$= \frac{2a^2 e^{2as_0}}{1 - a^2 e^{2as_0}}$$
ここで①より
$$e^{2as_0} = \frac{e^{2at_0}}{a^4}$$
$$= \frac{a^2}{1+\log a^2} \cdot \frac{1}{a^4}$$
$$(\because (2) の結果による)$$
$$= \frac{1}{a^2(1+2\log a)}$$
$$\therefore \quad \frac{\triangle BEF}{\triangle BDE} = \frac{1}{\log a} \quad \cdots (答)$$

$\triangle BEF$ と $\triangle BDE$ が合同になる為には，$\log a = 1$ でなくてはならない．その a は
$$a = e$$
しかない．そしてこのことは
BE は共通辺，
$$\angle BED = \angle BEF \ (=90°)$$
に加えられる
$$ED = EF$$
が成り立つことを導く．よって
$$\triangle BDE \equiv \triangle BEF \ \longleftrightarrow\ a = e \quad \cdots (答)$$

やれやれである．**問題 11** はいかがであった？ 計算の迷路にはまり込まなかったかな？ 総合的力がないと，最後まではやりきれまい．途中計算が複雑であっても**最後がきれいに決まる**というのは，感動的であろう．筆者とて解いてみるまでは，結果には，ここまでの明確な予想はつかなかった．

「微分法」は，ニュートンとライプニッツによって解明された事実であるが，着想の先取権問題（その鍵はホイヘンスが握っていたであろう ─ ）はいつまでも決着がつかない．しかし，もしライプニッツがニュートンの仕事を知っていたとしても，微積分法にかなり大きな貢献をしたことは間違いのない事である．"人の太刀で功名する"という見方があるが，ライプニッツの著作仕事は，それ程，卑しまれるようなものではないと思う．このような言葉は，むしろ，現代人に多く適用される．巷で"名著"と評されているものですら，実は，その著述の殆ど（いや，実質的には全部に等しい）が（旧来の）他書にある事ばかりの「つぎはぎ著作」に過ぎないということが少なからずある．昔の人に比べて，現代人の方が本を容易にすぐ入手できるだけに，他人の知的産物を引用しながらも，巧みに自作のものであるかのように見せかけて自著の中に組み入れやすい．（これは，たとい公的団体の名の下であっても許されるべきことではない．）このようなものが，事実上，野放しであるのもどうかと思われる．ある評論家が，2003 年の 2 月頃，ラジオで，「**教育界ほど，著作権の無法地帯はない**」と語ったのも無理がない．公明さを欠く以上，そこに正しい教育など，あり得まい．「それで，本当に君の original といえるものは一体どこに？」と，問うたら，……．

☕ ・・・ Coffee Break ・・・

コンピューター時代

　大学及び院と続けて，時代風潮を察してコンピューター関連の講座を多くとった．大学生の頃，ある講座の先生は，計算道具の歴史を語られた．その時，「算木」という用具の名を初めて聞いた．ところが，当時の筆者には，その先生が，"さんぼく"と言われたようにしか聞こえていないのである．一度ならず二度，三度も聞き違いをしたとは思われない．その記憶（？）が残っていて，この10章を雑誌に載せた当初，わざわざ"算木(ぼく)"と平仮名を付してしまった．後から何となく虫の報せのようなものがあって，いろいろ調べ直してみた．どれも"算木"となっていた．この恥ずべき事！　早速，といっても，翌々月号だが，そこで訂正した．

　ところで，コンピューターであるが，多くの現代人はこれにべったりと依存している．筆者は大きな危惧感を禁じ得ない．メーカーやその取巻きの人間達は（我田引水の為に）その便利さだけを強調してきているが，便利の裏には有害さも伴うとは考えれないのであろうか．

　コンピューターは記憶容量が抜群で，しかも記憶違いがないが，自分で考えて融通をきかせる事のできない石頭なので，ちょっとしたトラブルや狂いが芋蔓式の大問題を引き起こす．これはコンピューターの致命的弱点である．これに起因した事件は，これまでもかなり起こってきているし，大学入試等の採点集計等で順番狂いが生じて不合格にされたりしたケースもいくつか起こっている．（多くの人間が，機械で一生を狂わされてしまうケースが出てくる訳！）

　更に拙いのは，それを使用している人のどれだけがElectronicsに詳しいのかというと，殆どないという事である．（メーカーの技術者達は別として．）その便利さと情報に満足して，自分達は何か時代の先端を歩んでいるような錯覚を起こしている人間が多い．そして，また，子供達は，外で遊ぶよりもすぐ"ＴＶゲーム"に夢中になってしまうのも問題である．そのような時代の変化という事で，子供も若い人間も，人生経験豊かな祖父達の話を黙って聞くこともあまりない．このような風潮が学級崩壊などを引き起こすのであろう．更には創造性の喪失．遊び道具を一から自分達で考えることによって，気付かぬうちに創造力が身についていた昔の人々とは大きく違った時代になっている．以上を総合して，機械文明時代でのその方面の指導に携わっている人達は，慎重な使い方を促すようにして頂きたいものである．

　大人にとって"便利でよい"からといって，即，子供にとってもよいとはいえない．その反省が無さ過ぎると思われてならない．

　筆者は，結局の所，コンピューターとは相性が悪かったのに，学生時代に多くの講座をとった事が反動となってしまい，今ではそれらを使いたくなくなってしまった．そのせいか，いくつも所持している様々な計算機のどれも，よほどの事がない限り，殆ど使うことがない．（もう動かないかもしれない．）自分にとっては，これでよいのだろうと居直っている次第である．作成したプログラムを計算機センターに持参していた昔が懐かしくも，今の時代での乱用度には愕然とくるものを否定できない．これでは，機械を扱っているというよりも振り回されているという様にしか見えない．この先，どうなるのであろうか．多くの人によく考えて頂きたい問題である．

その道の心得

　茶道，殊に『侘び』の精神は，「まずは茶と茶道具あり」ではない．豊臣秀吉は，**千利休**によって大成された「**『侘び茶』の精神**」を全然解せなかったばかりか，反対方向に錯覚していた．秀吉は，「茶道は絢爛さを以て然るべきもの」として，茶道具から茶室まで金と物資に凝り固まり，「その道」に口出ししてきた．利休から静かなるも厳しい戒めがあったが，秀吉はそれを逆恨み，下劣にも喚き散らし，やがて外的権力にものを言わせ，利休を切腹に至らしめた．かくも"賢い"豊臣の栄華は一代にして露と消えた．秀吉には，武将としても大将になる程の器など無かった．前の弁慶のような強さも気骨もない彼は，**得意の計略と運命のお膳立て**によって成り上がっただけであろう．従って，"沐猴にして冠す"の典型例であって，勿論，茶道においてはただの呆者で，「その道」で論争できる程のものなど何も無かったのである．それに対して，例えば，徳川家康は大器であった．家康なら，茶道において，利休と見解が合わずとも，切腹などさせなかったであろう．家康は，よく"老獪"と云われるが，それ以上に，この人物は，若い時から感情に負けない**強い自制心**をもっていた．それが，彼をして物事を緻密周到に考えさせ，やがて本当の天下統一をやってのける所まで導いたのである．"大器ハ晩成ス"の典型例である．

　ところで，『侘び』とは，「質素」を基調とする茶道理念である．では，何故，質素でなくてはならないのか．以下は，筆者の見解である：

　絢爛豪奢な物が多くあるほど，人は，そちらの方に気を惹かれやすい．それによって心は散漫となり，「茶の湯」を堪能できず，かくしてその風情も汲みとれないということになる．それに対し，『侘び茶』では，まずは自然な茅葺の一間で心を鎮め，それから茶の湯を汲みながら心をその中に融かし，本来の茶の情趣を汲みとる．その為には，たとい花や木であっても人為的装飾物は寄せつけない．まして人工的な物や薄っぺらな作法ごときは，という**翻りの理念に利休独自の深い優れた精神**がある．これが，「茶の湯は『侘び』であるべし」という所以である．

　さて，数学や物理学であるが，これらは，（人工的科学ではなく，）自然科学であるが故に『侘び茶』と同様に精神があり，各々，「まずは道具あり」や「まずは数式あり」ではない．（前者は，既述の**松本誠先生**の勿体なくも貴重な御教訓．）

　既にニュートンですらこれらに先走りして嵌っている．微積分法の威力は大したものである．しかし，それはある程度までの事である．3次曲線の分類で「微分法への道具先走り」をしたこの大先生は無様な分類をして，自ら混迷・転倒した．そこに残ったのは，見苦しく足掻いただけの残骸であった．途中で「おかしい」と気付くべきであったろうに．（**デザルグやパスカル**が，その頃まで生きていたら，3次曲線の分類はどちらかがやり遂げていたであろう．）

　ところが，ニュートンは，当初の物理学では，「数式先走り」はしていないのである．彼は，現象を的確に捉える卓越した自然観の持ち主であった．そして，その次のステップとして，時々刻々に変化する運動学的変量というものをimageし，その記述の段階に至って微分法に気付いたのである．（道具や手段がない時に自力でそれを見出し，構成できるのは**本も**

のの**数学の力**であるので，その点でも並外れた人物ではあるが．) しかし，その後で，自慢の道具や数式(微分法等)に縛られ，やがて数学・物理学上の難題には全然太刀打ちできなくなってしまった．

　この点は，**アインシュタイン**もそうであった．アインシュタインは，少し専門的になるが，特殊相対性理論を見出した頃は，せいぜい，「今の高校数学(3年用)＋α」程度の数学の学識しかなかった．いや，処々においては**それ以下**というべきかもしれない．そのせいもあって，当初，この超天才には，「数式先走り」ということがなかった．アインシュタインは，部屋中の到る所に時計を置いて，「同時刻とはどういうことか」とか，「時間とはどうあるべきものか」という事を，緻密に考え，思索に思索を重ねた．それから従来の光波動論を反省し，終に，本当の**超どんでん返しの自然観**というべき相対性理論を誕生させた．(これこそ本当の哲学である．) この学問の国際的権威たる故**内山龍雄先生**いわく:「アインシュタインは"神様"である．人間にこんな事が考えつくはずがない」と．(特殊相対論が，後程，ある種の「群」という数学で記述されるのは**結果論**に過ぎない．ついでに付け加えると，「そのような群を操れる」ということは，「相対性理論を分かっている」ということにはならない，と．)

　その後，アインシュタインは，ニュートン流の重力伝達の考え方を反省し，10年程考え抜いて，ほぼimageができ上がった頃，それを記述するべき数学の学識が自分に不足していた為，友人である数学者**グロスマン**の示唆を仰いで，理論を構築したのであった．これが一般相対性理論である．しかし，その数学を会得してからのアインシュタインの研究は，「数式先走り」ばかりが目立ち，空回り破綻している．自然は，"神様"の前にもそう甘くはなかったのである．

　天才達ですらこうであったのだから，況（いわん）やであろう．

　数学至上主義者には，少々，申し訳ないが，アインシュタインが初めから幾何学者であったなら，相対性理論の発見はできなかったと思われる．**物理学は，数学とは目的が大きく違う**からである．物理学で初めにありきは，**現象の緻密な考察であって，数式ありきではない．**

　数学でも物理学でも，最も大切な事は，計算技術のような表面的なものではなく，「その道」に即応した内奥の**心得**を伴うことである．これが欠けていると，たといどんな偉業の学者であろうと，"山高きが故に貴（たっと）からず"となる．ちょうど，次の和歌に歌われるように:

　　　　　　花をのみ
　　　　　　　待つらん人に山里の
　　　　　　　　　雪間の草の春を見せばや
　　　　　　　　　　　　家隆

　茶道の正しい理念は，**利休先生**から学ぶものであり，"秀吉先生"や"馬牛襟裾（ばぎゅうきんきょ）先生"からではない: その"先生"の語る少しの言葉で，「その道」をまこと敬愛している人かどうかもすぐわかるようでなくてはなるまい．(尤も，これも，"類は友を呼ぶ"ようにしかならないが．)

第 10 章
積分法（その1）

「積分は微分の逆演算である」ということは広く知られている．厳密には，そのことは正しくはないが．それはともかくとしても，この場合の逆演算の有意性というものは，この時点では，ニュアンスとしてあまり伝わってこない．初学者には，定積分を以て具体的意味をもってくる．されば，**定積分**からやるのがよいのかもしれないが，定積分の計算を流暢にやる為には，始めに**不定積分**に慣れておかなくてはならないというのもひとつの見解である．そういう訳で，不定積分の様々な計算をやらされる．そこで不平を並べないでそのような計算数学に没頭できる人はよいが，そうでない人には，始めから厭気が差してくる．それに，不定積分法は，それだけに走り過ぎると，結果からの逆算で，いくらでも，受験生泣かせにしかならない徒(いたずら)な人工的問題が作れる．（結果から作られた問題は，大体，すぐ分かる．因数分解，漸化式や初等幾何などの tricky な問題に多い．）それ故，不定積分の指導は悩みのタネとなる．どうすればよいのか？ということで，筆者は，ここでは，不定積分は軽く定義式だけを与え，すぐ定積分をやってよいだろうという方針をとる．

演算でしか意味をもたない不定積分と違って，定積分は，"和"という具体的意味をもつ．ただ，極限という"丸め込み"の操作が入ってくる．従って，展開すれば循環小数になる既約分数の値は，簡単な定積分の計算からも与えられることになる．例えば，$\frac{3}{3} \stackrel{①}{=} 1 \stackrel{②}{=} 3 \times \frac{1}{3}$ を，人々は何気なくやっている．等式①は，3個の物を3人に1個ずつ配分するということですぐ納得するが，②は，すぐ理解できるはずがない．それは，$\frac{1}{3}$ は，小数にしても割り切れないからである．「永久に割り切れない同じ数を3つ足して1という数になるのか？」という怪しむ余地が

入ってくる．この事は，極限算法でとりあえず合理化される．ひとたび極限算法をざっくばらんでも受け容れれば，$\frac{1}{3}$ は次のような級数和として表示される：
$$\frac{1}{3} = 3\sum_{n=1}^{\infty}\left(\frac{1}{10}\right)^n = \lim_{n\to\infty}\sum_{k=1}^{n}\frac{k^2}{n^3}.$$

分数は難しいはずである．従って，分数を理解できないという人の方が計算を機械的にできる人より賢いといえる．（いや，まじめに！）

ということで，これから，極限算法の裏打ちされた"和"の計算の内訳に入ってゆく．

〈1〉 **不定積分**

任意の実数 x において $f'(x)$（$f(x)$ の導関数）が連続なとき，
$$\int f'(x)\,dx = f(x)$$
と規約する．（これは，公的規約．）$f(x)$ には任意定数が含まれている．

〈2〉 **定積分**

$a \leqq x \leqq b$ において $f(x)$ は連続とする．$I = [a, b]$ を n 点分割することを Δ で表す．$x_0 = a, x_n = b$ として
$$\Delta : x_0 < x_1 < \cdots < x_n$$
とする．$I_k = [x_{k-1}, x_k]$（$1 \leqq k \leqq n$）とすると，$f(x)$ はこの各区間で，最大値 M_k，最小値 m_k をもつので，
$$\overline{S}(\Delta) = \sum_{k=1}^{n} M_k |I_k|,$$
$$\underline{S}(\Delta) = \sum_{k=1}^{n} m_k |I_k|$$
$$(|I_k| = x_k - x_{k-1})$$
なるものが考えられる．そこで
$$\underline{S}(\Delta) \leqq \sum_{k=1}^{n} f(t_k)|I_k| \leqq \overline{S}(\Delta)$$

$(x_{k-1} \leqq t_k \leqq x_k)$

において，分割 Δ をうんと細かくしていく（つまり，$\mathrm{Max}\{|I_k|:1\leqq k\leqq n\}\to 0$ とする）と，$\underline{S}(\Delta)$ と $\overline{S}(\Delta)$ は同じ極限値に近づいていくことが，直観的にも，理解されるだろう．この極限値を以て $\int_a^b f(x)dx$ と表す．

t_k の値によらず，極限値が定まる以上，$|I_k|=\dfrac{b-a}{n}$ として
$$\lim_{n\to\infty}\frac{b-a}{n}\sum_{k=1}^n f\left(a+\frac{b-a}{n}k\right)$$
$$=\int_a^b f(x)dx$$
とできるので，これを以て**定積分**の定義とみてもよい．

少し程度を上げると，定積分の定義は，いろいろ出てくる．例えば，$\int_a^b f(x)dx=\int_a^b f(x)d(x-a)$ と捉えて，$x-a=g(x)$ と表すと，$\int_a^b f(x)dg(x)$ のような形になる．

一般の関数 $g(x)$ では，区間 I で連続かつ $\sum_{k=1}^n|g(x_k)-g(x_{k-1})|$ が，分割 Δ をどのようにとってもある定数より大きくなれないならば，$\int_a^b f(x)dg(x)$ はきちんと定まる．

また，場合によっては，積分変数は実数直線上でなくともとれて，それなりの積分が定義される．

〈3〉 **積分で表された関数**

$f(t)$ を連続関数とする．実数 x の関数
$$F(x)=\int_a^x f(t)dt \quad (a\text{ は定数})$$
は微分可能で，$F'(x)=f(x)$ となる．
($\int_a^x f(t)dt$ は不定積分とみる．)

実数 x 軸上の区間 $I=[a,b]$ ($a<b$) で関数 $f(x)$ を積分するというとき，f は I で連続（—この概念はもう少し緩めることができるが，今は，こうしておく）であることが暗に仮定されている．

そして，I で連続な関数 g があれば，I の各点 x での
  和：$f+g$，実数倍：kf (k は実数の定数)
さらに
  積：$fg(=gf)$
も $f(x),g(x)$ で定義されて，連続関数である．(このことは，とりあえず認めよう．)

読者は，「"認める"というまでもなく，こんな事，当たりまえじゃないか」と思えるかもしれないが，事は，そう単純ではない．本当は，どれも証明を要する．そもそも数だけの場合でも，例えば，"無理数の有理係数上の和は無理数である"というのは，せいぜい，(有限個の)正の足し算だけの世界の話であって，引き算が入れば，すぐ $\sqrt{2}-\sqrt{2}=0$ (有理数)ということが起こる．一つひとつの命題において本当にそれが正しいかどうかというのは，浅慮に表向きを見ただけでは断定はできない．「円周率 π と自然対数の底 e の差 $\pi-e$ は無理数である」は，正しいか？ 人間様には，どういう道具を使っても無限の先は見えないので，この判定と証明もすぐには難しい．(それに，どんな学者の手にも負えないような超難問は無数にあるし，問題の価値を考えなければ，そのような問題は，容易にいくらでも作れる．)そういうわけで，先の見えない無限的なものが絡んでくると，**人間様はもて余してくる**ので，「数学」は，俄然，難しくなる．

こうしてみただけでも，人間様にできる事というのは，数学も含めて大自然の中でも**ほんの微々たる事**だけなのだということもうすうすわかって頂けるであろう．台風ひとつですら，人間の科学技術ではそらすことができない．**大自然の前には，人間のやる事は，どんなに秀れたものであってもおもちゃでしかない．**〈それだから，他人よりできても高慢になる理由はないし，文明の力を過信してもならない訳である．〉

元に戻ろう．上述のような事を認めれば，
$\int_a^b\{f(x)+g(x)\}dx$, $\int_a^b kf(x)dx$, そして
$\int_a^b f(x)g(x)dx$ は存在し，しかも以下の諸性質が成り立つことが，比較的容易に示せる．

〈4〉 **積分演算の性質**

❶ $\int_a^b\{f(x)+g(x)\}dx$

$$= \int_a^b f(x)dx + \int_a^b g(x)dx$$

❷ $\int_a^b kf(x)dx = k\int_a^b f(x)dx$

ここで，❶のようなものは，$a(x+y) = ax + ay$ という式の展開に似ている為に，それを受け容れるのに抵抗を感じる人は，まず，いないが，「では，示してみよ」と，いわれると，どうであろう？ これでも，やってみようとすると，難しいであろう？ 一応，このようなことを曲がりなりでもできるなら，これからやる入試積分などちょろいと思われる．

あと少し積分演算の基本的性質はあるが，読者には周知であろうからこれで止めておく．

次は，不等式である．

〈5〉 積分と不等式

$a \leqq x \leqq b$ において $f(x), g(x)$ は連続とする．その定義域において $f(x) \geqq g(x)$ ならば，
$$\int_a^b f(x)dx \geqq \int_a^b g(x)dx$$
が成り立つ．

（証明をやって見られたい．）

初歩的公式等は，教科書を見ていただければよいのだが，三角，対数関数は，特に重要であるからそこだけは，教科書同様に再録しておく（積分定数は省略）：

$$\int \sin x\, dx = -\cos x, \quad \int \cos x\, dx = \sin x,$$
$$\int \frac{1}{x}\, dx = \log|x|, \quad \int e^x dx = e^x.$$

すぐ後で必要になる**置換積分法**と**部分積分法**もまとめておく．

〈6〉 置換積分法

不定積分 $\int f(x)dx$ において，x を，微分可能かつその導関数が連続であるような関数 $g(t)$ と表したとき，
$$\int f(x)dx = \int f(g(t)) \frac{d}{dt} g(t) dt$$
となる．

（このことを証明してみよ：「こんなもの易しい．$dx = g'(t)dt$ だから $\frac{dx}{dt} = g'(t)$ より
$$\int f(x)dx = \int f(x) g'(t) dt$$
$$= \int f(g(t)) \frac{dg(t)}{dt} dt$$
」などと，**事務処方**を並べては処置なし．）

なお，定積分のときは，置換によって積分区間の変化が生じるが，x の区間と t の区間は連続的に1対1に対応するようでなくてはならない．

〈7〉 部分積分法

$$\int f(x) g'(x) dx$$
$$= f(x)g(x) - \int f'(x) g(x) dx$$

この定積分版は，特に問題はないだろう．

それでは，妥当な入試問題と対峙．

例1 関数 $f(x)$ と正の定数 b に対して
$$I = \int_0^b f(x) dx, \quad J = \frac{1}{2}\int_0^b f(b-x)dx,$$
$$K = \int_0^{\frac{b}{2}} \{f(x) + f(b-x)\}dx$$
とおくとき，次の問いに答えよ．

(1) I を J で表せ．

(2) K を I で表せ．

(3) $g(x)$ が任意の x に対して $g(-x) = -g(x)$ を満たすとき，
$$P = g(\{1 + \sin(\pi - x)\}\cos(\pi - x))$$
を，$Q = g((1+\sin x)\cos x)$ で表せ．

(4) $L = \int_0^\pi (1+\sin x)^9 \cos^9 x\, dx$ の値を求めよ．

(九州歯大)

解 (1) $b - x = t$ とおくと $\frac{dx}{dt} = -1$．よって
$$J = -\frac{1}{2}\int_b^0 f(t)dt = \frac{1}{2}\int_0^b f(x)dx$$
$$\therefore \quad I = \underline{2J} \text{(答)}$$

(2) $K = \int_0^{\frac{b}{2}} f(x)dx - \int_b^{\frac{b}{2}} f(x)dx$

$$= \int_0^b f(x)\,dx$$
$$\therefore \quad K = \underline{I} \text{(答)}$$

（3） $P = g(-(1+\sin x)\cos x)$
$= -g((1+\sin x)\cos x)$
$\therefore \quad P = \underline{-Q} \text{(答)}$

（4） $g(x) = x^9$ と表せば，$g(-x) = -g(x)$ であるから，（3）における関数 $P(x), Q(x)$ 間の関係式により
$$Q(\pi - x) = P(x) = -Q(x)$$
これにより
$$L = \int_0^\pi Q(x)\,dx = -\int_0^\pi Q(\pi-x)\,dx$$
$$= -\int_0^\pi Q(x)\,dx \quad (\because (1) による)$$
$$= -L$$
$$\therefore \quad L = \underline{0} \text{(答)}$$

この問題例は，誘導が丁寧なので，$L = \int_0^\pi (1+\sin x)^9 \cos^9 x\,dx$ という，一見，そら恐ろしい形の積分もすんなり結果が求まった．もちろん，"9乗"の所は $2n+1$ 乗 $(n = 1, 2, \cdots)$ でも同じ値 0 になるし，そもそも **$g(x)$ が奇関数ならば，何でもよい訳である**．それはともかくとして，誘導小問なくして，いきなり「**L を求めよ**」といわれたら，案外，解けないのではないか？

そのような場合にも対処する為に，別の計算をも呈示しておく：
$\pi - x = t$ とおくと
$$L = -\int_\pi^0 (1+\sin t)^9 \cos^9 t\,dt = -L$$
$$\therefore \quad L = 0.$$

例 1 では $\{\cos(\pi - t)\}^9 = -\cos^9 t$ が大きく効いていた訳である．こういうあっけないものでも，**例 1 のように設問を工夫すると，荘重に見えるもの**．結果が殆ど明らかなものを，遠回りに解かせるのは，その内容を掘り下げて，結果よりも価値あるものを提示したいというその意図の現れである．（**決して無意味な遠回りをさせている訳ではない．**）

◀ **問題 1** ▶

以下の設問に答えよ．

（1） b, k を正の定数とし，$0 \leqq \theta \leqq b$ を満たすすべての θ で連続な関数 $g(\theta)$ と $h(\theta)$ が，また，$0 \leqq \theta \leqq b$ を満たすすべての θ に対して
$$g(\theta) = g(b - \theta), \quad h(\theta) + h(b - \theta) = k$$
を満たしているとき，次の等式が成り立つことを示せ．
$$\int_0^b g(\theta)h(\theta)\,d\theta = \frac{k}{2}\int_0^b g(\theta)\,d\theta$$

（2） 定積分
$$\int_0^a \frac{x^2}{x + \sqrt{a^2 - x^2}}\,dx \quad (a > 0)$$
を求めよ．　　　　　　　　　　（高知医大）

† 例 1 と似たような出題であるが，「似て非なるものは多いので要注意」と，これまでも，時々，警告をしてきている．

（1）は，$\int_0^b g(\theta)\left\{h(\theta) - \dfrac{k}{2}\right\}d\theta = 0$ を示すのが速攻であろう．（2）は，少々，難しそうである．とりあえず $x = a\sin\theta$ とでも置いてみて，（1）での積分等式にもち込めば何とかなるだろう．なお $g(\theta) = g(b-\theta)$ とは，$g(\theta)$ が $\theta = \dfrac{b}{2}$ に関して対称であることを意味している．

〈解〉（1） $\int_0^b g(\theta)\left\{h(\theta) - \dfrac{k}{2}\right\}d\theta = 0$ を示そう．与えられた式より，示すべきことは
$$\int_0^b g(\theta)\left\{\frac{h(\theta)}{2} - \frac{h(b-\theta)}{2}\right\}d\theta = 0$$
である．そこで $I = \int_0^b g(\theta)h(b-\theta)\,d\theta$ において，$b - \theta = t$ とおくと，$0 \leqq t \leqq b$ であり，
$$I = \int_0^b g(b-t)h(t)\,dt$$
$$= \int_0^b g(t)h(t)\,dt \quad (\because g(t) = g(b-t) より)$$
これで題意は示された．◀

（2） $x = a\sin\theta$ とおくと
$$\frac{dx}{d\theta} = a\cos\theta$$

求める積分を J とすると
$$J = a^2 \int_0^{\frac{\pi}{2}} \frac{\sin^2\theta}{\sin\theta + \cos\theta} \cos\theta\, d\theta$$
$$= \frac{a^2}{2} \int_0^{\frac{\pi}{2}} \frac{\sin 2\theta \sin\theta}{\sin\theta + \cos\theta} d\theta$$

ここで $g(\theta) = \sin 2\theta$, $h(\theta) = \dfrac{\sin\theta}{\sin\theta + \cos\theta}$ とおくと, (1) における条件 ($b = \dfrac{\pi}{2}$ として)
$$g(\theta) = g\left(\frac{\pi}{2} - \theta\right), \quad h(\theta) + h\left(\frac{\pi}{2} - \theta\right) = 1$$
を満たしているので, (1) により
$$J = \frac{a^2}{4} \int_0^{\frac{\pi}{2}} \sin 2\theta\, d\theta = \frac{a^2}{8}\left[-\cos 2\theta\right]_0^{\frac{\pi}{2}}$$
$$= \frac{a^2}{4} \quad \cdots \text{(答)}$$

(読者のやる) 積分というものはつねに連続な関数に対して行なうものであるが, そもそも「連続」って何だい？ 特に x 軸が連続とは？
「$f(x) \equiv 0$ は, グラフとして x 軸に一致するが, これは連続関数だから, x 軸は連続, 見た目にも連続.」これでよいか？ よくよく考えてみれば, "連続" という概念はまるであいまいにして, 関数の極限などを議論していたことに気付くであろう. 本当は, この問題がはっきりされないと, 微分積分の計算結果はいうに及ばず, 実数の計算結果も, 我々は, 土台のない幻を見ていたということになりかねないのである. (個人的ではあるが, 筆者は, 高校生の頃, 実数の点集合というもので, 随分, 悩んだものであった.) さすれば, 次のような問答が考えられる：
問：無理数とは何ぞや.
答：実数のうちで有理数でないもの.
問：では, 実数とは何か.
答：有理数と無理数を併せたもの.
問：その無理数とは何ぞや.
　　　　　⋮
以下, 犬が自分のしっぽを追い回すような問答が繰り返される. この循環問答を stop させたのは, デデキント (R. Dedekind) という 1800 年代の数学者であった. 有理数の集合と実数の集合とは, 四則算で閉じるということと, どちらの場合でも, 任意の 2 数の間に元が存在しているということで似ている. それならば, 有理数を徹底的に追究すれば, 無理数が理解できるはずと予想をつける. 多分, デデキントは, このように考えたのであろう. そして, 有理数全体を空でない 2 つの集合に,

"一刀両断" のごとく両者が交わらないように分けたのであった. これを, 文字通り, '切断' という. そしてどちらの部分集合も "端点" に穴があいているとき, その点を **無理数** と定義したのであった. かくして有理数全体と無理数全体を併せた実数の世界の連続性が公理づけられることになる.

　いろいろと難しいものであろう. 数学とて, やはり, ひとつの言語なのであるが, 低俗なあるいは幼稚な言語に慣れ過ぎた人には, きちんとした言語はなかなかなじめなくなるものであるし, 拒絶心すら生じかねない. しかし, 本書の読者には, 入試問題等を解きつつも, 頭を徐々に切り換えて頂きたい.

　今度は, 積分で表された関数の問題.

<例2> 関数 $f(x) = x - 2 + 3|x - 1|$ を考える. $0 \leqq x \leqq 2$ の範囲で, 関数
$$g(x) = \left|\int_0^x f(t)\,dt\right| + \left|\int_x^2 f(t)\,dt\right|$$
の最大値を求めよ.
　　　　　　　　　　　　(大阪大・文系)

[解] $f(x) = \begin{cases} -2x + 1 & (0 \leqq x < 1) \\ 4x - 5 & (1 \leqq x \leqq 2) \end{cases}$

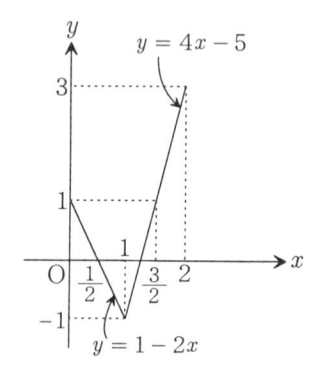

(ア) $0 \leqq x \leqq 1$ において
$$\int_0^x f(t)\,dt \geqq 0, \quad \int_x^2 f(t)\,dt \geqq 0$$
であるから
$$g(x) = \int_0^1 (1 - 2t)\,dt + \int_1^2 (4t - 5)\,dt$$
$$= \left[2t^2 - 5t\right]_1^2 = 1$$

(イ) $1 \leqq x \leqq \dfrac{3}{2}$ において

$\int_0^x f(t)dt \leq 0$, $\int_x^2 f(t)dt \geq 0$

であるから

$$g(x) = -\left\{\int_0^1 (1-2t)dt + \int_1^x (4t-5)dt\right\}$$
$$+ \int_x^2 (4t-5)dt$$
$$= -\left[2t^2 - 5t\right]_1^x + \left[2t^2 - 5t\right]_x^2$$
$$= -4x^2 + 10x - 5$$
$$= -4\left(x - \frac{5}{4}\right)^2 + \frac{5}{4}$$

$g(x)$ の最大値は $g\left(\frac{5}{4}\right) = \frac{5}{4}$

(ウ) $\frac{3}{2} \leq x \leq 2$ において

上と同様で

$$g(x) = \int_1^2 (4t-5)dt = 1$$

以上によって求める最大値は

$$\underline{\frac{5}{4}}\underline{\left(x = \frac{5}{4} \text{ のとき}\right)} \text{(答)}$$

この**例2**の場合では、裡々、符号も含めて三角形の面積計算をしたほうが速い．

次の問題は、積分で表された関数の極限である．

◀ 問題 2 ▶

以下の設問に答えよ．
(1) $0 < \theta < \frac{\pi}{2}$ として次の不定積分を求めよ．
$$\int \tan\theta \sqrt{\cos\theta} \log(\cos\theta) d\theta$$
(2) $x \geq 1$ のとき，
$$2\sqrt{x} - \log x > 0$$
が成り立つことを示せ．
(3) $0 < t < \frac{\pi}{2}$ として，次の極限を求めよ．
$$\lim_{t \to \frac{\pi}{2}} \int_0^t \tan\theta \sqrt{\cos\theta} \log(\cos\theta) d\theta$$

(滋賀医大（改文）)

† (1)は、部分積分法でいけるだろう．合否は，(3)の出来具合で決まりそうである．(2)をどういうふうに利用するのかな？

〈解〉(1) 問題の不定積分式を I とおく．

$$I = \int \frac{\sin\theta}{\sqrt{\cos\theta}} \log(\cos\theta) d\theta$$
$$= -2\int (\sqrt{\cos\theta})' \log(\cos\theta) d\theta$$
$$= -2\sqrt{\cos\theta} \log(\cos\theta) - 2\int \frac{\sin\theta}{\sqrt{\cos\theta}} d\theta$$
$$= -2\sqrt{\cos\theta} \log(\cos\theta) + 4\sqrt{\cos\theta} + C$$
　　　　(C は積分定数) …(答)

(2) 省略．

(3) 問題の式において $J(t) = \int_0^t \cdots d\theta$ とおくと，(1)の結果より

$$J(t) = 4\sqrt{\cos t} - 2\sqrt{\cos t} \log(\cos t) - 4$$

よって

$$\lim_{t \to \frac{\pi}{2}} J(t) = -\lim_{t \to \frac{\pi}{2}} \left\{2\sqrt{\cos t} \log(\cos t)\right\} - 4$$

ここで $\cos t = \frac{1}{x}$ $\left(0 < t < \frac{\pi}{2} \text{ では } x > 0\right)$ とおくと，$t \to \frac{\pi}{2}$ では $x \to \infty$ となるので，上式右辺第1項は

$$2 \lim_{x \to \infty} \frac{\log x}{\sqrt{x}}$$

となる．(2)における $2\sqrt{x} - \log x > 0$ において，x を改めて $\sqrt{x}$ とみると，

$$2x^{\frac{1}{4}} - \frac{1}{2}\log x > 0 \quad (x > 1 \text{ とする})$$
$$\leftrightarrow 0 < \frac{\log x}{\sqrt{x}} < \frac{4x^{\frac{1}{4}}}{\sqrt{x}} = \frac{4}{x^{\frac{1}{4}}}$$

はさみうちの原理によって

$$\lim_{x \to \infty} \frac{\log x}{\sqrt{x}} = 0$$

$$\therefore \lim_{t \to \frac{\pi}{2}} J(t) = -4 \quad \cdots\text{(答)}$$

"log(三角関数)" 型の積分はよくあるが，**問題2**は，「問題の為の問題」であろう？ 問題には，とり立てて、意味はないと思うが，入試問題は，大半がそうなのだから，仕方がない．しかし，「ちゃんばら遊び」として割り切ってやれば，設問(3)は少しおもしろい．読者は，完答できたかな？

さて，もう少し「ちゃんばら芸」は続く．だんだん相手は手強くなってくるが，なに，沖田総司と**真剣勝負**をするのに比べたら，ちょろいもの．(「"沖田総司"って誰？」；これだから"新人類"には教えづらい．)

(註．時は江戸幕末．尊王派弾圧の為の京都守護

職下で結成された新撰組の副長助勤筆頭沖田総司の前では，局長近藤勇(いさみ)ですらも，剣においては子供扱いであったという程の無敵の実在剣士．ちらりと一瞥しただけで相手の腕の程を見抜いたらしい．だから，その腕でもないのに，"刀"を持ってかっこうつけたとて，"剣客"にはすぐ見透かされるもの．）

◀ 問題 3 ▶

n を自然数として
$$f(x) = \sum_{k=1}^{n} \frac{x^k}{k}$$
とおく．

（1）$x < 1$ において
$$f(x) = -\log(1-x) - \int_0^x \frac{t^n}{1-t} dt$$
が成り立つことを示せ．ここで log は自然対数を表す．

（2）$|x| \leq \frac{1}{3}$ とするとき，次の不等式が成り立つことを示せ．

 i) $x \geq 0$ において
$$\int_0^x \frac{t^n}{1-t} dt \leq \frac{3x^{n+1}}{2(n+1)}.$$

 ii) $x < 0$ において
$$\left| \int_0^x \frac{t^n}{1-t} dt \right| \leq \frac{|x|^{n+1}}{n+1}.$$

 iii) $\left| f(x) - f(-x) - \log \frac{1+x}{1-x} \right|$
$$\leq \frac{5|x|^{n+1}}{2(n+1)}.$$

（3）この不等式を用いて，log 2 の近似値を，誤差が $\frac{1}{100}$ 以下となるような分数で求めよ．　　　　　　　　　（九州大）

① $f(x)$ は，等比数列の和ではないが，$f'(x)$ は等比数列の和になる．一旦，微分してから積分すると，元に戻るのであるが，この当たりまえの恒等式が有用さにおいて有難いものであるというのが本問の意義．それで「自然対数の概数を手計算で求め得る」という．それでは，"少林拳"の腕の程を試してみられたい．（1），（2）(i)ぐらいまでは，自力で解けなくてはならない．

〈解〉（1）$f(x) = \sum_{k=1}^n \frac{x^k}{k}$，

$$f'(x) = \sum_{k=1}^n x^{k-1} = \frac{1-x^n}{1-x} \quad (x < 1)$$

よって，$0 \leq t \leq x \ (x < 1)$ において
$$\int_0^x f'(t) dt = f(x) - f(0)$$
$$= \int_0^x \frac{1}{1-t} dt - \int_0^x \frac{t^n}{1-t} dt$$
$$= -\log|1-x| - \int_0^x \frac{t^n}{1-t} dt$$

$x < 1$，$f(0) = 0$ であるから
$$f(x) = -\log(1-x) - \int_0^x \frac{t^n}{1-t} dt \quad ◀$$

（2）$|x| \leq \frac{1}{3}$

 i) $0 \leq t \leq x \quad \left(x \leq \frac{1}{3}\right)$ において
$$\int_0^x \frac{t^n}{1-t} dt \leq \int_0^x \frac{t^n}{1-\frac{1}{3}} dt$$
$$= \frac{3x^{n+1}}{2(n+1)} \quad ◀$$

 ii) $x \leq t \leq 0 \quad \left(-\frac{1}{3} \leq x < 0\right)$ において
$$\left| \int_0^x \frac{t^n}{1-t} dt \right| = \left| \int_x^0 \frac{t^n}{1-t} dt \right|$$
$$\leq \left| \int_x^0 t^n dt \right| = \frac{|x|^{n+1}}{n+1} \quad ◀$$

 iii) （1）より，$|x| \leq \frac{1}{3}$ において
$$f(-x) = -\log(1+x) - \int_0^{-x} \frac{t^n}{1-t} dt$$

よって
$$f(x) - f(-x) = \log \frac{1+x}{1-x} - \int_0^x \frac{t^n}{1-t} dt$$
$$+ \int_0^{-x} \frac{t^n}{1-t} dt$$

以下では，$0 \leq x \leq \frac{1}{3}$ としてよいから
$$\left| f(x) - f(-x) - \log \frac{1+x}{1-x} \right|$$
$$= \left| \int_{-x}^0 \frac{t^n}{1-t} dt + \int_0^x \frac{t^n}{1-t} dt \right|$$
$$\leq \left| \int_{-x}^0 \frac{t^n}{1-t} dt \right| + \left| \int_0^x \frac{t^n}{1-t} dt \right|$$
$$\leq \frac{|x|^{n+1}}{n+1} + \frac{3|x|^{n+1}}{2(n+1)}$$

（∵ i), ii) による）

$$= \frac{5|x|^{n+1}}{2(n+1)} \quad \blacktriangleleft$$

（3）$\frac{1+x}{1-x} = 2$ となるのは $x = \frac{1}{3}$．
求める有理数を $\frac{p}{q} = f\left(\frac{1}{3}\right) - f\left(-\frac{1}{3}\right)$ （p, q は互いに素な正の整数）と表すと，（2）iii)を用いて題意は

$$\left| \log 2 - \frac{p}{q} \right| \leqq \frac{5\left(\frac{1}{3}\right)^{n+1}}{2(n+1)} \leqq \frac{1}{100}$$

この第 2 不等式を満たす最小の n は 3 である．$n = 3$ に対して

$$\left| \log 2 + f\left(-\frac{1}{3}\right) - f\left(\frac{1}{3}\right) \right| \leqq \frac{5}{8 \times 81}$$

与えられた $f(x)$ より，上式は

$$\left| \log 2 - \left\{ 2 \times \frac{1}{3} + \frac{2}{3}\left(\frac{1}{3}\right)^3 \right\} \right| \leqq \frac{5}{8 \times 81}$$

よって，$n = 3$ に対しては

$$\frac{p}{q} = \frac{2}{3}\left(1 + \frac{1}{27}\right) = \frac{56}{81} \quad \cdots \text{(答)}$$

（補）（3）では，$n = 5$ としてみると，

$$\frac{p}{q} = \frac{842}{1215} \fallingdotseq 0.693$$

で，（3）の結果は約 0.691 である．もちろん，0.693 の方がよい近似であるが，ここまでは，出題側は要求していないようなので $\frac{p}{q} = \frac{56}{81}$ としてよい．しかし，(3)の答は無数にあるので，〈解〉のような表現をとったのである．

少し難しかったかもしれないが，なかなかの良問だと筆者は思う．**良問とは何か？** 筆者は次の 3 点の少なくとも 1 つを満たすものを良問といいたい：

（A）問題や設問が素直でありながら，型にはまらないこと．
（B）ある程度以上の意味を有すること．
（C）自然で，自明でない結果になること．
場合によっては，教訓的示唆に富んでいるのも，ひとつの良問といえよう．

さて，**問題3**では，$\int_0^x \frac{t^n}{1-t} dt \quad (x < 1)$ なる積分が現れたが，これが $-\log(1-x) - \sum_{k=1}^n \frac{x^k}{k}$ となることに感動しなくてはならない．このこ

とから $\lim_{x \to 1-0} \int_0^x \frac{1-t^n}{1-t} dt$ は収束するが，$\lim_{x \to 1-0} \int_0^x \frac{t^n}{1-t} dt$ は発散することが判明するからである．

とにかく，これまでのように積分計算ができるうちはよいが，そうでない場合が多くある．連続関数の積分はつねに存在するのだが，我々の既知の初等関数で積分を表すことが無理ということがある．このようなものは，無数にあって，むしろ，積分計算できるものがかなり限定されていると思ってよいのである．身近な関数でも，「a, b を適当な定数として

$$\int_a^b \frac{\sin x}{x} dx, \quad \int_a^b \sin(x^2) dx, \quad \int_a^b e^{-x^2} dx$$

などを計算せよ」といわれたら，ギャフンである．ただ，a, b を具体的数値として与えた場合，それらの定積分の値を求めるだけなら，**シンプソンの公式**などをプログラムに組んで，はじき出せるが．

それでは，次の問題である．上述の $\int \frac{\sin x}{x} dx$ に関したもの．

◀ **問 題 4** ▶

以下（1），（2）の等式の成立を示せ．
ただし，不等式
$$\log(n+1) < 1 + \frac{1}{2} + \cdots + \frac{1}{n} < 1 + \log n$$
$$(n = 2, 3, 4, \cdots)$$
は用いてよい．

（1）$\displaystyle\lim_{n \to \infty} \frac{1}{\log n} \sum_{k=1}^n \frac{1}{k} = 1$

（2）$\displaystyle\lim_{n \to \infty} \frac{1}{\log n} \int_1^{n+1} \left| \frac{\sin \pi x}{x} \right| dx$
$$= \int_0^1 \sin \pi y \, dy = \frac{2}{\pi}$$

（金沢大（改文））

† （1）は，no hint．（2）は，$\int_1^{n+1} = \int_1^2 + \int_2^3 + \cdots + \int_n^{n+1}$ としてみよ．

〈解〉（1）与不等式により

$$\frac{\log(n+1)}{\log n} < \frac{1}{\log n}\sum_{k=1}^{n}\frac{1}{k}$$
$$< 1 + \frac{1}{\log n} \quad \cdots ①$$

ここで $\displaystyle\lim_{n\to\infty}\frac{\log(n+1)}{\log n}$ の値を求める．

$$1 < \frac{\log(n+1)}{\log n} < \frac{\log(2n)}{\log n} = 1 + \frac{2}{\log n}$$

これより
$$\lim_{n\to\infty}\frac{\log(n+1)}{\log n} = 1$$

よって①より
$$\lim_{n\to\infty}\frac{1}{\log n}\sum_{k=1}^{n}\frac{1}{k} = 1 \quad ◀$$

（2） $\displaystyle\int_{1}^{n+1}\left|\frac{\sin\pi x}{x}\right|dx$
$$= \sum_{k=1}^{n}\int_{k}^{k+1}\left|\frac{\sin\pi x}{x}\right|dx \quad \cdots ②$$

②右辺において $x-k=t$ とおくと
$$\int_{k}^{k+1}\left|\frac{\sin\pi x}{x}\right|dx = \int_{0}^{1}\left|\frac{\sin\pi(k+t)}{k+t}\right|dt$$
$$= \int_{0}^{1}\frac{\sin\pi t}{k+t}dt$$

従って
$$②右辺 = \int_{0}^{1}\sum_{k=1}^{n}\frac{\sin\pi t}{k+t}dt$$

そこで次の不等式が成り立つことに留意する：
$$\left(\frac{1}{2}+\frac{1}{3}+\cdots+\frac{1}{n+1}\right)\int_{0}^{1}\sin\pi t\,dt$$
$$< \int_{0}^{1}\sum_{k=1}^{n}\frac{\sin\pi t}{k+t}dt = \int_{1}^{n+1}\left|\frac{\sin\pi x}{x}\right|dx$$
$$< \left(1+\frac{1}{2}+\cdots+\frac{1}{n}\right)\int_{0}^{1}\sin\pi t\,dt \quad \cdots ③$$

③の最左辺の式のかっこ部分において，（1）により
$$\frac{1}{\log n}\left\{\left(1+\frac{1}{2}+\cdots+\frac{1}{n}\right)+\frac{1}{n+1}-1\right\}$$
$$\xrightarrow[n\to\infty]{} 1$$

よって $\dfrac{③}{\log n}$ に，はさみうちの原理を適用して
$$\lim_{n\to\infty}\frac{1}{\log n}\int_{1}^{n+1}\left|\frac{\sin\pi x}{x}\right|dx$$

$$= \int_{0}^{1}\sin\pi y\,dy \quad ◀$$
$$= \frac{1}{\pi}\bigl[-\cos\pi y\bigr]_{0}^{1}$$
$$= \frac{2}{\pi} \quad ◀$$

（注）（1）では，いきなり
$$\lim_{n\to\infty}\frac{\log(n+1)}{\log n} = 1$$

とやらないこと．一般に，$\displaystyle\lim_{n\to\infty}\frac{f(n+1)}{f(n)} = 1$ とは限らない故に．

（補）本問で与えられた不等式に関連して，読者は，台形公式というものを御存知であろう．微分法（その2）の問題8で不等式
$$1+\frac{1}{2}+\cdots+\frac{1}{n} > \frac{1}{2}+\frac{1}{2n}+\log n$$

を呈示した．微分法では長い道のりを経て見出されたこの不等式は，台形公式によれば，かなり容易に得られるのでやってみられたい．

今度は，積分計算はできるが，一直線にはゆけないようなものを扱う．次の問題5での積分は，漸化式にもち込まざるを得ない．設問には，2項展開 $(a+b)^{n} = \displaystyle\sum_{k=0}^{n}{}_{n}C_{k}a^{k}b^{n-k}$ が入ってくるが，多分，大丈夫であろう？

◀ **問題 5** ▶

m, n は0または正の整数とする．定積分
$$I_{m,n} = \int_{0}^{1}x^{m}(1-x)^{n}dx$$

について，次の問いに答えよ．

（1） $n \geq 1$ のとき，
$$I_{m,n} = \frac{n}{m+1}I_{m+1,n-1}$$

であることを示せ．

（2） $I_{m,n}$ を求めよ．

（3） $S = \displaystyle\sum_{r=0}^{n}\frac{a^{r}(1-a)^{n-r}}{I_{r,n-r}}$

を求めよ．ただし，a は $0 < a < 1$ の定数とする．

（名古屋市大・薬）

① 全体的に計算中心なので，完答しなくては

なるまい．

〈解〉（1） $n \geq 1$ のとき

$$I_{m,n} = \frac{1}{m+1}\int_0^1 (x^{m+1})'(1-x)^n dx$$

$$= \frac{n}{m+1}\int_0^1 x^{m+1}(1-x)^{n-1} dx$$

$$= \frac{n}{m+1} I_{m+1, n-1} \blacktriangleleft$$

（2）（1）より，$n \geq 1$ のとき

$$I_{m,n} = \left(\frac{n}{m+1}\right)\left(\frac{n-1}{m+2}\right) I_{m+2, n-2}$$

$$\vdots$$

$$= \left(\frac{n}{m+1}\right)\left(\frac{n-1}{m+2}\right)\cdots$$

$$\cdot \left(\frac{1}{m+n}\right) I_{m+n, 0}$$

$$\therefore\ I_{m,n} = \left(\frac{n}{m+1}\right)\left(\frac{n-1}{m+2}\right)\cdots$$

$$\cdot \left(\frac{1}{m+n}\right)\cdot\left(\frac{1}{m+n+1}\right)$$

$$= \frac{n!\,m!}{(m+n+1)!} \quad \cdots\text{(答)}$$

（$0! = 1$ の付帯条件下で $m = 0, n = 0$ を含めてよい）

（3）（2）の結果より

$$I_{r, n-r} = \frac{r!(n-r)!}{(n+1)!} = \frac{1}{(n+1){}_n C_r}$$

よって

$$S = \sum_{r=0}^{n} (n+1){}_n C_r a^r (1-a)^{n-r}$$

$$= (n+1)\{a + (1-a)\}^n$$

$$= n+1 \quad \cdots\text{(答)}$$

（補）設問（2）の結果を使わずに

$$I_{m,n} = I_{n,m},$$

$$I_{m,n} = I_{m+1,n} + I_{m,n+1}$$

となることを，**各自で確かめよ．**（どちらもすぐ片付く．）

本問における定積分 $I_{m,n}$ は B-関数（ベータ）あるいは**第一種オイラー積分**とよばれるものの特殊形である．（オイラーは 1700 年代の代表的数学者で，"オイラー積分" と命名したのは，ルジャンドルという 1700 年代後半に生まれたフランスの数学者であるらしい．）

B-関数は，通常，

$$B(p, q) = \int_0^1 x^{p-1}(1-x)^{q-1} dx$$

$$(p > 0,\ q > 0)$$

で与えられる．$0 < p < 1$ または $0 < q < 1$ でも積分値は存在するが，それは，大学でやる．なお，

$$B(p, q) = 2\int_0^{\frac{\pi}{2}} \sin^{2p-1}\theta \cos^{2q-1}\theta\, d\theta$$

とも表されることを示してみよ．

さて，問題 5 における積分は，実は，**和算**（"わざん" とは読まない）でも知られていた．0 以上の整数 m, n の値をいろいろ変えて作った積分数値表は**健表**とよばれている．和算は，日本の江戸時代における数学である．和算家達は，特に「円」に学問的興味をもっていたようで，これを称して '**円理**' という．健表を与える積分では，積分区間が $(0, 1)$ になっているのは，その積分が円理の範囲にあったことを示している．多分，和算の学者達は，求積法として特定の定積分を扱っていたと思われる．折角であるから，以下に少し，江戸期の日本が世界に誇る和算家達の系譜を panorama 的に眺めておこう：

和算の本格的創始者は，やはり，**関孝和**（1640？～1708）である．（旧姓は，内山であるが幼少時に関家へ養子に入っている．）少年時の関は，吉田光由（1598～1672）の『塵劫記』（1627）（これは，庶民の為に算盤，ねずみ算や両替算等を指導する為の著書）を愛読していたようである．やがて，江戸幕府の勘定吟味役になるが，それは，彼の和算の能力が買われたからなのであろう．関の著作は，有名な『発微算法』（1674）で，内容は，当時では斬新な**縦書き**の筆算代数法（——それまでは算木や算盤に頼っていた）を使っての代数方程式論，行列式論，初等的円理論等である．（調べによると，『発微算法』の覆刻版でもある『**発微算法演段諺解**』——『発微算法』の解説兼改良書——が富士短期大学に所蔵されているとの由．）円理については，関の高弟**建部賢弘**（1664～1739）（上述の『発微算法演段諺解』の著者）によってかなり厳密化された．日本で初めて，円周率 π（正確には π^2）を級数展開で表すことに成功した人物であろう．従って，勿論，π の値を正確に求めた訳である．（精度の高い三角関数表も作成している．）

建部の孫弟子ぐらいになる**安島直円**（1732～98）

は，円周の長さを求めるのに区分求積法から定積分に移行したようで，この時期では，実質的に，重積分まで進んでいて，ライプニッツらの積分法に優るとも劣らぬ level に達している．

そして，関流和算のほぼ最後の総元締ともいうべき人物，和田寧(1787～1840)が江戸後期に現れた．和田は，本格的に，定積分表(前述の健表や健商除表といわれるものも含まれている)を作り，円理の計算などが円滑になされるようにした．また，建部らとは別の表式で円周率πの級数展開もしたようである．

和田は，江戸後期の人である為に，人物素姓がかなり知られている．元々は，播磨の武士であったが，和算を学ぶ為に浪人(―― といっても，"受験浪人"のような金子に困らない境遇ではなく，貧乏長屋住まいの二本指の武士) して江戸に行き，安島の弟子日下誠に学び，やがて和算の大家となった．この頃には，和算はかなり拡まってはいたが，そもそも，程度の高い和算は，**読み・書き・算盤**中心の一般庶民には，やはり，人受けするものではなく，しかも，和田は，仕官武士(＝主君に仕える身分を有した武士)ではなかった為に，生活はかなり苦しかったようである．残存している奥方の日記では，和算の教授稼業だけではとてもやっていけず，苦しまぎれに，和田は，占い業まで手を出して，自ら易者をしながら何とか食扶持をつないでいたということである．

〈いつの時代にも，そして洋の東西を問わず，有り余る才能をもちながら，不遇な人生を送る者がいるものである．**その反対でも**，単に環境や運のよさによって身分的に，従って金銭的にもえらく得した人生を送る者は多い．〉

関は別格として，建部，安島，和田は関流和算(―― 他にも毛利流，橋本流などがある)の三大巨匠であろう．彼らは，武士である．和算家の多くが，武士数学者であったのは，時代背景上，仕方のないことでもある．

それでは，**和田算の円理**にちなんで，易しい問題例を少し．

〈例3〉 次の定積分の値を求めよ．

(1) $\int_0^1 x\sqrt{1-x}\,dx$

(2) $\int_0^1 \sqrt{\dfrac{1-x}{x}}\,dx$

解 (1) $I = \int_0^1 x\sqrt{1-x}\,dx$ において

$\sqrt{1-x} = t$ とおくと $\dfrac{dx}{dt} = -2t$ だから，

$$I = 2\int_0^1 (1-t^2)t^2 dt = 2\left[\dfrac{t^3}{3} - \dfrac{t^5}{5}\right]_0^1$$

$$\therefore \quad I = \underline{\dfrac{4}{15}} \text{(答)}$$

((1)の**別解**)

$x = \sin^2\theta$ とおくと，$\dfrac{dx}{d\theta} = \sin 2\theta$ だから，

$$I = \int_0^{\frac{\pi}{2}} \sin^2\theta \cos\theta \sin 2\theta\, d\theta$$

$$= \dfrac{1}{2}\int_0^{\frac{\pi}{2}} \sin^2 2\theta \sin\theta\, d\theta$$

$$= \dfrac{1}{4}\int_0^{\frac{\pi}{2}} (1-\cos 4\theta)\sin\theta\, d\theta$$

$$= \dfrac{1}{4}\left(1 - \int_0^{\frac{\pi}{2}} \sin\theta\cos 4\theta\, d\theta\right)$$

ここで

$$\int_0^{\frac{\pi}{2}} \sin\theta\cos 4\theta$$

$$= \dfrac{1}{2}\int_0^{\frac{\pi}{2}} (\sin 5\theta - \sin 3\theta)\, d\theta$$

$$= \dfrac{1}{2}\left[-\dfrac{\cos 5\theta}{5} + \dfrac{\cos 3\theta}{3}\right]_0^{\frac{\pi}{2}} = -\dfrac{1}{15}$$

$$\therefore \quad I = \underline{\dfrac{4}{15}}\text{(答)}$$

(2) $x = t^2$ とおくと $\dfrac{dx}{dt} = 2t$ だから，求める積分を I として

$$I = 2\int_0^1 \sqrt{1-t^2}\,dt$$

$t = \sin\theta$ とおくと $\dfrac{dt}{d\theta} = \cos\theta$ となるから

$$I = 2\int_0^{\frac{\pi}{2}} \cos^2\theta\, d\theta$$

$$= \int_0^{\frac{\pi}{2}} (1+\cos 2\theta)\, d\theta$$

$$= \left[\theta + \frac{\sin 2\theta}{2}\right]_0^{\frac{\pi}{2}}$$

$$\therefore \quad I = \frac{\pi}{2} \quad \text{(答)}$$

例3において(2)の積分は，厳密には**広義積分**というものでやらなくてはならない．

さて，建部以降の和算家達は，三角関数及び逆三角関数にも長けていたので，ここで**逆関数**の微積分について述べておく：

実数 x の実数値関数 $y = f(x)$ の各 y に対して唯ひとつの x が存在するとき，$x = g(y)$ と表す．新たに独立変数を x と表して $y = g(x)$ あるいは $y = f^{-1}(x)$ と表すのが通常である．

$y = f^{-1}(x)$ の微分は（存在すれば），

$$\frac{dy}{dx} = \frac{1}{\frac{dx}{dy}} = \frac{1}{f'(y)}$$

であるから，

$$\int \frac{dy}{dx}\, dx = y = \int \frac{1}{f'(f^{-1}(x))}\, dx$$

となる．積分区間は，適宜，与えられる．

従って，例えば，$f(x) = \tan x \ \left(|x| < \frac{\pi}{2}\right)$ の逆（正接）関数は

$$g(x) = \tan^{-1} x = \int_0^x \frac{1}{1+t^2}\, dt$$

で与えられることは，容易に導ける．これより，計算によっても直ちに

$$\frac{df(g(x))}{dx} = \frac{dg(f(x))}{dx} = 1$$

が示される．$g(x)$ において x の値を具体的に与えてみると，

$$g(1) = \frac{\pi}{4}, \quad g(\sqrt{3}) = \frac{\pi}{3}$$

などが得られる．（**各自，演習**．）

◀ **問題 6** ▶

以下の設問に答えよ．

(1) $y = \tan x \ \left(|x| < \frac{\pi}{2}\right)$ の逆関数を $y = \tan^{-1} x$ で表す．$y = \tan^{-1} x \ (-\infty < x < \infty)$ によるグラフを xy 座標平面に図示せよ．

(2) a を充分 0 に近い正の値とするき，適当な定数 C_n（n は自然数）を用いて，近似式

$$\int_{-1}^1 \frac{1}{(a^2+x^2)^n}\, dx \fallingdotseq \frac{C_n}{a^{2n-1}}$$

が成り立つことを示せ．また，C_n を具体的に表してみよ．

〈解〉(1) $y = \tan x$ に対して

$$y' = \frac{1}{\cos^2 x} \quad \therefore \quad (\tan x)'_{x=0} = 1$$

このことに注意して，$y = \tan x \ \left(|x| < \frac{\pi}{2}\right)$ のグラフを，$y = x$ のそれに関して折り返せばよい．

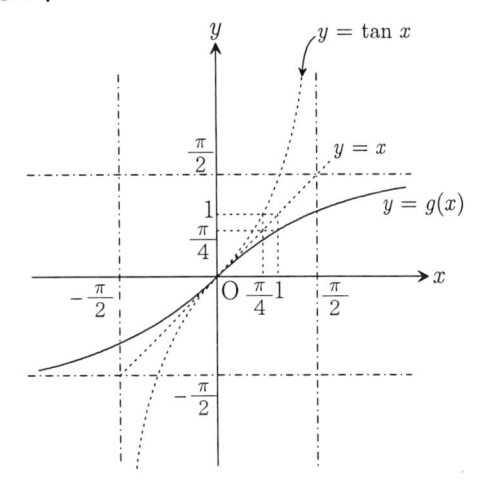

実線の部分が求めるグラフ
＜解答図＞

(2) $y = a\tan\theta$ とおくと $\frac{dx}{d\theta} = \frac{a}{\cos^2\theta}$ であるから

$$I_n = \int_{-1}^1 \frac{1}{(a^2+x^2)^n}\, dx$$

$$= 2\int_0^1 \frac{1}{(a^2+x^2)^n}\, dx$$

$$= \frac{2}{a^{2n-1}} \int_0^\alpha \frac{1}{(1+\tan^2\theta)^n} \cdot \frac{1}{\cos^2\theta}\, d\theta$$

$$\left(\text{ここに } \alpha = \tan^{-1}\left(\frac{1}{a}\right) > 0\right)$$

さて $a \fallingdotseq 0$ であるから，$\alpha \fallingdotseq \frac{\pi}{2}$ としてよく（**分からない人は(1)の解答図参照**）

$$I_n \fallingdotseq \frac{2}{a^{2n-1}} \int_0^{\frac{\pi}{2}} \cos^{2(n-1)}\theta\, d\theta$$

よって

$$C_n = 2\int_0^{\frac{\pi}{2}} \cos^{2(n-1)}\theta\, d\theta$$

とすれば
$$I_n \fallingdotseq \frac{C_n}{a^{2n-1}} \blacktriangleleft$$

また，一般に n が偶数のとき
$$\int_0^{\frac{\pi}{2}} \cos^n \theta \, d\theta = \frac{(n-1)!!}{n!!} \cdot \frac{\pi}{2} \quad \text{(各自，演習．)}$$

ただし，偶数の n に対して
$$n!! = n(n-2)(n-4)\cdots 4\cdot 2,$$
$$(n-1)!! = (n-1)(n-3)(n-5)\cdots 3\cdot 1$$

とする．よって，問題の C_n は
$$\begin{cases} C_1 = \pi \\ C_n = \dfrac{(2n-3)!!}{(2n-2)!!}\cdot \pi \quad (n \geq 2) \end{cases} \quad \cdots \text{(答)}$$

名和算家和田がもう少し長生きしていたら，ちゃんばら遊びをしていたはずの幼少の沖田総司と，江戸界隈のどこかですれ違っていたかもしれない．その後，鳥羽・伏見の戦いを経て，時代は移り，明治となった．それ以後，武士階級もなくなり，庶民も学問等によって立身出世を計ることができるようになった．世襲制とは異なる身分階級制の時代と相成ったわけである．"末は博士か大臣か"という言い回しは明治以来のもの．(今や，「博士」の学位記は地に落ちて，紙切れ同様と思われるが．)

国際化時代では，和算は，非常に影が薄くはなっているが，和算家の思考過程は貴重である．

国際化時代になっても目が覚めず，相変わらぬは日本流大学入試．**入試数学**という**独特の世界**での上位筆頭三羽烏：「2次関数・2次方程式」，「数列の漸化式」，「三角形や円の人工的問題」は，依然，猛威を揮っての健在振り．これらの奇怪な問題をスラスラ解けねば，大学で困るということは無いにも拘らず．(大学で，場合分けの複雑なだけの2次方程式などの問題を延々とやるわけではない．)

和算と**入試数学**は，どちらも**四則計算数学**という点で外見上似ているところがあるが，本質は全然違う．和算家の追究する数学は，「学問としての数学」である．そこから派生して応用問題をやることも多かったが，それでも彼の人達の目的は**人智未踏の世界の解明**にあった．そこに，和算家は，**独創力に満ちていた先師が多かった**ということを明確に伺い見ることができる．

入試数学は，通常，目的が入試での勝利である．
和算と入試数学の本質の違いは，既に目的の違いから生じている．筆者のやる"入試数学"は，その問題を逆利用して，和算家のような追究心をもつ人間を育成することである．(それ故，ただ「合格しさえすればよい」という人間には向かない．)この点は，**序文**で述べたことと一貫している．この一貫性は，本書の**第2部**の末節まで(──いや，多分，その後も)続く．

次回(その2)では，面積，シンプソンの公式や曲線の長さなどを扱う．

第10章

積分法(その2)

　積分法の主目的は,やはり,面積や曲線の長さを求めることにある.
　その際,$\int_b^a f(x)dx = F(b) - F(a)$ のように,求めたい量が,右辺の形で与えられるというのは,驚異に値する.

　定積分を考えることは,事実上,符号も含めて面積の代数和計算をすることである.不定積分では,積分計算が遂行されないと問題にならないが,定積分では,不定積分計算が遂行できなくとも,うまい積分区間を考えることにより,積分値だけは正確に求められるということが生じ得る.それが不可能な場合でも,コンピューターを使えば,数値ぐらいなら裕に求めれる.(台形公式やシンプソンの公式,その他諸々は,コンピューター事務にすぐ乗ってくれる.)

　今回は,そのような事をも少し踏まえて**積分**を扱うことにする.
　その為に,積分に関する理解を少し深めておこう.

　閉区間 $[a, b]$ $(a<b)$ で連続,かつ (a, b) で微分可能な関数 $f(x)$ が,$[a, b]$ で定義された関数 $g(x)$ によって

ⅰ) $\begin{cases} \dfrac{df(x)}{dx} = g(x) & (a<x<b) \\ f(a) = k & (k は定数) \end{cases}$

と表されているとする.
導関数 $f'(x)$ が $[a, b]$ で連続ならば,ⅰ) は

ⅱ) $f(x) = \int_a^x g(t)dt + k$ $(a \leqq x \leqq b)$

と表せる.
　逆に,ⅱ)で表された $f(x)$ は,(定義域内で)つねに微分可能であるから,ⅰ) へ移行し得る.
　ⅰ)において "$=g(x)$" のところは,単に置き直しただけのものなのか,$g(x)$ を適当に与えたものなのかで,表面的には同じであっても内容に大きな違いが出てくる.もし $g(x)$ が与えられたものであるならば,ⅰ)は初期値の与えられた $f(x)$ の**微分方程式**となる.
　ⅱ)の方では,$f(x)$ が与えられたとき,それは,$g(x)$ の**積分方程式**とみなされる.

　このように,表向きの数式だけでは,数学的内容は不明なので,1つひとつ,意味を汲みとりながら学んでゆかねばならない.
　ⅱ)のような表式は,これからたびたび現れる.

(積分の)平均値の定理
　$f(x)$ は,$a \leqq x \leqq b$ $(a<b)$ において連続とする.このとき
$$\dfrac{\int_a^b f(x)dx}{b-a} = f(c), \quad a < c < b$$
となる c が存在する.
　(証明は,**微分の平均値の定理**を使えば明らかなのでやらない.)

　"微分の平均値の定理" という**公用語**は,あまり相応しいものとは思われない."平均"というニュアンスが伝わってこないからである.それは,むしろ,'前平均値の定理' とでもよぶ方がふさわしい.(ふさわしくない用語は,誤解を招きやすい.)

　ともあれ,$\int_a^b f(x)dx = (b-a)f(c)$ $(a<b)$ の具体的意味は,明瞭である.素朴に,右辺は,$f(x) > 0$ $(a<x<b)$ であれば,ある長方形の面積の大きさを表すからである.

◀ 問題 7 ▶

ある関数 $f(x)$ は，$x \geq 0$ において $f''(x) \geq 0$ を満たしている．

（1） $x \geq 0$ において，不等式
$$\int_0^x \{f(2t) - f(t)\}dt \leq \frac{x\{f(2x) - f(x)\}}{2}$$
を導出してみよ．

（2） $f'(0) \geq 0$ の場合で，（1）における不等式の幾何的意味を，論拠を明確にして説明してみよ．

† （1） 左辺 $\frac{1}{x}\int_0^x \{\cdots\}dt$ に対して，平均値の定理を適用する．次に $f''(x) \geq 0$ $(x \geq 0)$ より，$f'(x)$ は，$x \geq 0$ で単調増加関数である．このことをうまく用いるように微分の平均値の定理を用いてみよ．

（2） $f(2x)$ とは，"x を 2 倍した所での値" とばかり思い込んでいると，解答はおぼつかない．$f(2x)$ は $2x$ の関数というより x の関数とみる．

〈解〉（1） $x > 0$ としてよい．（積分の）平均値の定理によって
$$\int_0^x \{f(2t) - f(t)\}dt = x\{f(2y) - f(y)\}, \quad 0 < y < x$$
となる y がある．$f''(x) \geq 0$ $(x > 0)$ より $x > 0$ では $f'(x)$ は連続単調増加関数であり，微分の平均値の定理により
$$\frac{f(2y) - f(y)}{2y - y} = f'(c), \quad y < c < 2y$$
となる c があるから
$$yf'(y) \leq f(2y) - f(y)$$
$$= yf'(c) \leq yf'(2y)$$
よって，y を積分変数化して
$$\int_0^x yf'(y)dy \leq \int_0^x \{f(2y) - f(y)\}dy$$
$$\leq \int_0^x yf'(2y)dy \quad \cdots ①$$

①式の最左辺において
$$\int_0^x yf'(y)dy = [yf(y)]_0^x - \int_0^x f(y)dy$$
$$= xf(x) - \int_0^x f(y)dy \quad \cdots ②$$

①式の最右辺において
$$\int_0^x y\{f(2y)\}'dy = xf(2x) - \int_0^x f(2y)dy$$
$$\cdots ③$$

②，③式を①式に代入する：
$$\left\{xf(x) - \int_0^x f(y)dy\right\}$$
$$\leq \int_0^x \{f(2y) - f(y)\}dy$$
$$\leq \frac{1}{2}\left\{xf(2x) - \int_0^x f(2y)dy\right\} \quad \cdots ①'$$

①' の左側の不等式より
$$-\int_0^x f(2t)dt \leq -xf(x)$$
（積分変数を y から t に変えた）

これと，①' の右側の不等式より
$$\int_0^x \{f(2t) - f(t)\}dt \leq \frac{1}{2}\{xf(2x) - xf(x)\}.$$

（2） まず $f(2x) - f(x)$ $(x \geq 0)$ が正値単調増加関数であることを示す．
$$g(x) = f(2x) - f(x) \quad (x \geq 0)$$
と表すと，
$$g'(x) = 2f'(2x) - f'(x)$$
$$= f'(2x) - f'(x) + f'(2x)$$

さて，$f''(x) \geq 0$ $(x \geq 0)$ であるから，$f'(x)$ $(x \geq 0)$ は単調増加関数であり，そして $f'(0) \geq 0$ から，$g'(x) \geq 0$ である．故に $g(x)$ $(x \geq 0)$ は単調増加関数である．しかも $g(0) = 0$ であるから $g(x) = f(2x) - f(x) \geq 0$ $(x \geq 0)$ が示された．

そして $f'(0) \geq 0$ から，$Y = f(x)$，$Y = f(2x)$ $(x \geq 0)$ のグラフの特性は下図のように与えられる：

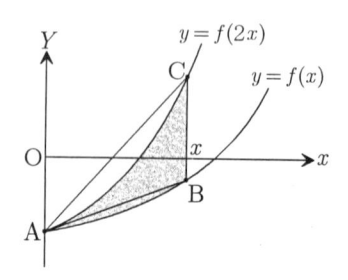

$\int_0^x \{f(2t)-f(t)\}dt$ は図の点々状部分の面積であり，それは，△ABC の面積 $\frac{1}{2}x\cdot\{f(2x)-f(x)\}$ 以下であるというのが，（1）の不等式の意味である．

問題7は，少し難しかったかもしれない．設問（1）からして，"不等式の成立を示せ"なら，一直線の計算であるが，**"導出せよ"**であるから．それに設問（2）も，趣旨に対する要点の呈示が易しくはなかったろうから．
「うまい問題であろう？」と，ちょっぴり自負したくなるところだが，実は，これ，**広島市大（平成12年）の問題を改作した**ものである．（従って，**その出題校・出典を明記するべきところ．**）参考の為に，原出題を提示しておこう．

関数 $f(x)$ の第2次導関数は $f''(x) \geq 0$ $(x\geq 0)$ を満たすとする．以下の問いに答えよ．
（1）$t>0$ に対し，不等式
$$tf'(t) \leq f(2t)-f(t) \leq tf'(2t)$$
を証明せよ．必要ならば，次の平均値の定理を用いてよい．
　[平均値の定理]
　　関数 $f(x)$ が区間 $a\leq x\leq b$ で連続，区間 $a<x<b$ で微分可能であるとき，
$$\frac{f(b)-f(a)}{b-a}=f'(c),$$
$$a<c<b$$
となる c が存在する．
（2）（1）の不等式を用いて，$x\geq 0$ に対し，
$$xf(x) \leq \int_0^x f(2t)dt$$
を証明せよ．
（3）$x\geq 0$ に対し，不等式
$$\int_0^x \{f(2t)-f(t)\}dt$$
$$\leq \frac{x\{f(2x)-f(x)\}}{2}$$
を証明せよ．　　　　　　（広島市大）

出題側は，**問題7**の（2）を image して問作したと思われるが，$f'(0)\leq 0$ の場合，**図的考察で**は，かの不等式の成立は，予想決定を付けにくい．それだけに価値がある．（大体，数学の問題というものは，出題者にとっても解答や結果がすぐには見えないものが，価値がある．）解答や事が既に判明しているなら，それ相当の事をやって見せなくてはなるまい．

補充問題
　$f(x)$ は $x\geq 0$ で微分可能とする．従って $x\geq 0$ で連続である．x が充分小さい値のとき，$\int_0^x\{f(2t)-f(t)\}dt$ を第2次近似式の範囲で評価してみよ．
　なお，一般に関数 $g(x)$ は，2階微分可能関数ならば，$|x|$ が小さい値のとき，
$$g(x) \fallingdotseq g(0)+g'(0)x+\frac{g''(0)}{2}x^2$$
と表される．

（答）　$\frac{1}{2}f'(0)x^2$

連続さまざま

微積分では「連続」という言葉が頻繁に出てくる．実は，これについては，"重箱の隅"をつついたような，しかし，大切な概念がある．そこで，少し，大学での微積分に現れる「連続」というものを垣間見ておくのもよいだろう．（「連続」という概念はひとつだけという固定観念に染まらない為にも．）
（半）閉区間かもしれない区間 I があって
$$\lim_{x\to x_0}f(x)=f(x_0)\quad (x_0 \in I)$$
なるとき，$f(x)$ は $x=x_0$ で連続といわれるが，これは，「**各点連続**」というものである．
これだけで話が済めば，単なる算数をやっているだけで，楽なのだが，物事は，そう甘くはない．結論をいうと，「**一様連続**」なるものがあるからである．連続性ということにおいて，x は，上記の $x_0 \in I$ の近傍内（$|x-x_0|<\delta$（δ は充分小で適当な幅を表す）のものを考えてよい．x_0 のどれだけ近くを考えればよいのかということは，δ をどのくらいにとればよいのかによる．δ は，通常，$|f(x)-f(x_0)|<\varepsilon$（元々，$\varepsilon$ は任意にとった正数）たる ε と x_0 に依存する．ところが，頻繁

にも，そのような δ が x_0 によらないでとれることが起こる．このようなとき，$f(x)$ は I で「一様連続」といわれる．（これは，単なる "lim 算法" からは出てこない概念である．）多くの連続関数は一様連続である．

例えば，x や $\sin x$ は $(-\infty, \infty)$ で一様連続であるし，閉区間で連続な関数は一様連続である．しかし，$\frac{1}{x}$ や $\log x$ は $(0, \infty)$ で一様連続ではない．

さらに掘り下げると，「**リプシッツ連続**」なるものがある．これは，任意の $x, x_0 \in I$ に対して $|f(x) - f(x_0)| \leq k |x - x_0|$（$k$ はある正の定数）が成り立つとき，そういわれる．多くの一様連続関数は，リプシッツ連続である．これの大きな一利点は，$0 < k < 1$ の場合，方程式 $f(x) = x$ という x が唯ひとつ存在することが判明する点にある．その為に $x_{n+1} = f(x_n)$ なる数列を考えたりする．

例えば，本書の**第 5 章**における**問題 7** の補注箇所（**補 2**）で，そのことに就いて簡単に述べてある．そこでの関数は，自明な例である $\sin\left(x + \frac{\pi}{4}\right)$．

これらについては，今すぐ分かる必要はないが，頭の隅にでも置いて，いずれ大学生になってから意味や重要性をじっくり考えてみられたい．大人に近い読者が，"幼児言語" の強い風潮で損なわれていなければ，大学の数学とて何も難しいものではない．（多少の sense の問題はあるが．）

さて，曲線で囲まれた面積を求める際，定積分を，直接，遂行しないで近似値を求めることができると，冒頭で述べた．**シンプソンの公式**はその代表である．これは，座標平面に与えられた n 次関数（$n = 2, 3, \cdots$）などのグラフ曲線の curve を 2 次関数のグラフで近似する短柵分割法である．

補題

$f(x)$ が 2 次関数であるとしよう．このとき，
$$\int_a^b f(x)\,dx = \frac{b-a}{6}\left\{f(a) + 4f\left(\frac{a+b}{2}\right) + f(b)\right\}$$
が成り立つ．

（$f(x)$ が 3 次関数でも同様で，どちらの場合でもすぐ示し得るのでやってみよ．）

それでは，**シンプソンの公式**の説明：

2 次関数のグラフは適当な 3 点が与えられていると決まる．そこで区間 $[a, b]$ を $2m$ 等分（m は正の整数）し，$a = x_0, b = x_{2m}$ として
$$[a, b] = [x_0, x_2] \cup [x_2, x_4] \cup \cdots \cup [x_{2m-2}, x_{2m}]$$
と分解された場合，任意のひとつの区間を $[x_{2k-2}, x_{2k}]$ とし，その区間で，問題とする連続関数 $y = f(x)$ の値を，その曲線グラフ上の

3 点：(x_{2k-2}, y_{2k-2}), (x_{2k-1}, y_{2k-1}), (x_{2k}, y_{2k})

を通る 2 次関数の値で近似する．

いま，$\frac{b-a}{2m} = h$ と表せば，$h = x_{2k} - x_{2k-1}$ であるから，**補題**により
$$\int_{x_{2k-2}}^{x_{2k}} (2\text{次関数})\,dx$$
$$= \frac{h}{3}(y_{2k-2} + 4y_{2k-1} + y_{2k})$$

そこで和 $\sum_{k=1}^{m}$ をとり，近似する：
$$\int_a^b f(x)\,dx$$
$$\fallingdotseq \frac{h}{3}\{y_0 + 4(y_1 + y_3 + \cdots + y_{2m-1})$$
$$+ 2(y_2 + y_4 + \cdots + y_{2m-2}) + y_{2m}\}$$

（少々，入り組んだ公式であるが，仕方がない．）

座標平面に，適当に，与えられた n 個の点を通るような多項式関数 $y = f(x)$ を内挿的に求める方法を**補間法**というが，シンプソンの公式は，いわば，"積分補間公式" とでもいうべきものである．

例 4 $f(x) = e^{-x^2}$ に対して $\int_0^1 e^{-x^2}\,dx$ を $f(0), f\left(\frac{1}{2}\right), f(1)$ の値を用いたシンプソンの公式で近似せよ．ただし，$e \fallingdotseq 2.70$ と近似して小数点以下 3 桁で答えてみよ．

解 求める近似値を S とする．$f(0) = 1, f\left(\frac{1}{2}\right) = \frac{1}{e^{\frac{1}{4}}}, f(1) = \frac{1}{e}$ であるから

$$S = \frac{\frac{1}{2}}{3}\left(1 + 4\cdot\frac{1}{e^{\frac{1}{4}}} + \frac{1}{e}\right)$$
$$\fallingdotseq \frac{1}{6}(1 + 3.120 + 0.370)$$
$$\fallingdotseq \underline{0.748} \text{(答)}$$

手計算の範囲で，例4の，この結果は悪くはない．$e^{\frac{1}{4}}$ では，開平を2回行なえたか？

◀ 問題 8 ▶

$\int_0^1 x^3 dx$ の値を，区間 $[0, 1]$ を $2n$ ($n=1, 2, \cdots$) 等分したシンプソンの公式で近似せよ．そして，もしその値がちょうど $\frac{1}{4}$ であれば，それは近似値ではなく正確な値になるが，その際は，そうなった理由を簡単に述べよ．

〈解〉 $\frac{1}{2n} = h$, $0 = x_0^3 = y_0$, $1 = x_{2n}^3 = y_{2n}$, そして $x_k^3 = y_k$ $\left(x_k = \frac{k}{2n}; k=1, 2, \cdots, 2n-1\right)$ とする．
シンプソンの公式で求められる値を S として
$$S = \frac{1}{3}\cdot\frac{1}{2n}$$
$$\cdot\left\{(y_0 + y_{2n}) + 4\sum_{j=1}^{n} y_{2j-1} + 2\sum_{j=1}^{n} y_{2j-2}\right\}$$
$$= \frac{1}{6n}$$
$$\cdot\left\{1 + 4\sum_{j=1}^{n}\left(\frac{2j-1}{2n}\right)^3 + 2\sum_{j=1}^{n}\left(\frac{2j-2}{2n}\right)^3\right\}$$
$$= \frac{1}{6n}$$
$$\cdot\left\{1 + \frac{1}{2n^3}\sum_{j=1}^{n}(12j^3 - 24j^2 + 18j - 5)\right\}$$
$$= \frac{1}{6n}\left[1 + \frac{1}{2n^3}\left\{12\cdot\frac{n^2(n+1)^2}{4}\right.\right.$$
$$-24\cdot\frac{n(n+1)(2n+1)}{6}$$
$$\left.\left.+18\cdot\frac{n(n+1)}{2} - 5n\right\}\right]$$
$$= \frac{1}{6n}\left\{1 + \frac{1}{2n^3}\cdot n(3n^3 - 2n^2)\right\}$$
$$= \frac{1}{4} \quad \cdots \text{(答)}$$

この値は，$I = \int_0^1 x^3 dx$ の値に等しい．
（理由）
$I = \int_0^1 x^3 dx$ は，$f(x) = x^3$ と表すと，$f(0), f\left(\frac{1}{2}\right)$ および $f(1)$ で正確に表せる為である．この際，正確に
$$I = S = \frac{1}{6}\left\{0 + 4\cdot\left(\frac{1}{2}\right)^3 + 1^3\right\}$$
となる．

シンプソンの公式は，ひとつの近似的区分求積である．以下，広い意味で**区分求積的問題**にあたってみることにする．

◀ 問題 9 ▶

任意の自然数 $n \geqq 2$ に対して，つねに不等式
$$n - \sum_{k=2}^{n}\frac{k}{\sqrt{k^2-1}} \geqq \frac{i}{10}$$
が成立するような最大の整数 i を求めよ．
（東京大）

† 平成13年後期（理類）の問題で，少々難しそうだが，おもしろそうである．$y = \frac{x}{\sqrt{x^2-1}}$ のグラフを利用するのは当然であろうが，視覚的にすぐ解かしてくれるような問題ではない．
$n - \sum_{k=2}^{n}\frac{k}{\sqrt{k^2-1}}$ の範囲を，どれだけ無駄をせずにうまく押さえ込めれるか，というところが腕の見せ所であろう．

〈解〉実数 x の関数として
$$f(x) = \frac{x}{\sqrt{x^2-1}} \quad (x \geqq 2)$$
とすると，$n \geqq 2$ において，
$$f'(x) = \frac{-1}{(x^2-1)^{3/2}} < 0,$$
$$f''(x) = \frac{3x}{(x^2-1)^{5/2}} > 0$$
となるから，$y = f(x)$ は単調減少で下に凸である．
さて，$n - \sum_{k=2}^{n}\frac{k}{\sqrt{k^2-1}} = T_n$ としよう．数列

$\{T_n\}$ $(n \geqq 2)$ は単調減少数列である．実際，
$$T_{n-1} - T_n = \frac{n - \sqrt{n^2-1}}{\sqrt{n^2-1}} > 0 \quad (n \geqq 2)$$
であるから．

いま，$y = g(x) = f(x-1)$ なる関数を考えると，図により

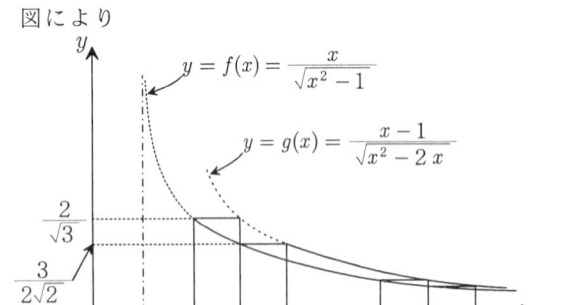

$$\sum_{k=2}^{n} \frac{k}{\sqrt{k^2-1}} < \frac{2}{\sqrt{3}} + \frac{3}{2\sqrt{2}} + \int_4^{n+1} g(x)\,dx$$

$$= \frac{2}{\sqrt{3}} + \frac{3}{2\sqrt{2}} + \int_4^{n+1} \frac{x-1}{\sqrt{x^2-2x}}\,dx$$

$$= \frac{2}{\sqrt{3}} + \frac{3}{2\sqrt{2}} + \left[\sqrt{x^2-2x}\right]_4^{n+1}$$

$$= \frac{2\sqrt{3}}{3} - \frac{5\sqrt{2}}{4} + \sqrt{n^2-1}$$

よって
$$T_n > n - \left(\frac{2\sqrt{3}}{3} - \frac{5\sqrt{2}}{4} + \sqrt{n^2-1}\right)$$

$$> \frac{15\sqrt{2} - 8\sqrt{3}}{12} > 0.6$$

$$\therefore \quad T_n > 0.6 \quad \cdots ①$$

再び図により
$$\sum_{k=2}^{n} \frac{k}{\sqrt{k^2-1}} > \frac{2}{\sqrt{3}} + \frac{3}{2\sqrt{2}} + \int_4^{n+1} \frac{x}{\sqrt{x^2-1}}\,dx$$

$$= \frac{2\sqrt{3}}{3} + \frac{3\sqrt{2}}{4} + \left[\sqrt{x^2-1}\right]_4^{n+1}$$

$$= \frac{8\sqrt{3} + 9\sqrt{2}}{12} - \sqrt{15} + \sqrt{n^2+2n}$$

$$= K_n \quad \text{(とおく)}$$

よって
$$T_n < n - K_n$$

$$= n - \sqrt{n^2+2n} + \sqrt{15} - \frac{8\sqrt{3} + 9\sqrt{2}}{12}$$

$$< n - \sqrt{n^2+2n} + 3.874$$

$$\quad - \frac{8 \times 1.732 + 9 \times 1.414}{12}$$

$$< \frac{-2n}{n + \sqrt{n^2+2n}} + 3.874 - 2.215$$

$$\xrightarrow[(n \to \infty)]{} 0.659$$

従ってある n から
$$T_n < 0.7 \quad \cdots ②$$
となる．

①，②より求める最大の i は
$$i = 6 \quad \cdots \text{(答)}$$

(注) 解答中の計算について少し説明を注記しておく．①式のすぐ上の式
$$\frac{15\sqrt{2} - 8\sqrt{3}}{12} > 0.6$$
では，律儀に，平方して両辺の差をとって，再び $\sqrt{6}$ の現れた式を平方して不等式の成立を示すということはしなくてよい．$\sqrt{2} = 1.4142\cdots > 1.414$, $\sqrt{3} = 1.7320\cdots < 1.733$ を用いて
$$\frac{15\sqrt{2} - 8\sqrt{3}}{12} > \frac{15 \times 1.414 - 8 \times 1.733}{12}$$
$$= 0.612\cdots > 0.6$$

ぐらいの計算でよい．ただし，ここでの計算をするとき，少なくとも小数点以下2桁以上でやらないと誤差が影響してうまく不等式評価できないので，注意を要する．

(補) 読者は，多分，「①式に到る前に，どうして $y = g(x) = f(x-1)$ なる関数を思いついたのか？」と思われるかもしれない．

実は，筆者は，「ただ $y = f(x)$ のグラフを使うだけでは，どうにもならないだろう」ということで，始めから $y = f(x)$ の平行移動を考えていた．制限時間は，(本試験でも，)ゆとりの50分. (けちらず，60分なら，なおよい．) 落ち着いて，じっとグラフを見て「$y = f(x)$ を x 方向に 1 だけ平行移動すればよいだろう」とにらんだ．そして，できるだけ，最良近似不等式へともち込んだのであった．それが①式へと到らしめた．そして，①式へ到る過程を踏まえれば，ある n

からは，②式の $T_n < 0.7$ になることを示せるだろうと読んだ訳．

(本問は，始めの comments で，「少々難しそうだ」と述べたが，着想はかなり難しいかもしれないので，入試では点差がつかなかったであろう．)

問題9は，'数列 $\{T_n\}$ が単調減少数列で下に有界であるから収束値が存在する' ということに基づいて，収束値が収まるべき範囲を評価させる良問であると付記しておこう．

さて，次の流れへと移行してゆく．

前に関数 e^{-x^2} なるものが現れた．xy 座標平面にて $y = e^{-x^2}$ は，**ガウスの誤差曲線**といわれるもので，いずれ扱う**正規分布**で用いられる．(e^{-x^2} の不定積分を初等関数の範囲で求めて有限定積分を行うことは無理であるが，定積分の数値だけなら求められるので，それらの表を作ったものが**正規分布表**といわれるものである．)

いま，$f(x) = e^{-x}$ を区間 $(0, \infty)$ で積分するには，
$$\lim_{t \to \infty} \int_0^t e^{-x} dx = \lim_{t \to \infty} [e^{-x}]_t^0 = 1$$

とすればよい．(これは，**広義積分**とよばれていて $\int_0^\infty e^{-x} dx$ とも表される．)

同様のことを，$f(x) = e^{-x^2}$ $(0 < x < \infty)$ に対してやろうとすると当惑する：
$$\lim_{t \to \infty} \int_0^t e^{-x^2} dx = \lim_{t \to \infty} [\ ?\ ]_0^t$$

しかし，$\int_0^\infty e^{-x^2} dx$ を一挙に求めるのは易しい．(ここは，それをやる為のところではないので，やらない．)

$\lim_{t \to \infty} \int_0^t e^{-x^2} dx$ の結果を与えれば，入試として出題可能となる．以下に，そのような問題を解いてみることにする．

◁例5▷ e を自然対数の底とする．関数
$$f(x) = e^{-\frac{x^2}{2}}$$

について

(1) $y = f(x)$ のグラフの概形を描け．

(2) $\displaystyle\lim_{x \to \infty} \int_0^x f(t) dt = \sqrt{\frac{\pi}{2}}$

および $\displaystyle\lim_{x \to \infty} xf(x) = 0$ を用いて
$$\lim_{x \to \infty} \int_a^x t^2 f(t-a) dt \text{ を求めよ．}$$

(山梨医大)

解 (1) $f(x) = e^{-\frac{x^2}{2}}$ は偶関数である．$x \geq 0$ において
$$f'(x) = -xe^{-\frac{x^2}{2}} \leq 0,$$
$$f''(x) = (x^2 - 1)e^{-\frac{x^2}{2}}$$

$f''(x) = 0$ $(x > 0)$ となる $x = 1$ はグラフの変曲点を与える．$0 < x < 1$ では $f''(x) < 0$，$x > 1$ では $f''(x) > 0$ である．また，$\displaystyle\lim_{x \to \infty} f(x) = 0$ である．以上から**グラフの概形**は以下のようになる：

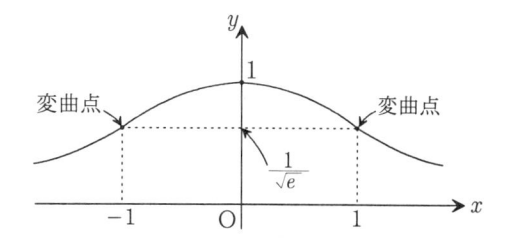

(変曲点・変曲点、y軸上の値 1、$x=\pm1$ における値 $\frac{1}{\sqrt{e}}$ を示すグラフ)

(2)
$$I(x) = \int_a^x t^2 f(t-a) dt \quad \text{(と定める)}$$

$t - a = u$ とおくと
$$I(x) = \int_0^{x-a} (a+u)^2 f(u) du$$
$$= a^2 \underbrace{\int_0^{x-a} f(u) du}_{①} + 2a \underbrace{\int_0^{x-a} u f(u) du}_{②}$$
$$+ \underbrace{\int_0^{x-a} u^2 f(u) du}_{③}$$

①において
$$\lim_{x \to \infty} ①式 = \sqrt{\frac{\pi}{2}}$$

②において
$$②式 = -\int_0^{x-a} \left(e^{-\frac{u^2}{2}}\right)' du$$
$$= -\left[e^{-\frac{u^2}{2}}\right]_0^{x-a} = 1 - e^{-\frac{1}{2}(x-a)^2}$$
$$\therefore \lim_{x \to \infty} ②式 = 1$$

③において

$$③式 = -\int_0^{x-a} u\left(e^{-\frac{u^2}{2}}\right)' du$$
$$= -\left[ue^{-\frac{u^2}{2}}\right]_0^{x-a} + \int_0^{x-a} e^{-\frac{u^2}{2}} du$$
$$= -(x-a)e^{-\frac{1}{2}(x-a)^2} + ①式$$

$$\therefore \lim_{x\to\infty} ③式 = \sqrt{\frac{\pi}{2}}$$

よって
$$\lim_{x\to\infty} I(x) = a^2\sqrt{\frac{\pi}{2}} + 2a + \sqrt{\frac{\pi}{2}}$$
$$= \underline{(a^2+1)\sqrt{\frac{\pi}{2}} + 2a} \quad (答)$$

◀ **問題10** ▶

実数 x の関数 $f(x)$ を
$$f(x) = \frac{1}{\sqrt{2\pi}} e^{-\frac{x^2}{2}}$$
とする．

（1） $y = f(x)$ のグラフを描け．

（2） $\int_0^a f(x)dx = F(a)$ とおくとき，
$\int_0^{-a} f(x)dx$ を $F(a)$ で表せ．

（3） $\int_{m-b}^{m+2b} \frac{1}{\sqrt{2\pi}\,b} e^{-\frac{(x-m)^2}{2b^2}} dx \quad (b>0)$
の値を求めよ．
ただし，以下の表を用いてよい．

a	1	2	3
$F(a)$	0.3413	0.4773	0.4987

(札幌医大)

(†) (2) $\int_{-a}^0 f(x)dx = F(a)$ であるから，答はすぐ求まる．(3) 正規分布表の読み取り問題なのだから，解けて当然．

〈解〉(1) (途中省略)

〈解答図〉
（変曲点 -1, 1；最大値 $\frac{1}{\sqrt{2\pi}}$；変曲点の y 値 $\frac{1}{\sqrt{2\pi e}}$）

（2） $y = f(x)$ は y 軸に関して対称であるから，
$$\int_{-a}^0 f(x)dx = \int_0^a f(x)dx = F(a)$$
$$\therefore \int_0^{-a} f(x)dx = -F(a) \quad \cdots (答)$$

（3） $\frac{x-m}{b} = t$ とおくと，$\frac{1}{b}\frac{dx}{dt} = 1$ だから

問題の式 $= \int_{-1}^2 \frac{1}{\sqrt{2\pi}} e^{-\frac{t^2}{2}} dt$
$$= \int_{-1}^0 \frac{1}{\sqrt{2\pi}} e^{-\frac{t^2}{2}} dt + \int_0^2 \frac{1}{\sqrt{2\pi}} e^{-\frac{t^2}{2}} dt$$
$$= F(1) + F(2)$$
$$= 0.8186 \quad \cdots (答)$$

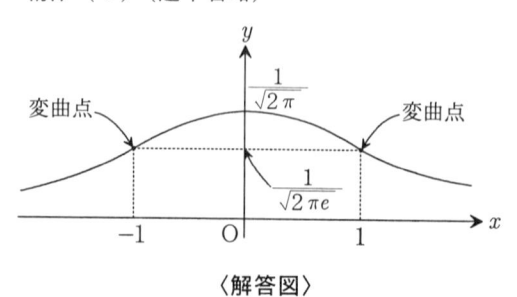

微積分法の中でも，ガウスの誤差曲線は，医歯系で出題されやすい．というのは，元々，微積分法は技術的色彩が強い為に，そこに問題が集中しやすいのであるが，そのうちでも，誤差曲線は医療統計等でしばしば入用になるからである．

さて，我々の数学の流れは，**様々な曲線**へと向かっている．

曲線というものは，パラメーターを以て軌道を描いていく．その際，パラメーターがうまく消去できる場合もあれば，うまくいかない（あるいは，パラメーター消去によってあまりにも複雑な表式になる）場合もある．

例えば，t をパラメーターとして
$$C: \begin{cases} x = t^2 - 1 \\ y = t^3 - t \end{cases} \quad \cdots (☆)$$

なる曲線は，$t = \pm 1$ では xy 座標平面で点 $(0, 0)$ を与える．$t \neq \pm 1$ では $\frac{y}{x} = t$ だから
$$y^2 = x^3 + x^2 \quad (x \neq 0)$$

となるが，$(x, y) = (0, 0)$ も含めて
$$C: y^2 = x^3 + x^2 \quad \cdots (☆☆)$$

と表される．これは，**3次曲線**といわれるもの．この場合，曲線 C を描くには，(☆)よりも(☆☆)の表式のほうが使いやすい．やってみよう：

(☆☆)の式より C は x 軸に関して対称であることが分かるので，$y \geqq 0$ としてよい．x は $x \geqq -1$ である．$y = 0$ となるのは，$x = 0$ と $x = -1$ である．

(☆☆)を x で微分して
$$2yy' = 3x^2 + 2x$$
$x \neq 0, -1$ では
$$y' = \frac{3x^2 + 2x}{2\sqrt{x^3 + x^2}}$$
$$= \begin{cases} -\dfrac{3x+2}{2\sqrt{x+1}} & (-1 < x < 0) \\ +\dfrac{3x+2}{2\sqrt{x+1}} & (>0)\ (x > 0), \end{cases}$$
$$y'' = \begin{cases} -\dfrac{3x+4}{4(x+1)^{3/2}} & (<0)\ (-1 < x < 0) \\ +\dfrac{3x+4}{4(x+1)^{3/2}} & (>0)\ (x > 0) \end{cases}$$
となる. そして
$$\lim_{x \to \infty} y = \infty, \quad \lim_{x \to -1+0} y' = \infty$$
となる.
曲線の対称性を考慮に入れると, 以下の**図1**のようになる:

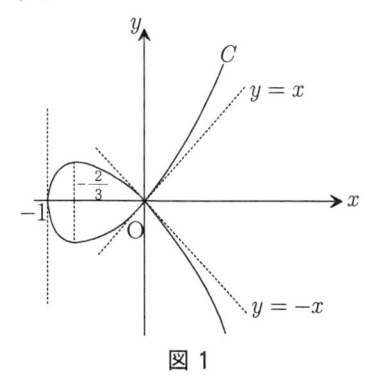

図1

この図では, 曲線の原点 O での振舞いが異様に見えるであろう. 原点 O は, この曲線の**重複点**（より詳しくいうと, **結節点**）といわれる.

このようなタイプの曲線は, 一般に**代数曲線**とよばれる範ちゅうに入る:

(☆☆)において, 右辺第2項だけの符号を変えて
$$C' : y^2 = x^3 - x^2$$
としたものは, 次の**図2**のようになるのでやってみられたい:

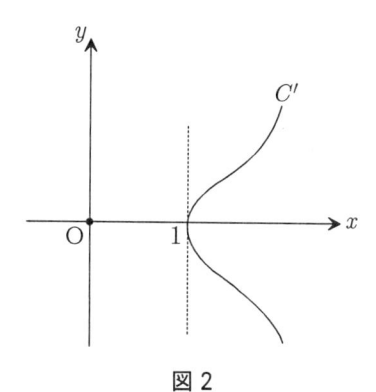

図2

この曲線 C' の原点 O は**孤立点**といわれる.

<例6> 曲線
$$y^2 = x^2 \cdot \frac{3-x}{1+x}$$
を xy 座標平面に描け. ただし, y'' の変化までは調べなくともよいが, できるだけきちんと描くこと.

(室蘭工大)

解 $y^2 \geqq 0$ であるから
$$\frac{3-x}{1+x} \geqq 0 \longleftrightarrow (1+x)(3-x) \geqq 0$$
$$(x \neq -1)$$
$$\longleftrightarrow -1 < x \leqq 3$$
この曲線は x 軸に対して対称であるから, $y \geqq 0$ の領域で図示して, あとで x 軸に関して折り返すことにする.
$$y^2 = \frac{x^2(3-x)}{1+x} \quad (y \geqq 0,\ -1 < x \leqq 3)$$
に対して
$$2yy' = \frac{3(2x - x^2)(1+x) - x^2(3-x)}{(1+x)^2}$$
$$= \frac{2x(3 - x^2)}{(1+x)^2}$$
$y > 0$ としておけば, $y' = 0$ ($-1 < x \leqq 3$) となるのは $x = \sqrt{3}$ のみである.
また
$$\lim_{x \to -1+0} y = \infty, \quad \lim_{x \to 3-0} y' = -\infty$$
であるから, 曲線の概形は以下のようになる.（ただし, $y \gtreqless 0$ を考慮する.）

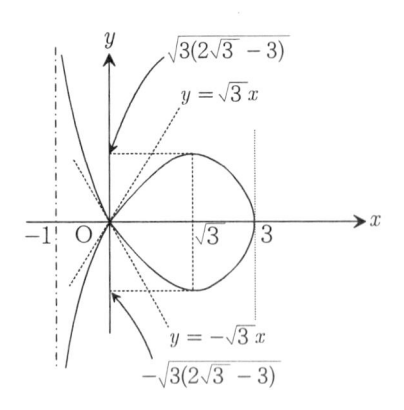

$$y^2 = x^2(3-x) = -x^2(x-3)$$

のようになり，この曲線は，前の(☆☆)の曲線のタイプである．

なお，元々のストロフォイドは，

$$y^2 = x^2 \cdot \frac{3a-x}{3a+x} \quad (a>0)$$

の形の方程式で，図3のようなものになる：

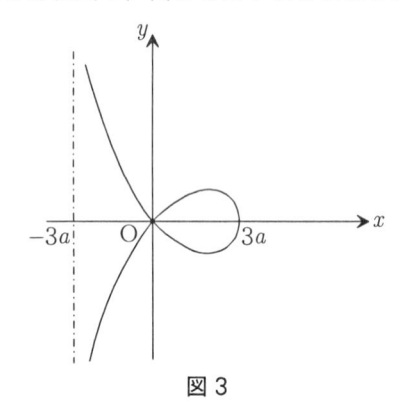

図3

図3の曲線を $+45°$ 回転させる，つまり，

$$\begin{pmatrix} x \\ y \end{pmatrix} \longrightarrow \begin{pmatrix} \cos 45° & \sin 45° \\ -\sin 45° & \cos 45° \end{pmatrix} \begin{pmatrix} x \\ y \end{pmatrix}$$

と変換すると，方程式の形は

$$\begin{cases} x^3+y^3+x^2y+xy^2-6\sqrt{2}\,axy=0 \\ x+y+3\sqrt{2}\,a \neq 0 \end{cases}$$

となり，図4のようになる：

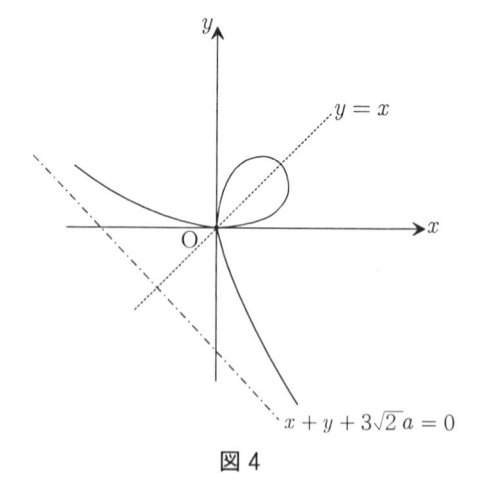

図4

図4における曲線の方程式は，$\frac{y}{x}=t$ ($\neq -1$) とすると，

$$\begin{cases} x = \dfrac{6\sqrt{2}\,at}{(t+1)(t^2+1)} \\ y = \dfrac{6\sqrt{2}\,at^2}{(t+1)(t^2+1)} \end{cases}$$

補充問題

xy 座標平面での曲線

$$y^2 = x^2 \cdot \frac{3-x}{1+x}$$

の閉じた部分の面積を求めよ．

《解》求める面積を S とする．

$$S = 2\int_0^3 x\sqrt{\frac{3-x}{1+x}}\,dx$$

$\sqrt{1+x}=t$ とおくと，$1+x=t^2$ であるから $\dfrac{dx}{dt}=2t$ であり，従って

$$S = 4\int_1^2 (t^2-1)\sqrt{4-t^2}\,dt$$

$t=2\sin\theta$ とおくと $\dfrac{dt}{d\theta}=2\cos\theta$ であるから

$$S = 16\int_{\frac{\pi}{6}}^{\frac{\pi}{2}} (4\sin^2\theta-1)\cos^2\theta\,d\theta$$

$$= 16\int_{\frac{\pi}{6}}^{\frac{\pi}{2}} (\sin^2(2\theta)-\cos^2\theta)\,d\theta$$

$$= 16\int_{\frac{\pi}{6}}^{\frac{\pi}{2}} \left(\frac{1-\cos 4\theta}{2}-\frac{1+\cos 2\theta}{2}\right)d\theta$$

$$= 16\times\frac{1}{2}\left[-\frac{\sin 4\theta}{4}-\frac{\sin 2\theta}{2}\right]_{\frac{\pi}{6}}^{\frac{\pi}{2}}$$

$$= 8\left(\frac{1}{4}\cdot\frac{\sqrt{3}}{2}+\frac{1}{2}\cdot\frac{\sqrt{3}}{2}\right)$$

$$\therefore\quad S = 3\sqrt{3} \quad \cdots((答))$$

例6で与えられた曲線は，**ストロフォイド** (strophoid：葉線) とよばれるものの変種である．ここでの方程式は，$(x^2+y^2)(x+1)-4x^2=0$ とも表される．

また，例6における方程式の分母を除くと

のようにパラメーター表示される．この式の分母は t の 3 次式である．

特に，分母が t の 3 次式として
$$\begin{cases} x = \dfrac{6\sqrt{2}\,at}{t^3+1} \\ y = \dfrac{6\sqrt{2}\,at^2}{t^3+1} \end{cases} \quad (t \neq -1)$$
の形では，
$$x^3 + y^3 - 6\sqrt{2}\,axy = 0$$
となる．これは，**デカルトの正葉線(folium)** といわれるものである．(描いてみよ．)

3 次以上の代数曲線(や曲面)の分類論は，並大抵のことではない．(この数学の程度は，一挙に，数学専攻の大学院 level のものになる．) しかし，大学入試で出題されるものは，個別具体形のもので，しかも限りがあるので，地道に微分などをしてゆけば何とかなる．

◀ **問題11** ▶

x, y は t を媒介変数として，次のように表示されているものとする．
$$\begin{cases} x = \dfrac{3t - t^2}{t+1} \\ y = \dfrac{3t^2 - t^3}{t+1} \end{cases}$$
変数 t が $0 \leq t \leq 3$ を動くとき，x と y の動く範囲をそれぞれ求めよ．

さらに，この (x, y) が描くグラフが囲む図形と領域 $y \geq x$ の共通部分の面積を求めよ．

(京都大)

① 受験生には四苦八苦のこのような問題も，幾何学者(―― 出題者は，多分，そうであろう)にとっては，頭を何も使わないで出題するようなものである．

t を消去するのはたやすいがあまり審美的でない 3 次曲線になるので，やめた方がよい．そのままで，特徴を把えて曲線を描く．このような問題では，特に，計算のスジのよしあしがはっきり出やすいので，なるべく泥沼にはまり込まないようにされたい．パラメーター表示での積分計算では，t が明白な向きをもつことに注意．

〈解〉 与式から

$$x = -t + 4 - \frac{4}{t+1} \quad (0 \leq t \leq 3)$$

t で x を微分したことを $\dot{x}$ で表すことにする．
$$\dot{x} = -1 + \frac{4}{(t+1)^2}$$
$$= \frac{-(t-1)(t+3)}{(t+1)^2}$$

$0 \leq t \leq 3$ において，x は，明らかに $t = 1$ で最大，$t = 0$ または 3 で最小となる．

$$\therefore \quad 0 \leq x \leq 1 \quad \cdots (答)$$

y の方は
$$y = -(t-2)^2 + \frac{4}{t+1} \quad (0 \leq t \leq 3),$$
$$\dot{y} = -2(t-2) - \frac{4}{(t+1)^2}$$
$$= \frac{-t(t-\sqrt{3})(t+\sqrt{3})}{(t+1)^2}$$

$0 \leq t \leq 3$ において，y は，$t = \sqrt{3}$ で最大，$t = 0$ または 3 で最小となる．

$$\therefore \quad 0 \leq y \leq 3(2\sqrt{3} - 3)$$

そして $\dfrac{\dot{y}}{\dot{x}} = \dfrac{t(t-\sqrt{3})(t+\sqrt{3})}{(t-1)(t+3)}$ は，$0 < t < 1$ では正，$1 < t < \sqrt{3}$ では負，$\sqrt{3} < t < 3$ では正である．

そこで $t = 0, 1, 3$ で曲線の接線の傾きを調べておこう:
$$\left(\frac{\dot{y}}{\dot{x}}\right)_{t=0} = 0, \quad \left(\frac{\dot{y}}{\dot{x}}\right)_{t=1} = \pm\infty,$$
$$\left(\frac{\dot{y}}{\dot{x}}\right)_{t=3} = 3$$

以上から，問題の曲線は，$0 \leq t \leq 3$ では，次のような連続な閉じた曲線，従ってループになる:

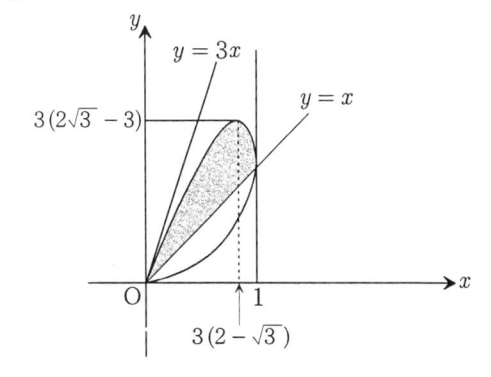

曲線の $y \geqq x$ の領域にある部分を y_1 とすると，求める面積を S (図の点々状部分)として

$$S = \int_0^1 y_1 dx - \frac{1}{2} \times 1 \times 1$$
$$= \int_3^1 \frac{3t^2 - t^3}{t+1} \cdot \frac{dx}{dt} dt - \frac{1}{2}$$

となるが，右辺の定積分を I として求める．

$$I = \int_3^1 \left\{ -(t-2)^2 + \frac{4}{t+1} \right\}$$
$$\cdot \left\{ -1 + \frac{4}{(t+1)^2} \right\} dt$$
$$= \int_3^1 \left\{ (t-2)^2 - 4\left(\frac{t-2}{t+1}\right)^2 \right.$$
$$\left. - \frac{4}{t+1} + \frac{16}{(t+1)^3} \right\} dt$$
$$= \frac{1}{3}\left[(t-2)^3\right]_3^1 - 4\left[\log(t+1)\right]_3^1$$
$$- \left[\frac{8}{(t+1)^2}\right]_3^1 - 4\int_3^1 \left(\frac{t-2}{t+1}\right)^2 dt$$
$$= -\frac{2}{3} + 4\log 2 - \frac{3}{2}$$
$$+ 4\int_1^3 \left(\frac{t-2}{t+1}\right)^2 dt$$

ここで

$$J = \int_1^3 \left(\frac{t-2}{t+1}\right)^2 dt$$

として $t+1 = u$ とおくと

$$J = \int_2^4 \left(1 - \frac{6}{u} + \frac{9}{u^2}\right) du$$
$$= \left[u - 6\log u - \frac{9}{u}\right]_2^4$$
$$= \frac{17}{4} - 6\log 2$$
$$\therefore \quad I = \frac{89}{6} - 20\log 2$$
$$\therefore \quad S = \frac{43}{3} - 20\log 2 \quad \cdots \text{(答)}$$

(注) 曲線は閉じていても，例えば，以下のような図には決してならないということを踏まえた解答をすること．

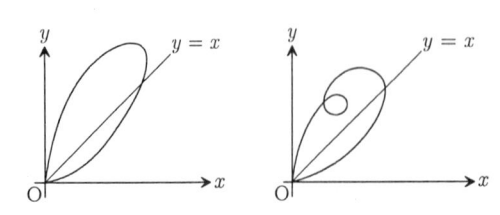

京大の入試数学は，6題／150分である．1題あたり25分．

問題11は，スラスラ解けても余程の速記者でなければ，25分以内で完了することはできまい．採点者達とて，これを解き始めて，25分以内で完了できたとは思われない．結構な筆記量と計算量だからである．数学は，もう少し落ち着いて解かせるような試験にはならないものだろうか．

'急いては事を仕損じる．' これは，大権現様徳川家康流の人生観．しかし，「急かす」のは世の常，人の常：欲心性急過ぎた織田・豊臣両氏は，天下をとっても短かった．尤も，秀吉の場合は，富裕さに甘えた道楽人生も足を引っ張ったが．さて，何事も speed の現代人はどうかな？

これまでいろいろな曲線が現れてきたが，そろそろ**曲線の長さ**の方に進もう．

ところで代数曲線の中で最も基本的で有用なものは，**2次曲線**のひとつ，**楕円**である．本講義中，**行列**（その1）で双曲線を扱った．楕円の場合も同様の計算で済む．

楕円の方程式は

$$\frac{x^2}{a^2} + \frac{y^2}{b^2} = 1 \quad (a > 0, \; b > 0)$$

で与えられ，$a > b$ のとき，**離心率**と**焦点**はそれぞれ次のようになる：

$$e = \frac{\sqrt{a^2 - b^2}}{a} \quad (<1),$$
$$F : (ae, 0), \; (-ae, 0)$$

なお，**放物線**の方程式は

$$y^2 = 4px \quad (p \gtrless 0)$$

で与えられ，その**離心率**と**焦点**はそれぞれ

$$e = 1,$$
$$F : (p, 0)$$

である．

(いずれ，2次曲線に入ったとき，準線という用語も現れるが，多分，説明はしないだろう．)

いま，ここでやることは，**曲線の長さ**と**楕円**である．

xy 座標平面内の曲線の長さを考えるとき，諸君の学んできた数学では，暗に，三平方（ピタゴラス）の定理が成り立つということが前提にな

っている．微積分でも，それを駆使して曲線の長さを求めるのであるが，その際，極限算法が裏打ちされてくる．この為に，かなりの横着な計算が許される．

適当な変域で微分可能な関数 $y = f(x)$ に対して
$$\Delta y = f'(x)\Delta x + o(\Delta x),$$
$$\lim_{\Delta x \to 0} \frac{o(\Delta x)}{\Delta x} = 0$$
なるとき，$f'(x)$ を**微分商**というのであるが，これらの式を，がさつにも，「$dy = f'(x)dx$ として $\int$ をひっかけて，$y = \int f'(x)dx$ とする」**事務処方**がやられている．このような行状も，極限算法の御利益によって大義名分が立つ．

「さすれば，xy 平面内で t をパラメーターとする曲線の微小な部分の長さを ds として，三平方の定理により
$$(ds)^2 = (dx)^2 + (dy)^2.$$
両辺を $(dt)^2$ で割って，平方根記号をひっかけて
$$\frac{ds}{dt} = \sqrt{\left(\frac{dx}{dt}\right)^2 + \left(\frac{dy}{dt}\right)^2}$$
となるから，$\int_\alpha^\beta$ をひっかけて，それを $s([\alpha, \beta])$ と表して
$$s([\alpha, \beta]) = \int_\alpha^\beta \sqrt{\left(\frac{dx}{dt}\right)^2 + \left(\frac{dy}{dt}\right)^2} dt$$
になる」というのは，もっともらしいであろう．$o(\Delta x) = 0$ としても $(dx)^2 + (dy)^2 = 0$ としないのは，立場が一貫しないが，**世は，何事も都合次第**．特に
$$\begin{cases} x = t \\ y = f(t) \end{cases} \quad (\alpha \leq t \leq \beta)$$
とすれば，
$$s([\alpha, \beta]) = \int_\alpha^\beta \sqrt{1 + \{f'(x)\}^2} dx$$
となる．

さて，**楕円の周長**を"求めて"みよう．(求めれるならば．) 楕円の方程式は
$$y^2 = b^2\left(1 - \frac{x^2}{a^2}\right)$$
であるから
$$2yy' = -2 \cdot \frac{b^2}{a^2}x$$

となる．$y > 0$ として
$$(y')^2 = \left(\frac{b}{a}\right)^4 \left(\frac{x}{y}\right)^2 = \frac{b^2}{a^2}\left(\frac{x^2}{a^2 - x^2}\right)$$
より，一周分の長さ ℓ は
$$\ell = 4\int_0^a \sqrt{1 + \frac{b^2 x^2}{a^2(a^2 - x^2)}} dx$$
$$= 4\int_0^a \sqrt{\frac{a^4 - (a^2 - b^2)x^2}{a^2(a^2 - x^2)}} dx$$
$$= 4\int_0^a \sqrt{\frac{1 - \frac{a^2 - b^2}{a^2}\left(\frac{x}{a}\right)^2}{1 - \left(\frac{x}{a}\right)^2}} dx$$
$$= 4a\int_0^1 \sqrt{\frac{1 - e^2 x^2}{1 - x^2}} dx \quad \left(e = \frac{\sqrt{a^2 - b^2}}{a}\right)$$

これを計算する？ $e = 0$ であれば，
$$\ell = 4a\int_0^1 \frac{1}{\sqrt{1 - x^2}} dx$$
であるから，これはすぐ解けて $\ell = 2\pi a$ となる (半径 a の円周)．

しかし，$0 < e < 1$ では，ちょっと，すぐには，手に負えそうもない．

積分
$$E(e) = \int_0^1 \sqrt{\frac{1 - e^2 x^2}{1 - x^2}} dx \quad (0 \leq e < 1)$$
は，文字通り，**楕円積分**といわれるものである．($E(e)$ と表すのは，"楕円"の外国語訳 "Ellipse" に由来している．)

実は，この積分は，入試の枠外のものである．というのは，被積分関数の分母が $x \to 1$ のとき 0 になるからであり，このようなときは，前に言葉だけを述べた**広義積分**によらなくてはならないからである．しかし，次のように表せば，そういう難点が消失する為に，入試の枠内に収まるのである：

$x = \cos\theta$ とおけば
$$E(e) = \int_0^{\frac{\pi}{2}} \sqrt{1 - e^2 \cos^2\theta} d\theta$$
と表される．($\cos\theta$ の所は $\sin\theta$ でもよい．)

他方，物理では，同一平面内における重力下での振り子の運動の周期を求める際，上の $E(e)$ の被積分関数の逆数値関数の積分

$$K(k) = \int_0^{\frac{\pi}{2}} \frac{1}{\sqrt{1-k^2\cos^2\theta}}\, d\theta \ (0 \leqq k < 1)$$

なるものが現れる．

そこで，これらをまとめて

$$K(k) = \int_0^{\frac{\pi}{2}} \frac{1}{\sqrt{1-k^2\cos^2\theta}}\, d\theta \ (0 \leqq k < 1)$$
（第一種完全楕円積分）

$$E(k) = \int_0^{\frac{\pi}{2}} \sqrt{1-k^2\cos^2\theta}\, d\theta \ (0 \leqq k < 1)$$
（第二種完全楕円積分）

という．これらの命名は**オイラー**（1700年代のスイスの数学者）による．

第11章は，稿を新たにし，このような積分を踏まえて，「**曲線と積分，物理への応用，そして極方程式へ**」と流れてゆく．

第 11 章

曲線と積分，物理への応用，そして極方程式へ（その 1）

　前に，**曲線の長さ**について，怪しげな説明を載せておいたが，当講義の一連の流れに沿うてきた読者は，少しずつ本格的な数学の考え方にも馴染んできているはずなので，記述の程度も徐々に上げてゆくことにする．
　そこで，今回は，曲線というものを少し厳密に捉えるように説明する．

　xy 直交座標の入った平面 $\boldsymbol{A}_2$ 内の点 p を座標 (x_0, y_0) で，また，t をパラメーターとして t の閉区間 $[\alpha, \beta]$ $(\alpha < \beta)$ を I と表す．
点 p を通る連続曲線 (c_p, I) とは，
$$c_p : I \ni t \longmapsto (x_p(t), y_p(t)) \in \boldsymbol{A}_2,$$
$$c_p(\alpha) = p$$
なる連続な座標関数である．
$c_p(\alpha) = c_p(\beta)$ のとき，c_p は**閉曲線**といわれる．$t \in I$ に順序がある以上，閉曲線は向きをもつことに注意しておく．特に，$\alpha \leqq t_1 < t_2 \leqq \beta$ なる t_1, t_2 で $c_p(t_1) = c_p(t_2)$ となるような点を**重複点**という．（重複点の例については，既に，積分法（その 2）で紹介した．）ただし，$c_p(\alpha) = c_p(\beta)$ のときは，重複点とはいわない．
$c_p(t_1) = c_p(t_2)$ $(\alpha \leqq t_1 \leqq \beta, \alpha \leqq t_2 \leqq \beta)$ となる t は $t_1 = t_2$ に限るとき，このような曲線は，**単一曲線**といわれる．そのうち，$c_p(\alpha) = c_p(\beta)$ のときは，特に，**単一閉曲線**といわれる．

　そこで，いまから連続曲線 (c_p, I) の**長さ**というものに立ち入る．（以後，煩わしさを避けるために，必要なくば，添字 "p" をは省略する．）
　I を n 分割して，それを Δ で象徴する：
$$\Delta : \alpha = t_0 < t_1 < \cdots < t_n = \beta$$
各 t_k $(0 \leqq k \leqq n)$ に対して $c(t_k)$ が定まり，そして
$$|c(t_{k+1}) - c(t_k)|$$
$$= \sqrt{\{x(t_{k+1}) - x(t_k)\}^2 + \{y(t_{k+1}) - y(t_k)\}^2}$$

とすると，
$$L_\Delta(c) = \sum_{k=0}^{n-1} |c(t_{k+1}) - c(t_k)|$$
なるものは，xy 平面内でのひとつの折れ線の長さの定義となる．分割 Δ はいろいろ変化させ得るので，それに応じて $L_\Delta(c)$ も変化する．そして $L_\Delta(c)$ が上に有界のとき，その上限を $\ell(c)$ で表して曲線 (c, I) の長さと定義する．

　（注意）ざっくばらんに考えるなら，「連続な曲線はつねに長さをもっている」と断定したくなるであろうが，しかし，**それは誤断であるという恐るべき事態が生じる**．閉区間でも，長さをもたない連続曲線の例はいくらでもある．（だから**数学は畏怖するべきもの**！）
　また，「曲線とは，細長い 1 本の線のようなものである」というのは，image はしやすいが，**これもまた正しいとはいえない**．境界をもった正方形を埋め尽くす**ペアノの曲線**というものがあるからである．
　しかし，読者のやる数学では，そのようなものは，決して現れないので，その点では安心してよいが，**それで「めでたし」などとは思わないこと**．

　さて，(c, I) が微分可能曲線でかつ $(\frac{d}{dt}c(t), I)$ が連続曲線であるとする．$\frac{d}{dt}c(t) = \dot{c}(t)$ と表して
$$\dot{c}(t) = \begin{pmatrix} \dot{x}(t) \\ \dot{y}(t) \end{pmatrix}, \quad |\dot{c}(t)| = \sqrt{\{\dot{x}(t)\}^2 + \{\dot{y}(t)\}^2}$$
と定義すると，定積分の定義により
$$L_\Delta(c) = \sum_{k=0}^{n-1} \left| \int_{t_k}^{t_{k+1}} \dot{c}(t)\,dt \right|$$
$$\leqq \sum_{k=0}^{n-1} \int_{t_k}^{t_{k+1}} |\dot{c}(t)|\,dt$$

$$= \int_\alpha^\beta |\dot{c}(t)|dt$$

となる．（この $\int_\alpha^\beta |\dot{c}(t)|dt$ が $L_\Delta(c)$ の上限であることを証明するのは，難しくはないが，ここでは止めておく．）かくして曲線 (c, I) の長さは，次のように与えられることになる：

$$\ell(c) = \int_\alpha^\beta |\dot{c}(t)|dt$$

各 $t \in [\alpha, \beta]$ に対して

$$c_p(\alpha) = p, \quad \dot{c}_p(t) = \boldsymbol{X}_{c_p(t)}$$

と与えられれば，これは，曲線に関する**常微分方程式**といわれるものになる．この方程式が解をもつ場合，解 $(c_p, [\alpha, \beta])$ を**積分曲線**という．$\boldsymbol{X}_{c_p(t)}$ に任意性があれば，点 p を通る曲線は無数に存在するし，同一の $\boldsymbol{X}_p$ を与える曲線とて無数に存在する．（そして，曲線上の各点で定義される関数に対してまでも微分が定義されるようになる．このようにして発展してきたものは，今日では，**微分幾何学**とよばれる広範な分野を構築した．）

元に戻って，$\alpha \leq t \leq \beta$ において適当な連続曲線の長さは，（それがあれば，）

$$\ell = \int_\alpha^\beta \sqrt{\left(\frac{dx}{dt}\right)^2 + \left(\frac{dy}{dt}\right)^2}\, dt$$

ということも，それなりにきちんと，納得して頂けたと思う．

なお，$\left(\frac{dx}{dt}\right)^2 + \left(\frac{dy}{dt}\right)^2 \neq 0$ であれば，曲線 (c, I) は，各 t で唯 1 つの接線を有することになる．（t を時間のように思うならば，この接線は，いずれやる速度ベクトルの方向を象徴することになる．）

そして，$\alpha \leq t \leq \beta$ において $t = x$ としたとき，$y = f(t)$ が各 t に対して唯 1 つ存在するならば，$y = f(x)$ $(\alpha \leq x \leq \beta)$ と表して

$$\ell = \int_\alpha^\beta \sqrt{1 + \left(\frac{dy}{dx}\right)^2}\, dx \quad (y = f(x))$$

となる訳である．

前回は，この公式を適用して楕円の周長を積分で表した．そこの所をもう少しつっ込んでみることにする．$0 < k < 1$ として

第一種楕円積分

$$F_1(\phi, k) = \int_0^\phi \frac{1}{\sqrt{1 - k^2 \cos^2 \theta}}\, d\theta$$

$$(0 \leq \phi \leq \pi)$$

$$= \int_x^1 \frac{1}{\sqrt{(1 - k^2 t^2)(1 - t^2)}}\, dt \quad (|x| \leq 1),$$

第二種楕円積分

$$F_2(\phi, k) = \int_0^\phi \sqrt{1 - k^2 \cos^2 \theta}\, d\theta$$

$$(0 \leq \phi \leq \pi)$$

$$= \int_x^1 \sqrt{\frac{1 - k^2 t^2}{1 - t^2}}\, dt \quad (|x| \leq 1).$$

長軸，短軸の長さがそれぞれ $2a, 2b$ の楕円の一周長 ℓ は

$$\begin{cases} \ell = 4a F_2\left(\frac{\pi}{2}, k\right) \\ k = \dfrac{\sqrt{a^2 - b^2}}{a} \end{cases}$$

で与えられる．前に用いた記号によると，$F_2\left(\frac{\pi}{2}, k\right) = E(k)$ である．$\phi = \frac{\pi}{2}$ のときは，**完全楕円積分**といわれる．

$F_1(\phi, k)$, $F_2(\phi, k)$ 共々，全く自然で素朴な過程から得られる重要な積分なのであるが，一般にこのようなもの程，積分を（初等解析的に）求めるのが困難になる傾向がある．（これに対して，**人間様が問題用として作った人工的積分は複雑に見えても必ず解ける．**）楕円積分はともかくとしても，自然現象で現れる積分の少なからずは，残念なことに**数値積分**に頼らざるを得ない．例えば，前に述べたような

$$\int_0^x \frac{\sin t}{t}\, dt, \quad \int_0^x \sin(t^2)\, dt, \quad \int_0^x e^{-t^2}\, dt, \ \cdots$$

などである．（sine の所を cosine に変えても同じ．）

さて，楕円積分において k は**母数**といわれており，通常，$0 < k < 1$ とするが，$k = 0$ を許すと，$F_1(\phi, 0)$ も $F_2(\phi, 0)$ も初等関数の枠内で解ける：

$$\phi = \int_x^1 \frac{1}{\sqrt{1 - t^2}}\, dt,$$

$$x = \cos \phi \ (0 < \phi < \pi)$$

となるので，

$$\cos^{-1} x = \int_x^1 \frac{1}{\sqrt{1-t^2}} dt$$

を与える．（$\cos^{-1} x$ は $\cos x$ の逆関数である．）
因みに

$$\sin^{-1} x = \int_0^x \frac{1}{\sqrt{1-t^2}} dt$$

であるから

$$\sin^{-1} x + \cos^{-1} x = \int_0^1 \frac{1}{\sqrt{1-t^2}} dt$$
$$= \frac{\pi}{2}$$

を得る．（以上の積分は**広義積分**．）

なお，$\sin^{-1} x$, $\cos^{-1} x$ は，各々 $\left[-\frac{\pi}{2}, \frac{\pi}{2}\right]$, $[0, \pi]$ なる値域では，$-1 \leqq x \leqq 1$ で単調増加関数，単調減少関数である．

以上のような訳で，一般に

$$\int_0^x \frac{1}{\sqrt{a_0 t^2 + a_1 t + a_2}} dt$$

のようなものは解けるということも肯けるであろう．

もう少し，上っつらだけだが，言及しておく．
$0 < k < 1$ として

$$z = \int_0^x \frac{1}{\sqrt{(1-k^2 t^2)(1-t^2)}} dt$$

なる関数には逆関数が存在して，通常，それは $x = \operatorname{sn} z$ と表される（**ヤコービの楕円関数**）．三角関数と形式的類似性があって $\operatorname{cn} z = \sqrt{1-(\operatorname{sn} z)^2}$, $\operatorname{tn} z = \operatorname{sn} z / \operatorname{cn} z$ などが定義される．
複素変数を導入して，この路線を発展させたものは，**楕円関数論**とよばれ，1800年代の数学の花形分野のひとつであった．ルジャンドルを経て，**ヤコービ**，**アーベル**，**ガウス**という錚々(そう)たる顔ぶれが活躍した分野でもある．

楕円積分は，**第一**，**第二種**の他に**第三種**があって

$$\int \frac{1}{(1+at^2)\sqrt{(1-k^2 t^2)(1-t^2)}} dt$$

の形をとる．（a はパラメーター）
なお，

$$\int \frac{1}{(1+at^2)^b \sqrt{(1-k^2 t^2)(1-t^2)}} dt$$
$$(b = 0, \pm 1)$$

という積分を考えると，第一～第三種楕円積分は全てこの形の中に含まれると付け加えておこう．（筆者は，こうして"覚えた"ものであった．）
（**入試数学とその周辺は，水準的には，せいぜい 1600 年代末頃までの内容**なので，これらの内容に立ち入った事は，出題されない．）

 ＜例1＞ 実数 x が $|x| \ll 1$ ならば，微分可能な関数 $f(x)$ は，

$$f(x) \fallingdotseq f(0) + f'(0) x$$

と近似される．このことを用いて，$|k| \ll 1$ のとき

$$I = \int_0^1 \frac{1}{\sqrt{1 - k^2 \sin^2 \left(\frac{\pi x}{2}\right)}} dx$$

を近似的に評価してみよ．

解 $f(x)$ の近似式により

$$\frac{1}{\sqrt{1-x}} \fallingdotseq 1 + \frac{1}{2} x \quad (|x| \ll 1)$$

従って

$$\frac{1}{\sqrt{1 - k^2 \sin^2 \left(\frac{\pi x}{2}\right)}}$$
$$\fallingdotseq 1 + \frac{1}{2} k^2 \sin^2 \left(\frac{\pi x}{2}\right) \quad (|k| \ll 1)$$

この右辺を $[0, 1]$ で積分して

$$\int_0^1 \left\{1 + \frac{1}{2} k^2 \sin^2 \left(\frac{\pi x}{2}\right)\right\} dx$$
$$= \int_0^1 \left\{1 + \frac{1}{2} k^2 \left(\frac{1 - \cos \pi x}{2}\right)\right\} dx$$
$$= \left[x + \frac{k^2}{4} x - \frac{k^2}{4\pi} \sin \pi x\right]_0^1$$
$$= 1 + \frac{k^2}{4}$$

$$\therefore \quad I \fallingdotseq 1 + \frac{k^2}{4} \quad (|k| \ll 1)$$
──────────(答)

例1において，$\frac{\pi}{2} x = \theta$ とおくと

$$I = \frac{2}{\pi} \int_0^{\frac{\pi}{2}} \frac{1}{\sqrt{1 - k^2 \sin^2 \theta}} d\theta$$

なる**第一種完全楕円積分**である．

次の問題は，**第二種完全楕円積分の不等式評価**．

◀ 問題 1 ▶

正の実数 $a, b (a > b)$ に対して，式
$$\begin{cases} x = a\cos t \\ y = b\sin t \end{cases} \quad (-\pi \leq t \leq \pi)$$
で表される楕円について，次の問いに答えよ．

(1) この楕円の長さ ℓ は
$$\ell = 4a\int_0^{\frac{\pi}{2}} \sqrt{1 - k\cos^2 t}\, dt$$
$$\left(k = 1 - \frac{b^2}{a^2}\right)$$
であることを示せ．（積分の値は求めなくてよい．）

(2) $\sqrt{1 - k\cos^2 t}$ の $0 \leq t \leq \frac{\pi}{2}$ における最大値，最小値を求め，ℓ と半径 a および半径 b の円周の長さの大小関係を調べよ．

(3) $u \leq 1$ のとき，
$$\sqrt{1-u} \leq 1 - \frac{1}{2}u$$
が成り立つことを用いて，$a = \frac{100}{\pi}$, $b = \frac{99}{\pi}$ に対して ℓ が 199.005 以下になることを示せ．

(熊本大)

〈解〉(1) $\dfrac{dx}{dt} = -a\sin t$, $\dfrac{dy}{dt} = b\cos t$ であるから
$$\ell = 4\int_0^{\frac{\pi}{2}} \sqrt{a^2\sin^2 t + b^2\cos^2 t}\, dt$$
$$= 4a\int_0^{\frac{\pi}{2}} \sqrt{1 - \cos^2 t + \frac{b^2}{a^2}\cos^2 t}\, dt$$
$$= 4a\int_0^{\frac{\pi}{2}} \sqrt{1 - k\cos^2 t}\, dt$$
$$\left(k = 1 - \frac{b^2}{a^2}\right) \blacktriangleleft$$

(2) $f(t) = \sqrt{1 - k\cos^2 t}$ $(0 \leq t \leq \frac{\pi}{2})$
と表すと
$$f'(t) = \frac{k\sin t \cos t}{\sqrt{1 - k\cos^2 t}} \geq 0$$
$$(\because \ k > 0,\ 0 \leq t \leq \frac{\pi}{2} \text{ より})$$

よって $f(t)$ $(0 \leq t \leq \frac{\pi}{2})$ の

最大値 $f\left(\dfrac{\pi}{2}\right) = 1$
最小値 $f(0) = \sqrt{1 - k}$ $\cdots$（答）

この結果より
$$2\pi a\sqrt{1-k} \leq \ell = 4a\int_0^{\frac{\pi}{2}} f(t)\, dt \leq 2\pi a$$
$k = 1 - \dfrac{b^2}{a^2}$ より上式は
$$2\pi b \leq \ell \leq 2\pi a \quad \cdots\text{（答）}$$

(3) $a = \dfrac{100}{\pi}$, $b = \dfrac{99}{\pi}$ と，与えられた不等式により
$$\ell = \frac{400}{\pi}\int_0^{\frac{\pi}{2}} \sqrt{1 - \left(1 - \frac{99^2}{100^2}\right)\cos^2 t}\, dt$$
$$\leq \frac{400}{\pi}\int_0^{\frac{\pi}{2}} \left\{1 - \frac{1}{2}\left(1 - \frac{99^2}{100^2}\right)\cos^2 t\right\} dt$$
$$= \frac{400}{\pi}\int_0^{\frac{\pi}{2}} \left\{1 - \frac{1}{2}\left(1 - \frac{99^2}{100^2}\right)\frac{1 + \cos 2t}{2}\right\} dt$$
$$= \frac{400}{\pi} \cdot \frac{\pi}{2}\left\{1 - \frac{1}{4}\left(1 - \frac{99}{100}\right)\left(1 + \frac{99}{100}\right)\right\}$$
$$= 200\left(1 - \frac{1}{400} \times \frac{199}{100}\right)$$
$$= 200 - 0.995 = 199.005 \quad \blacktriangleleft$$

（補）設問 (1) で出題者は，かっこ付きで，「積分の値は求めなくてよい」と付記してあるが，その数値を，参考の為，御覧に入れておこう．
（マクローリン展開というものを使うので，ここでは，結果を示すだけに留める．）
$$\int_0^{\frac{\pi}{2}} \sqrt{1 - k\cos^2 t}\, dt$$
$$= \frac{\pi}{2} - \frac{\pi}{8}k$$
$$\quad - \frac{\pi}{2}\sum_{n=2}^{\infty} \frac{(2n-3)!!(2n-1)!!}{\{(2n)!!\}^2} k^n$$
ここに
$(2n)!! = (2n)(2n-2)\cdots\cdot 2,$
$(2n-1)!! = (2n-1)(2n-3)\cdots\cdot 1.$

楕円の周長ぐらいといえども，この煩わしさは，結構なものであろう．

設問 (2) は，(3) に影響していない．設問 (3) では，実質的に，第 1 次近似で ℓ を評価させているが，それでも，$a = \dfrac{100}{\pi}$，$b = \dfrac{99}{\pi}$ ぐらいの楕円では，(2) における $2\pi b \leq \ell \leq 2\pi a$ を満たしていると出題者は主張したいのであろう．

第11章 曲線と積分，物理への応用，そして極方程式（その1）

　先程も述べたように，現実には有用ながら，しばしば，（不定）積分が求めれない場合がある．しかし，数値結果だけなら，きちんと求まる場合もあるし，そうでなくとも，様々な補間法とコンピューターによって精度の高い近似値は求められる．
　補間法というものは，基本的には，多項式関数を内挿して，望む数値座標を当てがって，その係数を決定していくものである．この際，一般に大きな連立1次方程式を解くことになるが，**行列（その2）** でも述べたように，今ではコンピューターにやらせる．
　補間法は，1700年代に流行していた計算数学である．当時は，西欧でも，勿論，"electronic computer" などはなかったので，全て手計算をせざるを得なかった．しかし，**その分，できるだけ手間が省けて，かつ効率のよい補間法が工夫された**のである．（その頃，中国や日本では，算盤（そろばん）という手動 digital 計算器を多用していた．）
種々の補間公式を積分することで，それらに応じた数値積分を簡単に求められる．既にやった**シンプソンの公式**は，2次式で行なう第2差分補間法による．これは，易しくて，計算結果の誤差が小さい為に，手頃な方法といえるだろう．
　これらと方法は異なるが，数値積分法としてよく用いられるのに，乱数発生に基づく**モンテカルロ (Monte Carlo) 法**というものがある．それには，ふつう正二十面体さいころが使われて，0から9までの数字による乱数が発生させられる．乱数さいころによって方陣状に得られた乱数表を使って積分値を求めることは，**確率論に依存する**ことになる．その為には，相当の乱数を発生させておかないと，積分値として信頼を寄せられない．それ故，多くの乱数発生が必要で，この際は，どうしてもコンピューター機械に頼らざるを得なくなる．
　数値積分は，多くは，応用数学や工業・実験処理数学等で使われるので，その方向へ進めば，そのような演習をわんさとやらされることになる．

　さて，曲線というものは，数学と物理学の双方にまたがっているので，少し**物理への応用を**やっておく．

　入試数学では，物理的問題の出題に際しては，出題側は，相当，慎重にやらなくてはならないのだが，現実には，多少，ずさんであるということは否定できない．この際，慎重さを期するのは，物理を選択している受験生とそうでない受験生の**どちらもが不利にならないように配慮**する点にある．しかし，多くの問題を見ると，どちらかに，片寄る傾向がある．それ故，受験生としては，以下に述べるように対処されたい：
　（一）物理を選択している受験生は，"出題者は，できるだけ単純な現象を考えている" と思ってよいということ．
　（二）物理を選択していない受験生は，物理の教科書程度でよいから，一応，「力と運動」ぐらいの箇所には目を通しておくこと．
それでも，文意不明というときがあるかもしれないが，それで点差がついてしまったら，それはもう運が悪かったと思うよりない．（人間社会では，御利益にあずかるか否かは，poker をやるようなもの．）

　読者には，「高校物理では，どうして微積分法を使わないのか？」と思う人が多いであろう．筆者も，受験生の頃，（静かに）そう思っていた．だんだん年を経て，理由が分かってきたのであった．最大の理由は，大学入試にある．教科書内で微積分を推奨した記述をすると，**入試物理の出題内容が氾濫する**からである．最早，質点の等加速度直線運動や等速円運動ごときにとらわれず，無尽蔵に**すさまじい難問や奇問**が作れて歯止めがきかなくなる．「法的に枠を作って規制すればよい」と思う人もいるだろうが，洪水を網の堤防で防ごうとするようなものである．（法ごときで，人間が律しきれるなら，警察は要らない．車の speed 違反を見よ！）しかも，この際，出題違反と指摘されても正当化することぐらいすぐできる．そこで，物理の指導要領に携わる中央のお役人方の採った苦肉の策は，高校物理では，微積分の使用をは極力避けて，あからさまに微積分を使用する物理は，理系高3生用の数学Ⅲでやって頂く（──ただし，無理なく解ける運動学までで stop させる）という分担方針である．**他にもいくつかの理由はある**が，ともかくもこれならば，受験生にもあまり負担はかからないし，しかもかろうじて大学入試も秩序が保たれる．〈これに対して，大学院入試ごときはいろいろな意味で，無秩序で怪しい．〉

物理の教科書で微積分をあらわにしなくとも，それが裏打ちされているのは，当たりまえのこんこんちきなのであるから，少し力のある高校生はすぐ気付いて自分でそれをやれるということで，わざわざ，声を大にして言うまでもないわけである．(物事は，そう単純ではない．それ故，指導要領等を検討する側は，それなりに，結構，頭を痛めているということも理解しなくてはならないのである．)

それでは，これから微積分法を**運動学**に応用する方向へと流れてゆくことにする．

時刻 $t(\alpha \leq t \leq \beta)$ をパラメーターとして，xy 平面内の点 p を始点として，質点が連続曲線 $(c_p, [\alpha, \beta])$ を描いていくとき，

$$\dot{c}_p(t) = \begin{pmatrix} \dot{x}_p(t) \\ \dot{y}_p(t) \end{pmatrix} \quad (\alpha \leq t \leq \beta)$$

が一意に存在するなら，これをその質点の時刻 t における**速度ベクトル**という．(以後，"p" は省略．) 今度は，記号を $\dot{c}(t) = \boldsymbol{v}(t)$ と表し，さらに t で微分して $\ddot{c}(t) = \dot{\boldsymbol{v}}(t)$ が一意に存在するなら，それを**加速ベクトル**といい，$\dot{\boldsymbol{v}}(t) = \boldsymbol{a}(t)$ と表す．つねに '$\boldsymbol{a}(t) = $ 定ベクトル $(\neq 0)$' ならば，質点は**等加速度運動**，'$\boldsymbol{a}(t) = 0$' ならば，**等速度運動**をしているといわれる．$\boldsymbol{v}(t), \boldsymbol{a}(t)$ の大きさは，それぞれ

$$|\boldsymbol{v}(t)| = \sqrt{\{\dot{x}(t)\}^2 + \{\dot{y}(t)\}^2} \quad (速さ),$$
$$|\boldsymbol{a}(t)| = |\dot{\boldsymbol{v}}(t)| = \sqrt{\{\ddot{x}(t)\}^2 + \{\ddot{y}(t)\}^2}$$

で定義する．時刻 t での速度ベクトルの方向は，$\dfrac{\dot{y}(t)}{\dot{x}(t)}$ で与えられる正接として決まる．

質点の走った道のり ℓ は

$$\ell = \int_\alpha^\beta |\boldsymbol{v}(t)| dt$$

で与えられる．

物理を選択したことのない読者の為にも，簡単な例として，小石の**斜め投げ上げ**で具体的に説明してみる．(あまりにも有りきたりの初歩的材料で，気はひけるが．)

水平地面上の1定点を O とし，水平面上横に x 軸，縦に(鉛直上向きに)y 軸をとる．以下，小石の運動は，同一紙面内だけで起こるとし，小石の大きさは無視できるものとする．

いま，図のように点 O から，小石を初速(=初速度の大きさ) v_0 で，かつ仰角 θ ($0 < \theta \leq 90°$) で，はじき上げる．

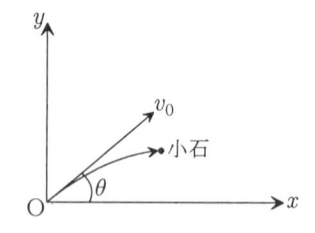

小石には，当然ながら，**重力**(——「力」というものは，加速度を生ぜしめるもの)が働いているために，はじき上げられた後，ある曲線を描いて落下する．簡単の為に，空気による抵抗力は無視する．
小石の運動中での位置座標を (x, y) とする．
x 方向へは，小石は等速度運動をして，その x 座標は，t を運動時間中の時刻として

$$x = (v_0 \cos \theta) t \quad (t \geq 0)$$

で与えられる．
y 座標は，このようにはゆかない．すぐ前で述べたように重力が働いているからである．飛んでいる小石に働く重力は，小石に**重力加速度**というものを生じさせる．(重力加速度の大きさは，後で紹介するが，いまは，それを記号 g ——ここでは，高さによらず g は一定——で表しておく．) そうすると，小石の y 方向の加速度を $\ddot{y}$ として

$$\ddot{y} = -g \quad (向きに注意)$$

となろう．従って

$$\dot{y} = -g \int dt = -gt + C_0 \quad (C_0 \text{ は定数})$$

となるが，$t = 0$ の時，y 方向への初速は $v_0 \sin \theta$ であるから，$v_0 \sin \theta = C_0$．従って

$$\dot{y} = -gt + v_0 \sin \theta$$

となる．これより

$$y = -g \int t dt + v_0 \sin \theta \int dt$$
$$= -\frac{1}{2} gt^2 + (v_0 \sin \theta) t + C \quad (C \text{ は定数})$$

となり，$t = 0$ の時，$y = 0$ であるから

$$y = -\frac{1}{2} gt^2 + (v_0 \sin \theta) t.$$

以上をまとめると

$$(*)\begin{cases} x = (v_0 \cos\theta)t \\ y = (v_0 \sin\theta)t - \dfrac{1}{2}gt^2. \end{cases}$$

(三角形や長方形の面積を積分法で計算しているようなもので，積分式だけが浮かれ踊っているように見えるであろう？)

$\theta \fallingdotseq 90°$ ならば，これから t を消去できて

$$y = (\tan\theta)x - \dfrac{1}{2}g\left(\dfrac{1}{v_0 \cos\theta}\right)^2 x^2$$

となり，これは，小石が放物線を描くことを表している．

$y=0$ となるのは，$x=0$ 以外では，

$$x = \dfrac{2v_0^2}{g}\sin\theta\cos\theta = \dfrac{v_0^2}{g}\sin 2\theta \quad \cdots(\text{☆})$$

であり，この位置が小石の落下点になる．従って，$0 \le x \le \dfrac{v_0^2}{g}\sin 2\theta$ である．遠投では，v_0 が一定である限り，$\theta = 45°$ とすればよいことになる．

なお，小石がはじき上げられてから落下するまでの時間も容易に

$$t = \dfrac{2v_0}{g}\sin\theta \quad \cdots(\text{☆☆})$$

と求まる．(えらく簡単であろう？)

ところで，g であるが，これは，真っ向からは，**力学**の内容であるので，ここでは記述を変えて，上述の内容の方から簡便に g を求める方法を述べる．

まず，小石を $\theta = 45°$ ではじき上げてから落下するまでの時間を測定して t_0[s] ("s" は second の略) を得たとしよう．そして位置 O から落下点までの水平距離は L[m] であったとする．そうすると，(☆) と (☆☆) より

$$L = \dfrac{v_0^2}{g}, \quad t_0 = \dfrac{\sqrt{2}\,v_0}{g}$$

となるから，これらより v_0 を消去して

$$g = \dfrac{2L}{t_0^2} \ [\text{m/s}^2]$$

を得る．妥当な実験をすると，$g = 9.80\,\text{m/s}^2$ ぐらいになる．(もちろん，**実験は 1 回だけでは不足で，何回もやって平均値をとる**．)

重力加速度の大きさは，場所によって微妙に違ってくる．北極では，大体，$g = 9.832\,\text{m/s}^2$，赤道付近では $g = 9.780\,\text{m/s}^2$ である．

従って，例えば，走り高跳びのような競技では，「大会新記録」とはいっても，これは，場所によって重力加速度の大きさに微妙な違いがあるし，それ以外にもいろいろな要因があり得るので，**どこまで判定を信じてよいのか怪しむ余地が入ってくる**．しかし，通常は，そこまで気にしなくてもよいだろう．(北極などで走り高跳びをすることもあるまいから．)

◁例2▷ 原始人が槍を持って，一直線上，食用の 猪（いのしし）を追いかけている．原始人の足の速さは $6.00\,\text{m/s}$，猪の逃げている速さは不明であるが，どちらも一定の速さで走っているものとする．原始人と猪の間の距離が $8.00\,\text{m}$ になった時，原始人は走りながらも，水平に槍を，自分に対して初速 $24.0\,\text{m/s}$ で投射した (**図参照**)．この瞬間の矢先の水平位置を地面上に正射影した点を O とする．その後，槍は，水平位置 P，高さ $0.300\,\text{m}$ の所で見事に猪に命中した．槍が投げられた瞬間，その高さは $1.60\,\text{m}$ であった．猪の 丈（たけ）は $0.300\,\text{m}$ として，体長は無視する．

猪の疾走している速さを求めよ．

ただし，重力加速度の大きさは $9.80\,\text{m/s}^2$ とし，必要ならば，次の数値を利用せよ：$\sqrt{\dfrac{2.60}{9.80}} = 0.515$．

なお，槍に働く空気の抵抗力及び槍の柄（え）の部分のふれなどは一切無視して矢先だけの質点としての運動とみなせ．

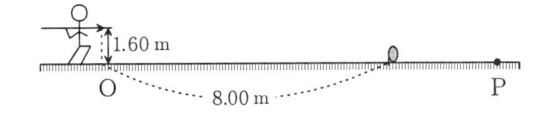

|解| 槍が手から離れる瞬間を時刻 $t=0$ s とする．槍が手から離れた直後の地面に対する槍の初速は $30.0\,\text{m/s}$ で，これを v_0 とする．この時からの矢先の位置座標を (x,y) とする．重力加速度の大きさを g で表すと，(x,y) は

$$x = v_0 t, \quad y = 1.60 - \frac{1}{2}gt^2$$

$y = 0.300\,\mathrm{m}$ となるのは

$$t = T = \sqrt{\frac{2.60}{g}}\,[\mathrm{s}]$$

この時，矢先の水平位置 P は

$$x = v_0 T = 30.0\sqrt{\frac{2.60}{9.80}} = 15.45\,\mathrm{m}$$

この間に猪の逃げた距離は

$$15.45 - 8.00 = 7.45\,\mathrm{m}$$

猪の速さを V として

$$7.45 = VT = 0.515V$$

$$\therefore V = \underline{14.5\,\mathrm{m/s}}_{(答)}\quad(14.4\,\mathrm{m/s}\,\mathrm{も可})$$

例 2 について少し解説を付け加えておく．槍の代わりに小石を考える．1.60 m を $h\,[\mathrm{m}]$ と表すと，$y = h - \frac{1}{2}gt^2$ である．$\dot{y} = v$ と表すと，$v = -gt$ となるが，これら 2 式より t を消去すると，$y = h - \frac{v^2}{2g}$ となる．小石の質量を $M\,[\mathrm{kg}]$ として，この式にかけてやると

$$\frac{1}{2}Mv^2 = Mg(h - y)$$

となる．この式は，鉛直方向における**力学的エネルギー保存の法則**を表す．左辺は小石の（落下速度による）**運動エネルギー**，右辺は小石のもつ（重力による）**位置エネルギー**を表している．$y = 0$ とすると，地面に衝突する直前の鉛直方向の速さが求まる．

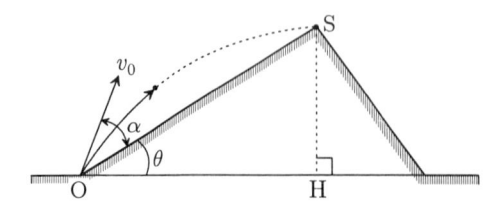

＜例 3＞ 小石の斜め投射によって小山の高さを求めてみよう．図のように水平面に対して角度 θ の傾斜をもった三角形状の断面をもつ小山がある．図の点 O から斜面に対して角度 α で，大きさの無視できる小石をある初速で投げ出して，小山の頂点 S に当たるようにした．（小石が投げられる位置の高さ等は無視している．）

小石が投げ出されてから頂点 S に当たるまでの時間は $T\,[\mathrm{s}]$ であった．
重力加速度の大きさ g は，任意の位置でつねに一定であるとして以下に答えよ．

（1）小山の高さ SH を $\theta,\,\alpha,\,g$ および T で表せ．

（2）$\theta = 30°,\,\alpha = 15°,\,T = 2.0\,\mathrm{s},\,g = 9.8\,\mathrm{m/s^2}$ として SH を求めてみよ．なお，$\sqrt{3} = 1.73$ として，結果は，四捨五入法を採用して，有効数字 2 桁で答えよ．

解 （1）小石の初速を $v_0\,[\mathrm{m/s}]$ とすると，

$$\mathrm{OH} = v_0 \cos(\theta + \alpha) \cdot T,$$
$$\mathrm{SH} = v_0 \sin(\theta + \alpha) \cdot T - \frac{1}{2}gT^2$$

$\mathrm{SH} = \mathrm{OH}\tan\theta$ より

$$v_0 \sin(\theta + \alpha) - \frac{1}{2}gT = v_0 \cos(\theta + \alpha)\tan\theta$$

よって

$$v_0 = \frac{\cos\theta}{\sin(\theta + \alpha)\cos\theta - \cos(\theta + \alpha)\sin\theta} \cdot \frac{g}{2}T$$

$$= \frac{g\cos\theta}{2\sin\alpha}T$$

$$\therefore \mathrm{SH} = \mathrm{OH}\tan\theta$$

$$= \underline{\frac{\sin\theta\cos(\theta + \alpha)}{2\sin\alpha}gT^2}\,[\mathrm{m}]\quad(答)$$

（2）与えられた数値より

$$\sin\alpha = \sin(45° - 30°) = \frac{\sqrt{3} - 1}{2\sqrt{2}}$$

よって

$$\mathrm{SH} = \frac{\sqrt{3} + 1}{4} \times 9.8 \times 4$$

$$\therefore \mathrm{SH} = \underline{2.7 \times 10\,\mathrm{m}}\quad(答)$$

小球が斜面に当たるような入試問題としては，次のようなものがある（**平成 7 年度**）．

> xy 平面を水平面とする xyz 空間に，斜面 $z = x$ がある．zx 平面での大きさのない玉の運動は，玉の位置の座標を $(x,\,y,\,z)$ とするとき，次の式を満たす．

$$\frac{d^2x}{dt^2}=0,\quad y=0,\quad \frac{d^2z}{dt^2}=-g$$

ただし，g は正の定数である．また，玉が斜面にぶつかって反射するとき，斜面に対して入射角と反射角が等しく，速さは変わらない．

(1) 初速度ベクトル $\vec{v}=(p,0,q)$（ただし，$p<q$）で点 $(a,0,a)$ から玉を打ち出す．このとき，初めて斜面に着地する点と，その点で反射した直後の速度ベクトルを求めよ．

(2) 初速度ベクトル $\vec{v}=(\cos\theta,0,\sin\theta)$（ただし，$45°<\theta<90°$）で原点から玉を打ち上げたとき，$n$ 回目に斜面に着地する点の座標を $(x_n,0,x_n)$ とする．このとき

(ア) x_n を求めよ．

(イ) n を 1 つ決めておき，θ を $45°<\theta<90°$ の範囲で変化させたときの x_n の最大値 h_n を求めよ．

(ウ) $\displaystyle\lim_{n\to\infty} h_n$ を求めよ．　　　（京都府医大）

(答)（1）初めて斜面に着地する点

$$\left(\frac{2p(q-p)+ag}{g},\ 0,\ \frac{2p(q-p)+ag}{g}\right)$$

反射した直後の速度ベクトル

$$(2p-q,\ 0,\ p)$$

(2)（ア）$\dfrac{1}{g}n(n\sin 2\theta-\cos 2\theta-n)$

（イ）$\dfrac{1}{g}n(\sqrt{n^2+1}-n)$

（ウ）$\dfrac{1}{2g}$

本問 (1) の前半は，**例3**の理解度の確認によい．（平面の方程式 $z=x$ に留意．）後半は，**微分法（その2）**での**課題 1, 2** をよく演習していた人なら，すぐ解ける．(2) は，(1) を当てがって機械的に計算するだけ．

さて，今度は，**等速円運動**についてである．図のように，質点が時刻 $t=0$ の時に点 A に，時刻 t の時に点 B にくるような半径 $r\,[\mathrm{m}]$ の円軌道を描いているとする．円弧の長さ $\overset{\frown}{AB}$ を $\ell\,[\mathrm{m}]$ としたとき，

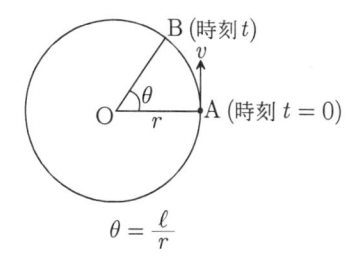

$$\theta=\frac{\ell}{r}$$

なる無名数を規定して**弧度 (radian)** というが，時刻 $t\,[\mathrm{s}]$ での θ の微分 $\dot\theta$ が一定のとき，質点は，**等速円運動**をしているといわれる．$\dot\theta=\omega$ を表すことが多い．ここで $\dot\ell=v$（当然，v は一定）と表せば，

$$\omega=\frac{v}{r}\,[\mathrm{s}^{-1}]$$

という関係式になる．従って，運動の向きを含めて $\ell=vt=\omega rt$ となる．

なお，小球の等速円運動においては，円の接線方向への加速度は 0 であるが，元々，この運動では小球に何らかの拘束力が働いて円軌道を描かせているので，小球には，当然，ある加速度が生じていることになる．それは，**向心加速度**というもので，小球に対して動径の中心方向に働く**向心力**によるものである．しかし，数学 III としては，向心力などは扱わないので，ここで記述を止めておく．

◁例4▷ 座標平面上で動点 P は，原点を中心とする半径 1 の円周上を毎秒 1 (rad) の速さで正の向きに等速回転している．さらに点 Q は，点 P を中心とする半径 r の円周上を毎秒 ω (rad)（$\omega>0$）の速さで正の向きに等速回転している．

時刻 $t=0$ において P は点 $(1,0)$，Q は $(r+1,0)$ にあるとして，以下の問いに答えよ．

(1) ある時刻において点 Q の加速度ベクトルが零ベクトルになったとする．$r=\dfrac{1}{3}$ のとき，ω の値を求めよ．

(2) $r=\dfrac{1}{2}$，$\omega=2$ とする．時刻 $t=0$ から $t=2\pi$ までの間に Q が動いた道のりを求めよ．

（東京医歯大）

解　(1) 点 Q の座標を (x,y) とすると，

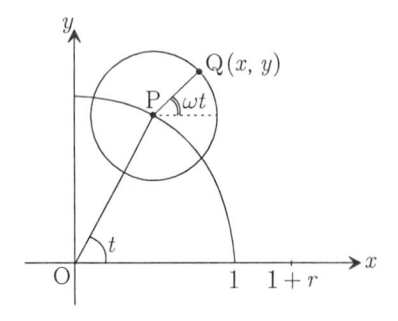

$$\begin{cases} x = \cos t + r\cos\omega t \\ y = \sin t + r\sin\omega t \end{cases}$$

t で微分したことを "・" で表すと，

$$\begin{cases} \dot{x} = -\sin t - r\omega\sin\omega t \\ \dot{y} = \cos t + r\omega\cos\omega t \end{cases}$$

さらに t で微分して

$$\begin{cases} \ddot{x} = -\cos t - r\omega^2\cos\omega t \\ \ddot{y} = -\sin t - r\omega^2\sin\omega t \end{cases}$$

ある時刻 t で $\ddot{x}=0$, $\ddot{y}=0$ ということより

$$\cos t = -r\omega^2\cos\omega t \quad \cdots ①$$
$$\sin t = -r\omega^2\sin\omega t \quad \cdots ②$$

$①^2+②^2$ より

$$1 = (r\omega^2)^2 \quad (r>0, \omega>0)$$

$$\therefore \omega^2 = \frac{1}{r} \quad \therefore \omega = \sqrt{3} \quad \text{(答)}$$

（2）求める道のりを ℓ として

$$\ell = \int_0^{2\pi} \sqrt{(\dot{x})^2+(\dot{y})^2}\,dt$$
$$= \int_0^{2\pi} \sqrt{1+2r\omega\cos(\omega-1)t+(r\omega)^2}\,dt$$

$r=\frac{1}{2}$, $\omega=2$ より

$$\ell = \int_0^{2\pi}\sqrt{2+2\cos t}\,dt = 2\int_0^{2\pi}\left|\cos\frac{t}{2}\right|dt$$
$$= 4\int_0^{\pi}\cos\frac{t}{2}\,dt = \underline{8} \quad \text{(答)}$$

数学Ⅲの物理への応用としては，質点の運動以外にも流体の運動も範囲に入ってくる．こうなると，**体積**も考慮しなくてはならなくなるが，読者においては，このようなものの公式までを再録する必要もなかろう．体積とて面積と同様の考えでやれる．また，球のようなものでは，体積を求めれば，表面積まで求まる：半径 r ($0 \leqq r \leqq a$) での球の体積と表面積をそれぞれ $V(r), S(r)$ とすると，$\dfrac{dV(r)}{dr}=S(r)$ ($0 \leqq r \leqq a$) が成り立つから，回転体の体積を，求積で $V(r)=\dfrac{4}{3}\pi r^3$ と求めれば，$S(r)=4\pi r^2$ と求まる．とり立てて，新たに学ばねばならないものはない．どうせ，"和" の計算なのだから．

単に "和" の計算をやっていたのでは，無機的で退屈でもあろうから，少し問題の雰囲気を変えて，次は，未曾有の**古文調数学**で頭を使ってみられたい．「古文」と聞くと，毛嫌いする人が多いかもしれないが，それは，「数学とは全く関係のない昔の言語」という見方をしているからなのであろう．しかし，**数式などとてひとつの "言語" である**．（尤も，"命のない言語" のように思われるだろうが，それは，その人の「数学」が無機的か否かで決まる．）言語に心が伴うように，数学にも "心" が伴う．数や数式というものは，数学概念の象徴としての言語であり，その言語からどれだけの内容を吟味できるか否かは，まさしく読解力による．その為の言語力強化としては，delicate で，**言葉少なくも意味含蓄の豊富な古文が最もよい**のである．（教養の為にも．）

◀ 問題 2 ▶

以下の文を読み，設問に答えよ．

京は嵯峨の奥っ方にすずろなる男あり．この男，いささけかるも詩歌の才(ざえ)によりて，さるべき御方よりうるはしき玉(ぎょく)の杯(さかずき)を賜はりき．爾来，かの杯と酒を伴とし，うれへの際には，和歌(をりやまとうた)などをたしなみて忘我の境をさまよふなり．時は平成某日．かの男，杯に酒を満てたりて，吟心一首の後にと思ひけむが，たばかる程に思ひ浮かばざりしに，<u>半刻</u>(ｲ)ほど経し後におぼろげなるを詠ひける．

　　ゆく夏を
　　おいて蝉鳴く　黄昏に
　　汝ながらも　うつろふ宿世(すくせ)

「こは如何はあらむ」と杯を取りしに，いみじかるもさうざうし．かの男，せめて見れば，玉の杯の底に例ならずも穿(うがち)(*)ありて，「げにや<u>漏刻</u>(ﾛ)となむ相成りしか」と，<u>うち笑ひけり</u>(ﾊ)．

（*）ここでは，ひび割れによる小さな穴のこと．

（出典『過月草子』）

（1）文中の男の所有している杯は，図のように放物線
$$y = \frac{1}{8}x^2 + 1 \quad (|x| \leq 4\,\text{cm})$$
を y 軸の回りに1回転してできた形をしている．この杯の容積を求めよ．

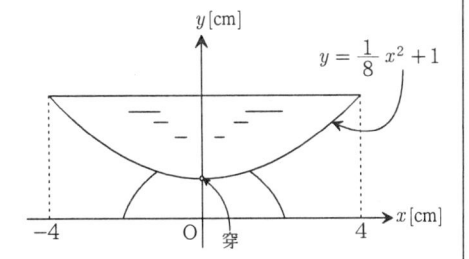

（2）上の文によると，この男は，和歌が一首できた時に，杯に手を懸けたのだが，なんと，ほぼその時に杯の中が空っぽになっていたという．杯の底から酒面までの高さを h[cm]としたとき，酒は，毎分 $k\sqrt{h}$ [cm³]（k は正の定数）だけ漏れていたとする．

酒が杯に満ちていた時刻を $t=0$，酒が空っぽになった時刻を $t=T$[分]として，T を求めるべき式を立てよ．

この杯で実験してみたところ，k は，$k=3.1\,\text{cm}^{\frac{5}{2}}$/分であった．このことから，文中の下線部分(イ)は，時間にして約何分ということになるか．ただし，$\pi=3.1$，$\sqrt{2}=1.4$ とせよ．

（3）文中の下線部分(ロ)は，漢語である器具を意味する．文章の前後から判断してそれは何であるかを明記し，下線部分(ハ)の内訳を説明せよ．

† （1）は，公式通りの問題で，これを解けないようでは，どうにもこうにも，……．
（2）は，酒の量が h の関数として $V(h)$ で表され，$\dfrac{dV(h)}{dt}=-k\sqrt{h}$ であるということから，置換積分法の計算で解ける．（3）は，"漏刻"そのものを知らなくとも，答えられなくてはならない．"半刻ほど経し後に"という節と，設問中にて"器具"と hint を与えていることから，ほぼ明白だから．

〈解〉（1）求める容積を V_0 とすると

$$V_0 = \pi\int_1^3 x^2\,dy = \pi\int_1^3 8(y-1)\,dy$$
$$= 8\pi\left[\frac{(y-1)^2}{2}\right]_1^3$$
$$\therefore\ V_0 = 16\pi\,\text{cm}^3 \quad \cdots\text{(答)}$$

（2）酒面の高さが h のときの酒の量を $V(h)$ で表すと，題意は
$$\frac{dV(h)}{dt} = -k\sqrt{h} \quad (0 \leq h \leq 2)$$
と表される．$V(h) = 4\pi h^2$ であるから，上式は
$$8\pi h\,\frac{dh}{dt} = -k\sqrt{h}$$
$$\longleftrightarrow\ \sqrt{h}\,\frac{dh}{dt} = -\frac{k}{8\pi}$$

よって
$$\int \sqrt{h}\,\frac{dh}{dt}\,dt = -\frac{k}{8\pi}\int dt = -\frac{k}{8\pi}t$$
$$\longleftrightarrow\ \int \sqrt{h}\,dh = -\frac{k}{8\pi}t$$
$$\longleftrightarrow\ \frac{2}{3}h^{\frac{3}{2}} + C_0 = -\frac{k}{8\pi}t \quad (C_0\text{ は定数})$$

$t=0$ の時，$h=2$ であるから，$C_0 = -\dfrac{2}{3}\cdot\sqrt[3]{2}$．
$$\therefore\ t = \frac{16\pi}{3k}\left(2^{\frac{3}{2}} - h^{\frac{3}{2}}\right)$$

$t=T$ のとき $h=0$ であるから
$$T = \frac{32}{3k}\sqrt{2}\,\pi\,[\text{分}] \quad \cdots\text{(答)}$$

与えられた数値より
$$T = \frac{32\times 1.4\times 3.1}{3\times 3.1} = 14.93\cdots$$

よって，「半刻」は時間にして

約15分 …(答)

（3）"漏刻"とは，'水漏れの量によって時刻を知る'の意で，（ここでは半刻を示した器具から）水時計のこと．従って(ハ)の内訳は，

> 立派な杯に酒を盛り，自画自讃の和歌まで一首できて，気をよくし，これで酒のうまさもひときわと思い，杯に手を掛けたところ，杯が15分の水時計の役割を果たしていたという底抜けさに，思わず苦笑した

というもの．

（補1）問題中の擬古文も，全文，筆者が作ったもの．本来の『花月草子』は，江戸中後期に寛政の改革を行なった**松平定信**の随筆．**本居宣長**と，大体，同じ頃の人で，どちらも，彼等の目

からみて，退廃的泰平下で台頭してきた多くの小説等に反するような趣向で華麗な文体の平安調擬古文を好んだ．しかし，結局は，圧倒的多数派の人々にもみ消されてしまうのは，**世の常**．

問題中の本文の訳は，古語辞典にでも依って頂くとして，和歌の方をざっと解説しておこう：

初秋に入りながらも，夕暮れ時に，なおもひたすら鳴き続ける蝉は，その短い生涯を終えようとしている．その情景を，1人の風来坊的男の心情の象徴としたのである．"おいて"は，「置きて（＝後に残して）」と「老いて」を掛けたもの．**もののあはれの心情を蝉に託し，有為転変の中で守拙に生きる男**のその隠喩としているのである．筆者のあやかりたい人生である．ここでは，"ゆく夏"（連語的名詞），"おいて"，"黄昏"，そして"うつろふ"は，全て**縁語**．

（補2）設問（1）は，ずっと前にやった**回転放物面** $S: y = \dfrac{x^2}{8} + \dfrac{z^2}{8} + 1$ を image して解くこともできる．かなり遠回りにはなるが，**演習としてはよい**（各自，やってみよ）：

S を平面 $x = t$ （$|t| \leqq 4$）で切った断面は次のようになる．

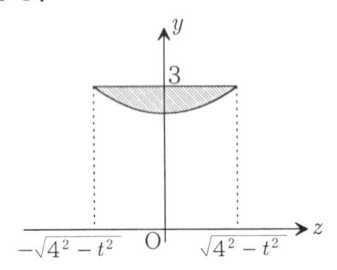

斜線部分の面積を $A(t)$ とすると

$$A(t) = 3 \times 2\sqrt{4^2 - t^2}$$
$$\quad - 2\int_0^{\sqrt{4^2-t^2}} \left(\frac{z^2}{8} + \frac{t^2}{8} + 1\right) dz$$
$$= \frac{8}{3}\sqrt{4^2 - t^2} - \frac{1}{6} t^2 \sqrt{4^2 - t^2}.$$

V_0 を，求める容積として

$$V_0 = 2\int_0^4 A(t)\,dt$$
$$= \frac{16}{3} \times \frac{4^2 \pi}{4} - \frac{1}{3} \int_0^4 t^2 \sqrt{4^2 - t^2}\,dt.$$

$I = \int_0^4 t^2 \sqrt{4^2 - t^2}\,dt = 16\pi$ となることを**確かめよ**．

$$\therefore \quad V_0 = \frac{16 \times 4}{3}\pi - \frac{16}{3}\pi = 16\pi \text{ cm}^3$$

となる訳．

放物運動で流体を題材にすると，次のような問題になる．（昔の東大の問題だが，東大の original ではない．）

◀ **問題 3** ▶

図のように鉛直な側面をもった水槽が水平な床の上におかれており，水面の高さは床から a [cm] である．いま側面に小さな穴をあけて水を水平方向に噴出させる．

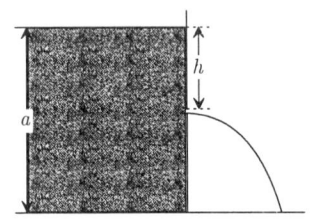

ただし，噴出した水は，水平方向には等速度運動をし，鉛直方向には加速度 g [cm/s²] の等加速度運動をする．また，水面から h [cm] の深さの穴から噴出する水の初速度は $\sqrt{2gh}$ [cm/s] である．

（1）穴の位置を水面から h [cm] にするとき，噴流は床の上のどの点に落ちるか．

（2）噴流が穴の真下の床上の点から最も遠くに落ちるためには，穴の位置をどこにすればよいか．

（3）穴の位置を一鉛直線上いろいろに変えるときの，噴流の通過する範囲を求めよ．

（東京大）

〈解〉（1）下図のように座標軸をとる．時刻 t における噴流線の先端位置を (x, y) で表すと

$$\begin{cases} x = \sqrt{2gh}\,t & \cdots ① \\ y = -\dfrac{1}{2}gt^2 + (a-h) & \cdots ② \end{cases}$$

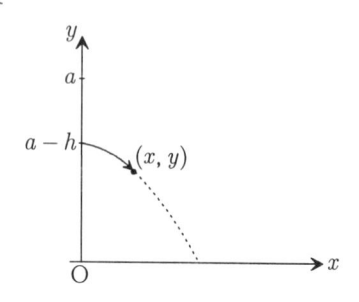

第 11 章 曲線と積分,物理への応用,そして極方程式(その 1) ——— 249

②で $y=0$ となるのは
$$t=\sqrt{\frac{2(a-h)}{g}}$$
の時である.このとき,①より
$$x=2\sqrt{(a-h)h} \quad [\text{cm}] \quad \cdots（答）$$

(2) (1)の結果において,$0\leqq h\leqq a$ では
$$(a-h)h\leqq\frac{a^2}{4} \quad（等号は h=\frac{a}{2} のとき）$$
よって求める h は
$$h=\frac{a}{2} \quad [\text{cm}] \quad \cdots（答）$$

(3) $0<h<a$ として①,②より t を消去することで
$$y=-\frac{x^2}{4h}+a-h \quad (0\leqq x\leqq 2\sqrt{(a-h)h})$$
これを h の方程式とみる:
$$4h^2+4(y-a)h+x^2=0$$
この2次方程式が $0\leqq h\leqq a$ の範囲で実根をもつ条件を求めればよい.
$$判別式:\{2(y-a)\}^2-4x^2\geqq 0$$
$0\leqq x\leqq a$, $0\leqq y\leqq a$ の下でこれを解いて
$$x+y\leqq a \quad (0\leqq x\leqq a)$$
これを図示すると以下の斜線部分のようになる:

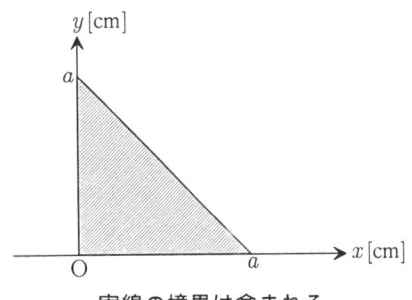

実線の境界は含まれる
〈解答図〉

(補1) h をパラメーターとする放物線
$$C_h:\frac{x^2}{4h}+y+h-a=0 \quad (0<h<a)$$
と,直線
$$l:x+y-a=0 \quad (0\leqq x\leqq a)$$
は,$x=2h$ で接する.(この場合,$h\leqq\frac{a}{2}$ である.)このようなとき,直線 l は,放物線群 $\{C_h\}$ の**包絡線**といわれる.

偏微分というものを分かっているなら,$4h^2+4(y-a)h+x^2=0$ と $\frac{\partial}{\partial h}(4h^2+4(y-a)h+x^2)=8h+4(y-a)=0$ から h を消去して,すぐ $l:x+y-a=0$ が得られる.勿論,入試では,このような解答は許されないので,将来の為に,今は,参考にしておくに留められたい.**入試には入試の rule がある**.〈car racer の腕があるからとて,通行路上でそれをやるのは無法者;その腕がないのに,そのまねをするのは身の程云々と思われる.**節度をわきまえたい**.〉

（補2）本問は,重力下での流体のもつ流速と加圧に関する**トリチェリの法則**の model を,そのまま抜き取って入試問題にしたもの(**昭和45年**).

流体が伸縮しないものとする.(気体は伸縮するが.)その運動が渦を巻いておらず,定常的に流れているとしよう.そして流体の密度 ρ は一定であるとする.重力による位置エネルギーは,ある基準点からの高さ h に比例する.このような下で,流体の速度 v と流体にかかる圧力 p は次の関係式を満たす:
$$p+\frac{1}{2}\rho v^2+\rho gh=一定$$
（g は重力加速度の大きさ）
この式は,**ベルヌーイ**(D.Bernoulli)が 1738 年に見出した,流体に関する**エネルギー保存の法則**の original 版である(**ベルヌーイの定理**).
これを今の場合に適用する.

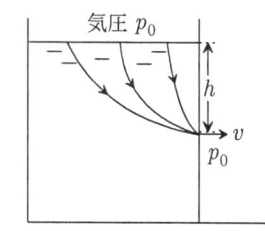

水槽の上部開口の面積に比して,噴出口の面積が小さいときは,水面はゆっくりと(ほぼ速さは 0 で)下降する.水槽の外側の大気圧を p_0 とし,噴出時の水の流速を v とすれば
$$p_0+\rho gh=p_0+\frac{1}{2}\rho v^2 \quad \therefore\ v=\sqrt{2gh}$$
となる.(**本問では,これが与えられた**.)

$v=\sqrt{2gh}$ という式そのものは,**トリチェリ**(E.Torricelli.1608~47)が 1643 年に見出していた(**トリチェリの法則**).

ベルヌーイは，既にニュートン達の微積分法を知っていたので，圧力方程式を立式できたのであった．トリチェリは，"mashine"としての微積分法なしで，$\frac{1}{2}v^2 = gh$ を見出した．このトリチェリの式を見て，それから**パスカル**（B.Pascal. 1632～62）の流体や大気圧に関する諸論文を読んでいれば，あとは時間微分を少し使って，ベルヌーイの定理はすぐ導出できるので，ベルヌーイには，運命がお膳立てしてくれたようである．〈このようなお膳立ては，現代の研究でも多い．〉もっとも，トリチェリとて，全くの独力でトリチェリの法則を見出せた訳ではない．彼は，実質的に，**ガリレオ＝ガリレイ**（G.Galiley. 1564～1642）の弟子であって，「重力」についてはかなりの考察を進めていた．その結晶が $v = \sqrt{2gh}$ になったのである．（この時代には，哲学者アリストテレスの尤もらしい御託宣，「重いものほど速く落下する」は，完全に転覆させられていた．）

ベルヌーイの定理が発見されて以来，現代に至るまでに流体力学は，かなり進んだ．分野は多岐に亘り，すさまじいばかりである．噴流中での乱流理論，粘性流体論，航空力学への応用，核融合等における電離気体（プラズマ）衝撃論，浅水波及び孤立局在波（ソリトン）の理論など，枚挙にいとまがない程である．

トリチェリの最大の画期的業績は，何といっても，真空と大気圧の存在を同時に実証していたことである（1643年）．これは，水銀を用いての有名な**トリチェリの実験**による．（水銀気圧計の原理は今でも使われている．）その後，間もなく，**パスカル**は，様々な円筒管を用いて追試実験をしたのみならず，さらに高山の山頂に近づく程，圧力が低くなることを示した．事実，地表面（正確にはgeoid）から高度が増す程，気圧は指数関数的に減少する．そして，それから，圧力伝播に関する有名な**パスカルの原理**を発見したのであった．**この時点で**，アリストテレスの思弁哲学を引き継いだ中世スコラ哲学（Scholasticism）の御託宣，「自然は真空を嫌う」は謬説であったことが**決定的となった**のである．トリチェリやパスカルの名は，今では，圧力の単位として用いられている．国際単位系（略称ＳＩ）では，力の単位を

$1 \text{ kg·m/s}^2 = 1\text{ N}$（"N"は，Newton の略）として，$1\text{ N/m}^2$ を以って 1 Pa（"Pa"は Pascal の略）と規定されている．気象上は，$1\text{ bar} = 10^5\text{Pa}$ と規定している．従来は，1気圧（1 atm）＝1013.25 mbar を多用していた．これは，760mmHg である．$1\text{ mmHg} = 1\text{ Torr}$（"Torr"は，Torricelli の略）とも表す．しかし，国際単位法では，atm 単位は推奨されておらず，近年では，$1\text{ mbar} = 1\text{ hecto-Pa}$ が多用されている．（"hecto-"は，10^2 を表す接頭語．）

1気圧 $= 1013.25 \times 10^{-3}\text{bar} = 1013.25\text{ hecto-Pa}$ であり，従って気象で，「960hecto-Pa」と言えば，約 0.947 気圧の低気圧になる．「晴」，「雨」の気象情報を聞いても，気圧については，**馬耳東風**だったか？

課題

$-\infty < x < \infty$ で（実）関数 $f(x)$ は微分可能とする．曲線 $y = f(x)$ は，固定された直線 $x = x_0$ と静止して交わっている．そして時刻 $t = 0$ から，曲線 $y = f(x)$ を x 軸方向に等速度 v で平行移動させる．時刻 $t = 0$ において曲線 $y = f(x)$ が直線 $x = x_0$ 上を（y 方向へ）掃く速度を導出せよ．　（時間30分以内）

---

t を時間として，抽象的に，$x = x_0$ において $e^{t\delta}$ による微分可能な関数 f の連続変換を $e^{t\delta}f$ とし，それは，$f(x_0)$ を $f(x_t)$ にずらすこととみなす．（δ の正体は，すぐ後で示す．）つまり，$(e^{t\delta}f)(x_0) = f(x_t)$ である．そうすると，$t \to 0$ の極限が考えられるので，

$$\lim_{t \to 0} \frac{e^{t\delta}f - f}{t}(x_0) = (\delta f)(x_0)$$

と定義すると，

$$(\delta f)(x_0) = \lim_{t \to 0} \frac{f(x_t) - f(x_0)}{t}$$

となる．これは，$x = x_0$ において f への変換 $e^{t\delta}$ によって引き起こされた $f(x_t)$ の $t = 0$ での変化速度を実現していることになる．もし $x_t = x_0 + t$ であれば，$(\delta f)(x_0) = f'(x_0)$ となる．δ は，まさしく'**微分**'であった訳．前に微分演算というものは，帰納的に定義してあった．しかし，原理的には，微分演算とは抽象性の高いものであるということも徐々に悟って頂きたい．（因みに，上の課題の答は $-vf'(x_0)$ である．）

第 11 章

曲線と積分，物理への応用，そして極方程式へ（その2）

　平面内でも空間内でもよいが，曲線がパラメーターで記述されているとしよう．これは，曲線の生成過程としては見やすいが，曲線の概形は，一般には，捉えにくい．
　重力下での小球の運動は，時間 t をパラメーターとして記述されるが，そのままでは，小球の軌道は捉えにくい．t を消去して，明確に，2次曲線としての放物線を得る．
　うまくパラメーターが消去できれば，曲線の外形は，概して，描きやすくなる傾向はある．（尤も，このような推定は，「**そういう都合のよい問題ばかりをやっているからである**」ともいえるのだが．）特に，2次曲線になると描きやすい．
　そういうことで，今回は，始めに**2次曲線**を扱い，それから**2次曲線のパラメーター表示**を改めて扱う．そして，**極座標での曲線の極方程式**へと流れていく予定である．

　まずは，**2次曲線**であるが，楕円，双曲線の準線，焦点などの**お決まりメニュー**の算数計算からスタートするのは，多分，当読者にとってはあまりおもしろいものではないだろう．「何か気のきいた斬新な事はできないのか？」という，高級な（？）読者もおられるだろう．材料のないところに，そういうことを要望されるのは，苦しい．
　調理と似ていて，素朴で乏しい材料からどれだけ微妙な旨味を引き出せるかは，調理人の腕次第．大体，料理の味というものは，ほんのちょっとのだしや spice の違いで（――これが，「ちょっと」に思えても「ちょっと」でない為に――）大きな差が出る．味にうるさい調理人の delicate な気遣いがじわじわと大差につながるのは，**数学も同様**．
外道の調理人から学べば，外道に終わる："獅子心中の虫"がはびこりやすい世界であることは，**数学も同様**．砂上の楼閣より眺めつ食らう肉料理，題して"皮肉の見"を味わう客人多し．さればと，**当シェフ**も，大根ならぬ皮肉の切干し料理"煮締曲線"なるを呈そう．
　とは，いうものの，ものにも限度がある．
　2次曲線には，材料がなさ過ぎるのである．紋切的に2次曲線をやるか，四方山的に2次曲線をやるか．また，「困った，困った」の"起句"．
本書用の原稿に時間を費すのは，大体，8：30 p.m.～11：00 p.m.だが，毎日やることはできないし，最初の構想にはかなりの時間を要するし，相応な問題もいくつか作って完答しなくてはならないし，入試問題は良問（？）を選び，うまく（？）完答しなくてはならない，…… ということで，実に時間がない．
　「ちょっとのだしの違いか．…．どこからかよい原稿は降ってきてくれないかな？」と，煩うのも毎度のこと．そして，結局，**計らいなく漂流**し始めると，なんとなく適当な題材と流れの光景が浮かんでくる（**無想自然流**の心得）．

　今，初めに浮かんできたのは，2次曲線と，**座標軸の回転**である．これは，決して，愚案の末，元の木阿弥に戻ったのではなく，少なくとも聡明な読者が，「つまらない」と言わないような，よい題材の presentation の idea らしきものが思い浮かんだということである．
　いきなり問題に取り組む前に，少し座標軸の回転について説明しておく．まず図1を見て頂きたい．
これは，xy 直交座標系を θ だけ回転した様子を表している．点 P の

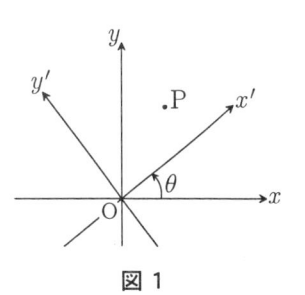

図1

xy 座標を (x, y), $x'y'$ 座標を (x', y') とすると，直ちに

$$\begin{cases} x = \cos\theta \cdot x' - \sin\theta \cdot y' \\ y = \sin\theta \cdot x' + \cos\theta \cdot y' \end{cases}$$

という関係式が得られる．(やってみよ．)
行列では

$$\begin{pmatrix} x \\ y \end{pmatrix} = \begin{pmatrix} \cos\theta & -\sin\theta \\ \sin\theta & \cos\theta \end{pmatrix} \begin{pmatrix} x' \\ y' \end{pmatrix}$$

と表される．もし scale を変えたいならば，$k > 0$ として

$$\begin{pmatrix} x \\ y \end{pmatrix} = k\begin{pmatrix} \cos\theta & -\sin\theta \\ \sin\theta & \cos\theta \end{pmatrix} \begin{pmatrix} x' \\ y' \end{pmatrix}$$

とでもすればよい．

そこで，いま，$xy = a$ (a は正の定数)という方程式を引き合いにする．これは，**直角双曲線**であるが，この場合で座標軸の回転変換を行なうと

$$xy = (\cos\theta \cdot x' - \sin\theta \cdot y')(\sin\theta \cdot x' + \cos\theta \cdot y')$$
$$= \frac{1}{2}\sin 2\theta \cdot \{(x')^2 - (y')^2\}$$
$$+ (\cos^2\theta - \sin^2\theta) \cdot x'y'$$

となるので，$\theta = \dfrac{\pi}{4}$ とすれば，

$$\frac{(x')^2}{\sqrt{2a}^2} - \frac{(y')^2}{\sqrt{2a}^2} = 1$$

という形の**標準型双曲線**になる．

一般に，xy 座標平面での **2次曲線**は

$$ax^2 + bxy + cy^2 + dx + ey + f = 0,$$

係数は全て実数で $(a, b, c) \neq (0, 0, 0)$
の形で表されるが，この式の左辺が実数係数上1次式の積に因数分解されたり，また，$x^2 + y^2 + f = 0$ ($f > 0$) のようにならない限り，曲がった曲線となる．そして座標軸の回転や平行移動で，

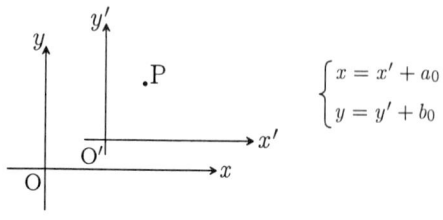

(a_0, b_0) は Oxy 座標系から見た O' の座標

図2

よく知られた(固有)2次曲線の方程式

$$\frac{x^2}{a^2} \pm \frac{y^2}{b^2} = 1$$

(a, b は前述の a, b とは別もの)

や

$$y^2 = 4px \quad (p \neq 0)$$

の形にまとまる．

以上の事を，"かっこうよく"いうと，「既約2次曲線は，**楕円，双曲線，放物線**の3つしかない」ということになる．
("かっこうよい"のは，筆者にとっては，"白バイ"でもあった．高校生時代，白バイ警察官になろうかと思ったこともあるが，やめといた．別に，危険度の高さは気にはしていなかった．ただ，数学の方が惹きつける力があったようであるから．)

◀ **問題 4** ▶

x, y は実数で

$$x^2 - 2xy + y^2 + 2x + 2y + 3 = 0$$

を満たしている．この式を xy (直交)座標平面における曲線の方程式とみて，この曲線を図示せよ．
次に，上の方程式を満たす x, y に対して $x + y$ の最大値，xy の最小値を求めよ．

(熊本大 (改文))

† 与方程式は x, y の対称式であるから，座標軸を $45°$ 回転してみよ．

〈解〉(1) 座標軸を $45°$ 回転して $x'y'$ 座標軸とすると，

$$x = \frac{1}{\sqrt{2}}(x' - y'),$$
$$y = \frac{1}{\sqrt{2}}(x' + y')$$

となるから

$$x + y = \sqrt{2}\,x', \quad xy = \frac{1}{2}(x'^2 - y'^2)$$

よって与方程式では

$$2y'^2 + 2\sqrt{2}\,x' + 3 = 0$$
$$\Longleftrightarrow x' = -\frac{1}{2\sqrt{2}}(2y'^2 + 3)$$

これを図示すると以下のような放物線になる：

──── 第11章 曲線と積分，物理への応用，そして極方程式（その2）──── 253

〈解答図〉

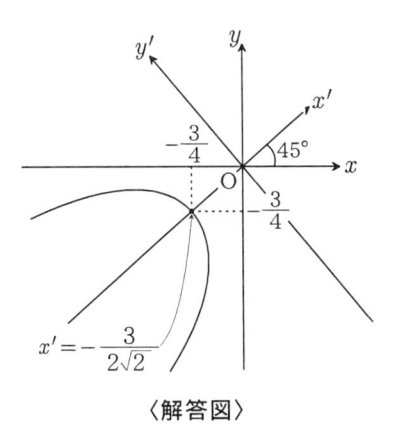

次に，$x+y=k$ とおくと，これは k の変化に応じて直線族を形成するが，この直線を上図の放物線に当てがって移動すると，$x=y=-\dfrac{3}{4}$ のときに k が最大になることが判明する．よって

$$\left.\begin{array}{l} x+y \text{ の最大値は } -\dfrac{3}{2} \\ \left(x=y=-\dfrac{3}{4} \text{ のとき}\right) \end{array}\right\} \cdots \text{(答)}$$

そして，$xy=\ell$ とおくと，$\ell>0$ であり，それは ℓ の変化に応じて（直角）双曲線族を形成する．許される範囲で ℓ を小さくしていくと，その双曲線が，放物線の頂点に接するときまでもっていける．つまり，ℓ は $x=y=-\dfrac{3}{4}$ のときに最小となる．よって

$$\left.\begin{array}{l} xy \text{ の最大値は } \dfrac{9}{16} \\ \left(x=y=-\dfrac{3}{4} \text{ のとき}\right) \end{array}\right\} \cdots \text{(答)}$$

（補1）本解答中において，$xy=\dfrac{9}{16}$ の曲線を図示すると次の点線のようになる：

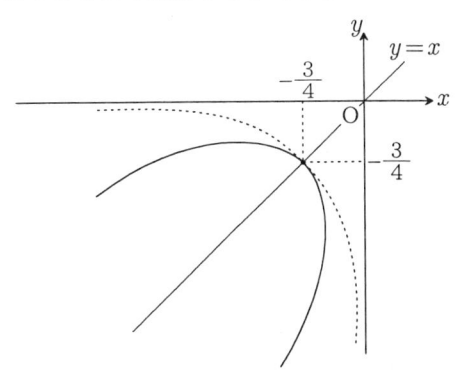

ここでの双曲線（正しくはその片割れ）の**曲率**（curve の曲がり具合の目安を与えるもの）は放物線のそれより小さいことに注視せよ．

なお，ここでの放物線の，$x'y'$ 座標軸系での**焦点の座標**は $(-\sqrt{2}, 0)$，**準線の方程式**は $x'=-\dfrac{1}{\sqrt{2}}$ であることを確かめよ．

（補2）原出題は次の通り：

> x, y は実数で
> $$x^2-2xy+y^2+2x+2y+3=0$$
> をみたすとき，$x+y$ の最大値，xy の最小値とそれらの x, y の値を求めよ．

ただ speedy な算数技で解きさえすればよいというなら，次のようにすればよい：

与式 $\leftrightarrow (x-y)^2+2(x+y)+3=0$

$(x-y)^2 \geqq 0$ であるから

$-2(x+y)-3 \geqq 0$ ∴ $x+y \leqq -\dfrac{3}{2}$

（等号の成立は，$x=y=-\dfrac{3}{4}$ のとき）

そして

$$4xy = (x+y)^2+2(x+y)+3$$
$$= \{(x+y)+1\}^2+2 \geqq \left(-\dfrac{3}{2}+1\right)^2+2 = \dfrac{9}{4}$$

（等号の成立は，$x=y=-\dfrac{3}{4}$ のとき）

あとは，これらを整理するだけである．「解答が速い」ということだけが取り柄の**線香花火**であるが，その分，内容が何もないので，気のきいた事は何も味わえまい．

次は，再び，座標がパラメーターで与えられた場合の2次曲線である．

半径 a の円の場合，$x=a\cos\theta$，$y=a\sin\theta$ は明らかである．**楕円**の場合は，
$x=a\cos\theta$，$y=b\sin\theta$ $(a>0, b>0)$，
双曲線の場合は，
$$x=a\sec\theta \left(=\dfrac{a}{\cos\theta}\right),$$
$$y=b\tan\theta \quad (a>0, b>0)$$

と表せる（図3参照）．

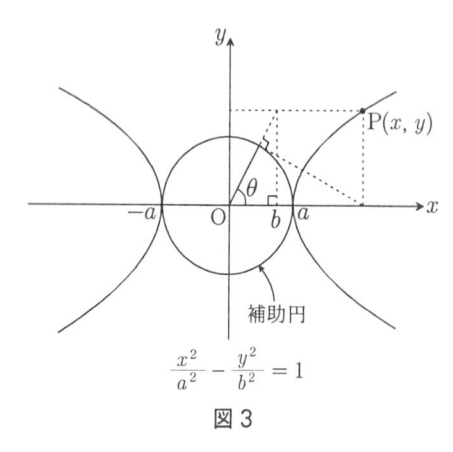

$$\frac{x^2}{a^2} - \frac{y^2}{b^2} = 1$$

図3

しかしながら、これらの2次曲線のパラメーター表示は、このような三角関数だけで表されるとは限らない。半径 a の円の場合でも、容易に

$$x = a \cdot \frac{2t}{1+t^2}, \quad y = a \cdot \frac{1-t^2}{1+t^2}$$

と表される。x と y は、1つのパラメーター t の有理式であるから、この意味では、円は**有理曲線**といわれるもののひとつになる。楕円の場合でも同様で、$a > 0$, $b > 0$ として

$$x = a \cdot \frac{2t}{1+t^2}, \quad y = b \cdot \frac{1-t^2}{1+t^2}$$

と表される。1-パラメーター表示とて、表示の仕方は、いろいろある。

◁**例5**▷ xy 平面上の曲線 C が、媒介変数 $t (0 \le t \le 1)$ によって

$$\begin{cases} x = f(t) = \dfrac{1-t^2}{1+t^2} \\ y = g(t) = \dfrac{2t}{1+t^2} \end{cases}$$

で表されるとき、次の問いに答えよ。
(1) $0 \le p < q \le 1$ とする。$f(p) > f(q)$ および $g(p) < g(q)$ を示せ。
(2) x と y の関係式を求め、曲線 C を図示せよ。　　　　　　（富山県大）

[解]　(1) $\dfrac{1-p^2}{1+p^2} > \dfrac{1-q^2}{1+q^2}$ を示す。

これは、$q^2 - p^2 > 0$ を示すことと同じことで、$0 \le p < q \le 1$ より明らか。

次に $\dfrac{2p}{1+p^2} > \dfrac{2q}{1+q^2}$ を示す。これは、$(q-p)(pq-1) < 0$ を示すことと同じ

ことであるが、これも明らか。◁

(2) $0 \le t \le 1$ より
$$x \ge 0, \quad y \ge 0$$
である。そして直ちに
$$C : x^2 + y^2 = 1 \quad (x \ge 0, \ y \ge 0)$$
を得る。C の図は次の通り：

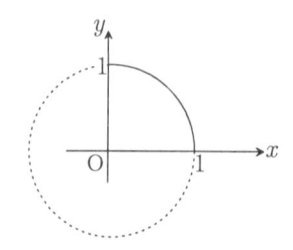

この辺りで、**双曲線の漸近線**、**2次曲線の接線**について説明しておく。

双曲線
$$C : \frac{x^2}{a^2} - \frac{y^2}{b^2} = 1 \quad (a > 0, \ b > 0)$$

には、**漸近線**が存在する。この形式では、漸近線 l は、y 軸には平行ではないので、
$$l : y = kx + \ell$$
と表せる。$k = \lim_{x \to \pm\infty} \dfrac{y}{x}$ であるべきだから、C の式より

$$\frac{1}{a^2} - \frac{1}{b^2}\left(\frac{y}{x}\right)^2 = \left(\frac{1}{x}\right)^2$$

として $x \to \pm\infty$ にすればよい。$k = \pm \dfrac{b}{a}$ である。そして、$\ell = \lim_{x \to \pm\infty} \left(y \mp \dfrac{b}{a} x \right)$ であるべきだから、C の式を

$$\frac{b}{a} x - y = \frac{b^2}{\frac{b}{a} x + y}$$

として、$x \to \pm\infty$, $y \to \pm\infty$ （複号同順）とすれば、$\dfrac{b}{a} x - y \to 0$ となる。同様に $\dfrac{b}{a} x + y \to 0$ を得る。これらに対して $\ell = 0$ である。

従って、$l : y = \pm \dfrac{b}{a} x$ ということになる。（図4参照。）

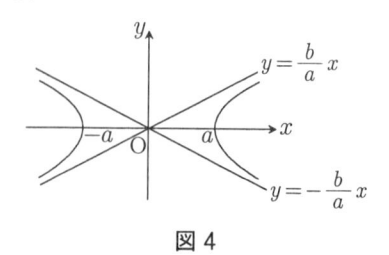

図4

さらに**接線**であるが、楕円と双曲線をひとま

とめにして，微分法の威力を借りる：
$$\frac{x^2}{a^2} \pm \frac{y^2}{b^2} = 1 \quad (a>0,\ b>0)$$
を x で微分して
$$y' = \mp \frac{b^2}{a^2} \cdot \frac{x}{y}$$
となるから，曲線上の点 (x_0, y_0) での接線の方程式は，
$$y - y_0 = \mp \frac{b^2}{a^2} \cdot \frac{x_0}{y_0}(x - x_0)$$
である．$\frac{x_0^2}{a^2} \pm \frac{y_0^2}{b^2} = 1$ より，これは直ちに
$$\frac{x_0 x}{a^2} \pm \frac{y_0 y}{b^2} = 1$$
を与える．(これらは**公式**として使える．)

放物線 $y^2 = 4px\ (p \neq 0)$ の場合，その上の点 (x_0, y_0) での接線の方程式は，
$$y_0 y = 2p(x + x_0).$$
(記憶力の弱い筆者は，この式を憶えれない：左辺はよいが，右辺は，「$2p$？ $4p$？ $\pm x_0$？」こういうざまで，憶えてもすぐ忘れる．英単語の方が憶えやすい．)

◀ **問 題 5** ▶

t が 0 以外の実数を動くとき，
$$x = t + \frac{1}{t},\ y = t - \frac{1}{t}$$
と表される曲線を C とする．
(1) C は双曲線であることを示せ．また，C の焦点と漸近線を求めよ．
(2) $t > 1$ とする．C 上の点 P での接線と 2 つの漸近線との交点を Q, R，また，焦点を F とする．このとき，∠QFR の大きさは一定であることを示し，その角度を求めよ．ただし，Q の y 座標は R の y 座標より大とする．　(福井医大)

† (1)は得点させる為の設問であろうから，勝負所は(2)である．なるべく計算が膨れないようにするには，直線 FQ と FR の傾きのみに着眼して解くのが楽か．

〈解〉$x = t + \frac{1}{t}$ …① $\quad y = t - \frac{1}{t}$ …②
(1) ①より
$$|x| = |t| + \frac{1}{|t|} \geq 2\sqrt{|t| \cdot \frac{1}{|t|}} = 2$$

①，②より $\frac{x+y}{2} = t$ だから，これを①に代入して整理すると，
$$C: \frac{x^2}{2^2} - \frac{y^2}{2^2} = 1 \quad (|x| \geq 2) \quad ◀$$
$$e = \frac{\sqrt{2^2 + 2^2}}{2} = \sqrt{2} \quad (離心率)であるから，$$
焦点の座標は，
$$(\pm 2e, 0) = (\pm 2\sqrt{2}, 0) \quad \cdots (答)$$
漸近線の方程式は
$$y = \pm x \quad \cdots (答)$$
(2) $t > 1$ より C は第 1 象限に限定される．C 上の点 P の座標を (x_0, y_0) とすると，

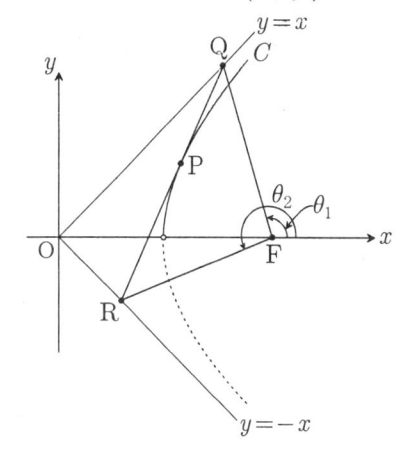

その点での C の接線の方程式は
$$\frac{x_0}{4} x - \frac{y_0}{4} y = 1$$
であるから，点 Q, R の座標はそれぞれ
$$Q\left(\frac{4}{x_0 - y_0},\ \frac{4}{x_0 - y_0}\right),$$
$$R\left(\frac{4}{x_0 + y_0},\ -\frac{4}{x_0 + y_0}\right)$$
直線 FQ, FR の傾きをそれぞれ $\tan\theta_1, \tan\theta_2$ とすると，
$$\tan\theta_1 = \frac{\dfrac{4}{x_0 - y_0}}{\dfrac{4}{x_0 - y_0} - 2\sqrt{2}} = \frac{2}{2 - \sqrt{2}(x_0 - y_0)},$$
$$\tan\theta_2 = \frac{-\dfrac{4}{x_0 + y_0}}{\dfrac{4}{x_0 + y_0} - 2\sqrt{2}} = \frac{-2}{2 - \sqrt{2}(x_0 + y_0)}$$
よって
$$\tan(\theta_2 - \theta_1) = \frac{\tan\theta_2 - \tan\theta_1}{1 + \tan\theta_2 \tan\theta_1}$$
$$= \frac{-8 + 4\sqrt{2} x_0}{8 - 4\sqrt{2} x_0} = -1$$
$0 < ∠QFR = \theta_2 - \theta_1 < 180°$ だから

∠QFR ＝ 一定 ◀
∠QFR ＝ 135° …(答)

（補）点 P は，線分 QR の中点であることを確かめよ．

◀ **問題 6** ▶

楕円
$$\frac{x^2}{a^2} + \frac{y^2}{b^2} = 1 \quad (a > b > 0)$$
上に点 P をとる．ただし，P は第 2 象限にあるとする．点 P における楕円の接線を l とし，原点 O を通り l に平行な直線を m とする．直線 m と楕円との交点のうち，第 1 象限にあるものを A とする．点 P を通り m に垂直な直線が m と交わる点を B とする．また，この楕円の焦点で x 座標が正であるものを F とする．点 F と点 P を結ぶ直線が m と交わる点を C とする．
　次の問いに答えよ．
（1） OA・PB ＝ ab であることを示せ．
（2） PC ＝ a であることを示せ．
(大阪大)

① 2001 年後期（理・工・他）の出題．受験生は，（1）を解ければよいだろう．（2）は易しくはない．ただの馬力だけで押しきれるような問題ではない．（本問に限らず，一般にこのような問題では，計算力のうちでも技が要る．）まず，F の座標を $(ae, 0)$ と表して，PF の長さを評価してみよ．それから頭を少し使って（1）との兼ね合いを伺う．

〈解〉（1）点 P の座標を $(a\cos\theta, b\sin\theta)$ $(\frac{\pi}{2} < \theta < \pi)$ とする．この点での楕円の接線の方程式は
$$l : \frac{\cos\theta}{a}x + \frac{\sin\theta}{b}y = 1$$

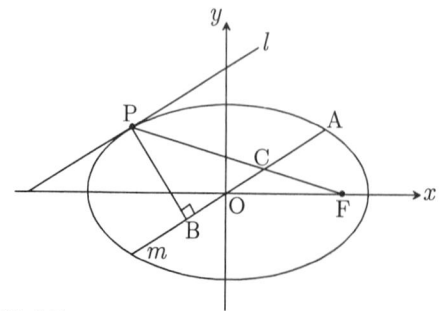

従って，直線 AB の方程式は
$$m : b\cos\theta \cdot x + a\sin\theta \cdot y = 0$$
点と直線の距離の公式により
$$PB = \frac{ab}{\sqrt{(a\sin\theta)^2 + (b\cos\theta)^2}}$$
また，m と楕円の交点の座標をみる為に，$\frac{x^2}{a^2} + \frac{y^2}{b^2} = 1$ に m の式の y を代入して
$$x^2 = a^2\sin^2\theta \quad \therefore \quad y^2 = b^2\cos^2\theta$$
よって
$$OA = \sqrt{(a\sin\theta)^2 + (b\cos\theta)^2}$$
$$\therefore \quad OA \cdot PB = ab \quad ◀$$

（2） F の座標は $(ae, 0)$ $\left(e = \frac{\sqrt{a^2-b^2}}{a}\right)$ で表されるから
$$PF^2 = (a\cos\theta - ae)^2 + b^2\sin^2\theta$$
$$= (ae\cos\theta)^2 - 2ea^2\cos\theta + a^2$$
$$= a^2(1 - e\cos\theta)^2$$
$$\therefore \quad PF = a|1 - e\cos\theta| = a(1 - e\cos\theta)$$
さて，点 F から m に下ろした垂線の足を H とすると，
$$FH = \frac{eab|\cos\theta|}{\sqrt{(a\sin\theta)^2 + (b\cos\theta)^2}}$$
であり，比例式として
$$\frac{PC}{PB} = \frac{PF - PC}{FH}$$
が成り立つ．PB については，（1）の途中で判明しているから，FH ＝ $e|\cos\theta|$・PB で，
$$PC = \frac{a(1 - e\cos\theta) - PC}{e|\cos\theta|}$$
いま，$|\cos\theta| = -\cos\theta$ であるから，これより
$$PC = a \quad ◀$$

（補）点 F から l に下ろした垂線の足を K とすると，
$$\sin\angle FPK = \frac{b}{\sqrt{(a\sin\theta)^2 + (b\cos\theta)^2}}$$
であることを**示してみよ**．

　阪大は，例年，計算量の多い問題が出題される．たとい，かなりの実力者でも，よほどうまく計算しないと，途中でつまることもあるので，志望者は，**日頃から計算用紙を束にして訓練しておくこと**．数学は，実力がついてくれば，計算技法などを，特に憶えずとも，何をどうすればよいのか，大体，勘でいけるようになる．（憶えようと意識しているうちは，まだまだ．）

第11章 曲線と積分，物理への応用，そして極方程式（その2）

　2次曲線は，古代ギリシアの時代に分類がなされていた．そして，1600年代には，ほぼ完成の域に達していた．次の挑戦は，**3次曲線**の分類になるのは，当然である．ニュートンは，敢然と，これに挑戦した．しかし，これは，**計算数学**ごときで個々の曲線を精確に描いて解明できるような代物では全くなかった．ニュートンは，当然，失敗した．（ニュートンは急かないで，がっちりと腰を据えてデザルグとパスカルの研究を学んでおくべきだったのである．）これは，根本から概念を見直さなくてはならなかったからである．このような所でそれをやる訳にはゆかないが，幾何学専攻を目指したい**数学少年**の為に，（19世紀中葉には）判明してしまっている事を少しだけ啓蒙しておこう．

　3次曲線の局所形式は次の3つに分類される：

　　ⅰ）$y^2 - x(x+1)(x+c) = 0$ 　$(c \neq 1, 0)$
　　ⅱ）$y^2 - x^2(x+1) = 0$
　　ⅲ）$y^2 - x^3 = 0$

ここで，例えば，「$y - x^3 = 0$ の type もあるではないか」と思われるだろうが，ここでの話は，実は，ただの xy 平面で分類しているのではなく，（表も裏もない）射影平面という，より"大きな"（といっても有界閉なのだが——）世界での話であって，その世界で原点をうまくとるようにすると，$y - x^3 = 0$ は，ⅲ）の type になってしまうのである．（かくして，数学は，**石頭の直球界**から抜け出て，**大変化球のごとく流麗な柔軟性**を有してくる．）

　さて，ⅰ）〜ⅲ）のうち，ⅱ）とⅲ）は**重複点**（特異点ともいう）をもつ．各々，$(x, y) = (0, 0)$ に**結節点**，**尖点**とよばれるものをもつ．ⅱ）の type は，**積分法（その2）**で xy 平面上に図示した．

　ⅰ）は，重複点がなくて，**楕円曲線**とよばれるものである．このパラメーター表示の解析の為に，これも言葉だけの紹介を前にしてある**楕円関数論**が活躍し，話は雲の上に行く．（楕円関数論は，19世紀中頃までに，一見，何の関わりもなく見える整数論に対しても，大きな役割をもつことが認識されていた．）

　積分法（その2）で，京大の問題（**問題11**）を解いた．そこでは，

$$x = \frac{3t - t^2}{t + 1}, \quad y = \frac{3t^2 - t^3}{t + 1} \quad (0 \leq t \leq 3)$$

というパラメーター表示がされている．t を消去すると，$y^2 - 3xy + x^2y + x^3 = 0$ となるが，これはⅱ）の type である．この3次曲線の重複点 $(x, y) = (0, 0)$ を通る直線（正しくは直線束）$y = tx$ によって，x, y を t で表した．このような変換は**双有理変換**といわれる．出題者は，勿論，これらを全て無造作に見通して，即，問作できたのである．（「手習い技」からの出題ではないということ．）

　時間に余裕のある人は
　　　永田雅宜 著『高校生のための代数幾何』
　　　　　　　　　　　　　　　　　　（現代数学社）
でも読んでみられたい．（これは，多分，title を過ったのでは，と思われる．）

　この分野には，計算数学には見られない**高級な優雅さ**がある．近代以降，理論はかなり抽象的になってはいるが，本質的概念に大きな変わりはないと思われる．
（甚深な抽象論を，「それだけでは空論だ」とか「abstract nonsense である」などと言う人がよくいるらしいが，軽く，「幼稚な感覚 level にある」と思われるだけであろう．筆者には，理解できるなら，高度な抽象論で終わってもよいし，その方が"大人の数学"らしくておもしろいと思われる．）

　さて，パラメーター表示の曲線の方程式は，他にも様々ある．代表的なものを少し列挙しておこう：

トロコイド（trochoid）
$$\begin{cases} x = a\theta - b\sin\theta \\ y = a - b\cos\theta \end{cases} \quad (a > 0, \ b > 0)$$

　　（$a = b$ のときは**サイクロイド**とよばれる）

外サイクロイド
$$\begin{cases} x = (a+b)\cos\theta - b\cos\left(\frac{a+b}{b}\theta\right) \\ y = (a+b)\sin\theta - b\sin\left(\frac{a+b}{b}\theta\right) \end{cases}$$
$$(a > 0, \ b > 0)$$

内サイクロイド
$$\begin{cases} x = (a-b)\cos\theta + b\cos\left(\frac{a-b}{b}\theta\right) \\ x = (a-b)\sin\theta - b\sin\left(\frac{a-b}{b}\theta\right) \end{cases}$$
$$(a > b > 0)$$

リサジュー（Lissajous）の図形
$$\begin{cases} x = a\sin\left(\frac{2\pi}{T_1}t\right) \\ y = b\sin\left(\frac{2\pi}{T_2}t + \alpha\right) \end{cases}$$
$$(a > 0, b > 0, \alpha \text{ は定数})$$

サイクロイド，外内サイクロイドについては，単に，一方の円が他方の円周上を滑らずに転がってゆくだけの，一点の軌跡として得られる．

リサジュー図形について少し説明しておく．**リサジュー**(J. A. Lissajous. 1822〜80)は，フランスの物理学者で，その図形は，この人物によって初めて実験して得られた．図は，互いに垂直な方向の2つの単振動の合成によって得られる．上式において，T_1, T_2 は各々 x, y 方向の単振動の周期である．T_1/T_2 が有理数ならば，曲線図はやがて閉じるが，無理数ならば，永久に閉じることがなく，図面一杯を塗りつぶした様子になる．

$T_1 = T_2 = T$ として x, y を表す式から t を消去してみると，
$$\frac{x^2}{a^2} - \frac{2\cos\alpha}{ab}xy + \frac{y^2}{b^2} = \sin^2\alpha$$
となるが，これは，$\alpha \fallingdotseq 0, \pm\pi, \pm 2\pi, \cdots$ ならば，楕円の方程式である．しかしながら，一般には，これ程，簡単にはならない．具体的に図を描くというだけなら，パラメーター表示のままで合成した方が楽である．

筆者は，学生時代に oscilloscope (時間的に変化する信号波形を，Braun 管の面上に電子線で描き出す装置)で，これらの graphics をかなりやったことがある．(別段，おもしろいとは思えなかった．)

曲線というものは，必ずしも xy 座標で表すのが見やすいというものでもない．**極座標** (r, θ) を用いた方が記述しやすいということも多い．2次曲線のようなものなら，どちらで記述しても，それは，便宜上だけの違いにしかならない．

再び直角双曲線を引き合いに出す：
$$xy = a \quad (a > 0)$$
において，原点 O から x 軸正方向を Ox で表し，それから角 θ をとって $x = r\cos\theta, y = r\sin\theta$ $(0 \leq \theta \leq \frac{\pi}{2})$ とすると，
$$r^2\sin 2\theta = 2a \quad (a > 0, \ 0 \leq \theta \leq \frac{\pi}{2})$$
という式になる．(r, θ) に関するこのような方程式を**極方程式**という．この際，O を**極**，Ox を**始線**(**基線**ともいう)，r を**動径**，θ を**偏角**という．r はつねに $r \geq 0$ とは限らないということに注意しておく．

> **課題**
> $i = \sqrt{-1}$ とする．複素数 z を極座標で表した集合
> $$\{z = r(\cos\theta + i\sin\theta) \mid 0 \leq \theta \leq \frac{\pi}{2},$$
> $$|z| \leq a\}$$
> を表す領域を，複素数座標平面に図示せよ．

「極座標では，暗黙の了解で $r \geq 0$ である」というような，**常識ではない"常識"が幅をきかせている**らしいが，誤解である．

$z = r(\cos\theta + i\sin\theta)$ というものは，r と θ の2実数変数関数であって，それが z という値をとるという意味である．それ故，θ のみならず，r の変域も，原則として，人間が外から与えてやらねばならないのである．もし与えていなければ，r とて野放しになる．出題側の意図を無視して勝手に $r \geq 0$ と決めつけると，**課題**での領域は，第1象限にしかならない．しかし，正解をいうと，<u>第3象限の方にも，原点に関して対称な領域が入ってくる</u>．つまり，r を野放しにすることで，**原点に関する平面内反転の自由度を考える**という，数学的にも物理学的にも重要な概念が入ってくるのである．

再び元の流れに戻る．
まずは，代表的な極方程式を列挙しておく：

双曲螺線(「螺線」は，「蝸線」，「渦線」ともいう)(**図5**)
$$r\theta = a \quad (a \text{ は0でない定数})$$

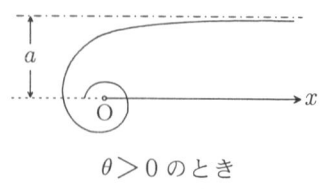

$\theta > 0$ のとき
図5

アルキメデスの螺線(以下，図は省略)
$$r = a\theta \quad (a \text{ は0でない定数})$$

これらは，**代数螺線**といわれるものの特殊形である．代数螺線は，$r = a\theta^k$ (a は0でない定数，k は0でない有理数の定数)という形式で表される．

第11章 曲線と積分，物理への応用，そして極方程式（その2）

アルキメデスは，その螺線で，角が θ_1 と θ_2 ($\theta_1 < \theta_2$) の間ではさまれた部分を原点Oからのぞんだ部分の面積が $\dfrac{a^2}{6}(\theta_2{}^3 - \theta_1{}^3)$ であることを見出したようだが，微積分法すらなき時代に何とも大したことをやってみせたものである．

実数 θ から a^θ (a は $a > 1$ なる定数) への1対1の連続対応を考えると，$r = a^\theta$ は，アルキメデスの螺線の変種形になる．これは，次に示す対数螺線である．

対数螺線

$\quad r = a^\theta$ (a は1より大の定数)

以下，a, b は定数を表すものとする．

正葉線

$\quad r = a \sin n\theta$ ($a > 0$，n は正の有理数)，
$\quad r = a \cos n\theta$ (〃)

$r = a \cos n\theta$ で，$n = 1$ のときは円，$n = 2$ のときは**連珠形**(lemniscate)とよばれるものである．

蝸牛形(limason) (本稿中の**補充問題**参照)

$$r = a \cos \theta \pm b$$

蝸牛形の方程式で $a = b$ の場合は，**心臓形**(cardioid)とよばれる．(**カーディオイド**は，外サイクロイドの方程式において $a = b$ の場合でも得られる．) $a > 0$，$b > 0$ であっても，それらの大小で曲線の様子は，かなり違ってくる．なお，リマソンは，$(x^2 + y^2 - ax)^2 = b^2(x^2 + y^2)$ という形の代数曲線である．

さらに三角関数を使えば，いくらでも出てくるが，人工的趣味でやるようなものでしかない．**花より造花が好きなら，また，別だが．**

2次曲線の**極方程式**表示は，大切であるから再録しておく．(記号は，通常通りのものを用いる．)

楕円（焦点 $(ae, 0)$ を極とする）

$$r = \frac{\ell}{1 + e \cos \theta} \quad (\ell \text{ は半通径})$$

双曲線（焦点 $(ae, 0)$ を極として右半分について）

$$r = \frac{\ell}{1 - e \cos \theta} \quad (\ell \text{ は半通径})$$

放物線（焦点 $(p, 0)$ を極とする）

$$r = \frac{\ell}{1 - \cos \theta}$$

これらの極方程式を利用することで，様々な性質が容易に導かれたり，問題が非常に解きやすくなることが少なくない．

例えば，図6のように，楕円の1焦点 F

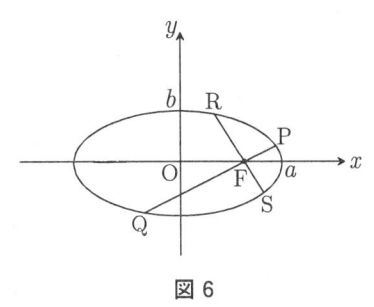

図6

を通る2本の割線があるとしよう．このとき，

$$\frac{1}{FP} + \frac{1}{FQ} = \frac{1}{FR} + \frac{1}{FS} = \text{一定}$$

である．これは，Fx を始線として角 θ をとると，

$$FP : r_1 = \frac{\ell}{1 + e \cos \theta}$$

$$FQ : r_2 = \frac{\ell}{1 + e \cos(\theta + \pi)} = \frac{\ell}{1 - e \cos \theta} \quad (> 0)$$

と表される為に

$$\frac{1}{r_1} + \frac{1}{r_2} = \frac{2}{\ell}$$

となるからである．

さらに，もし線分 PQ と RS が直交しているならば，

$$\frac{1}{PQ} + \frac{1}{RS} = \text{一定}$$

でもある．(**示してみよ．**)

このような性質は，勿論，双曲線や放物線にもある．

(**極**や**始線**のとり方は，いくらでもあるので，問題に応じて臨機応変できるようにしておかれたい．)

なお，3次曲線の場合での典型例としては**ディオクレス**(Diocles)**の疾走線**というものがある：

$$y^2 = \frac{x^3}{a - x} \quad (a > 0)$$

この極方程式は，原点を極として

$$r = a \sin \theta \tan \theta$$

となる．曲線図は，図7の通り：

図7

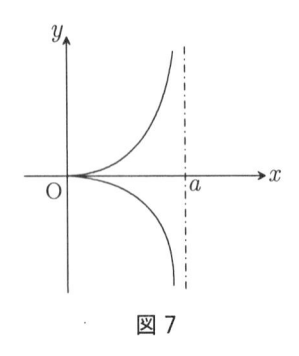

それでは問題例に入る．

＜例6＞ $a>0$ とし，極方程式
$$r=2a\sin\theta\quad\left(0\leqq\theta\leqq\frac{\pi}{4}\right)$$
で表される曲線を C とする．

(1) 曲線 C は円の一部であることを示し，その円の中心と半径を求めよ．さらに曲線 C を図示せよ．

(2) 曲線 C と x 軸および直線 $x=a$ で囲まれた図形を x 軸の周りに1回転してできる立体の体積を求めよ．

(広島大)

[解] (1) $r=2a\sin\theta$ において $a>0$, $0\leqq\theta\leqq\frac{\pi}{4}$ より $r\geqq0$．

$$\begin{cases} x=r\cos\theta \\ y=r\sin\theta \end{cases}\quad (r\geqq 0)$$

と表して，直ちに $r=\sqrt{x^2+y^2}$ であるから，$r>0$ としてこれらを極方程式に代入して
$$\sqrt{x^2+y^2}=2a\cdot\frac{y}{\sqrt{x^2+y^2}}$$

$$\therefore\quad x^2+y^2-2ay=0$$

ここで $x=y=0$ も含めてよい．◁

さらに $0\leqq\theta\leqq\frac{\pi}{4}$ より
$$0\leqq x=a\sin 2\theta\leqq a,$$
$$0\leqq y=2a\sin^2\theta\leqq a$$

よって
$$C:\begin{cases} x^2+(y-a)^2=a^2 \\ 0\leqq x\leqq a,\ 0\leqq y\leqq a \end{cases}$$

∴ 円の中心の座標 $\underline{(0,a)}$ 半径 $\underline{a}$ ―(答)

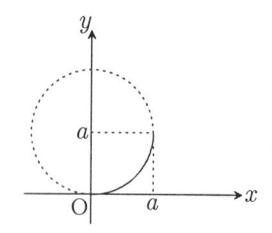

(2) $y^2-2ay+x^2=0$ より
$$y=a-\sqrt{a^2-x^2}\quad(0\leqq x\leqq a),$$
よって
$$y^2=2a^2-2a\sqrt{a^2-x^2}-x^2$$
求める体積を V として
$$V=\pi\int_0^a y^2\,dx$$
$$=\pi\left[2a^2x-\frac{x^3}{3}\right]_0^a$$
$$\quad -2a\pi\int_0^a\sqrt{a^2-x^2}\,dx$$

ここで $\int_0^a\sqrt{a^2-x^2}\,dx$ は半径 a の円の $\frac{1}{4}$ 円の面積であるから，$\frac{\pi}{4}a^2$ である．

よって
$$V=\pi\left(\frac{5}{3}a^3\right)-\frac{\pi^2}{2}a^3$$
$$=\underline{\left(\frac{5}{3}-\frac{\pi}{2}\right)\pi a^3}\text{―(答)}$$

例6 では，$r=2a\sin\theta$ の形をとっているが，もし $r=a\sin 2\theta$ の形なら，**どうなるか？** どちらも同じようなものか？

曲線 $r=2a\sin\theta$ $(a>0)$ と曲線 $r=a\sin 2\theta$ $(a>0)$ は，"2" のつく所が少し(?)違うだけで，別の様相を示すので，混同しないように．

流れのついでに，$C:r=a\sin 2\theta$ $(a>0)$ の曲線を図示しておこう：

まず，$0\leqq r\leqq a$ となるのは $0\leqq\theta\leqq\frac{\pi}{2}$，$\pi\leqq\theta\leqq\frac{3\pi}{2}$ である．このとき，$\theta\to\frac{\pi}{2}-\theta$ と変換しても C の方程式は変わらないので，原点を始点に一致(x 軸は共通)させた xy 直交座標面で C は $y=x$ に関して対称である．明らかに，原点 O に関しても対称．

また，$(r,\theta)\to(-r,-\theta)$ としても C の方程式は変わらないので，$0\leqq\theta\leqq 2\pi$ において C は y

軸に関しても対称．
よって，第 1 象限での $0 \leqq \theta \leqq \frac{\pi}{4}$ で図を描いて，あとは折り返してゆくとよい．
$$\frac{dr}{d\theta} = 2a\cos\theta \quad \left(0 < \theta < \frac{\pi}{4}\right)$$
より，増減表は以下の通り．

θ		$\frac{\pi}{12}$		$\frac{\pi}{6}$		$\frac{\pi}{4}$
$\frac{dr}{d\theta}$		$+$		$+$	$+$	$\sqrt{2}a$
r		$\frac{a}{2}$	↗	$\frac{\sqrt{3}a}{2}$	↗	a

よって曲線は図 8 のようになる（原点 O は略）．

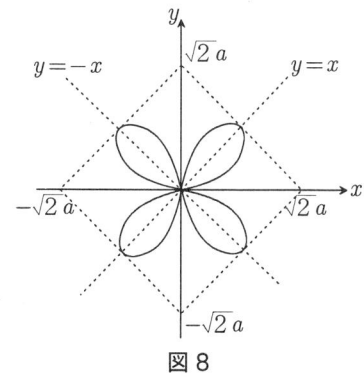

図 8

できるだけ精確に描くには，直交座標を極座標で表して，それから θ だけで表して $\frac{dx}{d\theta}, \frac{dy}{d\theta}$ を調べるのがよい．

なお，C は，実数パラメーター t で
$$x = \frac{2at}{(1+t^2)^{3/2}}, \quad y = \frac{\pm 2at^2}{(1+t^2)^{3/2}}$$
とも表せる．（このことを確かめてみよ．）

◀ **問題 7** ▶

極方程式
$$r = 1 + \cos\theta \quad (-\pi \leqq \theta \leqq \pi)$$
が表す曲線を C とする．
(1) 曲線 C 上の極座標が (r, θ) であるような点の直交座標を $(x(\theta), y(\theta))$ とするとき，$x(\theta), y(\theta)$ を θ のみを用いて表せ．
(2) 曲線 C は x 軸に関して対称であることを証明せよ．
(3) 曲線 C の概形を描け．特に，$x(\theta)$ が最大，最小となる点の直交座標，および $y(\theta)$ が最大，最小となる点の直交座標を明示せよ．
(4) 曲線 C は，半径 $\frac{3}{4}\sqrt{3}$ のある円の内部および周上に含まれることを証明せよ．また，その円の中心の直交座標を求めよ．

（富山医薬大）

〈解〉(1) $x = r\cos\theta, y = r\sin\theta$ として
$$\begin{cases} x(\theta) = (1+\cos\theta)\cos\theta \\ y(\theta) = (1+\cos\theta)\sin\theta \end{cases} \cdots \text{(答)}$$

(2) $x(-\theta) = x(\theta), y(-\theta) = -y(\theta)$ であるから，C は，x 軸に関して対称． ◀

(3) $\left(\frac{d}{d\theta}x(\theta), \frac{d}{d\theta}y(\theta)\right) = (\dot{x}(\theta), \dot{y}(\theta))$ と表す．$0 \leqq \theta \leqq \pi$ として曲線を描いてから，x 軸に関して折り返せばよい．
$$\dot{x}(\theta) = -\sin\theta\cos\theta + (1+\cos\theta)(-\sin\theta)$$
$$= -(\sin\theta + \sin 2\theta)$$
$$= -2\sin\frac{3\theta}{2}\cos\frac{\theta}{2}$$
同様に
$$\dot{y}(\theta) = 2\cos\frac{3\theta}{2}\cos\frac{\theta}{2}$$
$0 < \theta < \pi$ において
$$\frac{dy}{dx} = \frac{\dot{y}(\theta)}{\dot{x}(\theta)} = -\frac{\cos\frac{3\theta}{2}}{\sin\frac{3\theta}{2}} \quad \left(\theta \neq \frac{2}{3}\pi\right)$$
以上に基づいて増減表を作る：

θ	0		$\frac{\pi}{3}$		$\frac{2\pi}{3}$		π
$\dot{x}$	0	$-$	$-\sqrt{3}$	$-$	0	$+$	0
$\dot{y}$	2	$+$	0	$-$	-1	$-$	0
$\frac{dy}{dx}$	$-\infty$	$-$	0	$+$	$+\infty$ ∣ $-\infty$	$-$	0
x	2	↘	$\frac{3}{4}$	↘	$-\frac{1}{4}$	↗	0
y	0	↗	$\frac{3\sqrt{3}}{4}$	↘	$\frac{\sqrt{3}}{4}$	↘	0

曲線図は次の通り：

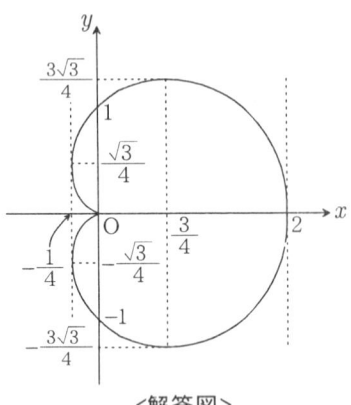

<解答図>

$$x \text{ が} \begin{cases} \text{最大となる直交座標 }(2, 0) \\ \text{最小と }\quad ''\quad \left(-\dfrac{1}{4}, \pm\dfrac{\sqrt{3}}{4}\right) \end{cases}$$

$$y \text{ が} \begin{cases} \text{最大となる直交座標 }\left(\dfrac{3}{4}, \dfrac{3\sqrt{3}}{4}\right) \\ \text{最小と }\quad ''\quad \left(\dfrac{3}{4}, -\dfrac{\sqrt{3}}{4}\right) \end{cases} \quad \cdots \text{(答)}$$

(4) $x = \dfrac{3}{4}$ に対して

$$\left(\left(x(\theta) - \dfrac{3}{4}\right)^2 + y(\theta)^2 \leqq \left(\dfrac{3\sqrt{3}}{4}\right)^2\right)$$

を示そう.

$$\begin{aligned}
\text{左辺} &= \left\{(1+\cos\theta)\cos\theta - \dfrac{3}{4}\right\}^2 \\
&\qquad + (1+\cos\theta)^2 \sin^2\theta \\
&= -\dfrac{1}{2}\cos^2\theta + \dfrac{1}{2}\cos\theta + \dfrac{25}{16} \\
&= -\dfrac{1}{2}\left(\cos\theta + \dfrac{1}{2}\right)^2 + \dfrac{27}{16} \leqq \left(\dfrac{3\sqrt{3}}{4}\right)^2 \blacktriangleleft
\end{aligned}$$

この場合の円の中心の位置は

$$\left(\dfrac{3}{4}, 0\right) \quad \cdots \text{(答)}$$

(補)増減表は,少々,くど過ぎるくらいにしておいたが,それは,立場上,できるだけ明確な図を描く為にしてあるからで,本番で持ち時間の少ない受験生は,そこまで気を配る必要はない.しかし,**練習時は別である**.

　人間は,目でサッと見ただけでは力がつくようにはできていない.それ故,図などでも自分できちんと描いてみることである.そうしている過程のうちに何かを発見したりすることもよくある.再度,汗なくして発見などあり得ない.と,付け添えておく.

補充問題

$0 < a < 1$ であるような定数 a に対して,次の方程式で表される曲線 C を考える.

$$C : a^2(x^2+y^2) = (x^2+y^2-x)^2$$

(1) C の極方程式を求めよ.

(2) C と x 軸および y 軸の交点を求め,C の概形を描け.

(3) $a = \dfrac{1}{\sqrt{3}}$ とする.C 上の x 座標の最大値と最小値および y 座標の最大値と最小値をそれぞれ求めよ.

(東北大)

(4次曲線であるが,題材は**リマソン**そのものもの.)

(答) (1) $r = \cos\theta \pm a$

(2)($0 < a < 1$ に注意)

ここは,極方程式のままで図示する.

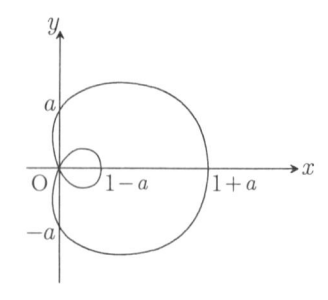

(3) $$\begin{cases} x = (\cos\theta + a)\cos\theta \\ y = (\cos\theta + a)\sin\theta \end{cases} \quad \left(a = \dfrac{1}{\sqrt{3}}\right)$$

から θ で微分するのみ.

$$x \text{ 座標の} \begin{cases} \text{最大値 } 1 + \dfrac{\sqrt{3}}{3} \\ \text{最小値 } -\dfrac{1}{12} \end{cases}$$

$$y \text{ 座標の} \begin{cases} \text{最大値 } \dfrac{2\sqrt{2}}{3} \\ \text{最小値 } -\dfrac{2\sqrt{2}}{3} \end{cases}$$

　定型的問題が少し連なって,有実力者(といえる程の人はいるかな? ─)にはつまらなかったかもしれないので,最後に,"曲線"らしい総合的な original 問題の"料理"を呈示して**第11章**を締めることにする.

第11章 曲線と積分，物理への応用，そして極方程式（その2） 263

◀ 問題 8 ▶

英樹君は，野鳥観察の好きな，いなか町の高校生．ある日，裏山にその目的で入った時，ある木に蛇が巻きついて一体化していて，ちょうどその高さから水平に伸びていた小枝に止まっている小鳥を狙っていた（**図ア**）．蛇が何周分か巻きついている幹は，<u>半径 a で</u>，**図イ**のように蛇は，その**頭**（点とみなせ）としっぽ（の先）の位置が点 A で一致していた．（小鳥が危ないと思いつつも，英樹君はどういう訳か声が出ない．）やがて，蛇はすさまじい瞬発速度で小鳥に襲いかかったが，間一髪の差でとり逃がしてしまった．その時，小鳥の止まっていた位置（小鳥の大きさを無視して点 B とする）に蛇の頭が届いていて，**図ウ**のように，<u>しっぽが幹を k 周して再び点 A にあり</u>，しっぽが移動した為に，胴体は直線状に伸びて小枝と角 θ (rad) をなしていた．（幹は，都合上，太めに描いてある．）

蛇の胴体の長さは一定であり，その太さや小枝の太さは無視して以下の設問に答えよ．

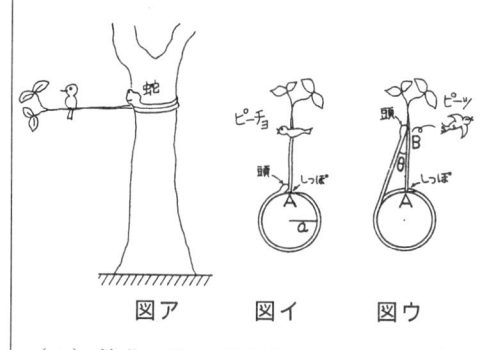

図ア　図イ　図ウ

(1) 線分 AB の長さを r として，r を a, θ および k で表せ．結果は，平方根記号を使わないで表せ．

次に，勢い余った蛇は，その胴体をピンと伸ばしたままで，その頭を，**図エ**のように反時計回りで水平に回して体勢を整えた．この時，その胴体は小枝の延長線と垂直であった．

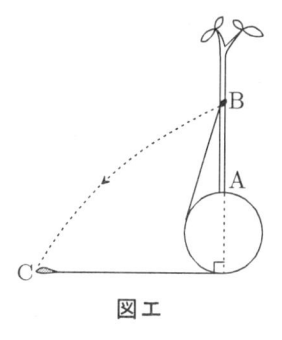

図エ

(2) 蛇の頭を点とみなして，その運動した軌跡（図エの点 B から C への曲線）の長さを a, θ および k で表せ．

それから蛇は，頭を木の上の方へもたげてゆっくりと移動し始めた．と，その時，50歳がらみのおじさんが，「どけ，どけ」と叫びながら，鉤のついた長い竹竿を持ちながら走ってきて，なんと，その蛇を捕獲して持ち帰った．英樹君は，「どうするのだろう？」と不審に思った．その時，何やら chime の音がして眼が覚めた．「何だ，授業中に居眠りをして，夢を見ていたのか」と，我に帰った．

〈解〉(1) 図を拡大誇張して描く．

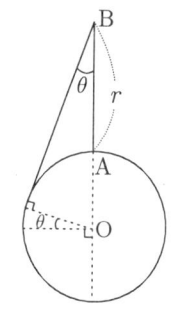

蛇のしっぽが移動したのは（幹の回りに）$2\pi ak$ だけである．胴体の長さは一定であるから，
$$2\pi ak = (r+a)\cos\theta - a\left(\frac{\pi}{2} - \theta\right)$$
$$\therefore \quad r = \frac{\left(\frac{4k+1}{2}\right)\pi - \cos\theta - \theta}{\cos\theta} a \quad \cdots \text{(答)}$$

(2) 図のように xy 座標軸をとる．蛇の頭が描く軌跡上の点を $P(x, y)$ とし，図におけるようにパラメーター φ をとると，

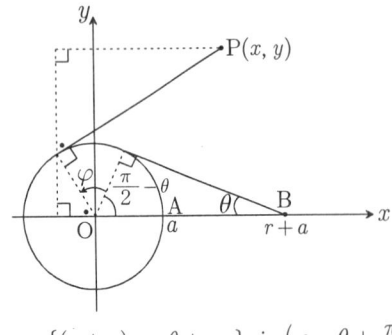

$$x = \{(r+a)\cos\theta + a\varphi\}\sin\left(\varphi - \theta + \frac{\pi}{2}\right)$$
$$+ a\cos\left(\varphi - \theta + \frac{\pi}{2}\right)$$
$$= \left(\frac{4k+1}{2}\pi + \varphi - \theta\right)a\cos(\varphi - \theta)$$
$$- a\sin(\varphi - \theta)$$
$$(\because (1)の結果より)$$

同様に
$$y = \left(\frac{4k+1}{2}\pi + \varphi - \theta\right)a\sin(\varphi - \theta)$$
$$+ a\cos(\varphi - \theta)$$

よって，$\left(\dfrac{4k+1}{2}\pi - \theta = \alpha\right.$ とおいて$\left.\right)$
$$\frac{dx}{d\varphi} = -(\varphi + \alpha)a\sin(\varphi - \theta),$$
$$\frac{dy}{d\varphi} = (\varphi + \alpha)a\cos(\varphi - \theta)$$

求める曲線の長さは
$$\int_0^{\frac{\pi}{2}+\theta}\sqrt{\left(\frac{dx}{d\varphi}\right)^2 + \left(\frac{dy}{d\varphi}\right)^2}\,d\varphi$$
$$= a\int_0^{\frac{\pi}{2}+\theta}(\alpha + \varphi)d\varphi$$
$$= a\left\{\alpha\Big[\varphi\Big]_0^{\frac{\pi}{2}+\theta} + \frac{1}{2}\Big[\varphi^2\Big]_0^{\frac{\pi}{2}+\theta}\right\}$$
$$= \left(\frac{8k+3}{8}\pi^2 + \frac{4k+1}{2}\pi\theta - \frac{1}{2}\theta^2\right)a$$
…（答）

（補）（2）のような軌跡は，**円の伸開線**といわれるものである．（1）からして解けたかな？（2）も易しくはなかったであろう．ただの円の伸開線でのようにはゆかない．蛇の件は別としても，問題そのものは，型にはまってはいないので，（解答を見ずに）正解できたら，自信をもってよいだろう．

問題中の蛇，「本当にこのような動きをするのか？」と訝しがる人も多いかもしれないが，それに近い動きはする．蛇は，尾を枝に巻きつけて，胴体を揉めておいて小鳥などを襲う．尾の力は，結構，強い．

問題9における英樹君は，帰路，「どうも，あの夢の中のおっさんは，どこかで見た顔だな．ああ，そうだ．邪道料理店のおやじだ」と，ぽつり．かくして，そのおやじは，….

蛇ノ道料理店の暖簾(のれん)の前にて

呼び込みの店員：右や左の食道楽のご通行人！当店自慢の鰻(うなぎ)料理はいかがです？ さあ，食いねえ！ 推膳食わぬは男，いや，人の恥！ 食わずに生きるは仙人様！ こちとら，食わずに行(生)けようか！ お持ち帰りもできまっせ．….

宣伝文句が人受けしたのか，とにかく人の入りがよく，店の前は<u>さくらも含めて</u>客の行列．

調理場にて

料理人(甲)：親方，大変です！ 客が多過ぎて，生け鰻が品切れになりやした．今から仕入れでは間に合いません．

親方(主人)：なに？ 仕方がねぇ．急いで裏庭の籠(かご)に入れてある蛇でも調理せい．いざという時の為にとっつかまえてきてあるんだ．

料理人(乙)：いいんですか？

親方　　：なに，特製のタレを甘くしてこってりとつけりゃ，気付かれやしねえよ．できるだけ肥えたやつがいい．おっ，蛇は小骨が多いから気を付けな！

料理人(甲)：へい，わかっておりやす．

かくして類が友を呼んで満員の店内には，やっとの思いで，蛇，いやいや，"鰻"料理にありつけた食通学博士の見栄張男(はるお)君と恋人の道楽遊子(ゆうこ)さんが座っていた．

店内にて

張男君　：うーむ！ これは逸品だ！ こんな旨い鰻料理は初めてだ！ 待った甲斐(かい)があった．

遊子さん：本当！ おいしいわ！ しかも肉厚で！ お友達にも勧めましょ！

調理場にて

親方　　：どうだい？ お客人の様子は．

料理人(丙)：へい．皆，「旨い！」の絶句でっせ．

親方　　：そーら．言った通りだろ．客は大喜びで大満足．こちらは儲かる．これが

賢明な生き方というもの．人は，こうし世のため，人のために尽くし，自他共に幸福になるのだ．わかったか，てめえ達！

料理人一同：へい！ 御教訓，有難く肝に銘じ入りやす．

「これ，かのY食品の牛肉偽装事件と似ている．それをまねしたのでは？」と思う人も多いかもしれないが，しかし，それは心外．筆者が『理系への数学』(現代数学社)にこの物語を載せたのは2002年2月号(1月12日発売)で，大問題になったその事件が発覚したのは，同年1月23日である．(原稿執筆はその3ヶ月前．) それはともかくとしても，その事件で，筆者は大分当惑した．筆者は，毎年，仙台在住の友人夫妻に中元と歳暮を，Y食品からの物を送っていたのである．友人は何も言ってはいないが，「(彼の)嫁さん，怒っているだろうな？」と．他方，Y食品(及びその他)であるが，「よかれ」と思って採用した幹部候補達にやがて内部から転覆させられるとは，夢にも思っていなかったろう．内部からの腐敗，数学教育もこれが最も怖いのである．「玉を衒いて石を売る」：尤もらしい"御教訓"には用心，用心．

今回は，"調理"で始まり，"(蛇)料理"で終わったが，味の方はいかがであったろう？ (筆者扮するシェフより)

昔，秋田出身の友人の結婚式に参向．折角故，自然美を誇る田沢湖の見物にも参ったが，売店で蝮の(姿そのままの)薫製を吊してあったのは印象的であった：「秋田名物，ドンパン節に鱩，ついでに蝮の薫製か．」(薬用にもなるから，それなりに売れるのだろう．)

当講義では，これまで(nを自然数として)$n!$やら$_nC_r$が，時折，顔を出していた．そこで，この最終稿は，「当たるも八卦，当たらぬも八卦」の**確率**である．

第12章
確率と統計（その1）

　日常生活の中で，人間は，どれ程，確率論的に生きて（，あるいは生かされて）いるのであろう．具体的に数値で表せない場合を含めて，実は，殆ど確率論的世界で生きているのである．それは，人間が，いろいろな意味で透視能力を有していないからである：
　「有望と思って採用したら，全く期待外れであった！」，
　「つつましい女性と思いきや，裏で食べる事，3人前！」，
　　　　　　　　　⋮
などということをよく聞く．こうした事は，始めから不確な自分達の目で（＝**確率論的に**），「間違いない」とか，「良い」とかと選定し，それを信じきってしまうことに拠る．しかし，時の経過と共に，自分は，白塗りのビーズ玉を真珠と思い込んで（あるいは思い込まされて），欺かれたのだと気付いたりする．（気付いても，そう思いたくない人も多いのだろうが．）

　さらに，人間には，$\Delta t (\sim 0)$秒後すら先の運命が全然見えない（；この際，因果決定論的物理法則だけは抜きにする ——）という無能力さの故に，「**時間**」というものを，概念上，最も得意に扱える理論物理学者でも，Δt秒後の未来を手探りで予測して生きてゆかねばならない．幸・不幸などを確率論的に予想して，毎瞬時の行動をとらざるを得ないのである．予想である以上，Δt秒以後ないしは将来の幸福を願って採った行動も，不幸を招く結果になってしまったという事は頻繁に起こる．それだから，人々の間では，星辰や八卦による易学，運命鑑定，または拵え物の宗教等がいつの時代（——いかなる科学技術の文明時代）でも入れ代わり立ち代わりで出現し，人受けするのである．「未来を少しでも予見して幸福を手にしたい」と願う人間の心がそうさせる訳である．「易学など信じない」という"文明人（？）"も多いだろうが，そういう人間達とて，常に自分の為に，「どうなるのだろう？」，「多分，こうなるのだろう？」などと，気付かずに**占い師を自演して生きている**のである．結局は，同じ穴の狢であり，やはり，何らかの形で迷信に縋って生きていることに変わりはないといえる．

　何とも，全く無抵抗かつ不確実の中で人は生き，せいぜい経験的に得られた推定眼で，事象や他人を勝手に或いは速断的に予想乃至判定している訳である．感覚的に生きる以上，未来に向かっては，やはり確率論的に支配されてくるのは避けられない．

　このように，確率論的運命観は，日常生活の中に否応無しに入ってくる．そのうちでも，最も簡単なモデルで，かつ数値的に表し得るものを数学上の**確率**として，我々は扱っていくことになるのである．このような確率は，未来に起こる事象の度合いを，明確な数値で表してはくれる．しかし，確率である以上，それは，確実さを保証するものではない．例えば，経験的確率でいかに高い安全率を誇る飛行機とて，墜落しないというわけではない．にも拘らずそのような確率を扱うのは，それ以上に知見を見出せないからである．そうである以上，これは，ひとつの思考遊戯である．がしかし，それだけに，また，これは，恣いままに考えたがる或いは定型通りに処したがる人間にとっては，難物となる．その理由は，
　　いきなり定型の計算にはめ込めれるような問題が少なくて，その都度，考えて解かねばならない
からである．これは，解法の**事務処方(business routine)**に頼った学習法でやってきた人が，その無力さを痛感させられやすい分野であろう．こうして"確率嫌い"が多くなるのである．し

── 第12章 確率と統計（その1）──

かし，多分に，本書の熱心な読者には，そのような人はいないと思われる．そうなるような指導はしてきていないからである．ということで，いよいよ，その内容に入ってゆくことにしよう．

　確率を扱うとき，中心的課題となるのは，事象に関する**場合の数**を求めることである．それは，**順列・組合せ**を考えることに他ならない．今回は，それらをまず扱って，それから**確率**に入ることにする．

〈1〉場合の数

　　場合の数を求めることにおいては，何が1つの場合（事象）であるかを明確に捉えておかなくてはならない．

（A）ある事象 E の起こる場合の数が m で，その各々の場合に対して，次の事象 F が独立に起こる場合の数が n であれば，「E そして F」が起こる場合の数は mn となる．（**積の法則**）

（B）事象 E の起こる場合の数が m で，その全ての場合に対して，事象 F（その場合の数は n）が同時に起こらないならば，「E または F」が起こる場合の数は $m+n$ となる．（**和の法則**）

n.b. 事象の種類や数がいくら多くても，逐次，これらの考えを適用する．既に $n!=n\cdot(n-1)\cdots\cdot2\cdot1$ なるものはよく現れていたが，それは，上述の最も易しい例になっている．

〈例1〉　4桁の自然数 $abcd$ を考える．千の位の数 a は0でないとしたとき，a,b,c,d がすべて異なる自然数はいくつあるか．
（津田塾大・情報数理）

|解|　4桁の数字は1〜9の9個．3桁目の数字は，4桁目とは異なる（1桁の）数字で（0を含めて）9個．2桁目の数字は，4桁目，3桁目と異なるもので8個．1桁目の数字は7個．よって

$$9\times9\times8\times7=\underline{4536}\quad\text{(答)}$$

　問題例1は，津田塾大入試（平成13年）の大問1番目中の小問第3番目．全体的に素直な大問が4題で150分もの**ゆとりの試験**，ということで，筆者は大賛同．（頭を最も酷使する数学の試験は最後にしてかつ充分な時間を与え，それで，「時間が余って困る」という人には帰って頂いてよいと思う．）"速く解ける"ということと，"数学的学力がある"ということは，別であろうから．

　日本では，明治時代に，『**数学三千題**』という題目で，奇怪な難問を納めた著作物が現れて，「数学の本道を踏み外している」などとの難があったそうである．（筆者は，その本を全然見たことがない．）因みに，筆者は，数学に対する価値観念の誤解を増やした責任の半分は，入試数学のやり方にあると思っている一人であり，それも，多分，『数学三千題』なるものに準ずるように，おかしな方向に走り過ぎたのではと思っている．それに金が絡んで，「大学入試委員会対受験生」というのではなく，「大学入試委員会対受験産業界」という対立図になって，そのままでエスカレートし続けてきている訳である．人間というものの性向からすれば，こうなることは避けられないであろう．

　例1を適度に難しくすると次のような問題になる．（**問題2**の前哨戦にもなる．）

◀ 問題 1 ▶
　11以上1000未満の整数で，各桁の数字が全て相異なる奇数はいくつあるか．

↑ 2桁の整数，3桁の整数の各々において，2桁目，3桁目の数の偶奇で場合分けしてみよ．

〈解〉ⅰ）11以上99以下の奇数を対象とするとき
・2桁目が奇数 a（$1\leq a\leq9$）の場合
　1桁目には，a を除いた（1桁の）奇数が当てがえて，それは4通り．
・2桁目が偶数 a（$2\leq a\leq8$）の場合
　1桁目には，どの奇数でもよく，それは5通り．
以上から，ⅰ）のときの奇数の個数は
$$5\times4+4\times5=40\ \text{（個）}$$
ⅱ）101以上999以下の奇数を対象とするとき

・3桁目が奇数 a（$1≦a≦9$）の場合
 （ア）2桁目が奇数 b（$b ≠ a, 1≦b≦9$）の場合
   1桁目には，a と b を除いた奇数が当てがえて，それは3通り．
 （イ）2桁目が偶数 b'（$0≦b'≦8$）の場合
   1桁目には，a を除いた奇数が当てがえて，それは4通り．
・3桁目が偶数 a（$2≦a≦8$）の場合
 （ウ）2桁目が奇数 b（$1≦b≦9$）の場合
   1桁目には，b を除いた奇数が当てがえて，それは4通り．
 （エ）2桁目が偶数 a'（$a' ≠ a, 0≦a'≦8$）の場合
   1桁目には，1，3，5，7，9のどの奇数も当てがえて，それは5通り．

以上から，ii) のときの奇数の個数は
$$5×(4×3+5×4)+4×(5×4+4×5)$$
$$=320 \text{（個）}$$
よって，求める奇数の個数は
$$40+320=360 \text{（個）} \cdots \text{(答)}$$

それでは，本格的入試問題である．
入試問題に入ると，ホッとする．構想の流れに悩まず，ただ解きさえすればよいから．

◀ 問題 2 ▶

次の条件を満たす正の整数全体の集合を S とおく．
「各けたの数字は互いに異なり，どの2つのけたの数字の和も9にならない」
ただし，S の要素は10進法で表す．また，1桁の正の整数は S に含まれるとする．このとき，次の問いに答えよ．
 (1) S の要素でちょうど4桁のものは何個あるか．
 (2) 小さい方から数えて2000番目の S の要素を求めよ．
 （東京大）

① (1)では，4桁の（正の）整数を $abcd$ と表して，$a=1$ で様子を見てみる．(2)は，(1)の結果から探り出してゆけるだろう．

〈解〉(1) 4桁の整数を $abcd \in S$ とする．いま，$a=1$ とすると，b, c, d は8ではない．そこで，次のように，1と8を除いた1桁の数を並べる：

0 , 2 , 3 , 4 , 5 , 6 , 7 , 9

線で結んだ2数は，足して9になる pair である．これら8個の数字から1つとって b に当てがう，と同時にその片割れを除去する．このような b への当てがい方は8通り．次に，残り6個の数字についても同様に作業する．この場合は6通り．さらに，残り4個の数字についても同様．この場合は4通り．

a の数としては，1～9のどれをとっても，上と同様のことがいえる．よって，求めるものは
$$9×8×6×4=1728 \text{（個）} \cdots \text{(答)}$$

(2) S の要素として
 1桁の整数は1～9の9個，
 2桁の整数は $9×8=72$ 個，
 3桁の整数は $9×8×6=432$ 個
だけである．これらの和は513（個）．これに(1)の結果の数を足して2241を得る．S の要素として（空集合は含まれないので）

2241番目は $9876 \in S$

この整数を含めて9870代（9870～9879）には S の要素は4個ある．
この構造を述べる：
9870代を構成する3つの数字9，8，7の次にくる数字として9，8，7は許されないことと，(1)でのように9，8，7と pair を組む数字0，1，2が許されない為に $10-6=4$ 個だけが S の要素となる訳．

9870，9860，9850，9840，9830，9820代では各々4個ずつ S の要素となる（小計24個）．9780，9760，9750，9740，9730，9720代でも同様（小計24個）．以下，同様で9600代～9100代には $24×6=144$ 個の S の要素．さらに8900代，8700代で合わせて $24×2=48$ 個の S の要素．ここまでの合計は 240個．

$(2241-240=)$ 2001番目は $8697 \in S$
∴ 2000番目は 8695 …(答)

〈2〉 円順列

相異なる n 個の物を(等間隔で)円周上に並べる仕方の数は $(n-1)!$ 通りだけある．

n.b. 首飾りのように表と裏の区別をつけないときは，$\frac{1}{2}(n-1)!$ 通り．

まずは，よくある問題例を1つ．

＜例2＞ 立方体の各面に1から6までの数字を重複せずに1個ずつ記入する．記入方法の総数は6の何倍か．

(自治医大・1次)

解 立方体の1つの面に数字1を記入する．そして，この面を上面とする．このとき，底面には2～6の数字を当てがえる (5通り)．上底面の中心を通る回転軸を考えて，側面には円順列の要領で残り4個の数字を当てがう (3! 通り)．記入方法の総数は $5\times 3\times 2$ であるから，これは6の

$$\underline{5\text{倍}}\quad \text{(答)}$$

例2の解答において，上面の数字1と底面の数字 x の入れ替えをすると，重複勘定になるので注意．(多分，このような考えをして失点した人は少なくなかったろう．)

例2の記入方法の総数30通りは，平面上の円順列方法の空間的拡張版として，$\frac{(6-1)!}{4}=30$ と，一気に求めることが出来る．

入試数学を少し超えるが，前に，**正二十面体の乱数さいころ**について少しだけ述べたことがある．これは，頂点数12，辺数(または稜数)30，面数20(正三角形面20個)から成る．例2のように，もし，これに1～20の番号を記入するとすれば，その記入方法は $\frac{(20-1)!}{3}$ だけある．これらは，図形の対称性を捉えて導かれるものである．

ついでであるから，もう少し道草をして行こう．正二十面体の頂点数，辺数，面数の間には，

$$12-30+20=2$$

という関係式が成り立つ．このような関係式は，他には，例えば，正十二面体(頂点数20，辺数30，面数12(正五角形面12個))でも同様で

$$20-30+12=2$$

が成り立つ．これは，偶然事ではなく，(正)n 面体について常に成り立つことで，**オイラーの定理**として知られている．それならば，(正)四面体の場合に簡約して，$4-6+4=2$ としてよいことになる．そして，これら同一の "2" という数 (**オイラー標数**といわれる) は，(半径 r の) 球の表面積 $4\pi r^2$ を $2\pi r^2$ で割ったものに等しい．これは，こじつけではないのである．実に**偉大な発見**が，1700年代後半から徐々になされてきたのであった．いわば，近代数学の幕開けとなってゆくわけである．

これまで読者が学んできたように，'個々の特徴をただ視覚的に見て考える' というのではなく，それらにある共通の数論的概念を捉えようとすることが，近代以降の幾何学の流れとなっていくのである．この際，**代数系**(群，環，体)というものが強力な手段となる．こうして，森の中で闇雲に1本1本の木を習い知っていた状態から，森全体を見渡せる "仙人様" の境地へと進む訳である．

次に，popular な例2より少し難しい問題 (これまで入試に現れているかどうかは，知らないが──) を提供するので，**各自，実力のチェック**としてやってみられたい．

> **補充問題**
> 各面が長方形から成る平行六面体を直方体という．直方体の各面に1色ずつ塗って，6色で塗り分ける方法の数を，以下の各々の場合で求めてみよ．
> (1) 向かい合う1組の2面が合同な正方形で，他の4面が合同な長方形 (ここでは正方形は除外) から成る直方体．
> (2) 3種類の互いに合同でない長方形 (ここでは正方形は除外) から成る直方体．

(答) (1) 90 (通り) (2) 180 (通り)

ところで，**初等幾何**(その3)で**置換**というものを説明したことがある．そこでは，それは，3文字 a, b, c の順列を考えたものになっている．よい機会なので，その事について少し述べておく．

いま $1, 2, 3, \cdots, n$ なる n 個の数を一列に並べ

る順列を $a_1, a_2, a_3, \cdots, a_n$ で表す．このような数列は全部で $n!$ 個できる．そこで 1 を a_1 に，2 を a_2 に，3 を a_3 に，$\cdots$，n を a_n に対応させて次のように表した σ を**置換**という：

$$\sigma = \begin{pmatrix} 1 & 2 & 3 & \cdots & n \\ a_1 & a_2 & a_3 & \cdots & a_n \end{pmatrix}$$

これを単に $\sigma = (a_1 \, a_2 \cdots a_n)$ のように表す．
$a_i, a_j \, (i \neq j, 1 \leq i \leq n, 1 \leq j \leq n)$ において
$$i < j \text{ に対して } a_i > a_j$$
なるとき，a_i と a_j は**転倒**の関係にあるといわれる．そして，転倒の個数が（0 個も含めて）偶数個，奇数個の場合に応じて，各々，**偶置換，奇置換**といわれる．
例えば，$\sigma = (3\ 1\ 2)$ では 3 と 1，3 と 2 が転倒であるから，この σ は偶置換である．$(1\ 2\ 3), (2\ 3\ 1)$ も偶置換である．$(2\ 1\ 3), (1\ 3\ 2), (3\ 2\ 1)$ は奇置換である．

定理

置換 $\sigma = (a_1 \, a_2 \cdots a_n)\ (n \geq 2)$ において，偶置換と奇置換の個数は等しくて各々 $\frac{1}{2}n!$ 個だけである．（証明は易しいので，各自やってみられたい．）

置換 $(a_1 \, a_2 \cdots a_n)$ において a_i と a_j（$i \neq j$ に対して $a_i \neq a_j$）を入れ替える操作を**互換**といい，これによって別の置換ができる．互換を 1 回行なうことで，明らかに，置換の偶奇性は交代する．

さて，集合 $\{1, 2, 3, \cdots, n\}$ の空でない部分集合 $\{a_1, a_2, \cdots, a_\ell\}$（$i \neq j$ に対して $a_i \neq a_j$）の要素を用いて，置換 σ が

$$\sigma = \begin{pmatrix} a_1 & a_2 & \cdots & a_\ell \\ a_2 & a_3 & \cdots & a_1 \end{pmatrix}$$

（他の $n - \ell$ 個の成分はそのまま
不変なので記入しない）

のようになっているならば，σ を ℓ 次の**巡回置換**という．2 次の巡回置換には，先程の互換という用語をそのまま当てはめる．従って ℓ が偶(奇)数ならば σ は奇(偶)置換である．例えば，
$\sigma = \begin{pmatrix} 1 & 2 & 3 & 4 & 5 \\ 1 & 4 & 3 & 5 & 2 \end{pmatrix}$ は，$\sigma = \begin{pmatrix} 2 & 4 & 5 \\ 4 & 5 & 2 \end{pmatrix}$ と表される が，$\sigma = \begin{pmatrix} 5 & 2 & 4 \\ 2 & 4 & 5 \end{pmatrix}$ のように表してもよい．
この σ は明らかに 3 次の偶置換である．（些か尻切れ蜻蛉であるが，この位で止めておかねばならない．）

慧眼な読者には，n 次の巡回置換は円順列の方法数を求めることと関連がありそうだと思われたかもしれない．

上述の内容は，あとで簡単な問題で利用するつもりであるが，その前にもう少し順列・組合せの基本について述べておかねばならない．

〈3〉 **順列方法**

相異なる n 個の物から ℓ 個の物をとって一列に並べる仕方は $n(n-1)(n-2) \cdots \cdots (n-\ell+1)$ 通りだけある．（この事は明らか．）これを公的に ${}_n\mathrm{P}_\ell$ と表す．

〈4〉 **組合せ方法**

相異なる n 個の物から ℓ 個（$\ell \leq n$）の物をとる組合せの仕方は $\dfrac{{}_n\mathrm{P}_\ell}{\ell!}$ 通りだけある．（この事も明らか．）これを公的に ${}_n\mathrm{C}_\ell$ と表す．

n.b. 旧来，大学人は，結構，気取屋でもあって，しばしば，必要もないのに ${}_n\mathrm{C}_\ell$ を $\binom{n}{\ell}$ のように表したがる．$\binom{n}{\ell}$ という記号は，古来（—— といっても，多分，パスカル以降であろうか？），使われているものであるが，筆者は滅多に使わない．

〈5〉 **式変形による諸公式**

❶ ${}_n\mathrm{P}_\ell = \dfrac{n!}{(n-\ell)!} \quad (1 \leq \ell \leq n)$

ただし，$0! = 1$ と規定する．

❷ ${}_n\mathrm{C}_\ell = {}_n\mathrm{C}_{n-\ell} = \dfrac{n!}{(n-\ell)!\,\ell!}$

❸ ${}_n\mathrm{C}_\ell = {}_{n-1}\mathrm{C}_{\ell-1} + {}_{n-1}\mathrm{C}_\ell, \quad {}_n\mathrm{C}_0 = 1$
$\qquad\qquad (0 \leq \ell \leq n,\ n \geq 1)$
（パスカルの三角形公式）

∵) ❸のみを示す．
${}_{n-1}\mathrm{C}_{\ell-1} + {}_{n-1}\mathrm{C}_\ell$

$$= \frac{(n-1)!}{(n-\ell)!(\ell-1)!} + \frac{(n-1)!}{(n-1-\ell)!\,\ell!}$$
$$= \frac{(n-1)!}{(n-\ell-1)!(\ell-1)!}\left(\frac{1}{n-\ell}+\frac{1}{\ell}\right)$$
$$= \frac{n!}{(n-\ell)!\,\ell!} = {}_n C_\ell \qquad \text{q.e.d.}$$

では,問題例.

◁ 例3 ▷ 1つの置換
$$\sigma = \begin{pmatrix} 1 & 2 & 3 & \cdots & n \\ a_1 & a_2 & a_3 & \cdots & a_n \end{pmatrix} \quad (n \geq 2)$$
に対して互換の操作を1回行なうことで,相異なる偶置換は何種類作り得るか.

|解| σ が偶置換の場合

互換の操作 1 回で奇置換になる.

σ が奇置換の場合

n 個の相異なる数字から 2 個の数字をとる組合せの方法数だけある.

以上から

$$\begin{cases} \sigma \text{ が偶置換の場合} \quad \underline{0 \text{ (種類)}} \\ \sigma \text{ が奇置換の場合} \\ \qquad {}_n C_2 = \underline{\dfrac{n(n-1)}{2} \text{ (種類)}} \end{cases} \text{(答)}$$

課題

2つの置換
$$\sigma = \begin{pmatrix} b_1 & b_2 & \cdots & b_n \\ a_1 & a_2 & \cdots & a_n \end{pmatrix},$$
$$\tau = \begin{pmatrix} 1 & 2 & \cdots & n \\ b_1 & b_2 & \cdots & b_n \end{pmatrix}$$
の間に積の演算を
$$\sigma \circ \tau = \begin{pmatrix} 1 & 2 & \cdots & n \\ a_1 & a_2 & \cdots & a_n \end{pmatrix}$$
で定義する.また,
$$\begin{pmatrix} 1 & 2 & \cdots & n \\ 1 & 2 & \cdots & n \end{pmatrix} = e$$
と表し,σ^{-1} を,$\sigma^{-1} \circ \sigma = \sigma \circ \sigma^{-1} = e$ なるもので定める.

(1) 上で与えられた σ に対して σ^{-1} を表してみよ.

(2) 集合 $\{1, 2, \cdots, n\}$ の空でない部分集合は何種類できるか.

(3) (2)における部分集合の1つを $\{c_1, c_2, \cdots, c_\ell\}$ $(1 \leq \ell \leq n,\ i \neq j$ に対して $c_i \neq c_j)$ として,$\begin{pmatrix} c_1 & c_2 & c_3 & \cdots & c_\ell \\ c_2 & c_3 & c_4 & \cdots & c_1 \end{pmatrix}$ なる巡回置換を考えてこれを ρ と表す.$\rho^\ell = e$ となることを示してみよ.(ρ^ℓ は ℓ 個の ρ の積を表す.)

《略解》 (1) $\sigma^{-1} = \begin{pmatrix} a_1 & a_2 & \cdots & a_n \\ b_1 & b_2 & \cdots & b_n \end{pmatrix}$

(2) 集合 $A = \{1, 2, \cdots, k, \cdots, n\}$ の任意の部分集合を B とする.B の中に数字 $1, 2, \cdots, n$ の各数字があることを E,ないことを ϕ で表すと,B の種類は,E と ϕ から重複を許して n 個並べる順列(**重複順列**)の総数に他ならない.この総数は明らかに 2^n だけある.A の部分集合としての空集合は唯一であるから,求める総数は
$$\underline{2^n - 1 \text{ (個)}} \text{(答)}$$

(3) 略.

課題における(2)に関連した事柄を少し叙述しておこう.解答の考え方は,基本的に 2 進法に依拠している.2 進法とは,周知であろうが,数字 0 と 1 を用いて並べる数の表記法である.(最高位に 0 を許す場合も多い.) 0 を "・" (dot),1 を "ー" (dash) で表せば,これらを並べて旧来の電気通信上の打電符号が得られる.打電符号の種類は,打電回数を予め決めておけば,$2 + 2^2 + 2^3 + \cdots$ の等比数列和だけある.近代の digital 計算機では,機械への命令は,2 進法表示された符号を pulse 波で表して電信に変化させている.2 進法は,分類作業の為に,単純で便利であるから,通常,これにあやかって**情報量**というものを規定している.これは,情報における**エントロピー**というものである.

◀ 問題 3 ▶

以下の設問に順に答えよ.

(1) 次の等式を数学的帰納法で示せ.
$${}_n C_0 + {}_n C_1 + \cdots + {}_n C_n = 2^n \quad (n \geq 1)$$

(2) n 個の自然数の集合 $\{1, 2, \cdots, n\}$ の空でない部分集合の個数はいくつあるか.

† hint なし.

〈解〉　（1）$n=1$ のとき
$$\text{左辺} = {}_1C_0 + {}_1C_1 = 2 = \text{右辺}$$
で成立している．

$n=m$ のとき
$$_mC_0 + {}_mC_1 + \cdots + {}_mC_m = 2^m \quad \cdots ①$$
が成立すると仮定する．この式は
$$_mC_1 + {}_mC_2 + \cdots + {}_mC_m = 2^m - 1 \quad \cdots ①'$$
に他ならない．①+①′において，パスカルの三角形公式を適用し
$$_{m+1}C_1 + {}_{m+1}C_2 + \cdots + {}_{m+1}C_m + {}_{m+1}C_{m+1}$$
$$= 2 \cdot 2^m - 1$$
これ即ち，
$$_{m+1}C_0 + {}_{m+1}C_1 + {}_{m+1}C_2 + \cdots + {}_{m+1}C_{m+1}$$
$$= 2^{m+1}$$
である．従って $n=m+1$ のときにも成立する．よって任意の自然数 n について，問題の等式は成り立つ．◀

（2）$\{1,2,\cdots,n\}$ からの要素が ℓ 個 $(0 \leq \ell \leq n)$ の部分集合の個数は ${}_nC_\ell$ である．（1）により求める部分集合の総数は
$$_nC_1 + {}_nC_2 + \cdots + {}_nC_n = 2^n - 1 \quad \cdots \text{(答)}$$

（注）設問（1）の解答で，$n=m$ のときの式①を2回用いた（――同一の式を重複させて用いた）点に注視せよ．このような帰納法の考え方は，これまで見たことがなかったのでは？

読者は，これまで（1）の等式を**2項展開**で学んできたであろうから，もし，それで頭が定型化していれば，この出題呈示には，意表をつかれたであろう．

さて，少し道草である．（筆者は，カリカリと問題をやるよりも，道草の方で有意なことを述べているのである．**気付く人には気付く**．）

$2^n - 1$（n は自然数）という数は，等比数列和 $1 + 2 + \cdots + 2^{n-1}$ でもあるが，簡単であるにも拘らず，この数は，結構，神秘的なものである．

　　'$2^n - 1$（n は自然数）は，それが素数であれば，n は素数である'（逆は成り立たない．）

これは，整数論の専門家にとって，極めて初歩的な定理である．逆が成立してくれれば，非常にありがたいのだが，残念ながら．尤も，**それだから，おもしろい**といえるのだろうが．$2^n - 1$ という数は，それが素数になるとき，**メルセンヌ数**といわれている．**メルセンヌ**（M. Mersenne. 1588〜1647）は，フランスの数学者．（いずれ，再後述される．）このような数は，古来，『**ユークリッド原論**』の中にも見られる（――と，原書を読んで知っていたかのようなことをいうが，近代のいろいろな書物で読み知っていただけ）．

　　'$(2^n - 1) \cdot 2^{n-1}$ は，$2^n - 1$ が素数ならば，
　　それは**完全数**である'
ということが，原書には証明付きで載っているという．

（N が**完全数**であるとは，N 自身を除いて，N の相異なる約数――1 も含まれる――の総和が N になるようなときをいう．例えば，6 や 28 は完全数である．これ以上の完全数を求めるのは素因数分解等の手間がかかるので，今では，機械にやらせる．）メルセンヌは，$2^n - 1$ という数が素数になるような n の候補を，ある範囲内で，予想したという．（当を得たのもあれば，外れもあった．）

前に紹介した**フェルマー**（P. Fermat. 1601〜1665）は，メルセンヌの仲間であり，してみれば，フェルマーが
　　'p を 2 でない素数として，
　　　　$2^{p-1} \equiv 1 \pmod{p}$ である'
　　（フェルマーの定理・系）
を見出したのは，**偶然事ではなかった**ということも肯けるであろう．

次の問題は，**現代数学社のＣＭ**を兼ねて．

◀ 問題 4 ▶

GENDAISŪGAKUSHA（Ū は U と同じ文字とみなす）の 15 文字から 4 文字をとる組合せ方法の数を求めよ．

〈解〉　問題中の 15 文字を次のように並べ換える：

AAADEGGHIKNSSUU

（ア）4 文字が相異なるとき

ADEGHIKNSU の 10 文字から 4 文字とる組合せで
$$_{10}C_4 = \frac{10 \cdot 9 \cdot 8 \cdot 7}{4 \cdot 3 \cdot 2} = 210 \quad \text{(通り)}$$

（イ）4 文字中 3 文字が同じとき

3つのAに対して9文字から1文字とる組合せで
$$_9C_1 = 9 \text{ (通り)}$$
（ウ）4文字中2文字が同じとき

4種類の AA, GG, SS, UU の各々に対して残りの2文字の組合せ方は $_9C_2$ 通りあるから，
$$4 \times {}_9C_2 = 144 \text{ (通り)}$$
（エ）4文字中2文字が同じものである組が2組あるとき

4種類の AA, GG, SS, UU から2種類とる組合せで
$$_4C_2 = 6 \text{ (通り)}$$
（ア）～（エ）より，求める組合せの総数は
$$210 + 9 + 144 + 6 = 369 \text{ (通り)} \quad \cdots \text{(答)}$$

補充問題

GENSŪSHA の8文字から k 文字 $(2 \leq k \leq 8)$ をとって，一列に並べる順列の数はいくらか．

結果を具体的に表しにくいときは，階乗や順列・組合せの記号 $(!, {}_nP_r, {}_nC_r)$ をそのまま用いてもよい．

（答）$\begin{cases} 2 \leq k \leq 7 \text{ のとき} \quad {}_6C_{k-2} \times \dfrac{k!}{2!} + {}_7P_k \text{ (通り)} \\ k = 8 \text{ のとき} \quad \dfrac{8!}{2} \text{ (通り)} \end{cases}$

内容的に，もう少し進んでおく．

これまでの組合せでは，重複を許さなかった．しかし，例えば，2文字 a, b から重複を許して3つとるという組合せを考えることも，しばしば，入用となる：a^3, a^2b, ab^2, b^3 のような単項式．このような組合せを**重複組合せ**という．

⟨6⟩ 重複組合せ方法

相異なる n 個の物から重複を許して r 個とる3組合せの仕方は $_{n+r-1}C_r$ 通りだけある．これを公的に（？）$_nH_r$ と表す．
（$n < r$ であっても可．）

⟨6⟩について説明しておく．
いま，縦に a 本，横に b 本の通行路のある碁盤目状の町があるとする．（図では $a=4, b=7$.）地点AからBに遠回りをしないで行くコースは，横に $a-1$ 区画，縦に $b-1$ 区画だけ進む方法数だけある．全部で $_{a+b-2}C_{b-1}(= {}_{a+b-2}C_{a-1})$ 通り…（＊）だけあることは明らかであろう．このことを別の視点から捉える．

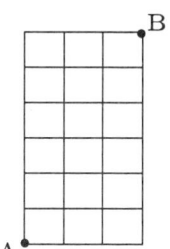

「縦の1本の通路をとるとき，その通路上の1区画だけ進む」という一時の約束をしておこう．さて，縦には a 本の通行路があるが，これらから重複を許して $b-1$ 本だけとれば，地点AからBへの最短経路の方法数を与えることになる．（横の通路は，各々の場合で一通りに決まってしまう．）この方法数を，とにかく，組合せをやっているのだから，${}_a\overset{\circ}{C}_{b-1}$ とでも表しておく．"$\overset{\circ}{C}$" **は何なのかは，まだ，分からない．** しかし上述の（＊）から ${}_a\overset{\circ}{C}_{b-1} = {}_{a+b-2}C_{b-1}$ であることは，すぐはっきりする．そこで，$a = n$, $b-1 = r$ とおくと，${}_n\overset{\circ}{C}_r = {}_{n+r-1}C_r$ となる．（もちろん，$n < r$ でもよいことはお分かり頂けるだろう．）${}_n\overset{\circ}{C}_r$ は，**重複組合せ**なのであり，これを，慣用的に $_nH_r$ と表している訳．

（$_nP_r$, $_nC_r$ などの記号は Permutation, Combination に由来していることは了解できるが，$_nH_r$ の記号はどこから由来したのであろう？）

2文字 a, b から重複を許して3つとる組合せ数は，$_2H_3 = {}_{2+3-1}C_3 = {}_4C_1 = 4$ である．

⟨7⟩ 2項展開

n を自然数とする．
$$(a+b)^n = \sum_{r=0}^{n} {}_nC_r a^r b^{n-r}$$
$$= \sum_{r=0}^{n} {}_nC_r a^{n-r} b^r \quad (n+1 \text{項})$$

（殆ど明らかな事なので説明はしない．）

n.b. このような展開では，$_nC_r$ は**2項係数**といわれる．

⟨8⟩ 2項係数に関する基本公式

❶ $_nC_0 + {}_nC_1 + {}_nC_2 + \cdots + {}_nC_n = 2^n$

❷ $_nC_0 - {}_nC_1 + {}_nC_2 + \cdots + (-1)^n {}_nC_n = 0$

❸ $_nC_0 + {}_nC_2 + {}_nC_4 + \cdots$

$= {}_nC_1 + {}_nC_3 + {}_nC_5 + \cdots = 2^{n-1}$

（数列和の末項は n の偶奇によって入れ代わるが，最右辺の形式は変わらない）

❹ ${}_nC_1 + 2{}_nC_2 + 3{}_nC_3 + \cdots + n{}_nC_n$
$\qquad\qquad\qquad = n \cdot 2^{n-1}$

2項係数の数列和はちょこまかした計算だが，演習も必要なので，少しやっておく．

＜例4＞ 次の数列和の値を求めよ．n は自然数である．

（1）$\displaystyle\sum_{r=0}^{n}(-1)^r {}_{n+1}C_{r+1}$

（2）$\displaystyle\sum_{r=1}^{n}(-1)^{r-1} r\, {}_nC_r$

（3）$({}_nC_0 - {}_nC_2 + {}_nC_4 - \cdots)^2$
$\qquad + ({}_nC_1 - {}_nC_3 + {}_nC_5 - \cdots)^2$

注．（3）では，数列和は，n の値に応じて定義され得る所まで考える．

解　（1）与式 $= {}_{n+1}C_0 - {}_{n+1}C_0$
$\qquad\qquad + {}_{n+1}C_1 - {}_{n+1}C_2 + {}_{n+1}C_3 -$
$\qquad\qquad \cdots + (-1)^n {}_{n+1}C_{n+1}$
$\qquad = 1 - \{{}_{n+1}C_0 - {}_{n+1}C_1 + {}_{n+1}C_2 -$
$\qquad\qquad \cdots + (-1)^{n+1} {}_{n+1}C_{n+1}\}$
$\qquad = 1 - 0 = \underline{1}$ （答）

（2）$(1-x)^n = \displaystyle\sum_{r=0}^{n} {}_nC_r (-1)^{n-r} x^r$

両辺を x で微分して

$-n(1-x)^{n-1} = \displaystyle\sum_{r=1}^{n}(-1)^{n-r} r\, {}_nC_r x^{r-1}$

$x = 1$ とおいて

$0 = \displaystyle\sum_{r=1}^{n}(-1)^{n-r} r\, {}_nC_r$

$\therefore \displaystyle\sum_{r=1}^{n}(-1)^{r-1} r\, {}_nC_r = \underline{0}$ （答）

（3）$(1+x)^n = \displaystyle\sum_{r=0}^{n} {}_nC_r x^r$

$x = \pm i \ (i = \sqrt{-1})$ とおいて

$(1+i)^n = \displaystyle\sum_{r=0}^{n} {}_nC_r i^r$
$\quad = {}_nC_0 + i{}_nC_1 - {}_nC_2 - i{}_nC_3 + {}_nC_4$
$\qquad + i{}_nC_5 - {}_nC_6 - i{}_nC_7 + \cdots$

$\quad = ({}_nC_0 - {}_nC_2 + {}_nC_4 - \cdots)$
$\qquad + i({}_nC_1 - {}_nC_3 + {}_nC_5 - \cdots)$ …①

$(1-i)^n = ({}_nC_0 - {}_nC_2 + {}_nC_4 - \cdots)$
$\qquad - i({}_nC_1 - {}_nC_3 + {}_nC_5 - \cdots)$ …②

①，②を辺々相掛けて

$({}_nC_0 - {}_nC_2 + {}_nC_4 - \cdots)^2$
$\quad + ({}_nC_1 - {}_nC_3 + {}_nC_5 - \cdots)^2$
$= \underline{2^n}$ （答）

例4での（3）は

$({}_nC_0 - {}_nC_2 + {}_nC_4 - \cdots)^2$
$\quad + ({}_nC_1 - {}_nC_3 + {}_nC_5 - \cdots)^2$
$= {}_nC_0 + {}_nC_1 + {}_nC_2 + \cdots + {}_nC_n$

に他ならない（念の為）．

2項展開があれば，3項展開，4項展開，…が考えられる．ここでは，**3項展開式**を記しておこう：n を自然数として

$$(a+b+c)^n = \sum \frac{n!}{p!\,q!\,r!} a^p b^q c^r$$

（和 Σ は，$p + q + r = n$ なる 0 以上の全ての整数 p, q, r についてとる）．

公式というものは，まず理解しておかねばならないものだが，その後に，意図的に暗記しようとしがちになる．しかし，数学は，理解が進む程，暗記の必要度が少なくなる学問である，ということを銘記しておかれたい．それに，暗記すれば，最早，公式の意味を考えなくなり，それを**機械的に使用する癖**がついてくる．そうすると，いつの間にか，かつて理解したはずの公式の導出すら怪しくなってくる．思考に自信がなければ，暗記しかないが，できれば，公式は，常にその意味を考えながら，<u>随時</u>，<u>自然に導出できるような体勢</u>をとっておくべきである．ということで，上記の3項展開式の公式を示してみよ．

＜例5＞ $(1 + x + x^2)^{10}$ の展開式において x^4 と x^{16} の係数を求めよ．

解
$$(1 + x + x^2)^{10} = \sum \frac{10!}{p!\,q!\,r!} x^{q+2r}$$

x^4 の項において

$$\begin{cases} q+2r=4 \\ p+q+r=10 \end{cases} \quad (p\geqq 0,\ q\geqq 0,\ r\geqq 0)$$

$q=4-2r\geqq 0$ であるから，せいぜい
$$r=0,\ 1,\ 2$$
である．これら各々に対して
$$(p,q,r)=(6,4,0),(7,2,1),(8,0,2)$$
となる．よって x^4 の係数は
$$\frac{10!}{6!4!}+\frac{10!}{7!2!}+\frac{10!}{8!2!}=\underline{615}\ (答)$$
x^{16} の項において
$$(p,q,r)=(0,6,4),(1,2,7),(2,8,0)$$
よって x^{16} の係数も $\underline{615}$ (答)

例5の展開式の係数は x^{10} の項に関して対称であることに留意すると，x^{16} の係数は計算しなくとも分かる．

◁ **例6** ▷ $(0.99)^{10}$ の値は，小数点以下第1位が $\boxed{(1)}$ ，第2位が $\boxed{(2)}$ ，第3位が $\boxed{(3)}$ ，第4位が $\boxed{(4)}$ である．
(東京大・1次)

解 $(0.99)^{10}=(1-0.01)^{10}$
$$=\sum_{r=0}^{10} {}_{10}\mathrm{C}_r(-10^{-2})^r$$
$$=1-0.1+\frac{10\times 9}{2}\times 10^{-4}$$
$$-\frac{10\times 9\times 8}{3\times 2}\times 10^{-6}$$
$$+\frac{10\times 9\times 8\times 7}{4\times 3\times 2}\times 10^{-8}$$
$$-\frac{10\times 9\times 8\times 7\times 6}{5\times 4\times 3\times 2}\times 10^{-10}+\cdots$$
$$=1-0.1+0.0045-0.00012$$
$$+0.0000021-0.0000000252$$
$$+\cdots$$
$$=0.9043821+\cdots$$

よって
(1) $\underline{9}$ (2) $\underline{0}$ (3) $\underline{4}$ (4) $\underline{3}$ (答)

(記述形式問題なら，このような雑な解答では拙い)

次は例6の類題．（例6は，昔の問題．'流行は繰り返す'）

◀ **問題 5** ▶
次の値の10進法での下位5桁を求めよ．
(1) 101^{100} (2) 99^{100} (3) 3^{2001}
(お茶の水大・情報)

† (1)が解けないと，少々，拙い．(2)は，$(100-1)^{100}$ としても $(9800+1)^{50}$ としてもよい．(3)は，$3^{2001}=9^{1000}\times 3$ とでも変形すればよいだろう．（他にもあるかもしれないが，すぐには気付かない．）

〈解〉 (1) $101^{100}=(100+1)^{100}$
$$=\sum_{k=0}^{100} {}_{100}\mathrm{C}_k 100^k$$
$$=1+100\times 100+\frac{100\times 99}{2}\times 100^2$$
$$+\frac{100\times 99\times 98}{3\times 2}\times 100^3+\cdots$$
$$=1+10{,}000+49{,}500{,}000$$
$$+161{,}700\times 10^6+\cdots$$

上式第4項以下の各数は，少なくとも下位6桁までが全て0のものばかりである．よって 101^{100} の下位5桁は
$$10001 \quad \cdots (答)$$

(2) $99^{100}=(100-1)^{100}$
$$=\sum_{k=0}^{100} {}_{100}\mathrm{C}_k 100^k(-1)^{100-k}$$
$$=1-100\times 100+\frac{100\times 99}{2}\times 100^2$$
$$-\frac{100\times 99\times 98}{3\times 2}\times 100^3+\cdots$$
$$=(1+49{,}500{,}000+\cdots)$$
$$-(10{,}000+161{,}700\times 10^6+\cdots)$$

上式において，両方のかっこ中の "$+\cdots$" の部分には，10^8 の倍数ばかりがくる．よって，99^{100} の下位5桁は
$$90001 \quad \cdots (答)$$

(3) $3^{2001}=3^{2000}\times 3=9^{1000}\times 3$
$$=(10-1)^{1000}\times 3$$
$$=\left\{\sum_{k=0}^{1000} {}_{1000}\mathrm{C}_k 10^k(-1)^{1000-k}\right\}\times 3$$
$$=\left(1-1{,}000\times 10+\frac{1{,}000\times 999}{2}\times 10^2\right.$$
$$\left.-\frac{1{,}000\times 999\times 998}{3\times 2}\times 10^3+\cdots\right)\times 3$$

$$= (1 + 49{,}950{,}000 + 25 \times 333$$
$$\times 499 \times 997 \times 10^5 + \cdots) \times 3$$
$$-(10{,}000 + 333 \times 499 \times 10^6 + \cdots) \times 3$$

上式初めのかっこ中の "$+\cdots$" 部分は 10^6 の倍数ばかりであり，後のかっこ中の "$+\cdots$" の部分は 10^7 の倍数ばかりである．よって，3^{2001} の下位 5 桁は

$$20003 \quad \cdots \text{(答)}$$

（補 1）命数法上の立場をとって，0（零）が多く並ぶ整数では，3 桁区切りにして，例えば，100000 は，100,000 と表した方が，途中計算では見間違えが生じにくい．(comma と period を混同しないこと．)

（補 2）本問の解答（2）の別解も与えておく：
$$99^{100} = (99^2)^{50} = (9800 + 1)^{50}$$
$$= \sum_{r=0}^{50} {}_{50}C_r \, 9800^r$$
$$= 1 + 490{,}000 + 25 \times 49 \times 98^2 \times 100^2$$
$$+ \cdots$$

これより，99^{100} の下位 5 桁は 90001．（こちらの方が速い？）

今回最後の問題は，総合力判定の為のものである．

◀ **問題 6** ▶

ある会社は，k 階建ての建て物で，総計 N 人の人が働いている．各階 $i\,(1 \leqq i \leqq k)$ には g_i（自然数）だけの職務上の異なる部所がある．（どの部所も充分広いとする．）ある日，一斉掃除をする為に，各階 i に対して n_i 人の人を割り当てて，各部所に配置することになった．ただし，各 n_i は固定数であり，かつ $\sum_{i=1}^{k} n_i = N$ である．

以下の設問に答えよ．なお，順列・組合せの記号 ${}_nP_r, {}_nC_r, {}_nH_r$ は用いてよい．

（1）$g_i \geqq 1$ とする．掃除をする人が 0 人の部所があってもよいとすると，この建て物全体の中で，人々を各部所に配置する仕方は何通りあるか．

（2）$g_i \geqq n_i$ とする．各部所には高々 1 人しか配置されないとすると，この建て物全体の中で，このような配置の仕方は何通りあるか．

（3）$g_i \geqq 1$ とする．(1) と同様に人々を配置するのだが，どの人の個性をも問わないとして，この建て物全体の中で，このような配置の仕方は何通りあるか．

〈解〉 （1）N 人の人を n_1 人，n_2 人，$\cdots$，n_k 人と分けて，$1 \sim k$ 階に配置する仕方は
$$\frac{N!}{n_1! \, n_2! \cdots n_k!}$$
だけある．i 階において g_i だけの部所に n_i 人の人を割り当てる仕方は $g_i^{n_i}$ だけある．
以上から求める配置の仕方は
$$\frac{N!}{n_1! \, n_2! \cdots n_k!} \, g_1^{n_1} \cdot g_2^{n_2} \cdots g_k^{n_k} \quad (\text{通り})$$
$$\cdots \text{(答)}$$

（2）g_i 個の部所を，題意に適うように，n_i 人の人に割り当てる仕方は ${}_{g_i}C_{n_i} \cdot (n_i!)$ だけある．
求める配置の仕方は
$$\frac{N!}{n_1! \, n_2! \cdots n_k!} \, {}_{g_1}C_{n_1}(n_1!) \cdot {}_{g_2}C_{n_2}(n_2!)$$
$$\cdots \cdot {}_{g_k}C_{n_k}(n_k!)$$
$$= N! \, {}_{g_1}C_{n_1} \cdot {}_{g_2}C_{n_2} \cdots {}_{g_k}C_{n_k} (\text{通り}) \cdots \text{(答)}$$

（3）人を識別しないで各部所に配置する仕方であり，各階 i では単に g_i の各部所を，重複を許して，n_i 人の人に割り当てる組合せに他ならない．求める配置の仕方は
$${}_{g_1}H_{n_1} \cdot {}_{g_2}H_{n_2} \cdots {}_{g_k}H_{n_k} \quad (\text{通り}) \quad \cdots \text{(答)}$$

（補）本問 (1), (3) の結果は，ミクロの世界における種々の粒子のとり得る状態の数を表すもので，**komplexion 数**といわれる．この概念は，**統計熱力学的エントロピー**を規定する．

広い意味における**エントロピー**は，要するに，情報量に相当するものである．従って，エントロピーが増大するということは，それだけ情報量が増すということになる．これは，対象とする物や概念の対称性が悪くなってゆくことを意味する．生物を放置しておくと腐敗するのは，この例である．このようなとき，外部から冷却

第 12 章 確率と統計（その 1）

などをしない限り，腐敗を遅延させるすべはないが，通常程度の冷蔵では，時間が経つと腐敗は進む．これ自体は物理法則である．腐敗した状態は，ミクロの目で見ると，実に多様性に満ちていて，それだけに，確率論的世界が展開されてくることになる．

確率に依存せざるを得ないというのは，時間的に先が見えないからである．ここで「時間」というものだが，なんぴとたりともこれを説明できた人は，1人もいない．抽象的にはあるのだろうが，それが何であるのかさっぱり解せない．この際，"**扱える**"あるいは"**応用できる**"**ということは，微塵にも"分かっている"ということを意味しない**．それだけ，根のない哲学的弁論の徘徊する機が与えられていることにもなる．人間は，「時間」というものを分かっているかのように"使ってはいる"が，何も分かっていないので，これでは「時間」に"使われている"という方が正しい．「時間」というものは，摑み所がないだけに操れない．場所ならば，気に入りの所に暫時とどまれるが，時間はとどまってもくれない．時間の正体が分からない以上，未来予見どころの騒ぎではないのである．

「時間」というものについては，古来，幾多の人たちが考えてきた．
比較的近代では，マッハ(E. Mach. 19世紀前半から20世紀初期にかけてのオーストリアの物理学者）が時間の実証科学的扱いについて示唆している．（超音速単位"マッハ2"などはこの人物の名に因んでいる．）しかし，勿論，「時間」とは何かについては，何も説明しているのではない．マッハには力学思想書『**力学の発展とその歴史的批判的考察**』がある．彼は，ニュートンによる力学概念の捉え方には過度の先験性がある点などを批判しており，当を得ている所もあるが，また，論拠不確な臆断もあって，デカルト同様，玉石混淆たるの難は避けられない．

将来，機会があったら，この人たちの著作を読んでみられるのも，あるいはよいかもしれない．

それでは，次回は，**確率**に入る．

第 12 章

確率と統計（その2）

「当たるも八卦，当たらぬも八卦．八卦に八卦を"掛ける"は，八卦から二卦をとって並べる重複順列なり」とは，和算数学者和田寧先生はおっしゃらなかったであろうが，和田先生にあやかって，拙者（＝筆者）でも易者を演じられるだろうか？**（以下の易者は，筆者扮する者．）**

卜人が路地裏に居並ぶ所を，一人の娘が悲しげな顔つきでうろついていた．

易者：　これこれ，そこの娘御．どうなされた？お見受けしたところ，何か悩み事がおありのようじゃが．

娘：　はい．（すごい！　もう当たった！）実は，….

易者：　恋の悩みかな？

娘：　はい．（また，当たった！）実は，好きな男性がいて，….

易者：　そうじゃろうと思った．よければ，相を鑑て進ぜよう．

娘：　お願いします．でも，おいくらぐらいで，…？

易者：　安くしておこう．二千円程じゃの．

ジャラ，ジャラ，….（と，五十本の筮竹を混ぜる．）

易者：　やっ！　偶数か！　これは，陰じゃの．今の相手とはうまくはゆかぬな．

娘：　えー?！　やっぱり．

易者：　そう，失望するものではない．そなたの相を見ると，将来，今以上にすばらしい相手にめぐり会えると出とる！

娘：　それはいつ頃ですか？

易者：　むっ？　うーむ．（生年月日から易数を読んで，）x 年後じゃの．これは大いなる希望をもってよいぞ．

娘：　はい．（と，笑顔になり，二千円を差し出す．）ありがとうございました．

易者：　いや，いや．いささかなりとも，夢をもって頂ければ，当方にとっても本望じゃ．

未来が見えないというのは，ある意味では幸いなのかもしれない．それをいいことに，「可能性は無限だ」などと，希望をもたせ得るからでもある．未来を予想するということは，何らかに比重をおいて推定することに他ならない．

数学の**確率**では，その予想を，事象の場合の数の比で決める．しかし，単に場合の数の比で表せば，確率になるという訳ではない．

さいころ投げをすると，各目の出る事象の総数は6通りあるが，どの事象の起こり方も「同様に確からしい」という仮定が入って，初めて各目の出る確率は1/6といえる．もちろん，現実のさいころは，たとい，均質な材料で作った物でも，目の出方が「同様に確からしい」ものはない．立方体は等方的でも，その各面に相異なる針孔を掘って作るので，少なからず偏重面が生じるし，投げる時に，手から離れる直前の初期状態で既に運動学的対称性がない．従って，本来は，どの目が出るかは決まっている．しかし，このような巨視的事象でも，人間に未来を知るすべがないので，確率論的に扱わざるを得ないわけである．それ故，**「同様に確からしく」**とか，**「無作為に」**とかという言葉を規定して対処するという立場をとる．この意味で，出題者が，単に「さいころ」と述べたとて，それは，目の出方が「同様に確からしい」物であるという暗黙の了解で問題を解くことになる．さもなくば，例えば，「1と6の目が出る確率はどちらも等しく p で，他の目の出る確率はどれも等しく $q(\neq p)$ である」というような条件が課される．

このようにして，巨視的事象の確率を何とか数量で規定してゆけるのではあるが，この段階では，とても，純然たる数学の一分野とはいえない．しかし，応用上あるいは実用上は，これで，結構，間に合っている．そのような確率をこれから扱ってゆくことになる．

事象 E の起こる確率を $P(E)$ で表す．一般に
$$P(E \cup F) = P(E) + P(F) - P(E \cap F)$$
が成り立つのは，個数定理から明らかであろう．

⟨9⟩ **確率における和の公式**

事象 A, B が互いに排反ならば，
$$P(A \cup B) = P(A) + P(B)$$
である．

⟨10⟩ **確率における積の公式**

事象 A, B が互いに独立ならば，
$$P(A \cap B) = P(A) \cdot P(B)$$
である．

◁例7▷ 1 から 15 までの番号が付けられた同じ大きさの円が，図のように，上から順に 5 段に描かれている．

一方，1 から 15 までの番号のくじがある．この中から 2 本のくじを引いて出た番号の円 2 個を選ぶ．

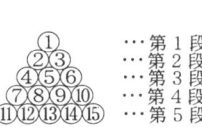

①   …第 1 段
②③ …第 2 段
④⑤⑥ …第 3 段
⑦⑧⑨⑩ …第 4 段
⑪⑫⑬⑭⑮ …第 5 段

（1） 2 個の円が同じ段にある確率を求めよ．

（2） 2 個の円が接している確率を求めよ．

（センター・追試（形式変更））

解 （1） 2 個の円の無作為抽出の仕方は ${}_{15}C_2 (= 105)$ 通り．そのような 2 個の円が同じ段にある確率は，
$$\frac{{}_2C_2 + {}_3C_2 + {}_4C_2 + {}_5C_2}{{}_{15}C_2} = \underline{\frac{4}{21}} \text{（答）}$$

（2） ①，⑪，⑮の円は，それぞれ 2 個ずつの接円を有する．②，④，⑦，⑫，⑬，⑭，⑩，⑥，③の円は，それぞれ 4 個ずつの接円を有する．⑤，⑧，⑨の円は，それぞれ 6 個ずつの接円を有する．倍重複分があるので，対象となる場合の数は，
$$\frac{1}{2}(3 \times 2 + 9 \times 4 + 3 \times 6) = 30 \text{ 通り．よって求める確率は}$$
$$\frac{30}{105} = \underline{\frac{2}{7}} \text{（答）}$$

例 7 の（2）の解答では，和の公式が使われているということは，すぐわかるであろう．

さらに**積の公式**をも適当する問題例に入る．

◁例8▷ 図のような直流電源と抵抗線から成るスイッチ回路のモデルがある．

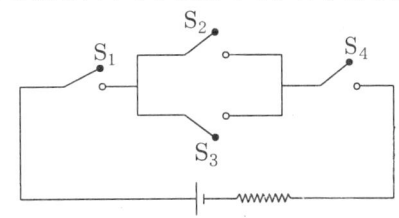

この際，例えば，スイッチ S_1, S_2, S_4 が同時に閉じれば，回路に電流が流れることになる．各時刻でスイッチ S_1, S_2, S_3, S_4 は，それぞれが確率 p, q, r, s で開いている．そして，どのスイッチの開閉も互いに独立である．

ある時刻で，どれかのスイッチが開いて回路に電流が流れない確率を p, q, r, s で表せ． （山形大（改文））

解 回路に電流が流れないのは，

（ア） S_1 か S_4 が開いている

または

（イ） S_1 と S_4 のどちらも閉じていて，S_2 と S_3 が開いている

ときである．（ア）の場合の確率を $P(\widetilde{S_1} \cup \widetilde{S_4})$ で表すと
$$P(\widetilde{S_1} \cup \widetilde{S_4})$$
$$= P(\widetilde{S_1}) + P(\widetilde{S_4}) - P(\widetilde{S_1} \cap \widetilde{S_4})$$
$$= p + s - ps \quad \cdots ①$$
従って，（イ）の確率は
$$\{1 - (p + s - ps)\}qr \quad \cdots ②$$
求める確率は，①+②であるから
$$\underline{p + s - ps + (1 + ps - p - s)qr} \text{（答）}$$

別解 求める確率は
$$1 - (1-p) \cdot$$
$$\{(1-q) + (1-r) - (1-q)(1-r)\} \cdot (1-s)$$
より一直線．

スイッチ回路は，次のように，命題の合成として捉えることができる：

「S_1 が閉じて，S_2 と S_3 の少なくとも一方が開いて，そして S_4 が閉じる」ということは，$S_1 \wedge (\widetilde{S_2} \vee \widetilde{S_3}) \wedge S_4$ のように表せる．（S_i （$i = 1, 2, 3, 4$）が開くということを $\widetilde{S_i}$ と表した．）例 8 の事象は，
$$(\widetilde{S_1} \vee \widetilde{S_4}) \vee \{(S_1 \wedge S_4) \wedge (\widetilde{S_2} \wedge \widetilde{S_3})\} = (\widetilde{S_1} \vee \widetilde{S_4}) \vee$$

$(\widetilde{S_2} \wedge \widetilde{S_3})$ のようになる.

このようにすると，一般に，スイッチ回路には**代数演算**が入ることになり，複雑な回路でも扱いが楽になるという利点が生じる.

◀ **問題 8** ▶

図のような四面体状格子 ABCD の配線通信回路がある．各スイッチ $S_1, S_2, \cdots, S_6$ は，任意の単位時間において，独立に等確率 $p\,(0 < p < 1)$ で閉じているか等確率 $1-p$ で開いている.

適当にスイッチが閉じて，2点 A と B が連結されれば，その2点は通信可能となる．ある単位時間内で2点 A と B が通信可能となる確率を p で表せ.

ただし，スイッチの開閉操作時間などは，一切，無視できるものとする．

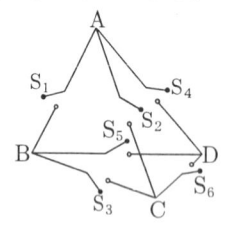

ある時刻で全てのスイッチが開いた状態図

（東京大（改文））

① 頂点 A, B を移動させれば，平面回路になる．それで解くのがミスをしにくいだろう．

〈解〉 点 A, B 間が連結グラフになる確率を求める．以下，誤解が生じない限り，点 A, B という語は省略する．

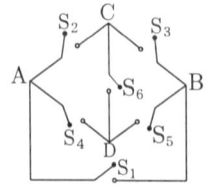

(ア) S_1 が閉じているとき
　　このときはつねに連結である
(イ) S_1 が開いているとき
　・2つのスイッチが閉じて連結になる
　　（例えば，S_2 と S_3，…）
　　　　確率　$2p^2(1-p)^3$
　・3つ以上のスイッチが閉じて連結に

なる
　　（例えば，S_2, S_6, S_4 が閉じているような場合を除き，少なくとも3つ閉じればよい）
　　確率　$({}_5C_3 - 2)p^3(1-p)^2$
　　　　　　$+ {}_5C_4 p^4(1-p) + p^5$

(ア),(イ) より求める確率は
$$p_{A,B} = p + (1-p)\{2p^2(1-p)^3 \\ + 8p^3(1-p)^2 + 5p^4(1-p) + p^5\} \\ = p + (1-p)(2p^2 + 2p^3 - 5p^4 + 2p^5) \\ = p + 2p^2 - 7p^4 + 7p^5 - 2p^6 \cdots (\text{答})$$

問題8の原出題は次の通り.

p を $0 < p < 1$ をみたす実数とする.
(1) 四面体 ABCD の各辺はそれぞれ確率 p で電流を流すものとする．このとき，頂点 A から B に電流が流れる確率を求めよ．ただし，各辺が電流を通すか通さないかは独立で，辺以外は電流を通さないものとする． 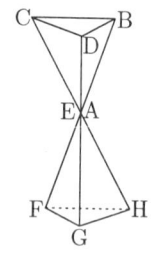
(2) (1)で考えたような2つの四面体 ABCD と EFGH を図のような頂点 A と E でつないだとき，頂点 B から F に電流が流れる確率を求めよ．

（架空の電流モードでのゲームとして，いくつかの仮定を設定して，これを解いてみる．）

〈略解〉(1) 以下の仮定の下で解くことにする：
仮定1) 直流電源は，下図のように接続して，正極の向きを1つだけ定めておく． 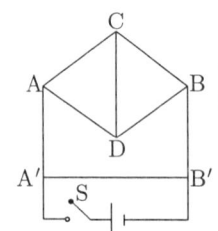
　　（点 A′, B′ は各々 A, B に一致するが，便宜上，左図のように引き伸ばして考える．）

仮定2) 物理的条件（電位，短絡等）は，一切，考えないで，単に仮想的電流が，上図の

―――――― 第12章 確率と統計（その2）―――――― 281

電池の正極から負極へ時計回りに流れる可能なモードだけを調べる．
仮定3） 各辺を構成するどの導線も，良品である確率が p，不良品である確率が $1-p$ であるとみなすことにより，回線状態に応じて，電流は，合流あるいは分流し得るものとする．

スイッチSを閉じたとする．

（ア） 図アのように，（電流が）$A' \to B'$ に流れる場合（$A \to B$ への最短一直線コース）

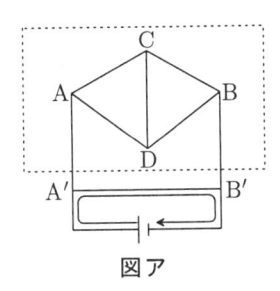

図ア

このモードでは，点線枠で囲んだ部分の電流モードの有無に関係なく $A \to B$ と電流が流れる．この場合の確率は p である．

（イ） $A' \to B'$ のモードがない場合
この確率そのものは，$1-p$ である．
以下，図アの点線枠部分だけを取り挙げて，電流モードを矢印で示すことにする．そうすると，例えば，次のようなモードがある：
（以下の図において × 印は，導線不良―その確率 $1-p$―を表す．）

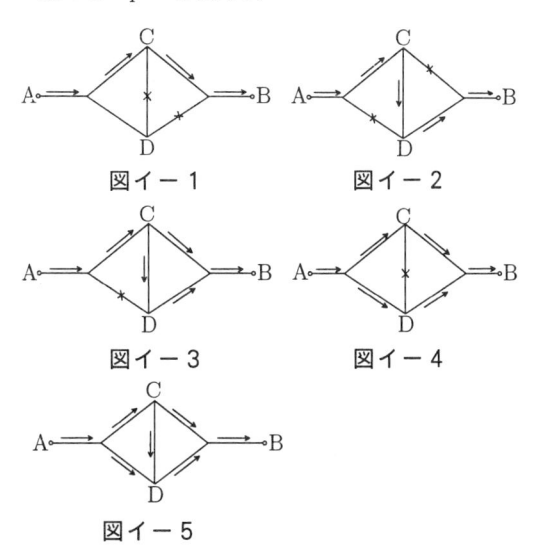

図イ－1　　図イ－2
図イ－3　　図イ－4
図イ－5

これらを元にして，全ての可能なモードを得る確率を求める．（各自，求めてみよ．なお，図イ－5のタイプでは $D \to C$ のモードもあることに注意．）

（イ）の場合の確率は
$$(1-p)\{2p^2(1-p)^2 + 6p^3(1-p)^2 \\ + 5p^4(1-p) + p^5\}$$

（ア），（イ）より求める確率は
$$p + 2p^2 - 7p^4 + 7p^5 - 2p^6 \quad \cdots \text{(答)}$$

（2） $(p + 2p^2 - 7p^4 + 7p^5 - 2p^6)^2 \cdots$（答）

（注） ここで，めったには見れないおもしろいものを御覧にいれよう．問題8と原出題の解答中での途中の式

$$(1-p)\{2p^2(1-p)^3 + 8p^3(1-p)^2 \\ + 5p^4(1-p) + p^5\},$$

$$(1-p)\{2p^2(1-p)^2 + 6p^3(1-p)^2 \\ + 5p^4(1-p) + p^5\}$$

を見比べて頂きたい．一見して，この両式が，完全に同じ式であると，思えるだろうか？ この一致は，原出題の解答で，電流のモードに向きを考慮して解いた為に起こったのである．筆者は，電流モードでの解答が，問題8での解答と，「ひょっとして，少し異なる結果になるのでは？」と，疑訝していた．というのは，図イ－1のタイプでは，ブリッジ部分CDの導線状態の良悪は，そのモードに寄与しない場合があるからである．が，一致してしまった．（現実の電流では，こうはゆかない！）なお，原出題において，略解答で示したように，仮定1）を導入しないと，電源部分が回路と共に black box になる為に，(1) の結果には，1/2 が付くことになる．

（出題側は，「A, B 間に電流が流れる確率」とは，言ってはいない．）

また，原出題の場合，電池をつなぐ所によって，答はいろいろ出てくることに注意しておく．この際，例えば，右図のように電池をA, B間にはさむことも可能である．
（いずれにしても，解答者は，自分の立場をはっきりさせて解かねばならない．）

> **補充問題**
> p を $0 < p < 1$ とする．
> $$f(p) = p + 2p^2 - 7p^4 + 7p^5 - 2p^6$$
> とするとき，$0 < f(p) < 1$ であることを示せ．

〈11〉 条件付き確率

事象 A が起こったと仮定したとき，事象 B がそれに従って起こる確率を，通常，$P_A(B)$ または $P(B|A)$ で表し，**条件付き確率**という．この記号を用いると，

$$P_A(B) = \frac{P(A \cap B)}{P(A)}$$

と表せる．B の**余事象**を $\widetilde{B}$ で表すと，さらに
$$P(A) = P(B)P_B(A) + P(\widetilde{B})P_{\widetilde{B}}(B)$$
となる．

＜例9＞ A君のお母さんは，夕方，スーパーマーケットに買物に行くと，時々，遅く帰宅する．（「遅く」という意味は，A君の家庭での望ましい夕食時を目安としたもの．）お母さんがそこで**井戸端会議**(注)をする確率は a であり，それで遅く戻る条件付き確率は b，井戸端会議をしないで遅く戻る条件付き確率は c である．ある日，お母さんがスーパーでの買物で遅く戻ったので，空腹のA君は，膨れながら，「こんなに遅くまで，何してんだよ！ お母さん，また，スーパーで井戸端会議でもしてきたんだろう？」と怒った．

注）昔，水道がなかった時代，共用井戸の周りで御婦人方が炊事・洗濯をする為に集まって，そこで，いろいろ世間話をした事から，**井戸端会議**という言葉ができた．

(1) A君が怒ったその日，お母さんが，スーパーで井戸端会議をしてきた確率を a, b, c で表せ．

(2) A君が（日々の勉強の合間に）データをとったところ，$a = \frac{1}{2}$，$b = \frac{3}{4}$，$c = \frac{1}{3}$ であった．(1)の結果を数値で表せ．

(3) (2)でのデータの下で，お母さんが，他日，スーパーでの買物で遅くならずに帰宅する確率を求めよ．

[解] (1) お母さんが井戸端会議をしたという事象を E，しなかったという事象を $\widetilde{E}$，遅く戻ったという事象を F で表す．そうすると，題意より
$$P(E)P_E(F) = ab,$$
$$P(\widetilde{E})P_{\widetilde{E}}(F) = (1-a)c$$
であるから，求める確率 $P_F(E)$ は
$$P_F(E) = \frac{ab}{ab + (1-a)c} \text{（答）}$$

(2) $P_F(E) = \dfrac{1}{1 + \dfrac{1}{6} \times \dfrac{8}{3}} = \dfrac{9}{13}$ （答）

(3) $1 - \left(\dfrac{3}{8} + \dfrac{1}{2} \times \dfrac{1}{3}\right) = \dfrac{11}{24}$ （答）

条件付き確率の問題は，あとでまた現れる．ここでは次の段階で，**期待値・標準偏差**に進むことにする．

期待値が確率論的概念として考えられたのは，**パスカル**と**フェルマー**の先覚的解明に依る．以下，その経緯を少し辿ってみよう．

パスカルは，30歳になる直前，1年間程，孤独の紛らわしと病の回復の為に，パリの上流社交界に足を踏み入れていた．そこで，メレ (Méré) という賭博好きな社交紳士と出遭った．メレは，パスカルが既にヨーロッパ中に数学者・物理学者として威名を轟かしていたことを知り，パスカルに，「さいころ賭博での掛け金の分配問題」を提出した．それを"メレの問題"と命名してもよいだろう．ここでは，読者にわかりやすく翻訳して，その問題の本質を紹介しよう．

> **◀ メレの問題 ▶**
>
> A，Bの2人が2000円ずつテーブルの上に出して，その4000円を賭け金とし，そして（どの目の出方も同様に確からしい）さいころを1個用意し，それを交互に1回ずつ振る．各回において
>
> 　偶数の目が出たら，Aは1点，Bは0点を；
>
> 　奇数の目が出たらAは0点，Bは1点を
>
> 得点するものとする．最初に6点を取得した方が勝ちで，そのとき，テーブル上の4000円を全部もらえるものとする．

> ところが，Aが4点，Bが2点を取得している時に，(のっぴきならない事態が生じて，)この賭博を途中で中止せねばならなくなったとしたら，その時，テーブル上の賭け金をどのように配分したら，勝負として公平か．

(解答は，あとで与える．なお，"6点取得"としたのは，"6"が**最小の完全数**であることにあやかっただけのこと．)

現代の整備された指導を受けた人にとっては，それ程，難しいものではない．それでも，初めてこの問題を見て正解できたなら，自信をもってよいだろう．

それでは，その整備された内容を，一部，まとめておこう．

〈12〉期待値と標準偏差

変数 X が $x_1, x_2, \cdots, x_n$ という値をそれぞれ一定の確率 $p_1, p_2, \cdots, p_n$ ($\sum_{i=1}^{n} p_i = 1$) でとるとき，次のように定めた値を**期待値**といって，通常，$E(X)$ で表す：

$$E(X) = \sum_{i=1}^{n} x_i p_i$$

また，$E(X) = m$ という値で表したとき，次のように定めた値を**分散**といって，通常，$V(X)$ で表す：

$$V(X) = E((X-m)^2) = \sum_{i=1}^{n} (x_i - m)^2 p_i$$

この式の右辺を計算すると，$V(X) = E(X^2) - \{E(X)\}^2$ となる．これは**公式**として用いてよい．

そして，分散の平方根 $\sqrt{V(X)}$ を**標準偏差**とよび，通常，$\sigma(X)$ で表す．

(ここでは，これらから導かれる諸公式を再録する事は，無駄が多過ぎるので避ける．)

メレの問題は，前掲の期待値に関するものである．その路線で解いてみる．

〈解〉A, Bの持ち点4, 2から，あと少なくとも2回，多くとも5回，さいころを振れば勝負はつく．この際，2回だけ偶数の目が出ればAの勝ちとなるが，3回以上(5回以内)，偶数の目が出てもAの勝ちに変わりはないので，さいころを5回振ることにして，Aの勝つ確率を求める：

$$\begin{aligned}&{}_5C_2\left(\frac{1}{2}\right)^2\left(\frac{1}{2}\right)^3 + {}_5C_3\left(\frac{1}{2}\right)^3\left(\frac{1}{2}\right)^2 \\ &\quad + {}_5C_4\left(\frac{1}{2}\right)^4\left(\frac{1}{2}\right) + \left(\frac{1}{2}\right)^5 \quad \cdots (\bigstar)\\ &= \frac{{}_5C_2 + {}_5C_3 + {}_5C_4 + {}_5C_5}{2^5} \quad \cdots (\☆)\\ &= \frac{2^5 - (1+5)}{2^5} = \frac{13}{16}\end{aligned}$$

(従ってBの勝つ確率は，$1 - \frac{13}{16} = \frac{3}{16}$ となる．($\bigstar$) と ($\☆$) の式については，あとで説明する．)

よってA, Bに期待される金額は，各々

$$\left.\begin{aligned}4000 \times \frac{13}{16} &= 3250 \text{円}\\ 4000 - 3250 &= 750 \text{円}\end{aligned}\right\} \cdots (\text{答})$$

(注)「Aの取得するべき金額は，自分の2000円を別として，$2000 \times \frac{13}{16} = 1625$ 円ではないのか？」と思う人もなきにしもあらずだが，この問題では，4000円を賭け金とすることで，多少なりとも自腹を切っているのである．それでこそ賭けではないか？

(補) 解答への解説を補充しておこう．

この問題は，当時では，全く斬新な難問であった．解答中の($\bigstar$)は，**独立試行**の考えに依ったもの；パスカルの元来の独創的解答は($\☆$)である．

2項係数 ${}_nC_r$ そのものは，歴史に見る限り，パスカル以前に知られていた．しかし，それがこの問題の確率論に対して($\☆$)の形の"山分け分配法"で一気に解けると喝破した点に，彼の頭脳が煌いている．(彼の解答中に，かの**2項係数三角形**が見られる．)そして，パスカルは，自分の解答の正否の審査を，事実上，フェルマーに委託したのである．パスカルは，フェルマーに**メレの問題**の紹介をしながら，彼を自分の解答の判定者に仕立てたと思われる．(今でも，場合の数の難問等では，更に**数の大きさを下げれ**ないと，単独だけで解答成否の判別をできる人は，余程の実力者でも，稀有になる．)

さて，フェルマーも信頼をおかれた以上，威信

をかけて，やらざるを得なかったのであろう．そして，双方同時に，手紙で，お互いの解答の一致を認め合った訳である．やはり，さすが！（概念上，**確立した解答がまだない時だけに立派である．**これら2人，特にパスカルは，父親からの若干の示唆を除いて，今でいう「学歴」，「肩書き」，「地位」など全然ない．）**独創的先師**によって解明がなされれば，それ以外の人は，それに見習えばよいのは，常の事．

折角であるから**パスカル**と**フェルマー**のめぐり会いの歴史について，少し言及しておくのも無駄ではないだろう．
彼ら2人は，前に紹介した**メルセンヌ**に拠る創立で，科学者の為の学術的社交場でもあったメルセンヌ・アカデミーの会員であった．このアカデミーは，当代屈指の科学者の結集した牙城であり，ヨーロッパ中の大学を全部集めてもかなわないという程のものであった．それもそのはず，主要会員は，メルセンヌを始めとし，デザルグ，フェルマー，デカルトらであったから．エティエンヌ・パスカル（高名なパスカルの父）も，ここの会員であった．
アカデミーの中で，**デカルト**は，自己の優位を顕示しようとし，他の数学者を故意に試したりして，即座に答えれないのを見ては，嘲弄して大勢の前で恥をかかせる癖があったらしい．そういうデカルトにも，優れた著作『**幾何学**』（1637）がある．
デザルグ（1593～1662）は，『円錐曲線試論』（1639）を出版したが，これは，稀に見る程の難解なものであり，また，画期的著作でもあった．そして，これが少年**パスカル**（当時15才）を啓発した．彼は，デザルグの仕事をよく理解し，それを**引用参考文献として明示**し，彼の準独創的仕事として，円錐曲線に関する穎(えい)脱的研究を発表した．（パスカル16才の時——今なら高1あるいは高2生か——であった．この著作は，『円錐曲線論』として，1648年に出版されたらしいが，後年，ライプニッツの報告による**一写本の一部分だけが，残っているに過ぎない．どうも奇妙である．**）アカデミーの会員は，しこたま仰天したであろう．その業績は，先駆者デザルグのものに優るとも劣らぬものであるということは，デザルグ自身も，またフェルマー達も認めた．（この際，年少であったことは最贔(ひいき)されてはいない．）ただデカルトだけが，「単にデザルグの仕事の模写」と，見下して無視したという．〈今度は，嫉みであろうか．〉

'パスカル'といえば，（史上初の）自動桁送りの**手動計算器の発明**（19才の時）を大仰に取沙汰する人も多いが，それは，むしろ彼の沽券に関わることであろう．この計算器は，やがてideaを盗用されたらしく，パスカルはいたく幻滅したという．

〈いつの時代も，そして洋の東西を問わず，何食わぬ顔で，他人のideaなどを，自分からのものように贓着売する人間には事欠かないようである．用心，用心．〉

かくして，少年パスカルは，メルセンヌ・アカデミーを通じて22歳年長のフェルマーと交際し始めたのであった．

少し時代は下るが，かの**ライプニッツ**は，フェルマーやパスカルの仕事，特に，"サイクロイドの諸問題"をよく学んでいたらしい．サイクロイドに関する面積，体積，重心の位置などを求める為に，パスカルは，日本の和算家同様に，区分求積法的手法に拠ったと思われる．その手の内を見て，後，フェルマー流の最小値を求める手法を学び，さらに，もしニュートンの微分法を知っていれば，ライプニッツをして，微積分法の演算が互いに"逆"になっていることに気付くのは難くはなかったろう．

では，打って変わって，今の時代の，期待値に関した入試問題．

◀ **問題 9** ▶

1枚の硬貨を3回投げ，表が出た回数をXとする．次にさいころをX回振る．そして，1または2の目が出た回数をYとする．ただし，$X=0$のときは，$Y=0$とする．

（1）$X=2$のとき，Yの取り得る値は，$\boxed{ア}$通りである．

（2）$X=2$となる確率は$\dfrac{\boxed{イ}}{\boxed{ウ}}$である．
$X=2$という条件の下で，$Y=1$となる条件付き確率は$\dfrac{\boxed{エ}}{\boxed{オ}}$である．従って，$X=2, Y=1$となる確率は$\dfrac{\boxed{カ}}{\boxed{キ}}$である．

――― 第12章 確率と統計(その2) ――― 285

> 同様にして $X=1, Y=1$ となる確率は $\frac{1}{8}$ であり, $X=3, Y=1$ となる確率は $\frac{1}{18}$ である.
>
> 従って, $Y=1$ となる確率は $\boxed{\dfrac{クケ}{コサ}}$ である.
>
> (3) (2)と同様に計算すると, $Y=2$ となる確率は $\dfrac{5}{72}$ であり, $Y=3$ となる確率は $\dfrac{1}{216}$ である.
>
> 従って, $Y=0$ となる確率は $\boxed{\dfrac{シスセ}{ソタチ}}$ である.
>
> (4) Y の期待値は $\boxed{\dfrac{ツ}{テ}}$ である.
>
> (5) $Y=0$ という条件の下で, $X=2$ となる条件付確率は $\boxed{\dfrac{トナ}{ニヌネ}}$ である.
>
> (センター・本試)

〈解〉(1) さいころを2回振ることで, 1または2の目の出る回数は, $Y=0,1,2$ の $\boxed{3}$ 通り …(ア)

(2) 硬貨投げ3回のうち, 表が2回出る事象を X_2, その確率を $P(X_2)$ とすると
$$P(X_2) = {}_3C_2\left(\frac{1}{2}\right)^2\left(\frac{1}{2}\right) = \boxed{\frac{3}{8}} \quad \cdots\left(\frac{イ}{ウ}\right)$$

$X=2$ の下で $Y=1$ となる確率を $P_{X_2}(Y_1)$ とすると,
$$P_{X_2}(Y_1) = {}_2C_1\left(\frac{4}{6}\right)\left(\frac{2}{6}\right) = \boxed{\frac{4}{9}} \quad \cdots\left(\frac{エ}{オ}\right)$$

従って, $X=2, Y=1$ となる確率を $P(X_2 \cap Y_1)$ として

$P(X_2 \cap Y_1)$
$= P(X_2)P_{X_2}(Y_1) = \dfrac{3}{8} \cdot \dfrac{4}{9} = \boxed{\dfrac{1}{6}} \quad \cdots\left(\dfrac{カ}{キ}\right)$

以下, 記号の意味はこれまでと同じとして
$$P(X_1 \cap Y_1) = \frac{1}{8} \quad \cdots ①$$
$$P(X_3 \cap Y_1) = \frac{1}{18} \quad \cdots ②$$

答 $\left(\dfrac{カ}{キ}\right)$, ①および②より
$$P(Y_1) = \frac{1}{8} + \frac{1}{6} + \frac{1}{18} = \boxed{\frac{25}{72}} \quad \cdots\left(\frac{クケ}{コサ}\right)$$

(3) $P(Y_2) = \dfrac{5}{72} \quad \cdots ③$
$P(Y_3) = \dfrac{1}{216} \quad \cdots ④$

答 $\left(\dfrac{クケ}{コサ}\right)$, ③および④より
$$P(Y_0) = 1 - \left(\frac{25}{72} + \frac{5}{72} + \frac{1}{216}\right)$$
$$= \boxed{\frac{125}{216}} \quad \cdots\left(\frac{シスセ}{ソタチ}\right)$$

(4) $\displaystyle\sum_{k=1}^{3} kP(Y_k) = 1 \times \frac{25}{72} + 2 \times \frac{5}{72} + 3 \times \frac{1}{216}$
$= \boxed{\dfrac{1}{2}} \quad \cdots\left(\dfrac{ツ}{テ}\right)$

(5) $P_{Y_0}(X_2) = \dfrac{P(Y_0 \cap X_2)}{P(Y_0)}$
$= \dfrac{{}_3C_2\left(\frac{1}{2}\right) \times \left(\frac{4}{6}\right)^2}{\frac{125}{216}} = \boxed{\dfrac{36}{125}} \cdots\left(\dfrac{トナ}{ニヌネ}\right)$

これを, マークすることも含めて15分以内に解かねばならないとは, かなり厳しい. (試しに, **上の解答を, 全部, ただ丸写しするだけで何分かかるかやってみるのも一興であろう.**) 確率分布等においては, 問題の程度は, センター試験といえども, 平均的な2次試験・記述形式試験と大差はない.

〈13〉 2項分布での期待値と標準偏差

硬貨投げを無作為に n 回 $(n \geq 1)$ 行なうとする. 各回の試行で, 硬貨の表の出る確率が p (, 裏の出る確率は $1-p$) であれば, k 回 $(k = 0, 1, \cdots, n)$ だけ表の出る確率は ${}_nC_k p^k (1-p)^{n-k}$ である. 確率変数 X を $X=k$ で定めると, その**期待値**, **標準偏差**は, それぞれ
$$E(X) = np, \quad \sigma(X) = \sqrt{np(1-p)}$$
である. (もちろん, "硬貨投げ"のところは, "さいころ投げ"等でもよい. 公式の導出は, 易しいので, 省略.)

このようなとき, $\boldsymbol{X}$ は**2項分布** $\boldsymbol{B(n, p)}$ **に従う**という. (n, p は**母数**といわれる.)

◁例 10▷ 原点から出発して数値線上を動く点 P がある. ゆがんだコインがあって, 表が確率 p, 裏が確率 $q = 1-p$ で出るものとする. このコインを投げて, 表が出たら点 P は右へ2だけ進み, 裏が出たら左へ1

だけ進むものとする．このコインを n 回投げたときの点 P の座標を X で表す．次の各問いに答えよ．

（1） 確率変数 X の確率分布を求めよ．
（2） X の期待値 $E(X)$ を求めよ．
（3） $E(X) = 0$ となる p を求めよ．

（琉球大）

解 n 回のコイン投げの試行で，表が出る回数を ℓ $(\ell = 0, 1, \cdots, n)$ とする．題意より $X = 2\ell - (n-\ell) = 3\ell - n$ である．

（1） $\ell = 0, 1, \cdots, n$ に対して
$$\underline{P(X = 3\ell - n) = {}_n C_\ell p^\ell (1-p)^{n-\ell}}\text{（答）}$$

（2） 確率変数 Y を $Y = \ell$ として
$$E(X) = E(3Y - n) = 3E(Y) - n$$
$$= 3 \cdot np - n = \underline{n(3p-1)}\text{（答）}$$

（3） $E(X) = 0 \leftrightarrow p = \underline{\dfrac{1}{3}}$ （答）

問題9，例10と，いかにも「人工的ゲーム」というべきものが続いたから，次の問題は，日常，経験するようなものにしておこう．

◀ **問題10** ▶

ある待合室に，図のように，空席の椅子が，n 個並んで，かつ3列だけある．この待

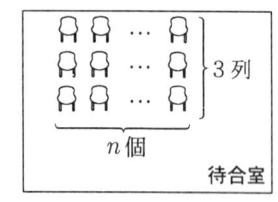

```
 🪑🪑 ⋯ 🪑
 🪑🪑 ⋯ 🪑  } 3列
 🪑🪑 ⋯ 🪑
 └──n個──┘       待合室
```

合室に6人の人が入り，各椅子に，無作為に座るとする．このような椅子の配列下で，端に設置された椅子に座る人数の期待値と標準偏差を求めよ．

ただし，$n \geq 2$ であり，各椅子には，（たとい子供でも）1人しか座らないものとする．

① 本問では順列は関与しない．地道に解いてもよいが，2項分布として公式を用いてもよい．

〈解〉端の椅子は，合計6個ある．1人の人が，そのどれかに座る確率は $\dfrac{6}{3n} = \dfrac{2}{n}$．6人の人がいるのであるから，

期待値　$6 \times \dfrac{2}{n} = \dfrac{12}{n}$　…（答）
標準偏差
$$\sqrt{6 \times \dfrac{2}{n} \times \left(1 - \dfrac{2}{n}\right)} = \dfrac{1}{n}\sqrt{12(n-2)}\text{ …（答）}$$

（補）解答が短いからとて，内容的に易しいという訳ではない．解けたら，期待値に関しては申し分ない．

なお，端にある6個の椅子に k 人 $(0 \leq k \leq 6)$ の人が座る確率を $P(X = k)$ とすると，
$P(X = k) = {}_6C_k \cdot {}_{3n-6}C_{6-k} / {}_{3n}C_6$ である．

これから $\displaystyle\sum_{k=0}^{6} kP(X = k)$ を計算できるが，少々，つらいのでは？

さて，此の度は，滅多にはやらない本格的な**統計**まで流れて，幕を閉じることにしよう．

統計，主に**正規分布**に関する事は，入試では，極めて少ない．出題校が少ないだけに，教育上，あまり取り挙げられない．そうすると，統計が例年出題される所を志望する受験生にとって，何の力添えも与えられないという事になる．「個人の人権尊重」などと，何某の演説等でわめき散らす裏では，「少人数派は，（利益につながらないから）無視せよ」というのも世の常，人の常！　なれど，見捨てるのも不憫．

統計必須の読者への問題：

1．猛毒蛇ハブにも，天敵マングースという哺乳動物がいる．マングースがハブに勝つ確率は，何%位と思うか．以下の選択肢から1つ選べ．
① 50%～59%　② 60%～69%
③ 70%～79%　④ 80%～89%
⑤ 90%～99%　⑥ 100%

2．日本で生まれた燕の雛は，大体，9月頃，親燕と共に，集団で東南アジア方面に向かって飛び立つ．翌年，日本に戻って来れる雛は，そのうちの約何%と思うか．以下の選択肢から1つ選べ．
① 1%～9%　② 10%～19%
③ 20%～29%　④ 30%～39%
⑤ 40%～49%　⑥ 50%～59%
⑦ 60%以上

答は，もうすぐ後で提示する．

このような**確率**は，どのようにして打ち出したのであろうか？ そして，それは，信頼に値するものなのだろうか？ このような事を，少しでもきちんと扱う為には，統計上の様々な用語等を，数式路線で評価できるように，規約しておかねばならない．それでも，勿論，完全な信頼をおけるものではないが，大体は，それで間に合う．

それでは，1と2の答であるが，1では④，2では①である．

より妥当な答は，1では85％，2では3％であるらしいから，かなり厳しいであろう．

マングースの場合，敗北は死を意味するので，これでは，1回1回の勝負が余裕ではなく，まさしく死活の勝負である．しかし，筆者が思うには，「これ，統計標本の**年齢まで考慮していない**のではないだろうか」と．つまり，恐らく，生後1年以内のうら若い駆け出しのマングースは，相手知らずでかなり敗北しやすく，老いたマングースは，瞬発力の鈍さの故に敗北しやすいであろう．それに対して，修羅場をくぐり抜けてきた壮年のマングースの勝率は，ほぼ間違いなく，100％であろう．標本ではこれらが一緒くたに平均されて，大体，85％なのではないのかな．（相手のハブの年齢も考慮しなくてはならないが．）

他方，燕の方であるが，3％の回帰率は，あまりにも少ないようだが，それだけ多く巣立っているから，これでも，結構，多く戻ってきていることになる．残り97％は，長い旅路の途中で力尽きてゆくものもあれば，休憩中に天敵の餌食になるものもあるのだろう．

〈自然界は，これでバランスがとれている．人が破壊しない限り．人類は，自然を破壊・征服するのではなく，**自然の中に共存させて頂く**ということを学ばなければならないのだが．〉

さて，燕の件についてのpercentageであるが，これは，勿論，母集団（N_0羽）で調べて表した数値ではなく，ある大きさをもった無作為抽出標本（n羽）で調べた統計的確率の平均値である．（通常，$n \ll N_0$ であり，n は充分大であることが望ましい．）

一般に，対象とする量は，生存率，年齢，体長，…などで，それらに応じて**統計量**や**階級値**，そして**度数**が存在することになる．これらを表にしたものは，**度数分布表**といわれ，これによって，**標本平均**というものが得られる．しかしながら，一般には，標本からの平均値や標準偏差を以て，そのまま，それらを母集団のもの（**母数**）と決めつける訳にはゆかない．たとい，同じ大きさ n でいくつもの標本をとっても，せいぜい母数の1つを，**推定**したり，**仮説**を立てて標本と照合したりするのが関の山である．この際，得られた信頼区間には**信頼度**，また，仮説には**過誤**というものがつきまとうので，**危険率（有意水準**ともいう）などという確率を用語設定しなくてはならない．

その為に，偶然性に従いやすい充分大きな母集団分布は，平均 m，標準偏差 σ の**正規分布**（——**ガウス分布**ともいい，通常，$N(m, \sigma^2)$ で表すが，筆者は，<u>ここでは</u>，$N(m, \sigma)$ と表す——）であるとして，内挿的に用いることが多い．この際，標本平均を与える変量（$\overline{X}$ で表す）は，$N\left(m, \dfrac{\sigma}{\sqrt{n}}\right)$ に従って分布する．このような事は，集合関数的に示せる．（あまり基本的な事まで解説する暇(いとま)はないが，統計必須の受験生読者には，これで不便はないだろう．）

〈14〉推定（区間推定）

統計的変量 $X_1, X_2, \cdots, X_n$ において，その平均をとった変量を $\overline{X}(n)$，あるいは単に $\overline{X}$ で表す．この母集団は，正規分布 $N(m, \sigma)$ であり，いま，σ は既知であるが，m は未知であるとする．1つの標本に対して m の**信頼度**が95％になるような信頼区間は
$$\left(\overline{X} - 1.96 \times \frac{\sigma}{\sqrt{n}},\ \overline{X} + 1.96 \times \frac{\sigma}{\sqrt{n}}\right)$$
である．

（解説）$\overline{X}$ は $N\left(m, \dfrac{\sigma}{\sqrt{n}}\right)$ に従うので，ガウスの密度関数は
$$g(\overline{x}) = \frac{\sqrt{n}}{\sigma\sqrt{2\pi}}\, e^{-\frac{1}{2}\left(\frac{\overline{x}-m}{\sigma/\sqrt{n}}\right)^2}$$
である．$k > 0$ として標準正規分布関数を

$$G(k) = \int_{m-\frac{\sigma}{\sqrt{n}}k}^{m+\frac{\sigma}{\sqrt{n}}k} g(\bar{x})d\bar{x}$$
$$= P\left(m-\frac{\sigma}{\sqrt{n}}k < \overline{X} < m+\frac{\sigma}{\sqrt{n}}k\right)$$

で定める．$\bar{x} = m + \frac{\sigma}{\sqrt{n}}u$ と置くことで

$$G(k) = \frac{1}{\sqrt{2\pi}} \int_{-k}^{k} e^{-\frac{1}{2}u^2} du$$
$$= P(-k < U < k)$$

となるので，変量 U は標準正規分布 $N(0,1)$ に従う．m の信頼度が 0.95 の場合であるから，$G(k)/2 = 0.4750$ となる k の値を，以下の正規分布表から読み取ると，$k = 1.96$ である．

正規分布表

$u_0 \to P(0 \leq U \leq u_0)$

u_0	0	1	2	3	4	5	6	7	8	9
0.0	.0000	.0040	.0080	.0120	.0160	.0199	.0239	.0279	.0319	.0359
0.1	.0398	.0438	.0478	.0517	.0557	.0596	.0636	.0675	.0714	.0753
0.2	.0793	.0832	.0871	.0910	.0948	.0987	.1026	.1064	.1103	.1141
0.3	.1179	.1217	.1255	.1293	.1331	.1368	.1406	.1443	.1480	.1517
0.4	.1554	.1591	.1628	.1664	.1700	.1736	.1772	.1808	.1844	.1879
0.5	.1915	.1950	.1985	.2019	.2054	.2088	.2123	.2157	.2190	.2224
0.6	.2257	.2291	.2324	.2357	.2389	.2422	.2454	.2486	.2517	.2549
0.7	.2580	.2611	.2642	.2673	.2704	.2734	.2764	.2794	.2823	.2852
0.8	.2881	.2910	.2939	.2967	.2995	.3023	.3051	.3078	.3106	.3133
0.9	.3159	.3186	.3212	.3238	.3264	.3289	.3315	.3340	.3365	.3389
1.0	.3413	.3438	.3461	.3485	.3508	.3531	.3554	.3577	.3599	.3621
1.1	.3643	.3665	.3686	.3708	.3729	.3749	.3770	.3790	.3810	.3830
1.2	.3849	.3869	.3888	.3907	.3925	.3944	.3962	.3980	.3997	.4015
1.3	.4032	.4049	.4066	.4082	.4099	.4115	.4131	.4147	.4162	.4177
1.4	.4192	.4207	.4222	.4236	.4251	.4265	.4279	.4292	.4306	.4319
1.5	.4332	.4345	.4357	.4370	.4382	.4394	.4406	.4418	.4429	.4441
1.6	.4452	.4463	.4474	.4484	.4495	.4505	.4515	.4525	.4535	.4545
1.7	.4554	.4564	.4573	.4582	.4591	.4599	.4608	.4616	.4625	.4633
1.8	.4641	.4649	.4656	.4664	.4671	.4678	.4686	.4693	.4699	.4706
1.9	.4713	.4719	.4726	.4732	.4738	.4744	.4750	.4756	.4761	.4767
2.0	.4772	.4778	.4783	.4788	.4793	.4798	.4803	.4808	.4812	.4817
2.1	.4821	.4826	.4830	.4834	.4838	.4842	.4846	.4850	.4854	.4857
2.2	.4861	.4864	.4868	.4871	.4875	.4878	.4881	.4884	.4887	.4890
2.3	.4893	.4896	.4898	.4901	.4904	.4906	.4909	.4911	.4913	.4916
2.4	.4918	.4920	.4922	.4925	.4927	.4929	.4931	.4932	.4934	.4936
2.5	.49379	.49396	.49413	.49430	.49446	.49461	.49477	.49492	.49506	.49520
2.6	.49534	.49547	.49560	.49573	.49585	.49598	.49609	.49621	.49632	.49643
2.7	.49653	.49664	.49674	.49683	.49693	.49702	.49711	.49720	.49728	.49736
2.8	.49744	.49752	.49760	.49767	.49774	.49781	.49788	.49795	.49801	.49807
2.9	.49813	.49819	.49825	.49831	.49836	.49841	.49846	.49851	.49856	.49861
3.0	.49865	.49869	.49874	.49878	.49882	.49886	.49889	.49893	.49897	.49900
3.1	.49903	.49906	.49910	.49913	.49916	.49918	.49921	.49924	.49926	.49929
3.2	.49931	.49934	.49936	.49938	.49940	.49942	.49944	.49946	.49948	.49950
3.3	.49952	.49953	.49955	.49957	.49958	.49960	.49961	.49962	.49964	.49965
3.4	.49966	.49968	.49969	.49970	.49971	.49972	.49973	.49974	.49975	.49976
3.5	.49977	.49978	.49978	.49979	.49980	.49981	.49981	.49982	.49983	.49983
3.6	.49984	.49985	.49985	.49986	.49986	.49987	.49987	.49988	.49988	.49989
3.7	.49989	.49990	.49990	.49990	.49991	.49991	.49992	.49992	.49992	.49992
3.8	.49993	.49993	.49993	.49994	.49994	.49994	.49994	.49995	.49995	.49995
3.9	.49995	.49995	.49996	.49996	.49996	.49996	.49996	.49996	.49997	.49997

従って，その信頼区間は

$$\overline{X} - 1.96 \times \frac{\sigma}{\sqrt{n}} < m < \overline{X} + 1.96 \times \frac{\sigma}{\sqrt{n}}$$

となる．

大きさ n のある1組の標本 $x_1, x_2, \cdots, x_n$ をとると，m の信頼度 $c\%$ の信頼区間が得られる．幾通りもの標本に応じて信頼区間が得られた際，それらの合う比率は $c\%$ である．このような信頼度で m が含まれる区間を推定することは，**区間推定**といわれる．

信頼度が $c\% = 67\%, 95\%, 99\%$ であることに応じて信頼区間は，

$$\left(\overline{X} - \frac{\sigma}{\sqrt{n}}k,\ \overline{X} + \frac{\sigma}{\sqrt{n}}k\right) \quad (k=1, 2, 3)$$

であるとしても，入試を含めて，大雑把な統計では，事足りる．（以下の問題では，これで解いてもよい．）

◁**例11**▷ ある所で，孵（かえ）ってから5日目の燕（つばめ）の雛から10羽の体長を調べたら，1羽当たりの平均体長は 6 cm であった．母集団分布は正規分布とする．その標準偏差を 1 cm として，孵ってから5日目の雛の母集団の平均体長を，信頼度95％で推定せよ．ただし，$\sqrt{10} = 3.20$ とせよ．

解 母平均を m として

$$6 - 2 \times \frac{1}{\sqrt{10}} < m < 6 + 2 \times \frac{1}{\sqrt{10}}$$

つまり，

$$6 - \frac{3.20}{5} < m < 6 + \frac{3.20}{5}$$

$$\therefore \underline{5.36 < m < 6.64} \quad \text{（答）}$$

◀ **問題11** ▶

ある大都市の世帯当たり月収は，標準偏差が2万円と予想される．この大都市で，世帯当たり平均月収の値を3千円以下の誤差で求めるには，信頼度を約95％とした場合，何世帯以上を任意抽出して調べればよいか．

（小樽商大）

† 対象とする世帯数を n，その平均月収を $\overline{X}$ とすると，$P\left(m - 2 \times \frac{\sigma}{\sqrt{n}} < \overline{X} < m + 2 \times \frac{\sigma}{\sqrt{n}}\right) = 0.95$ であるとしてよい．

$\sigma = 2$ 万円であるから，3千円は 0.3 万円として計算する．

〈解〉求める世帯数を n，その平均月収の変量を $\overline{X}$ とする．また，母集団の平均月収を m とする．題意は，

$$P\left(|\overline{X} - m| < 2 \times \frac{\sigma}{\sqrt{n}} = \frac{4}{\sqrt{n}}\right) = 0.95$$

ということである．そして
$$\frac{4}{\sqrt{n}} \leqq 0.3$$
であればよい．
$$\therefore \quad n \geqq \frac{16}{9} \times 100 = 177.7\cdots$$
$$\therefore \quad 178\text{ 世帯以上} \quad \cdots \text{(答)}$$

〈15〉検定

（記号の意味は，これまでと同じとする．）

未知の母数平均に対して「m_0 である」という**仮説**を立てたとき，**危険率（有意水準）** 5%の**検定**では，
$$U = \frac{\overline{X} - m_0}{(\sigma / \sqrt{n})}$$
と置き，標本によって
$$\begin{cases} |u| \geqq 1.96 \text{ のときは，仮説を棄却する} \\ |u| < 1.96 \text{ のときは，仮説を棄却しない．} \end{cases}$$

（解説）ある仮説を立てたとき，その仮説が，「正しい」か「正しくない」かの2通りある．さらに，その各々に対しての判断があって，それも「正しい」か「正しくない」かの2通りある．正しい仮説に対して「正しくない」と判断する事を**第一種過誤**，正しくない仮説に対して「正しい」と判断する事を**第二種過誤**という．

危険率 5% というのは，第一種過誤をおかす確率が 0.05 ということである．この際，図のように**棄却域**を両側に設けることで，

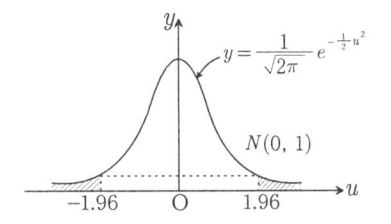

0.05 という値は，図の斜線部分の面積和になる．

入試に出題される検定では，2項分布を対象とすることが少なくない．（以後，記号の意味は，〈13〉で用いたものと同じとする．）

試行回数 n が充分大であれば，X の分布は，正規分布 $N(np, \sqrt{np(1-p)})$ に近づく．このことは，
$$T = \frac{X - np}{\sqrt{np(1-p)}}$$

と置き換えたものが，標準正規分布 $N(0,1)$ にほぼ従うとみてよいということになる．同じ事であるが，平均変量 $\frac{X}{n}$（$= \overline{X}$ と表すことにする）に対する標準偏差は $\sqrt{\frac{p(1-p)}{n}}$ であるから，$\overline{X}$ は正規分布 $N\left(p, \sqrt{\frac{p(1-p)}{n}}\right)$ に従うとみてもよい．この際，n が大きい程，p に対する $\overline{X}$ の変動は小さくなって安定してくる．

危険率 5% となる**棄却域**は，下図のようになる：

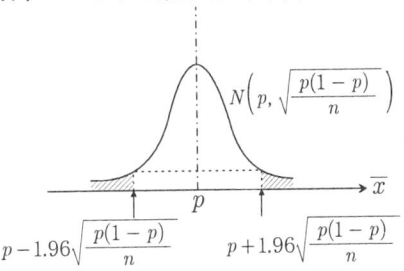

ここで
$$U = \frac{\overline{X} - p}{\sqrt{p(1-p)/n}}$$
と置き換えると，U は $N(0,1)$ に従う．

◁例 12▷ あるさいころを 30 回投げて，1の目が 10 回出た．このさいころは，1の目が出やすく作られていると判断してよいか．有意水準 5% で検定せよ．必要ならば，下の表を使ってもよい．

r	7	8	9	10
P_r	0.1098	0.0631	0.0309	0.0130

11	12	13	14	15
0.0047	0.0015	0.0004	0.0001	0.0000

ただし，$P_r = {}_{30}\mathrm{C}_r \left(\frac{1}{6}\right)^r \left(\frac{5}{6}\right)^{30-r}$ とする．
（旭川医大）

解 1の目が出る確率は $\frac{1}{6}$ であると仮定する．有意水準 5% の場合，与えられた表（30 回の独立試行の表）から目の子で，棄却域は $r \geqq 9$ にあると読み取れる．そして，30 回の試行実験では1の目が 10 回出た．以上から，仮説は棄却されなくてはならない．よって，有意水準 5% では，このさいころは

$$\begin{cases} 1\text{の目が出やすく作られていると} \\ \text{判断してよい} \end{cases} \text{(答)}$$

出題文意から判断すると，例12の解答は，正規分布 $N\left(30\times\dfrac{1}{6},\sqrt{30\times\dfrac{1}{6}\times\dfrac{5}{6}}\right)$ で粗近似して

$$\frac{10-30\times\dfrac{1}{6}}{\sqrt{30\times\dfrac{1}{6}\times\dfrac{5}{6}}}=\sqrt{6}>2$$

とやっても，許容されたかもしれない．

◀ **問題12** ▶

あるさいころを500回投げたところ，1の目が100回出たという．このさいころの1の目が出る確率は $\dfrac{1}{6}$ でないと判断してよいか．危険率3％で検定せよ．（正規分布表は本講での前掲のものを用いよ．）

(琉球大)

〈解〉 1の目が出る確率を $p_0=\dfrac{1}{6}$ であるとする．分布は，$p_0=\dfrac{1}{6},\sigma=\dfrac{1}{60}$ の正規分布 $N\left(\dfrac{1}{6},\dfrac{1}{60}\right)$ で近似する．今のひとつの実験による標準化変量の大きさは

$$\frac{\left|100-500\times\dfrac{1}{6}\right|}{\sqrt{500\times\dfrac{1}{6}\times\dfrac{5}{6}}}=2$$

ところが，$\dfrac{0.97}{2}=0.485$ を与える正規曲線のパラメーター値 u は，正規分布表より $u_0=2.17$ である．$2<2.17$ であるから，仮説を棄却しない．つまり，**危険率3％の検定では，1の目が出る確率は $\dfrac{1}{6}$ でないと判断することはできない** …(答)

統計は，高校数学の中では，基本事項の敷居が，他の分野より格段高い——事実，途中をすっ飛ばして推定や検定の処理に入る——が，その代わり，問題が易し目で出題されることが多い．その意味で，受験生読者は怯えないで立ち向かってゆかれたい．

最後に，これまでの内容・問題で，跳ねて，積み残したものを，ここに補充問題の1つとして載せるので，各自，挑戦しておかれたい．

補充問題

（1）AとBの2人が，1つのサイコロを使ってすごろくを行なう．Aから交互にサイコロを投げ，出た目のコマ数だけ進む．上がるためには残りのコマ数にちょうど等しい目である必要はなく，残りのコマ数以上の目が出ればよい．先攻後攻に関係なく，相手よりも先に上がったほうが勝ちである．例えば，Aが3回目で上がれば，Bが3回目で上がってもAの勝ちである．

今，AとBともに上がりまでの残り3コマの位置にいる．次はAの番であるとき，Aが勝つ確率を求めよ．

（2）（1）のすごろくと異なり，今度は上がりは存在しないとする．AとB交互にサイコロを投げ，出た目のコマ数だけ進むとする．今AがBよりも10コマ前にいる．これからAとBともに210回ずつさいころを投げ終えたとき，AがBよりも前にいる確率を求めよ．ただし，サイコロを210回投げたとき，出た目の合計は近似的に正規分布に従うとみなしてよい．

注意：正規分布表は，前のページで与えられている．

(浜松医大)

〈略解〉（1）重複勘定しないように場合分けするのみ．$\dfrac{997}{1296}$ …(答)

（2）A，B各々が，交互に210回ずつさいころ投げをしたとき，出た目の累積和を実現する確率変数をそれぞれ X, Y で表すと，期待値，標準偏差は次のようになる：

$$E(X)=E(Y)=210\left(\sum_{k=1}^{6}k\right)\frac{1}{6}$$
$$=210\times\frac{7}{2}=735,$$
$$\sigma(X)=\sigma(Y)$$
$$=\sqrt{210\left\{\left(\sum_{k=1}^{6}k^2\right)\frac{1}{6}-\left(\frac{7}{2}\right)^2\right\}}=\frac{35}{\sqrt{2}}.$$

AがBより前にいるということは，$10+X\geqq Y+1$，つまり，$X-Y\geqq -9$ ということである．$X-Y=Z$ と表すと，上の値より

$$E(Z)=0,\quad \sigma(Z)=\sqrt{2\times\frac{35^2}{2}}=35.$$

そこで，$\dfrac{Z}{35}=U$ とおくことにより，U は，正規分布 $N(0,1)$ に従う．

$P(U \geqq -0.2571\cdots) = 0.5 + P(0 \leqq U \leqq 0.2571\cdots)$ であるが，正規分布表からの読み取りには誤差が生じる．ここでは，$X-Y > -10$ にして $P(U > -0.28)$ を読み取り，小数点以下3桁以降は，切り捨てることにする：

$$P(U > -0.28) = 0.5 + 0.1103$$
$$\therefore \quad 0.61 \quad \cdots \text{(答)}$$

（注）（2）の答は，0.6 でもよいと思うが，$P(0 \leqq U \leqq 0.2571\cdots)$ の読み取りで，危なっかしい調整をやると，あるいは減点の対象となったかもしれない．

確率と統計も最終稿をやり終えた．
人間は，日常，これらの中で生きていると，書き出しの所で述べた．今の時代は，いろいろとアンケート流りである．それは，"統計"をとって，人や物の"よしあし"を決定しようとするからに他ならない．この際，「その決定は誤り」と指摘されようが，とにかく，（浅ましくも，）多数派が認めたもの或いは認めてきたものに分があるというわけである．そのような（表面的でしかない）数値などだけで決定するのは，特に，人間に対しては，非常に危険である．これは，直接，統計上の問題でなくてもそうであるし，また，数学の啓蒙においても逆効果になる：

ある時，ある所に，Aさん（60歳），Bさん（50歳），Cさん（40歳）の3人がいた．「人個人の経歴を別として，AさんとBさんの10歳違いの世代相異は，BさんとCさんの10歳違いの世代相異と同様にみなせるであろうか？」概して，「同じ10歳違いだから，…」と言う人はかなり多いようである．（**表面的評判や看板だけで，人や物を信用する人は，大体，そのようである．**）このような人達にとっては，「数学」と聞いても，それは "型にはめ込む機械語" あるいは "計算事務" = (routine work)の代名詞にしかならない．

少し考える人は，「"同じ10歳違い" と言うのは，**早計である**」と言うであろう．「もしAさんとBさんが，戦争や飢餓のような激動の時代を経験していて，Cさんがそうではなくなった豊衍(えん)な時代で発育していたならば，AさんとBさんの10歳違いには大差がないが，BさんとCさんの10歳違いには，見えずとも，埋め合わせるすべがない世代間の隔たりができていることになる」と．実際，このように言われた数学者を見たことがあるが，隠れた条件を見抜くその人は，きちんとした**数学精神**をもたれているのであろう．

統計やアンケートも，全くの物が相手なら，あまり，問題はないだろう．場合によっては，**確率と統計は，有効に（？）働いてくれる．**

筆者は，高校卒業と同時にパチンコをやった．（「教育上，不謹慎な」などと，どこそこかの教師から言われそうだが，この情報乱舞時代には，このくらいの事は，かわいいものであろう，と開き直る．）親が，メレのように半賭博師であったのも影響して，若年時の筆者は，かなりギャンブルに入れ込んでいた．最初の頃は，よく負けていたが，パチンコ台の鑑定で確率と統計，ついでに物理を駆使するようになってから勝つようになった．当時の気に入りのパチンコ台の一例を，大雑把に，参考の為に紹介しておこう：

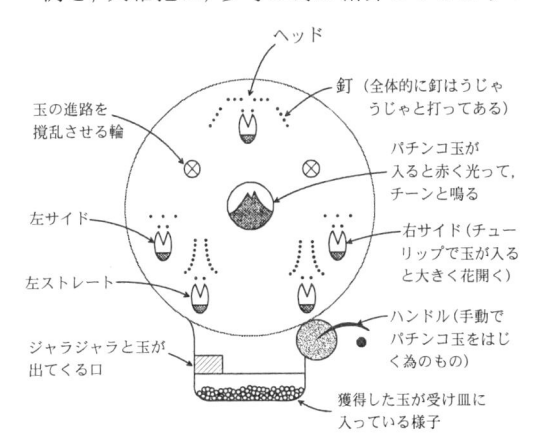

このモデルは，**昭和45年頃**のものである．賭け用のパチンコ玉は，100円で20個位だったのかな？（当時，確か，国立大の入学金と年間授業料は，合わせて一万五千円～二万円位だった——公立大は，所と入学者の出身地によって変動があり，もう少し高い——ようだから，100円の価値がどのくらいかの見当もつくであろう．）1個の玉がチューリップ穴に入ると，10個位の玉がジャラジャラと出てくる．さて，この勝負で最も大切なのは，前図中の**左ストレ**

トである．右に拡大図を載せておく．この左ストレートに落下してきた玉が，5個のうち3個入る確率であれば，あとは，**腕と根性次第で勝てる**．パチンコ玉は（──ノギスで計ったことはないが，）直径7mm位であり，妨害釘の間を通過するかしないかは，数ミクロンの差で決まる．この差は，パチンコ台の微妙な傾き具合でもかなり支配されてくる．

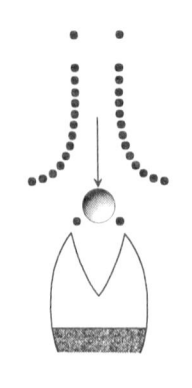

そして，また，大切なのは，打ち方でもある．これは，**玉に適度の力積を与えなくてはならない**からである．（しかし，昭和50年頃からは，手動のハンドルがなくなって，**完全電動のおもちゃ**になり，勝負師にとっては全くつまらなくなった．）このようにして，"入る台"をさらに統計的に調べて，"パチプロ"のようになってしまったが，このような時間（──莫大な時間──）を勉強に費していたら，かなりましな学究ができたであろうにと，ギャンブルばかりを仕込んでくれた親の"メレ"をほんの少し恨む．とにかく，これは，**確率と統計の"実用版"**であった．

読者は，まねをしない方がよい．（素人が勝てるような相手ではない．）

この原稿作成の終了は，2001年12月中旬であった．暗い外は，冷たい風が吹きすさんでいた．冬になると，つい，スキー場が恋しくなる．スキー場もまた数学の世界と似ている．35°以上の急斜面になれば，人影は，殆ど疎らである．それを安定したウェーデルン（いわゆるモーグル競技で見る小刻みのターン）で滑降できる人は，なお少ない．（図を描くと，35°～40°というのは，なだらかな斜面に見えるが，**現実に35°～40°の斜面の頂上に立つと，殆ど90°近い断崖に見える．**）そして1°～5°位の**緩斜面に来ると，大混雑で，売店も多い**．（長野などの読者は，八方尾根辺りでこのような光景を多く御覧になってこられたであろう．）

願わくは，読者が，やがて**中斜面**（10°～20°）を乗り越え，できれば**中急斜面**，そして**急斜面**へと到らんことを．与えられた入試数学等の問題を，「ただ解く」ことで他人より秀でたとしても，それで優越感などをもってはならない．そもそも，**解けるように作られてある問題を解けたとて，いか程の事があろう**．そう思って間違いはないのだから，これからも兜の緒を締め直して前進して頂きたい．我々の相手は閉じてはいない．それ故，'蛙は井の中で空威張るも大海の鯨が見えず'であってはならない．

第1部　末文

本書の第1部は，「高校数学を起点としての入試数学，及びそれらだけにとらわれずに，初等数学をじっくり学び，じわじわと力量を増していって頂きたい」ということを目的にして著したものである．その為，単なる計算処理などの便法書にならないように，縦方向への重厚さ，横方向への関連度も重視して，多角的視度と教養や社会観も兼ね備えれるような諸点にと留意した．

近年は，"情報化時代"といわれるが，ただ雑多な知識を寄せ集めたのでは，（──世渡りには便利であろうが，）それは雑学知識であって，足が地に着いた教養とはいえない．知識は，**鎹のような力で接合結集されないと，いっぽん筋の入らないおそまつなものしかできない**からである．また，先人の辿った道を，ただそのまま足踏み学習し，その受売りだけをしているようでは，独創的人間とはいえない．若い人達は，いや，人間は，本当の学力と教養を求めるようでなくてはなるまい．そして，**自らの言動に責任をもてるような人間へと成長してゆくべきなのである**．

それでは，第1部の長い航路も，以上を以て完結とする．高校生読者には，難しい叙述が多々あったと思われるが，難所は，何とか理解するように尽力して頂きたい．それが，やがて，読者の航路の中で**氷河をも打ち砕いてゆく本ものの推進力**となっていくであろう．そこまで至ったと思う人は，是非，**本来の数学**である**第2部**へと読み進まれたい．

第2部

ある投稿未解決問題の解決と一つの定理
（フェルマー数問題の周辺）

神秘の学問・数学

大宇宙の広袤(ぼう)さ

それは人智を以て量り知れぬ世界

人は物差(ものさし)で宇宙を測らんとす

数の世界の深遠さ

それは人智を以て想像できぬ世界

人は物差で無限界を解明せんとす

いかなる人間にも

開け得ぬ無数の神秘の扉

人は

人に量り知れぬその世界を

垣間見た時

その前にくず折れる

そのことを悟らぬほどに

僭越

愚かなることなし

ひでき

§1. ひとつの投稿未解決問題とその提起者の紹介

=== 投稿未解決問題 ===

nを自然数とする．この下で

$$(*)\begin{cases} 2^{2^{n-1}+1}+1=3^\alpha \beta_n \quad (\beta_n \text{ は 3 の倍数でない整数}) \\ \beta_n - 2^n = \pm 3 \end{cases}$$

となるような α （α は $0,1,2,3,\cdots$ のどれか）は，$n \geqq 5$ でも存在するか？

中村信之氏 提起

『理系への数学』（現代数学社）2001年6月号にて問題公表

中村信之氏 紹介

　　昭和9年3月生まれ．東北大学（工学部）卒業後，Engineer として活躍される．現在，仙台市在住．

　　「数の世界」の神秘に魅了され，定年後，数学の様々な問題等を考えておられるとの御由．

　　（"中村"の姓は実に多い．それだけに氏と筆者は親戚でもなければ顔見知りでもない．太古の祖先は同じかもしれないが．）

§2. 問題提起の動機付けは？

　ここでは，中村信之氏によるその動機付けを，氏に代わって筆者が簡単に紹介させて頂く．

　氏は，$F_n = 2^{2^n}+1$（n は 0 以上の整数）という数に関心を寄せられた．この数は，素数になるとき**フェルマー数**とよばれていることは，初等数学に詳しい人はご存知であろう．$n=0,1,2,3,4$ に対して順に

$$F_n = 3, 5, 17, 257, 65537$$

となり，全てフェルマー数である．しかし，$F_5 = 4294967297$ は，641×6700417 となって合成数である．$n \geqq 5$ でのコンピューター実験では，今の所，F_n は合成数しか現れていないといわれている．

　P：「$n \geqq 5$ でも F_n が素数になるということはあるか？」この問題を "**フェルマー数問題**" とよんでもいいであろう．

　氏は，この数を懸案されながら，$2^{2^{n-1}+1}+1$ なる数（$2^{2^n}=2^{2^{n-1}-1}2^{2^{n-1}+1}$ に注意）を考案され，まず

$$2^{2^{n-1}+1}+1 = 3^\alpha \cdot \beta_n \quad (\alpha = 0,1,2,\cdots ; \beta_n \text{ は 3 の倍数でない整数}, n \geqq 1)$$

と分解された．（この式より，勿論，β_n は奇数でなくてはならない．）次に $\beta_n - 2^n$ の値を調べられた．$n=1,2,3,4$ に対しては順に

$$\beta_n - 2^n = 3, -3, 3, 3$$

と ± 3 ばかりが現れ，$n=1,2,3,4$ に対応して順に

$$\alpha = 0, 2, 1, 3$$

となる．しかし，$n=5,6$ では各々に対して

$$\beta_n - 2^n = 43659, \ 954437113$$

となって，± 3 にはならない．

　Q：「$n \geqq 5$ でも $\beta_n - 2^n = \pm 3$ となることはあるか？」というのが，氏の提出された問題である．氏が叙述されているように，P と Q には，ある種の類似性が見られる．偶然かどうかは，おもしろい問題である．

§3. 未解決問題とは

数学の問題の type は2つに分類される．
   （1）閉じている問題 （2）未開決問題

（1）は，全くふつうに行なわれているもので，（大学院入試も含めて）入試問題や数学オリンピック問題，また定期刊行物等での（懸賞）問題等はすべてそうである．これらは限られた時間乃至期間で解答するものである．しかし，どんな難問であっても，出題時から既に出題者には解答がわかりきっているし，解答者にとっても「解けるように作られた問題であることはわかっている」ということで安心感がある．（解答者は，出題意図を見抜けば必ず解ける！）そういう訳で，**始めから既成判明事実だけの閉じた問題体系の世界**になっている．（2）は，述べるまでもないことだが，原則としては，少なくとも

 一．問題が，雑誌乃至著作本等で公表されている open problem であること
 二．期間が無制限であるにも拘らず，問題提起者を含めて解決できている人が**一人も現れていないこと**
 三．問題にきちんとした**動機付け**があること

を満たしているものをいう．

未開決問題については，もう少し詳しく分類される（ただし，それは，"人智を以て解決し得る"という仮定の下である）：

$$(2)\begin{cases}(2^\circ)\text{ 問題が初等数学の枠内のもの}\begin{cases}\text{解決が初等数学の枠内でなされる} \cdots\text{(イ)}\\ \text{解決が専門数学によってなされる} \cdots\text{(ロ)}\end{cases}\\ (2^*)\text{ 問題の意味からして専門数学者でないと理解できないもの（当然，解決も専門領域内でなされる）}\cdots\text{(ハ)}\end{cases}$$

上記（2°）は（イ）になるか（ロ）になるかは，問題からだけでは推定できず，**結果論でしかいえない**．

例えば，**ゴールドバッハの問題**：「6以上の全ての偶数は3以上の2つの素数の和で表されるか？」は，（2°）の type である．これが（イ）になるのか（ロ）になるのかは断定できないが，解決され得るなら，多分，（ロ）になるだろう．

（ロ）の典型例は，**フェルマーの大問題**：「n を3以上の整数とするとき，$x^n+y^n=z^n$ を満たす正の整数解は存在しないだろう」の**肯定的解決**である．これは，**ワイルズ (A. Wiles)** によって1995年に解決されたというのは，まだ耳新しいであろう．尤も，これは，既に**志村・谷山**という日本人研究者が，― 少し専門用語になるが ― 有理数体上の楕円曲線の構成論を予想していて，その辺りを明確にすればよいという事や他の研究者からの方向付けも判明していた為，ワイルズ一人の栄誉とはいえない．（突破口は，既に半分程開いていたともいえるからである．）また，最初の発表には証明不備があった為，**テイラー (A. Taylor)** と共同でその難点を克服している．

一般に，（2°）の type は数学者以外に多くの人が解決を目指して参加できるものではあるが．

（2^*），従って（ハ）もいろいろあるが，特に有名なものは，1900年に提出された**ヒルベルト (D. Hilbert) の23問題**である．（中には1901年に早々（？）と解決されたものもある．）これらに対しても日本人研究者の貢献は大きい．

本書の**序文**で紹介致した**永田雅宜先生**は，ヒルベルトの**第14問題**（（多項式値の）有理関数環の有限生成問題）を**否定的に解決**（1958年）された方である．

これらは歴史的未解決問題で，ちょっとやそっとの頭脳ではどうにもならない．此処でやるのは，そのような大層な問題ではないが，それは初等数学の枠内で解決できたから，そう言えるともいえるだろう．**フェルマーの大問題**とて —— これは，フェルマー数問題そのものよりは大分扱いやすいので，ひょっとしたら，初等数学の枠内で(案外あっさり)解決されるかもしれない．もしそれで解決されたなら，それは，(既にワイルズによって先勝されているが，)国際ジャーナル掲載の価値は十分ある．(誤解されては困るので付け添えるが，だからと言って，勿論，ワイルズによる解決より優れているということにはならない，と．)

数学青少年達は夢をもつべし．

人に提起されていない問題は無数無限にあるし，一つのそれが未開決問題として提起されても，それは，**人智を以て解決できるものなのかどうかは不明である**だけに，その前にはいかなる数学者も怯える．「各人が興味をもって，できる範囲でやればよい」という研究そのものより遥かに難しい事であるということを皆が分かっているからである．従って，そればかりをやると，それで一生を潰す可能性が非常に高いし，それで解決できるという保証も全然ない．仮に解決し得るとしてもどの程度の道のりを要するのかも不明である．つまり，何もかにもが全く不明なのである．(解く手立てにしても，既成の判明事実や処理法ごときをいくら詰め込んでいても，ひっかかる所が殆ど無に等しいので，先入観にとらわれていると，それまでである．)「答がひとつに割り切れる学問」(——言葉などでのごまかしの効かない学問——)の超高度さをはっきりと強く思い知らされるのは，このような時に至ったときである．そこでは，最早，人間の詭弁的教訓や空理屈(から)等は一切通用しない．ただ，「解決できるか否か」だけなのである．

§4. 解決に先立って

2001年5月に，初めて**中村信之氏**の寄稿を誌上でちらりと見た瞬間，「これは，荒削りながらも，**まことの玉稿**」と察した．しかし，そら恐ろしくも，フェルマー数らしき数が出ていたので，「これは人間の手に負える代物(しろもの)ではない」と思って，すぐ断念した．(めったに使わない)容量の大きい計算機で$n\geqq 5$の場合をいくつか調べて見たが，"$2^{2^{n-1}+1}$"の為に数がすぐ莫大な大きさにはね上がって全然使い物にならない．勿論，どんな大型コンピューターとて物差でしかない．従って，初めから完全に理論的立場でやらなくてはならない訳である．具体的数を当てがえないというのは非常に応(こた)える．多忙であった事もあり，とりあえず，投稿時の問題提起では少々見づらいので，§1で紹介した表記に改めて，氏には，

"一応，問題の形だけは少し見やすくなりましたが，しかし，攀(よ)じ登るすべの見えない絶壁であることには変わりがありません．…．ただ，式の形からして，これは全くの確率的予想ですが，$n\geqq 5$では，**然るべきαは存在しない**と思われます"

という主旨と予想で報告させて頂いた．(この時点では，未だ，「荒海の向こうの宝島へ向かって飛び込むか」という決心はつかなかった．)そして，それは，一応，そのままにしながら，なすべき仕事を続けていた．ただ，歩きながらも，時折は懸案してはいたが，1本の糸口すら見つけれなかった．そうしているうち，2002年3月に糸口らしきも

のに気付き（——それでも無駄かもしれないと思いつつも，これしかないので），数日かけたところ，ある部分まではゆけた（後記）．宝島へは何とか泳ぎ着いたものの，しかし，宝物殿の門は"鋼鉄の扉"で，「やはり人の手に負えるものではないか」と，再断念した．これまでの無惨な痕跡を眺め遣りつつ，道具という道具も，"刀折れて矢尽きた"という挫折感でくず折れてしまった．それから数日経って，どういう訳か——いや，そうではなく，「解決できる」という強い信念が湧いて——，再三，挑戦した．これは，最早，"問題への挑戦"というよりも，"自分への挑戦"であった．また，「**自分の数学精神は，ただの空理屈か？**」という思惑が大きく募ってきたからでもある．ちょうど春休みでまとまった時間をもてたので，約10日近く，（最早，刀も矢も尽きたので）"素手"で戦い，終に"鋼鉄の扉"をこじ開けた！（と思った．）そして，氏にその内容を報告致した．その日付は，2002年3月22日になっている．これで安心して，なすべき仕事にとりかかって忘れかけてきたのであるが，2002年10月4日，ふと虫の報せのようなものがあって，理詰めに不備がある，従って証明不備になっている事に気付いた．しかも，その埋め合わせがまた至難ではあったが，これは，1日程で乗り越えれた．（大局は変わらなかったが，「2002年3月時によくぞ公表しなかったものだ」と自戒した．）こうして延べ1年5ヶ月後，解決に至った次第である．それは，初等整数論の枠内であまり長からずに済んだ（——勿論，これは結果論——）ので，ここに最も洗練した表現で披露致す次第である．（§3．(2°)の(イ)に該当）．これから示す問題の解決において，同時に読者は前述された初等整数論上の（多分に）**新しい定理**をも御覧になられるであろう．

§5．結論と証明

《結論》

§1における**投稿未解決問題**の方程式(∗)を満たすα（$=0,1,2,\cdots$のどれか）は$n \geq 5$では存在しない．（否定的解決）

数学の論文では，**補助命題**等を前にもってくることが通常であるが，そのようにすると，ここでの**解決過程**の流れが見づらくなると思われるので，この**証明**の中で枠に囲んで呈示することにした．）

《証明》

$n \geq 5$に対して明らかに$\alpha \geq 4$である．(∗)より
$$2^{2^{n-1}+1} + 1 = 3^\alpha(2^n \pm 3) \qquad \cdots (\text{☆})$$
を評価することにする．(☆)は
$$3 \cdot 3^{\alpha-1}(2^n \pm 3) - 2 \cdot 2^{2^{n-1}} = 1$$
と表されるので，
$$x = 3^{\alpha-1}(2^n \pm 3),\ y = 2^{2^{n-1}}$$
として，不定方程式
$$3x - 2y = 1$$
の形で表される．この解は，$\mathbf{Z}^{\geq 0} = \{0, 1, 2, 3, \cdots\}$として
$$\begin{cases} x = 2j+1 \\ y = 3j+1 \end{cases} \qquad (j \in \mathbf{Z}^{\geq 0})$$

と与えられる．従って
$$\begin{cases} 2j+1 = 3^{\alpha-1}(2^n \pm 3) \\ 3j+1 = 2^{2^{n-1}} \end{cases} \quad (j \in \mathbb{Z}^{\geq 0})$$
となる．これを満たす α の存在を $n \geq 5$ のときで調べる．

(イ) $\begin{cases} 2j+1 = 3^{\alpha-1}(2^n \pm 3) & \cdots (イ-1) \\ 3j+1 = 2^{2^{n-1}} & \cdots (イ-2) \end{cases}$

(ロ) $\begin{cases} 2j+1 = 3^{\alpha-1}(2^n + 3) & \cdots (ロ-1) \\ 3j+1 = 2^{2^{n-1}} & \cdots (ロ-2) \end{cases}$

(イ-2), 同じ式だが (ロ-2) より $j = 2k+1$ $(k \in \mathbb{Z}^{\geq 0})$ と表される．

i) $\alpha = 2L$ (L は2以上のある整数) の場合

(イ)について

$j = 2k+1$ において, (イ-1) は
$$4k+3 = 3^{2L-1}(2^n - 3)$$
$$\longleftrightarrow k = 3^{2L-1} \cdot 2^{n-2} - \frac{3^{2L}+3}{4}$$
$$= 3^{2L-1} \cdot 2^{n-2} - 3(3^{2L-2} - 3^{2L-3} + 3^{2L-4} - \cdots - 3 + 1).$$

$n \geq 2$ で $k \in \mathbb{Z}^{\geq 0}$ となり,
$$j = 3^{2L-1} \cdot 2^{n-1} - 6(3^{2L-2} - 3^{2L-3} + 3^{2L-4} - \cdots - 3 + 1) + 1.$$

従って, (イ-2) は
$$3^{2L} \cdot 2^{n-1} - 18\underbrace{(3^{2L-2} - 3^{2L-3} + \cdots\cdots - 3 + 1)}_{①} + 4 = 2^{2^{n-1}}$$

ここで①の部分は奇数であるから, 上式は
$$3^{2L} \cdot 2^{n-2} - 9 \cdot (奇数) + 2 = 2^{2^{n-1}-1}.$$

$n \geq 5$ に対して, 上式左辺は奇数, 右辺は偶数で不合理．(実は,「$n \geq 2$ のとき k は偶数であるべし」ということを捉えていれば, $n \geq 5$ では既に不合理になっていた.)

(ロ)について

$j = 2k+1$ において, (ロ-1) は
$$4k+3 = 3^{2L-1}(2^n + 3)$$
$$\longleftrightarrow k = 3^{2L-1} \cdot 2^{n-2} + \frac{3^{2L}-3}{4}.$$

ここで
$$3^{2L} = \sum_{r=0}^{2L} {}_{2L}\mathrm{C}_r 2^r = 1 + \sum_{r=1}^{2L} {}_{2L}\mathrm{C}_r 2^r$$

であるから,
$$k = 3^{2L-1} \cdot 2^{n-2} + \left(整数 - \frac{1}{2}\right)$$

となる．$k \in \mathbb{Z}^{\geq 0}$ の為には $n=1$ に限るが, $n \geq 5$ よりそれは不適．

ii) $\alpha = 2L+1$ ($L \geq 2$) の場合

(イ)について

$j = 2k+1$ において, (イ-1) は
$$4k+3 = 3^{2L}(2^n - 3)$$

$$\longleftrightarrow k = 3^{2L} \cdot 2^{n-2} - \frac{3^{2L+1}+3}{4}.$$

ⅰ)の(ロ)と同様で
$$k = 3^{2L} \cdot 2^{n-2} - 3\left(整数 + \frac{1}{2}\right)$$
となる．$k \in \mathbb{Z}^{\geq 0}$ の為には $n=1$ に限るが，$n \geq 5$ よりそれは不適．

(ロ)について

$j = 2k+1$ において，(ロー1)は
$$4k+3 = 3^{2L}(2^n+3)$$
$$\longleftrightarrow k = 3^{2L} \cdot 2^{n-2} + \frac{3(3^{2L}-1)}{4}$$
$$= 3^{2L} \cdot 2^{n-2} + \frac{3}{2}\underbrace{(3^{2L-1} + 3^{2L-2} + \cdots + 3 + 1)}_{②}.$$

②の部分は偶数であるから，$k \in \mathbb{Z}^{\geq 0}$ であり，従って
$$j = 3^{2L} \cdot 2^{n-1} + 3(3^{2L-1} + 3^{2L-2} + \cdots + 3 + 1) + 1.$$

それ故，(ロー2)は
$$3^{2L+1} \cdot 2^{n-1} + 9\underbrace{(3^{2L-1} + 3^{2L-2} + \cdots + 3 + 1)}_{②} + 4 = 2^{2^{n-1}}. \quad \cdots (A)$$

ここで
$$②の部分 = 3^{2L-2} \cdot 4 + 3^{2L-4} \cdot 4 + \cdots 3^2 \cdot 4 + 4 \quad (=偶数)$$
であるから，(A)式は
$$3^{2L+1} \cdot 2^{n-3} + 9\underbrace{(3^{2L-2} + 3^{2L-4} + \cdots + 3^2 + 1)}_{③} + 1 = 2^{2^{n-1}-2}. \quad \cdots (B)$$

$n \geq 5$ なので，L が偶数では，'③の部分＝偶数' となり，(B)式は不合理となる．
よって，$L = 2M+1$（M は 1 以上の整数）となる．この下で
$$③の部分 = 3^{4M} + 3^{4M-2} + 3^{4M-4} + 3^{4M-6} + \cdots + 3^2 + 1$$
$$= 9^{2M} + 9^{2M-1} + 9^{2M-2} + 9^{2M-3} + \cdots + 9 + 1$$
$$= 9^{2M} + 10(9^{2M-2} + 9^{2M-4} + \cdots + 1).$$

従って，(B)式は
$$3^{4M+3} \cdot 2^{n-3} + 90(9^{2M-2} + 9^{2M-4} + \cdots + 9^2 + 1)$$
$$+ 10(9^{2M} - 9^{2M-1} + 9^{2M-2} - \cdots + 9^2 - 9 + 1) = 2^{2^{n-1}-2}$$
$$(\because 9^{2M+1} + 1 = 10(9^{2M} - 9^{2M-1} + \cdots + 1) だから)$$
$$\longleftrightarrow 3^{4M+3} \cdot 2^{n-3} + 10(9^{2M} + 9^{2M-2} + \cdots + 9^2 + 1) = 2^{2^{n-1}-2}$$
$$\longleftrightarrow 3^{4M+3} \cdot 2^{n-4} + 5\underbrace{(81^M + 81^{M-1} + \cdots + 81 + 1)}_{④} = 2^{2^{n-1}-3}. \quad \cdots (C)$$

ここで，M が偶数ならば，'④の部分＝奇数' となり，(C)式は不合理となる．
よって，M は奇数である．（$M=1$ はすぐ却下されるので，$M \geq 3$ である．）この下で
$$81^M + 81^{M-1} + \cdots + 81 + 1 = E_M \quad（と表す）$$
は偶数である．もし $E_M = 2y$（y は奇数）であるならば，(C)式は
$$2(3^{4M+3} \cdot 2^{n-5} + 5y) = 2^{2^{n-1}-3}$$
となるが，これが成り立つには $n=5$ でなくてはならない．しかし $n=5$ では方程式(☆)が成立しないことは，直接，計算で調べられる．従って
$$E_M = 2^K y \quad（K は 2 以上の整数，y は奇数）$$
と表されることになる．

この後の展開の為に，以下に**命題**を呈示し，その**証明**を付す．

命 題

M を自然数として
$$E_M = 81^M + 81^{M-1} + \cdots + 81 + 1 \quad (\text{等比数列の和})$$
とする．また，K を2以上の整数とする．そこで
$$M + 1 = 2^K x \quad (x\text{は奇数で1以上})$$
と表せることと
$$E_M = 2^K y \quad (y\text{は奇数})$$
と表せることは同値である．（ここに，x と y が1対1であることは明らか．）

証明

$\{E_M\}$ は M の単調増加数列だから，我々の**命題**の記号で
$$E_{2^K x - 1} = 2^K y$$
となることを示せばよい．

K と x についての，いわゆる，二重帰納法で示す．

まず，$x = 1$ のとき，任意の $K (\geqq 2)$ について成り立つことを示す．
$K = 2$ のとき
$$E_3 = 538084 = 2^2 \times 134521$$
であるから成り立っている．
ある K のとき
$$E_{2^K - 1} = 2^K y_0 \quad (y_0\text{は奇数})$$
が成り立っているとすれば，（$2^K = M_0 + 1$ として）
$$E_{2^{K+1} - 1} = E_{2M_0 + 1} = 81^{2M_0+1} + 81^{2M_0} + \cdots + 81^{M_0+1} + E_{M_0}$$
$$= (81^{M_0+1} + 1) E_{M_0}$$
$$= \left(\sum_{r=1}^{2^K} {}_{2^K}C_r \, 80^r + 2 \right) E_{M_0}$$
$$= 2 \cdot \text{奇数} \cdot 2^K y_0$$
$$= 2^{K+1} y_0' \quad (y_0'\text{は奇数}) \quad \cdots (\bigstar)$$
となり，主張は正しい．

次に，ある x のとき，任意の $K(\geqq 2)$ について
$$E_{2^K x - 1} = 2^K y \quad (y\text{は奇数})$$
が成り立っているとすれば，（$2^K x = M + 1$ として）
$$E_{2^K(x+2) - 1} = E_{M + 2^{K+1}} = 81^{M+1} E_{2^{K+1} - 1} + E_M$$
$$= 81^{M+1} \cdot 2^{K+1} y_0' + 2^K y$$
$$\quad (\because \text{仮定より}(\bigstar)\text{の式を横流し使用してよい})$$
$$= 2^K y' \quad (y'\text{は奇数})$$
となる．

以上で，我々の**命題**の成り立つことは示された．■

さて，元に戻って，この**命題**により

$$K = \log_2 \frac{M+1}{x} \quad (K \geq 2) \qquad (x は命題中のものと同じ)$$

と表される．そして(C)式は

$$3^{4M+3} \cdot 2^{n-3} + 5 \cdot 2^K y = 2^{2^{n-1}-3} \qquad (y は命題中のものと同じ)$$
$$\longleftrightarrow 3^{4M+3} \cdot 2^{n-3-K} + 5y = 2^{2^{n-1}-3-K}. \qquad \cdots (D)$$

$2^{n-1} - 3 > K$ は明らか故，$n = 3 + K$ でなくてはならないので，

$$n-1 = K+2 = \log_2 \frac{4(M+1)}{x}. \qquad \cdots (E)$$

従って，(D)式は

$$3^{4M+3} \cdot 2^{K+3} + 5 \cdot 2^{K+3} y = 2^{2^{n-1}}.$$

これは(E)式により

$$2^{K+3}(3^{4M+3} + 5y) = 2^{4(M+1)/x} \qquad \cdots (F)$$

と表される．ところが，

$$K+3 = \log_2 \frac{8(M+1)}{x} \longleftrightarrow 2^{K+3} = \frac{8(M+1)}{x}$$

であるから，結局，(F)式は

$$\frac{8(M+1)}{x}(3^{4M+3} + 5y) = 2^{4(M+1)/x}. \qquad \cdots (G)$$

しかし，(G)式はどのような奇数 x, y $(y > x \geq 1)$，$M (\geq 3)$ をとっても成り立たない．事実，

$$\frac{M+1}{x} = 2^K$$

であるから，(G)式において

$$左辺 = 2^{K+3}(3^{4M+3} + 5y) > 2^{4(M+1)} \geq 右辺$$

となるからである．q. e. d.

2002年10月5日(土)完

§6．フェルマー数問題への若干の示唆

此処に至って，$n \geq 5$ では，0以上のどんな整数 α をとっても

$$2^{2^{n-1}+1} + 1 \neq 3^\alpha (2^n \pm 3)$$

であるという事実が判明した訳である．これは，少し変形すると，

$$2^{2^n} + 1 \neq \frac{3^\alpha(2^{n+1} \pm 3) + 1}{2} = 3^\alpha \cdot 2^n + \frac{1 \pm 3^{\alpha+1}}{2}$$

となる．左辺は既述の F_n であるので，「F_n $(n \geq 5)$ は，上式右辺の"軌道"に乗ることはない」という事になる．ここで

$$\frac{1 \pm 3^{\alpha+1}}{2} \neq \pm 3\ell \quad (\ell は奇数)$$

なので，この 3ℓ を用いると，$n \geq 5$ でも

$$F_n = 3^\alpha \cdot 2^n \pm 3\ell \qquad \cdots ①$$

と等号で結べる可能性は出てくる．これは，自然な1つの"軌道修正"である．今後は $n \geq 0$ としよう．
しかし，この形だと，例えば，$F_2 = 17 = 4 \cdot 3^\alpha \pm 3\ell$ は，どんな (α, ℓ) の組をとっても成立しない．（勿論，ℓ は正の奇数．）
ところで，

$$F_n = (k_1 2^{n+1} + 1)(k_2 2^{n+1} + 1) \cdots (k_\ell 2^{n+1} + 1)$$
$$(n \geqq 0 \, ; \, k_1 \sim k_\ell \text{ は 0 以上の整数})$$

となる（オイラー）．F_n が素数のときは $k_2 = k_3 = \cdots = k_\ell = 0$, $k_1 = 2^{2^n - (n+1)}$ とみればよい．この定理だけでは $n \geqq 5$ で F_n が素数になり得るかという事の判定は，勿論，無理であるが，この事とその前述にかんがみて，①式をさらに "軌道修正" して

$$F_n \overset{?}{=} 3^\alpha \cdot 2^{n+1} \pm 3\ell \quad \cdots ②$$

の形にする．②式は，(α, ℓ) という 2 つの調整パラメーターがあるので，①より，一見，緩い式に思われるかもしれないが，そうではなくて，強過ぎて破綻するのである．これをもう少し緩めるには

$$F_n \overset{?}{=} \begin{cases} 3^\alpha \cdot 2^{n+1} \pm 3\ell & \cdots ② \\ 3^\alpha \cdot 2^{n+2} \pm 3\ell & \cdots ③ \end{cases}$$

というようにする．勿論，②と③式の (α, ℓ) の組は一般には異なる．また，複号は適宜にとる．どちらの α も $\alpha \neq 0$ ならば，②でも③でも F_n は 3 を約数にもつ合成数になるが，その可能性は低いだろう．

しかし，②と③式で F_n をどれだけ記述できるのかはおもしろい問題である．どちらの α も 0 ならば，それら両式とも素数を与えるという事はあるので，これらの軌道に多くの F_n が乗るなら，筆者は，素数定理（略）により確率的にはかなり低いが，"$F_n \, (n \geqq 5)$ が素数になるということはあり得るだろう" と予想する．

もう一点．
$$F_n \approx 2^{2^{n-1}+1}\{3^\alpha(2^n \pm 3) - 1\} + 1 \quad (n \geqq 5)$$

でもあるので，この辺りから何か見通せないか？

とにかく，フェルマー数問題への仮の一歩は，中村信之氏の提起された問題における $3^\alpha \beta_n$ と $\beta_n - 2^n = \pm 3$ の処を変えてみて，F_n が乗らないような "軌道" を理論的に調べ，それから F_n が乗るような "軌道" を少しでも絞り出してゆくことであろう．ただし，仮にそのような "軌道" が見出されても，この解決への道は，"無限歩" を要するかもしれない．それなら，始めから，半理論的ではなく，完全に理論的解明を目指さねばならない．そもそも，②式で若干でも人為的調整をしているので，それでは絶対に自然の**究極の扉は開け得ない**はずであるが，今の所，誰も自然な解明理論を見出せていないので，止むを得ない．

後記

§4 で，"…, ある部分まではゆけた" と述べた箇所は，大体，察視がついたと思われる．それは，§5 における (C) 式までであった．それまでは，これは，案外, 早く解決するのではと思われたが，やはり，そうは問屋が卸さなかった．(C) 式では，とりあえず，左辺と右辺の数の末尾を調べれば矛盾が出るであろうと予想したのであったが，それは期待外れであった．再三の挑戦で，**命題**を見出すまで，前に述べたように数日を要した．何せ，$E_M = 81^M + 81^{M-1} + \cdots + 1 = (81^{M+1} - 1)/80$ の所でもその値がすぐはね上がる為に，具体的数値計算では追いかけれない，しかし，他の小さい数での代用は，未だ構造見えずなので出来ないだけに，どうすればよいのか，当初，見当がつかなかった．その為に日数を要してしまった次第である．勿論，**命題**はいきなりできた訳ではない．

初めは $\sum_{k=0}^{M} 81^k = 2^K \ell/m$ のように右辺を分数形にして余裕をもたせておいて，そして補助命題を二つ設定しておいて，それから $M+1=2^K x$ へと決めたのである．

尚，一旦，事が判明した以上，最早，**命題**の一般化や整備化などは容易である：

定理

a は，1桁目が1，2桁目が偶数 $(0,2,4,6,8)$ であるような自然数とする．M を0以上の整数として
$$E_M = a^M + a^{M-1} + \cdots + a + 1 \qquad \text{（等比数列の和）}$$
とする．そこで，K は0以上の整数，x と y は1以上の奇数として，
$$M+1 = 2^K x$$
と表せることと
$$E_M = 2^K y$$
と表せることは同値である．

備考

$K=0$ のときとこの裏そのものは，自明の理．その自明な裏命題に密む特性を**定理**は主張している．

この**定理**によれば，例えば，
$$\sum_{k=0}^{7999} (11)^{2k} = \frac{121^{8000}-1}{120}$$
は，2で割り切れる以上に $2^6=64$ で割り切れ，商は奇数である．即ち，$121^{8000}-1 = 120 \times 2^6 m$ （m は奇数）と分解される事がわかる．

広範に適用され得る強力な定理なのだが，今の所，**フェルマー数問題**に，直接，適用できていないのが残念である．

この**定理**は人智未見の新しい発見と思われるので，筆者は，これを

1☆2ー定理

と命名する．その"心"は，1桁目が1，2桁目が2の倍数である自然数に対して見出された定理の故に．呼び名は，英語読みと日本語読みが混じるが，「one-star-two 定理」とする．

1☆2ー定理は，原稿校正時に，大きく一般化された：

a は，$(a-1)/2$ が偶数であるような任意の自然数とする．（以下，同.）

ただし，この定理は
$$a^{2^K x} \equiv 1 \pmod{2^K (a-1)}$$
とは表さない方がよいだろう．また，$(a-1)/2$ が奇数である場合も，最早，容易に論じられる．ただ，場合分けを逐次追いかけるのみ（省略）．

（この**省略**部分を併せての）1☆2ー定理の全容とフェルマーの定理は，ある意味で相補的になっている．

両者を併せると，例えば，$5^{256}-1$ が 4×2 で割り切れるのは自明だが，それ以上に
$$5^{256} \equiv 1 \pmod{4 \times 2^8 \times 257 = 1024 \times 257}$$
というような事もすぐ判明する．

氏の提起された問題は，**フェルマー数問題**とは直接の大きな関わりをもっておらず，その**裏周辺の一断面を見ているだけであり**，§2での末節で述べられたような，氏が予想されたＰとＱの間の類似性は，残念ながら，偶然に近い，というよりも相反的相関に寄っているということになる．しかしながら，氏の投稿問題は，(これまでに見出されていなければ，)初等整数論上のひとつの有用な定理の結実をもたらしたという点で，大きな役割を演じてくれた貴重な問題といえるだろう．

　以上で，**第2部**も閉じる訳であるが，**行司役の読者**にはいかがであったろうか？
ところで，中村信之氏は，『理系への数学』誌上，1998年，2002年でも(社交数，友愛数の周辺で)各々1題ずつ提起しておられる由なので，興味をもたれる方あるいは挑戦してみたいという人は，**現代数学社編集部**に問い合わせられたい：
　　　　　Tel・Fax　　075-751-0727
　　　　　E-Mail　　info@gensu.co.jp
なお，問題のコピー入手希望者は，返信用切手貼付・宛名明記した返信用封筒を同封の上で編集部に請求されたい．

　氏の寄稿問題はこれまで3つあり，筆者のやったものはそのうちの**第2番目のもの**である．残りの問題への挑戦は読者に任せたい．(しかし，「**人の手に負えるかどうか**」は，**全く不明である**.) 筆者はもう退座させて頂く．
　最後ではあるが，当未解決問題への挑戦によって，筆者もまた多くの事を学ばさせて頂いた．その意味で，氏は，筆者にとって一人の師となられた．ここに感謝の意を表し，末節ながら，**第2部の著述を中村信之先生に捧ぐ**次第である．

The nature of mathematics is unboundedness, and almost all true difficulties of math lie in the nature.

Hideki

(著者紹介)

中村英樹

最終学歴：大阪府立大学大学院中退．（素粒子論グループ会員．理博．）
専攻：量子論，数理物理学，解析学

難問攻略への道

2003年7月10日　　初版　第1刷

著　者　中村英樹（なかむらひでき）

発行所　株式会社　現代数学社
〒606-8425 京都市左京区鹿ケ谷西寺之前町1
TEL & FAX 075-751-0727
E-mail：info@gensu.co.jp
http://www.gensu.co.jp/

振　替　01010-8-11144
印刷／製本　株式会社　合同印刷

検印省略

ISBN4-7687-0290-2　C3041　　　© 2003　Printed in Japan